陕西省通用安装工程消耗量定额

（2025）

第八册　工业管道安装工程

批准部门：陕西省住房和城乡建设厅
主编单位：陕西省建设工程造价服务中心
参编单位：陕西化建工程有限责任公司
软件支持：广联达西安科技有限公司
实施日期：2025年7月1日

中国计划出版社
北　京

本书编委会

总　　编： 李卫军

副 总 编： 张　丹　陈永兵　崔建明　原　波　杜产阳

本册编写人员名单

主　　编： 赵启哲　贺渤伦

副 主 编： 赵玉兰　曹　方　庄智斌

编写人员： 许泽梅　商　艳　武　波　金　平　任兆峰　陈焕丽
张建荣　张　铭　惠应龙　梁　煜　王　卉　院　菁

软件操作： 郭继庆　路燚桓

总 说 明

一、《陕西省通用安装工程消耗量定额（2025）》共分十二册，包括：

第一册　机械设备安装工程

第二册　热力设备安装工程

第三册　静置设备与工艺金属结构制作安装工程

第四册　电气设备与线缆安装工程

第五册　建筑智能化安装工程

第六册　自动化控制仪表安装工程

第七册　通风空调安装工程

第八册　工业管道安装工程

第九册　消防安装工程

第十册　给排水、采暖、燃气安装工程

第十一册　信息通信设备与线缆安装工程

第十二册　防腐蚀、绝热工程

二、《陕西省通用安装工程消耗量定额（2025）》(以下简称“本定额”)是完成规定计量单位分部分项工程所需的人工、材料、施工机械台班、仪器仪表台班的消耗量标准。

三、本定额适用于工业与民用新建、扩建和改建工程项目中的通用安装工程。

四、本定额是在2021年《陕西省安装工程消耗量定额》基础上，以国家和有关行业发布的现行设计规程或规范、施工及验收规范、技术操作规程、质量评定标准、产品标准和安全操作规程、绿色建造规定等，并结合我省实际进行编制。

五、本定额是按照正常施工组织和施工条件，国内大多数施工企业采用的施工方法、机械装备水平、合理的劳动组织及工期进行编制。

1. 设备、材料、成品、半成品、构配件完整无损，符合质量标准和设计要求，附有合格证书和检验、试验合格记录。

2. 安装工程和土建工程之间的交叉作业合理、正常。

3. 安装地点、建筑物实体、设备基础、预留孔洞、预埋件等均符合安装设计要求。

4. 正常的气候、地理条件和施工环境。

5. 水、电供应均满足安装工程正常使用。

六、本定额未包括的项目，可按其他专业相应消耗量定额执行。

七、关于人工：

1. 人工以综合工日表示。

2. 人工消耗量包括基本用工、辅助用工和人工幅度差。

3. 人工每工日按照8小时工作制计算。

八、关于材料：

1. 材料泛指原材料、成品、半成品。包括施工中主要材料、辅助材料、周转材料和其他材料。在项目中以“(×××)”表示的材料为主要材料。

2. 材料用量：

（1）材料用量包括净用量和损耗量。

（2）材料损耗量包括从工地仓库运至安装堆放地点或现场加工地点运至安装地点的搬运损耗、安装操作损耗、安装地点堆放损耗。

（3）材料损耗量不包括场外的运输损失、仓库（含露天堆场）地点或现场加工地点保管损耗、由于材料规格和质量不符合要求而报废的数量；不包括规范、设计文件规定的预留量、搭接量、冗余量。

3. 项目中列出的周转性材料用量是按照不同施工方法、考虑不同工程项目类别、选取不同材料规格综合计算出的摊销量。

4. 对于用量少、低值易耗的零星材料，列为其他材料。按照消耗性材料费用比例计算。

九、关于机械：

1. 施工机械是按照常用机械、合理配备考虑，同时结合施工企业的机械化能力与水平等情况综合确定。

2. 施工机械台班消耗量是按照机械正常施工效率并考虑机械施工适当幅度差综合取定。

3. 原单位价值在 2000 元以内、使用年限在一年以内不构成固定资产的施工机械，不列入机械台班消耗量，其消耗的燃料动力等综合在其他材料费中。

4. 机械台班按每台班 8 小时工作制计算。

十、关于仪器仪表：

1. 仪器仪表是按照正常施工组织、施工技术水平考虑，同时结合市场实际情况综合确定。

2. 仪器仪表台班消耗量是按照仪器仪表正常使用率，并考虑必要的检验检测及适当幅度差综合取定。

3. 原单位价值在 2000 元以内、使用年限在一年以内不构成固定资产的仪器仪表，不列入仪器仪表台班消耗量，其消耗的燃料动力等综合在其他材料费中。

十一、关于水平运输和垂直运输：

1. 水平运输：

（1）水平运输距离是指由施工单位现场仓库或指定堆放地点运至安装地点或垂直运输点的距离。设备水平运距按照 200m、材料（含成品、半成品）水平运距按照 300m 综合取定，执行时不做调整。

（2）项目中未考虑场外运输和场内二次搬运。工程实际发生时应根据有关规定另行计算。

2. 垂直运输：

（1）垂直运输基准面为室外地坪。

（2）垂直运输是按照建筑物层数 6 层以下、建筑高度 20m 以下、地下深度 10m 以内考虑，工程实际超过时，应计算建筑物超高（深）增加费。

十二、关于安装操作高度：

1. 安装操作基准面一般是指室外地坪或室内各层楼地面地坪。

2. 安装操作高度是指安装操作基准面至安装点的垂直高度。除各册另有规定者外，安装操作高度综合取定为 6m 以内。工程实际超过时，应计算安装操作高度增加费。

十三、关于建筑超高（深）增加费：

1. 建筑超高（深）增加费是指在建筑物层数 6 层以上、建筑高度 20m 以上、地下深度 10m 以上的建筑施工时，应计算建筑超高（深）需要增加的安装费。各册另有规定者除外。

2. 建筑超高（深）增加费包括人工降效、使用机械（含仪器仪表、工具用具）降效、延长垂直运输时间等费用。

3. 建筑超高（深）增加费，以单位工程（群体建筑以车间或单栋楼设计为准）全部工程量（含地下、地上部分）为基数，按照系数法计算。系数详见各册说明。

4. 单位工程（群体建筑以车间或单栋楼设计为准）满足建筑高度、建筑物层数、地下深度之一者，均应计算建筑超高（深）增加费。

十四、关于脚手架搭拆：

1. 脚手架搭拆是根据施工组织设计、满足安装需要所采取的安装措施。脚手架搭拆除满足自身安全外，不包括工程项目安全、环保、文明等工作内容。

2. 脚手架搭拆综合考虑了不同的结构形式、材质、规模、占用时间等要素，执行时不做调整。

3. 在同一个单位工程内有若干专业安装时，凡符合脚手架搭拆计算规定者，应分别计算脚手架搭拆费用。

十五、本定额中没有考虑施工与生产同时进行、在有害身体健康（防腐工程、检测项目除外）条件下施工时的降效，工程实际发生时按各册相关规定另行计算。

十六、本定额适用于海拔 2000m 以下地区。

十七、本定额中注有“××以内”或“××以下”者，均包括××本身；注有“××以外”或“××以上”者，则不包括××本身。

十八、凡本说明未尽事宜，详见各册说明。

十九、本定额的解释和日常管理，由陕西省建设工程造价服务中心负责。

目　录

第三章　阀门安装

第四章　法兰安装

第五章　管道压力试验、吹扫与清洗

第六章　无损检测与焊口热处理

第七章　其他

附　　录

册 说 明

一、第八册《工业管道安装工程》适用于厂区内车间、装置、站、罐区及其相互之间（室外）输送各种生产介质的管道安装工程。包括：管道与管件安装、阀门与法兰安装、管道压力试验与清洗、检测与热处理、管道附件制作与安装等。

二、本册主要依据的规范标准有：

1.《工业金属管道工程施工规范》GB 50235—2010；

2.《工业金属管道工程施工质量验收规范》GB 50184—2011；

3.《现场设备、工业管道焊接工程施工规范》GB 50236—2011；

4.《现场设备、工业管道焊接工程施工质量验收规范》GB 50683—2011；

5.《焊缝无损检测　射线检测》GB/T 3323—2019；

6.《承压设备无损检测》NB/T 47013；

7.《气焊、焊条电弧焊、气体保护焊和高能束焊的推荐坡口》GB/T 985.1—2008；

8. 相关标准图集和技术手册。

三、本册中管道压力等级的划分：

低压：$0 < P \leqslant 1.6$MPa；中压：$1.6\text{MPa} < P \leqslant 10$MPa；高压：$10\text{MPa} < P \leqslant 42$MPa；蒸汽管道$P \geqslant 9$MPa、工作温度≥500℃时划分为高压。$P > 42$MPa 时参照相应行业标准。

四、管道分界：

1. 厂区内外工业管道以第一个连接点分界。

2. 给水（包括生产与生活共用、生产与消防公用）管道以入口水表井分界。

3. 排水（包括分流制废水、合流制废水）以厂区围墙外第一个排水井分界。

4. 蒸汽、燃气管道以入口第一个计量表（或阀门井中连接阀）分界。

5. 锅炉房、水泵房等室内外管道以建筑物（或构筑物）外墙面 1.5m 分界。

五、本册除各章另有说明外，均包括下列工作内容：施工准备，材料及工机具场内运输，临时移动水源与电源，配合检查验收等。

六、本册不包括下列内容，发生时应另行计算：

1. 随设备、装置成套供货预制成型的本体管道安装。

2. 单体试运所需的水、电、蒸汽、气体、油（油脂）、燃气等。

3. 配合联动试运。

4. 防腐蚀、绝热。

5. 管道安装后充氮、防冻保护。

6. 设备、材料、成品、半成品、构件等在施工现场范围以外的运输费用。

七、相关说明：

1. 管道安装应按照设计压力执行相应安装项目，管件、阀门、法兰安装应按照公称压力执行相应项目。

2. 方型补偿器直管安装，应执行本册第一章管道安装相应项目而方型补偿器的弯头可按管件计算，执行本册第二章管件连接相应项目。

3. 厂区围墙外 10km 以内的管道安装项目，其人工、机械乘以系数 1.10，柴油发电机台班应另行计算。

4. 整体封闭式（非盖板封闭）地沟的管道施工，其人工乘以系数 1.12。

5. 超低（高）碳不锈钢管道安装，应执行相应不锈钢管安装项目，其人工、机械乘以系数 1.15；

焊接材料类别可以替换，消耗量不变。

6. 各种材质管道安装使用特殊焊接材料时可以替换，消耗量不变。

7. 吊装机械是按照 50t 以内汽车式起重机综合取定。因工程实际吊装重量、安装高度等因素必须使用大于 50t 起重机械时，应按照施工方案另行计算。

8. 生活用各种管道，应执行第十册《给排水、采暖、燃气安装工程》相应项目；消防管道，应执行第九册《消防安装工程》相应项目。

9. 预应力混凝土管道及其管件安装，应执行《陕西省市政工程消耗量定额（2025）》相应项目。

10. 地沟和埋地管道土石方及井室砌筑工程，应执行《陕西省房屋建筑与装饰工程消耗量定额（2025）》相应项目。

11. 防腐蚀、绝热工程，应执行第十二册《防腐蚀、绝热工程》相应项目。

八、下列费用可按系数分别计算：

1. 脚手架搭拆费，应按照安装工程人工费的 8%计算。其中：人工费为 40%、材料费为 50%、机械费为 10%。

2. 安装高度超过安装操作基准面 6m 时，安装操作高度增加费，应按照相应安装项目人工费和机械费乘以下表规定系数计算：

系数表

安装高度距离安装操作基准面（m）	≤ 10	≤ 30	≤ 50	> 50
系数	0.10	0.30	0.50	0.75

3. 安装与生产同时进行增加的费用，应按安装工程人工费的 6%计算。

4. 在有害身体健康的环境中施工降效增加的费用，应按安装工程人工费的 6%计算。

5. 车间内整体封闭式地沟管道，其人工和机械乘以系数 1.20（管道安装完后盖板封闭地沟除外）。

6. 圆弧形管道安装应按相应定额项目的人工费、机械费乘以系数 1.30。

7. 拆除费用（现场变更等因素需要拆除的项目），应按相应安装项目人工费、机械费的 40%，材料费的 10%计算。

九、站内工艺系统调整费，应按照各站工艺系统内全部安装工程人工费的 10%计算。其中：人工费为 40%，材料费为 10%，机械费为 50%。在计算系统调整费时，须遵守下列规定：

1. 站内系统调整费是指独立的制冷站（库）、空气压缩站、乙炔发生站、水压机蓄势站、制氧站、燃气站、氢气站、氮气站等工程。

2. 系统调整费适用于第一册《机械设备安装工程》、第三册《静置设备与工艺金属结构制作安装工程》、第八册《工业管道安装工程》、第十二册《防腐蚀、绝热工程》四册安装项目中的站内工艺系统安装工程。

第一章

管 道 安 装

说 明

一、本章内容包括碳钢管、不锈钢管、合金钢管及有色金属管、非金属管、生产用铸铁管、钛及钛合金管道安装。

二、本章不包括以下工作内容：

1. 管件连接；
2. 阀门安装；
3. 法兰安装；
4. 管道压力试验、吹扫与清洗；
5. 焊口无损检测、预热及后热、热处理、硬度测定、光谱分析；
6. 管道支吊架制作、安装；
7. 管口焊接管内、外充氩气保护。

三、相关说明：

1. 管廊及室外管网工程中的管道主材用量，按施工图净用量加规定的损耗量计算。
2. 法兰连接金属软管安装项目中，包括一个垫片和一副法兰用螺栓的安装，螺栓的材料费应按施工图设计用量加3%的损耗另行计算。
3. 法兰连接的成品衬里钢管、铸铁管安装项目中，螺栓的材料费应按实际用量加3%的损耗量另行计算。
4. 低压螺旋卷管电弧焊安装应执行中压管道相应安装项目乘以系数0.80。
5. 用法兰连接的管道安装，管道与法兰应分别计算工程量，执行相应安装项目。
6. 夹套管安装，按内、外管及跨接管分别计算工程量；外管及跨接管执行管道安装相应项目，其安装项目人工、机械乘以系数1.20。
7. 室内与室外管道碰头（带气碰头除外），在安装项目中是综合考虑的，不得另行计算。

工程量计算规则

一、各种管道安装工程量，应区分其压力等级、材质、规格、连接形式，均按设计图示管道中心线长度，应分别以“10m”为计量单位，均不扣除阀门及各种管件所占长度。

二、金属软管安装，应区分不同连接形式，按设计图示数量，分别以“根”为计量单位。

三、钢套钢直埋保温管道安装，应按内管公称直径计算。

一、低 压 管 道

1. 碳钢管（螺纹连接）

工作内容： 准备工作，管子切口，套丝，管口组对，管道连接。 **计量单位：** 10m

编号				8-1-1	8-1-2	8-1-3	8-1-4	8-1-5	8-1-6
项目				公称直径（mm 以内）					
				15	20	25	32	40	50
名称			单位	消耗量					
人工	000203000	综合二类工	工日	0.323	0.357	0.407	0.446	0.483	0.543
材料	170500002	碳钢管（综合）	m	（9.046）	（9.046）	（9.046）	（9.046）	（9.046）	（8.906）
	142909001	氧气	m^3	—	—	0.009	0.013	0.016	0.019
	142907002	乙炔气	kg	—	—	0.004	0.005	0.006	0.007
	031101014	尼龙砂轮片 $\phi500\times25\times4$	片	0.004	0.005	0.006	0.008	0.009	0.011
	340203007	聚四氟乙烯生料带（综合）	m	0.518	0.636	0.801	0.989	1.130	1.342
	140303001	机油（综合）	kg	0.010	0.012	0.015	0.018	0.022	0.026
	850103006	其他材料费（占材料费）	%	1.000	1.000	1.000	1.000	1.000	1.000
机械	990785040	砂轮切割机 $\phi500$	台班	0.001	0.001	0.002	0.003	0.003	0.003
	990748010	管子切断套丝机 159mm	台班	0.018	0.018	0.018	0.020	0.020	0.020

2. 碳钢管（电弧焊）

工作内容：准备工作，管子切口，坡口加工，坡口磨平，管口组对，焊接，管口封闭，管道安装。

计量单位：10m

编号				8-1-7	8-1-8	8-1-9	8-1-10	8-1-11
项目				公称直径（mm 以内）				
				15	20	25	32	40
名称			单位	消耗量				
人工	000203000	综合二类工	工日	0.266	0.289	0.346	0.389	0.427
材料	170500002	碳钢管（综合）	m	（9.137）	（9.137）	（9.137）	（9.137）	（9.137）
	031301009	低碳钢焊条 J427（综合）	kg	0.022	0.028	0.039	0.049	0.075
	142909001	氧气	m^3	0.001	0.001	0.001	0.006	0.006
	142907002	乙炔气	kg	0.001	0.001	0.001	0.002	0.002
	031101013	尼龙砂轮片 $\phi100\times16\times3$	片	0.038	0.049	0.086	0.096	0.134
	031101014	尼龙砂轮片 $\phi500\times25\times4$	片	0.002	0.002	0.004	0.005	0.006
	031103002	磨头	个	0.013	0.016	0.020	0.024	0.028
	010301007	钢丝 $\phi4.0$	kg	0.065	0.070	0.071	0.072	0.073
	020905001	塑料布	m^2	0.149	0.158	0.165	0.175	0.196
	092705004	碎布	kg	0.087	0.096	0.186	0.207	0.207
	850103006	其他材料费（占材料费）	%	1.000	1.000	1.000	1.000	1.000
机械	990900010	电焊机（综合）	台班	0.024	0.031	0.041	0.050	0.057
	990785040	砂轮切割机 $\phi500$	台班	0.001	0.001	0.002	0.003	0.003
	990919030	电焊条烘干箱 $60\times50\times75cm^3$	台班	0.002	0.003	0.004	0.005	0.006
	990920010	电焊条恒温箱	台班	0.002	0.003	0.004	0.005	0.006

工作内容：准备工作，管子切口，坡口加工，坡口磨平，管口组对，焊接，管口封闭，管道安装。

计量单位：10m

编号				8-1-12	8-1-13	8-1-14	8-1-15	8-1-16
项目				公称直径（mm 以内）				
				50	65	80	100	125
名称			单位	消耗量				
人工	000203000	综合二类工	工日	0.478	0.611	0.722	0.806	0.952
材料	170500002	碳钢管（综合）	m	（8.996）	（8.996）	（8.996）	（8.996）	（8.845）
	031301009	低碳钢焊条 J427（综合）	kg	0.089	0.163	0.225	0.325	0.393
	142909001	氧气	m^3	0.009	0.211	0.275	0.333	0.410
	142907002	乙炔气	kg	0.003	0.081	0.106	0.128	0.158
	031101013	尼龙砂轮片 $\phi100\times16\times3$	片	0.155	0.200	0.323	0.360	0.489
	010301007	钢丝 $\phi4.0$	kg	0.074	0.075	0.076	0.077	0.077
	020905001	塑料布	m^2	0.216	0.318	0.266	0.314	0.368
	092705004	碎布	kg	0.237	0.241	0.289	0.338	0.367
	031103002	磨头	个	0.033	0.044	0.052	0.066	—
	031101014	尼龙砂轮片 $\phi500\times25\times4$	片	0.007	—	—	—	—
	850103006	其他材料费（占材料费）	%	1.000	1.000	1.000	1.000	1.000
机械	990785040	砂轮切割机 $\phi500$	台班	0.003	—	—	—	—
	990900010	电焊机（综合）	台班	0.071	0.114	0.134	0.194	0.218
	990304004	汽车式起重机 8t	台班	—	—	—	0.005	0.006
	990515010	吊装机械（综合）	台班	—	—	—	0.055	0.071
	990401030	载重汽车 8t	台班	—	—	—	0.005	0.006
	990919030	电焊条烘干箱 $60\times50\times75cm^3$	台班	0.007	0.012	0.013	0.020	0.022
	990920010	电焊条恒温箱	台班	0.007	0.012	0.013	0.020	0.022

工作内容：准备工作，管子切口，坡口加工，坡口磨平，管口组对，焊接，管口封闭，管道安装。

计量单位：10m

编号				8-1-17	8-1-18	8-1-19	8-1-20	8-1-21
项目				公称直径（mm 以内）				
				150	200	250	300	350
名称			单位	消耗量				
人工	000203000	综合二类工	工日	1.119	1.282	1.618	1.796	1.970
材料	170500002	碳钢管（综合）	m	（8.845）	（8.845）	（8.798）	（8.798）	（8.798）
	031301009	低碳钢焊条 J427（综合）	kg	0.625	0.992	1.625	2.205	2.625
	142909001	氧气	m^3	0.490	0.684	0.951	1.085	1.300
	142907002	乙炔气	kg	0.188	0.263	0.366	0.417	0.500
	031101013	尼龙砂轮片 $\phi100\times16\times3$	片	0.611	0.936	1.370	1.954	2.163
	012100002	角钢（综合）	kg	—	0.137	0.137	0.138	0.138
	010301007	钢丝 $\phi4.0$	kg	0.078	0.079	0.080	0.081	0.082
	020905001	塑料布	m^2	0.431	0.560	0.713	0.878	1.061
	092705004	碎布	kg	0.393	0.475	0.530	0.548	0.584
	850103006	其他材料费（占材料费）	%	1.000	1.000	1.000	1.000	1.000
机械	990900010	电焊机（综合）	台班	0.273	0.388	0.549	0.580	0.612
	990304004	汽车式起重机 8t	台班	0.008	0.015	0.024	0.030	0.042
	990515010	吊装机械（综合）	台班	0.071	0.091	0.126	0.126	0.140
	990401030	载重汽车 8t	台班	0.008	0.015	0.024	0.030	0.042
	990919030	电焊条烘干箱 $60\times50\times75cm^3$	台班	0.028	0.039	0.055	0.058	0.061
	990920010	电焊条恒温箱	台班	0.028	0.039	0.055	0.058	0.061

工作内容： 准备工作，管子切口，坡口加工，坡口磨平，管口组对，焊接，管口封闭，管道安装。

计量单位： 10m

编号				8-1-22	8-1-23	8-1-24	8-1-25
项目				公称直径（mm 以内）			
				400	450	500	600
名称			单位	消耗量			
人工	000203000	综合二类工	工日	2.254	2.747	3.298	3.850
材料	170500002	碳钢管（综合）	m	（8.798）	（8.695）	（8.695）	（8.695）
	031301009	低碳钢焊条 J427（综合）	kg	4.125	5.031	6.375	8.548
	142909001	氧气	m^3	1.698	1.970	2.175	2.617
	142907002	乙炔气	kg	0.653	0.758	0.837	1.007
	031101013	尼龙砂轮片 $\phi100\times16\times3$	片	3.185	3.756	4.313	5.129
	012100002	角钢（综合）	kg	0.138	0.138	0.138	0.138
	010301007	钢丝 $\phi4.0$	kg	0.083	0.084	0.085	0.086
	020905001	塑料布	m^2	1.196	1.473	1.698	1.923
	092705004	碎布	kg	0.610	0.689	0.780	0.869
	850103006	其他材料费（占材料费）	%	1.000	1.000	1.000	1.000
机械	990900010	电焊机（综合）	台班	0.693	0.815	0.901	0.986
	990304004	汽车式起重机 8t	台班	0.049	0.060	0.067	0.067
	990515010	吊装机械（综合）	台班	0.153	0.167	0.167	0.173
	990401030	载重汽车 8t	台班	0.049	0.060	0.067	0.067
	990919030	电焊条烘干箱 $60\times50\times75cm^3$	台班	0.069	0.082	0.090	0.098
	990920010	电焊条恒温箱	台班	0.069	0.082	0.090	0.098

3. 碳钢管（氩电联焊）

工作内容： 准备工作，管子切口，坡口加工，坡口磨平，管口组对，焊接，管口封闭，管道安装。

计量单位： 10m

编号				8-1-26	8-1-27	8-1-28	8-1-29	8-1-30
项目				公称直径（mm 以内）				
				15	20	25	32	40
名称			单位	消耗量				
人工	000203000	综合二类工	工日	0.375	0.408	0.493	0.554	0.609
材料	170500002	碳钢管（综合）	m	（9.137）	（9.137）	（9.137）	（9.137）	（9.137）
	031303005	碳钢焊丝	kg	0.011	0.014	0.025	0.028	0.038
	142909001	氧气	m^3	0.001	0.001	0.001	0.006	0.006
	142907002	乙炔气	kg	0.001	0.001	0.001	0.002	0.002
	142911001	氩气	m^3	0.031	0.040	0.063	0.070	0.107
	340101003	铈钨棒	g	0.062	0.079	0.125	0.150	0.215
	031101013	尼龙砂轮片 $\phi100\times16\times3$	片	0.037	0.048	0.085	0.095	0.131
	031101014	尼龙砂轮片 $\phi500\times25\times4$	片	0.002	0.002	0.004	0.005	0.006
	031103002	磨头	个	0.013	0.016	0.020	0.024	0.028
	010301007	钢丝 $\phi4.0$	kg	0.076	0.078	0.079	0.080	0.081
	020905001	塑料布	m^2	0.150	0.157	0.165	0.174	0.196
	092705004	碎布	kg	0.093	0.097	0.187	0.207	0.207
	850103006	其他材料费（占材料费）	%	1.000	1.000	1.000	1.000	1.000
机械	990912010	氩弧焊机 500A	台班	0.021	0.028	0.036	0.045	0.051
	990785040	砂轮切割机 $\phi500$	台班	0.001	0.001	0.002	0.003	0.003

工作内容：准备工作，管子切口，坡口加工，坡口磨平，管口组对，焊接，管口封闭，管道安装。

计量单位：10m

编　号				8-1-31	8-1-32	8-1-33	8-1-34	8-1-35
项　目				公称直径（mm 以内）				
				50	65	80	100	125
名　称			单位	消　耗　量				
人工	000203000	综合二类工	工日	0.706	0.882	1.041	1.254	1.360
材料	170500002	碳钢管（综合）	m	（8.996）	（8.996）	（8.996）	（8.996）	（8.845）
	031303005	碳钢焊丝	kg	0.020	0.027	0.031	0.041	0.048
	142909001	氧气	m^3	0.009	0.195	0.256	0.306	0.375
	142907002	乙炔气	kg	0.003	0.075	0.098	0.118	0.144
	142911001	氩气	m^3	0.057	0.075	0.088	0.113	0.131
	340101003	铈钨棒	g	0.113	0.150	0.175	0.227	0.263
	031101013	尼龙砂轮片 $\phi100\times16\times3$	片	0.148	0.199	0.320	0.356	0.483
	031101014	尼龙砂轮片 $\phi500\times25\times4$	片	0.007	0.012	0.016	0.020	0.027
	031103002	磨头	个	0.033	0.044	0.052	0.066	—
	010301007	钢丝 $\phi4.0$	kg	0.084	0.087	0.089	0.095	0.099
	020905001	塑料布	m^2	0.216	0.318	0.267	0.314	0.369
	092705004	碎布	kg	0.237	0.268	0.289	0.338	0.367
	031301009	低碳钢焊条 J427（综合）	kg	0.044	0.113	0.163	0.246	0.313
	850103006	其他材料费（占材料费）	%	1.000	1.000	1.000	1.000	1.000
机械	990900010	电焊机（综合）	台班	0.050	0.061	0.070	0.135	0.138
	990919030	电焊条烘干箱 $60\times50\times75cm^3$	台班	0.005	0.006	0.007	0.013	0.014
	990920010	电焊条恒温箱	台班	0.005	0.006	0.007	0.013	0.014
	990304004	汽车式起重机 8t	台班	—	—	—	0.005	0.007
	990515010	吊装机械（综合）	台班	—	—	—	0.055	0.071
	990401030	载重汽车 8t	台班	—	—	—	0.005	0.007
	990912010	氩弧焊机 500A	台班	0.054	0.056	0.066	0.084	0.100
	990785040	砂轮切割机 $\phi500$	台班	0.003	0.004	0.005	0.009	0.009

工作内容： 准备工作，管子切口，坡口加工，坡口磨平，管口组对，焊接，管口封闭，管道安装。

计量单位：10m

编号				8-1-36	8-1-37	8-1-38	8-1-39	8-1-40
项目				公称直径（mm 以内）				
				150	200	250	300	350
名称			单位	消耗量				
人工	000203000	综合二类工	工日	1.501	1.718	2.169	2.426	2.924
材料	170500002	碳钢管（综合）	m	（8.845）	（8.845）	（8.798）	（8.798）	（8.798）
	031301009	低碳钢焊条 J427（综合）	kg	0.488	0.837	1.494	1.790	2.250
	031303005	碳钢焊丝	kg	0.057	0.080	0.098	0.119	0.138
	142909001	氧气	m^3	0.459	0.650	0.848	1.035	1.193
	142907002	乙炔气	kg	0.177	0.250	0.326	0.398	0.459
	142911001	氩气	m^3	0.160	0.223	0.275	0.333	0.388
	340101003	铈钨棒	g	0.320	0.445	0.550	0.665	0.763
	031101013	尼龙砂轮片 $\phi100\times16\times3$	片	0.605	0.927	1.358	1.940	2.148
	012100002	角钢（综合）	kg	—	0.137	0.137	0.138	0.138
	010301007	钢丝 $\phi4.0$	kg	0.104	0.114	0.123	0.133	0.142
	020905001	塑料布	m^2	0.431	0.560	0.713	0.878	1.061
	092705004	碎布	kg	0.393	0.475	0.528	0.548	0.584
	850103006	其他材料费（占材料费）	%	1.000	1.000	1.000	1.000	1.000
机械	990900010	电焊机（综合）	台班	0.191	0.291	0.453	0.490	0.525
	990912010	氩弧焊机 500A	台班	0.119	0.165	0.204	0.210	0.216
	990744010	半自动切割机 100mm	台班	0.061	0.087	0.123	0.128	0.132
	990304004	汽车式起重机 8t	台班	0.011	0.017	0.029	0.035	0.050
	990515010	吊装机械（综合）	台班	0.071	0.090	0.126	0.126	0.140
	990401030	载重汽车 8t	台班	0.011	0.017	0.029	0.035	0.050
	990919030	电焊条烘干箱 $60\times50\times75cm^3$	台班	0.019	0.029	0.045	0.049	0.052
	990920010	电焊条恒温箱	台班	0.019	0.029	0.045	0.049	0.052

工作内容：准备工作，管子切口，坡口加工，坡口磨平，管口组对，焊接，管口封闭，管道安装。

计量单位：10m

编　号				8-1-41	8-1-42	8-1-43	8-1-44
项　目				公称直径（mm 以内）			
				400	450	500	600
名　称			单位	消　耗　量			
人工	000203000	综合二类工	工日	3.047	3.706	4.430	5.270
材料	170500002	碳钢管（综合）	m	（8.798）	（8.695）	（8.695）	（8.695）
	031301009	低碳钢焊条 J427（综合）	kg	3.750	4.666	5.875	8.052
	031303005	碳钢焊丝	kg	0.156	0.176	0.194	0.232
	142909001	氧气	m^3	1.623	1.772	2.095	2.486
	142907002	乙炔气	kg	0.624	0.682	0.806	0.956
	142911001	氩气	m^3	0.435	0.491	0.544	0.649
	340101003	铈钨棒	g	0.869	0.983	1.088	1.298
	031101013	尼龙砂轮片 $\phi100 \times 16 \times 3$	片	3.163	3.734	4.291	5.100
	012100002	角钢（综合）	kg	0.138	0.138	0.138	0.138
	010301007	钢丝 $\phi4.0$	kg	0.152	0.161	0.170	0.179
	020905001	塑料布	m^2	1.196	1.473	1.698	1.923
	092705004	碎布	kg	0.610	0.689	0.780	0.869
	850103006	其他材料费（占材料费）	%	1.000	1.000	1.000	1.000
机械	990900010	电焊机（综合）	台班	0.595	0.719	0.795	0.871
	990912010	氩弧焊机 500A	台班	0.246	0.276	0.306	0.336
	990744010	半自动切割机 100mm	台班	0.143	0.164	0.186	0.207
	990304004	汽车式起重机 8t	台班	0.056	0.070	0.077	0.085
	990515010	吊装机械（综合）	台班	0.153	0.167	0.167	0.167
	990401030	载重汽车 8t	台班	0.056	0.070	0.077	0.085
	990919030	电焊条烘干箱 $60 \times 50 \times 75cm^3$	台班	0.060	0.072	0.079	0.087
	990920010	电焊条恒温箱	台班	0.060	0.072	0.079	0.087

4. 碳钢伴热管（电弧焊）

工作内容：准备工作，管子切口，煨弯，管口组对，焊接，绑扎，管道安装。　　**计量单位：**10m

编号				8-1-45	8-1-46	8-1-47	8-1-48	8-1-49	8-1-50
项目				用于装置内管道公称直径（mm 以内）			用于外管廊管道公称直径（mm 以内）		
				15	20	25	15	20	25
名称			单位	消耗量					
人工	000203000	综合二类工	工日	1.688	1.980	2.228	0.800	0.923	0.984
材料	170500002	碳钢管（综合）	m	（10.200）	（10.200）	（10.200）	（10.150）	（10.150）	（10.150）
	031301009	低碳钢焊条 J427（综合）	kg	0.043	0.054	0.086	0.029	0.035	0.052
	142909001	氧气	m^3	0.160	0.220	0.390	0.070	0.095	0.160
	142907002	乙炔气	kg	0.062	0.085	0.150	0.027	0.037	0.062
	031101013	尼龙砂轮片 $\phi100 \times 16 \times 3$	片	0.005	0.007	0.008	0.003	0.004	0.005
	031101014	尼龙砂轮片 $\phi500 \times 25 \times 4$	片	0.011	0.015	0.019	0.008	0.010	0.012
	013103001	镀锌钢带	kg	0.756	0.960	1.254	0.756	0.960	1.254
	092705004	碎布	kg	0.089	0.093	0.180	0.088	0.091	0.178
	031103002	磨头	个	0.003	0.019	0.047	0.002	0.026	0.031
	850103006	其他材料费（占材料费）	%	1.000	1.000	1.000	1.000	1.000	1.000
机械	990785040	砂轮切割机 $\phi500$	台班	0.001	0.002	0.005	0.001	0.002	0.002
	990900010	电焊机（综合）	台班	0.029	0.037	0.049	0.017	0.028	0.031
	990920010	电焊条恒温箱	台班	0.003	0.003	0.005	0.002	0.002	0.003
	990919030	电焊条烘干箱 $60 \times 50 \times 75cm^3$	台班	0.003	0.003	0.005	0.002	0.002	0.003

5. 碳钢伴热管（氩弧焊）

工作内容：准备工作，管子切口，煨弯，管口组对，焊接，绑扎，管道安装。 **计量单位：**10m

编号				8-1-51	8-1-52	8-1-53	8-1-54	8-1-55	8-1-56
项目				用于装置内管道公称直径（mm 以内）			用于外管廊管道公称直径（mm 以内）		
				15	20	25	15	20	25
名称			单位	消耗量					
人工	000203000	综合二类工	工日	1.908	2.237	2.517	0.903	1.043	1.112
材料	170500002	碳钢管（综合）	m	（10.200）	（10.200）	（10.200）	（10.150）	（10.150）	（10.150）
	031303008	碳钢氩弧焊丝	kg	0.046	0.057	0.091	0.031	0.037	0.055
	142909001	氧气	m³	0.170	0.234	0.414	0.073	0.101	0.170
	142907002	乙炔气	kg	0.065	0.090	0.159	0.028	0.039	0.065
	142911001	氩气	m³	0.063	0.080	0.127	0.042	0.053	0.085
	340101003	铈钨棒	g	0.125	0.159	0.255	0.085	0.106	0.170
	031101013	尼龙砂轮片 $\phi100\times16\times3$	片	0.005	0.007	0.008	0.003	0.004	0.005
	031101014	尼龙砂轮片 $\phi500\times25\times4$	片	0.012	0.016	0.020	0.008	0.011	0.013
	031103002	磨头	个	0.003	0.020	0.050	0.002	0.028	0.033
	013103001	镀锌钢带	kg	0.801	1.017	1.328	0.801	1.017	1.328
	092705004	碎布	kg	0.095	0.098	0.190	0.093	0.097	0.188
	850103006	其他材料费（占材料费）	%	1.000	1.000	1.000	1.000	1.000	1.000
机械	990912010	氩弧焊机 500A	台班	0.024	0.032	0.043	0.015	0.023	0.028
	990785040	砂轮切割机 $\phi500$	台班	0.001	0.002	0.005	0.001	0.002	0.003

6. 碳钢板卷管（电弧焊）

工作内容：准备工作，管子切口，坡口加工，坡口磨平，管口组对，焊接，管道安装。 **计量单位：**10m

编 号				8-1-57	8-1-58	8-1-59	8-1-60	8-1-61	8-1-62
项 目				公称直径（mm 以内）					
				200	250	300	350	400	450
名 称			单位	消 耗 量					
人工	000203000	综合二类工	工日	1.273	1.486	1.764	2.150	2.498	3.058
材料	173115005	碳钢板卷管	m	（9.287）	（9.287）	（9.287）	（9.287）	（9.287）	（9.193）
	031301009	低碳钢焊条 J427（综合）	kg	0.787	0.984	1.173	2.145	2.427	2.725
	142909001	氧气	m^3	0.706	0.918	1.116	1.318	1.402	1.513
	142907002	乙炔气	kg	0.272	0.353	0.429	0.507	0.539	0.582
	031101013	尼龙砂轮片 $\phi100\times16\times3$	片	0.962	1.401	1.445	1.847	2.468	2.791
	012100002	角钢（综合）	kg	0.162	0.162	0.162	0.162	0.162	0.162
	092705004	碎布	kg	0.055	0.067	0.081	0.092	0.104	0.117
	850103006	其他材料费（占材料费）	%	1.000	1.000	1.000	1.000	1.000	1.000
机械	990900010	电焊机（综合）	台班	0.197	0.246	0.294	0.403	0.456	0.512
	990304004	汽车式起重机 8t	台班	0.015	0.019	0.022	0.027	0.030	0.043
	990515010	吊装机械（综合）	台班	0.090	0.097	0.102	0.111	0.118	0.128
	990401030	载重汽车 8t	台班	0.015	0.019	0.022	0.027	0.030	0.043
	990919030	电焊条烘干箱 $60\times50\times75cm^3$	台班	0.020	0.024	0.029	0.040	0.046	0.052
	990920010	电焊条恒温箱	台班	0.020	0.024	0.029	0.040	0.046	0.052

工作内容：准备工作，管子切口，坡口加工，坡口磨平，管口组对，焊接，管道安装。 **计量单位：**10m

编号				8-1-63	8-1-64	8-1-65	8-1-66	8-1-67	8-1-68
项目				公称直径（mm 以内）					
				500	600	700	800	900	1000
名称			单位	消耗量					
人工	000203000	综合二类工	工日	3.570	4.306	5.055	5.784	6.489	7.260
材料	173115005	碳钢板卷管	m	（9.193）	（9.193）	（9.090）	（9.090）	（9.090）	（8.996）
	031301009	低碳钢焊条 J427（综合）	kg	3.018	5.338	6.110	7.798	8.758	10.846
	142909001	氧气	m^3	1.585	1.861	2.427	2.809	3.150	3.821
	142907002	乙炔气	kg	0.610	0.716	0.933	1.080	1.212	1.470
	031101013	尼龙砂轮片 $\phi100\times16\times3$	片	3.196	4.031	4.808	5.663	6.344	7.714
	012100002	角钢（综合）	kg	0.162	0.162	0.179	0.179	0.179	0.179
	092705004	碎布	kg	0.128	0.156	0.176	0.202	0.226	0.277
	022305003	碳精棒（综合）	kg	—	0.079	0.090	0.102	0.115	0.127
	850103006	其他材料费（占材料费）	%	1.000	1.000	1.000	1.000	1.000	1.000
机械	990900010	电焊机（综合）	台班	0.568	0.787	0.943	1.077	1.210	1.355
	990304004	汽车式起重机 8t	台班	0.049	0.054	0.062	0.078	0.088	0.109
	990515010	吊装机械（综合）	台班	0.147	0.153	0.173	0.188	0.204	0.270
	990401030	载重汽车 8t	台班	0.049	0.054	0.062	0.078	0.088	0.109
	990919030	电焊条烘干箱 $60\times50\times75cm^3$	台班	0.056	0.079	0.094	0.108	0.131	0.135
	990920010	电焊条恒温箱	台班	0.056	0.079	0.094	0.108	0.131	0.135

工作内容：准备工作，管子切口，坡口加工，坡口磨平，管口组对，焊接，管道安装。 计量单位：10m

编号				8-1-69	8-1-70	8-1-71	8-1-72	8-1-73
项目				公称直径（mm 以内）				
				1200	1400	1600	1800	2000
名称			单位	消耗量				
人工	000203000	综合二类工	工日	9.836	11.995	12.819	15.077	19.451
材料	173115005	碳钢板卷管	m	（8.996）	（8.996）	（8.798）	（8.798）	（8.798）
	031301009	低碳钢焊条 J427（综合）	kg	17.322	24.895	28.426	31.957	47.432
	142909001	氧气	m^3	5.451	7.329	8.437	9.394	15.160
	142907002	乙炔气	kg	2.097	2.819	3.245	3.613	5.831
	022305003	碳精棒（综合）	kg	0.203	0.237	0.270	0.303	0.450
	031101013	尼龙砂轮片 $\phi100\times16\times3$	片	12.281	16.576	18.459	21.403	31.761
	012100002	角钢（综合）	kg	0.314	0.314	0.380	0.380	0.505
	092705004	碎布	kg	0.367	0.423	0.482	0.538	0.688
	850103006	其他材料费（占材料费）	%	1.000	1.000	1.000	1.000	1.000
机械	990900010	电焊机（综合）	台班	2.140	2.527	2.885	3.243	4.802
	990304004	汽车式起重机 8t	台班	0.130	0.152	0.207	0.311	0.344
	990515010	吊装机械（综合）	台班	0.325	0.376	0.450	0.540	0.623
	990401030	载重汽车 8t	台班	0.130	0.152	0.207	0.311	0.344
	990919030	电焊条烘干箱 $60\times50\times75cm^3$	台班	0.214	0.253	0.289	0.324	0.479
	990920010	电焊条恒温箱	台班	0.214	0.253	0.289	0.324	0.479

工作内容：准备工作，管子切口，坡口加工，坡口磨平，管口组对，焊接，管道安装。　　**计量单位：**10m

编　号				8-1-74	8-1-75	8-1-76	8-1-77	8-1-78
项　目				公称直径（mm 以内）				
				2200	2400	2600	2800	3000
名　称			单位	消　耗　量				
人工	000203000	综合二类工	工日	22.362	25.274	30.091	34.127	37.918
材料	173115005	碳钢板卷管	m	（8.798）	（8.798）	（8.798）	（8.798）	（8.798）
材料	031301009	低碳钢焊条 J427（综合）	kg	52.151	56.870	74.959	80.706	86.452
材料	142909001	氧气	m^3	16.569	18.062	22.038	23.861	27.015
材料	142907002	乙炔气	kg	6.373	6.947	8.476	9.177	10.390
材料	022305003	碳精棒（综合）	kg	0.494	0.539	0.584	0.628	0.672
材料	031101013	尼龙砂轮片 $\phi100 \times 16 \times 3$	片	34.915	38.069	45.454	48.471	54.568
材料	012100002	角钢（综合）	kg	0.617	0.617	0.617	0.617	0.617
材料	092705004	碎布	kg	0.757	0.822	0.891	0.955	1.032
材料	850103006	其他材料费（占材料费）	%	1.000	1.000	1.000	1.000	1.000
机械	990900010	电焊机（综合）	台班	5.281	5.759	7.136	7.697	8.242
机械	990304004	汽车式起重机 8t	台班	0.379	0.413	0.449	0.562	0.602
机械	990515010	吊装机械（综合）	台班	0.748	0.837	0.978	1.067	1.156
机械	990401030	载重汽车 8t	台班	0.379	0.413	0.449	0.562	0.602
机械	990919030	电焊条烘干箱 $60 \times 50 \times 75cm^3$	台班	0.583	0.576	0.713	0.770	0.824
机械	990920010	电焊条恒温箱	台班	0.583	0.576	0.713	0.770	0.824

7. 碳钢板卷管（氩电联焊）

工作内容： 准备工作，管子切口，坡口加工，坡口磨平，管口组对，焊接，管口封闭，管道安装。

计量单位： 10m

编号				8-1-79	8-1-80	8-1-81	8-1-82	8-1-83	8-1-84
项目				公称直径（mm 以内）					
				200	250	300	350	400	450
名称			单位	消耗量					
人工	000203000	综合二类工	工日	1.523	1.778	2.111	2.573	3.207	3.927
材料	170500002	碳钢管（综合）	m	（9.287）	（9.287）	（9.287）	（9.287）	（9.287）	（9.193）
	031301009	低碳钢焊条 J427（综合）	kg	0.538	0.666	0.794	1.630	1.844	2.079
	031303005	碳钢焊丝	kg	0.091	0.091	0.135	0.157	0.179	0.203
	142909001	氧气	m^3	0.636	0.827	1.005	1.187	1.263	1.362
	142907002	乙炔气	kg	0.245	0.318	0.387	0.457	0.486	0.524
	142911001	氩气	m^3	0.255	0.255	0.255	0.442	0.501	0.566
	031101013	尼龙砂轮片 $\phi 100 \times 16 \times 3$	片	0.857	1.210	1.210	1.646	2.203	2.493
	012100002	角钢（综合）	kg	0.146	0.146	0.146	0.146	0.146	0.146
	340101003	铈钨棒	g	0.510	0.510	0.510	0.883	1.003	1.134
	092705004	碎布	kg	0.050	0.061	0.073	0.083	0.093	0.105
	850103006	其他材料费（占材料费）	%	1.000	1.000	1.000	1.000	1.000	1.000
机械	990304004	汽车式起重机 8t	台班	0.016	0.026	0.035	0.048	0.054	0.067
	990515010	吊装机械（综合）	台班	0.060	0.085	0.085	0.094	0.102	0.111
	990401030	载重汽车 8t	台班	0.016	0.026	0.035	0.048	0.054	0.067
	990912010	氩弧焊机 500A	台班	0.128	0.128	0.128	0.223	0.253	0.286
	990900010	电焊机（综合）	台班	0.129	0.156	0.192	0.259	0.298	0.334
	990919030	电焊条烘干箱 $60 \times 50 \times 75cm^3$	台班	0.013	0.016	0.019	0.026	0.030	0.033
	990920010	电焊条恒温箱	台班	0.013	0.016	0.019	0.026	0.030	0.033

工作内容：准备工作，管子切口，坡口加工，坡口磨平，管口组对，焊接，管口封闭，管道安装。

计量单位：10m

	编　　号			8-1-85	8-1-86	8-1-87	8-1-88	8-1-89	8-1-90
	项　　目			公称直径（mm 以内）					
				500	600	700	800	900	1000
	名　　称		单位	消　耗　量					
人工	000203000	综合二类工	工日	4.581	4.954	5.813	6.655	7.466	8.352
材料	170500002	碳钢管（综合）	m	（9.193）	（9.193）	（9.090）	（9.090）	（9.090）	（8.996）
	031301009	低碳钢焊条 J427（综合）	kg	2.116	4.502	7.118	9.126	10.252	12.652
	031303005	碳钢焊丝	kg	0.206	0.249	0.286	0.347	0.366	0.404
	142909001	氧气	m^3	1.427	3.005	3.352	4.127	4.589	5.453
	142907002	乙炔气	kg	0.549	1.156	1.289	1.587	1.765	2.097
	142911001	氩气	m^3	0.590	0.698	0.800	0.971	1.023	1.130
	031101013	尼龙砂轮片 $\phi 100 \times 16 \times 3$	片	2.820	3.020	3.106	3.142	1.979	2.462
	012100002	角钢（综合）	kg	0.146	0.146	0.161	0.161	0.161	0.161
	340101003	铈钨棒	g	1.152	1.396	1.601	1.942	2.046	2.260
	092705004	碎布	kg	0.115	0.140	0.159	0.182	0.204	0.248
	850103006	其他材料费（占材料费）	%	1.000	1.000	1.000	1.000	1.000	1.000
机械	990304004	汽车式起重机 8t	台班	0.074	0.081	0.090	0.101	0.113	0.138
	990515010	吊装机械（综合）	台班	0.111	0.112	0.123	0.157	0.164	0.218
	990401030	载重汽车 8t	台班	0.074	0.081	0.090	0.101	0.113	0.138
	990744010	半自动切割机 100mm	台班	—	0.043	0.045	0.048	0.057	0.062
	990912010	氩弧焊机 500A	台班	0.324	0.327	0.330	0.332	0.344	0.380
	990900010	电焊机（综合）	台班	0.369	0.810	0.968	1.106	1.242	1.392
	990919030	电焊条烘干箱 $60 \times 50 \times 75cm^3$	台班	0.037	0.081	0.097	0.111	0.124	0.139
	990920010	电焊条恒温箱	台班	0.037	0.081	0.097	0.111	0.124	0.139

工作内容：准备工作，管子切口，坡口加工，坡口磨平，管口组对，焊接，管口封闭，管道安装。

计量单位：10m

编号				8-1-91	8-1-92	8-1-93	8-1-94	8-1-95
项目				公称直径（mm 以内）				
				1200	1400	1600	1800	2000
名称			单位	消耗量				
人工	000203000	综合二类工	工日	10.184	12.421	13.274	15.612	20.141
材料	170500002	碳钢管（综合）	m	（8.996）	（8.996）	（8.798）	（8.798）	（8.798）
	031301009	低碳钢焊条 J427（综合）	kg	19.889	28.423	32.454	37.525	54.022
	031303005	碳钢焊丝	kg	0.466	0.558	0.638	0.716	0.794
	142909001	氧气	m^3	8.733	11.438	13.325	14.871	21.563
	142907002	乙炔气	kg	3.359	4.399	5.125	5.720	8.293
	142911001	氩气	m^3	1.305	1.564	1.784	2.004	2.225
	031101013	尼龙砂轮片 $\phi100\times16\times3$	片	3.973	5.614	6.413	7.211	10.517
	012100002	角钢（综合）	kg	0.255	0.255	0.308	0.308	0.342
	340101003	铈钨棒	g	2.609	3.128	3.568	4.009	4.449
	092705004	碎布	kg	0.298	0.343	0.391	0.436	0.479
	850103006	其他材料费（占材料费）	%	1.000	1.000	1.000	1.000	1.000
机械	990304004	汽车式起重机 8t	台班	0.150	0.174	0.237	0.276	0.328
	990515010	吊装机械（综合）	台班	0.235	0.272	0.326	0.391	0.400
	990401030	载重汽车 8t	台班	0.150	0.174	0.237	0.276	0.328
	990744010	半自动切割机 100mm	台班	0.076	0.087	0.097	0.109	0.120
	990912010	氩弧焊机 500A	台班	0.438	0.525	0.599	0.673	0.747
	990900010	电焊机（综合）	台班	2.195	2.591	2.958	3.326	4.925
	990919030	电焊条烘干箱 $60\times50\times75cm^3$	台班	0.220	0.259	0.296	0.333	0.493
	990920010	电焊条恒温箱	台班	0.220	0.259	0.296	0.333	0.493

工作内容：准备工作，管子切口，坡口加工，坡口磨平，管口组对，焊接，管口封闭，管道安装。

计量单位：10m

编号				8-1-96	8-1-97	8-1-98	8-1-99	8-1-100
项目				公称直径（mm 以内）				
				2200	2400	2600	2800	3000
名称			单位	消耗量				
人工	000203000	综合二类工	工日	23.159	26.168	30.850	35.340	38.369
材料	170500002	碳钢管（综合）	m	（8.798）	（8.798）	（8.798）	（8.798）	（8.798）
	031301009	低碳钢焊条 J427（综合）	kg	59.398	64.772	85.007	91.524	98.041
	031303005	碳钢焊丝	kg	0.874	0.952	1.030	1.111	1.196
	142909001	氧气	m^3	23.590	25.678	31.132	33.193	35.585
	142907002	乙炔气	kg	9.073	9.876	11.974	12.767	13.687
	142911001	氩气	m^3	2.446	2.665	2.886	3.107	3.330
	031101013	尼龙砂轮片 $\phi100 \times 16 \times 3$	片	11.565	12.612	16.072	17.306	18.539
	012100002	角钢（综合）	kg	0.417	0.417	0.417	0.417	0.417
	340101003	铈钨棒	g	4.891	5.330	5.771	5.815	5.855
	092705004	碎布	kg	0.520	0.559	0.602	0.646	0.697
	850103006	其他材料费（占材料费）	%	1.000	1.000	1.000	1.000	1.000
机械	990304004	汽车式起重机 8t	台班	0.361	0.393	0.427	0.536	0.574
	990515010	吊装机械（综合）	台班	0.451	0.505	0.589	0.643	0.697
	990401030	载重汽车 8t	台班	0.361	0.393	0.427	0.536	0.574
	990744010	半自动切割机 100mm	台班	0.132	0.151	0.155	0.160	0.165
	990912010	氩弧焊机 500A	台班	0.821	0.895	0.969	1.045	1.122
	990900010	电焊机（综合）	台班	5.415	5.906	7.317	7.893	8.452
	990919030	电焊条烘干箱 $60 \times 50 \times 75cm^3$	台班	0.542	0.591	0.732	0.789	0.845
	990920010	电焊条恒温箱	台班	0.542	0.591	0.732	0.789	0.845

8. 碳钢板卷管（埋弧自动焊）

工作内容：准备工作，管子切口，坡口加工，坡口磨平，管口组对，焊接，管道安装。 **计量单位：**10m

编号				8-1-101	8-1-102	8-1-103	8-1-104	8-1-105
项目				公称直径（mm 以内）				
				600	700	800	900	1000
名称			单位	消耗量				
人工	000203000	综合二类工	工日	3.788	4.419	5.095	5.714	6.347
材料	173115005	碳钢板卷管	m	（9.193）	（9.090）	（9.090）	（9.090）	（8.996）
	031303007	碳钢埋弧焊丝	kg	2.174	2.489	3.181	3.573	3.965
	031305007	埋弧焊剂	kg	3.261	3.734	4.772	5.360	5.948
	142909001	氧气	m^3	2.459	2.743	3.648	4.059	4.463
	142907002	乙炔气	kg	0.820	0.915	1.217	1.354	1.500
	022305003	碳精棒（综合）	kg	0.081	0.092	0.105	0.118	0.131
	031101013	尼龙砂轮片 $\phi100\times16\times3$	片	0.881	1.009	1.445	1.623	1.802
	012100002	角钢（综合）	kg	0.016	0.176	0.176	0.176	0.176
	092705004	碎布	kg	0.153	0.174	0.199	0.223	0.273
	850103006	其他材料费（占材料费）	%	1.000	1.000	1.000	1.000	1.000
机械	990915020	自动埋弧焊机 1200A	台班	0.083	0.095	0.111	0.125	0.138
	990304004	汽车式起重机 8t	台班	0.055	0.063	0.080	0.090	0.111
	990515010	吊装机械（综合）	台班	0.153	0.173	0.188	0.204	0.270
	990401030	载重汽车 8t	台班	0.055	0.063	0.080	0.090	0.111

工作内容：准备工作，管子切口，坡口加工，坡口磨平，管口组对，焊接，管道安装。 **计量单位：**10m

编号				8-1-106	8-1-107	8-1-108	8-1-109	8-1-110
项目				公称直径（mm 以内）				
				1200	1400	1600	1800	2000
名称			单位	消耗量				
人工	000203000	综合二类工	工日	8.402	10.411	12.433	14.717	18.600
材料	173115005	碳钢板卷管	m	（8.996）	（8.996）	（8.798）	（8.798）	（8.798）
	031303007	碳钢埋弧焊丝	kg	6.234	9.062	10.348	11.633	17.225
	031305007	埋弧焊剂	kg	9.351	13.593	15.522	17.450	25.837
	142909001	氧气	m^3	7.147	9.360	10.905	12.170	17.647
	142907002	乙炔气	kg	2.382	3.120	3.635	4.056	5.883
	022305003	碳精棒（综合）	kg	0.205	0.239	0.273	0.306	0.453
	031101013	尼龙砂轮片 $\phi100 \times 16 \times 3$	片	2.908	4.111	4.695	5.279	7.700
	012100002	角钢（综合）	kg	0.309	0.309	0.374	0.374	0.498
	092705004	碎布	kg	0.362	0.417	0.475	0.530	0.678
	850103006	其他材料费（占材料费）	%	1.000	1.000	1.000	1.000	1.000
机械	990915020	自动埋弧焊机 1200A	台班	0.217	0.291	0.333	0.374	0.553
	990304004	汽车式起重机 8t	台班	0.133	0.155	0.212	0.318	0.352
	990515010	吊装机械（综合）	台班	0.325	0.376	0.450	0.540	0.623
	990401030	载重汽车 8t	台班	0.133	0.155	0.212	0.318	0.352

工作内容：准备工作，管子切口，坡口加工，坡口磨平，管口组对，焊接，管道安装。 计量单位：10m

编号				8-1-111	8-1-112	8-1-113	8-1-114	8-1-115
项目				公称直径（mm 以内）				
				2200	2400	2600	2800	3000
名称			单位	消耗量				
人工	000203000	综合二类工	工日	21.537	24.470	28.803	32.934	36.791
材料	173115005	碳钢板卷管	m	（8.798）	（8.798）	（8.798）	（8.798）	（8.798）
	031303007	碳钢埋弧焊丝	kg	18.939	20.650	25.344	27.286	29.229
	031305007	埋弧焊剂	kg	28.409	30.980	38.014	40.929	43.839
	142909001	氧气	m^3	19.306	21.015	25.479	27.165	29.122
	142907002	乙炔气	kg	6.435	7.005	8.494	9.055	9.707
	022305003	碳精棒（综合）	kg	0.498	0.534	0.588	0.633	0.677
	031101013	尼龙砂轮片 $\phi100\times16\times3$	片	8.467	9.234	11.771	12.674	13.577
	012100002	角钢（综合）	kg	0.608	0.608	0.608	0.608	0.608
	092705004	碎布	kg	0.746	0.810	0.878	0.941	1.009
	850103006	其他材料费（占材料费）	%	1.000	1.000	1.000	1.000	1.000
机械	990915020	自动埋弧焊机 1200A	台班	0.608	0.664	0.792	0.852	0.913
	990304004	汽车式起重机 8t	台班	0.388	0.423	0.459	0.575	0.616
	990515010	吊装机械（综合）	台班	0.748	0.837	0.978	1.067	1.156
	990401030	载重汽车 8t	台班	0.388	0.423	0.459	0.575	0.616

9. 不锈钢管（电弧焊）

工作内容：准备工作，管子切口，坡口加工，坡口磨平，管口组对，焊接，焊缝钝化，管口封闭，管道安装。

计量单位：10m

编号				8-1-116	8-1-117	8-1-118	8-1-119	8-1-120	8-1-121
项目				公称直径（mm 以内）					
				15	20	25	32	40	50
名称			单位	消耗量					
人工	000203000	综合二类工	工日	0.421	0.458	0.547	0.614	0.676	0.756
材料	170700003	不锈钢管（综合）	m	（9.250）	（9.250）	（9.250）	（9.250）	（9.156）	（9.156）
	031301001	不锈钢焊条（综合）	kg	0.022	0.025	0.035	0.043	0.049	0.069
	031101013	尼龙砂轮片 ϕ100×16×3	片	0.068	0.085	0.107	0.134	0.155	0.230
	031101014	尼龙砂轮片 ϕ500×25×4	片	0.005	0.006	0.010	0.012	0.013	0.013
	143315001	丙酮	kg	0.012	0.013	0.016	0.021	0.025	0.030
	143169002	酸洗膏	kg	0.005	0.007	0.010	0.012	0.014	0.018
	341101001	水	m^3	0.002	0.002	0.003	0.003	0.003	0.005
	010301007	钢丝 ϕ4.0	kg	0.066	0.067	0.068	0.069	0.070	0.073
	020905001	塑料布	m^2	0.136	0.143	0.149	0.158	0.178	0.195
	092705004	碎布	kg	0.082	0.084	0.177	0.179	0.203	0.205
	850103006	其他材料费（占材料费）	%	1.000	1.000	1.000	1.000	1.000	1.000
机械	990900010	电焊机（综合）	台班	0.013	0.017	0.023	0.028	0.061	0.072
	990785040	砂轮切割机 ϕ500	台班	0.001	0.001	0.003	0.003	0.003	0.004
	991003050	电动空气压缩机 $6m^3/min$	台班	0.002	0.002	0.002	0.002	0.002	0.002
	990919030	电焊条烘干箱 $60\times50\times75cm^3$	台班	0.002	0.002	0.002	0.003	0.006	0.008
	990920010	电焊条恒温箱	台班	0.002	0.002	0.002	0.003	0.006	0.008

工作内容：准备工作，管子切口，坡口加工，坡口磨平，管口组对，焊接，焊缝钝化，管口封闭，管道安装。

计量单位：10m

编号				8-1-122	8-1-123	8-1-124	8-1-125	8-1-126	8-1-127
项目				公称直径（mm 以内）					
				65	80	100	125	150	200
名称			单位	消耗量					
人工	000203000	综合二类工	工日	0.966	1.140	1.275	1.507	1.772	2.027
材料	170700003	不锈钢管（综合）	m	（9.156）	（8.958）	（8.958）	（8.958）	（8.817）	（8.817）
	031301001	不锈钢焊条（综合）	kg	0.088	0.138	0.172	0.315	0.377	0.663
	031101013	尼龙砂轮片 ϕ100×16×3	片	0.307	0.365	0.469	0.654	0.799	1.392
	143315001	丙酮	kg	0.039	0.046	0.059	0.068	0.082	0.113
	143169002	酸洗膏	kg	0.025	0.030	0.038	0.058	0.077	0.101
	341101001	水	m^3	0.007	0.009	0.010	0.012	0.014	0.019
	010301007	钢丝 ϕ4.0	kg	0.076	0.078	0.083	0.087	0.091	0.100
	020905001	塑料布	m^2	0.221	0.242	0.285	0.334	0.391	0.508
	092705004	碎布	kg	0.248	0.291	0.293	0.322	0.345	0.460
	031101014	尼龙砂轮片 ϕ500×25×4	片	0.019	0.024	0.036	—	—	—
	850103006	其他材料费（占材料费）	%	1.000	1.000	1.000	1.000	1.000	1.000
机械	990785040	砂轮切割机 ϕ500	台班	0.007	0.007	0.013	—	—	—
	990900010	电焊机（综合）	台班	0.104	0.122	0.178	0.208	0.285	0.393
	991003050	电动空气压缩机 $6m^3/min$	台班	0.002	0.002	0.002	0.002	0.002	0.002
	990743010	等离子切割机 400A	台班	—	0.061	0.080	0.105	0.126	0.175
	990304004	汽车式起重机 8t	台班	—	—	0.005	0.007	0.009	0.014
	990515010	吊装机械（综合）	台班	—	—	0.064	0.065	0.065	0.083
	990401030	载重汽车 8t	台班	—	—	0.005	0.007	0.009	0.014
	991003030	电动空气压缩机 $1m^3/min$	台班	—	0.061	0.080	0.105	0.126	0.175
	990919030	电焊条烘干箱 60×50×75cm^3	台班	0.011	0.012	0.018	0.021	0.029	0.039
	990920010	电焊条恒温箱	台班	0.011	0.012	0.018	0.021	0.029	0.039

工作内容：准备工作，管子切口，坡口加工，坡口磨平，管口组对，焊接，焊缝钝化，管口封闭，管道安装。

计量单位：10m

编　号				8-1-128	8-1-129	8-1-130	8-1-131	8-1-132	8-1-133
项　目				公称直径（mm 以内）					
				250	300	350	400	450	500
名　称			单位	消　耗　量					
人工	000203000	综合二类工	工日	2.559	2.841	3.115	3.566	4.346	5.218
材料	170700003	不锈钢管（综合）	m	（8.817）	（8.817）	（8.817）	（8.817）	（8.817）	（8.817）
	031301001	不锈钢焊条（综合）	kg	1.070	1.522	1.768	2.000	3.091	4.493
	031101013	尼龙砂轮片 ϕ100 × 16 × 3	片	1.969	2.676	3.154	3.568	4.984	6.642
	143315001	丙酮	kg	0.141	0.167	0.194	0.218	0.242	0.266
	143169002	酸洗膏	kg	0.152	0.182	0.199	0.247	0.294	0.342
	341101001	水	m^3	0.023	0.028	0.033	0.038	0.043	0.085
	010301007	钢丝 ϕ4.0	kg	0.109	0.117	0.126	0.135	0.144	0.158
	020905001	塑料布	m^2	0.646	0.796	0.962	1.084	1.207	1.329
	092705004	碎布	kg	0.485	0.519	0.545	0.616	0.688	0.759
	850103006	其他材料费（占材料费）	%	1.000	1.000	1.000	1.000	1.000	1.000
机械	990900010	电焊机（综合）	台班	0.593	0.738	0.857	0.969	1.081	1.193
	991003050	电动空气压缩机 $6m^3/min$	台班	0.002	0.002	0.002	0.002	0.002	0.002
	990743010	等离子切割机 400A	台班	0.228	0.278	0.322	0.364	0.405	0.447
	990304004	汽车式起重机 8t	台班	0.023	0.032	0.036	0.041	0.047	0.058
	990515010	吊装机械（综合）	台班	0.116	0.116	0.129	0.141	0.152	0.159
	990401030	载重汽车 8t	台班	0.023	0.032	0.036	0.041	0.047	0.058
	991003030	电动空气压缩机 $1m^3/min$	台班	0.228	0.278	0.322	0.364	0.405	0.447
	990919030	电焊条烘干箱 60 × 50 × 75cm^3	台班	0.059	0.074	0.086	0.097	0.108	0.119
	990920010	电焊条恒温箱	台班	0.059	0.074	0.086	0.097	0.108	0.119

10. 不锈钢管（氩电联焊）

工作内容：准备工作，管子切口，坡口加工，坡口磨平，管口组对，焊接，焊缝钝化，管口封闭，管道安装。

计量单位：10m

编号				8-1-134	8-1-135	8-1-136	8-1-137	8-1-138
项目				公称直径（mm 以内）				
				50	65	80	100	125
名称			单位	消耗量				
人工	000203000	综合二类工	工日	0.893	1.115	1.317	1.658	1.892
材料	170700003	不锈钢管（综合）	m	（9.156）	（9.156）	（8.958）	（8.958）	（8.958）
	031301001	不锈钢焊条（综合）	kg	0.065	0.083	0.096	0.124	0.144
	031303017	不锈钢焊丝（综合）	kg	0.030	0.039	0.047	0.064	0.075
	142911001	氩气	m^3	0.083	0.109	0.132	0.178	0.213
	340101003	铈钨棒	g	0.154	0.199	0.235	0.304	0.357
	031101013	尼龙砂轮片 $\phi100\times16\times3$	片	0.093	0.120	0.162	0.208	0.294
	143315001	丙酮	kg	0.030	0.039	0.046	0.059	0.068
	143169002	酸洗膏	kg	0.018	0.025	0.030	0.038	0.058
	341101001	水	m^3	0.005	0.007	0.009	0.010	0.012
	010301007	钢丝 $\phi4.0$	kg	0.073	0.076	0.078	0.083	0.087
	020905001	塑料布	m^2	0.195	0.221	0.242	0.285	0.360
	092705004	碎布	kg	0.205	0.248	0.291	0.293	0.322
	031101014	尼龙砂轮片 $\phi500\times25\times4$	片	0.013	0.019	0.024	0.036	—
	850103006	其他材料费（占材料费）	%	1.000	1.000	1.000	1.000	1.000
机械	990785040	砂轮切割机 $\phi500$	台班	0.004	0.007	0.007	0.014	—
	990912010	氩弧焊机 500A	台班	0.058	0.075	0.087	0.127	0.149
	990718040	普通车床 630×2000mm	台班	0.026	0.031	0.032	0.047	0.051
	991003050	电动空气压缩机 $6m^3/min$	台班	0.002	0.002	0.002	0.002	0.002
	990900010	电焊机（综合）	台班	0.048	0.061	0.072	0.103	0.119
	990743010	等离子切割机 400A	台班	—	—	—	—	0.013
	990304004	汽车式起重机 8t	台班	—	—	—	0.006	0.008
	990515010	吊装机械（综合）	台班	—	—	—	0.072	0.072
	990401030	载重汽车 8t	台班	—	—	—	0.006	0.008
	990509020	单速电动葫芦 3t	台班	—	0.031	0.032	0.047	0.051
	991003030	电动空气压缩机 $1m^3/min$	台班	—	—	—	—	0.013
	990919030	电焊条烘干箱 $60\times50\times75cm^3$	台班	0.005	0.006	0.008	0.010	0.012
	990920010	电焊条恒温箱	台班	0.005	0.006	0.008	0.010	0.012

工作内容：准备工作，管子切口，坡口加工，坡口磨平，管口组对，焊接，焊缝钝化，管口封闭，管道安装。

计量单位：10m

编号				8-1-139	8-1-140	8-1-141	8-1-142
项目				公称直径（mm 以内）			
				150	200	250	300
名称			单位	消耗量			
人工	000203000	综合二类工	工日	2.089	2.392	3.020	3.377
材料	170700003	不锈钢管（综合）	m	（8.817）	（8.817）	（8.817）	（8.817）
	031301001	不锈钢焊条（综合）	kg	0.298	0.488	1.168	1.720
	031303017	不锈钢焊丝（综合）	kg	0.092	0.131	0.166	0.205
	142911001	氩气	m^3	0.259	0.365	0.462	0.572
	340101003	铈钨棒	g	0.428	0.591	0.732	0.871
	031101013	尼龙砂轮片 $\phi100\times16\times3$	片	0.378	0.593	1.086	1.376
	143315001	丙酮	kg	0.082	0.113	0.141	0.167
	143169002	酸洗膏	kg	0.077	0.101	0.152	0.182
	341101001	水	m^3	0.014	0.019	0.023	0.028
	010301007	钢丝 $\phi4.0$	kg	0.091	0.100	0.109	0.117
	020905001	塑料布	m^2	0.391	0.508	0.646	0.796
	092705004	碎布	kg	0.345	0.460	0.485	0.519
	850103006	其他材料费（占材料费）	%	1.000	1.000	1.000	1.000
机械	990912010	氩弧焊机 500A	台班	0.175	0.239	0.305	0.355
	990718040	普通车床 630×2000mm	台班	0.072	0.073	0.079	0.086
	991003050	电动空气压缩机 $6m^3/min$	台班	0.002	0.002	0.002	0.002
	990900010	电焊机（综合）	台班	0.199	0.318	0.511	0.669
	990743010	等离子切割机 400A	台班	0.015	0.022	0.029	0.034
	990304004	汽车式起重机 8t	台班	0.010	0.015	0.026	0.036
	990515010	吊装机械（综合）	台班	0.072	0.092	0.128	0.128
	990401030	载重汽车 8t	台班	0.010	0.015	0.026	0.036
	990509020	单速电动葫芦 3t	台班	0.072	0.073	0.079	0.086
	991003030	电动空气压缩机 $1m^3/min$	台班	0.015	0.022	0.029	0.034
	990919030	电焊条烘干箱 $60\times50\times75cm^3$	台班	0.020	0.032	0.051	0.067
	990920010	电焊条恒温箱	台班	0.020	0.032	0.051	0.067

工作内容： 准备工作，管子切口，坡口加工，坡口磨平，管口组对，焊接，焊缝钝化，管口封闭，管道安装。

计量单位： 10m

编　号				8-1-143	8-1-144	8-1-145	8-1-146
项　目				公称直径（mm 以内）			
				350	400	450	500
名　称			单位	消　耗　量			
人工	000203000	综合二类工	工日	3.701	4.240	5.160	6.167
材料	170700003	不锈钢管（综合）	m	（8.817）	（8.817）	（8.817）	（8.817）
	031301001	不锈钢焊条（综合）	kg	1.997	2.259	2.521	2.783
	031303017	不锈钢焊丝（综合）	kg	0.249	0.296	0.342	0.389
	142911001	氩气	m^3	0.698	0.828	0.997	1.165
	340101003	钸钨棒	g	1.017	1.153	1.288	1.425
	031101013	尼龙砂轮片 $\phi100 \times 16 \times 3$	片	1.807	2.058	2.309	2.561
	143315001	丙酮	kg	0.194	0.218	0.242	0.266
	143169002	酸洗膏	kg	0.199	0.247	0.314	0.382
	341101001	水	m^3	0.033	0.038	0.042	0.049
	010301007	钢丝 $\phi4.0$	kg	0.126	0.135	0.143	0.151
	020905001	塑料布	m^2	0.962	1.084	1.207	1.302
	092705004	碎布	kg	0.545	0.616	0.688	0.758
	850103006	其他材料费（占材料费）	%	1.000	1.000	1.000	1.000
机械	990900010	电焊机（综合）	台班	0.777	0.878	1.029	1.180
	990912010	氩弧焊机 500A	台班	0.392	0.445	0.522	0.599
	990743010	等离子切割机 400A	台班	0.040	0.045	0.053	0.061
	990718040	普通车床 630 × 2000mm	台班	0.089	0.092	0.098	0.106
	990304004	汽车式起重机 8t	台班	0.040	0.045	0.053	0.062
	990515010	吊装机械（综合）	台班	0.143	0.156	0.177	0.198
	990401030	载重汽车 8t	台班	0.040	0.045	0.053	0.062
	990509020	单速电动葫芦 3t	台班	0.089	0.092	0.098	0.106
	991003030	电动空气压缩机 $1m^3/min$	台班	0.040	0.045	0.052	0.060
	991003050	电动空气压缩机 $6m^3/min$	台班	0.002	0.002	0.002	0.002
	990919030	电焊条烘干箱 $60 \times 50 \times 75cm^3$	台班	0.077	0.088	0.103	0.118
	990920010	电焊条恒温箱	台班	0.077	0.088	0.103	0.118

11. 不锈钢管（氩弧焊）

工作内容： 准备工作，管子切口，坡口加工，坡口磨平，管口组对，焊接，焊缝钝化，管口封闭，管道安装。

计量单位： 10m

编号				8-1-147	8-1-148	8-1-149	8-1-150	8-1-151	8-1-152
项目				公称直径（mm 以内）					
				15	20	25	32	40	50
名称			单位	消耗量					
人工	000203000	综合二类工	工日	0.521	0.569	0.688	0.772	0.847	0.983
材料	170700003	不锈钢管（综合）	m	（9.250）	（9.250）	（9.250）	（9.250）	（9.156）	（9.156）
	031303017	不锈钢焊丝（综合）	kg	0.010	0.014	0.018	0.023	0.034	0.053
	142911001	氩气	m^3	0.027	0.039	0.051	0.065	0.095	0.148
	340101003	铈钨棒	g	0.051	0.074	0.097	0.120	0.181	0.280
	031101013	尼龙砂轮片 ϕ100 × 16 × 3	片	0.028	0.038	0.045	0.058	0.070	0.109
	031101014	尼龙砂轮片 ϕ500 × 25 × 4	片	0.005	0.006	0.010	0.012	0.013	0.018
	143315001	丙酮	kg	0.012	0.013	0.016	0.021	0.025	0.039
	143169002	酸洗膏	kg	0.005	0.007	0.010	0.012	0.014	0.018
	341101001	水	m^3	0.002	0.002	0.003	0.003	0.003	0.006
	010301007	钢丝 ϕ4.0	kg	0.066	0.067	0.068	0.069	0.070	0.075
	020905001	塑料布	m^2	0.136	0.143	0.149	0.158	0.178	0.180
	092705004	碎布	kg	0.082	0.084	0.177	0.179	0.203	0.267
	850103006	其他材料费（占材料费）	%	1.000	1.000	1.000	1.000	1.000	1.000
机械	990718040	普通车床 630 × 2000mm	台班	—	—	—	—	0.025	0.028
	990912010	氩弧焊机 500A	台班	0.029	0.038	0.045	0.055	0.065	0.084
	990785040	砂轮切割机 ϕ500	台班	0.001	0.001	0.003	0.003	0.003	0.004
	991003050	电动空气压缩机 $6m^3$/min	台班	0.002	0.002	0.002	0.002	0.002	0.002

工作内容： 准备工作，管子切口，坡口加工，坡口磨平，管口组对，焊接，焊缝钝化，管口封闭，管道安装。

计量单位：10m

编号				8-1-153	8-1-154	8-1-155	8-1-156	8-1-157	8-1-158
项目				公称直径（mm 以内）					
				65	80	100	125	150	200
名称			单位	消耗量					
人工	000203000	综合二类工	工日	1.228	1.450	1.745	1.894	2.088	2.392
材料	170700003	不锈钢管（综合）	m	（9.156）	（8.958）	（8.958）	（8.958）	（8.817）	（8.817）
	031303017	不锈钢焊丝（综合）	kg	0.081	0.098	0.130	0.152	0.249	0.388
	142911001	氩气	m^3	0.230	0.275	0.363	0.428	0.699	1.084
	340101003	铈钨棒	g	0.437	0.512	0.675	0.789	1.308	2.031
	031101013	尼龙砂轮片 ϕ100×16×3	片	0.149	0.202	0.206	0.291	0.375	0.588
	031101014	尼龙砂轮片 ϕ500×25×4	片	0.025	0.031	0.036	—	—	—
	143315001	丙酮	kg	0.051	0.590	0.059	0.068	0.082	0.113
	143169002	酸洗膏	kg	0.025	0.030	0.038	0.058	0.077	0.101
	341101001	水	m^3	0.009	0.010	0.010	0.012	0.014	0.019
	010301007	钢丝 ϕ4.0	kg	0.077	0.080	0.083	0.087	0.091	0.100
	020905001	塑料布	m^2	0.200	0.250	0.285	0.334	0.391	0.508
	092705004	碎布	kg	0.277	0.281	0.296	0.322	0.345	0.460
	850103006	其他材料费（占材料费）	%	1.000	1.000	1.000	1.000	1.000	1.000
机械	990912010	氩弧焊机 500A	台班	0.113	0.139	0.212	0.237	0.341	0.483
	990785040	砂轮切割机 ϕ500	台班	0.008	0.008	0.015	—	—	—
	990718040	普通车床 630×2000mm	台班	0.034	0.037	0.049	0.050	0.071	0.072
	990509020	单速电动葫芦 3t	台班	0.034	0.037	0.049	0.050	0.071	0.072
	991003050	电动空气压缩机 $6m^3/min$	台班	0.002	0.002	0.002	0.002	0.002	0.002
	990304004	汽车式起重机 8t	台班	—	—	0.006	0.007	0.010	0.015
	990515010	吊装机械（综合）	台班	—	—	0.071	0.072	0.072	0.091
	990401030	载重汽车 8t	台班	—	—	0.006	0.007	0.010	0.015
	990743010	等离子切割机 400A	台班	—	—	—	0.013	0.015	0.022
	991003030	电动空气压缩机 $1m^3/min$	台班	—	—	—	0.013	0.015	0.022

12. 不锈钢伴热管（电弧焊）

工作内容：准备工作，管子切口，煨弯，管口组对，焊接，焊缝钝化，绑扎，管道安装。　**计量单位：**10m

编　号				8-1-159	8-1-160	8-1-161	8-1-162	8-1-163	8-1-164
项　目				用于装置内管道公称直径（mm 以内）			用于外管廊管道公称直径（mm 以内）		
				15	20	25	15	20	25
名　称			单位	消　耗　量					
人工	000203000	综合二类工	工日	1.933	2.332	2.704	0.988	1.093	1.213
材料	170700003	不锈钢管（综合）	m	（10.200）	（10.200）	（10.200）	（10.150）	（10.150）	（10.150）
	031301001	不锈钢焊条（综合）	kg	0.035	0.043	0.068	0.023	0.029	0.045
	031101013	尼龙砂轮片 $\phi100\times16\times3$	片	0.052	0.065	0.091	0.035	0.043	0.061
	031101014	尼龙砂轮片 $\phi500\times25\times4$	片	0.015	0.018	0.030	0.010	0.012	0.020
	013111001	不锈钢带 15×1	kg	0.086	1.088	1.420	0.086	1.088	1.420
	143315001	丙酮	kg	0.020	0.023	0.032	0.013	0.015	0.021
	143169002	酸洗膏	kg	0.006	0.008	0.011	0.006	0.008	0.011
	341101001	水	m^3	0.003	0.003	0.006	0.002	0.002	0.004
	010301007	钢丝 $\phi4.0$	kg	0.060	0.060	0.060	0.060	0.060	0.060
	092705004	碎布	kg	0.084	0.088	0.181	0.082	0.085	0.178
	850103006	其他材料费（占材料费）	%	1.000	1.000	1.000	1.000	1.000	1.000
机械	990900010	电焊机（综合）	台班	0.023	0.030	0.041	0.016	0.020	0.027
	990785040	砂轮切割机 $\phi500$	台班	0.002	0.004	0.008	0.001	0.003	0.006
	991003050	电动空气压缩机 $6m^3/min$	台班	0.003	0.003	0.003	0.002	0.002	0.002
	990919030	电焊条烘干箱 $60\times50\times75cm^3$	台班	0.003	0.003	0.004	0.002	0.002	0.003
	990920010	电焊条恒温箱	台班	0.003	0.003	0.004	0.002	0.002	0.003

13. 不锈钢伴热管（氩弧焊）

工作内容：准备工作，管子切口，煨弯，管口组对，焊接，焊缝钝化，绑扎，管道安装。 **计量单位：**10m

编号				8-1-165	8-1-166	8-1-167	8-1-168	8-1-169	8-1-170
项目				用于装置内管道公称直径（mm 以内）			用于外管廊管道公称直径（mm 以内）		
				15	20	25	15	20	25
名称			单位	消耗量					
人工	000203000	综合二类工	工日	2.124	2.488	2.799	1.075	1.146	1.290
材料	170700003	不锈钢管（综合）	m	（10.200）	（10.200）	（10.200）	（10.150）	（10.150）	（10.150）
	031303017	不锈钢焊丝（综合）	kg	0.041	0.052	0.083	0.028	0.034	0.054
	142911001	氩气	m^3	0.140	0.146	0.166	0.135	0.144	0.164
	340101003	铈钨棒	g	0.108	0.135	0.193	0.073	0.092	0.150
	031101013	尼龙砂轮片 ϕ100×16×3	片	0.063	0.079	0.110	0.057	0.080	0.113
	031101014	尼龙砂轮片 ϕ500×25×4	片	0.018	0.022	0.036	0.015	0.021	0.038
	013111001	不锈钢带 15×1	kg	0.086	1.088	1.420	0.086	1.088	1.420
	143315001	丙酮	kg	0.020	0.023	0.032	0.013	0.015	0.021
	143169002	酸洗膏	kg	0.006	0.008	0.011	0.006	0.008	0.011
	341101001	水	m^3	0.003	0.003	0.006	0.002	0.002	0.004
	010301007	钢丝 ϕ4.0	kg	0.060	0.060	0.060	0.060	0.060	0.060
	092705004	碎布	kg	0.084	0.088	0.181	0.082	0.085	0.178
	850103006	其他材料费（占材料费）	%	1.000	1.000	1.000	1.000	1.000	1.000
机械	990912010	氩弧焊机 500A	台班	0.025	0.032	0.042	0.017	0.026	0.031
	990785040	砂轮切割机 ϕ500	台班	0.002	0.004	0.008	0.001	0.003	0.006

14. 不锈钢板卷管（电弧焊）

工作内容： 准备工作，管子切口，坡口加工，坡口磨平，管口组对，焊接，焊缝钝化，管道安装。

计量单位： 10m

编号				8-1-171	8-1-172	8-1-173	8-1-174	8-1-175
项目				公称直径（mm 以内）				
				200	250	300	350	400
名称			单位	消耗量				
人工	000203000	综合二类工	工日	1.617	1.904	2.248	2.588	2.967
材料	173115006	不锈钢板卷管	m	（9.381）	（9.381）	（9.381）	（9.287）	（9.287）
	031301001	不锈钢焊条（综合）	kg	0.570	0.712	0.848	0.985	1.112
	031101013	尼龙砂轮片 $\phi100\times16\times3$	片	0.512	0.639	0.761	0.884	1.000
	143315001	丙酮	kg	0.139	0.173	0.205	0.205	0.270
	143169002	酸洗膏	kg	0.105	0.159	0.190	0.208	0.258
	341101001	水	m^3	0.024	0.028	0.034	0.040	0.046
	092705004	碎布	kg	0.061	0.075	0.089	0.111	0.117
	012100002	角钢（综合）	kg	—	—	—	—	0.201
	850103006	其他材料费（占材料费）	%	1.000	1.000	1.000	1.000	1.000
机械	990900010	电焊机（综合）	台班	0.231	0.289	0.344	0.399	0.450
	990743010	等离子切割机 400A	台班	0.208	0.259	0.308	0.358	0.405
	990304004	汽车式起重机 8t	台班	0.010	0.012	0.014	0.017	0.019
	990515010	吊装机械（综合）	台班	0.083	0.089	0.094	0.102	0.109
	990401030	载重汽车 8t	台班	0.010	0.012	0.014	0.017	0.019
	991003030	电动空气压缩机 $1m^3/min$	台班	0.208	0.259	0.308	0.358	0.405
	991003050	电动空气压缩机 $6m^3/min$	台班	0.002	0.002	0.002	0.002	0.002
	990919030	电焊条烘干箱 $60\times50\times75cm^3$	台班	0.023	0.029	0.035	0.040	0.045
	990920010	电焊条恒温箱	台班	0.023	0.029	0.035	0.040	0.045

工作内容：准备工作，管子切口，坡口加工，坡口磨平，管口组对，焊接，焊缝钝化，管道安装。

计量单位：10m

编号				8-1-176	8-1-177	8-1-178	8-1-179	8-1-180
项目				公称直径（mm 以内）				
				450	500	600	700	800
名称			单位	消耗量				
人工	000203000	综合二类工	工日	3.506	3.966	5.118	5.882	6.827
材料	173115006	不锈钢板卷管	m	（9.287）	（9.193）	（9.193）	（9.193）	（9.193）
	031301001	不锈钢焊条（综合）	kg	1.953	2.162	4.576	5.237	8.346
	031101013	尼龙砂轮片 $\phi100\times16\times3$	片	1.514	1.677	2.624	3.002	4.813
	143315001	丙酮	kg	0.302	0.352	0.398	0.455	0.519
	143169002	酸洗膏	kg	0.290	0.328	0.105	0.499	0.636
	341101001	水	m^3	0.052	0.056	0.068	0.076	0.089
	012100002	角钢（综合）	kg	0.201	0.201	0.201	0.221	0.221
	092705004	碎布	kg	0.131	0.149	0.174	0.197	0.227
	850103006	其他材料费（占材料费）	%	1.000	1.000	1.000	1.000	1.000
机械	990900010	电焊机（综合）	台班	0.608	0.674	1.297	1.484	1.691
	990743010	等离子切割机 400A	台班	0.462	0.512	0.620	0.709	0.848
	990304004	汽车式起重机 8t	台班	0.025	0.028	0.034	0.047	0.062
	990515010	吊装机械（综合）	台班	0.118	0.135	0.153	0.173	0.188
	990401030	载重汽车 8t	台班	0.025	0.028	0.034	0.047	0.062
	991003030	电动空气压缩机 $1m^3/min$	台班	0.462	0.512	0.620	0.709	0.848
	991003050	电动空气压缩机 $6m^3/min$	台班	0.004	0.004	0.004	0.004	0.006
	990919030	电焊条烘干箱 $60\times50\times75cm^3$	台班	0.061	0.068	0.129	0.148	0.169
	990920010	电焊条恒温箱	台班	0.061	0.068	0.129	0.148	0.169

工作内容：准备工作，管子切口，坡口加工，坡口磨平，管口组对，焊接，焊缝钝化，管道安装。

计量单位：10m

编号				8-1-181	8-1-182	8-1-183	8-1-184
项目				公称直径（mm 以内）			
				900	1000	1200	1400
名称			单位	消耗量			
人工	000203000	综合二类工	工日	7.756	8.763	10.860	13.058
材料	173115006	不锈钢板卷管	m	（9.193）	（9.193）	（9.193）	（9.193）
	031301001	不锈钢焊条（综合）	kg	9.373	10.401	12.456	18.132
	031101013	尼龙砂轮片 $\phi100\times16\times3$	片	5.405	5.997	7.181	10.830
	143315001	丙酮	kg	0.581	0.644	0.732	0.821
	143169002	酸洗膏	kg	0.755	0.883	1.011	1.138
	341101001	水	m^3	0.099	0.109	0.120	0.136
	012100002	角钢（综合）	kg	0.221	0.221	0.296	0.296
	092705004	碎布	kg	0.252	0.308	0.362	0.417
	850103006	其他材料费（占材料费）	%	1.000	1.000	1.000	1.000
机械	990900010	电焊机（综合）	台班	1.899	2.107	2.523	2.971
	990743010	等离子切割机 400A	台班	0.952	1.055	1.262	1.541
	990304004	汽车式起重机 8t	台班	0.079	0.088	0.103	0.150
	990515010	吊装机械（综合）	台班	0.204	0.270	0.325	0.376
	990401030	载重汽车 8t	台班	0.079	0.088	0.103	0.150
	991003030	电动空气压缩机 $1m^3/min$	台班	0.952	1.055	1.262	1.541
	991003050	电动空气压缩机 $6m^3/min$	台班	0.006	0.006	0.007	0.008
	990919030	电焊条烘干箱 $60\times50\times75cm^3$	台班	0.190	0.211	0.252	0.297
	990920010	电焊条恒温箱	台班	0.190	0.211	0.252	0.297

15. 不锈钢板卷管（氩电联焊）

工作内容：准备工作，管子切口，坡口加工，坡口磨平，管口组对，焊接，焊缝钝化，管道安装。

计量单位：10m

编号				8-1-185	8-1-186	8-1-187	8-1-188	8-1-189
项目				公称直径（mm 以内）				
				200	250	300	350	400
名称			单位	消耗量				
人工	000203000	综合二类工	工日	2.001	2.362	2.790	3.214	3.683
材料	173115006	不锈钢板卷管	m	（9.381）	（9.381）	（9.381）	（9.287）	（9.287）
	031301001	不锈钢焊条（综合）	kg	0.294	0.366	0.437	0.507	0.572
	031303017	不锈钢焊丝（综合）	kg	0.187	0.234	0.281	0.326	0.368
	142911001	氩气	m^3	0.524	0.658	0.784	0.911	1.031
	340101003	铈钨棒	g	0.734	0.920	1.097	1.276	1.444
	031101013	尼龙砂轮片 $\phi100\times16\times3$	片	0.509	0.636	0.758	0.880	0.996
	143315001	丙酮	kg	0.139	0.173	0.205	0.205	0.270
	143169002	酸洗膏	kg	0.105	0.159	0.190	0.208	0.258
	341101001	水	m^3	0.024	0.028	0.034	0.040	0.046
	012100002	角钢（综合）	kg	—	—	—	—	0.201
	092705004	碎布	kg	0.061	0.075	0.089	0.111	0.117
	850103006	其他材料费（占材料费）	%	1.000	1.000	1.000	1.000	1.000
机械	990900010	电焊机（综合）	台班	0.119	0.149	0.177	0.205	0.232
	990912010	氩弧焊机 500A	台班	0.228	0.286	0.345	0.401	0.454
	990743010	等离子切割机 400A	台班	0.208	0.259	0.308	0.358	0.405
	990304004	汽车式起重机 8t	台班	0.010	0.012	0.014	0.017	0.019
	990515010	吊装机械（综合）	台班	0.083	0.089	0.094	0.102	0.109
	990401030	载重汽车 8t	台班	0.010	0.012	0.014	0.017	0.019
	991003030	电动空气压缩机 $1m^3/min$	台班	0.208	0.259	0.308	0.358	0.405
	991003050	电动空气压缩机 $6m^3/min$	台班	0.002	0.002	0.002	0.002	0.002
	990919030	电焊条烘干箱 $60\times50\times75cm^3$	台班	0.012	0.015	0.018	0.020	0.023
	990920010	电焊条恒温箱	台班	0.012	0.015	0.018	0.020	0.023

工作内容：准备工作，管子切口，坡口加工，坡口磨平，管口组对，焊接，焊缝钝化，管道安装。

计量单位：10m

编号				8-1-190	8-1-191	8-1-192	8-1-193	8-1-194
项目				公称直径（mm 以内）				
				450	500	600	700	800
名称			单位	消耗量				
人工	000203000	综合二类工	工日	4.379	4.956	5.869	6.747	8.015
材料	173115006	不锈钢板卷管	m	（9.287）	（9.193）	（9.193）	（9.193）	（9.193）
	031301001	不锈钢焊条（综合）	kg	1.317	1.457	2.347	2.682	5.366
	031303017	不锈钢焊丝（综合）	kg	0.413	0.458	0.668	0.764	0.870
	142911001	氩气	m^3	1.158	1.281	1.872	2.141	2.433
	340101003	铈钨棒	g	1.616	1.791	2.131	2.440	2.769
	031101013	尼龙砂轮片 $\phi100 \times 16 \times 3$	片	1.508	1.671	2.494	2.853	4.597
	143315001	丙酮	kg	0.302	0.352	0.398	0.455	0.519
	143169002	酸洗膏	kg	0.290	0.328	0.406	0.499	0.636
	341101001	水	m^3	0.052	0.056	0.068	0.076	0.089
	012100002	角钢（综合）	kg	0.201	0.201	0.201	0.221	0.221
	092705004	碎布	kg	0.131	0.149	0.174	0.197	0.227
	850103006	其他材料费（占材料费）	%	1.000	1.000	1.000	1.000	1.000
机械	990900010	电焊机（综合）	台班	0.410	0.454	0.665	0.760	1.087
	990912010	氩弧焊机 500A	台班	0.512	0.567	0.668	0.766	0.871
	990743010	等离子切割机 400A	台班	0.462	0.520	0.620	0.709	0.848
	990304004	汽车式起重机 8t	台班	0.025	0.028	0.034	0.047	0.062
	990515010	吊装机械（综合）	台班	0.118	0.135	0.153	0.173	0.188
	990401030	载重汽车 8t	台班	0.025	0.028	0.034	0.047	0.062
	991003030	电动空气压缩机 $1m^3/min$	台班	0.462	0.520	0.620	0.709	0.848
	991003050	电动空气压缩机 $6m^3/min$	台班	0.004	0.004	0.004	0.004	0.006
	990919030	电焊条烘干箱 $60 \times 50 \times 75cm^3$	台班	0.041	0.045	0.066	0.076	0.109
	990920010	电焊条恒温箱	台班	0.041	0.045	0.066	0.076	0.109

工作内容：准备工作，管子切口，坡口加工，坡口磨平，管口组对，焊接，焊缝钝化，管道安装。

计量单位：10m

编号				8-1-195	8-1-196	8-1-197	8-1-198
项目				公称直径（mm 以内）			
				900	1000	1200	1400
名称			单位	消耗量			
人工	000203000	综合二类工	工日	9.108	10.293	12.764	15.553
材料	173115006	不锈钢板卷管	m	（9.193）	（9.193）	（9.193）	（9.193）
	031301001	不锈钢焊条（综合）	kg	6.022	6.680	7.993	13.388
	031303017	不锈钢焊丝（综合）	kg	0.977	1.082	1.296	1.509
	142911001	氩气	m^3	2.733	3.033	3.632	4.224
	340101003	铈钨棒	g	3.112	3.455	4.142	4.814
	031101013	尼龙砂轮片 $\phi100\times16\times3$	片	5.162	5.727	6.858	10.361
	143315001	丙酮	kg	0.581	0.644	0.732	0.821
	143169002	酸洗膏	kg	0.755	0.883	1.011	1.138
	341101001	水	m^3	0.099	0.109	0.120	0.136
	012100002	角钢（综合）	kg	0.221	0.221	0.296	0.296
	092705004	碎布	kg	0.252	0.308	0.362	0.417
	850103006	其他材料费（占材料费）	%	1.000	1.000	1.000	1.000
机械	990900010	电焊机（综合）	台班	1.220	1.353	1.619	2.169
	990912010	氩弧焊机 500A	台班	0.978	1.085	1.314	1.525
	990743010	等离子切割机 400A	台班	0.952	1.055	1.262	1.541
	990304004	汽车式起重机 8t	台班	0.079	0.088	0.103	0.150
	990515010	吊装机械（综合）	台班	0.204	0.270	0.325	0.376
	990401030	载重汽车 8t	台班	0.079	0.088	0.103	0.150
	991003030	电动空气压缩机 $1m^3/min$	台班	0.952	1.055	1.262	1.541
	991003050	电动空气压缩机 $6m^3/min$	台班	0.006	0.006	0.007	0.008
	990919030	电焊条烘干箱 $60\times50\times75cm^3$	台班	0.122	0.135	0.162	0.217
	990920010	电焊条恒温箱	台班	0.122	0.135	0.162	0.217

16. 合金钢管（电弧焊）

工作内容：准备工作，管子切口，坡口加工，管口组对，焊接，管口封闭，管道安装。 **计量单位**：10m

编 号				8-1-199	8-1-200	8-1-201	8-1-202	8-1-203
项 目				公称直径（mm 以内）				
				15	20	25	32	40
名 称			单位	消 耗 量				
人工	000203000	综合二类工	工日	0.383	0.415	0.497	0.558	0.614
材料	171400001	合金钢管	m	（9.250）	（9.250）	（9.250）	（9.250）	（9.250）
	031301004	合金钢焊条	kg	0.027	0.034	0.053	0.067	0.075
	142909001	氧气	m^3	0.004	0.004	0.005	0.006	0.006
	142907002	乙炔气	kg	0.002	0.002	0.002	0.002	0.002
	031101013	尼龙砂轮片 $\phi100\times16\times3$	片	0.030	0.035	0.042	0.050	0.056
	031101014	尼龙砂轮片 $\phi500\times25\times4$	片	0.004	0.005	0.006	0.008	0.010
	031103002	磨头	个	0.021	0.023	0.029	0.033	0.040
	143315001	丙酮	kg	0.013	0.015	0.020	0.023	0.028
	010301007	钢丝 $\phi4.0$	kg	0.076	0.078	0.079	0.080	0.081
	020905001	塑料布	m^2	0.150	0.157	0.165	0.174	0.196
	092705004	碎布	kg	0.093	0.097	0.187	0.207	0.207
	850103006	其他材料费（占材料费）	%	1.000	1.000	1.000	1.000	1.000
机械	990900010	电焊机（综合）	台班	0.023	0.030	0.045	0.055	0.064
	990785040	砂轮切割机 $\phi500$	台班	0.001	0.001	0.002	0.003	0.003
	990718040	普通车床 630×2000mm	台班	—	—	0.024	0.024	0.025
	990919030	电焊条烘干箱 $60\times50\times75cm^3$	台班	0.002	0.003	0.004	0.006	0.007
	990920010	电焊条恒温箱	台班	0.002	0.003	0.004	0.006	0.007

工作内容：准备工作，管子切口，坡口加工，管口组对，焊接，管口封闭，管道安装。 计量单位：10m

编 号				8-1-204	8-1-205	8-1-206	8-1-207	8-1-208
项 目				公称直径（mm 以内）				
				50	65	80	100	125
名 称			单位	消 耗 量				
人工	000203000	综合二类工	工日	0.686	0.879	1.038	1.159	1.369
材料	171400001	合金钢管	m	（9.250）	（9.250）	（8.958）	（8.958）	（8.958）
	031301004	合金钢焊条	kg	0.105	0.187	0.220	0.412	0.458
	142909001	氧气	m^3	0.010	0.013	0.015	0.022	0.024
	142907002	乙炔气	kg	0.004	0.005	0.006	0.009	0.009
	031101013	尼龙砂轮片 $\phi100\times16\times3$	片	0.066	0.087	0.101	0.144	0.155
	031101014	尼龙砂轮片 $\phi500\times25\times4$	片	0.014	0.020	0.024	0.035	0.037
	031103002	磨头	个	0.048	0.064	0.074	0.090	—
	143315001	丙酮	kg	0.033	0.046	0.054	0.065	0.075
	010301007	钢丝 $\phi4.0$	kg	0.084	0.087	0.089	0.095	0.099
	020905001	塑料布	m^2	0.216	0.243	0.267	0.314	0.397
	092705004	碎布	kg	0.238	0.268	0.289	0.338	0.367
	850103006	其他材料费（占材料费）	%	1.000	1.000	1.000	1.000	1.000
机械	990304004	汽车式起重机 8t	台班	—	—	—	0.005	0.007
	990515010	吊装机械（综合）	台班	—	—	—	0.069	0.071
	990401030	载重汽车 8t	台班	—	—	—	0.005	0.007
	990900010	电焊机（综合）	台班	0.079	0.128	0.151	0.224	0.251
	990785040	砂轮切割机 $\phi500$	台班	0.003	0.004	0.005	0.009	0.009
	990718040	普通车床 630×2000mm	台班	0.028	0.036	0.038	0.064	0.065
	990919030	电焊条烘干箱 $60\times50\times75cm^3$	台班	0.008	0.013	0.015	0.023	0.025
	990920010	电焊条恒温箱	台班	0.008	0.013	0.015	0.023	0.025
	990509020	单速电动葫芦 3t	台班	—	0.036	0.038	0.064	0.065

工作内容：准备工作，管子切口，坡口加工，管口组对，焊接，管口封闭，管道安装。 **计量单位：**10m

编号				8-1-209	8-1-210	8-1-211	8-1-212	8-1-213
项目				公称直径（mm 以内）				
				150	200	250	300	350
名称			单位	消耗量				
人工	000203000	综合二类工	工日	1.609	1.843	2.325	2.582	2.831
材料	171400001	合金钢管	m	（8.817）	（8.817）	（8.817）	（8.817）	（8.817）
	031301004	合金钢焊条	kg	0.580	0.995	1.956	2.393	2.828
	142909001	氧气	m^3	0.089	0.134	0.201	0.213	0.226
	142907002	乙炔气	kg	0.034	0.051	0.077	0.082	0.087
	031101013	尼龙砂轮片 $\phi100\times16\times3$	片	0.200	0.301	0.466	0.529	0.612
	143315001	丙酮	kg	0.090	0.124	0.155	0.160	0.162
	010301007	钢丝 $\phi4.0$	kg	0.104	0.114	0.123	0.133	0.142
	020905001	塑料布	m^2	0.431	0.560	0.713	0.878	1.061
	092705004	碎布	kg	0.394	0.475	0.530	0.554	0.584
	850103006	其他材料费（占材料费）	%	1.000	1.000	1.000	1.000	1.000
机械	990900010	电焊机（综合）	台班	0.304	0.429	0.607	0.642	0.676
	990744010	半自动切割机 100mm	台班	0.007	0.010	0.014	0.014	0.014
	990718040	普通车床 630×2000mm	台班	0.065	0.068	0.069	0.071	0.071
	990304004	汽车式起重机 8t	台班	0.011	0.017	0.029	0.035	0.050
	990515010	吊装机械（综合）	台班	0.071	0.090	0.126	0.126	0.140
	990401030	载重汽车 8t	台班	0.011	0.017	0.029	0.035	0.050
	990509020	单速电动葫芦 3t	台班	0.065	0.068	0.069	0.071	0.071
	990919030	电焊条烘干箱 $60\times50\times75cm^3$	台班	0.031	0.043	0.060	0.064	0.068
	990920010	电焊条恒温箱	台班	0.031	0.043	0.060	0.064	0.068

工作内容：准备工作，管子切口，坡口加工，管口组对，焊接，管口封闭，管道安装。 计量单位：10m

编号				8-1-214	8-1-215	8-1-216	8-1-217
项目				公称直径（mm 以内）			
				400	450	500	600
名称			单位	消耗量			
人工	000203000	综合二类工	工日	3.241	3.949	4.742	5.533
材料	171400001	合金钢管	m	（8.817）	（8.817）	（8.817）	（8.817）
	031301004	合金钢焊条	kg	3.200	4.735	5.235	5.733
	142909001	氧气	m^3	0.255	0.306	0.336	0.365
	142907002	乙炔气	kg	0.098	0.118	0.129	0.141
	031101013	尼龙砂轮片 $\phi100\times16\times3$	片	0.692	0.868	0.961	1.055
	143315001	丙酮	kg	0.185	0.208	0.230	0.253
	010301007	钢丝 $\phi4.0$	kg	0.152	0.161	0.170	0.179
	020905001	塑料布	m^2	1.196	1.473	1.698	1.923
	092705004	碎布	kg	0.610	0.689	0.780	0.869
	850103006	其他材料费（占材料费）	%	1.000	1.000	1.000	1.000
机械	990900010	电焊机（综合）	台班	0.761	0.895	0.990	1.084
	990744010	半自动切割机 100mm	台班	0.016	0.018	0.022	0.025
	990718040	普通车床 630×2000mm	台班	0.073	0.091	0.096	0.099
	990304004	汽车式起重机 8t	台班	0.056	0.070	0.077	0.085
	990515010	吊装机械（综合）	台班	0.153	0.167	0.167	0.167
	990401030	载重汽车 8t	台班	0.056	0.070	0.077	0.085
	990509020	单速电动葫芦 3t	台班	0.073	0.091	0.096	0.099
	990919030	电焊条烘干箱 $60\times50\times75cm^3$	台班	0.076	0.090	0.099	0.109
	990920010	电焊条恒温箱	台班	0.076	0.090	0.099	0.109

17. 合金钢管（氩电联焊）

工作内容： 准备工作，管子切口，坡口加工，坡口磨平，管口组对，焊接，管口封闭，管道安装。

计量单位： 10m

编　号				8-1-218	8-1-219	8-1-220	8-1-221	8-1-222
项　目				公称直径（mm 以内）				
				50	65	80	100	125
名　称			单位	消　耗　量				
人工	000203000	综合二类工	工日	0.812	1.014	1.197	1.442	1.564
材料	171400001	合金钢管	m	（9.250）	（9.250）	（8.958）	（8.958）	（8.958）
	031301004	合金钢焊条	kg	0.073	0.092	0.108	0.281	0.339
	031303003	合金钢焊丝	kg	0.031	0.039	0.047	0.059	0.071
	142909001	氧气	m^3	0.010	0.013	0.015	0.022	0.024
	142907002	乙炔气	kg	0.004	0.005	0.006	0.009	0.009
	142911001	氩气	m^3	0.085	0.110	0.131	0.167	0.199
	340101003	铈钨棒	g	0.171	0.221	0.262	0.333	0.396
	031101013	尼龙砂轮片 $\phi100 \times 16 \times 3$	片	0.070	0.086	0.099	0.142	0.152
	031101014	尼龙砂轮片 $\phi500 \times 25 \times 4$	片	0.014	0.020	0.024	0.035	0.037
	143315001	丙酮	kg	0.033	0.046	0.054	0.065	0.075
	010301007	钢丝 $\phi4.0$	kg	0.084	0.087	0.089	0.095	0.099
	020905001	塑料布	m^2	0.216	0.243	0.267	0.314	0.397
	092705004	碎布	kg	0.238	0.268	0.289	0.338	0.367
	031103002	磨头	个	0.048	0.064	0.074	0.090	—
	850103006	其他材料费（占材料费）	%	1.000	1.000	1.000	1.000	1.000
机械	990912010	氩弧焊机 500A	台班	0.045	0.058	0.069	0.088	0.105
	990785040	砂轮切割机 $\phi500$	台班	0.003	0.004	0.005	0.009	0.009
	990718040	普通车床 630×2000mm	台班	0.028	0.036	0.038	0.064	0.065
	990900010	电焊机（综合）	台班	0.055	0.069	0.082	0.159	0.162
	990304004	汽车式起重机 8t	台班	—	—	—	0.005	0.007
	990515010	吊装机械（综合）	台班	—	—	—	0.069	0.071
	990401030	载重汽车 8t	台班	—	—	—	0.005	0.007
	990509020	单速电动葫芦 3t	台班	—	0.036	0.038	0.064	0.065
	990919030	电焊条烘干箱 $60 \times 50 \times 75cm^3$	台班	0.006	0.007	0.008	0.016	0.016
	990920010	电焊条恒温箱	台班	0.006	0.007	0.008	0.016	0.016

工作内容：准备工作，管子切口，坡口加工，坡口磨平，管口组对，焊接，管口封闭，管道安装。

计量单位：10m

编号				8-1-223	8-1-224	8-1-225	8-1-226	8-1-227
项目				公称直径（mm 以内）				
				150	200	250	300	350
名称			单位	消耗量				
人工	000203000	综合二类工	工日	1.726	1.976	2.494	2.790	3.363
材料	171400001	合金钢管	m	（8.817）	（8.817）	（8.817）	（8.817）	（8.817）
	031301004	合金钢焊条	kg	0.396	0.733	1.096	1.458	2.415
	031303003	合金钢焊丝	kg	0.085	0.117	0.125	0.133	0.153
	142909001	氧气	m^3	0.089	0.134	0.156	0.178	0.226
	142907002	乙炔气	kg	0.034	0.051	0.060	0.069	0.087
	142911001	氩气	m^3	0.237	0.327	0.349	0.372	0.429
	340101003	钍钨棒	g	0.474	0.655	0.700	0.744	0.859
	031101013	尼龙砂轮片 $\phi100 \times 16 \times 3$	片	0.195	0.294	0.413	0.517	0.598
	143315001	丙酮	kg	0.090	0.124	0.135	0.141	0.162
	010301007	钢丝 $\phi4.0$	kg	0.104	0.114	0.123	0.133	0.142
	020905001	塑料布	m^2	0.431	0.560	0.713	0.878	1.061
	092705004	碎布	kg	0.394	0.475	0.529	0.547	0.584
	850103006	其他材料费（占材料费）	%	1.000	1.000	1.000	1.000	1.000
机械	990912010	氩弧焊机 500A	台班	0.125	0.172	0.185	0.197	0.226
	990718040	普通车床 630 × 2000mm	台班	0.065	0.068	0.069	0.069	0.071
	990900010	电焊机（综合）	台班	0.214	0.322	0.389	0.455	0.581
	990304004	汽车式起重机 8t	台班	0.011	0.017	0.029	0.035	0.050
	990515010	吊装机械（综合）	台班	0.071	0.090	0.126	0.126	0.140
	990401030	载重汽车 8t	台班	0.011	0.017	0.029	0.035	0.050
	990509020	单速电动葫芦 3t	台班	0.065	0.068	0.069	0.069	0.071
	990919030	电焊条烘干箱 $60 \times 50 \times 75cm^3$	台班	0.021	0.032	0.039	0.045	0.058
	990920010	电焊条恒温箱	台班	0.021	0.032	0.039	0.045	0.058
	990744010	半自动切割机 100mm	台班	0.007	0.010	0.011	0.012	0.014

工作内容： 准备工作，管子切口，坡口加工，坡口磨平，管口组对，焊接，管口封闭，管道安装。

计量单位：10m

编　号				8-1-228	8-1-229	8-1-230	8-1-231
项　目				公称直径（mm 以内）			
				400	450	500	600
名　称			单位	消　耗　量			
人工	000203000	综合二类工	工日	3.504	4.262	5.094	6.061
材料	171400001	合金钢管	m	（8.817）	（8.817）	（8.817）	（8.817）
	031301004	合金钢焊条	kg	2.733	4.158	4.596	5.035
	031303003	合金钢焊丝	kg	0.174	0.195	0.217	0.239
	142909001	氧气	m^3	0.255	0.306	0.336	0.365
	142907002	乙炔气	kg	0.098	0.118	0.129	0.141
	142911001	氩气	m^3	0.487	0.548	0.607	0.667
	340101003	铈钨棒	g	0.975	1.096	1.215	1.334
	031101013	尼龙砂轮片 $\phi100\times16\times3$	片	0.678	0.850	0.940	1.030
	143315001	丙酮	kg	0.185	0.208	0.230	0.253
	010301007	钢丝 $\phi4.0$	kg	0.152	0.161	0.170	0.179
	020905001	塑料布	m^2	1.196	1.473	1.698	1.923
	092705004	碎布	kg	0.610	0.689	0.780	0.869
	850103006	其他材料费（占材料费）	%	1.000	1.000	1.000	1.000
机械	990900010	电焊机（综合）	台班	0.654	0.790	0.873	0.978
	990912010	氩弧焊机 500A	台班	0.257	0.289	0.320	0.353
	990744010	半自动切割机 100mm	台班	0.016	0.018	0.022	0.025
	990718040	普通车床 630×2000mm	台班	0.073	0.091	0.096	0.099
	990304004	汽车式起重机 8t	台班	0.056	0.070	0.077	0.085
	990515010	吊装机械（综合）	台班	0.153	0.167	0.167	0.167
	990401030	载重汽车 8t	台班	0.056	0.070	0.077	0.085
	990509020	单速电动葫芦 3t	台班	0.073	0.091	0.096	0.099
	990919030	电焊条烘干箱 $60\times50\times75cm^3$	台班	0.066	0.079	0.087	0.098
	990920010	电焊条恒温箱	台班	0.066	0.079	0.087	0.098

18. 合金钢管（氩弧焊）

工作内容：准备工作，管子切口，坡口加工，坡口磨平，管口组对，焊接，管口封闭，管道安装。

计量单位：10m

编号				8-1-232	8-1-233	8-1-234	8-1-235	8-1-236	8-1-237
项目				公称直径（mm 以内）					
				15	20	25	32	40	50
名称			单位	消耗量					
人工	000203000	综合二类工	工日	0.475	0.516	0.624	0.701	0.771	0.894
材料	171400001	合金钢管	m	（9.250）	（9.250）	（9.250）	（9.250）	（9.250）	（9.250）
	031303003	合金钢焊丝	kg	0.013	0.016	0.025	0.032	0.036	0.050
	142909001	氧气	m^3	0.004	0.004	0.005	0.006	0.006	0.010
	142907002	乙炔气	kg	0.002	0.002	0.002	0.002	0.002	0.004
	142911001	氩气	m^3	0.035	0.045	0.071	0.088	0.101	0.140
	340101003	铈钨棒	g	0.070	0.089	0.142	0.177	0.202	0.280
	031101013	尼龙砂轮片 $\phi100\times16\times3$	片	0.038	0.045	0.054	0.065	0.076	0.090
	031101014	尼龙砂轮片 $\phi500\times25\times4$	片	0.004	0.005	0.006	0.008	0.010	0.014
	031103002	磨头	个	0.021	0.023	0.029	0.033	0.040	0.048
	143315001	丙酮	kg	0.013	0.015	0.020	0.023	0.028	0.033
	010301007	钢丝 $\phi4.0$	kg	0.076	0.078	0.079	0.080	0.081	0.084
	020905001	塑料布	m^2	0.150	0.157	0.165	0.174	0.196	0.216
	092705004	碎布	kg	0.093	0.097	0.187	0.207	0.207	0.238
	850103006	其他材料费（占材料费）	%	1.000	1.000	1.000	1.000	1.000	1.000
机械	990912010	氩弧焊机 500A	台班	0.020	0.027	0.038	0.047	0.054	0.077
	990785040	砂轮切割机 $\phi500$	台班	0.001	0.001	0.002	0.003	0.003	0.004
	990718040	普通车床 630×2000mm	台班	—	—	0.024	0.024	0.025	0.034

工作内容： 准备工作，管子切口，坡口加工，坡口磨平，管口组对，焊接，管口封闭，管道安装。

计量单位：10m

编　号				8-1-238	8-1-239	8-1-240	8-1-241	8-1-242	8-1-243
项　目				公称直径（mm 以内）					
				65	80	100	125	150	200
名　称			单位	消　耗　量					
人工	000203000	综合二类工	工日	1.115	1.317	1.586	1.720	1.899	2.174
材料	171400001	合金钢管	m	（9.250）	（8.958）	（8.958）	（8.958）	（8.817）	（8.817）
	031303003	合金钢焊丝	kg	0.089	0.105	0.178	0.213	0.287	0.361
	142909001	氧气	m^3	0.013	0.015	0.022	0.024	0.089	0.154
	142907002	乙炔气	kg	0.005	0.006	0.009	0.009	0.034	0.059
	142911001	氩气	m^3	0.251	0.294	0.501	0.597	0.804	1.011
	340101003	铈钨棒	g	0.500	0.587	1.001	1.193	1.608	2.024
	031101013	尼龙砂轮片 $\phi100\times16\times3$	片	0.129	0.149	0.218	0.266	0.329	0.393
	143315001	丙酮	kg	0.046	0.054	0.065	0.075	0.090	0.095
	010301007	钢丝 $\phi4.0$	kg	0.087	0.089	0.095	0.099	0.104	0.110
	020905001	塑料布	m^2	0.243	0.267	0.314	0.397	0.431	0.465
	092705004	碎布	kg	0.268	0.289	0.338	0.367	0.394	0.421
	031101014	尼龙砂轮片 $\phi500\times25\times4$	片	0.020	0.024	0.035	0.037	—	—
	031103002	磨头	个	0.064	0.074	0.090	—	—	—
	850103006	其他材料费（占材料费）	%	1.000	1.000	1.000	1.000	1.000	1.000
机械	990785040	砂轮切割机 $\phi500$	台班	0.005	0.007	0.010	0.010	—	—
	990912010	氩弧焊机 500A	台班	0.126	0.148	0.228	0.272	0.338	0.404
	990744010	半自动切割机 100mm	台班	—	—	—	—	0.008	0.011
	990718040	普通车床 630×2000mm	台班	0.043	0.046	0.077	0.078	0.078	0.080
	990304004	汽车式起重机 8t	台班	—	—	0.007	0.009	0.013	0.016
	990515010	吊装机械（综合）	台班	—	—	0.080	0.085	0.085	0.087
	990401030	载重汽车 8t	台班	—	—	0.007	0.009	0.013	0.016
	990509020	单速电动葫芦 3t	台班	0.043	0.046	0.077	0.078	0.078	0.079

19. 铝及铝合金管（氩弧焊）

工作内容： 准备工作，管子切口，坡口加工，坡口磨平，管口组对，焊前预热，焊接，焊缝酸洗，管道安装。

计量单位： 10m

编号				8-1-244	8-1-245	8-1-246	8-1-247	8-1-248	8-1-249
项目				管外径（mm 以内）					
				18	25	30	40	50	60
	名称		单位	消耗量					
人工	000203000	综合二类工	工日	0.295	0.336	0.367	0.433	0.489	0.596
材料	171300002	铝及铝合金管	m	（10.000）	（10.000）	（10.000）	（10.000）	（9.880）	（9.880）
	031303016	铝锰合金焊丝丝 321（综合）	kg	0.003	0.004	0.005	0.010	0.013	0.017
	142909001	氧气	m^3	0.001	0.001	0.001	0.002	0.002	0.038
	142911001	氩气	m^3	0.009	0.011	0.015	0.029	0.036	0.046
	340101003	铈钨棒	g	0.017	0.023	0.030	0.058	0.072	0.092
	031101013	尼龙砂轮片 $\phi100\times16\times3$	片	0.001	0.001	0.010	0.014	0.018	0.022
	031101014	尼龙砂轮片 $\phi500\times25\times4$	片	0.002	0.002	0.002	0.005	0.005	0.005
	031102004	铁砂布（综合）	张	0.013	0.013	0.016	0.020	0.030	0.037
	143159001	氢氧化钠（烧碱）	kg	0.022	0.039	0.049	0.068	0.080	0.095
	143103001	硝酸	kg	0.009	0.011	0.014	0.020	0.024	0.029
	143175001	重铬酸钾 98%	kg	0.003	0.006	0.007	0.009	0.010	0.012
	341101001	水	m^3	0.002	0.003	0.003	0.003	0.005	0.005
	010301007	钢丝 $\phi4.0$	kg	0.027	0.027	0.027	0.027	0.027	0.027
	092705004	碎布	kg	0.018	0.019	0.025	0.026	0.038	0.038
	142907002	乙炔气	kg	—	—	—	0.001	0.001	0.015
	850103006	其他材料费（占材料费）	%	1.000	1.000	1.000	1.000	1.000	1.000
机械	990912010	氩弧焊机 500A	台班	0.006	0.008	0.010	0.017	0.021	0.027
	990785040	砂轮切割机 $\phi500$	台班	0.001	0.001	0.001	0.002	0.003	0.003
	991003050	电动空气压缩机 $6m^3/min$	台班	0.002	0.002	0.002	0.002	0.002	0.002

工作内容：准备工作，管子切口，坡口加工，坡口磨平，管口组对，焊前预热，焊接，焊缝酸洗，管道安装。

计量单位：10m

编　号				8-1-250	8-1-251	8-1-252	8-1-253	8-1-254	8-1-255
项　目				管外径（mm 以内）					
				70	80	100	125	150	180
名　称			单位	消　耗　量					
人工	000203000	综合二类工	工日	0.666	0.951	1.155	1.426	1.592	2.098
材料	171300002	铝及铝合金管	m	（9.880）	（9.880）	（9.880）	（9.880）	（9.880）	（9.880）
	031303016	铝锰合金焊丝 丝321（综合）	kg	0.020	0.034	0.037	0.046	0.084	0.098
	142909001	氧气	m^3	0.047	0.053	0.070	0.088	0.118	0.144
	142907002	乙炔气	kg	0.018	0.020	0.027	0.034	0.045	0.055
	142911001	氩气	m^3	0.054	0.093	0.099	0.125	0.227	0.264
	340101003	铈钨棒	g	0.107	0.186	0.199	0.250	0.454	0.527
	031101013	尼龙砂轮片 $\phi100\times16\times3$	片	0.026	0.347	0.410	0.517	0.674	0.895
	031102004	铁砂布（综合）	张	0.050	0.059	0.075	0.096	0.106	0.114
	143159001	氢氧化钠（烧碱）	kg	0.111	0.128	0.160	0.187	0.258	0.335
	143103001	硝酸	kg	0.034	0.037	0.048	0.060	0.075	0.088
	143175001	重铬酸钾 98%	kg	0.014	0.015	0.019	0.024	0.031	0.036
	341101001	水	m^3	0.007	0.007	0.009	0.012	0.014	0.017
	010301007	钢丝 $\phi4.0$	kg	0.027	0.027	0.027	0.027	0.027	0.027
	092705004	碎布	kg	0.040	0.043	0.057	0.060	0.062	0.064
	031101014	尼龙砂轮片 $\phi500\times25\times4$	片	0.006	—	—	—	—	—
	850103006	其他材料费（占材料费）	%	1.000	1.000	1.000	1.000	1.000	1.000
机械	990785040	砂轮切割机 $\phi500$	台班	0.004	—	—	—	—	—
	990912010	氩弧焊机 500A	台班	0.031	0.032	0.038	0.049	0.079	0.092
	991003050	电动空气压缩机 $6m^3/min$	台班	0.002	0.002	0.002	0.002	0.002	0.002
	990743010	等离子切割机 400A	台班	—	0.127	0.159	0.199	0.244	0.291
	991003030	电动空气压缩机 $1m^3/min$	台班	—	0.127	0.159	0.199	0.244	0.291
	990304004	汽车式起重机 8t	台班	—	—	—	—	0.004	0.004
	990515010	吊装机械（综合）	台班	—	—	—	—	0.052	0.056
	990401030	载重汽车 8t	台班	—	—	—	—	0.004	0.004

工作内容： 准备工作，管子切口，坡口加工，坡口磨平，管口组对，焊前预热，焊接，焊缝酸洗，管道安装。

计量单位：10m

编号				8-1-256	8-1-257	8-1-258	8-1-259	8-1-260
项目				管外径（mm 以内）				
				200	250	300	350	410
名称			单位	消耗量				
人工	000203000	综合二类工	工日	2.372	2.681	3.107	4.067	4.895
材料	171300002	铝及铝合金管	m	（9.880）	（9.880）	（9.880）	（9.880）	（9.880）
	031303016	铝锰合金焊丝 丝 321（综合）	kg	0.124	0.164	0.236	0.473	0.765
	142909001	氧气	m³	0.179	0.667	0.897	1.406	2.038
	142907002	乙炔气	kg	0.069	0.257	0.345	0.541	0.784
	142911001	氩气	m³	0.332	0.436	0.635	1.287	2.097
	340101003	铈钨棒	g	0.664	0.871	1.271	2.573	4.195
	031101013	尼龙砂轮片 $\phi100\times16\times3$	片	0.998	1.477	1.935	2.913	4.275
	031102004	铁砂布（综合）	张	0.114	0.283	0.237	0.368	0.418
	143159001	氢氧化钠（烧碱）	kg	0.357	0.417	0.477	0.534	0.624
	143103001	硝酸	kg	0.104	0.119	0.155	0.167	0.196
	143175001	重铬酸钾 98%	kg	0.043	0.048	0.063	0.068	0.078
	341101001	水	m³	0.020	0.022	0.029	0.032	0.037
	010301007	钢丝 $\phi4.0$	kg	0.027	0.027	0.027	0.027	0.027
	092705004	碎布	kg	0.066	0.082	0.083	0.094	0.476
	850103006	其他材料费（占材料费）	%	1.000	1.000	1.000	1.000	1.000
机械	990912010	氩弧焊机 500A	台班	0.115	0.141	0.206	0.391	0.616
	991003050	电动空气压缩机 6m³/min	台班	0.002	0.002	0.002	0.002	0.002
	990743010	等离子切割机 400A	台班	0.325	0.413	0.495	0.607	0.746
	990304004	汽车式起重机 8t	台班	0.004	0.005	0.007	0.010	0.016
	990515010	吊装机械（综合）	台班	0.056	0.064	0.067	0.072	0.078
	990401030	载重汽车 8t	台班	0.004	0.005	0.007	0.010	0.016
	991003030	电动空气压缩机 1m³/min	台班	0.325	0.413	0.495	0.607	0.746

20. 铝及铝合金板卷管（氩弧焊）

工作内容：准备工作，管子切口，坡口加工，坡口磨平，管口组对，焊接，焊缝酸洗，管道安装。

计量单位：10m

编　号				8-1-261	8-1-262	8-1-263	8-1-264	8-1-265
项　目				管外径（mm 以内）				
				159	219	273	325	377
名　称			单位	消　耗　量				
人工	000203000	综合二类工	工日	2.016	2.359	2.485	2.978	3.571
材料	173115009	铝及铝合金板卷管	m	（9.980）	（9.980）	（9.980）	（9.980）	（9.880）
	031303016	铝锰合金焊丝 丝 321（综合）	kg	0.097	0.134	0.167	0.200	0.295
	142909001	氧气	m^3	0.011	0.016	0.019	0.030	0.034
	142907002	乙炔气	kg	0.004	0.006	0.007	0.012	0.013
	142911001	氩气	m^3	0.264	0.364	0.455	0.542	0.800
	340101003	铈钨棒	g	0.527	0.728	0.909	1.083	1.599
	031101013	尼龙砂轮片 $\phi100 \times 16 \times 3$	片	0.746	1.037	1.298	1.550	2.156
	031102004	铁砂布（综合）	张	0.355	0.399	0.496	0.594	0.785
	143159001	氢氧化钠（烧碱）	kg	0.228	0.323	0.408	0.493	0.578
	143103001	硝酸	kg	0.075	0.104	0.134	0.155	0.167
	143175001	重铬酸钾 98%	kg	0.031	0.043	0.054	0.063	0.068
	341101001	水	m^3	0.014	0.020	0.026	0.029	0.032
	010301007	钢丝 $\phi4.0$	kg	0.039	0.039	0.039	0.039	0.039
	092705004	碎布	kg	0.083	0.086	0.093	0.106	0.111
	850103006	其他材料费（占材料费）	%	1.000	1.000	1.000	1.000	1.000
机械	990912010	氩弧焊机 500A	台班	0.071	0.097	0.121	0.145	0.199
	990743010	等离子切割机 400A	台班	0.257	0.355	0.435	0.527	0.622
	990304004	汽车式起重机 8t	台班	—	—	0.005	0.006	0.008
	990515010	吊装机械（综合）	台班	0.055	0.060	0.064	0.067	0.072
	990401030	载重汽车 8t	台班	—	—	0.005	0.006	0.008
	991003030	电动空气压缩机 $1m^3/min$	台班	0.257	0.355	0.435	0.527	0.622
	991003050	电动空气压缩机 $6m^3/min$	台班	0.002	0.002	0.002	0.002	0.002

工作内容：准备工作，管子切口，坡口加工，坡口磨平，管口组对，焊接，焊缝酸洗，管道安装。

计量单位：10m

编号				8-1-266	8-1-267	8-1-268	8-1-269
项目				管外径（mm 以内）			
				426	478	529	630
名称			单位	消耗量			
人工	000203000	综合二类工	工日	4.065	4.744	5.615	6.659
材料	173115009	铝及铝合金板卷管	m	（9.880）	（9.880）	（9.780）	（9.780）
	031303016	铝锰合金焊丝 丝 321（综合）	kg	0.333	0.374	0.556	0.654
	142909001	氧气	m^3	0.039	0.044	0.044	0.057
	142907002	乙炔气	kg	0.015	0.017	0.017	0.022
	142911001	氩气	m^3	0.904	1.015	1.515	1.777
	340101003	铈钨棒	g	1.809	2.030	3.030	3.554
	031101013	尼龙砂轮片 $\phi100\times16\times3$	片	2.441	2.743	3.539	4.156
	031102004	铁砂布（综合）	张	0.886	1.060	1.107	1.395
	143159001	氢氧化钠（烧碱）	kg	0.646	0.731	0.731	0.935
	143103001	硝酸	kg	0.196	0.228	0.252	0.299
	143175001	重铬酸钾 98%	kg	0.078	0.092	0.102	0.121
	341101001	水	m^3	0.037	0.044	0.048	0.058
	010301007	钢丝 $\phi4.0$	kg	0.039	0.039	0.039	0.039
	092705004	碎布	kg	0.116	0.137	0.149	0.154
	850103006	其他材料费（占材料费）	%	1.000	1.000	1.000	1.000
机械	990912010	氩弧焊机 500A	台班	0.226	0.254	0.367	0.431
	990743010	等离子切割机 400A	台班	0.703	0.788	0.895	1.049
	990304004	汽车式起重机 8t	台班	0.010	0.011	0.014	0.017
	990515010	吊装机械（综合）	台班	0.078	0.085	0.096	0.109
	990401030	载重汽车 8t	台班	0.010	0.011	0.014	0.017
	991003030	电动空气压缩机 $1m^3/min$	台班	0.703	0.788	0.895	1.049
	991003050	电动空气压缩机 $6m^3/min$	台班	0.002	0.003	0.003	0.003

工作内容：准备工作，管子切口，坡口加工，坡口磨平，管口组对，焊接，焊缝酸洗，管道安装。

计量单位：10m

编号				8-1-270	8-1-271	8-1-272	8-1-273
项目				管外径（mm 以内）			
				720	820	920	1020
名称			单位	消耗量			
人工	000203000	综合二类工	工日	7.873	9.581	11.303	13.160
材料	173115009	铝及铝合金板卷管	m	（9.780）	（9.780）	（9.780）	（9.780）
	031303016	铝锰合金焊丝 丝 321（综合）	kg	0.759	1.115	1.252	1.396
	142909001	氧气	m^3	0.060	0.065	0.072	0.097
	142907002	乙炔气	kg	0.023	0.025	0.028	0.037
	142911001	氩气	m^3	2.065	3.031	3.402	3.774
	340101003	铈钨棒	g	4.130	6.062	6.805	7.547
	031101013	尼龙砂轮片 $\phi100\times16\times3$	片	4.834	6.292	7.067	7.841
	031102004	铁砂布（综合）	张	1.552	1.725	1.903	2.086
	143159001	氢氧化钠（烧碱）	kg	1.063	1.204	1.346	1.488
	143103001	硝酸	kg	0.342	0.391	0.437	0.485
	143175001	重铬酸钾 98%	kg	0.138	0.158	0.177	0.196
	341101001	水	m^3	0.065	0.075	0.083	0.092
	010301007	钢丝 $\phi4.0$	kg	0.039	0.039	0.039	0.039
	092705004	碎布	kg	0.170	0.187	0.204	0.221
	850103006	其他材料费（占材料费）	%	1.000	1.000	1.000	1.000
机械	990912010	氩弧焊机 500A	台班	0.501	0.710	0.796	0.883
	990743010	等离子切割机 400A	台班	1.219	1.422	1.595	1.769
	990304004	汽车式起重机 8t	台班	0.019	0.026	0.029	0.032
	990515010	吊装机械（综合）	台班	0.122	0.134	0.145	0.192
	990401030	载重汽车 8t	台班	0.019	0.026	0.029	0.032
	991003030	电动空气压缩机 $1m^3/min$	台班	1.219	1.422	1.595	1.769
	991003050	电动空气压缩机 $6m^3/min$	台班	0.003	0.005	0.005	0.005

21. 铜及铜合金管（氧乙炔焊）

工作内容： 准备工作，管子切口，坡口加工，坡口磨平，管口组对，焊前预热，焊接，管道安装。

计量单位： 10m

编号				8-1-274	8-1-275	8-1-276	8-1-277	8-1-278
项目				管外径（mm以内）				
				20	30	40	50	65
名称			单位	消耗量				
人工	000203000	综合二类工	工日	0.454	0.602	0.737	0.920	1.061
材料	171500004	铜及铜合金管	m	（10.000）	（10.000）	（10.000）	（10.000）	（10.000）
	031303009	铜焊丝（综合）	kg	0.013	0.021	0.029	0.036	0.084
	142909001	氧气	m^3	0.078	0.116	0.167	0.201	0.320
	142907002	乙炔气	kg	0.030	0.045	0.064	0.077	0.123
	031101013	尼龙砂轮片 $\phi100\times16\times3$	片	0.003	0.008	0.010	0.013	0.017
	031101014	尼龙砂轮片 $\phi500\times25\times4$	片	0.005	0.007	0.011	0.013	0.014
	031102004	铁砂布（综合）	张	0.012	0.015	0.026	0.032	0.048
	040329001	硼砂	kg	0.004	0.007	0.009	0.011	0.020
	010301007	钢丝 $\phi4.0$	kg	0.077	0.077	0.077	0.077	0.077
	092705004	碎布	kg	0.103	0.106	0.229	0.229	0.262
	850103006	其他材料费（占材料费）	%	1.000	1.000	1.000	1.000	1.000
机械	990785040	砂轮切割机 $\phi500$	台班	0.001	0.002	0.003	0.004	0.005

工作内容：准备工作，管子切口，坡口加工，坡口磨平，管口组对，焊前预热，焊接，管道安装。

计量单位：10m

		编 号		8-1-279	8-1-280	8-1-281	8-1-282	8-1-283
		项 目		管外径（mm 以内）				
				75	85	100	120	150
		名 称	单位	消 耗 量				
人工	000203000	综合二类工	工日	1.139	1.192	1.331	1.365	1.578
材料	171500004	铜及铜合金管	m	（9.880）	（9.880）	（9.880）	（9.880）	（9.880）
	031303009	铜焊丝（综合）	kg	0.095	0.110	0.175	0.210	0.263
	142909001	氧气	m^3	0.439	0.558	0.677	0.814	1.019
	142907002	乙炔气	kg	0.169	0.215	0.260	0.313	0.392
	031101013	尼龙砂轮片 $\phi100\times16\times3$	片	0.020	0.211	0.399	0.482	0.607
	031101014	尼龙砂轮片 $\phi500\times25\times4$	片	0.016	—	—	—	—
	031102004	铁砂布（综合）	张	0.056	0.056	0.071	0.082	0.109
	040329001	硼砂	kg	0.025	0.030	0.034	0.041	0.051
	010301007	钢丝 $\phi4.0$	kg	0.077	0.077	0.077	0.077	0.077
	092705004	碎布	kg	0.295	0.295	0.318	0.373	0.406
	850103006	其他材料费（占材料费）	%	1.000	1.000	1.000	1.000	1.000
机械	990785040	砂轮切割机 $\phi500$	台班	0.006	—	—	—	—
	990743010	等离子切割机 400A	台班	—	0.016	0.167	0.201	0.251
	991003030	电动空气压缩机 $1m^3/min$	台班	—	0.016	0.167	0.201	0.251
	990304004	汽车式起重机 8t	台班	—	—	0.005	0.006	0.007
	990515010	吊装机械（综合）	台班	—	—	0.065	0.066	0.066
	990401030	载重汽车 8t	台班	—	—	0.005	0.006	0.007

工作内容：准备工作，管子切口，坡口加工，坡口磨平，管口组对，焊前预热，焊接，管道安装。

计量单位：10m

编号				8-1-284	8-1-285	8-1-286	8-1-287
项目				管外径（mm 以内）			
				185	200	250	300
名称			单位	消耗量			
人工	000203000	综合二类工	工日	1.997	2.181	2.609	3.093
材料	171500004	铜及铜合金管	m	（9.880）	（9.880）	（9.880）	（9.880）
	031303009	铜焊丝（综合）	kg	0.325	0.350	0.440	0.527
	142909001	氧气	m^3	1.257	1.359	1.702	2.043
	142907002	乙炔气	kg	0.483	0.523	0.655	0.786
	031101013	尼龙砂轮片 $\phi100\times16\times3$	片	0.752	0.814	1.022	1.230
	031102004	铁砂布（综合）	张	0.145	0.160	0.226	0.292
	040329001	硼砂	kg	0.063	0.068	0.085	0.102
	010301007	钢丝 $\phi4.0$	kg	0.077	0.077	0.077	0.077
	092705004	碎布	kg	0.434	0.436	0.525	0.584
	850103006	其他材料费（占材料费）	%	1.000	1.000	1.000	1.000
机械	990743010	等离子切割机 400A	台班	0.309	0.335	0.418	0.501
	990304004	汽车式起重机 8t	台班	0.009	0.010	0.012	0.018
	990515010	吊装机械（综合）	台班	0.085	0.085	0.118	0.118
	990401030	载重汽车 8t	台班	0.009	0.010	0.012	0.018
	991003030	电动空气压缩机 $1m^3/min$	台班	0.309	0.335	0.418	0.501

22. 铜及铜合金板卷管（氧乙炔焊）

工作内容：准备工作，管子切口，坡口加工，坡口磨平，管口组对，焊前预热，焊接，管道安装。

计量单位：10m

编号				8-1-288	8-1-289	8-1-290	8-1-291
项目				管外径（mm 以内）			
				155	205	255	305
名称			单位	消耗量			
人工	000203000	综合二类工	工日	1.714	2.280	2.830	3.327
材料	173115010	铜及铜合金板卷管	m	（9.980）	（9.980）	（9.980）	（9.980）
	031303009	铜焊丝（综合）	kg	0.296	0.392	0.563	0.674
	142909001	氧气	m^3	0.761	1.005	1.642	1.966
	142907002	乙炔气	kg	0.293	0.387	0.632	0.756
	031101013	尼龙砂轮片 $\phi100\times16\times3$	片	0.464	0.616	1.036	1.242
	031102004	铁砂布（综合）	张	0.243	0.357	0.505	0.604
	040329001	硼砂	kg	0.041	0.053	0.087	0.104
	010301007	钢丝 $\phi4.0$	kg	0.041	0.041	0.041	0.041
	092705004	碎布	kg	0.059	0.072	0.080	0.090
	850103006	其他材料费（占材料费）	%	1.000	1.000	1.000	1.000
机械	990743010	等离子切割机 400A	台班	0.255	0.337	0.426	0.509
	990304004	汽车式起重机 8t	台班	0.006	0.008	0.013	0.015
	990515010	吊装机械（综合）	台班	0.066	0.085	0.118	0.118
	990401030	载重汽车 8t	台班	0.006	0.008	0.013	0.015
	991003030	电动空气压缩机 $1m^3/min$	台班	0.255	0.337	0.426	0.509

工作内容：准备工作，管子切口，坡口加工，坡口磨平，管口组对，焊前预热，焊接，管道安装。

计量单位：10m

编号				8-1-292	8-1-293	8-1-294
项目				管外径（mm 以内）		
				355	405	505
名称			单位	消耗量		
人工	000203000	综合二类工	工日	4.275	5.004	6.228
材料	173115010	铜及铜合金板卷管	m	（9.980）	（9.780）	（9.780）
	031303009	铜焊丝（综合）	kg	0.918	1.047	1.308
	142909001	氧气	m^3	2.339	2.669	3.334
	142907002	乙炔气	kg	0.900	1.027	1.282
	031101013	尼龙砂轮片 $\phi100\times16\times3$	片	2.116	2.419	3.025
	031102004	铁砂布（综合）	张	0.787	0.894	1.231
	040329001	硼砂	kg	0.179	0.204	0.253
	010301007	钢丝 $\phi4.0$	kg	0.041	0.041	0.041
	092705004	碎布	kg	0.098	0.106	0.135
	850103006	其他材料费（占材料费）	%	1.000	1.000	1.000
机械	990743010	等离子切割机 400A	台班	0.615	0.702	0.875
	990304004	汽车式起重机 8t	台班	0.018	0.020	0.025
	990515010	吊装机械（综合）	台班	0.131	0.143	0.156
	990401030	载重汽车 8t	台班	0.018	0.020	0.025
	991003030	电动空气压缩机 $1m^3/min$	台班	0.615	0.702	0.875

23. 成品衬里钢管安装（法兰连接）

工作内容：准备工作，管口组对，法兰连接，管道安装。　　　　**计量单位**：10m

编　号				8-1-295	8-1-296	8-1-297	8-1-298	8-1-299
项　目				公称直径（mm 以内）				
				32	40	50	65	80
名　称			单位	消　耗　量				
人工	000203000	综合二类工	工日	1.714	1.888	2.112	2.226	2.513
材料	172300001	衬里管道（成品）	m	（10.000）	（10.000）	（10.000）	（10.000）	（10.000）
	020112004	无石棉橡胶板 低压 δ0.8～6	kg	0.783	1.175	1.370	1.576	2.277
	143311001	白铅油	kg	0.587	0.587	0.783	0.876	1.226
	140103002	清油 C01-1	kg	0.195	0.195	0.195	0.275	0.350
	092705004	碎布	kg	0.734	0.930	1.008	1.039	1.096
	850103006	其他材料费（占材料费）	%	1.000	1.000	1.000	1.000	1.000

工作内容：准备工作，管口组对，法兰连接，管道安装。　　　　**计量单位**：10m

编　号				8-1-300	8-1-301	8-1-302	8-1-303	8-1-304
项　目				公称直径（mm 以内）				
				100	125	150	200	250
名　称			单位	消　耗　量				
人工	000203000	综合二类工	工日	2.975	3.106	3.492	4.353	5.412
材料	172300001	衬里管道（成品）	m	（10.000）	（10.000）	（10.000）	（10.000）	（10.000）
	020112004	无石棉橡胶板 低压 δ0.8～6	kg	2.976	4.025	4.279	4.289	4.363
	143311001	白铅油	kg	1.750	2.101	2.140	2.210	2.217
	140103002	清油 C01-1	kg	0.350	0.350	0.459	0.390	0.444
	092705004	碎布	kg	1.394	1.443	1.542	1.708	1.917
	850103006	其他材料费（占材料费）	%	1.000	1.000	1.000	1.000	1.000
机械	990304004	汽车式起重机 8t	台班	0.003	0.003	0.004	0.007	0.011
	990515010	吊装机械（综合）	台班	0.024	0.028	0.028	0.036	0.051
	990401030	载重汽车 8t	台班	0.003	0.003	0.004	0.007	0.011

工作内容：准备工作，管口组对，法兰连接，管道安装。　　**计量单位：**10m

编　号				8-1-305	8-1-306	8-1-307	8-1-308	8-1-309
项　目				公称直径（mm 以内）				
				300	350	400	450	500
名　称			单位	消　耗　量				
人工	000203000	综合二类工	工日	6.336	6.675	7.470	8.163	9.368
材料	172300001	衬里管道（成品）	m	（10.000）	（10.000）	（10.000）	（10.000）	（10.000）
	020112004	无石棉橡胶板 低压 δ0.8～6	kg	4.435	4.875	6.229	7.312	7.492
	143311001	白铅油	kg	2.270	2.257	2.708	2.708	2.979
	140103002	清油 C01-1	kg	0.554	0.451	0.542	0.542	0.542
	092705004	碎布	kg	2.020	2.093	2.271	2.494	2.829
	850103006	其他材料费（占材料费）	%	1.000	1.000	1.000	1.000	1.000
机械	990304004	汽车式起重机 8t	台班	0.014	0.020	0.022	0.028	0.031
	990515010	吊装机械（综合）	台班	0.051	0.056	0.061	0.067	0.067
	990401030	载重汽车 8t	台班	0.014	0.020	0.022	0.028	0.031

24. 金属软管安装（螺纹连接）

工作内容：准备工作，软管清理检查，管口连接，管道安装。　　**计量单位：**根

编　号				8-1-310	8-1-311	8-1-312	8-1-313	8-1-314	8-1-315
项　目				公称直径（mm 以内）					
				15	20	25	32	40	50
名　称			单位	消　耗　量					
人工	000203000	综合二类工	工日	0.175	0.187	0.199	0.211	0.233	0.270
材料	171900001	金属软管（综合）	根	（1.000）	（1.000）	（1.000）	（1.000）	（1.000）	（1.000）
	340203007	聚四氟乙烯生料带（综合）	m	0.004	0.006	0.008	0.012	0.016	0.024
	140303001	机油（综合）	kg	0.010	0.012	0.014	0.016	0.020	0.023
	092705004	碎布	kg	0.081	0.082	0.179	0.179	0.204	0.204
	850103006	其他材料费（占材料费）	%	1.000	1.000	1.000	1.000	1.000	1.000

25. 金属软管安装（法兰连接）

工作内容： 准备工作，软管清理检查，管口连接，螺栓涂二硫化钼，管道安装。　　**计量单位：** 根

编号				8-1-316	8-1-317	8-1-318	8-1-319	8-1-320
项目				公称直径（mm 以内）				
				15	20	25	32	40
名称			单位	消耗量				
人工	000203000	综合二类工	工日	0.194	0.202	0.213	0.249	0.270
材料	171900001	金属软管（综合）	根	（1.000）	（1.000）	（1.000）	（1.000）	（1.000）
	020112004	无石棉橡胶板 低压 δ0.8～6	kg	0.092	0.122	0.153	0.196	0.294
	143121001	二硫化钼	kg	0.002	0.002	0.002	0.002	0.002
	092705004	碎布	kg	0.081	0.082	0.179	0.179	0.204
	850103006	其他材料费（占材料费）	%	1.000	1.000	1.000	1.000	1.000

工作内容： 准备工作，软管清理检查，管口连接，螺栓涂二硫化钼，管道安装。　　**计量单位：** 根

编号				8-1-321	8-1-322	8-1-323	8-1-324	8-1-325
项目				公称直径（mm 以内）				
				50	65	80	100	125
名称			单位	消耗量				
人工	000203000	综合二类工	工日	0.303	0.343	0.354	0.392	0.441
材料	171900001	金属软管（综合）	根	（1.000）	（1.000）	（1.000）	（1.000）	（1.000）
	020112004	无石棉橡胶板 低压 δ0.8～6	kg	0.343	0.394	0.569	0.744	1.006
	143121001	二硫化钼	kg	0.002	0.003	0.003	0.006	0.008
	092705004	碎布	kg	0.204	0.030	0.035	0.035	0.313
	850103006	其他材料费（占材料费）	%	1.000	1.000	1.000	1.000	1.000
机械	990304004	汽车式起重机 8t	台班	—	—	—	0.002	0.002
	990515010	吊装机械（综合）	台班	—	—	—	0.010	0.010
	990401030	载重汽车 8t	台班	—	—	—	0.002	0.002

工作内容：准备工作，软管清理检查，管口连接，螺栓涂二硫化钼，管道安装。　　　　**计量单位：**根

编号				8-1-326	8-1-327	8-1-328	8-1-329
项目				公称直径（mm 以内）			
				150	200	250	300
名称			单位	消耗量			
人工	000203000	综合二类工	工日	0.497	0.684	0.845	1.038
材料	171900001	金属软管（综合）	根	（1.000）	（1.000）	（1.000）	（1.000）
	020112004	无石棉橡胶板 低压 δ0.8～6	kg	1.070	1.072	1.091	1.109
	143121001	二硫化钼	kg	0.008	0.008	0.018	0.018
	092705004	碎布	kg	0.331	0.442	0.460	0.506
	850103006	其他材料费（占材料费）	%	1.000	1.000	1.000	1.000
机械	990304004	汽车式起重机 8t	台班	0.004	0.006	0.008	0.010
	990515010	吊装机械（综合）	台班	0.012	0.017	0.021	0.024
	990401030	载重汽车 8t	台班	0.004	0.006	0.008	0.010

26. 塑料管（承插粘接）

工作内容：准备工作，管子切口，管口组对，粘接，管道安装。　　　　**计量单位：**10m

编号				8-1-330	8-1-331	8-1-332	8-1-333
项目				管外径（mm 以内）			
				20	25	32	40
名称			单位	消耗量			
人工	000203000	综合二类工	工日	0.328	0.345	0.369	0.407
材料	172500032	承插塑料管	m	（10.000）	（10.000）	（10.000）	（10.000）
	144100002	胶粘剂	kg	0.004	0.005	0.007	0.008
	031541002	锯条（综合）	根	0.012	0.015	0.019	0.024
	143315001	丙酮	kg	0.006	0.008	0.010	0.012
	092705004	碎布	kg	0.052	0.058	0.068	0.080
	850103006	其他材料费（占材料费）	%	1.000	1.000	1.000	1.000

工作内容：准备工作，管子切口，管口组对，粘接，管道安装。 计量单位：10m

编号				8-1-334	8-1-335	8-1-336
项目				管外径（mm 以内）		
				50	75	90
名称			单位	消耗量		
人工	000203000	综合二类工	工日	0.507	0.675	0.722
材料	172500032	承插塑料管	m	（10.000）	（10.000）	（10.000）
	144100002	胶粘剂	kg	0.010	0.016	0.019
	143315001	丙酮	kg	0.015	0.023	0.028
	092705004	碎布	kg	0.086	0.132	0.157
	031102004	铁砂布（综合）	张	1.000	1.500	1.500
	850103006	其他材料费（占材料费）	%	1.000	1.000	1.000
机械	990706010	木工圆锯机 500mm	台班	—	0.001	0.001

27. 塑料管（热熔焊）

工作内容：准备工作，管子切口，管口组对，热熔连接，管道安装。 计量单位：10m

编号				8-1-337	8-1-338	8-1-339	8-1-340	8-1-341
项目				管外径（mm 以内）				
				20	25	32	40	50
名称			单位	消耗量				
人工	000203000	综合二类工	工日	0.345	0.472	0.577	0.660	0.740
材料	172500002	塑料管（综合）	m	（10.000）	（10.000）	（10.000）	（10.000）	（10.000）
	092705004	碎布	kg	0.048	0.053	0.062	0.073	0.077
	031541002	锯条（综合）	根	0.012	0.015	0.019	0.024	—
	031102004	铁砂布（综合）	张	—	—	—	—	1.000
	850103006	其他材料费（占材料费）	%	1.000	1.000	1.000	1.000	1.000
机械	990911030	热熔对接焊机 630mm	台班	0.075	0.091	0.116	0.158	0.213
	990706010	木工圆锯机 500mm	台班	—	—	—	—	0.002

工作内容：准备工作，管子切口，管口组对，热熔连接，管道安装。 计量单位：10m

编号				8-1-342	8-1-343	8-1-344	8-1-345
项目				管外径（mm 以内）			
				75	90	110	125
名称			单位	消耗量			
人工	000203000	综合二类工	工日	0.859	0.918	1.129	1.292
材料	172500002	塑料管（综合）	m	（10.000）	（10.000）	（10.000）	（10.000）
	092705004	碎布	kg	0.119	0.142	0.166	0.202
	031102004	铁砂布（综合）	张	1.500	1.500	1.500	2.000
	850103006	其他材料费（占材料费）	%	1.000	1.000	1.000	1.000
机械	990706010	木工圆锯机 500mm	台班	0.002	0.002	0.002	0.002
	990911030	热熔对接焊机 630mm	台班	0.321	0.424	0.551	0.572
	990304004	汽车式起重机 8t	台班	—	0.001	0.001	0.001
	990401030	载重汽车 8t	台班	—	0.001	0.001	0.001

工作内容：准备工作，管子切口，管口组对，热熔连接，管道安装。 计量单位：10m

编号				8-1-346	8-1-347	8-1-348	8-1-349
项目				管外径（mm 以内）			
				150	180	200	250
名称			单位	消耗量			
人工	000203000	综合二类工	工日	1.533	1.850	2.130	2.644
材料	172500002	塑料管（综合）	m	（10.000）	（10.000）	（10.000）	（10.000）
	092705004	碎布	kg	0.263	0.346	0.468	0.602
	031102004	铁砂布（综合）	张	2.000	2.000	2.000	2.500
	850103006	其他材料费（占材料费）	%	1.000	1.000	1.000	1.000
机械	990304004	汽车式起重机 8t	台班	0.001	0.001	0.001	0.001
	990401030	载重汽车 8t	台班	0.001	0.001	0.001	0.001
	990706010	木工圆锯机 500mm	台班	0.002	0.002	0.005	0.005
	990911030	热熔对接焊机 630mm	台班	0.844	0.895	1.217	1.579

28. 金属骨架复合管（热熔焊）

工作内容：准备工作，管子切口，管口组对，热熔连接，管道安装。　　计量单位：10m

编号				8-1-350	8-1-351	8-1-352	8-1-353	8-1-354	8-1-355
项目				管外径（mm 以内）					
				20	25	32	40	50	75
名称			单位	消耗量					
人工	000203000	综合二类工	工日	0.580	0.621	0.688	0.782	1.201	1.625
材料	173101001	金属骨架复合管	m	（10.000）	（10.000）	（10.000）	（10.000）	（10.000）	（10.000）
	031102004	铁砂布（综合）	张	0.400	0.400	0.450	0.500	1.000	1.500
	031541002	锯条（综合）	根	0.012	0.015	0.019	0.024	0.024	0.027
	092705004	碎布	kg	0.048	0.053	0.062	0.073	0.077	0.119
	850103006	其他材料费（占材料费）	%	1.000	1.000	1.000	1.000	1.000	1.000
机械	990911030	热熔对接焊机 630mm	台班	0.050	0.061	0.078	0.106	0.143	0.215
	990706010	木工圆锯机 500mm	台班	0.001	0.001	0.001	0.001	0.001	0.001

工作内容：准备工作，管子切口，管口组对，热熔连接，管道安装。　　计量单位：10m

编号				8-1-356	8-1-357	8-1-358	8-1-359	8-1-360
项目				管外径（mm 以内）				
				90	110	125	150	180
名称			单位	消耗量				
人工	000203000	综合二类工	工日	1.847	2.301	2.563	3.198	3.571
材料	173101001	金属骨架复合管	m	（10.000）	（10.000）	（10.000）	（10.000）	（10.000）
	031102004	铁砂布（综合）	张	1.500	2.035	2.678	3.560	4.132
	031541002	锯条（综合）	根	0.030	0.033	0.038	0.044	0.050
	092705004	碎布	kg	0.142	0.174	0.234	0.285	0.325
	850103006	其他材料费（占材料费）	%	1.000	1.000	1.000	1.000	1.000
机械	990911030	热熔对接焊机 630mm	台班	0.285	0.369	0.384	0.567	0.600
	990706010	木工圆锯机 500mm	台班	0.001	0.001	0.001	0.001	0.003
	990304004	汽车式起重机 8t	台班	—	0.001	0.001	0.001	0.001
	990401030	载重汽车 8t	台班	—	0.001	0.001	0.001	0.001

工作内容：准备工作，管子切口，管口组对，热熔连接，管道安装。 计量单位：10m

编号				8-1-361	8-1-362	8-1-363	8-1-364	8-1-365
项目				管外径（mm 以内）				
				200	250	300	400	500
名称			单位	消耗量				
人工	000203000	综合二类工	工日	3.975	5.814	6.280	8.164	10.613
材料	173101001	金属骨架复合管	m	（10.000）	（10.000）	（10.000）	（10.000）	（10.000）
	031102004	铁砂布（综合）	张	4.675	5.223	5.748	6.432	7.778
	031541002	锯条（综合）	根	0.058	0.067	0.074	0.089	0.100
	092705004	碎布	kg	0.387	0.435	0.500	0.587	0.783
	850103006	其他材料费（占材料费）	%	1.000	1.000	1.000	1.000	1.000
机械	990911030	热熔对接焊机 630mm	台班	0.816	0.893	1.000	1.136	1.250
	990706010	木工圆锯机 500mm	台班	0.003	0.003	0.003	0.004	0.005
	990304004	汽车式起重机 8t	台班	0.001	0.001	0.001	0.001	0.001
	990401030	载重汽车 8t	台班	0.001	0.001	0.001	0.001	0.001

29. 玻璃钢管（胶泥）

工作内容：准备工作，管子切口，坡口加工，管口连接，管道安装。 计量单位：10m

编号				8-1-366	8-1-367	8-1-368	8-1-369
项目				公称直径（mm 以内）			
				25	40	50	80
名称			单位	消耗量			
人工	000203000	综合二类工	工日	0.419	0.621	0.782	1.105
材料	173000001	玻璃钢管	m	（10.000）	（10.000）	（10.000）	（10.000）
	031101014	尼龙砂轮片 $\phi500\times25\times4$	片	0.006	0.013	0.018	0.028
	144307004	万能胶 环氧树脂	kg	0.007	0.013	0.017	0.026
	801500003	胶泥	kg	0.455	0.726	0.908	1.452
	143179001	乙二胺	kg	0.003	0.003	0.003	0.003
	150702003	玻璃布 $\delta0.2$	m^2	0.079	0.125	0.155	0.248
	092705004	碎布	kg	0.034	0.039	0.056	0.078
	850103006	其他材料费（占材料费）	%	1.000	1.000	1.000	1.000
机械	990785040	砂轮切割机 $\phi500$	台班	0.002	0.003	0.003	0.006

工作内容：准备工作，管子切口，坡口加工，管口连接，管道安装。 **计量单位**：10m

编号				8-1-370	8-1-371	8-1-372
项目				公称直径（mm 以内）		
				100	125	150
名称			单位	消耗量		
人工	000203000	综合二类工	工日	1.376	1.765	2.129
材料	173000001	玻璃钢管	m	（10.000）	（10.000）	（10.000）
	031101014	尼龙砂轮片 $\phi500\times25\times4$	片	0.041	0.048	0.058
	144307004	万能胶 环氧树脂	kg	0.033	0.040	0.046
	801500003	胶泥	kg	1.726	1.924	2.779
	143179001	乙二胺	kg	0.003	0.003	0.003
	150702003	玻璃布 $\delta0.2$	m^2	0.310	0.389	0.465
	092705004	碎布	kg	0.092	0.100	0.130
	850103006	其他材料费（占材料费）	%	1.000	1.000	1.000
机械	990785040	砂轮切割机 $\phi500$	台班	0.007	0.009	0.011
	990304004	汽车式起重机 8t	台班	0.001	0.001	0.001
	990401030	载重汽车 8t	台班	0.001	0.001	0.001

30. 玻璃钢管（环氧树脂）

工作内容：准备工作，管子切口，坡口加工，管口组对，树脂填充，接口补强，管道安装。**计量单位：**10m

编号				8-1-373	8-1-374	8-1-375	8-1-376	8-1-377	8-1-378
项目				公称直径（mm 以内）					
				25	40	50	80	100	125
名称			单位	消耗量					
人工	000203000	综合二类工	工日	0.337	0.543	0.673	1.088	1.346	1.692
材料	173000001	玻璃钢管	m	（10.000）	（10.000）	（10.000）	（10.000）	（10.000）	（10.000）
	142107001	环氧树脂	kg	0.150	0.200	0.275	0.550	0.675	1.075
	031101013	尼龙砂轮片 $\phi100\times16\times3$	片	0.006	0.010	0.012	0.019	0.024	0.030
	092705004	碎布	kg	0.044	0.047	0.047	0.051	0.055	0.062
	031102005	铁砂布 $0^{\#}\sim2^{\#}$	张	0.100	0.106	0.171	0.212	0.343	0.384
	040915006	石英粉	kg	0.012	0.014	0.023	0.028	0.045	0.051
	143345001	邻苯二甲酸二丁酯	kg	0.001	0.002	0.002	0.003	0.004	0.005
	143315001	丙酮	kg	0.038	0.061	0.076	0.123	0.152	0.191
	143179001	乙二胺	kg	0.008	0.013	0.016	0.026	0.032	0.040
	150702003	玻璃布 $\delta0.2$	m^2	1.009	1.631	2.018	3.261	4.035	5.074
	850103006	其他材料费（占材料费）	%	1.000	1.000	1.000	1.000	1.000	1.000
机械	990304004	汽车式起重机 8t	台班	—	—	—	—	0.007	0.007
	990401030	载重汽车 8t	台班	—	—	—	—	0.007	0.007
	990785040	砂轮切割机 $\phi500$	台班	0.002	0.002	0.002	0.005	0.005	0.005

工作内容：准备工作，管子切口，坡口加工，管口组对，树脂填充，接口补强，管道安装。**计量单位**：10m

编号				8-1-379	8-1-380	8-1-381	8-1-382	8-1-383	8-1-384
项目				公称直径（mm 以内）					
				150	200	250	300	400	500
名称			单位	消耗量					
人工	000203000	综合二类工	工日	2.038	2.688	3.394	4.031	5.432	6.724
材料	173000001	玻璃钢管	m	（10.000）	（10.000）	（10.000）	（10.000）	（10.000）	（10.000）
	142107001	环氧树脂	kg	1.475	1.950	2.925	3.900	6.450	8.825
	031101013	尼龙砂轮片 $\phi100 \times 16 \times 3$	片	0.036	0.048	0.061	0.072	0.097	0.120
	092705004	碎布	kg	0.067	0.081	0.092	0.104	0.117	0.128
	031102005	铁砂布 $0^{\#}$～$2^{\#}$	张	0.424	0.642	0.848	1.070	1.271	1.712
	040915006	石英粉	kg	0.056	0.085	0.112	0.141	0.168	0.226
	143345001	邻苯二甲酸二丁酯	kg	0.006	0.008	0.010	0.012	0.016	0.020
	143315001	丙酮	kg	0.230	0.304	0.384	0.456	0.614	0.760
	143179001	乙二胺	kg	0.048	0.064	0.081	0.096	0.129	0.160
	150702003	玻璃布 $\delta0.2$	m^2	6.113	8.070	10.188	12.103	16.299	20.170
	850103006	其他材料费（占材料费）	%	1.000	1.000	1.000	1.000	1.000	1.000
机械	990304004	汽车式起重机 8t	台班	0.007	0.007	0.012	0.012	0.015	0.018
	990401030	载重汽车 8t	台班	0.007	0.007	0.012	0.012	0.015	0.018
	990785040	砂轮切割机 $\phi500$	台班	0.006	0.010	0.013	0.016	0.019	0.023

31. 螺旋卷管（氩电联焊）

工作内容：准备工作，管子切口，坡口加工，坡口磨平，管口组对，焊接，管口封闭，管道安装。

计量单位：10m

编号				8-1-385	8-1-386	8-1-387	8-1-388
项目				公称直径（mm 以内）			
				200	250	300	350
名称			单位	消耗量			
人工	000203000	综合二类工	工日	1.185	1.389	1.626	1.912
材料	173115008	低压螺旋卷管	m	（9.287）	（9.287）	（9.287）	（9.287）
	031301009	低碳钢焊条 J427（综合）	kg	0.317	0.394	0.469	0.963
	031303008	碳钢氩弧焊丝	kg	0.054	0.054	0.080	0.093
	142909001	氧气	m^3	0.327	0.434	0.518	0.618
	142907002	乙炔气	kg	0.126	0.167	0.199	0.238
	142911001	氩气	m^3	0.151	0.151	0.151	0.261
	340101003	铈钨棒	g	0.301	0.301	0.301	0.522
	031101013	尼龙砂轮片 $\phi100 \times 16 \times 3$	片	0.507	0.716	0.716	0.974
	012100002	角钢（综合）	kg	0.064	0.064	0.064	0.064
	092705004	碎布	kg	0.038	0.048	0.057	0.066
	850103006	其他材料费（占材料费）	%	1.000	1.000	1.000	1.000
机械	990900010	电焊机（综合）	台班	0.082	0.084	0.087	0.180
	990912010	氩弧焊机 500A	台班	0.071	0.071	0.071	0.122
	990304004	汽车式起重机 8t	台班	0.012	0.018	0.021	0.025
	990515010	吊装机械（综合）	台班	0.064	0.069	0.073	0.079
	990401030	载重汽车 8t	台班	0.012	0.018	0.021	0.025
	990919030	电焊条烘干箱 $60 \times 50 \times 75cm^3$	台班	0.008	0.008	0.008	0.018
	990920010	电焊条恒温箱	台班	0.008	0.008	0.008	0.018

工作内容：准备工作，管子切口，坡口加工，坡口磨平，管口组对，焊接，管口封闭，管道安装。

计量单位：10m

编号				8-1-389	8-1-390	8-1-391
项目				公称直径（mm 以内）		
				400	450	500
名称			单位	消耗量		
人工	000203000	综合二类工	工日	2.243	2.794	3.310
材料	173115008	低压螺旋卷管	m	（9.287）	（9.193）	（9.193）
	031301009	低碳钢焊条 J427（综合）	kg	1.089	1.229	1.250
	031303008	碳钢氩弧焊丝	kg	0.106	0.120	0.349
	142909001	氧气	m^3	0.651	0.710	0.738
	142907002	乙炔气	kg	0.250	0.273	0.284
	142911001	氩气	m^3	0.296	0.335	0.349
	340101003	铈钨棒	g	0.592	0.670	0.681
	031101013	尼龙砂轮片 $\phi100\times16\times3$	片	1.304	1.476	1.670
	012100002	角钢（综合）	kg	0.064	0.064	0.064
	092705004	碎布	kg	0.072	0.079	0.087
	850103006	其他材料费（占材料费）	%	1.000	1.000	1.000
机械	990900010	电焊机（综合）	台班	0.203	0.228	0.289
	990912010	氩弧焊机 500A	台班	0.139	0.157	0.178
	990304004	汽车式起重机 8t	台班	0.028	0.036	0.039
	990515010	吊装机械（综合）	台班	0.084	0.091	0.104
	990401030	载重汽车 8t	台班	0.028	0.036	0.039
	990919030	电焊条烘干箱 $60\times50\times75cm^3$	台班	0.020	0.023	0.029
	990920010	电焊条恒温箱	台班	0.020	0.023	0.029

32. 法兰铸铁管（法兰连接）

工作内容： 准备工作，管子切口，管口组对，法兰连接，管道安装。 **计量单位：** 10m

编号				8-1-392	8-1-393	8-1-394	8-1-395	8-1-396	8-1-397
项目				公称直径（mm 以内）					
				75	100	125	150	200	250
名称			单位	消耗量					
人工	000203000	综合二类工	工日	0.963	1.021	1.219	1.391	1.698	2.219
材料	171101001	法兰铸铁管	m	（10.000）	（10.000）	（10.000）	（10.000）	（10.000）	（10.000）
	020501012	胶圈 $\phi100$	个	2.575	2.575	—	—	—	—
	180115002	支撑圈 $DN100$	套	2.575	2.575	—	—	—	—
	143311001	白铅油	kg	0.239	0.341	0.409	0.595	0.753	0.826
	031507018	镀锌铁丝 $\phi2.8 \sim 4.0$	kg	0.051	0.060	0.060	0.060	0.060	0.060
	031507010	镀锌铁丝 $\phi0.7 \sim 1.2$	kg	0.020	0.024	0.028	0.028	0.034	0.047
	092705004	碎布	kg	0.309	0.380	0.420	0.483	0.508	0.554
	020501013	胶圈 $\phi150$	个	—	—	2.575	2.575	—	—
	180115003	支撑圈 $DN150$	套	—	—	2.575	2.575	—	—
	020501014	胶圈 $\phi200$	个	—	—	—	—	2.575	—
	180115004	支撑圈 $DN200$	套	—	—	—	—	2.575	—
	020501015	胶圈 $\phi300$	个	—	—	—	—	—	2.575
	180115005	支撑圈 $DN300$	套	—	—	—	—	—	2.575
	850103006	其他材料费（占材料费）	%	1.000	1.000	1.000	1.000	1.000	1.000
机械	990304004	汽车式起重机 8t	台班	0.009	0.011	0.018	0.018	0.021	0.028
	990401030	载重汽车 8t	台班	0.009	0.011	0.018	0.018	0.021	0.028

工作内容：准备工作，管子切口，管口组对，法兰连接，管道安装。 **计量单位：**10m

编号				8-1-398	8-1-399	8-1-400	8-1-401	8-1-402	8-1-403
项目				公称直径（mm 以内）					
				300	350	400	450	500	600
名称			单位	消耗量					
人工	000203000	综合二类工	工日	2.542	3.368	3.793	4.783	5.284	6.700
材料	171101001	法兰铸铁管	m	（10.000）	（10.000）	（10.000）	（10.000）	（10.000）	（10.000）
	143311001	白铅油	kg	0.908	0.734	0.891	0.891	0.980	—
	031507018	镀锌铁丝 $\phi2.8\sim4.0$	kg	0.060	0.077	0.077	0.077	0.077	0.077
	031507010	镀锌铁丝 $\phi0.7\sim1.2$	kg	0.048	0.062	0.062	0.076	0.076	0.096
	092705004	碎布	kg	0.615	0.697	0.714	0.748	0.806	0.921
	022305003	碳精棒（综合）	kg	—	—	0.075	0.094	0.094	0.113
	020501017	胶圈 $\phi500$	个	—	—	—	2.575	2.575	—
	180115007	支撑圈 $DN500$	套	—	—	—	2.575	2.575	—
	020501018	胶圈 $\phi600$	个	—	—	—	—	—	2.575
	180115008	支撑圈 $DN600$	套	—	—	—	—	—	2.575
	040915003	黑铅粉	kg	—	—	—	—	—	0.172
	020501015	胶圈 $\phi300$	个	2.575	—	—	—	—	—
	180115005	支撑圈 $DN300$	套	2.575	—	—	—	—	—
	020501016	胶圈 $\phi400$	个	—	2.575	2.575	—	—	—
	180115006	支撑圈 $DN400$	套	—	2.575	2.575	—	—	—
	850103006	其他材料费（占材料费）	%	1.000	1.000	1.000	1.000	1.000	1.000
机械	990304004	汽车式起重机 8t	台班	0.036	0.044	0.053	0.063	0.073	0.097
	990401030	载重汽车 8t	台班	0.036	0.044	0.053	0.063	0.073	0.097
	990900010	电焊机（综合）	台班	—	—	0.023	0.029	0.029	0.035
	991003020	电动空气压缩机 $0.6m^3/min$	台班	—	—	0.025	0.031	0.031	0.037

33. 直埋保温管（氩电联焊）

工作内容： 准备工作，管子切口，坡口加工，坡口磨平，管口组对，焊接，管口封闭，管道安装。

计量单位： 10m

编号				8-1-404	8-1-405	8-1-406	8-1-407	8-1-408
项目				公称直径（mm 以内）				
				100	200	250	300	350
	名称		单位	消耗量				
人工	000203000	综合二类工	工日	0.884	1.475	1.720	2.043	2.490
材料	170001003	低压直埋保温管	m	（9.287）	（9.287）	（9.287）	（9.287）	（9.287）
	031301009	低碳钢焊条 J427（综合）	kg	0.237	0.473	0.586	0.699	1.434
	031303005	碳钢焊丝	kg	0.040	0.080	0.080	0.119	0.138
	142909001	氧气	m^3	0.280	0.560	0.728	0.884	1.045
	142907002	乙炔气	kg	0.108	0.215	0.280	0.340	0.402
	142911001	氩气	m^3	0.112	0.224	0.224	0.224	0.389
	031101013	尼龙砂轮片 $\phi100\times16\times3$	片	0.377	0.754	1.065	1.065	1.448
	012100002	角钢（综合）	kg	0.064	0.128	0.128	0.128	0.128
	340101003	铈钨棒	g	0.224	0.449	0.449	0.449	0.777
	092705004	碎布	kg	0.022	0.044	0.054	0.064	0.073
	850103006	其他材料费（占材料费）	%	1.000	1.000	1.000	1.000	1.000
机械	990304004	汽车式起重机 8t	台班	0.009	0.016	0.026	0.033	0.047
	990515010	吊装机械（综合）	台班	0.035	0.058	0.082	0.082	0.091
	990401030	载重汽车 8t	台班	0.009	0.016	0.026	0.033	0.047
	990912010	氩弧焊机 500A	台班	0.074	0.124	0.124	0.124	0.216
	990900010	电焊机（综合）	台班	0.075	0.125	0.151	0.186	0.251
	990919030	电焊条烘干箱 $60\times50\times75cm^3$	台班	0.008	0.013	0.015	0.018	0.025
	990920010	电焊条恒温箱	台班	0.008	0.013	0.015	0.018	0.025

工作内容：准备工作，管子切口，坡口加工，坡口磨平，管口组对，焊接，管口封闭，管道安装。

计量单位：10m

编　号				8-1-409	8-1-410	8-1-411	8-1-412	8-1-413
项　目				公称直径（mm 以内）				
				400	450	500	600	700
名　称			单位	消　耗　量				
人工	000203000	综合二类工	工日	3.105	3.801	4.434	4.795	5.627
材料	170001003	低压直埋保温管	m	（9.287）	（9.193）	（9.193）	（9.193）	（9.090）
	031301009	低碳钢焊条 J427（综合）	kg	1.623	1.830	1.862	3.962	6.264
	031303005	碳钢焊丝	kg	0.158	0.179	0.181	0.219	0.252
	142909001	氧气	m^3	1.111	1.199	1.256	2.644	2.950
	142907002	乙炔气	kg	0.427	0.461	0.483	1.017	1.135
	142911001	氩气	m^3	0.441	0.498	0.519	0.614	0.704
	031101013	尼龙砂轮片 $\phi100\times16\times3$	片	1.939	2.194	2.482	2.658	2.733
	012100002	角钢（综合）	kg	0.128	0.128	0.128	0.128	0.142
	340101003	铈钨棒	g	0.883	0.998	1.014	1.228	1.409
	092705004	碎布	kg	0.082	0.092	0.101	0.123	0.140
	850103006	其他材料费（占材料费）	%	1.000	1.000	1.000	1.000	1.000
机械	990304004	汽车式起重机 8t	台班	0.052	0.065	0.071	0.078	0.087
	990515010	吊装机械（综合）	台班	0.099	0.107	0.107	0.108	0.119
	990401030	载重汽车 8t	台班	0.052	0.065	0.071	0.078	0.087
	990912010	氩弧焊机 500A	台班	0.245	0.277	0.314	0.317	0.319
	990900010	电焊机（综合）	台班	0.288	0.323	0.357	0.784	0.937
	990919030	电焊条烘干箱 $60\times50\times75cm^3$	台班	0.029	0.032	0.036	0.078	0.094
	990920010	电焊条恒温箱	台班	0.029	0.032	0.036	0.078	0.094
	990744010	半自动切割机 100mm	台班	—	—	—	0.042	0.044

工作内容：准备工作，管子切口，坡口加工，坡口磨平，管口组对，焊接，管口封闭，管道安装。

计量单位：10m

编号				8-1-414	8-1-415	8-1-416	8-1-417
项目				公称直径（mm 以内）			
				800	900	1000	1200
名称			单位	消耗量			
人工	000203000	综合二类工	工日	6.443	7.227	8.084	9.858
材料	170001003	低压直埋保温管	m	（9.090）	（9.090）	（8.996）	（8.996）
	031301009	低碳钢焊条 J427（综合）	kg	8.031	9.022	11.134	17.502
	031303005	碳钢焊丝	kg	0.305	0.322	0.356	0.410
	142909001	氧气	m^3	3.632	4.038	4.799	7.685
	142907002	乙炔气	kg	1.397	1.553	1.846	2.956
	142911001	氩气	m^3	0.854	0.900	0.994	1.148
	031101013	尼龙砂轮片 $\phi100\times16\times3$	片	2.765	1.742	2.167	3.496
	012100002	角钢（综合）	kg	0.142	0.142	0.142	0.224
	340101003	铈钨棒	g	1.709	1.800	1.989	2.296
	092705004	碎布	kg	0.160	0.180	0.218	0.262
	850103006	其他材料费（占材料费）	%	1.000	1.000	1.000	1.000
机械	990304004	汽车式起重机 8t	台班	0.098	0.109	0.134	0.145
	990515010	吊装机械（综合）	台班	0.152	0.159	0.211	0.227
	990401030	载重汽车 8t	台班	0.098	0.109	0.134	0.145
	990744010	半自动切割机 100mm	台班	0.046	0.055	0.060	0.074
	990912010	氩弧焊机 500A	台班	0.321	0.333	0.368	0.424
	990900010	电焊机（综合）	台班	1.071	1.202	1.347	2.125
	990919030	电焊条烘干箱 $60\times50\times75cm^3$	台班	0.107	0.120	0.135	0.213
	990920010	电焊条恒温箱	台班	0.107	0.120	0.135	0.213

34. 钢套钢直埋保温管（氩电联焊）

工作内容： 准备工作，管子切口，坡口加工，坡口磨平，管口组对，焊接，管口封闭，管道安装。

计量单位： 10m

编　号				8-1-418	8-1-419	8-1-420	8-1-421	8-1-422
项　目				公称直径（mm 以内）				
				100	200	250	300	350
名　称			单位	消　耗　量				
人工	000203000	综合二类工	工日	1.143	1.904	2.222	2.639	3.216
材料	170001004	低压钢套钢保温管	m	（9.287）	（9.287）	（9.287）	（9.287）	（9.287）
	031301009	低碳钢焊条 J427（综合）	kg	0.237	0.473	0.586	0.699	1.434
	031303005	碳钢焊丝	kg	0.040	0.080	0.080	0.119	0.138
	142909001	氧气	m^3	0.280	0.560	0.728	0.884	1.045
	142907002	乙炔气	kg	0.108	0.215	0.280	0.340	0.402
	142911001	氩气	m^3	0.112	0.224	0.224	0.224	0.389
	031101013	尼龙砂轮片 $\phi100\times16\times3$	片	0.377	0.754	1.065	1.065	1.448
	012100002	角钢（综合）	kg	0.064	0.128	0.128	0.128	0.128
	340101003	铈钨棒	g	0.224	0.449	0.449	0.449	0.777
	092705004	碎布	kg	0.022	0.044	0.054	0.064	0.073
	850103006	其他材料费（占材料费）	%	1.000	1.000	1.000	1.000	1.000
机械	990304004	汽车式起重机 8t	台班	0.012	0.020	0.033	0.043	0.060
	990515010	吊装机械（综合）	台班	0.042	0.075	0.106	0.106	0.118
	990401030	载重汽车 8t	台班	0.012	0.020	0.033	0.043	0.060
	990912010	氩弧焊机 500A	台班	0.090	0.160	0.160	0.160	0.279
	990900010	电焊机（综合）	台班	0.091	0.161	0.195	0.240	0.324
	990919030	电焊条烘干箱 $60\times50\times75cm^3$	台班	0.009	0.016	0.020	0.024	0.033
	990920010	电焊条恒温箱	台班	0.009	0.016	0.020	0.024	0.033

工作内容：准备工作，管子切口，坡口加工，坡口磨平，管口组对，焊接，管口封闭，管道安装。

计量单位：10m

编号				8-1-423	8-1-424	8-1-425	8-1-426	8-1-427
项目				公称直径（mm 以内）				
				400	450	500	600	700
名称			单位	消耗量				
人工	000203000	综合二类工	工日	4.009	4.908	5.727	6.193	7.266
材料	170001004	低压钢套钢保温管	m	（9.287）	（9.193）	（9.193）	（9.193）	（9.090）
	031301009	低碳钢焊条 J427（综合）	kg	1.623	1.830	1.862	3.962	6.264
	031303005	碳钢焊丝	kg	0.158	0.179	0.181	0.219	0.252
	142909001	氧气	m^3	1.111	1.199	1.256	2.644	2.950
	142907002	乙炔气	kg	0.427	0.461	0.483	1.017	1.135
	142911001	氩气	m^3	0.441	0.498	0.519	0.614	0.704
	031101013	尼龙砂轮片 $\phi100\times16\times3$	片	1.939	2.194	2.482	2.658	2.733
	012100002	角钢（综合）	kg	0.128	0.128	0.128	0.128	0.142
	340101003	铈钨棒	g	0.883	0.998	1.014	1.228	1.409
	092705004	碎布	kg	0.082	0.092	0.101	0.123	0.140
	850103006	其他材料费（占材料费）	%	1.000	1.000	1.000	1.000	1.000
机械	990304004	汽车式起重机 8t	台班	0.068	0.083	0.092	0.101	0.112
	990515010	吊装机械（综合）	台班	0.128	0.139	0.139	0.140	0.154
	990401030	载重汽车 8t	台班	0.068	0.083	0.092	0.101	0.112
	990912010	氩弧焊机 500A	台班	0.316	0.358	0.405	0.409	0.413
	990900010	电焊机（综合）	台班	0.373	0.418	0.461	1.013	1.210
	990919030	电焊条烘干箱 $60\times50\times75cm^3$	台班	0.038	0.041	0.046	0.101	0.121
	990920010	电焊条恒温箱	台班	0.038	0.041	0.046	0.101	0.121
	990744010	半自动切割机 100mm	台班	—	—	—	0.054	0.056

工作内容： 准备工作，管子切口，坡口加工，坡口磨平，管口组对，焊接，管口封闭，管道安装。

计量单位： 10m

编号				8-1-428	8-1-429	8-1-430	8-1-431
项目				公称直径（mm 以内）			
				800	900	1000	1200
名称			单位	消耗量			
人工	000203000	综合二类工	工日	8.319	9.333	10.440	12.731
材料	170001004	低压钢套钢保温管	m	（9.090）	（9.090）	（8.996）	（8.996）
	031301009	低碳钢焊条 J427（综合）	kg	8.031	9.022	11.134	17.502
	031303005	碳钢焊丝	kg	0.305	0.322	0.356	0.410
	142909001	氧气	m^3	3.632	4.038	4.799	7.685
	142907002	乙炔气	kg	1.397	1.553	1.846	2.956
	142911001	氩气	m^3	0.854	0.900	0.994	1.148
	031101013	尼龙砂轮片 $\phi100\times16\times3$	片	2.765	1.742	2.167	3.496
	012100002	角钢（综合）	kg	0.142	0.142	0.142	0.224
	340101003	铈钨棒	g	1.709	1.800	1.989	2.296
	092705004	碎布	kg	0.160	0.180	0.218	0.262
	850103006	其他材料费（占材料费）	%	1.000	1.000	1.000	1.000
机械	990304004	汽车式起重机 8t	台班	0.127	0.141	0.173	0.187
	990515010	吊装机械（综合）	台班	0.196	0.205	0.273	0.294
	990401030	载重汽车 8t	台班	0.127	0.141	0.173	0.187
	990744010	半自动切割机 100mm	台班	0.060	0.071	0.078	0.095
	990912010	氩弧焊机 500A	台班	0.415	0.430	0.475	0.548
	990900010	电焊机（综合）	台班	1.383	1.553	1.740	2.744
	990919030	电焊条烘干箱 $60\times50\times75cm^3$	台班	0.139	0.155	0.174	0.275
	990920010	电焊条恒温箱	台班	0.139	0.155	0.174	0.275

二、中 压 管 道

1. 碳钢管（电弧焊）

工作内容：准备工作，管子切口，坡口加工，坡口磨平，管口组对，焊接，管道安装。　　计量单位：10m

编　号				8-1-432	8-1-433	8-1-434	8-1-435	8-1-436
项　目				公称直径（mm 以内）				
				15	20	25	32	40
名　称			单位	消　耗　量				
人工	000203000	综合二类工	工日	0.367	0.411	0.455	0.513	0.573
材料	170500002	碳钢管（综合）	m	（9.137）	（9.137）	（9.137）	（9.137）	（9.137）
	031301009	低碳钢焊条 J427（综合）	kg	0.034	0.043	0.063	0.094	0.100
	142909001	氧气	m^3	0.001	0.001	0.001	0.010	0.011
	031101013	尼龙砂轮片 $\phi100\times16\times3$	片	0.057	0.073	0.123	0.159	0.219
	031101014	尼龙砂轮片 $\phi500\times25\times4$	片	0.003	0.003	0.005	0.006	0.007
	031103002	磨头	个	0.013	0.016	0.020	0.024	0.028
	010301007	钢丝 $\phi4.0$	kg	0.069	0.069	0.070	0.070	0.070
	020905001	塑料布	m^2	0.149	0.158	0.165	0.175	0.196
	092705004	碎布	kg	0.093	0.097	0.187	0.207	0.207
	142907002	乙炔气	kg	—	—	—	0.004	0.004
	850103006	其他材料费（占材料费）	%	1.000	1.000	1.000	1.000	1.000
机械	990900010	电焊机（综合）	台班	0.027	0.043	0.053	0.064	0.078
	990785040	砂轮切割机 $\phi500$	台班	0.001	0.002	0.003	0.003	0.004
	990919030	电焊条烘干箱 $60\times50\times75cm^3$	台班	0.003	0.004	0.005	0.007	0.008
	990920010	电焊条恒温箱	台班	0.003	0.004	0.005	0.007	0.008

工作内容：准备工作，管子切口，坡口加工，坡口磨平，管口组对，焊接，管道安装。 计量单位：10m

编号				8-1-437	8-1-438	8-1-439	8-1-440	8-1-441
项目				公称直径（mm 以内）				
				50	65	80	100	125
名称			单位	消耗量				
人工	000203000	综合二类工	工日	0.633	0.772	0.956	1.095	1.104
材料	170500002	碳钢管（综合）	m	（8.996）	（8.996）	（8.996）	（8.996）	（8.845）
	031301009	低碳钢焊条 J427（综合）	kg	0.125	0.275	0.393	0.521	0.810
	142909001	氧气	m^3	0.014	0.309	0.350	0.438	0.573
	031101013	尼龙砂轮片 $\phi100\times16\times3$	片	0.227	0.272	0.358	0.479	0.688
	031101014	尼龙砂轮片 $\phi500\times25\times4$	片	0.011	—	—	—	—
	031103002	磨头	个	0.033	0.044	0.052	0.066	—
	010301007	钢丝 $\phi4.0$	kg	0.071	0.071	0.072	0.072	0.073
	020905001	塑料布	m^2	0.216	0.318	0.266	0.306	0.369
	092705004	碎布	kg	0.237	0.268	0.289	0.338	0.367
	142907002	乙炔气	kg	0.005	0.119	0.135	0.168	0.220
	850103006	其他材料费（占材料费）	%	1.000	1.000	1.000	1.000	1.000
机械	990304004	汽车式起重机 8t	台班	—	—	—	0.009	0.012
	990515010	吊装机械（综合）	台班	—	—	—	0.063	0.085
	990401030	载重汽车 8t	台班	—	—	—	0.009	0.012
	990900010	电焊机（综合）	台班	0.100	0.135	0.157	0.213	0.257
	990785040	砂轮切割机 $\phi500$	台班	0.004	—	—	—	—
	990919030	电焊条烘干箱 $60\times50\times75cm^3$	台班	0.010	0.013	0.016	0.021	0.026
	990920010	电焊条恒温箱	台班	0.010	0.013	0.016	0.021	0.026

工作内容：准备工作，管子切口，坡口加工，坡口磨平，管口组对，焊接，管道安装。 **计量单位：**10m

编号				8-1-442	8-1-443	8-1-444	8-1-445	8-1-446
项目				公称直径（mm 以内）				
				150	200	250	300	350
名称			单位	消耗量				
人工	000203000	综合二类工	工日	1.183	1.643	2.014	2.146	2.544
材料	170500002	碳钢管（综合）	m	（8.845）	（8.845）	（8.798）	（8.798）	（8.798）
	031301009	低碳钢焊条 J427（综合）	kg	1.125	2.125	3.375	4.750	6.750
	142909001	氧气	m^3	0.734	0.983	1.368	1.793	2.030
	142907002	乙炔气	kg	0.282	0.378	0.526	0.690	0.781
	031101013	尼龙砂轮片 $\phi100\times16\times3$	片	0.959	1.478	2.127	2.874	3.655
	010301007	钢丝 $\phi4.0$	kg	0.073	0.075	0.075	0.076	0.077
	020905001	塑料布	m^2	0.431	0.560	0.713	0.878	1.062
	092705004	碎布	kg	0.393	0.475	0.530	0.547	0.584
	012100002	角钢（综合）	kg	—	0.137	0.137	0.138	0.138
	850103006	其他材料费（占材料费）	%	1.000	1.000	1.000	1.000	1.000
机械	990900010	电焊机（综合）	台班	0.319	0.470	0.615	0.700	0.784
	990919030	电焊条烘干箱 $60\times50\times75cm^3$	台班	0.032	0.047	0.061	0.070	0.079
	990920010	电焊条恒温箱	台班	0.032	0.047	0.061	0.070	0.079
	990304004	汽车式起重机 8t	台班	0.014	0.024	0.042	0.057	0.068
	990515010	吊装机械（综合）	台班	0.085	0.109	0.151	0.151	0.168
	990401030	载重汽车 8t	台班	0.014	0.024	0.042	0.057	0.068

工作内容：准备工作，管子切口，坡口加工，坡口磨平，管口组对，焊接，管道安装。 **计量单位**：10m

编号				8-1-447	8-1-448	8-1-449	8-1-450
项目				公称直径（mm 以内）			
				400	450	500	600
名称			单位	消耗量			
人工	000203000	综合二类工	工日	3.026	3.824	4.477	5.130
材料	170500002	碳钢管（综合）	m	（8.798）	（8.695）	（8.695）	（8.695）
	031301009	低碳钢焊条 J427（综合）	kg	8.750	9.750	13.286	17.042
	142909001	氧气	m^3	2.296	2.990	3.289	4.292
	142907002	乙炔气	kg	0.883	1.150	1.265	1.651
	031101013	尼龙砂轮片 $\phi100\times16\times3$	片	4.550	5.124	5.821	8.561
	012100002	角钢（综合）	kg	0.138	0.138	0.138	0.138
	010301007	钢丝 $\phi4.0$	kg	0.078	0.080	0.081	0.082
	020905001	塑料布	m^2	1.197	1.476	1.701	1.980
	092705004	碎布	kg	0.610	0.689	0.780	0.869
	850103006	其他材料费（占材料费）	%	1.000	1.000	1.000	1.000
机械	990900010	电焊机（综合）	台班	1.004	1.196	1.387	1.578
	990304004	汽车式起重机 8t	台班	0.086	0.107	0.131	0.154
	990515010	吊装机械（综合）	台班	0.184	0.200	0.200	0.208
	990401030	载重汽车 8t	台班	0.086	0.107	0.131	0.154
	990919030	电焊条烘干箱 $60\times50\times75cm^3$	台班	0.101	0.120	0.138	0.158
	990920010	电焊条恒温箱	台班	0.101	0.120	0.138	0.158

2. 碳钢管（氩电联焊）

工作内容：准备工作，管子切口，坡口加工，坡口磨平，管口组对，焊接，管口封闭，管道安装。

计量单位：10m

编号				8-1-451	8-1-452	8-1-453	8-1-454	8-1-455
项目				公称直径（mm 以内）				
				15	20	25	32	40
名称			单位	消耗量				
人工	000203000	综合二类工	工日	0.502	0.556	0.626	0.708	0.795
材料	170500002	碳钢管（综合）	m	（9.137）	（9.137）	（9.137）	（9.137）	（9.137）
	031303005	碳钢焊丝	kg	0.017	0.022	0.038	0.050	0.063
	142909001	氧气	m^3	0.001	0.001	0.001	0.009	0.011
	142907002	乙炔气	kg	—	—	—	0.003	0.004
	142911001	氩气	m^3	0.048	0.062	0.100	0.138	0.163
	340101003	铈钨棒	g	0.097	0.123	0.200	0.269	0.313
	031101013	尼龙砂轮片 $\phi100 \times 16 \times 3$	片	0.056	0.072	0.123	0.160	0.218
	031101014	尼龙砂轮片 $\phi500 \times 25 \times 4$	片	0.003	0.003	0.005	0.006	0.007
	031103002	磨头	个	0.013	0.016	0.020	0.024	0.028
	010301007	钢丝 $\phi4.0$	kg	0.076	0.078	0.079	0.080	0.081
	020905001	塑料布	m^2	0.150	0.157	0.165	0.174	0.196
	092705004	碎布	kg	0.093	0.097	0.187	0.207	0.207
	850103006	其他材料费（占材料费）	%	1.000	1.000	1.000	1.000	1.000
机械	990912010	氩弧焊机 500A	台班	0.027	0.037	0.046	0.055	0.067
	990785040	砂轮切割机 $\phi500$	台班	0.001	0.003	0.004	0.004	0.005

工作内容：准备工作，管子切口，坡口加工，坡口磨平，管口组对，焊接，管口封闭，管道安装。

计量单位：10m

编号				8-1-456	8-1-457	8-1-458	8-1-459	8-1-460
项目				公称直径（mm 以内）				
				50	65	80	100	125
名称			单位	消耗量				
人工	000203000	综合二类工	工日	0.903	1.100	1.315	1.526	1.580
材料	170500002	碳钢管（综合）	m	（8.996）	（8.996）	（8.996）	（8.996）	（8.845）
	031301009	低碳钢焊条 J427（综合）	kg	0.059	0.225	0.331	0.438	0.716
	031303005	碳钢焊丝	kg	0.027	0.028	0.029	0.039	0.044
	142909001	氧气	m^3	0.014	0.288	0.323	0.400	0.523
	142907002	乙炔气	kg	0.005	0.111	0.124	0.154	0.201
	142911001	氩气	m^3	0.076	0.076	0.081	0.109	0.125
	340101003	铈钨棒	g	0.151	0.151	0.163	0.218	0.250
	031101013	尼龙砂轮片 $\phi100 \times 16 \times 3$	片	0.223	0.269	0.355	0.474	0.682
	031101014	尼龙砂轮片 $\phi500 \times 25 \times 4$	片	0.011	0.016	0.021	0.029	0.038
	031103002	磨头	个	0.033	0.044	0.052	—	—
	010301007	钢丝 $\phi4.0$	kg	0.084	0.087	0.089	0.095	0.099
	020905001	塑料布	m^2	0.216	0.243	0.267	0.314	0.369
	092705004	碎布	kg	0.237	0.268	0.289	0.338	0.367
	850103006	其他材料费（占材料费）	%	1.000	1.000	1.000	1.000	1.000
机械	990900010	电焊机（综合）	台班	0.076	0.102	0.118	0.171	0.207
	990912010	氩弧焊机 500A	台班	0.051	0.053	0.063	0.081	0.096
	990785040	砂轮切割机 $\phi500$	台班	0.005	0.007	0.008	0.011	0.011
	990919030	电焊条烘干箱 $60 \times 50 \times 75cm^3$	台班	0.007	0.010	0.012	0.017	0.020
	990920010	电焊条恒温箱	台班	0.007	0.010	0.012	0.017	0.020
	990304004	汽车式起重机 8t	台班	—	—	—	0.011	0.014
	990515010	吊装机械（综合）	台班	—	—	—	0.062	0.085
	990401030	载重汽车 8t	台班	—	—	—	0.011	0.014

工作内容：准备工作，管子切口，坡口加工，坡口磨平，管口组对，焊接，管口封闭，管道安装。

计量单位：10m

编号				8-1-461	8-1-462	8-1-463	8-1-464	8-1-465
项目				公称直径（mm 以内）				
				150	200	250	300	350
名称			单位	消耗量				
人工	000203000	综合二类工	工日	1.652	2.285	2.803	2.997	3.542
材料	170500002	碳钢管（综合）	m	（8.845）	（8.845）	（8.798）	（8.798）	（8.798）
	031301009	低碳钢焊条 J427（综合）	kg	1.000	1.750	2.750	4.875	6.625
	031303005	碳钢焊丝	kg	0.054	0.075	0.095	0.113	0.133
	142909001	氧气	m^3	0.707	0.930	1.313	1.580	1.923
	142907002	乙炔气	kg	0.272	0.358	0.505	0.608	0.740
	142911001	氩气	m^3	0.150	0.213	0.263	0.316	0.375
	340101003	铈钨棒	g	0.300	0.425	0.525	0.638	0.738
	031101013	尼龙砂轮片 $\phi100\times16\times3$	片	0.950	1.466	2.114	2.853	3.633
	010301007	钢丝 $\phi4.0$	kg	0.104	0.114	0.123	0.133	0.142
	020905001	塑料布	m^2	0.431	0.560	0.713	0.878	1.061
	092705004	碎布	kg	0.393	0.475	0.529	0.547	0.584
	012100002	角钢（综合）	kg	—	0.137	0.137	0.138	0.138
	850103006	其他材料费（占材料费）	%	1.000	1.000	1.000	1.000	1.000
机械	990744010	半自动切割机 100mm	台班	0.088	0.126	0.162	0.170	0.178
	990900010	电焊机（综合）	台班	0.264	0.405	0.545	0.630	0.714
	990912010	氩弧焊机 500A	台班	0.115	0.159	0.198	0.204	0.209
	990919030	电焊条烘干箱 $60\times50\times75cm^3$	台班	0.026	0.041	0.055	0.063	0.071
	990920010	电焊条恒温箱	台班	0.026	0.041	0.055	0.063	0.071
	990304004	汽车式起重机 8t	台班	0.017	0.029	0.050	0.068	0.079
	990515010	吊装机械（综合）	台班	0.085	0.109	0.151	0.151	0.168
	990401030	载重汽车 8t	台班	0.017	0.029	0.050	0.068	0.079

工作内容： 准备工作，管子切口，坡口加工，坡口磨平，管口组对，焊接，管口封闭，管道安装。

计量单位：10m

编号				8-1-466	8-1-467	8-1-468	8-1-469
项目				公称直径（mm 以内）			
				400	450	500	600
名称			单位	消耗量			
人工	000203000	综合二类工	工日	4.201	5.311	6.177	7.834
材料	170500002	碳钢管（综合）	m	（8.798）	（8.695）	（8.695）	（8.695）
	031301009	低碳钢焊条 J427（综合）	kg	8.625	9.500	12.718	16.313
	031303005	碳钢焊丝	kg	0.163	0.188	0.244	0.316
	142909001	氧气	m^3	2.188	2.715	3.231	4.077
	142907002	乙炔气	kg	0.842	1.044	1.243	1.568
	142911001	氩气	m^3	0.435	0.475	0.684	0.884
	340101003	铈钨棒	g	0.869	0.950	1.368	1.769
	031101013	尼龙砂轮片 $\phi100\times16\times3$	片	4.483	5.099	5.788	8.519
	012100002	角钢（综合）	kg	0.138	0.138	0.138	0.138
	010301007	钢丝 $\phi4.0$	kg	0.152	0.161	0.170	0.179
	020905001	塑料布	m^2	1.196	1.473	1.698	1.923
	092705004	碎布	kg	0.610	0.689	0.780	0.869
	850103006	其他材料费（占材料费）	%	1.000	1.000	1.000	1.000
机械	990900010	电焊机（综合）	台班	0.922	1.159	1.282	1.404
	990912010	氩弧焊机 500A	台班	0.237	0.266	0.297	0.322
	990919030	电焊条烘干箱 $60\times50\times75cm^3$	台班	0.093	0.116	0.128	0.141
	990920010	电焊条恒温箱	台班	0.093	0.116	0.128	0.141
	990744010	半自动切割机 100mm	台班	0.206	0.240	0.256	0.272
	990304004	汽车式起重机 8t	台班	0.100	0.125	0.153	0.181
	990515010	吊装机械（综合）	台班	0.184	0.200	0.200	0.208
	990401030	载重汽车 8t	台班	0.100	0.125	0.153	0.181

3. 螺旋卷管（电弧焊）

工作内容：准备工作，管子切口，坡口加工，坡口磨平，管口组对，焊接，管道安装。　**计量单位：**10m

编　号				8-1-470	8-1-471	8-1-472	8-1-473	8-1-474	8-1-475
项　目				公称直径（mm 以内）					
				200	250	300	350	400	450
名　称			单位	消　耗　量					
人工	000203000	综合二类工	工日	1.185	1.389	1.626	1.913	2.243	2.793
材料	173115007	螺旋卷管	m	（9.287）	（9.287）	（9.287）	（9.287）	（9.287）	（9.193）
	031301009	低碳钢焊条 J427（综合）	kg	0.830	1.038	1.046	1.563	1.769	2.849
	142909001	氧气	m^3	0.451	0.551	0.601	0.746	0.814	1.021
	142907002	乙炔气	kg	0.173	0.212	0.231	0.287	0.313	0.393
	031101013	尼龙砂轮片 $\phi100\times16\times3$	片	0.693	0.830	1.097	1.382	1.564	2.043
	012100002	角钢（综合）	kg	0.080	0.080	0.080	0.080	0.080	0.080
	092705004	碎布	kg	0.048	0.060	0.071	0.082	0.092	0.103
	850103006	其他材料费（占材料费）	%	1.000	1.000	1.000	1.000	1.000	1.000
机械	990900010	电焊机（综合）	台班	0.111	0.126	0.148	0.186	0.211	0.303
	990304004	汽车式起重机 8t	台班	0.015	0.023	0.026	0.031	0.035	0.044
	990515010	吊装机械（综合）	台班	0.081	0.086	0.091	0.099	0.105	0.114
	990401030	载重汽车 8t	台班	0.015	0.023	0.026	0.031	0.035	0.044
	990919030	电焊条烘干箱 $60\times50\times75cm^3$	台班	0.011	0.012	0.015	0.019	0.021	0.030
	990920010	电焊条恒温箱	台班	0.011	0.012	0.015	0.019	0.021	0.030

工作内容：准备工作，管子切口，坡口加工，坡口磨平，管口组对，焊接，管道安装。 计量单位：10m

编号				8-1-476	8-1-477	8-1-478	8-1-479	8-1-480	8-1-481
项目				公称直径（mm 以内）					
				500	600	700	800	900	1000
名称			单位	消耗量					
人工	000203000	综合二类工	工日	3.310	3.981	4.652	5.291	5.960	6.609
材料	173115007	螺旋卷管	m	（9.193）	（9.193）	（9.090）	（9.090）	（9.090）	（8.996）
	031301009	低碳钢焊条 J427（综合）	kg	3.158	4.233	5.001	6.939	7.797	8.655
	142909001	氧气	m^3	1.100	1.288	1.471	1.837	2.171	2.505
	142907002	乙炔气	kg	0.423	0.495	0.566	0.707	0.835	0.963
	031101013	尼龙砂轮片 $\phi100\times16\times3$	片	2.339	2.935	3.336	3.988	4.607	5.060
	012100002	角钢（综合）	kg	0.080	0.080	0.088	0.088	0.088	0.088
	092705004	碎布	kg	0.113	0.137	0.155	0.179	0.198	0.252
	850103006	其他材料费（占材料费）	%	1.000	1.000	1.000	1.000	1.000	1.000
	022305003	碳精棒（综合）	kg	—	0.042	0.048	0.055	0.061	0.068
机械	990900010	电焊机（综合）	台班	0.311	0.459	0.526	0.652	0.732	0.812
	990304004	汽车式起重机 8t	台班	0.049	0.051	0.059	0.074	0.091	0.101
	990515010	吊装机械（综合）	台班	0.130	0.118	0.133	0.145	0.158	0.209
	990401030	载重汽车 8t	台班	0.049	0.051	0.059	0.074	0.091	0.101
	990919030	电焊条烘干箱 $60\times50\times75cm^3$	台班	0.031	0.046	0.053	0.065	0.073	0.081
	990920010	电焊条恒温箱	台班	0.031	0.046	0.053	0.065	0.073	0.081

4. 螺旋卷管（氩电联焊）

工作内容： 准备工作，管子切口，坡口加工，坡口磨平，管口组对，焊接，管口封闭，管道安装。

计量单位：10m

编号				8-1-482	8-1-483	8-1-484	8-1-485
项目				公称直径（mm 以内）			
				200	250	300	350
名称			单位	消耗量			
人工	000203000	综合二类工	工日	1.481	1.737	2.032	2.390
材料	173115007	螺旋卷管	m	(9.287)	(9.287)	(9.287)	(9.287)
	031301009	低碳钢焊条 J427（综合）	kg	0.700	0.830	1.046	1.382
	031303008	碳钢氩弧焊丝	kg	0.054	0.066	0.080	0.093
	142909001	氧气	m^3	0.451	0.551	0.601	0.746
	142907002	乙炔气	kg	0.173	0.212	0.231	0.287
	142911001	氩气	m^3	0.151	0.185	0.222	0.261
	340101003	铈钨棒	g	0.301	0.370	0.445	0.522
	031101013	尼龙砂轮片 $\phi100\times16\times3$	片	0.680	0.817	1.088	1.372
	012100002	角钢（综合）	kg	0.080	0.080	0.080	0.080
	092705004	碎布	kg	0.048	0.060	0.071	0.082
	850103006	其他材料费（占材料费）	%	1.000	1.000	1.000	1.000
机械	990900010	电焊机（综合）	台班	0.102	0.133	0.157	0.196
	990912010	氩弧焊机 500A	台班	0.071	0.086	0.104	0.122
	990304004	汽车式起重机 8t	台班	0.015	0.023	0.026	0.031
	990515010	吊装机械（综合）	台班	0.081	0.086	0.091	0.099
	990401030	载重汽车 8t	台班	0.015	0.019	0.026	0.031
	990919030	电焊条烘干箱 $60\times50\times75cm^3$	台班	0.010	0.013	0.016	0.020
	990920010	电焊条恒温箱	台班	0.010	0.010	0.016	0.020

工作内容：准备工作，管子切口，坡口加工，坡口磨平，管口组对，焊接，管口封闭，管道安装。

计量单位：10m

	编 号			8-1-486	8-1-487	8-1-488
	项 目			公称直径（mm 以内）		
				400	450	500
	名 称		单位	消 耗 量		
人工	000203000	综合二类工	工日	2.804	3.491	4.137
材料	173115007	螺旋卷管	m	（9.287）	（9.193）	（9.193）
	031301009	低碳钢焊条 J427（综合）	kg	1.563	2.388	2.640
	031303008	碳钢氩弧焊丝	kg	0.106	0.120	0.130
	142909001	氧气	m^3	0.814	1.021	1.100
	142907002	乙炔气	kg	0.313	0.393	0.423
	142911001	氩气	m^3	0.296	0.335	0.365
	340101003	钍钨棒	g	0.592	0.670	0.730
	031101013	尼龙砂轮片 $\phi100\times16\times3$	片	1.552	2.022	2.317
	012100002	角钢（综合）	kg	0.080	0.080	0.080
	092705004	碎布	kg	0.090	0.099	0.109
	850103006	其他材料费（占材料费）	%	1.000	1.000	1.000
机械	990900010	电焊机（综合）	台班	0.222	0.268	0.296
	990912010	氩弧焊机 500A	台班	0.139	0.157	0.178
	990304004	汽车式起重机 8t	台班	0.035	0.044	0.049
	990515010	吊装机械（综合）	台班	0.105	0.114	0.131
	990401030	载重汽车 8t	台班	0.035	0.044	0.049
	990919030	电焊条烘干箱 $60\times50\times75cm^3$	台班	0.022	0.027	0.029
	990920010	电焊条恒温箱	台班	0.022	0.027	0.029

5. 不锈钢管（电弧焊）

工作内容： 准备工作，管子切口，坡口加工，坡口磨平，管口组对，焊接，焊缝钝化，管口封闭，管道安装。

计量单位： 10m

编号				8-1-489	8-1-490	8-1-491	8-1-492	8-1-493
项目				公称直径（mm 以内）				
				15	20	25	32	40
名称			单位	消耗量				
人工	000203000	综合二类工	工日	0.580	0.650	0.719	0.811	0.905
材料	170700003	不锈钢管（综合）	m	（9.250）	（9.250）	（9.250）	（9.250）	（9.156）
	031301001	不锈钢焊条（综合）	kg	0.022	0.027	0.041	0.050	0.077
	031101013	尼龙砂轮片 $\phi100\times16\times3$	片	0.069	0.085	0.134	0.167	0.239
	031101014	尼龙砂轮片 $\phi500\times25\times4$	片	0.005	0.006	0.012	0.014	0.017
	143315001	丙酮	kg	0.012	0.014	0.019	0.022	0.026
	143169002	酸洗膏	kg	0.007	0.010	0.013	0.016	0.019
	341101001	水	m^3	0.002	0.002	0.002	0.003	0.003
	010301007	钢丝 $\phi4.0$	kg	0.069	0.070	0.071	0.072	0.073
	020905001	塑料布	m^2	0.121	0.148	0.155	0.164	0.185
	092705004	碎布	kg	0.085	0.087	0.184	0.186	0.211
	850103006	其他材料费（占材料费）	%	1.000	1.000	1.000	1.000	1.000
机械	990900010	电焊机（综合）	台班	0.027	0.034	0.046	0.056	0.074
	990785040	砂轮切割机 $\phi500$	台班	0.001	0.001	0.004	0.004	0.005
	991003050	电动空气压缩机 $6m^3/min$	台班	0.002	0.002	0.002	0.002	0.002
	990919030	电焊条烘干箱 $60\times50\times75cm^3$	台班	0.002	0.003	0.005	0.006	0.007
	990920010	电焊条恒温箱	台班	0.002	0.003	0.005	0.006	0.007

工作内容：准备工作，管子切口，坡口加工，坡口磨平，管口组对，焊接，焊缝钝化，管口封闭，管道安装。

计量单位：10m

编　　号				8-1-494	8-1-495	8-1-496	8-1-497	8-1-498
项　　目				公称直径（mm 以内）				
				50	65	80	100	125
名　　称			单位	消　耗　量				
人工	000203000	综合二类工	工日	1.001	1.219	1.511	1.731	1.746
材料	170700003	不锈钢管（综合）	m	（9.156）	（9.156）	（8.958）	（8.958）	（8.958）
	031301001	不锈钢焊条（综合）	kg	0.113	0.200	0.259	0.388	0.513
	031101013	尼龙砂轮片 $\phi100\times16\times3$	片	0.350	0.647	0.606	0.747	0.879
	031101014	尼龙砂轮片 $\phi500\times25\times4$	片	0.019	0.034	0.041	0.062	—
	143315001	丙酮	kg	0.031	0.041	0.048	0.061	0.071
	143169002	酸洗膏	kg	0.024	0.034	0.040	0.050	0.077
	341101001	水	m^3	0.005	0.007	0.009	0.010	0.012
	010301007	钢丝 $\phi4.0$	kg	0.076	0.079	0.081	0.086	0.090
	020905001	塑料布	m^2	0.203	0.229	0.251	0.296	0.347
	092705004	碎布	kg	0.213	0.258	0.302	0.304	0.334
	850103006	其他材料费（占材料费）	%	1.000	1.000	1.000	1.000	1.000
机械	990743010	等离子切割机 400A	台班	—	—	0.064	0.084	0.110
	991003030	电动空气压缩机 $1m^3/min$	台班	—	—	0.064	0.084	0.110
	990304004	汽车式起重机 8t	台班	—	—	—	0.009	0.013
	990515010	吊装机械（综合）	台班	—	—	—	0.078	0.078
	990401030	载重汽车 8t	台班	—	—	—	0.009	0.013
	990900010	电焊机（综合）	台班	0.100	0.142	0.167	0.245	0.286
	990785040	砂轮切割机 $\phi500$	台班	0.006	0.011	0.014	0.017	—
	991003050	电动空气压缩机 $6m^3/min$	台班	0.002	0.002	0.002	0.002	0.002
	990919030	电焊条烘干箱 $60\times50\times75cm^3$	台班	0.010	0.014	0.017	0.025	0.028
	990920010	电焊条恒温箱	台班	0.010	0.014	0.017	0.025	0.028

工作内容：准备工作，管子切口，坡口加工，坡口磨平，管口组对，焊接，焊缝钝化，管口封闭，管道安装。

计量单位：10m

编号				8-1-499	8-1-500	8-1-501	8-1-502
项目				公称直径（mm 以内）			
				150	200	250	300
名称			单位	消耗量			
人工	000203000	综合二类工	工日	1.871	2.598	3.184	3.394
材料	170700003	不锈钢管（综合）	m	（8.817）	（8.817）	（8.817）	（8.817）
	031301001	不锈钢焊条（综合）	kg	0.736	1.393	2.289	3.476
	031101013	尼龙砂轮片 $\phi100 \times 16 \times 3$	片	1.445	2.198	3.363	4.447
	143315001	丙酮	kg	0.085	0.117	0.146	0.173
	143169002	酸洗膏	kg	0.103	0.134	0.203	0.242
	341101001	水	m^3	0.015	0.020	0.024	0.029
	010301007	钢丝 $\phi4.0$	kg	0.095	0.104	0.113	0.122
	020905001	塑料布	m^2	0.406	0.527	0.671	0.827
	092705004	碎布	kg	0.358	0.478	0.504	0.539
	850103006	其他材料费（占材料费）	%	1.000	1.000	1.000	1.000
机械	990900010	电焊机（综合）	台班	0.358	0.531	0.729	0.964
	991003050	电动空气压缩机 $6m^3/min$	台班	0.002	0.002	0.002	0.002
	990743010	等离子切割机 400A	台班	0.136	0.196	0.257	0.323
	990304004	汽车式起重机 8t	台班	0.016	0.026	0.040	0.055
	990515010	吊装机械（综合）	台班	0.078	0.100	0.140	0.140
	990401030	载重汽车 8t	台班	0.016	0.026	0.040	0.055
	991003030	电动空气压缩机 $1m^3/min$	台班	0.136	0.196	0.257	0.323
	990919030	电焊条烘干箱 $60 \times 50 \times 75cm^3$	台班	0.036	0.053	0.073	0.096
	990920010	电焊条恒温箱	台班	0.036	0.053	0.073	0.096

工作内容：准备工作，管子切口，坡口加工，坡口磨平，管口组对，焊接，焊缝钝化，管口封闭，管道安装。

计量单位：10m

编号				8-1-503	8-1-504	8-1-505	8-1-506
项目				公称直径（mm 以内）			
				350	400	450	500
名称			单位	消耗量			
人工	000203000	综合二类工	工日	4.022	4.785	6.047	7.079
材料	170700003	不锈钢管（综合）	m	（8.817）	（8.817）	（8.817）	（8.817）
	031301001	不锈钢焊条（综合）	kg	5.213	7.146	9.610	10.635
	031101013	尼龙砂轮片 $\phi100\times16\times3$	片	5.736	7.236	9.019	10.022
	143315001	丙酮	kg	0.201	0.226	0.251	0.276
	143169002	酸洗膏	kg	0.265	0.329	0.393	0.457
	341101001	水	m^3	0.034	0.039	0.044	0.049
	010301007	钢丝 $\phi4.0$	kg	0.131	0.140	0.149	0.158
	020905001	塑料布	m^2	0.999	1.126	1.253	1.380
	092705004	碎布	kg	0.566	0.640	0.714	0.788
	850103006	其他材料费（占材料费）	%	1.000	1.000	1.000	1.000
机械	990900010	电焊机（综合）	台班	1.315	1.693	2.070	2.447
	991003050	电动空气压缩机 $6m^3/min$	台班	0.002	0.002	0.002	0.002
	990743010	等离子切割机 400A	台班	0.391	0.465	0.539	0.613
	990304004	汽车式起重机 8t	台班	0.073	0.093	0.113	0.132
	990515010	吊装机械（综合）	台班	0.155	0.169	0.184	0.198
	990401030	载重汽车 8t	台班	0.073	0.093	0.113	0.132
	991003030	电动空气压缩机 $1m^3/min$	台班	0.391	0.465	0.539	0.613
	990919030	电焊条烘干箱 $60\times50\times75cm^3$	台班	0.131	0.169	0.207	0.245
	990920010	电焊条恒温箱	台班	0.131	0.169	0.207	0.245

6. 不锈钢管（氩电联焊）

工作内容：准备工作，管子切口，坡口加工，坡口磨平，管口组对，焊接，焊缝钝化，管口封闭，管道安装。

计量单位：10m

编号				8-1-507	8-1-508	8-1-509	8-1-510	8-1-511
项目				公称直径（mm 以内）				
				50	65	80	100	125
名称			单位	消耗量				
人工	000203000	综合二类工	工日	1.142	1.391	1.663	1.930	1.998
材料	170700003	不锈钢管（综合）	m	（9.156）	（9.156）	（8.958）	（8.958）	（8.958）
	031301001	不锈钢焊条（综合）	kg	0.115	0.232	0.273	0.499	0.584
	031303017	不锈钢焊丝（综合）	kg	0.033	0.045	0.056	0.072	0.092
	142911001	氩气	m^3	0.093	0.124	0.157	0.202	0.257
	340101003	铈钨棒	g	0.156	0.194	0.231	0.299	0.354
	031101013	尼龙砂轮片 $\phi100\times16\times3$	片	0.059	0.088	0.104	0.150	0.176
	143315001	丙酮	kg	0.031	0.041	0.048	0.061	0.071
	143169002	酸洗膏	kg	0.020	0.034	0.040	0.050	0.077
	341101001	水	m^3	0.005	0.007	0.009	0.010	0.012
	010301007	钢丝 $\phi4.0$	kg	0.076	0.079	0.081	0.086	0.090
	020905001	塑料布	m^2	0.203	0.229	0.251	0.296	0.347
	092705004	碎布	kg	0.213	0.258	0.302	0.304	0.334
	031101014	尼龙砂轮片 $\phi500\times25\times4$	片	0.019	0.034	0.041	0.062	—
	850103006	其他材料费（占材料费）	%	1.000	1.000	1.000	1.000	1.000
机械	990785040	砂轮切割机 $\phi500$	台班	0.006	0.011	0.014	0.017	—
	990912010	氩弧焊机 500A	台班	0.061	0.076	0.089	0.117	0.139
	990718040	普通车床 630×2000mm	台班	0.037	0.065	0.065	0.067	0.068
	991003050	电动空气压缩机 $6m^3/min$	台班	0.002	0.002	0.002	0.002	0.002
	990900010	电焊机（综合）	台班	0.067	0.109	0.129	0.191	0.222
	990743010	等离子切割机 400A	台班	—	—	—	—	0.012
	990304004	汽车式起重机 8t	台班	—	—	—	0.008	0.013
	990515010	吊装机械（综合）	台班	—	—	—	0.078	0.078
	990401030	载重汽车 8t	台班	—	—	—	0.008	0.013
	990509020	单速电动葫芦 3t	台班	0.037	0.065	0.065	0.067	0.068
	991003030	电动空气压缩机 $1m^3/min$	台班	—	—	—	—	0.012
	990919030	电焊条烘干箱 $60\times50\times75cm^3$	台班	0.006	0.011	0.013	0.019	0.022
	990920010	电焊条恒温箱	台班	0.006	0.011	0.013	0.019	0.022

工作内容：准备工作，管子切口，坡口加工，坡口磨平，管口组对，焊接，焊缝钝化，管口封闭，管道安装。

计量单位：10m

编号				8-1-512	8-1-513	8-1-514	8-1-515
项目				公称直径（mm 以内）			
				150	200	250	300
名称			单位	消耗量			
人工	000203000	综合二类工	工日	2.090	2.890	3.545	3.791
材料	170700003	不锈钢管（综合）	m	（8.817）	（8.817）	（8.817）	（8.817）
	031301001	不锈钢焊条（综合）	kg	0.864	1.712	2.896	4.484
	031303017	不锈钢焊丝（综合）	kg	0.110	0.156	0.195	0.238
	142911001	氩气	m^3	0.308	0.437	0.546	0.666
	340101003	铈钨棒	g	0.424	0.585	0.731	0.870
	031101013	尼龙砂轮片 $\phi100\times16\times3$	片	0.239	0.410	0.573	0.758
	143315001	丙酮	kg	0.085	0.117	0.146	0.173
	143169002	酸洗膏	kg	0.103	0.134	0.203	0.242
	341101001	水	m^3	0.015	0.020	0.024	0.029
	010301007	钢丝 $\phi4.0$	kg	0.095	0.104	0.113	0.122
	020905001	塑料布	m^2	0.406	0.527	0.671	0.827
	092705004	碎布	kg	0.358	0.478	0.504	0.539
	850103006	其他材料费（占材料费）	%	1.000	1.000	1.000	1.000
机械	990912010	氩弧焊机 500A	台班	0.161	0.220	0.281	0.329
	990718040	普通车床 630×2000mm	台班	0.071	0.080	0.095	0.117
	991003050	电动空气压缩机 $6m^3/min$	台班	0.002	0.002	0.002	0.002
	990900010	电焊机（综合）	台班	0.293	0.454	0.609	0.782
	990743010	等离子切割机 400A	台班	0.015	0.022	0.029	0.036
	990304004	汽车式起重机 8t	台班	0.016	0.026	0.040	0.055
	990515010	吊装机械（综合）	台班	0.078	0.100	0.139	0.139
	990401030	载重汽车 8t	台班	0.016	0.026	0.040	0.055
	990509020	单速电动葫芦 3t	台班	0.071	0.080	0.095	0.117
	991003030	电动空气压缩机 $1m^3/min$	台班	0.015	0.022	0.029	0.036
	990919030	电焊条烘干箱 $60\times50\times75cm^3$	台班	0.029	0.045	0.061	0.078
	990920010	电焊条恒温箱	台班	0.029	0.045	0.061	0.078

工作内容：准备工作，管子切口，坡口加工，坡口磨平，管口组对，焊接，焊缝钝化，管口封闭，管道安装。

计量单位：10m

编号				8-1-516	8-1-517	8-1-518	8-1-519
项目				公称直径（mm 以内）			
				350	400	450	500
名称			单位	消耗量			
人工	000203000	综合二类工	工日	4.480	5.314	6.717	7.814
材料	170700003	不锈钢管（综合）	m	（8.817）	（8.817）	（8.817）	（8.817）
	031301001	不锈钢焊条（综合）	kg	6.828	9.447	12.066	14.685
	031303017	不锈钢焊丝（综合）	kg	0.276	0.346	0.416	0.486
	142911001	氩气	m^3	0.774	0.970	1.166	1.362
	340101003	铈钨棒	g	1.009	1.140	1.271	1.402
	031101013	尼龙砂轮片 $\phi100\times16\times3$	片	0.991	1.321	1.651	1.981
	143315001	丙酮	kg	0.201	0.226	0.251	0.276
	143169002	酸洗膏	kg	0.265	0.323	0.419	0.515
	341101001	水	m^3	0.034	0.039	0.044	0.049
	010301007	钢丝 $\phi4.0$	kg	0.131	0.140	0.149	0.158
	020905001	塑料布	m^2	0.999	1.126	1.253	1.380
	092705004	碎布	kg	0.566	0.640	0.714	0.788
	850103006	其他材料费（占材料费）	%	1.000	1.000	1.000	1.000
机械	990912010	氩弧焊机 500A	台班	0.357	0.403	0.408	0.413
	990718040	普通车床 630×2000mm	台班	0.148	0.187	0.205	0.223
	991003050	电动空气压缩机 $6m^3/min$	台班	0.002	0.002	0.002	0.002
	990900010	电焊机（综合）	台班	1.082	1.406	1.572	1.739
	990743010	等离子切割机 400A	台班	0.044	0.052	0.054	0.056
	990304004	汽车式起重机 8t	台班	0.073	0.093	0.102	0.112
	990515010	吊装机械（综合）	台班	0.154	0.162	0.164	0.164
	990401030	载重汽车 8t	台班	0.073	0.093	0.102	0.112
	990509020	单速电动葫芦 3t	台班	0.148	0.187	0.205	0.223
	991003030	电动空气压缩机 $1m^3/min$	台班	0.044	0.052	0.054	0.056
	990919030	电焊条烘干箱 $60\times50\times75cm^3$	台班	0.108	0.141	0.157	0.174
	990920010	电焊条恒温箱	台班	0.108	0.141	0.157	0.174

7. 不锈钢管（氩弧焊）

工作内容： 准备工作，管子切口，坡口加工，坡口磨平，管口组对，焊接，焊缝钝化，管口封闭，管道安装。

计量单位： 10m

编号				8-1-520	8-1-521	8-1-522	8-1-523	8-1-524	8-1-525
项目				公称直径（mm 以内）					
				15	20	25	32	40	50
名称			单位	消耗量					
人工	000203000	综合二类工	工日	0.699	0.773	0.870	0.985	1.107	1.256
材料	170700003	不锈钢管（综合）	m	（9.250）	（9.250）	（9.250）	（9.250）	（9.156）	（9.156）
	031303017	不锈钢焊丝（综合）	kg	0.016	0.020	0.029	0.037	0.056	0.090
	142911001	氩气	m^3	0.044	0.055	0.083	0.102	0.158	0.254
	340101003	铈钨棒	g	0.085	0.105	0.153	0.190	0.292	0.478
	031101013	尼龙砂轮片 $\phi100\times16\times3$	片	0.027	0.033	0.042	0.053	0.062	0.078
	031101014	尼龙砂轮片 $\phi500\times25\times4$	片	0.005	0.006	0.012	0.014	0.017	0.019
	143315001	丙酮	kg	0.012	0.014	0.019	0.022	0.026	0.031
	143169002	酸洗膏	kg	0.007	0.010	0.013	0.016	0.019	0.024
	341101001	水	m^3	0.002	0.002	0.003	0.003	0.003	0.005
	010301007	钢丝 $\phi4.0$	kg	0.069	0.070	0.071	0.072	0.073	0.076
	020905001	塑料布	m^2	0.141	0.148	0.155	0.164	0.185	0.203
	092705004	碎布	kg	0.085	0.087	0.184	0.186	0.211	0.213
	850103006	其他材料费（占材料费）	%	1.000	1.000	1.000	1.000	1.000	1.000
机械	990912010	氩弧焊机 500A	台班	0.030	0.039	0.049	0.061	0.082	0.115
	990785040	砂轮切割机 $\phi500$	台班	0.001	0.001	0.004	0.004	0.005	0.006
	990718040	普通车床 630×2000mm	台班	0.023	0.024	0.026	0.027	0.030	0.037
	991003050	电动空气压缩机 $6m^3/min$	台班	0.002	0.002	0.002	0.002	0.002	0.002
	990509020	单速电动葫芦 3t	台班	—	—	—	—	—	0.037

工作内容：准备工作，管子切口，坡口加工，坡口磨平，管口组对，焊接，焊缝钝化，管口封闭，管道安装。

计量单位：10m

编号				8-1-526	8-1-527	8-1-528	8-1-529	8-1-530	8-1-531
项目				公称直径（mm 以内）					
				65	80	100	125	150	200
名称			单位	消耗量					
人工	000203000	综合二类工	工日	1.531	1.830	2.123	2.197	2.299	3.180
材料	170700003	不锈钢管（综合）	m	（9.156）	（8.958）	（8.958）	（8.958）	（8.817）	（8.817）
	031303017	不锈钢焊丝（综合）	kg	0.169	0.202	0.337	0.402	0.566	1.058
	142911001	氩气	m^3	0.473	0.566	0.944	1.124	1.586	2.964
	340101003	铈钨棒	g	0.891	1.049	1.783	2.088	2.980	5.640
	031101013	尼龙砂轮片 ϕ100×16×3	片	0.124	0.147	0.211	0.248	0.336	0.578
	031101014	尼龙砂轮片 ϕ500×25×4	片	0.034	0.041	0.062	—	—	—
	143315001	丙酮	kg	0.041	0.048	0.061	0.071	0.085	0.117
	143169002	酸洗膏	kg	0.034	0.040	0.050	0.077	0.103	0.134
	341101001	水	m^3	0.007	0.009	0.010	0.012	0.015	0.020
	010301007	钢丝 ϕ4.0	kg	0.079	0.081	0.086	0.090	0.095	0.104
	020905001	塑料布	m^2	0.229	0.251	0.296	0.374	0.406	0.527
	092705004	碎布	kg	0.258	0.302	0.304	0.334	0.358	0.478
	850103006	其他材料费（占材料费）	%	1.000	1.000	1.000	1.000	1.000	1.000
机械	990304004	汽车式起重机 8t	台班	—	—	0.009	0.013	0.016	0.026
	990515010	吊装机械（综合）	台班	—	—	0.078	0.078	0.078	0.100
	990401030	载重汽车 8t	台班	—	—	0.009	0.013	0.016	0.026
	990743010	等离子切割机 400A	台班	—	—	—	0.012	0.015	0.022
	991003030	电动空气压缩机 $1m^3/min$	台班	—	—	—	0.012	0.015	0.022
	990912010	氩弧焊机 500A	台班	0.179	0.210	0.334	0.391	0.526	0.936
	990785040	砂轮切割机 ϕ500	台班	0.011	0.014	0.017	—	—	—
	990718040	普通车床 630×2000mm	台班	0.065	0.065	0.067	0.068	0.071	0.080
	991003050	电动空气压缩机 $6m^3/min$	台班	0.002	0.002	0.002	0.002	0.002	0.002
	990509020	单速电动葫芦 3t	台班	0.065	0.065	0.067	0.068	0.071	0.080

8. 合金钢管（电弧焊）

工作内容：准备工作，管子切口，坡口加工，管口组对，焊接，管口封闭，管道安装。　**计量单位：**10m

编号				8-1-532	8-1-533	8-1-534	8-1-535	8-1-536
项目				公称直径（mm 以内）				
				15	20	25	32	40
名称			单位	消耗量				
人工	000203000	综合二类工	工日	0.528	0.590	0.654	0.737	0.823
材料	171400001	合金钢管	m	（9.250）	（9.250）	（9.250）	（9.250）	（9.250）
	031301004	合金钢焊条	kg	0.033	0.066	0.081	0.100	0.115
	142909001	氧气	m^3	0.005	0.006	0.007	0.008	0.012
	142907002	乙炔气	kg	0.002	0.002	0.003	0.003	0.004
	031101013	尼龙砂轮片 $\phi100\times16\times3$	片	0.032	0.038	0.044	0.052	0.058
	031101014	尼龙砂轮片 $\phi500\times25\times4$	片	0.004	0.005	0.008	0.011	0.013
	031103002	磨头	个	0.021	0.023	0.029	0.033	0.040
	143315001	丙酮	kg	0.013	0.015	0.020	0.023	0.036
	010301007	钢丝 $\phi4.0$	kg	0.076	0.078	0.079	0.080	0.081
	020905001	塑料布	m^2	0.150	0.157	0.165	0.174	0.196
	092705004	碎布	kg	0.093	0.097	0.187	0.207	0.207
	850103006	其他材料费（占材料费）	%	1.000	1.000	1.000	1.000	1.000
机械	990900010	电焊机（综合）	台班	0.030	0.049	0.059	0.073	0.084
	990785040	砂轮切割机 $\phi500$	台班	0.001	0.001	0.003	0.003	0.004
	990718040	普通车床 630×2000mm	台班	0.023	0.026	0.027	0.029	0.030
	990919030	电焊条烘干箱 $60\times50\times75cm^3$	台班	0.003	0.005	0.006	0.007	0.009
	990920010	电焊条恒温箱	台班	0.003	0.005	0.006	0.007	0.009

工作内容：准备工作，管子切口，坡口加工，管口组对，焊接，管口封闭，管道安装。 计量单位：10m

编号				8-1-537	8-1-538	8-1-539	8-1-540	8-1-541
项目				公称直径（mm 以内）				
				50	65	80	100	125
名称			单位	消耗量				
人工	000203000	综合二类工	工日	0.910	1.110	1.375	1.574	1.587
材料	171400001	合金钢管	m	（9.250）	（9.250）	（8.958）	（8.958）	（8.958）
	031301004	合金钢焊条	kg	0.198	0.328	0.387	0.657	0.770
	142909001	氧气	m^3	0.013	0.022	0.024	0.033	0.037
	142907002	乙炔气	kg	0.005	0.009	0.009	0.013	0.014
	031101013	尼龙砂轮片 $\phi100\times16\times3$	片	0.075	0.106	0.123	0.172	0.202
	031101014	尼龙砂轮片 $\phi500\times25\times4$	片	0.019	0.030	0.035	0.049	0.057
	031103002	磨头	个	0.048	0.064	0.074	0.096	—
	143315001	丙酮	kg	0.036	0.046	0.056	0.067	0.078
	010301007	钢丝 $\phi4.0$	kg	0.084	0.087	0.089	0.095	0.099
	020905001	塑料布	m^2	0.216	0.243	0.267	0.314	0.369
	092705004	碎布	kg	0.238	0.268	0.289	0.338	0.367
	850103006	其他材料费（占材料费）	%	1.000	1.000	1.000	1.000	1.000
机械	990509020	单速电动葫芦 3t	台班	0.041	0.065	0.065	0.066	0.067
	990304004	汽车式起重机 8t	台班	—	—	—	0.011	0.014
	990515010	吊装机械（综合）	台班	—	—	—	0.085	0.084
	990401030	载重汽车 8t	台班	—	—	—	0.011	0.014
	990900010	电焊机（综合）	台班	0.111	0.151	0.179	0.250	0.288
	990785040	砂轮切割机 $\phi500$	台班	0.004	0.006	0.008	0.011	0.011
	990718040	普通车床 630×2000mm	台班	0.041	0.065	0.065	0.066	0.067
	990919030	电焊条烘干箱 $60\times50\times75cm^3$	台班	0.011	0.015	0.018	0.025	0.029
	990920010	电焊条恒温箱	台班	0.011	0.015	0.018	0.025	0.029

工作内容：准备工作，管子切口，坡口加工，管口组对，焊接，管口封闭，管道安装。　　计量单位：10m

编　号				8-1-542	8-1-543	8-1-544	8-1-545	8-1-546
项　目				公称直径（mm 以内）				
				150	200	250	300	350
名　称			单位	消　耗　量				
人工	000203000	综合二类工	工日	1.701	2.363	2.894	3.085	3.656
材料	171400001	合金钢管	m	（8.958）	（8.817）	（8.817）	（8.817）	（8.817）
	031301004	合金钢焊条	kg	1.099	2.079	3.415	5.189	7.780
	142909001	氧气	m^3	0.141	0.216	0.306	0.394	0.464
	142907002	乙炔气	kg	0.054	0.083	0.118	0.152	0.178
	031101013	尼龙砂轮片 $\phi100\times16\times3$	片	0.269	0.455	0.567	0.747	0.973
	143315001	丙酮	kg	0.093	0.129	0.160	0.190	0.220
	010301007	钢丝 $\phi4.0$	kg	0.104	0.114	0.123	0.133	0.142
	020905001	塑料布	m^2	0.431	0.560	0.713	0.878	1.061
	092705004	碎布	kg	0.394	0.475	0.530	0.555	0.595
	850103006	其他材料费（占材料费）	%	1.000	1.000	1.000	1.000	1.000
机械	990900010	电焊机（综合）	台班	0.357	0.522	0.681	0.849	1.134
	990718040	普通车床 630×2000mm	台班	0.070	0.080	0.094	0.117	0.147
	990509020	单速电动葫芦 3t	台班	0.070	0.080	0.094	0.117	0.147
	990919030	电焊条烘干箱 $60\times50\times75cm^3$	台班	0.036	0.052	0.068	0.085	0.113
	990920010	电焊条恒温箱	台班	0.036	0.052	0.068	0.085	0.113
	990304004	汽车式起重机 8t	台班	0.017	0.029	0.050	0.068	0.078
	990515010	吊装机械（综合）	台班	0.084	0.108	0.151	0.151	0.167
	990401030	载重汽车 8t	台班	0.017	0.029	0.050	0.068	0.078
	990744010	半自动切割机 100mm	台班	0.010	0.015	0.017	0.019	0.022

工作内容：准备工作，管子切口，坡口加工，管口组对，焊接，管口封闭，管道安装。 **计量单位**：10m

编号				8-1-547	8-1-548	8-1-549	8-1-550
项目				公称直径（mm 以内）			
				400	450	500	600
名称			单位	消耗量			
人工	000203000	综合二类工	工日	4.350	5.496	6.436	7.374
材料	171400001	合金钢管	m	（8.817）	（8.817）	（8.817）	（8.817）
	031301004	合金钢焊条	kg	10.666	14.343	15.874	17.403
	142909001	氧气	m^3	0.577	0.649	0.714	0.779
	142907002	乙炔气	kg	0.222	0.250	0.274	0.299
	031101013	尼龙砂轮片 $\phi100\times16\times3$	片	1.295	1.569	1.743	1.916
	143315001	丙酮	kg	0.250	0.281	0.310	0.339
	010301007	钢丝 $\phi4.0$	kg	0.152	0.161	0.170	0.179
	020905001	塑料布	m^2	1.196	1.473	1.698	1.923
	092705004	碎布	kg	0.623	0.704	0.795	0.887
	850103006	其他材料费（占材料费）	%	1.000	1.000	1.000	1.000
机械	990307010	电动单梁起重机 5t	台班	—	0.235	0.255	0.274
	990900010	电焊机（综合）	台班	1.439	1.798	1.990	2.182
	990718040	普通车床 630×2000mm	台班	0.185	0.235	0.255	0.274
	990509020	单速电动葫芦 3t	台班	0.185	—	—	—
	990919030	电焊条烘干箱 $60\times50\times75cm^3$	台班	0.144	0.180	0.199	0.218
	990920010	电焊条恒温箱	台班	0.144	0.180	0.199	0.218
	990744010	半自动切割机 100mm	台班	0.025	0.031	0.035	0.038
	990304004	汽车式起重机 8t	台班	0.099	0.125	0.152	0.180
	990515010	吊装机械（综合）	台班	0.183	0.199	0.199	0.199
	990401030	载重汽车 8t	台班	0.099	0.125	0.152	0.180

9. 合金钢管（氩电联焊）

工作内容： 准备工作，管子切口，坡口加工，坡口磨平，管口组对，焊接，管口封闭，管道安装。

计量单位： 10m

编号				8-1-551	8-1-552	8-1-553	8-1-554	8-1-555
项目				公称直径（mm 以内）				
				50	65	80	100	125
名称			单位	消耗量				
人工	000203000	综合二类工	工日	1.039	1.265	1.511	1.755	1.817
材料	171400001	合金钢管	m	（9.250）	（9.250）	（8.958）	（8.958）	（8.958）
	031301004	合金钢焊条	kg	0.140	0.240	0.282	0.516	0.603
	031303003	合金钢焊丝	kg	0.030	0.037	0.045	0.057	0.068
	142909001	氧气	m^3	0.013	0.022	0.024	0.033	0.037
	142907002	乙炔气	kg	0.005	0.009	0.009	0.013	0.014
	142911001	氩气	m^3	0.083	0.104	0.125	0.160	0.190
	340101003	钍钨棒	g	0.165	0.208	0.250	0.321	0.380
	031101013	尼龙砂轮片 $\phi100\times16\times3$	片	0.078	0.104	0.121	0.169	0.264
	031101014	尼龙砂轮片 $\phi500\times25\times4$	片	0.019	0.030	0.035	0.049	0.057
	031103002	磨头	个	0.048	0.064	0.074	0.096	—
	143315001	丙酮	kg	0.003	0.046	0.056	0.067	0.078
	010301007	钢丝 $\phi4.0$	kg	0.084	0.087	0.089	0.095	0.099
	020905001	塑料布	m^2	0.216	0.243	0.267	0.314	0.397
	092705004	碎布	kg	0.238	0.268	0.289	0.338	0.367
	850103006	其他材料费（占材料费）	%	1.000	1.000	1.000	1.000	1.000
机械	990912010	氩弧焊机 500A	台班	0.048	0.055	0.066	0.084	0.099
	990785040	砂轮切割机 $\phi500$	台班	0.004	0.006	0.008	0.011	0.011
	990718040	普通车床 630×2000mm	台班	0.041	0.065	0.065	0.066	0.067
	990900010	电焊机（综合）	台班	0.083	0.116	0.136	0.203	0.234
	990509020	单速电动葫芦 3t	台班	0.041	0.065	0.065	0.066	0.067
	990919030	电焊条烘干箱 $60\times50\times75cm^3$	台班	0.008	0.012	0.014	0.020	0.023
	990920010	电焊条恒温箱	台班	0.008	0.012	0.014	0.020	0.023
	990304004	汽车式起重机 8t	台班	—	—	—	0.011	0.014
	990515010	吊装机械（综合）	台班	—	—	—	0.085	0.084
	990401030	载重汽车 8t	台班	—	—	—	0.011	0.014

工作内容：准备工作，管子切口，坡口加工，坡口磨平，管口组对，焊接，管口封闭，管道安装。

计量单位：10m

编号				8-1-556	8-1-557	8-1-558	8-1-559	8-1-560
项目				公称直径（mm 以内）				
				150	200	250	300	350
名称			单位	消耗量				
人工	000203000	综合二类工	工日	1.900	2.628	3.223	3.447	4.073
材料	171400001	合金钢管	m	（8.958）	（8.817）	（8.817）	（8.817）	（8.817）
	031301004	合金钢焊条	kg	0.892	1.768	4.037	4.780	7.279
	031303003	合金钢焊丝	kg	0.082	0.113	0.189	0.195	0.201
	142909001	氧气	m^3	0.124	0.216	0.413	0.420	0.493
	142907002	乙炔气	kg	0.048	0.083	0.159	0.162	0.190
	142911001	氩气	m^3	0.228	0.314	0.530	0.546	0.561
	340101003	铈钨棒	g	0.456	0.630	1.061	1.091	1.121
	031101013	尼龙砂轮片 $\phi100\times16\times3$	片	0.306	0.445	0.832	1.008	1.095
	143315001	丙酮	kg	0.093	0.129	0.216	0.200	0.228
	010301007	钢丝 $\phi4.0$	kg	0.104	0.114	0.166	0.179	0.192
	020905001	塑料布	m^2	0.431	0.560	0.962	1.186	1.432
	092705004	碎布	kg	0.394	0.475	0.697	0.738	0.789
	850103006	其他材料费（占材料费）	%	1.000	1.000	1.000	1.000	1.000
机械	990744010	半自动切割机 100mm	台班	0.010	0.015	0.017	0.017	0.017
	990912010	氩弧焊机 500A	台班	0.120	0.165	0.206	0.212	0.218
	990718040	普通车床 630×2000mm	台班	0.070	0.080	0.094	0.103	0.111
	990900010	电焊机（综合）	台班	0.297	0.451	0.604	0.697	0.790
	990509020	单速电动葫芦 3t	台班	0.070	0.080	0.094	0.103	0.111
	990919030	电焊条烘干箱 $60\times50\times75cm^3$	台班	0.030	0.045	0.060	0.070	0.079
	990920010	电焊条恒温箱	台班	0.030	0.045	0.060	0.070	0.079
	990304004	汽车式起重机 8t	台班	0.017	0.029	0.050	0.068	0.078
	990515010	吊装机械（综合）	台班	0.084	0.108	0.151	0.151	0.167
	990401030	载重汽车 8t	台班	0.017	0.029	0.050	0.068	0.078

工作内容：准备工作，管子切口，坡口加工，坡口磨平，管口组对，焊接，管口封闭，管道安装。

计量单位：10m

编号				8-1-561	8-1-562	8-1-563	8-1-564
项目				公称直径（mm 以内）			
				400	450	500	600
名称			单位	消耗量			
人工	000203000	综合二类工	工日	4.832	6.107	7.104	9.009
材料	171400001	合金钢管	m	（8.817）	（8.817）	（8.817）	（8.817）
	031301004	合金钢焊条	kg	10.072	13.637	15.093	16.548
	031303003	合金钢焊丝	kg	0.227	0.255	0.284	0.311
	142909001	氧气	m^3	0.615	0.691	0.760	0.828
	142907002	乙炔气	kg	0.237	0.266	0.292	0.318
	142911001	氩气	m^3	0.632	0.714	0.794	0.876
	340101003	铈钨棒	g	1.266	1.427	1.587	1.747
	031101013	尼龙砂轮片 $\phi100\times16\times3$	片	1.457	1.763	1.960	2.157
	143315001	丙酮	kg	0.257	0.291	0.321	0.352
	010301007	钢丝 $\phi4.0$	kg	0.205	0.218	0.229	0.241
	020905001	塑料布	m^2	1.614	1.989	2.292	2.597
	092705004	碎布	kg	0.824	0.932	1.054	1.174
	850103006	其他材料费（占材料费）	%	1.000	1.000	1.000	1.000
机械	990509020	单速电动葫芦 3t	台班	0.140	—	—	—
	990900010	电焊机（综合）	台班	1.011	1.272	1.407	1.542
	990912010	氩弧焊机 500A	台班	0.247	0.277	0.309	0.341
	990744010	半自动切割机 100mm	台班	0.019	0.025	0.027	0.029
	990718040	普通车床 630×2000mm	台班	0.140	0.179	0.193	0.208
	990304004	汽车式起重机 8t	台班	0.099	0.125	0.152	0.180
	990515010	吊装机械（综合）	台班	0.183	0.199	0.199	0.199
	990401030	载重汽车 8t	台班	0.099	0.125	0.152	0.180
	990307010	电动单梁起重机 5t	台班	—	0.179	0.193	0.208
	990919030	电焊条烘干箱 $60\times50\times75cm^3$	台班	0.101	0.127	0.141	0.154
	990920010	电焊条恒温箱	台班	0.101	0.127	0.141	0.154

10. 合金钢管（氩弧焊）

工作内容： 准备工作，管子切口，坡口加工，坡口磨平，管口组对，焊接，管口封闭，管道安装。

计量单位： 10m

编号				8-1-565	8-1-566	8-1-567	8-1-568	8-1-569	8-1-570
项目				公称直径（mm 以内）					
				15	20	25	32	40	50
名称			单位	消耗量					
人工	000203000	综合二类工	工日	0.635	0.703	0.791	0.895	1.006	1.143
材料	171400001	合金钢管	m	（9.250）	（9.250）	（9.250）	（9.250）	（9.250）	（9.250）
	031303003	合金钢焊丝	kg	0.016	0.032	0.039	0.049	0.056	0.103
	142909001	氧气	m^3	0.005	0.006	0.007	0.008	0.012	0.013
	142907002	乙炔气	kg	0.002	0.002	0.003	0.003	0.004	0.005
	142911001	氩气	m^3	0.046	0.090	0.110	0.137	0.157	0.288
	340101003	铈钨棒	g	0.091	0.181	0.221	0.274	0.314	0.577
	031101013	尼龙砂轮片 ϕ100×16×3	片	0.031	0.036	0.042	0.051	0.057	0.073
	031101014	尼龙砂轮片 ϕ500×25×4	片	0.004	0.005	0.008	0.011	0.013	0.019
	031103002	磨头	个	0.021	0.023	0.029	0.033	0.040	0.048
	143315001	丙酮	kg	0.013	0.015	0.020	0.023	0.036	0.036
	010301007	钢丝 ϕ4.0	kg	0.076	0.078	0.079	0.080	0.081	0.084
	020905001	塑料布	m^2	0.150	0.157	0.165	0.174	0.196	0.216
	092705004	碎布	kg	0.093	0.097	0.187	0.207	0.207	0.238
	850103006	其他材料费（占材料费）	%	1.000	1.000	1.000	1.000	1.000	1.000
机械	990509020	单速电动葫芦 3t	台班	—	—	—	—	—	0.045
	990912010	氩弧焊机 500A	台班	0.024	0.038	0.047	0.057	0.066	0.111
	990718040	普通车床 630×2000mm	台班	0.023	0.026	0.027	0.029	0.030	0.045
	990785040	砂轮切割机 ϕ500	台班	—	0.001	0.003	0.003	0.004	0.005

工作内容：准备工作，管子切口，坡口加工，坡口磨平，管口组对，焊接，管口封闭，管道安装。

计量单位：10m

编号				8-1-571	8-1-572	8-1-573	8-1-574	8-1-575	8-1-576
项目				公称直径（mm 以内）					
				65	80	100	125	150	200
名称			单位	消耗量					
人工	000203000	综合二类工	工日	1.391	1.664	1.930	1.999	2.090	2.891
材料	171400001	合金钢管	m	（9.250）	（8.958）	（8.958）	（8.958）	（8.958）	（8.958）
	031303003	合金钢焊丝	kg	0.171	0.202	0.328	0.391	0.555	0.720
	142909001	氧气	m^3	0.022	0.024	0.033	0.037	0.141	0.246
	142907002	乙炔气	kg	0.009	0.009	0.013	0.014	0.054	0.095
	142911001	氩气	m^3	0.479	0.564	0.919	1.094	1.556	2.019
	340101003	铈钨棒	g	0.958	1.129	1.837	2.188	3.112	4.035
	031101013	尼龙砂轮片 $\phi100\times16\times3$	片	0.102	0.119	0.158	0.291	0.335	0.379
	031101014	尼龙砂轮片 $\phi500\times25\times4$	片	0.030	0.035	0.049	0.057	—	—
	031103002	磨头	个	0.064	0.074	0.096	—	—	—
	143315001	丙酮	kg	0.046	0.056	0.067	0.078	0.093	0.110
	010301007	钢丝 $\phi4.0$	kg	0.087	0.089	0.095	0.099	0.104	0.110
	020905001	塑料布	m^2	0.243	0.267	0.314	0.369	0.431	0.494
	092705004	碎布	kg	0.268	0.289	0.338	0.367	0.394	0.421
	850103006	其他材料费（占材料费）	%	1.000	1.000	1.000	1.000	1.000	1.000
机械	990509020	单速电动葫芦 3t	台班	0.065	0.065	0.066	0.067	0.070	0.073
	990304004	汽车式起重机 8t	台班	—	—	0.011	0.014	0.017	0.020
	990515010	吊装机械（综合）	台班	—	—	0.085	0.084	0.084	0.084
	990401030	载重汽车 8t	台班	—	—	0.011	0.014	0.017	0.020
	990744010	半自动切割机 100mm	台班	—	—	—	—	0.010	0.012
	990912010	氩弧焊机 500A	台班	0.172	0.202	0.284	0.338	0.461	0.584
	990718040	普通车床 630×2000mm	台班	0.065	0.065	0.066	0.067	0.070	0.073
	990785040	砂轮切割机 $\phi500$	台班	0.007	0.008	0.011	0.011	—	—

11. 铜及铜合金管（氧乙炔焊）

工作内容： 准备工作，管子切口，坡口加工，坡口磨平，管口组对，焊前预热，焊接，管道安装。

计量单位： 10m

编号				8-1-577	8-1-578	8-1-579	8-1-580	8-1-581
项目				管外径（mm 以内）				
				20	30	40	50	65
名称			单位	消耗量				
人工	000203000	综合二类工	工日	0.479	0.666	0.842	1.001	1.101
材料	171500002	铜管	m	（10.000）	（10.000）	（10.000）	（10.000）	（10.000）
	031303009	铜焊丝（综合）	kg	0.033	0.051	0.068	0.086	0.113
	142909001	氧气	m^3	0.126	0.195	0.267	0.335	0.435
	142907002	乙炔气	kg	0.048	0.075	0.103	0.129	0.167
	031101013	尼龙砂轮片 $\phi100\times16\times3$	片	0.042	0.079	0.107	0.135	0.190
	031101014	尼龙砂轮片 $\phi500\times25\times4$	片	0.005	0.007	0.012	0.016	0.018
	031102004	铁砂布（综合）	张	0.020	0.026	0.031	0.036	0.049
	040329001	硼砂	kg	0.007	0.010	0.014	0.017	0.022
	010301007	钢丝 $\phi4.0$	kg	0.077	0.078	0.079	0.080	0.081
	092705004	碎布	kg	0.103	0.106	0.229	0.229	0.262
	850103006	其他材料费（占材料费）	%	1.000	1.000	1.000	1.000	1.000
机械	990785040	砂轮切割机 $\phi500$	台班	0.001	0.002	0.004	0.005	0.007

工作内容：准备工作，管子切口，坡口加工，坡口磨平，管口组对，焊前预热，焊接，管道安装。

计量单位：10m

编号				8-1-582	8-1-583	8-1-584	8-1-585	8-1-586
项目				管外径（mm 以内）				
				75	85	100	120	150
名称			单位	消耗量				
人工	000203000	综合二类工	工日	1.189	1.434	1.478	1.666	1.930
材料	171500002	铜管	m	（9.880）	（9.880）	（9.880）	（9.880）	（9.880）
	031303009	铜焊丝（综合）	kg	0.132	0.223	0.256	0.312	0.390
	142909001	氧气	m^3	0.510	0.871	0.988	1.191	1.495
	142907002	乙炔气	kg	0.196	0.335	0.380	0.458	0.575
	031101013	尼龙砂轮片 $\phi100\times16\times3$	片	0.224	0.533	0.606	0.791	0.998
	031101014	尼龙砂轮片 $\phi500\times25\times4$	片	0.021	—	—	—	—
	031102004	铁砂布（综合）	张	0.058	0.058	0.088	0.117	0.163
	040329001	硼砂	kg	0.026	0.044	0.049	0.060	0.075
	010301007	钢丝 $\phi4.0$	kg	0.082	0.083	0.077	0.085	0.086
	092705004	碎布	kg	0.295	0.296	0.369	0.373	0.406
	850103006	其他材料费（占材料费）	%	1.000	1.000	1.000	1.000	1.000
机械	990743010	等离子切割机 400A	台班	—	0.145	0.169	0.204	0.255
	991003030	电动空气压缩机 $1m^3/min$	台班	—	0.145	0.169	0.204	0.255
	990304004	汽车式起重机 8t	台班	—	—	0.005	0.006	0.007
	990515010	吊装机械（综合）	台班	—	—	0.078	0.078	0.078
	990401030	载重汽车 8t	台班	—	—	0.005	0.006	0.007
	990785040	砂轮切割机 $\phi500$	台班	0.008	—	—	—	—

工作内容：准备工作，管子切口，坡口加工，坡口磨平，管口组对，焊前预热，焊接，管道安装。

计量单位：10m

编号				8-1-587	8-1-588	8-1-589	8-1-590
项目				管外径（mm 以内）			
				185	200	250	300
名称			单位	消耗量			
人工	000203000	综合二类工	工日	2.440	2.913	3.522	4.218
材料	171500002	铜管	m	（9.880）	（9.880）	（9.880）	（9.880）
	031303009	铜焊丝（综合）	kg	0.483	0.802	1.007	1.210
	142909001	氧气	m^3	1.858	2.949	3.702	4.439
	142907002	乙炔气	kg	0.715	1.134	1.424	1.707
	031101013	尼龙砂轮片 $\phi100\times16\times3$	片	1.240	1.705	2.147	2.588
	031102004	铁砂布（综合）	张	0.214	0.238	0.313	0.388
	040329001	硼砂	kg	0.092	0.156	0.196	0.235
	010301007	钢丝 $\phi4.0$	kg	0.087	0.088	0.089	0.090
	092705004	碎布	kg	0.434	0.436	0.530	1.088
	850103006	其他材料费（占材料费）	%	1.000	1.000	1.000	1.000
机械	990743010	等离子切割机 400A	台班	0.315	0.357	0.446	0.536
	990304004	汽车式起重机 8t	台班	0.009	0.010	0.012	0.018
	990515010	吊装机械（综合）	台班	0.100	0.100	0.139	0.139
	990401030	载重汽车 8t	台班	0.009	0.010	0.012	0.018
	991003030	电动空气压缩机 $1m^3/min$	台班	0.315	0.357	0.446	0.536

12. 金属软管安装（螺纹连接）

工作内容：准备工作，软管清理检查，管口连接，管道安装。 **计量单位：**根

编号				8-1-591	8-1-592	8-1-593	8-1-594	8-1-595	8-1-596
项目				公称直径（mm 以内）					
				15	20	25	32	40	50
名称			单位	消耗量					
人工	000203000	综合二类工	工日	0.268	0.287	0.305	0.325	0.360	0.417
材料	171900001	金属软管（综合）	根	（1.000）	（1.000）	（1.000）	（1.000）	（1.000）	（1.000）
	340203007	聚四氟乙烯生料带（综合）	m	0.518	0.636	0.801	0.989	1.130	1.342
	140303001	机油（综合）	kg	0.012	0.014	0.016	0.019	0.024	0.028
	092705004	碎布	kg	0.097	0.099	0.215	0.215	0.245	0.245
	850103006	其他材料费（占材料费）	%	1.000	1.000	1.000	1.000	1.000	1.000

13. 金属软管安装（法兰连接）

工作内容：准备工作，软管清理检查，管口连接，螺栓涂二硫化钼，管道安装。 **计量单位：**根

编号				8-1-597	8-1-598	8-1-599	8-1-600	8-1-601
项目				公称直径（mm 以内）				
				15	20	25	32	40
名称			单位	消耗量				
人工	000203000	综合二类工	工日	0.298	0.310	0.328	0.384	0.417
材料	171900001	金属软管（综合）	根	（1.000）	（1.000）	（1.000）	（1.000）	（1.000）
	020112006	无石棉橡胶板 中压 δ0.8～6	kg	0.092	0.122	0.153	0.196	0.294
	143121001	二硫化钼	kg	0.003	0.003	0.003	0.003	0.003
	092705004	碎布	kg	0.097	0.099	0.215	0.215	0.245
	850103006	其他材料费（占材料费）	%	1.000	1.000	1.000	1.000	1.000

工作内容：准备工作，软管清理检查，管口连接，螺栓涂二硫化钼，管道安装。 **计量单位：**根

编号				8-1-602	8-1-603	8-1-604	8-1-605	8-1-606
项目				公称直径（mm 以内）				
				50	65	80	100	125
名称			单位	消耗量				
人工	000203000	综合二类工	工日	0.467	0.529	0.543	0.604	0.680
材料	171900001	金属软管（综合）	根	（1.000）	（1.000）	（1.000）	（1.000）	（1.000）
	020112006	无石棉橡胶板 中压 δ0.8～6	kg	0.343	0.394	0.569	0.744	1.006
	143121001	二硫化钼	kg	0.003	0.004	0.004	0.008	0.010
	092705004	碎布	kg	0.245	0.036	0.042	0.042	0.375
	850103006	其他材料费（占材料费）	%	1.000	1.000	1.000	1.000	1.000
机械	990304004	汽车式起重机 8t	台班	—	—	—	0.002	0.003
	990515010	吊装机械（综合）	台班	—	—	—	0.014	0.015
	990401030	载重汽车 8t	台班	—	—	—	0.002	0.003

工作内容：准备工作，软管清理检查，管口连接，螺栓涂二硫化钼，管道安装。 **计量单位：**根

编号				8-1-607	8-1-608	8-1-609	8-1-610
项目				公称直径（mm 以内）			
				150	200	250	300
名称			单位	消耗量			
人工	000203000	综合二类工	工日	0.762	1.050	1.122	1.419
材料	171900001	金属软管（综合）	根	（1.000）	（1.000）	（1.000）	（1.000）
	020112006	无石棉橡胶板 中压 δ0.8～6	kg	1.070	1.072	1.091	1.109
	143121001	二硫化钼	kg	0.010	0.010	0.021	0.021
	092705004	碎布	kg	0.397	0.530	0.552	0.608
	850103006	其他材料费（占材料费）	%	1.000	1.000	1.000	1.000
机械	990304004	汽车式起重机 8t	台班	0.004	0.006	0.008	0.010
	990515010	吊装机械（综合）	台班	0.017	0.024	0.030	0.037
	990401030	载重汽车 8t	台班	0.004	0.006	0.008	0.010

14. 直埋保温管道（氩电联焊）

工作内容： 准备工作，管子切口，坡口加工，坡口磨平，管口组对，焊接，管口封闭，管道安装。

计量单位：根

编　号				8-1-611	8-1-612	8-1-613	8-1-614	8-1-615
项　目				公称直径（mm 以内）				
				100	200	250	300	350
名　称			单位	消　耗　量				
人工	000203000	综合二类工	工日	0.883	1.766	2.058	2.689	2.981
材料	170001001	中压直埋保温管	m	（9.287）	（9.287）	（9.287）	（9.287）	（9.287）
	031301009	低碳钢焊条 J427（综合）	kg	0.319	0.639	0.792	0.944	1.936
	031303005	碳钢焊丝	kg	0.054	0.108	0.108	0.161	0.187
	142909001	氧气	m^3	0.378	0.756	0.982	1.194	1.410
	142907002	乙炔气	kg	0.145	0.291	0.378	0.459	0.542
	142911001	氩气	m^3	0.151	0.303	0.303	0.303	0.525
	031101013	尼龙砂轮片 $\phi100\times16\times3$	片	0.509	1.017	1.437	1.519	1.956
	012100002	角钢（综合）	kg	0.087	0.174	0.174	0.174	0.174
	340101003	铈钨棒	g	0.303	0.605	0.605	0.605	1.048
	092705004	碎布	kg	0.030	0.059	0.073	0.086	0.099
	850103006	其他材料费（占材料费）	%	1.000	1.000	1.000	1.000	1.000
机械	990304004	汽车式起重机 8t	台班	0.013	0.021	0.036	0.048	0.065
	990515010	吊装机械（综合）	台班	0.048	0.082	0.114	0.118	0.130
	990912010	氩弧焊机 500A	台班	0.115	0.192	0.192	0.192	0.335
	990900010	电焊机（综合）	台班	0.117	0.194	0.235	0.289	0.390
	990919030	电焊条烘干箱 $60\times50\times75cm^3$	台班	0.012	0.020	0.023	0.029	0.039
	990920010	电焊条恒温箱	台班	0.012	0.020	0.023	0.029	0.039
	990401030	载重汽车 8t	台班	0.013	0.021	0.036	0.048	0.065

工作内容：准备工作，管子切口，坡口加工，坡口磨平，管口组对，焊接，管口封闭，管道安装。

计量单位：10m

编号				8-1-616	8-1-617	8-1-618	8-1-619	8-1-620
项目				公称直径（mm 以内）				
				400	450	500	600	700
名称			单位	消耗量				
人工	000203000	综合二类工	工日	3.717	4.550	5.311	5.738	6.738
材料	170001001	中压直埋保温管	m	（9.287）	（9.193）	（9.193）	（9.193）	（9.090）
	031301009	低碳钢焊条 J427（综合）	kg	2.191	2.470	2.515	5.348	8.456
	031303005	碳钢焊丝	kg	0.213	0.241	0.244	0.296	0.340
	142909001	氧气	m^3	1.500	1.618	1.696	3.570	3.983
	142907002	乙炔气	kg	0.577	0.622	0.652	1.373	1.532
	142911001	氩气	m^3	0.595	0.673	0.700	0.829	0.951
	031101013	尼龙砂轮片 $\phi100\times16\times3$	片	2.617	2.962	3.350	3.404	3.434
	012100002	角钢（综合）	kg	0.174	0.174	0.174	0.174	0.192
	340101003	铈钨棒	g	1.191	1.347	1.368	1.659	1.902
	092705004	碎布	kg	0.111	0.125	0.137	0.167	0.188
	850103006	其他材料费（占材料费）	%	1.000	1.000	1.000	1.000	1.000
机械	990304004	汽车式起重机 8t	台班	0.075	0.094	0.102	0.112	0.126
	990515010	吊装机械（综合）	台班	0.143	0.155	0.155	0.156	0.171
	990912010	氩弧焊机 500A	台班	0.381	0.430	0.485	0.486	0.489
	990900010	电焊机（综合）	台班	0.449	0.501	0.554	1.217	1.455
	990919030	电焊条烘干箱 $60\times50\times75cm^3$	台班	0.045	0.051	0.055	0.122	0.146
	990920010	电焊条恒温箱	台班	0.045	0.051	0.055	0.122	0.146
	990401030	载重汽车 8t	台班	0.075	0.094	0.102	0.112	0.126
	990744010	半自动切割机 100mm	台班	—	—	—	0.064	0.068

工作内容：准备工作，管子切口，坡口加工，坡口磨平，管口组对，焊接，管口封闭，管道安装。

计量单位：10m

编号				8-1-621	8-1-622	8-1-623	8-1-624
项目				公称直径（mm 以内）			
				800	900	1000	1200
名称			单位	消耗量			
人工	000203000	综合二类工	工日	7.707	8.648	9.678	11.794
材料	170001001	中压直埋保温管	m	（9.090）	（9.090）	（9.090）	（8.996）
	031301009	低碳钢焊条 J427（综合）	kg	10.842	12.179	15.030	23.629
	031303005	碳钢焊丝	kg	0.412	0.434	0.480	0.553
	142909001	氧气	m^3	4.903	5.453	6.478	10.374
	142907002	乙炔气	kg	1.886	2.097	2.492	3.990
	142911001	氩气	m^3	1.153	1.216	1.342	1.550
	031101013	尼龙砂轮片 $\phi100\times16\times3$	片	3.510	3.522	3.815	4.720
	012100002	角钢（综合）	kg	0.192	0.192	0.192	0.303
	340101003	铈钨棒	g	2.307	2.430	2.685	3.099
	092705004	碎布	kg	0.217	0.243	0.295	0.354
	850103006	其他材料费（占材料费）	%	1.000	1.000	1.000	1.000
机械	990304004	汽车式起重机 8t	台班	0.140	0.156	0.192	0.208
	990515010	吊装机械（综合）	台班	0.219	0.228	0.302	0.328
	990912010	氩弧焊机 500A	台班	0.490	0.516	0.570	0.658
	990900010	电焊机（综合）	台班	1.661	1.868	2.092	3.298
	990919030	电焊条烘干箱 $60\times50\times75cm^3$	台班	0.166	0.186	0.209	0.330
	990920010	电焊条恒温箱	台班	0.166	0.186	0.209	0.330
	990401030	载重汽车 8t	台班	0.140	0.156	0.192	0.208
	990744010	半自动切割机 100mm	台班	0.072	0.085	0.093	0.114

15. 钢套钢直埋保温管（氩电联焊）

工作内容：准备工作，管子切口，坡口加工，坡口磨平，管口组对，焊接，管口封闭，管道安装。

计量单位：10m

编号				8-1-625	8-1-626	8-1-627	8-1-628	8-1-629
项目				公称直径（mm 以内）				
				100	200	250	300	350
名称			单位	消耗量				
人工	000203000	综合二类工	工日	1.106	2.207	2.573	3.361	3.727
材料	170001002	中压钢套钢保温管	m	（9.287）	（9.287）	（9.287）	（9.287）	（9.287）
	031301009	低碳钢焊条 J427（综合）	kg	0.319	0.639	0.792	0.944	1.936
	031303005	碳钢焊丝	kg	0.054	0.108	0.108	0.161	0.187
	142909001	氧气	m^3	0.378	0.756	0.982	1.194	1.410
	142907002	乙炔气	kg	0.145	0.291	0.378	0.459	0.542
	142911001	氩气	m^3	0.151	0.303	0.303	0.303	0.525
	031101013	尼龙砂轮片 $\phi100 \times 16 \times 3$	片	0.509	1.017	1.437	1.519	1.956
	012100002	角钢（综合）	kg	0.087	0.174	0.174	0.174	0.174
	340101003	铈钨棒	g	0.303	0.605	0.605	0.605	1.048
	092705004	碎布	kg	0.030	0.059	0.073	0.086	0.099
	850103006	其他材料费（占材料费）	%	1.000	1.000	1.000	1.000	1.000
机械	990304004	汽车式起重机 8t	台班	0.016	0.028	0.045	0.060	0.082
	990515010	吊装机械（综合）	台班	0.061	0.101	0.141	0.147	0.163
	990912010	氩弧焊机 500A	台班	0.144	0.240	0.240	0.240	0.417
	990900010	电焊机（综合）	台班	0.146	0.244	0.293	0.361	0.488
	990919030	电焊条烘干箱 $60 \times 50 \times 75cm^3$	台班	0.015	0.024	0.030	0.036	0.048
	990920010	电焊条恒温箱	台班	0.015	0.024	0.030	0.036	0.048
	990401030	载重汽车 8t	台班	0.016	0.028	0.045	0.060	0.082

工作内容：准备工作，管子切口，坡口加工，坡口磨平，管口组对，焊接，管口封闭，管道安装。

计量单位：10m

编号				8-1-630	8-1-631	8-1-632	8-1-633	8-1-634
项目				公称直径（mm 以内）				
				400	450	500	600	700
名称			单位	消耗量				
人工	000203000	综合二类工	工日	4.645	5.688	6.639	7.174	8.422
材料	170001002	中压钢套钢保温管	m	（9.287）	（9.193）	（9.193）	（9.193）	（9.090）
	031301009	低碳钢焊条 J427（综合）	kg	2.191	2.470	2.515	5.348	8.456
	031303005	碳钢焊丝	kg	0.213	0.241	0.244	0.296	0.340
	142909001	氧气	m^3	1.500	1.618	1.696	3.570	3.983
	142907002	乙炔气	kg	0.577	0.622	0.652	1.373	1.532
	142911001	氩气	m^3	0.595	0.673	0.700	0.829	0.951
	031101013	尼龙砂轮片 $\phi 100 \times 16 \times 3$	片	2.617	2.962	3.350	3.404	3.434
	012100002	角钢（综合）	kg	0.174	0.174	0.174	0.174	0.192
	340101003	钸钨棒	g	1.191	1.347	1.368	1.659	1.902
	092705004	碎布	kg	0.111	0.125	0.137	0.167	0.188
	850103006	其他材料费（占材料费）	%	1.000	1.000	1.000	1.000	1.000
机械	990304004	汽车式起重机 8t	台班	0.094	0.116	0.128	0.140	0.157
	990515010	吊装机械（综合）	台班	0.178	0.193	0.193	0.194	0.214
	990912010	氩弧焊机 500A	台班	0.475	0.537	0.607	0.608	0.611
	990900010	电焊机（综合）	台班	0.561	0.627	0.692	1.521	1.818
	990919030	电焊条烘干箱 $60 \times 50 \times 75cm^3$	台班	0.056	0.062	0.069	0.152	0.182
	990920010	电焊条恒温箱	台班	0.056	0.062	0.069	0.152	0.182
	990401030	载重汽车 8t	台班	0.094	0.116	0.128	0.140	0.157
	990744010	半自动切割机 100mm	台班	—	—	—	0.079	0.085

工作内容：准备工作，管子切口，坡口加工，坡口磨平，管口组对，焊接，管口封闭，管道安装。

计量单位：10m

编号				8-1-635	8-1-636	8-1-637	8-1-638
项目				公称直径（mm 以内）			
				800	900	1000	1200
名称			单位	消耗量			
人工	000203000	综合二类工	工日	9.635	10.811	12.097	14.744
材料	170001002	中压钢套钢保温管	m	（9.090）	（9.090）	（8.996）	（8.996）
	031301009	低碳钢焊条 J427（综合）	kg	10.842	12.179	15.030	23.629
	031303005	碳钢焊丝	kg	0.412	0.434	0.480	0.553
	142909001	氧气	m^3	4.903	5.453	6.478	10.374
	142907002	乙炔气	kg	1.886	2.097	2.492	3.990
	142911001	氩气	m^3	1.153	1.216	1.342	1.550
	031101013	尼龙砂轮片 $\phi100\times16\times3$	片	3.510	3.522	3.815	4.720
	012100002	角钢（综合）	kg	0.192	0.192	0.192	0.303
	340101003	铈钨棒	g	2.307	2.430	2.685	3.099
	092705004	碎布	kg	0.217	0.243	0.295	0.354
	850103006	其他材料费（占材料费）	%	1.000	1.000	1.000	1.000
机械	990304004	汽车式起重机 8t	台班	0.176	0.196	0.241	0.259
	990515010	吊装机械（综合）	台班	0.273	0.285	0.378	0.409
	990912010	氩弧焊机 500A	台班	0.612	0.645	0.713	0.822
	990900010	电焊机（综合）	台班	2.076	2.335	2.614	4.123
	990919030	电焊条烘干箱 $60\times50\times75cm^3$	台班	0.208	0.233	0.261	0.413
	990920010	电焊条恒温箱	台班	0.208	0.233	0.261	0.413
	990401030	载重汽车 8t	台班	0.176	0.196	0.241	0.259
	990744010	半自动切割机 100mm	台班	0.091	0.107	0.117	0.143

三、高 压 管 道

1. 碳钢管（电弧焊）

工作内容：准备工作，管子切口，坡口加工，管口组对，焊接，管口封闭，管道安装。 **计量单位：**10m

编号				8-1-639	8-1-640	8-1-641	8-1-642	8-1-643
项目				公称直径（mm 以内）				
				15	20	25	32	40
名称			单位	消耗量				
人工	000203000	综合二类工	工日	1.209	1.319	1.446	1.842	1.974
材料	170500002	碳钢管（综合）	m	（9.109）	（9.109）	（9.109）	（9.109）	（9.109）
	031301009	低碳钢焊条 J427（综合）	kg	0.085	0.139	0.231	0.336	0.390
	031101013	尼龙砂轮片 $\phi100\times16\times3$	片	0.015	0.020	0.030	0.041	0.049
	031101014	尼龙砂轮片 $\phi500\times25\times4$	片	0.006	0.010	0.015	0.020	0.025
	031103002	磨头	个	0.002	0.021	0.026	0.032	0.037
	143315001	丙酮	kg	0.017	0.019	0.020	0.021	0.024
	010301007	钢丝 $\phi4.0$	kg	0.096	0.097	0.098	0.099	0.100
	020905001	塑料布	m^2	0.136	0.143	0.150	0.159	0.179
	092705004	碎布	kg	0.119	0.123	0.239	0.265	0.265
	850103006	其他材料费（占材料费）	%	1.000	1.000	1.000	1.000	1.000
机械	990900010	电焊机（综合）	台班	0.038	0.052	0.068	0.087	0.102
	990785040	砂轮切割机 $\phi500$	台班	0.002	0.003	0.004	0.005	0.005
	990718040	普通车床 630×2000mm	台班	0.029	0.039	0.059	0.060	0.061
	990919030	电焊条烘干箱 $60\times50\times75cm^3$	台班	0.004	0.005	0.006	0.009	0.011
	990920010	电焊条恒温箱	台班	0.004	0.005	0.006	0.009	0.011
	990509020	单速电动葫芦 3t	台班	—	—	0.059	0.060	0.061

工作内容：准备工作，管子切口，坡口加工，管口组对，焊接，管口封闭，管道安装。 计量单位：10m

编号				8-1-644	8-1-645	8-1-646	8-1-647	8-1-648
项目				公称直径（mm 以内）				
				50	65	80	100	125
名称			单位	消耗量				
人工	000203000	综合二类工	工日	2.127	2.322	2.490	3.278	3.888
材料	170500002	碳钢管（综合）	m	（8.958）	（8.958）	（8.958）	（8.958）	（8.817）
	031301009	低碳钢焊条 J427（综合）	kg	0.606	1.046	1.491	2.332	4.024
	031101013	尼龙砂轮片 $\phi100\times16\times3$	片	0.064	0.099	0.122	0.128	0.160
	031101014	尼龙砂轮片 $\phi500\times25\times4$	片	0.037	0.055	0.074	—	—
	031103002	磨头	个	0.044	0.058	0.068	0.087	—
	143315001	丙酮	kg	0.029	0.039	0.045	0.059	0.069
	010301007	钢丝 $\phi4.0$	kg	0.103	0.105	0.107	0.112	0.116
	020905001	塑料布	m^2	0.196	0.222	0.243	0.286	0.336
	092705004	碎布	kg	0.302	0.341	0.368	0.429	0.467
	142909001	氧气	m^3	—	—	—	0.146	0.177
	142907002	乙炔气	kg	—	—	—	0.056	0.068
	850103006	其他材料费（占材料费）	%	1.000	1.000	1.000	1.000	1.000
机械	990304004	汽车式起重机 8t	台班	—	—	0.013	0.019	0.026
	990515010	吊装机械（综合）	台班	—	—	0.065	0.083	0.083
	990401030	载重汽车 8t	台班	—	—	0.013	0.019	0.026
	990900010	电焊机（综合）	台班	0.126	0.171	0.218	0.334	0.485
	990785040	砂轮切割机 $\phi500$	台班	0.007	0.008	0.010	—	—
	990718040	普通车床 630×2000mm	台班	0.063	0.068	0.074	0.086	0.180
	990919030	电焊条烘干箱 $60\times50\times75cm^3$	台班	0.013	0.017	0.022	0.033	0.049
	990920010	电焊条恒温箱	台班	0.013	0.017	0.022	0.033	0.049
	990509020	单速电动葫芦 3t	台班	0.063	0.068	0.074	0.086	0.180

工作内容：准备工作，管子切口，坡口加工，管口组对，焊接，管口封闭，管道安装。　　计量单位：10m

编　号				8-1-649	8-1-650	8-1-651	8-1-652	8-1-653
项　目				公称直径（mm 以内）				
				150	200	250	300	350
名　称			单位	消　耗　量				
人工	000203000	综合二类工	工日	4.947	6.230	7.221	7.854	9.180
材料	170500002	碳钢管（综合）	m	（8.817）	（8.817）	（8.761）	（8.761）	（8.761）
	031301009	低碳钢焊条 J427（综合）	kg	6.327	9.847	14.437	16.393	22.253
	142909001	氧气	m^3	0.258	0.363	0.496	0.546	0.594
	142907002	乙炔气	kg	0.099	0.140	0.191	0.210	0.228
	031101013	尼龙砂轮片 $\phi100\times16\times3$	片	0.190	0.658	0.971	0.984	1.286
	143315001	丙酮	kg	0.082	0.113	0.128	0.141	0.148
	012100002	角钢（综合）	kg	—	0.125	0.125	0.126	0.126
	010301007	钢丝 $\phi4.0$	kg	0.121	0.130	0.138	0.147	0.156
	020905001	塑料布	m^2	0.393	0.510	0.649	0.800	0.967
	092705004	碎布	kg	0.498	0.602	0.669	0.693	0.738
	850103006	其他材料费（占材料费）	%	1.000	1.000	1.000	1.000	1.000
机械	990900010	电焊机（综合）	台班	0.707	1.084	1.574	1.717	2.250
	990744010	半自动切割机 100mm	台班	0.013	0.021	0.046	0.048	0.059
	990718040	普通车床 630×2000mm	台班	0.196	0.293	0.354	0.397	0.439
	990304004	汽车式起重机 8t	台班	0.035	0.060	0.085	0.114	0.168
	990515010	吊装机械（综合）	台班	0.111	0.120	0.157	0.157	0.194
	990401030	载重汽车 8t	台班	0.035	0.060	0.085	0.114	0.168
	990509020	单速电动葫芦 3t	台班	0.196	0.293	—	—	—
	990919030	电焊条烘干箱 $60\times50\times75cm^3$	台班	0.070	0.108	0.157	0.172	0.225
	990920010	电焊条恒温箱	台班	0.070	0.108	0.157	0.172	0.225
	990307010	电动单梁起重机 5t	台班	—	—	0.354	0.397	0.439

工作内容：准备工作，管子切口，坡口加工，管口组对，焊接，管口封闭，管道安装。 **计量单位：**10m

编号				8-1-654	8-1-655	8-1-656	8-1-657
项目				公称直径（mm 以内）			
				400	450	500	600
名称			单位	消耗量			
人工	000203000	综合二类工	工日	10.515	12.127	13.652	15.173
材料	170500002	碳钢管（综合）	m	（8.761）	（8.667）	（8.667）	（8.667）
	031301009	低碳钢焊条 J427（综合）	kg	29.748	38.982	47.437	55.891
	142909001	氧气	m^3	0.683	0.915	1.046	1.310
	142907002	乙炔气	kg	0.263	0.352	0.402	0.504
	031101013	尼龙砂轮片 $\phi100\times16\times3$	片	1.612	1.901	2.369	2.839
	143315001	丙酮	kg	0.167	0.189	0.208	0.227
	012100002	角钢（综合）	kg	0.126	0.126	0.126	0.126
	010301007	钢丝 $\phi4.0$	kg	0.164	0.173	0.181	0.189
	020905001	塑料布	m^2	1.089	1.342	1.547	1.752
	092705004	碎布	kg	0.770	0.872	0.984	1.096
	850103006	其他材料费（占材料费）	%	1.000	1.000	1.000	1.000
机械	990900010	电焊机（综合）	台班	2.926	3.805	4.631	5.458
	990744010	半自动切割机 100mm	台班	0.066	0.081	0.108	0.134
	990718040	普通车床 630×2000mm	台班	0.480	0.597	0.650	0.704
	990304004	汽车式起重机 8t	台班	0.211	0.294	0.328	0.363
	990515010	吊装机械（综合）	台班	0.194	0.241	0.241	0.241
	990401030	载重汽车 8t	台班	0.211	0.294	0.328	0.363
	990307010	电动单梁起重机 5t	台班	0.480	0.597	0.650	0.704
	990919030	电焊条烘干箱 $60\times50\times75cm^3$	台班	0.292	0.381	0.463	0.546
	990920010	电焊条恒温箱	台班	0.292	0.381	0.463	0.546

2. 碳钢管（氩电联焊）

工作内容： 准备工作，管子切口，坡口加工，坡口磨平，管口组对，焊接，管口封闭，管道安装。

计量单位： 10m

编号				8-1-658	8-1-659	8-1-660	8-1-661	8-1-662
项目				公称直径（mm 以内）				
				15	20	25	32	40
		名称	单位	消耗量				
人工	000203000	综合二类工	工日	1.560	1.717	1.891	2.405	2.582
材料	170500002	碳钢管（综合）	m	（9.109）	（9.109）	（9.109）	（9.109）	（9.109）
	031303005	碳钢焊丝	kg	0.020	0.024	0.028	0.031	0.035
	142911001	氩气	m^3	0.044	0.053	0.070	0.077	0.104
	340101003	铈钨棒	g	0.072	0.092	0.144	0.179	0.215
	031101013	尼龙砂轮片 $\phi100\times16\times3$	片	0.015	0.019	0.027	0.036	0.043
	031101014	尼龙砂轮片 $\phi500\times25\times4$	片	0.006	0.010	0.015	0.020	0.025
	031103002	磨头	个	0.002	0.021	0.026	0.032	0.037
	143315001	丙酮	kg	0.017	0.019	0.020	0.021	0.024
	010301007	钢丝 $\phi4.0$	kg	0.096	0.097	0.098	0.099	0.100
	020905001	塑料布	m^2	0.136	0.143	0.150	0.159	0.179
	092705004	碎布	kg	0.119	0.123	0.239	0.265	0.265
	850103006	其他材料费（占材料费）	%	1.000	1.000	1.000	1.000	1.000
机械	990912010	氩弧焊机 500A	台班	0.036	0.051	0.064	0.071	0.087
	990785040	砂轮切割机 $\phi500$	台班	0.003	0.004	0.006	0.007	0.007
	990718040	普通车床 630×2000mm	台班	0.038	0.051	0.051	0.053	0.059
	990509020	单速电动葫芦 3t	台班	—	—	0.051	0.053	0.059

工作内容：准备工作，管子切口，坡口加工，坡口磨平，管口组对，焊接，管口封闭，管道安装。

计量单位：10m

编号				8-1-663	8-1-664	8-1-665	8-1-666	8-1-667
项目				公称直径（mm 以内）				
				50	65	80	100	125
名称			单位	消耗量				
人工	000203000	综合二类工	工日	2.761	3.014	3.231	4.260	5.051
材料	170500002	碳钢管（综合）	m	（8.958）	（8.958）	（8.958）	（8.958）	（8.817）
	031303005	碳钢焊丝	kg	0.037	0.050	0.064	0.112	0.129
	142911001	氩气	m^3	0.138	0.181	0.239	0.415	0.481
	340101003	铈钨棒	g	0.243	0.319	0.424	0.731	0.847
	031101013	尼龙砂轮片 $\phi100\times16\times3$	片	0.067	0.096	0.127	0.174	0.199
	031101014	尼龙砂轮片 $\phi500\times25\times4$	片	0.037	0.055	0.074	—	—
	031103002	磨头	个	0.044	0.058	0.068	0.113	—
	143315001	丙酮	kg	0.029	0.039	0.045	0.077	0.089
	010301007	钢丝 $\phi4.0$	kg	0.103	0.105	0.107	0.146	0.151
	020905001	塑料布	m^2	0.196	0.222	0.243	0.372	0.436
	092705004	碎布	kg	0.302	0.341	0.368	0.557	0.607
	031301009	低碳钢焊条 J427（综合）	kg	0.562	0.937	1.177	2.587	4.839
	142909001	氧气	m^3	—	—	—	0.190	0.230
	142907002	乙炔气	kg	—	—	—	0.073	0.089
	850103006	其他材料费（占材料费）	%	1.000	1.000	1.000	1.000	1.000
机械	990900010	电焊机（综合）	台班	0.118	0.155	0.190	0.306	0.453
	990919030	电焊条烘干箱 $60\times50\times75cm^3$	台班	0.012	0.015	0.019	0.031	0.045
	990920010	电焊条恒温箱	台班	0.012	0.015	0.019	0.031	0.045
	990304004	汽车式起重机 8t	台班	—	—	0.013	0.019	0.026
	990515010	吊装机械（综合）	台班	—	—	0.065	0.083	0.083
	990401030	载重汽车 8t	台班	—	—	0.013	0.019	0.026
	990912010	氩弧焊机 500A	台班	0.062	0.066	0.079	0.100	0.111
	990785040	砂轮切割机 $\phi500$	台班	0.007	0.008	0.010	—	—
	990718040	普通车床 630×2000mm	台班	0.063	0.068	0.074	0.086	0.180
	990509020	单速电动葫芦 3t	台班	0.063	0.068	0.074	0.086	0.180

工作内容：准备工作，管子切口，坡口加工，坡口磨平，管口组对，焊接，管口封闭，管道安装。

计量单位：10m

编号				8-1-668	8-1-669	8-1-670	8-1-671	8-1-672
项目				公称直径（mm 以内）				
				150	200	250	300	350
名称			单位	消耗量				
人工	000203000	综合二类工	工日	6.415	8.096	9.395	10.181	11.891
材料	170500002	碳钢管（综合）	m	（8.817）	（8.817）	（8.761）	（8.761）	（8.761）
	031301009	低碳钢焊条 J427（综合）	kg	7.669	11.956	17.556	20.032	27.250
	031303005	碳钢焊丝	kg	0.153	0.229	0.251	0.270	0.315
	142909001	氧气	m^3	0.336	0.472	0.531	0.589	0.772
	142907002	乙炔气	kg	0.129	0.181	0.204	0.226	0.297
	142911001	氩气	m^3	0.557	0.849	0.924	0.997	1.163
	340101003	铈钨棒	g	0.977	1.491	1.621	1.752	2.050
	031101013	尼龙砂轮片 $\phi100\times16\times3$	片	0.248	0.838	1.236	1.253	1.635
	143315001	丙酮	kg	0.107	0.147	0.167	0.184	0.192
	012100002	角钢（综合）	kg	—	0.162	0.162	0.164	0.164
	010301007	钢丝 $\phi4.0$	kg	0.157	0.169	0.180	0.191	0.202
	020905001	塑料布	m^2	0.511	0.663	0.844	1.040	1.256
	092705004	碎布	kg	0.648	0.782	0.869	0.901	0.960
	850103006	其他材料费（占材料费）	%	1.000	1.000	1.000	1.000	1.000
机械	990900010	电焊机（综合）	台班	0.662	1.017	1.479	1.620	2.128
	990912010	氩弧焊机 500A	台班	0.141	0.248	0.304	0.384	0.365
	990744010	半自动切割机 100mm	台班	0.013	0.021	0.046	0.048	0.059
	990718040	普通车床 630×2000mm	台班	0.196	0.293	0.316	0.339	0.439
	990304004	汽车式起重机 8t	台班	0.035	0.060	0.085	0.114	0.168
	990515010	吊装机械（综合）	台班	0.111	0.120	0.157	0.157	0.194
	990401030	载重汽车 8t	台班	0.035	0.060	0.085	0.114	0.168
	990509020	单速电动葫芦 3t	台班	0.196	0.293	—	—	—
	990919030	电焊条烘干箱 $60\times50\times75cm^3$	台班	0.066	0.102	0.148	0.162	0.213
	990920010	电焊条恒温箱	台班	0.066	0.102	0.148	0.162	0.213
	990307010	电动单梁起重机 5t	台班	—	—	0.328	0.339	0.439

工作内容：准备工作，管子切口，坡口加工，坡口磨平，管口组对，焊接，管口封闭，管道安装。

计量单位：10m

编号				8-1-673	8-1-674	8-1-675	8-1-676
项目				公称直径（mm 以内）			
				400	450	500	600
名称			单位	消耗量			
人工	000203000	综合二类工	工日	13.607	15.646	17.618	19.593
材料	170500002	碳钢管（综合）	m	（8.761）	（8.667）	（8.667）	（8.667）
	031301009	低碳钢焊条 J427（综合）	kg	36.496	47.935	58.331	68.726
	031303005	碳钢焊丝	kg	0.358	0.363	0.449	0.537
	142909001	氧气	m^3	0.888	1.190	1.360	1.530
	142907002	乙炔气	kg	0.342	0.458	0.523	0.588
	142911001	氩气	m^3	1.321	1.340	1.657	1.973
	340101003	铈钨棒	g	2.324	2.358	2.919	3.479
	031101013	尼龙砂轮片 $\phi100\times16\times3$	片	2.050	2.417	3.014	3.609
	143315001	丙酮	kg	0.218	0.245	0.270	0.276
	012100002	角钢（综合）	kg	0.164	0.164	0.164	0.164
	010301007	钢丝 $\phi4.0$	kg	0.214	0.225	0.235	0.245
	020905001	塑料布	m^2	1.416	1.744	2.011	2.279
	092705004	碎布	kg	1.001	1.133	1.279	1.425
	850103006	其他材料费（占材料费）	%	1.000	1.000	1.000	1.000
机械	990900010	电焊机（综合）	台班	2.772	3.610	4.395	5.179
	990912010	氩弧焊机 500A	台班	0.473	0.642	0.838	1.005
	990744010	半自动切割机 100mm	台班	0.066	0.081	0.108	0.134
	990718040	普通车床 630×2000mm	台班	0.480	0.597	0.650	0.704
	990304004	汽车式起重机 8t	台班	0.211	0.294	0.328	0.363
	990515010	吊装机械（综合）	台班	0.194	0.241	0.241	0.241
	990401030	载重汽车 8t	台班	0.211	0.294	0.328	0.363
	990307010	电动单梁起重机 5t	台班	0.480	0.597	0.650	0.704
	990919030	电焊条烘干箱 $60\times50\times75cm^3$	台班	0.277	0.361	0.440	0.518
	990920010	电焊条恒温箱	台班	0.277	0.361	0.440	0.518

3. 不锈钢管（电弧焊）

工作内容：准备工作，管子切口，坡口加工，坡口磨平，管口组对，焊接，焊缝钝化，管口封闭，管道安装。

计量单位：10m

编号				8-1-677	8-1-678	8-1-679	8-1-680	8-1-681	8-1-682
项目				公称直径（mm 以内）					
				15	20	25	32	40	50
名称			单位	消耗量					
人工	000203000	综合二类工	工日	1.911	2.086	2.286	2.912	3.122	3.364
材料	170700003	不锈钢管（综合）	m	（9.250）	（9.250）	（9.250）	（9.250）	（9.156）	（9.156）
	031301001	不锈钢焊条（综合）	kg	0.068	0.103	0.173	0.218	0.295	0.413
	031101013	尼龙砂轮片 $\phi100\times16\times3$	片	0.029	0.038	0.052	0.068	0.086	0.118
	031101014	尼龙砂轮片 $\phi500\times25\times4$	片	0.008	0.011	0.020	0.024	0.030	0.034
	143315001	丙酮	kg	0.012	0.014	0.018	0.021	0.025	0.030
	143169002	酸洗膏	kg	0.008	0.011	0.015	0.018	0.022	0.027
	341101001	水	m^3	0.002	0.002	0.003	0.003	0.003	0.005
	010301007	钢丝 $\phi4.0$	kg	0.089	0.090	0.091	0.092	0.093	0.096
	020905001	塑料布	m^2	0.136	0.143	0.150	0.159	0.179	0.196
	092705004	碎布	kg	0.111	0.114	0.243	0.245	0.279	0.281
	850103006	其他材料费（占材料费）	%	1.000	1.000	1.000	1.000	1.000	1.000
机械	990900010	电焊机（综合）	台班	0.040	0.051	0.075	0.094	0.112	0.135
	990785040	砂轮切割机 $\phi500$	台班	0.002	0.004	0.005	0.008	0.010	0.012
	990718040	普通车床 630×2000mm	台班	0.032	0.039	0.053	0.062	0.071	0.073
	990509020	单速电动葫芦 3t	台班	—	—	—	0.049	0.071	0.073
	991003050	电动空气压缩机 $6m^3/min$	台班	0.002	0.002	0.002	0.002	0.002	0.002
	990919030	电焊条烘干箱 $60\times50\times75cm^3$	台班	0.004	0.005	0.007	0.010	0.011	0.014
	990920010	电焊条恒温箱	台班	0.004	0.005	0.007	0.010	0.011	0.014

工作内容：准备工作，管子切口，坡口加工，坡口磨平，管口组对，焊接，焊缝钝化，管口封闭，管道安装。

计量单位：10m

编号				8-1-683	8-1-684	8-1-685	8-1-686	8-1-687	8-1-688
项目				公称直径（mm 以内）					
				65	80	100	125	150	200
名称			单位	消耗量					
人工	000203000	综合二类工	工日	3.671	3.936	5.185	6.148	7.821	9.851
材料	170700003	不锈钢管（综合）	m	（9.156）	（8.958）	（8.958）	（8.958）	（8.817）	（8.817）
	031301001	不锈钢焊条（综合）	kg	0.594	1.052	1.630	2.784	4.238	8.757
	031101013	尼龙砂轮片 $\phi100\times16\times3$	片	0.178	0.238	0.325	0.457	0.635	1.248
	031101014	尼龙砂轮片 $\phi500\times25\times4$	片	0.056	0.074	—	—	—	—
	143315001	丙酮	kg	0.048	0.057	0.059	0.069	0.082	0.134
	143169002	酸洗膏	kg	0.038	0.045	0.057	0.086	0.116	0.151
	341101001	水	m^3	0.007	0.009	0.010	0.012	0.015	0.019
	010301007	钢丝 $\phi4.0$	kg	0.105	0.109	0.115	0.119	0.128	0.139
	020905001	塑料布	m^2	0.222	0.243	0.286	0.362	0.393	0.510
	092705004	碎布	kg	0.398	0.410	0.423	0.436	0.466	0.744
	850103006	其他材料费（占材料费）	%	1.000	1.000	1.000	1.000	1.000	1.000
机械	990304004	汽车式起重机 8t	台班	—	0.013	0.019	0.026	0.035	0.060
	990515010	吊装机械（综合）	台班	—	0.065	0.083	0.083	0.111	0.120
	990401030	载重汽车 8t	台班	—	0.013	0.019	0.026	0.035	0.060
	990743010	等离子切割机 400A	台班	—	—	0.014	0.017	0.022	0.039
	991003030	电动空气压缩机 $1m^3/min$	台班	—	—	0.014	0.017	0.022	0.039
	990900010	电焊机（综合）	台班	0.196	0.261	0.352	0.513	0.728	1.363
	990785040	砂轮切割机 $\phi500$	台班	0.016	0.021	—	—	—	—
	990718040	普通车床 $630\times2000mm$	台班	0.078	0.084	0.089	0.108	0.129	0.266
	990509020	单速电动葫芦 3t	台班	0.078	0.084	0.089	0.108	0.129	0.266
	991003050	电动空气压缩机 $6m^3/min$	台班	0.002	0.002	0.002	0.002	0.002	0.002
	990919030	电焊条烘干箱 $60\times50\times75cm^3$	台班	0.019	0.026	0.036	0.051	0.073	0.136
	990920010	电焊条恒温箱	台班	0.019	0.026	0.036	0.051	0.073	0.136

工作内容：准备工作，管子切口，坡口加工，坡口磨平，管口组对，焊接，焊缝钝化，管口封闭，管道安装。

计量单位：10m

编号				8-1-689	8-1-690	8-1-691	8-1-692	8-1-693	8-1-694
项目				公称直径（mm 以内）					
				250	300	350	400	450	500
名称			单位	消耗量					
人工	000203000	综合二类工	工日	11.416	12.418	14.515	16.627	19.174	21.585
材料	170700003	不锈钢管（综合）	m	（8.817）	（8.817）	（8.817）	（8.817）	（8.817）	（8.817）
	031301001	不锈钢焊条（综合）	kg	13.247	19.561	26.721	30.735	34.749	38.763
	031101013	尼龙砂轮片 ϕ100×16×3	片	1.806	2.727	3.362	4.096	4.831	5.566
	143315001	丙酮	kg	0.166	0.197	0.228	0.257	0.286	0.315
	143169002	酸洗膏	kg	0.229	0.273	0.299	0.370	0.441	0.512
	341101001	水	m^3	0.023	0.028	0.033	0.038	0.042	0.047
	010301007	钢丝 ϕ4.0	kg	0.148	0.157	0.165	0.182	0.198	0.214
	020905001	塑料布	m^2	0.065	0.800	0.967	1.089	1.211	1.334
	092705004	碎布	kg	0.782	0.835	0.874	1.064	1.256	1.446
	850103006	其他材料费（占材料费）	%	1.000	1.000	1.000	1.000	1.000	1.000
机械	990509020	单速电动葫芦 3t	台班	0.437	—	—	—	—	—
	990900010	电焊机（综合）	台班	1.973	2.912	3.813	4.464	5.115	5.766
	990718040	普通车床 630×2000mm	台班	0.437	0.530	0.643	0.739	0.835	0.932
	991003050	电动空气压缩机 6m^3/min	台班	0.002	0.002	0.002	0.002	0.003	0.003
	990743010	等离子切割机 400A	台班	0.053	0.063	0.086	0.097	0.109	0.120
	990304004	汽车式起重机 8t	台班	0.086	0.112	0.166	0.236	0.307	0.378
	990515010	吊装机械（综合）	台班	0.157	0.157	0.194	0.194	0.238	0.238
	990401030	载重汽车 8t	台班	0.086	0.112	0.166	0.236	0.307	0.378
	990307010	电动单梁起重机 5t	台班	—	0.530	0.643	0.739	0.835	0.932
	991003030	电动空气压缩机 1m^3/min	台班	0.053	0.063	0.086	0.097	0.109	0.120
	990919030	电焊条烘干箱 60×50×75cm^3	台班	0.198	0.291	0.381	0.446	0.512	0.576
	990920010	电焊条恒温箱	台班	0.198	0.291	0.381	0.446	0.512	0.576

4. 不锈钢管（氩电联焊）

工作内容：准备工作，管子切口，坡口加工，坡口磨平，管口组对，焊接，焊缝钝化，管口封闭，管道安装。

计量单位：10m

编号				8-1-695	8-1-696	8-1-697	8-1-698	8-1-699	8-1-700
项目				公称直径（mm 以内）					
				15	20	25	32	40	50
名称			单位	消耗量					
人工	000203000	综合二类工	工日	1.975	2.171	2.390	3.043	3.267	3.491
材料	170700003	不锈钢管（综合）	m	（9.250）	（9.250）	（9.250）	（9.250）	（9.156）	（9.156）
	031303017	不锈钢焊丝（综合）	kg	0.030	0.032	0.035	0.037	0.039	0.041
	142911001	氩气	m^3	0.090	0.094	0.101	0.105	0.109	0.119
	340101003	铈钨棒	g	0.147	0.151	0.157	0.163	0.170	0.176
	031101013	尼龙砂轮片 $\phi100\times16\times3$	片	0.033	0.043	0.060	0.077	0.099	0.104
	031101014	尼龙砂轮片 $\phi500\times25\times4$	片	0.009	0.013	0.024	0.029	0.036	0.040
	143315001	丙酮	kg	0.014	0.016	0.022	0.025	0.030	0.036
	143169002	酸洗膏	kg	0.006	0.008	0.011	0.013	0.015	0.019
	341101001	水	m^3	0.002	0.002	0.003	0.003	0.003	0.006
	010301007	钢丝 $\phi4.0$	kg	0.106	0.107	0.108	0.109	0.111	0.114
	020905001	塑料布	m^2	0.162	0.170	0.178	0.189	0.213	0.234
	092705004	碎布	kg	0.132	0.136	0.289	0.291	0.332	0.334
	031301001	不锈钢焊条（综合）	kg	—	—	—	—	—	0.157
	850103006	其他材料费（占材料费）	%	1.000	1.000	1.000	1.000	1.000	1.000
机械	990900010	电焊机（综合）	台班	—	—	—	—	—	0.084
	990919030	电焊条烘干箱 $60\times50\times75cm^3$	台班	—	—	—	—	—	0.008
	990920010	电焊条恒温箱	台班	—	—	—	—	—	0.008
	990912010	氩弧焊机 500A	台班	0.047	0.053	0.059	0.065	0.070	0.074
	990785040	砂轮切割机 $\phi500$	台班	0.002	0.005	0.006	0.008	0.011	0.012
	990718040	普通车床 $630\times2000mm$	台班	0.035	0.043	0.059	0.065	0.078	0.078
	991003050	电动空气压缩机 $6m^3/min$	台班	0.002	0.002	0.002	0.002	0.002	0.002
	990509020	单速电动葫芦 3t	台班	—	—	—	0.065	0.078	0.078

工作内容：准备工作，管子切口，坡口加工，坡口磨平，管口组对，焊接，焊缝钝化，管口封闭，管道安装。

计量单位：10m

编号				8-1-701	8-1-702	8-1-703	8-1-704	8-1-705	8-1-706
项目				公称直径（mm 以内）					
				65	80	100	125	150	200
名称			单位	消耗量					
人工	000203000	综合二类工	工日	3.812	4.088	5.388	6.390	8.115	10.239
材料	170700003	不锈钢管（综合）	m	（9.156）	（8.958）	（8.958）	（8.958）	（8.817）	（8.817）
	031301001	不锈钢焊条（综合）	kg	0.589	0.821	1.454	2.801	4.293	8.550
	031303017	不锈钢焊丝（综合）	kg	0.061	0.074	0.087	0.106	0.132	0.221
	142911001	氩气	m^3	0.170	0.207	0.244	0.299	0.371	0.619
	340101003	钍钨棒	g	0.214	0.225	0.250	0.291	0.377	0.646
	031101013	尼龙砂轮片 $\phi100\times16\times3$	片	0.207	0.261	0.318	0.492	0.683	1.289
	031101014	尼龙砂轮片 $\phi500\times25\times4$	片	0.067	0.089	—	—	—	—
	143315001	丙酮	kg	0.058	0.058	0.059	0.076	0.090	0.147
	143169002	酸洗膏	kg	0.026	0.032	0.057	0.086	0.116	0.151
	341101001	水	m^3	0.008	0.009	0.010	0.013	0.016	0.021
	010301007	钢丝 $\phi4.0$	kg	0.137	0.139	0.140	0.142	0.144	0.153
	020905001	塑料布	m^2	0.264	0.270	0.286	0.369	0.432	0.561
	092705004	碎布	kg	0.485	0.564	0.569	0.618	0.665	0.818
	850103006	其他材料费（占材料费）	%	1.000	1.000	1.000	1.000	1.000	1.000
机械	990900010	电焊机（综合）	台班	0.166	0.206	0.286	0.427	0.610	1.103
	990912010	氩弧焊机 500A	台班	0.094	0.112	0.145	0.160	0.198	0.343
	990785040	砂轮切割机 $\phi500$	台班	0.016	0.021	—	—	—	—
	990718040	普通车床 630×2000mm	台班	0.078	0.084	0.089	0.108	0.129	0.266
	990509020	单速电动葫芦 3t	台班	0.078	0.084	0.089	0.108	0.129	0.266
	991003050	电动空气压缩机 $6m^3/min$	台班	0.002	0.002	0.002	0.002	0.002	0.002
	990919030	电焊条烘干箱 $60\times50\times75cm^3$	台班	0.016	0.020	0.028	0.043	0.061	0.110
	990920010	电焊条恒温箱	台班	0.016	0.020	0.028	0.043	0.061	0.110
	990515010	吊装机械（综合）	台班	—	0.076	0.083	0.083	0.111	0.120
	990743010	等离子切割机 400A	台班	—	—	0.014	0.017	0.022	0.039
	990304004	汽车式起重机 8t	台班	—	—	0.019	0.026	0.035	0.060
	990401030	载重汽车 8t	台班	—	—	0.019	0.026	0.035	0.060
	991003030	电动空气压缩机 $1m^3/min$	台班	—	—	0.014	0.017	0.022	0.039

工作内容：准备工作，管子切口，坡口加工，坡口磨平，管口组对，焊接，焊缝钝化，管口封闭，管道安装。

计量单位：10m

编　号				8-1-707	8-1-708	8-1-709	8-1-710	8-1-711	8-1-712
项　目				公称直径（mm 以内）					
				250	300	350	400	450	500
名　称			单位	消　耗　量					
人工	000203000	综合二类工	工日	11.885	12.879	15.041	17.211	19.790	22.283
材料	170700003	不锈钢管（综合）	m	（8.817）	（8.817）	（8.817）	（8.817）	（8.817）	（8.817）
	031301001	不锈钢焊条（综合）	kg	12.989	19.068	27.560	31.390	37.725	44.060
	031303017	不锈钢焊丝（综合）	kg	0.278	0.378	0.409	0.450	0.528	0.607
	142911001	氩气	m^3	0.778	1.055	1.145	1.259	1.476	1.693
	340101003	铈钨棒	g	0.816	1.230	1.269	1.468	1.782	2.096
	031101013	尼龙砂轮片 $\phi100\times16\times3$	片	1.865	2.787	3.618	4.174	5.058	5.942
	143315001	丙酮	kg	0.038	0.217	0.251	0.257	0.286	0.333
	143169002	酸洗膏	kg	0.229	0.273	0.299	0.370	0.472	0.573
	341101001	水	m^3	0.026	0.031	0.036	0.038	0.043	0.047
	010301007	钢丝 $\phi4.0$	kg	0.163	0.172	0.182	0.190	0.198	0.206
	020905001	塑料布	m^2	0.714	0.880	1.063	1.089	1.212	1.336
	092705004	碎布	kg	0.860	0.918	0.961	1.064	1.255	1.445
	850103006	其他材料费（占材料费）	%	1.000	1.000	1.000	1.000	1.000	1.000
机械	990509020	单速电动葫芦 3t	台班	0.437	—	—	—	—	—
	990900010	电焊机（综合）	台班	1.601	2.350	3.253	4.075	4.898	5.720
	990912010	氩弧焊机 500A	台班	0.431	0.619	0.624	0.804	0.984	1.165
	990718040	普通车床 630×2000mm	台班	0.437	0.519	0.643	0.798	0.952	1.108
	991003050	电动空气压缩机 $6m^3/min$	台班	0.002	0.002	0.002	0.002	0.002	0.003
	990743010	等离子切割机 400A	台班	0.053	0.063	0.086	0.097	0.108	0.118
	990304004	汽车式起重机 8t	台班	0.086	0.112	0.166	0.236	0.307	0.376
	990515010	吊装机械（综合）	台班	0.157	0.157	0.194	0.194	0.238	0.238
	990401030	载重汽车 8t	台班	0.086	0.112	0.166	0.236	0.307	0.376
	990307010	电动单梁起重机 5t	台班	—	0.519	0.643	0.798	0.952	1.108
	991003030	电动空气压缩机 $1m^3/min$	台班	0.053	0.063	0.086	0.097	0.108	0.118
	990919030	电焊条烘干箱 $60\times50\times75cm^3$	台班	0.160	0.235	0.325	0.407	0.490	0.572
	990920010	电焊条恒温箱	台班	0.160	0.235	0.325	0.407	0.490	0.572

5. 合金钢管（电弧焊）

工作内容：准备工作，管子切口，坡口加工，管口组对，焊接，管口封闭，管道安装。　　**计量单位：**10m

编　号				8-1-713	8-1-714	8-1-715	8-1-716	8-1-717
项　目				公称直径（mm 以内）				
				15	20	25	32	40
名　称			单位	消　耗　量				
人工	000203000	综合二类工	工日	1.738	1.896	2.078	2.647	2.838
材料	171400001	合金钢管	m	（9.250）	（9.250）	（9.250）	（9.250）	（9.250）
	031301004	合金钢焊条	kg	0.068	0.106	0.173	0.218	0.294
	031101013	尼龙砂轮片 $\phi100\times16\times3$	片	0.030	0.037	0.045	0.057	0.070
	031101014	尼龙砂轮片 $\phi500\times25\times4$	片	0.006	0.009	0.013	0.015	0.021
	031103002	磨头	个	0.019	0.021	0.026	0.030	0.037
	143315001	丙酮	kg	0.011	0.015	0.025	0.028	0.032
	010301007	钢丝 $\phi4.0$	kg	0.089	0.090	0.091	0.092	0.093
	020905001	塑料布	m^2	0.136	0.143	0.150	0.159	0.179
	092705004	碎布	kg	0.109	0.112	0.219	0.243	0.243
	850103006	其他材料费（占材料费）	%	1.000	1.000	1.000	1.000	1.000
机械	990900010	电焊机（综合）	台班	0.043	0.056	0.073	0.091	0.109
	990785040	砂轮切割机 $\phi500$	台班	0.001	0.003	0.004	0.004	0.005
	990718040	普通车床 630×2000mm	台班	0.029	0.037	0.049	0.056	0.065
	990509020	单速电动葫芦 3t	台班	—	—	—	0.056	0.065
	990919030	电焊条烘干箱 $60\times50\times75cm^3$	台班	0.004	0.006	0.007	0.009	0.011
	990920010	电焊条恒温箱	台班	0.004	0.006	0.007	0.009	0.011

工作内容：准备工作，管子切口，坡口加工，管口组对，焊接，管口封闭，管道安装。 计量单位：10m

编号				8-1-718	8-1-719	8-1-720	8-1-721	8-1-722
项目				公称直径（mm以内）				
				50	65	80	100	125
名称			单位	消耗量				
人工	000203000	综合二类工	工日	3.059	3.338	3.579	4.713	5.590
材料	171400001	合金钢管	m	（9.250）	（9.250）	（8.958）	（8.958）	（8.958）
	031301004	合金钢焊条	kg	0.422	0.842	1.244	1.626	2.755
	031101013	尼龙砂轮片 $\phi100\times16\times3$	片	0.092	0.138	0.175	0.236	0.328
	031101014	尼龙砂轮片 $\phi500\times25\times4$	片	0.029	0.049	0.068	—	—
	031103002	磨头	个	0.044	0.058	0.068	0.087	—
	143315001	丙酮	kg	0.040	0.052	0.066	0.077	0.092
	010301007	钢丝 $\phi4.0$	kg	0.096	0.099	0.101	0.105	0.109
	020905001	塑料布	m^2	0.196	0.222	0.243	0.286	0.336
	092705004	碎布	kg	0.279	0.313	0.338	0.394	0.430
	142909001	氧气	m^3	—	—	—	0.119	0.171
	142907002	乙炔气	kg	—	—	—	0.046	0.066
	850103006	其他材料费（占材料费）	%	1.000	1.000	1.000	1.000	1.000
机械	990304004	汽车式起重机 8t	台班	—	—	0.013	0.019	0.026
	990515010	吊装机械（综合）	台班	—	—	0.065	0.083	0.083
	990401030	载重汽车 8t	台班	—	—	0.013	0.019	0.026
	990900010	电焊机（综合）	台班	0.136	0.189	0.230	0.321	0.450
	990785040	砂轮切割机 $\phi500$	台班	0.005	0.008	0.009	—	—
	990718040	普通车床 630×2000mm	台班	0.066	0.072	0.074	0.082	0.099
	990509020	单速电动葫芦 3t	台班	0.066	0.072	0.074	0.082	0.099
	990919030	电焊条烘干箱 $60\times50\times75cm^3$	台班	0.014	0.019	0.023	0.032	0.045
	990920010	电焊条恒温箱	台班	0.014	0.019	0.023	0.032	0.045

工作内容：准备工作，管子切口，坡口加工，管口组对，焊接，管口封闭，管道安装。　　计量单位：10m

编号				8-1-723	8-1-724	8-1-725	8-1-726	8-1-727
项目				公称直径（mm 以内）				
				150	200	250	300	350
名称			单位	消耗量				
人工	000203000	综合二类工	工日	7.111	8.956	10.381	11.291	13.197
材料	171400001	合金钢管	m	（8.958）	（8.817）	（8.817）	（8.817）	（8.817）
	031301004	合金钢焊条	kg	4.180	9.132	13.550	15.015	19.331
	142909001	氧气	m^3	0.194	0.302	0.377	0.453	0.490
	142907002	乙炔气	kg	0.074	0.116	0.145	0.174	0.188
	031101013	尼龙砂轮片 $\phi100\times16\times3$	片	0.387	0.447	0.455	0.461	1.618
	143315001	丙酮	kg	0.108	0.150	0.158	0.170	0.196
	010301007	钢丝 $\phi4.0$	kg	0.114	0.123	0.132	0.140	0.149
	020905001	塑料布	m^2	0.393	0.510	0.649	0.800	0.967
	092705004	碎布	kg	0.459	0.609	0.617	0.639	0.681
	850103006	其他材料费（占材料费）	%	1.000	1.000	1.000	1.000	1.000
机械	990509020	单速电动葫芦 3t	台班	0.119	0.269	0.279	—	—
	990900010	电焊机（综合）	台班	0.625	1.158	1.666	1.765	2.237
	990718040	普通车床 630×2000mm	台班	0.119	0.269	0.365	0.372	0.418
	990744010	半自动切割机 100mm	台班	0.013	0.021	0.041	0.048	0.052
	990304004	汽车式起重机 8t	台班	0.035	0.060	0.085	0.114	0.168
	990515010	吊装机械（综合）	台班	0.111	0.120	0.157	0.157	0.194
	990401030	载重汽车 8t	台班	0.035	0.060	0.085	0.114	0.168
	990307010	电动单梁起重机 5t	台班	—	—	0.126	0.372	0.418
	990919030	电焊条烘干箱 $60\times50\times75cm^3$	台班	0.062	0.116	0.167	0.176	0.223
	990920010	电焊条恒温箱	台班	0.062	0.116	0.167	0.176	0.223

工作内容：准备工作，管子切口，坡口加工，管口组对，焊接，管口封闭，管道安装。 计量单位：10m

编号				8-1-728	8-1-729	8-1-730	8-1-731
项目				公称直径（mm 以内）			
				400	450	500	600
名称			单位	消耗量			
人工	000203000	综合二类工	工日	15.117	17.434	19.625	21.811
材料	171400001	合金钢管	m	（8.817）	（8.817）	（8.817）	（8.817）
	031301004	合金钢焊条	kg	27.263	31.092	43.516	55.940
	142909001	氧气	m^3	0.683	0.781	0.872	0.963
	142907002	乙炔气	kg	0.263	0.300	0.335	0.370
	031101013	尼龙砂轮片 $\phi100\times16\times3$	片	1.998	2.322	2.933	3.544
	143315001	丙酮	kg	0.196	0.196	0.225	0.254
	010301007	钢丝 $\phi4.0$	kg	0.158	0.166	0.174	0.183
	020905001	塑料布	m^2	1.089	1.342	1.547	1.752
	092705004	碎布	kg	0.711	0.803	0.908	1.015
	850103006	其他材料费（占材料费）	%	1.000	1.000	1.000	1.000
机械	990900010	电焊机（综合）	台班	2.956	3.373	4.681	5.990
	990718040	普通车床 630×2000mm	台班	0.527	0.576	0.715	0.854
	990744010	半自动切割机 100mm	台班	0.066	0.075	0.090	0.106
	990304004	汽车式起重机 8t	台班	0.211	0.294	0.328	0.363
	990515010	吊装机械（综合）	台班	0.194	0.241	0.241	0.241
	990401030	载重汽车 8t	台班	0.211	0.294	0.328	0.363
	990307010	电动单梁起重机 5t	台班	0.527	0.576	0.715	0.854
	990919030	电焊条烘干箱 $60\times50\times75cm^3$	台班	0.296	0.338	0.468	0.599
	990920010	电焊条恒温箱	台班	0.296	0.338	0.468	0.599

6. 合金钢管（氩电联焊）

工作内容：准备工作，管子切口，坡口加工，坡口磨平，管口组对，焊接，管口封闭，管道安装。

计量单位：10m

编号				8-1-732	8-1-733	8-1-734	8-1-735	8-1-736
项目				公称直径（mm 以内）				
				15	20	25	32	40
名称			单位	消耗量				
人工	000203000	综合二类工	工日	1.795	1.974	2.176	2.765	2.969
材料	171400001	合金钢管	m	（9.250）	（9.250）	（9.250）	（9.250）	（9.250）
	031303003	合金钢焊丝	kg	0.014	0.015	0.017	0.019	0.021
	142911001	氩气	m³	0.048	0.050	0.055	0.058	0.061
	340101003	铈钨棒	g	0.114	0.116	0.119	0.123	0.126
	031101013	尼龙砂轮片 $\phi100\times16\times3$	片	0.029	0.036	0.045	0.055	0.068
	031101014	尼龙砂轮片 $\phi500\times25\times4$	片	0.006	0.009	0.013	0.015	0.021
	031103002	磨头	个	0.019	0.021	0.026	0.030	0.037
	143315001	丙酮	kg	0.011	0.015	0.025	0.025	0.025
	010301007	钢丝 $\phi4.0$	kg	0.089	0.090	0.091	0.092	0.093
	020905001	塑料布	m²	0.136	0.143	0.150	0.159	0.179
	092705004	碎布	kg	0.109	0.112	0.219	0.243	0.243
	850103006	其他材料费（占材料费）	%	1.000	1.000	1.000	1.000	1.000
机械	990912010	氩弧焊机 500A	台班	0.038	0.052	0.068	0.071	0.084
	990785040	砂轮切割机 $\phi500$	台班	0.001	0.004	0.005	0.005	0.007
	990718040	普通车床 630×2000mm	台班	0.037	0.046	0.061	0.066	0.070
	990509020	单速电动葫芦 3t	台班	—	—	—	0.066	0.070

工作内容：准备工作，管子切口，坡口加工，坡口磨平，管口组对，焊接，管口封闭，管道安装。

计量单位：10m

编号				8-1-737	8-1-738	8-1-739	8-1-740	8-1-741
项目				公称直径（mm 以内）				
				50	65	80	100	125
名称			单位	消耗量				
人工	000203000	综合二类工	工日	3.176	3.467	3.716	4.900	5.809
材料	171400001	合金钢管	m	（9.250）	（9.250）	（8.958）	（8.958）	（8.958）
	031301004	合金钢焊条	kg	0.374	0.740	1.115	1.602	2.778
	031303003	合金钢焊丝	kg	0.023	0.028	0.032	0.050	0.052
	142909001	氧气	m^3	—	—	—	0.131	0.188
	142907002	乙炔气	kg	—	—	—	0.050	0.072
	142911001	氩气	m^3	0.064	0.077	0.091	0.139	0.147
	340101003	铈钨棒	g	0.128	0.156	0.182	0.279	0.294
	031101013	尼龙砂轮片 $\phi100\times16\times3$	片	0.096	0.135	0.171	0.254	0.353
	143315001	丙酮	kg	0.040	0.052	0.066	0.085	0.101
	010301007	钢丝 $\phi4.0$	kg	0.096	0.099	0.101	0.116	0.120
	020905001	塑料布	m^2	0.196	0.222	0.243	0.315	0.369
	092705004	碎布	kg	0.279	0.313	0.338	0.433	0.473
	031101014	尼龙砂轮片 $\phi500\times25\times4$	片	0.029	0.049	0.068	—	—
	031103002	磨头	个	0.044	0.058	0.068	0.096	—
	850103006	其他材料费（占材料费）	%	1.000	1.000	1.000	1.000	1.000
机械	990785040	砂轮切割机 $\phi500$	台班	0.007	0.008	0.009	—	—
	990900010	电焊机（综合）	台班	0.123	0.169	0.209	0.292	0.417
	990912010	氩弧焊机 500A	台班	0.058	0.068	0.083	0.104	0.114
	990718040	普通车床 630×2000mm	台班	0.071	0.072	0.077	0.082	0.099
	990509020	单速电动葫芦 3t	台班	0.071	0.072	0.077	0.082	0.099
	990304004	汽车式起重机 8t	台班	—	—	0.013	0.019	0.026
	990515010	吊装机械（综合）	台班	—	—	0.065	0.083	0.083
	990401030	载重汽车 8t	台班	—	—	0.013	0.019	0.026
	990919030	电焊条烘干箱 60×50×75cm^3	台班	0.012	0.017	0.021	0.029	0.041
	990920010	电焊条恒温箱	台班	0.012	0.017	0.021	0.029	0.041

工作内容：准备工作，管子切口，坡口加工，坡口磨平，管口组对，焊接，管口封闭，管道安装。

计量单位：10m

编号				8-1-742	8-1-743	8-1-744	8-1-745	8-1-746
项目				公称直径（mm 以内）				
				150	200	250	300	350
名称			单位	消耗量				
人工	000203000	综合二类工	工日	7.377	9.311	10.805	11.709	13.676
材料	171400001	合金钢管	m	（8.958）	（8.817）	（8.817）	（8.817）	（8.817）
	031301004	合金钢焊条	kg	3.993	8.922	13.942	15.525	19.988
	031303003	合金钢焊丝	kg	0.064	0.100	0.105	0.111	0.146
	142909001	氧气	m^3	0.213	0.332	0.415	0.498	0.539
	142907002	乙炔气	kg	0.082	0.128	0.160	0.192	0.207
	142911001	氩气	m^3	0.179	0.278	0.294	0.310	0.408
	340101003	铈钨棒	g	0.359	0.557	0.589	0.619	0.815
	031101013	尼龙砂轮片 $\phi100\times16\times3$	片	0.459	0.460	0.494	0.500	1.741
	143315001	丙酮	kg	0.119	0.165	0.206	0.208	0.216
	010301007	钢丝 $\phi4.0$	kg	0.126	0.135	0.145	0.154	0.164
	020905001	塑料布	m^2	0.432	0.561	0.714	0.880	1.063
	092705004	碎布	kg	0.504	0.611	0.679	0.702	0.749
	850103006	其他材料费（占材料费）	%	1.000	1.000	1.000	1.000	1.000
机械	990900010	电焊机（综合）	台班	0.552	1.042	1.567	1.667	2.112
	990912010	氩弧焊机 500A	台班	0.148	0.257	0.316	0.399	0.381
	990718040	普通车床 630×2000mm	台班	0.119	0.269	0.365	0.372	0.418
	990509020	单速电动葫芦 3t	台班	0.119	0.269	0.348	—	—
	990744010	半自动切割机 100mm	台班	0.013	0.021	0.041	0.048	0.052
	990304004	汽车式起重机 8t	台班	0.035	0.060	0.085	0.114	0.168
	990515010	吊装机械（综合）	台班	0.111	0.120	0.157	0.157	0.194
	990401030	载重汽车 8t	台班	0.035	0.060	0.085	0.114	0.168
	990919030	电焊条烘干箱 $60\times50\times75cm^3$	台班	0.055	0.104	0.157	0.167	0.211
	990920010	电焊条恒温箱	台班	0.055	0.104	0.157	0.167	0.211
	990307010	电动单梁起重机 5t	台班	—	—	0.126	0.372	0.418

工作内容：准备工作，管子切口，坡口加工，坡口磨平，管口组对，焊接，管口封闭，管道安装。

计量单位：10m

编号				8-1-747	8-1-748	8-1-749	8-1-750
项目				公称直径（mm 以内）			
				400	450	500	600
名称			单位	消耗量			
人工	000203000	综合二类工	工日	15.647	17.993	20.261	22.533
材料	171400001	合金钢管	m	（8.817）	（8.817）	（8.817）	（8.817）
	031301004	合金钢焊条	kg	28.302	35.214	45.279	55.342
	031303003	合金钢焊丝	kg	0.147	0.166	0.184	0.203
	142909001	氧气	m^3	0.751	0.859	0.959	1.058
	142907002	乙炔气	kg	0.289	0.330	0.369	0.407
	142911001	氩气	m^3	0.411	0.463	0.515	0.567
	340101003	铈钨棒	g	0.822	0.927	1.031	1.136
	031101013	尼龙砂轮片 $\phi100 \times 16 \times 3$	片	2.151	2.739	3.157	3.573
	143315001	丙酮	kg	0.216	0.216	0.248	0.281
	010301007	钢丝 $\phi4.0$	kg	0.173	0.183	0.192	0.201
	020905001	塑料布	m^2	1.198	1.476	1.702	1.928
	092705004	碎布	kg	0.782	0.883	0.999	1.116
	850103006	其他材料费（占材料费）	%	1.000	1.000	1.000	1.000
机械	990900010	电焊机（综合）	台班	2.800	3.467	4.443	5.420
	990912010	氩弧焊机 500A	台班	0.493	0.668	0.872	1.046
	990718040	普通车床 630×2000mm	台班	0.527	0.576	0.715	0.854
	990744010	半自动切割机 100mm	台班	0.066	0.075	0.090	0.106
	990304004	汽车式起重机 8t	台班	0.211	0.294	0.328	0.363
	990515010	吊装机械（综合）	台班	0.194	0.241	0.241	0.241
	990401030	载重汽车 8t	台班	0.211	0.294	0.328	0.363
	990307010	电动单梁起重机 5t	台班	0.527	0.576	0.715	0.854
	990919030	电焊条烘干箱 $60 \times 50 \times 75cm^3$	台班	0.280	0.347	0.444	0.542
	990920010	电焊条恒温箱	台班	0.280	0.347	0.444	0.542

四、补充项目

1. 钛及钛合金管

（1）低压钛管（氩弧焊）

工作内容： 准备工作，切口，坡口及处理，组对，铁离子检测，焊接，焊缝外观检查及钝化，安装。

计量单位： 10m

编号				8-1-751	8-1-752	8-1-753	8-1-754	8-1-755	8-1-756
项目				低压钛及钛合金管（氩弧焊）					
				公称直径（mm 以内）					
				15	20	25	32	40	50
名称			单位	消耗量					
人工	000203000	综合二类工	工日	0.140	0.215	0.306	0.369	0.447	0.558
材料	031303002	钛焊丝	kg	0.017	0.020	0.020	0.026	0.030	0.034
	142911001	氩气	m^3	0.027	0.039	0.051	0.065	0.095	0.148
	031101021	不锈钢专用砂轮片 $\phi125\times6$	片	0.006	0.007	0.007	0.009	0.010	0.012
	031101022	不锈钢专用砂轮片 $\phi500\times3$	片	0.006	0.007	0.008	0.010	0.011	0.013
	340101003	铈钨棒	g	0.099	0.109	0.111	0.145	0.171	0.188
	093301001	真丝绸布 宽 900	m	0.066	0.073	0.073	0.097	0.113	0.125
	031103003	合金磨头	个	0.004	0.004	0.005	0.006	0.007	0.008
	143157001	氢氟酸 45%	kg	0.001	0.001	0.001	0.002	0.002	0.002
	143103001	硝酸	kg	0.027	0.031	0.031	0.041	0.048	0.052
	143315001	丙酮	kg	0.023	0.025	0.026	0.034	0.040	0.043
	143575001	铁离子检测溶液	kg	0.024	0.027	0.027	0.036	0.043	0.047
	031308001	水溶纸	kg	0.003	0.003	0.003	0.003	0.004	0.005
	341101001	水	m^3	0.002	0.002	0.002	0.003	0.003	0.003
	341103001	电	kW·h	0.117	0.129	0.131	0.172	0.202	0.223
	010305001	不锈钢丝 $\phi1.2$	kg	0.001	0.001	0.001	0.001	0.001	0.001
	020905001	塑料布	m^2	0.016	0.017	0.017	0.023	0.027	0.030
	031513006	吊装带 5t×10m	条	0.001	0.001	0.001	0.001	0.001	0.001
	850103006	其他材料费（占材料费）	%	1.000	1.000	1.000	1.000	1.000	1.000
机械	990718040	普通车床 630×2000mm	台班	0.090	0.090	0.115	0.120	0.125	0.136
	990785040	砂轮切割机 $\phi500$	台班	0.009	0.009	0.012	0.012	0.012	0.013
	990912010	氩弧焊机 500A	台班	0.102	0.102	0.130	0.134	0.141	0.154
	991003050	电动空气压缩机 $6m^3/min$	台班	0.022	0.022	0.029	0.031	0.032	0.035

工作内容：准备工作，切口，坡口及处理，组对，铁离子检测，焊接，焊缝外观检查及钝化，安装。

计量单位：10m

编号				8-1-757	8-1-758	8-1-759	8-1-760	8-1-761
项目				公称直径（mm 以内）				
				65	80	100	125	150
名称			单位	消耗量				
人工	000203000	综合二类工	工日	2.371	2.611	3.206	3.602	4.223
材料	031303002	钛焊丝	kg	0.053	0.062	0.169	0.223	0.275
	142911001	氩气	m^3	0.230	0.275	0.363	0.428	1.048
	031101021	不锈钢专用砂轮片 $\phi125\times6$	片	0.018	0.022	0.023	0.031	0.038
	031101022	不锈钢专用砂轮片 $\phi500\times3$	片	0.020	0.023	—	—	—
	340101003	铈钨棒	g	0.297	0.347	0.944	1.250	1.542
	093301001	真丝绸布 宽 900	m	0.198	0.232	0.244	0.324	0.400
	031103003	合金磨头	个	0.013	0.015	—	—	—
	143157001	氢氟酸 45%	kg	0.003	0.004	0.005	0.007	0.008
	143103001	硝酸	kg	0.083	0.097	0.098	0.129	0.160
	143315001	丙酮	kg	0.069	0.080	0.113	0.150	0.185
	143575001	铁离子检测溶液	kg	0.074	0.086	0.093	0.124	0.153
	031308001	水溶纸	kg	0.008	0.008	0.037	0.050	0.061
	341101001	水	m^3	0.006	0.006	0.006	0.006	0.006
	341103001	电	kW · h	0.353	0.413	0.093	0.123	0.152
	010305001	不锈钢丝 $\phi1.2$	kg	0.002	0.002	0.002	0.002	0.003
	020905001	塑料布	m^2	0.048	0.056	0.175	0.232	0.286
	031513006	吊装带 5t × 10m	条	0.001	0.001	0.019	0.025	0.031
	850103006	其他材料费（占材料费）	%	1.000	1.000	1.000	1.000	1.000
机械	990718040	普通车床 630 × 2000mm	台班	0.147	0.155	0.205	0.226	0.232
	990785040	砂轮切割机 $\phi500$	台班	0.014	0.016	—	—	—
	990912010	氩弧焊机 500A	台班	0.164	0.174	0.300	0.328	0.340
	991003050	电动空气压缩机 $6m^3/min$	台班	0.036	0.038	0.043	0.046	0.049
	990304024	汽车式起重机 25t	台班	—	—	0.043	0.046	0.049
	990515010	吊装机械（综合）	台班	—	—	0.078	0.084	0.087
	990401035	载重汽车 10t	台班	—	—	0.043	0.046	0.049
	990509020	单速电动葫芦 3t	台班	—	—	0.377	0.414	0.428

工作内容：准备工作，切口，坡口及处理，组对，铁离子检测，焊接，焊缝外观检查及钝化，安装。

计量单位：10m

编号				8-1-762	8-1-763	8-1-764	8-1-765	8-1-766
项目				公称直径（mm 以内）				
				200	250	300	350	400
名称			单位	消耗量				
人工	000203000	综合二类工	工日	5.715	6.589	7.828	8.873	9.653
材料	031303002	钛焊丝	kg	0.337	0.381	0.509	0.659	0.967
	142911001	氩气	m^3	0.524	0.658	0.784	0.911	1.301
	031101021	不锈钢专用砂轮片 $\phi125\times6$	片	0.047	0.052	0.071	0.091	0.134
	340101003	铈钨棒	g	1.887	2.134	2.850	3.693	5.414
	093301001	真丝绸布 宽 900	m	0.489	0.553	0.738	0.957	1.403
	143157001	氢氟酸 45%	kg	0.010	0.012	0.016	0.020	0.030
	143103001	硝酸	kg	0.196	0.222	0.296	0.384	0.562
	143315001	丙酮	kg	0.227	0.257	0.343	0.444	0.652
	143575001	铁离子检测溶液	kg	0.187	0.211	0.282	0.365	0.535
	031308001	水溶纸	kg	0.075	0.085	0.113	0.146	0.214
	341101001	水	m^3	0.006	0.006	0.009	0.011	0.017
	341103001	电	kW·h	0.186	0.210	0.281	0.364	0.382
	010305001	不锈钢丝 $\phi1.2$	kg	0.003	0.004	0.006	0.007	0.010
	020905001	塑料布	m^2	0.350	0.395	0.528	0.685	1.004
	031513006	吊装带 5t×10m	条	0.038	0.043	0.057	0.075	0.109
	850103006	其他材料费（占材料费）	%	1.000	1.000	1.000	1.000	1.000
机械	990718040	普通车床 630×2000mm	台班	0.325	0.410	0.519	0.605	0.725
	990912010	氩弧焊机 500A	台班	0.476	0.597	0.756	0.884	1.058
	991003050	电动空气压缩机 $6m^3/min$	台班	0.068	0.085	0.108	0.127	0.151
	990304024	汽车式起重机 25t	台班	0.068	0.085	0.108	0.127	0.151
	990515010	吊装机械（综合）	台班	0.123	0.155	0.195	0.228	0.272
	990401035	载重汽车 10t	台班	0.068	0.085	0.108	0.127	0.151
	990509020	单速电动葫芦 3t	台班	0.599	0.752	0.950	1.111	1.330

工作内容： 准备工作，切口，坡口及处理，组对，铁离子检测，焊接，焊缝外观检查及钝化，安装。

计量单位： 10m

	编号			8-1-767	8-1-768	8-1-769	8-1-770	8-1-771
	项目			公称直径（mm 以内）				
				450	500	600	700	800
	名称		单位	消耗量				
人工	000203000	综合二类工	工日	22.187	26.495	29.014	31.522	34.712
材料	031303002	钛焊丝	kg	2.391	3.400	4.952	5.974	8.397
	142911001	氩气	m^3	1.756	2.013	2.268	2.437	2.785
	031101021	不锈钢专用砂轮片 $\phi125\times6$	片	0.204	0.217	0.241	0.290	0.408
	340101003	铈钨棒	g	16.352	24.969	27.729	33.452	47.022
	093301001	真丝绸布 宽 900	m	3.441	4.878	5.418	6.536	9.187
	143157001	氢氟酸 45%	kg	0.057	0.070	0.077	0.093	0.131
	143103001	硝酸	kg	1.095	1.387	1.540	1.858	2.612
	143315001	丙酮	kg	1.211	1.491	1.656	1.997	2.808
	143575001	铁离子检测溶液	kg	0.773	0.811	0.824	0.994	1.397
	031308001	水溶纸	kg	1.081	1.855	2.060	2.485	3.493
	341101001	水	m^3	0.040	0.056	0.062	0.075	0.105
	341103001	电	kW · h	0.572	0.576	0.639	0.771	1.084
	010305001	不锈钢丝 $\phi1.2$	kg	0.015	0.015	0.016	0.016	0.017
	020905001	塑料布	m^2	1.498	1.562	1.734	2.092	2.941
	031513006	吊装带 5t × 10m	条	0.276	0.395	0.439	0.529	0.744
	850103006	其他材料费（占材料费）	%	1.000	1.000	1.000	1.000	1.000
机械	990718040	普通车床 630 × 2000mm	台班	0.918	0.928	0.985	1.068	1.162
	990912010	氩弧焊机 500A	台班	1.615	1.908	2.492	2.702	2.934
	991003050	电动空气压缩机 $6m^3/min$	台班	0.211	0.254	0.271	0.294	0.320
	990304024	汽车式起重机 25t	台班	0.211	0.245	0.260	0.282	0.306
	990515010	吊装机械（综合）	台班	0.378	0.383	0.391	0.422	0.460
	990401035	载重汽车 10t	台班	0.211	0.245	0.260	—	—
	990509020	单速电动葫芦 3t	台班	1.847	1.848	1.852	2.009	2.182
	990401045	载重汽车 15t	台班	—	—	—	0.282	0.306

（2）中压钛管（氩弧焊）

工作内容： 准备工作，切口，坡口及处理，组对，铁离子检测，焊接，焊缝外观检查及钝化，安装。

计量单位： 10m

编号				8-1-772	8-1-773	8-1-774	8-1-775	8-1-776	8-1-777
项目				公称直径（mm 以内）					
				15	20	25	32	40	50
名称			单位	消耗量					
人工	000203000	综合二类工	工日	0.518	0.784	1.077	1.362	1.665	2.068
材料	031303002	钛焊丝	kg	0.021	0.024	0.024	0.031	0.036	0.041
	142911001	氩气	m^3	0.044	0.055	0.083	0.102	0.158	0.254
	031101021	不锈钢专用砂轮片 $\phi125\times6$	片	0.008	0.008	0.008	0.011	0.013	0.014
	031101022	不锈钢专用砂轮片 $\phi500\times3$	片	0.008	0.008	0.009	0.012	0.013	0.015
	340101003	铈钨棒	g	0.118	0.131	0.133	0.174	0.205	0.225
	093301001	真丝绸布 宽 900	m	0.079	0.087	0.088	0.116	0.136	0.150
	031103003	合金磨头	个	0.005	0.005	0.006	0.008	0.008	0.009
	143157001	氢氟酸 45%	kg	0.001	0.001	0.001	0.003	0.003	0.003
	143103001	硝酸	kg	0.033	0.037	0.037	0.049	0.057	0.063
	143315001	丙酮	kg	0.028	0.030	0.031	0.041	0.048	0.052
	143575001	铁离子检测溶液	kg	0.029	0.033	0.033	0.043	0.051	0.056
	031308001	水溶纸	kg	0.003	0.003	0.003	0.004	0.005	0.006
	341101001	水	m^3	0.003	0.003	0.003	0.003	0.004	0.004
	341103001	电	kW·h	0.140	0.155	0.157	0.206	0.243	0.268
	010305001	不锈钢丝 $\phi1.2$	kg	0.001	0.001	0.001	0.001	0.001	0.001
	020905001	塑料布	m^2	0.020	0.021	0.021	0.028	0.033	0.036
	031513006	吊装带 5t×10m	条	0.001	0.001	0.001	0.001	0.001	0.001
	850103006	其他材料费（占材料费）	%	1.000	1.000	1.000	1.000	1.000	1.000
机械	990718040	普通车床 630×2000mm	台班	0.107	0.107	0.133	0.141	0.148	0.159
	990785040	砂轮切割机 $\phi500$	台班	0.012	0.012	0.014	0.014	0.014	0.016
	990912010	氩弧焊机 500A	台班	0.119	0.119	0.153	0.157	0.165	0.180
	991003050	电动空气压缩机 $6m^3/min$	台班	0.026	0.026	0.034	0.036	0.037	0.040

工作内容：准备工作，切口，坡口及处理，组对，铁离子检测，焊接，焊缝外观检查及钝化，安装。

计量单位：10m

编号				8-1-778	8-1-779	8-1-780	8-1-781	8-1-782
项目				公称直径（mm 以内）				
				65	80	100	125	150
名称			单位	消耗量				
人工	000203000	综合二类工	工日	2.845	3.129	3.851	4.327	5.067
材料	031303002	钛焊丝	kg	0.073	0.086	0.231	0.306	0.378
	142911001	氩气	m^3	0.437	0.566	1.124	1.124	1.568
	031101021	不锈钢专用砂轮片 $\phi125\times6$	片	0.025	0.030	0.032	0.042	0.052
	031101022	不锈钢专用砂轮片 $\phi500\times3$	片	0.027	0.032	—	—	—
	340101003	铈钨棒	g	0.408	0.476	1.294	1.714	2.115
	093301001	真丝绸布 宽 900	m	0.272	0.318	0.335	0.445	0.548
	031103003	合金磨头	个	0.018	0.020	—	—	—
	143157001	氢氟酸 45%	kg	0.005	0.006	0.006	0.010	0.011
	143103001	硝酸	kg	0.114	0.134	0.134	0.178	0.220
	143315001	丙酮	kg	0.095	0.110	0.155	0.206	0.254
	143575001	铁离子检测溶液	kg	0.102	0.118	0.128	0.170	0.210
	031308001	水溶纸	kg	0.010	0.011	0.051	0.068	0.083
	341101001	水	m^3	0.008	0.009	0.009	0.009	0.009
	341103001	电	kW·h	0.485	0.566	0.127	0.169	0.208
	010305001	不锈钢丝 $\phi1.2$	kg	0.003	0.003	0.003	0.003	0.004
	020905001	塑料布	m^2	0.066	0.077	0.240	0.318	0.393
	031513006	吊装带 5t×10m	条	0.002	0.002	0.026	0.034	0.042
	850103006	其他材料费（占材料费）	%	1.000	1.000	1.000	1.000	1.000
机械	990718040	普通车床 630×2000mm	台班	0.150	0.158	0.211	0.232	0.240
	990785040	砂轮切割机 $\phi500$	台班	0.014	0.016	—	—	—
	990912010	氩弧焊机 500A	台班	0.169	0.178	0.307	0.337	0.349
	991003050	电动空气压缩机 $6m^3/min$	台班	0.038	0.039	0.044	0.048	0.050
	990304024	汽车式起重机 25t	台班	—	—	0.044	0.048	0.050
	990515010	吊装机械（综合）	台班	—	—	0.080	0.087	0.089
	990401035	载重汽车 10t	台班	—	—	0.044	0.048	0.050
	990509020	单速电动葫芦 3t	台班	—	—	0.387	0.424	0.439

工作内容：准备工作，切口，坡口及处理，组对，铁离子检测，焊接，焊缝外观检查及钝化，安装。

计量单位：10m

		编　号		8-1-783	8-1-784	8-1-785	8-1-786	8-1-787
		项　目		公称直径（mm 以内）				
				200	250	300	350	400
		名　称	单位	消　耗　量				
人工	000203000	综合二类工	工日	6.852	7.917	9.004	10.455	11.583
材料	031303002	钛焊丝	kg	0.404	0.457	0.610	0.791	1.160
	142911001	氩气	m^3	2.019	2.251	2.734	2.994	3.134
	031101021	不锈钢专用砂轮片 $\phi125\times6$	片	0.056	0.063	0.085	0.109	0.160
	340101003	铈钨棒	g	2.264	2.561	3.419	4.432	6.497
	093301001	真丝绸布 宽 900	m	0.587	0.664	0.886	1.148	1.683
	143157001	氢氟酸 45%	kg	0.013	0.014	0.020	0.024	0.036
	143103001	硝酸	kg	0.235	0.266	0.356	0.461	0.675
	143315001	丙酮	kg	0.273	0.308	0.412	0.533	0.782
	143575001	铁离子检测溶液	kg	0.224	0.253	0.339	0.438	0.643
	031308001	水溶纸	kg	0.090	0.101	0.135	0.176	0.257
	341101001	水	m^3	0.008	0.008	0.011	0.013	0.020
	341103001	电	kW·h	0.223	0.252	0.337	0.437	0.458
	010305001	不锈钢丝 $\phi1.2$	kg	0.004	0.005	0.007	0.008	0.012
	020905001	塑料布	m^2	0.420	0.475	0.634	0.822	1.205
	031513006	吊装带 5t×10m	条	0.045	0.052	0.069	0.090	0.131
	850103006	其他材料费（占材料费）	%	1.000	1.000	1.000	1.000	1.000
机械	990718040	普通车床 630×2000mm	台班	0.382	0.480	0.609	0.710	0.849
	990912010	氩弧焊机 500A	台班	0.559	0.701	0.887	1.035	1.239
	991003050	电动空气压缩机 $6m^3/min$	台班	0.079	0.101	0.127	0.148	0.177
	990304024	汽车式起重机 25t	台班	0.079	0.101	0.127	0.148	0.177
	990515010	吊装机械（综合）	台班	0.143	0.180	0.228	0.267	0.320
	990401035	载重汽车 10t	台班	0.079	0.101	0.127	0.148	0.177
	990509020	单速电动葫芦 3t	台班	0.702	0.879	1.114	1.302	1.557

工作内容：准备工作，切口，坡口及处理，组对，铁离子检测，焊接，焊缝外观检查及钝化，安装。

计量单位：10m

编号				8-1-788	8-1-789	8-1-790	8-1-791	8-1-792
项目				公称直径（mm 以内）				
				450	500	600	700	800
名称			单位	消耗量				
人工	000203000	综合二类工	工日	14.376	17.151	18.805	20.442	22.495
材料	031303002	钛焊丝	kg	2.008	2.856	4.159	5.018	7.053
	142911001	氩气	m^3	2.327	2.496	2.892	3.095	3.282
	031101021	不锈钢专用砂轮片 $\phi125\times6$	片	0.171	0.182	0.202	0.244	0.343
	340101003	铈钨棒	g	13.735	20.974	23.292	28.099	39.498
	093301001	真丝绸布 宽 900	m	2.890	4.098	4.551	5.490	7.717
	143157001	氢氟酸 45%	kg	0.048	0.059	0.064	0.078	0.110
	143103001	硝酸	kg	0.920	1.165	1.294	1.561	2.194
	143315001	丙酮	kg	1.017	1.252	1.391	1.677	2.359
	143575001	铁离子检测溶液	kg	0.650	0.681	0.692	0.835	1.173
	031308001	水溶纸	kg	0.908	1.558	1.730	2.087	2.934
	341101001	水	m^3	0.034	0.047	0.052	0.063	0.088
	341103001	电	kW·h	0.480	0.484	0.537	0.647	0.911
	010305001	不锈钢丝 $\phi1.2$	kg	0.013	0.013	0.013	0.013	0.014
	020905001	塑料布	m^2	1.259	1.312	1.457	1.757	2.470
	031513006	吊装带 5t×10m	条	0.232	0.332	0.369	0.444	0.625
	850103006	其他材料费（占材料费）	%	1.000	1.000	1.000	1.000	1.000
机械	990718040	普通车床 630×2000mm	台班	0.860	0.870	0.924	1.001	1.088
	990912010	氩弧焊机 500A	台班	1.514	1.788	2.337	2.533	2.749
	991003050	电动空气压缩机 $6m^3/min$	台班	0.198	0.239	0.253	0.275	0.300
	990304024	汽车式起重机 25t	台班	0.198	0.229	0.244	0.265	0.287
	990515010	吊装机械（综合）	台班	0.355	0.359	0.366	0.396	0.430
	990401045	载重汽车 15t	台班	—	—	—	0.265	0.287
	990509020	单速电动葫芦 3t	台班	1.732	1.733	1.736	1.882	2.046
	990401035	载重汽车 10t	台班	0.198	0.229	0.244	—	—

第二章

管 件 连 接

说　明

一、本章与第一章管道安装配套使用。

二、关于下列各项费用的规定：

1. 在管道上安装的仪表一次部件，应执行本章管件连接相应安装项目乘以系数 0.70。

2. 仪表的温度计扩大管制作安装，应执行本章管件连接相应安装项目乘以系数 1.50。

3. 焊接盲板应执行本章管件连接相应项目乘以系数 0.60，盲板（封头）材料费另行计算。

4. 不锈钢管件（氩弧焊及氩电联焊）安装项目中不包括充氩保护的工作内容。

5. 低压螺旋卷管（管件）电弧焊项目，应执行中压管道（管件）相应安装项目乘以系数 0.80。

工程量计算规则

一、各种管件连接应区分不同压力、材质、连接形式，不分种类，按设计图示数量，应分别以“10个”为计量单位。

二、各种管道施工现场在主管上挖眼接管三通、摔制异径管，应按不同压力、材质、规格均以主管径执行管件连接相应安装项目，不另计制作费和主材费。

三、挖眼接管三通支线管径小于主管径 1/2 时，不计算管件工程量；在主管上挖眼焊接管接头、凸台等配件，按配件管径计算管件工程量。

四、管件连接项目中已综合考虑了弯头、三通、异径管、管帽、管接头等管口含量的差异，应按设计图数量不分种类执行同一定额项目。

五、全加热套管的外套管件安装，定额按两半管件考虑的，包括两道纵缝和两个环缝。两半封闭短管执行两半管件项目。

六、半加热外套管摔口后焊在内套管上，每个焊口按一个管件计算。外套碳钢管如焊在不锈钢管内套管上时，焊口间需加不锈钢短管衬垫，每处焊口按两个管件计算，衬垫短管按设计长度计算。如设计无规定时，按 50mm 长度计算其价值。

七、钢套钢管道外管及管件的焊接，应执行加热外套管件（两半）相应定额项目。

八、现场用管材煨弯制作的管件，应分别执行管件连接和管件制作的相应定额项目。

九、法兰连接的成品衬里钢管管件、铸铁管管件安装，螺栓应按实际用量加 3%的损耗量另行计算。

一、低 压 管 件

1. 碳钢管件（螺纹连接）

工作内容：准备工作，管子切口，套丝，管件安装。 **计量单位：**10 个

编 号				8-2-1	8-2-2	8-2-3	8-2-4	8-2-5	8-2-6
项 目				公称直径（mm 以内）					
				15	20	25	32	40	50
名 称			单位	消 耗 量					
人工	000203000	综合二类工	工日	0.779	0.976	1.248	1.449	1.778	2.244
材料	180804001	低压碳钢螺纹连接管件	个	（10.100）	（10.100）	（10.100）	（10.100）	（10.100）	（10.100）
	142909001	氧气	m^3	0.001	0.001	0.212	0.307	0.354	0.425
	142907002	乙炔气	kg	—	—	0.082	0.118	0.136	0.163
	031101014	尼龙砂轮片 $\phi500 \times 25 \times 4$	片	0.090	0.118	0.146	0.184	0.215	0.307
	140303001	机油（综合）	kg	0.153	0.177	0.203	0.238	0.297	0.342
	340203007	聚四氟乙烯生料带（综合）	m	4.145	5.087	6.406	7.913	9.043	10.739
	092705004	碎布	kg	0.021	0.043	0.043	0.064	0.064	0.079
	850103006	其他材料费（占材料费）	%	1.000	1.000	1.000	1.000	1.000	1.000
机械	990785040	砂轮切割机 $\phi500$	台班	0.008	0.018	0.040	0.061	0.066	0.081
	990748010	管子切断套丝机 159mm	台班	0.297	0.297	0.297	0.330	0.330	0.330

2. 碳钢管件（电弧焊）

工作内容： 准备工作，管子切口，坡口加工，坡口磨平，管口组对，焊接。 **计量单位：** 10 个

编号				8-2-7	8-2-8	8-2-9	8-2-10	8-2-11
项目				公称直径（mm 以内）				
				15	20	25	32	40
名称			单位	消耗量				
人工	000203000	综合二类工	工日	0.533	0.698	1.076	1.288	1.526
材料	180803002	碳钢对焊管件	个	（10.000）	（10.000）	（10.000）	（10.000）	（10.000）
	031301009	低碳钢焊条 J427（综合）	kg	0.346	0.442	0.626	0.780	1.196
	142909001	氧气	m^3	0.001	0.001	0.001	0.087	0.094
	031101013	尼龙砂轮片 $\phi100\times16\times3$	片	0.430	0.546	0.878	1.002	1.392
	031101014	尼龙砂轮片 $\phi500\times25\times4$	片	0.082	0.099	0.143	0.180	0.237
	031103002	磨头	个	0.200	0.260	0.314	0.388	0.444
	092705004	碎布	kg	0.042	0.064	0.064	0.085	0.085
	850103006	其他材料费（占材料费）	%	1.000	1.000	1.000	1.000	1.000
	142907002	乙炔气	kg	—	—	—	0.034	0.036
机械	990900010	电焊机（综合）	台班	0.313	0.401	0.526	0.646	0.748
	990785040	砂轮切割机 $\phi500$	台班	0.008	0.018	0.040	0.061	0.066
	990919030	电焊条烘干箱 $60\times50\times75cm^3$	台班	0.032	0.040	0.053	0.065	0.074
	990920010	电焊条恒温箱	台班	0.032	0.040	0.053	0.065	0.074

工作内容：准备工作，管子切口，坡口加工，坡口磨平，管口组对，焊接。　　**计量单位**：10 个

编号				8-2-12	8-2-13	8-2-14	8-2-15	8-2-16
项目				公称直径（mm 以内）				
				50	65	80	100	125
名称			单位	消耗量				
人工	000203000	综合二类工	工日	1.821	2.302	2.619	3.324	3.718
材料	180803002	碳钢对焊管件	个	（10.000）	（10.000）	（10.000）	（10.000）	（10.000）
	031301009	低碳钢焊条 J427（综合）	kg	1.422	2.600	3.600	5.196	6.280
	142909001	氧气	m^3	0.109	2.197	2.831	3.516	4.380
	142907002	乙炔气	kg	0.042	0.845	1.089	1.352	1.685
	031101013	尼龙砂轮片 $\phi100\times16\times3$	片	1.582	2.086	3.212	3.694	5.024
	031103002	磨头	个	0.528	0.704	0.824	1.056	—
	092705004	碎布	kg	0.122	0.150	0.192	0.214	0.266
	031101014	尼龙砂轮片 $\phi500\times25\times4$	片	0.294	—	—	—	—
	850103006	其他材料费（占材料费）	%	1.000	1.000	1.000	1.000	1.000
机械	990785040	砂轮切割机 $\phi500$	台班	0.081	—	—	—	—
	990900010	电焊机（综合）	台班	0.927	1.492	1.741	2.530	2.865
	990919030	电焊条烘干箱 $60\times50\times75cm^3$	台班	0.093	0.149	0.174	0.253	0.287
	990920010	电焊条恒温箱	台班	0.093	0.149	0.174	0.253	0.287
	990304004	汽车式起重机 8t	台班	—	—	—	0.012	0.012
	990401030	载重汽车 8t	台班	—	—	—	0.012	0.012

工作内容：准备工作，管子切口，坡口加工，坡口磨平，管口组对，焊接。 **计量单位**：10个

编号				8-2-17	8-2-18	8-2-19	8-2-20	8-2-21
项目				公称直径（mm以内）				
				150	200	250	300	350
名称			单位	消耗量				
人工	000203000	综合二类工	工日	5.183	6.224	8.690	9.867	11.666
材料	180803002	碳钢对焊管件	个	（10.000）	（10.000）	（10.000）	（10.000）	（10.000）
	031301009	低碳钢焊条 J427（综合）	kg	10.000	15.872	26.000	32.402	42.000
	142909001	氧气	m^3	5.196	7.203	10.043	11.415	13.600
	142907002	乙炔气	kg	1.998	2.770	3.863	4.390	5.231
	031101013	尼龙砂轮片 $\phi100\times16\times3$	片	6.174	9.442	13.920	19.270	21.810
	092705004	碎布	kg	0.330	0.450	0.557	0.642	0.749
	012100002	角钢（综合）	kg	—	1.794	1.794	2.360	2.360
	850103006	其他材料费（占材料费）	%	1.000	1.000	1.000	1.000	1.000
机械	990900010	电焊机（综合）	台班	3.627	5.067	7.170	8.587	10.462
	990919030	电焊条烘干箱 $60\times50\times75cm^3$	台班	0.363	0.507	0.717	0.859	1.046
	990920010	电焊条恒温箱	台班	0.363	0.507	0.717	0.859	1.046
	990304004	汽车式起重机 8t	台班	0.012	0.012	0.021	0.031	0.046
	990401030	载重汽车 8t	台班	0.012	0.012	0.021	0.031	0.046

工作内容：准备工作，管子切口，坡口加工，坡口磨平，管口组对，焊接。 **计量单位**：10 个

编号				8-2-22	8-2-23	8-2-24	8-2-25
项目				公称直径（mm 以内）			
				400	450	500	600
名称			单位	消耗量			
人工	000203000	综合二类工	工日	13.165	15.462	17.211	22.375
材料	180803002	碳钢对焊管件	个	（10.000）	（10.000）	（10.000）	（10.000）
	031301009	低碳钢焊条 J427（综合）	kg	66.000	80.494	102.000	136.764
	142909001	氧气	m^3	17.500	20.400	23.000	27.739
	142907002	乙炔气	kg	6.731	7.846	8.846	10.669
	031101013	尼龙砂轮片 $\phi100\times16\times3$	片	30.960	36.096	41.400	49.022
	012100002	角钢（综合）	kg	2.360	2.360	2.360	2.360
	092705004	碎布	kg	0.830	0.946	1.078	1.186
	850103006	其他材料费（占材料费）	%	1.000	1.000	1.000	1.000
机械	990900010	电焊机（综合）	台班	11.838	13.926	15.395	20.013
	990304004	汽车式起重机 8t	台班	0.059	0.090	0.146	0.364
	990401030	载重汽车 8t	台班	0.059	0.090	0.146	0.364
	990919030	电焊条烘干箱 $60\times50\times75cm^3$	台班	1.184	1.393	1.539	2.001
	990920010	电焊条恒温箱	台班	1.184	1.393	1.539	2.001

3. 碳钢管件（氩电联焊）

工作内容：准备工作，管子切口，坡口加工，坡口磨平，管口组对，焊接。 **计量单位**：10 个

编号				8-2-26	8-2-27	8-2-28	8-2-29	8-2-30
项目				公称直径（mm 以内）				
				15	20	25	32	40
名称			单位	消耗量				
人工	000203000	综合二类工	工日	0.759	0.993	1.519	1.825	2.162
材料	180803002	碳钢对焊管件	个	（10.000）	（10.000）	（10.000）	（10.000）	（10.000）
	031303005	碳钢焊丝	kg	0.178	0.226	0.400	0.440	0.612
	142909001	氧气	m^3	0.001	0.001	0.001	0.087	0.094
	142907002	乙炔气	kg	—	—	—	0.034	0.036
	142911001	氩气	m^3	0.496	0.634	1.000	1.120	1.716
	340101003	铈钨棒	g	0.992	1.268	2.000	2.400	3.432
	031101013	尼龙砂轮片 $\phi100\times16\times3$	片	0.414	0.526	0.854	0.982	1.352
	031101014	尼龙砂轮片 $\phi500\times25\times4$	片	0.082	0.099	0.143	0.180	0.237
	031103002	磨头	个	0.200	0.260	0.314	0.388	0.444
	092705004	碎布	kg	0.042	0.064	0.064	0.085	0.085
	850103006	其他材料费（占材料费）	%	1.000	1.000	1.000	1.000	1.000
机械	990912010	氩弧焊机 500A	台班	0.283	0.363	0.469	0.583	0.666
	990785040	砂轮切割机 $\phi500$	台班	0.008	0.018	0.040	0.061	0.066

工作内容：准备工作，管子切口，坡口加工，坡口磨平，管口组对，焊接。 计量单位：10 个

编号				8-2-31	8-2-32	8-2-33	8-2-34	8-2-35
项目				公称直径（mm 以内）				
				50	65	80	100	125
名称			单位	消耗量				
人工	000203000	综合二类工	工日	2.538	3.326	3.812	4.921	5.368
材料	180803002	碳钢对焊管件	个	（10.000）	（10.000）	（10.000）	（10.000）	（10.000）
	031303005	碳钢焊丝	kg	0.323	0.426	0.500	0.648	0.760
	142909001	氧气	m^3	0.109	1.560	2.044	2.450	3.000
	142907002	乙炔气	kg	0.042	0.600	0.786	0.942	1.154
	142911001	氩气	m^3	0.904	1.200	1.400	1.814	2.100
	340101003	钍钨棒	g	1.809	2.400	2.800	3.628	4.200
	031101013	尼龙砂轮片 $\phi100\times16\times3$	片	1.469	2.066	3.162	3.622	4.924
	031101014	尼龙砂轮片 $\phi500\times25\times4$	片	0.294	0.468	0.650	0.790	1.076
	031103002	磨头	个	0.528	0.704	0.824	1.056	—
	092705004	碎布	kg	0.122	0.150	0.192	0.214	0.266
	031301009	低碳钢焊条 J427（综合）	kg	0.709	1.800	2.600	3.940	5.000
	850103006	其他材料费（占材料费）	%	1.000	1.000	1.000	1.000	1.000
机械	990304004	汽车式起重机 8t	台班	—	—	—	0.012	0.012
	990401030	载重汽车 8t	台班	—	—	—	0.012	0.012
	990912010	氩弧焊机 500A	台班	0.682	0.730	0.864	1.099	1.308
	990785040	砂轮切割机 $\phi500$	台班	0.081	0.102	0.121	0.192	0.201
	990900010	电焊机（综合）	台班	0.694	0.796	0.923	1.764	1.802
	990919030	电焊条烘干箱 $60\times50\times75cm^3$	台班	0.070	0.079	0.092	0.176	0.181
	990920010	电焊条恒温箱	台班	0.070	0.079	0.092	0.176	0.181

工作内容：准备工作，管子切口，坡口加工，坡口磨平，管口组对，焊接。 计量单位：10个

编号				8-2-36	8-2-37	8-2-38	8-2-39	8-2-40
项目				公称直径（mm以内）				
				150	200	250	300	350
名称			单位	消耗量				
人工	000203000	综合二类工	工日	7.245	8.906	12.579	14.378	17.143
材料	180803002	碳钢对焊管件	个	（10.000）	（10.000）	（10.000）	（10.000）	（10.000）
	031301009	低碳钢焊条 J427（综合）	kg	7.800	13.392	23.900	28.642	36.000
	031303005	碳钢焊丝	kg	0.916	1.272	1.560	1.900	2.200
	142909001	氧气	m^3	4.763	6.855	9.100	10.896	12.500
	142907002	乙炔气	kg	1.832	2.637	3.500	4.191	4.808
	142911001	氩气	m^3	2.560	3.562	4.400	5.320	6.200
	340101003	铈钨棒	g	5.120	7.124	8.800	10.640	12.200
	031101013	尼龙砂轮片 $\phi100\times16\times3$	片	6.074	9.296	13.720	19.044	21.570
	012100002	角钢（综合）	kg	—	1.794	1.794	2.360	2.360
	092705004	碎布	kg	0.330	0.450	0.557	0.642	0.749
	850103006	其他材料费（占材料费）	%	1.000	1.000	1.000	1.000	1.000
机械	990900010	电焊机（综合）	台班	2.555	3.802	5.921	7.098	8.986
	990912010	氩弧焊机 500A	台班	1.564	2.160	2.673	3.210	3.704
	990744010	半自动切割机 100mm	台班	0.521	0.728	1.042	1.143	1.442
	990304004	汽车式起重机 8t	台班	0.012	0.012	0.021	0.031	0.046
	990401030	载重汽车 8t	台班	0.012	0.012	0.021	0.031	0.046
	990919030	电焊条烘干箱 $60\times50\times75cm^3$	台班	0.256	0.381	0.592	0.710	0.899
	990920010	电焊条恒温箱	台班	0.256	0.381	0.592	0.710	0.899

工作内容：准备工作，管子切口，坡口加工，坡口磨平，管口组对，焊接。　　**计量单位**：10 个

编号				8-2-41	8-2-42	8-2-43	8-2-44
项目				公称直径（mm 以内）			
				400	450	500	600
名称			单位	消耗量			
人工	000203000	综合二类工	工日	19.373	22.877	25.426	33.052
材料	180803002	碳钢对焊管件	个	（10.000）	（10.000）	（10.000）	（10.000）
	031301009	低碳钢焊条 J427（综合）	kg	60.000	74.660	94.000	128.826
	031303005	碳钢焊丝	kg	2.488	2.808	3.100	3.708
	142909001	氧气	m^3	16.746	18.574	22.200	26.399
	142907002	乙炔气	kg	6.441	7.144	8.538	10.153
	142911001	氩气	m^3	6.960	7.862	8.700	10.382
	340101003	铈钨棒	g	13.900	15.724	17.400	20.764
	031101013	尼龙砂轮片 $\phi100\times16\times3$	片	30.600	35.750	41.060	48.558
	012100002	角钢（综合）	kg	2.360	2.360	2.360	2.360
	092705004	碎布	kg	0.830	0.946	1.078	1.186
	850103006	其他材料费（占材料费）	%	1.000	1.000	1.000	1.000
机械	990900010	电焊机（综合）	台班	10.170	12.289	13.588	18.072
	990912010	氩弧焊机 500A	台班	4.203	4.724	5.237	6.964
	990744010	半自动切割机 100mm	台班	1.572	1.806	2.057	2.735
	990304004	汽车式起重机 8t	台班	0.059	0.090	0.146	0.365
	990401030	载重汽车 8t	台班	0.059	0.090	0.146	0.365
	990919030	电焊条烘干箱 $60\times50\times75cm^3$	台班	1.017	1.229	1.359	1.807
	990920010	电焊条恒温箱	台班	1.017	1.229	1.359	1.807

4. 碳钢板卷管件（电弧焊）

工作内容： 准备工作，管子切口，坡口加工，坡口磨平，管口组对，焊接。 **计量单位：** 10 个

编号				8-2-45	8-2-46	8-2-47	8-2-48	8-2-49	8-2-50
项目				公称直径（mm 以内）					
				200	250	300	350	400	450
名称			单位	消耗量					
人工	000203000	综合二类工	工日	5.479	6.795	8.427	10.744	12.129	13.859
材料	180801002	碳钢板卷管件	个	（10.000）	（10.000）	（10.000）	（10.000）	（10.000）	（10.000）
	031301009	低碳钢焊条 J427（综合）	kg	10.092	12.610	15.034	27.506	31.110	34.940
	142909001	氧气	m^3	5.560	7.054	8.800	10.262	11.042	11.767
	142907002	乙炔气	kg	2.138	2.713	3.385	3.947	4.247	4.526
	031101013	尼龙砂轮片 $\phi100\times16\times3$	片	10.304	14.916	15.482	18.624	24.563	28.702
	012100002	角钢（综合）	kg	2.001	2.001	2.001	2.001	2.001	2.001
	092705004	碎布	kg	0.382	0.472	0.544	0.635	0.704	0.802
	850103006	其他材料费（占材料费）	%	1.000	1.000	1.000	1.000	1.000	1.000
机械	990900010	电焊机（综合）	台班	2.281	2.848	3.395	4.660	5.270	5.918
	990304004	汽车式起重机 8t	台班	0.005	0.008	0.012	0.016	0.027	0.034
	990401030	载重汽车 8t	台班	0.005	0.008	0.012	0.016	0.027	0.034
	990919030	电焊条烘干箱 $60\times50\times75cm^3$	台班	0.228	0.285	0.340	0.466	0.527	0.592
	990920010	电焊条恒温箱	台班	0.228	0.285	0.340	0.466	0.527	0.592

工作内容：准备工作，管子切口，坡口加工，坡口磨平，管口组对，焊接。 计量单位：10 个

编号				8-2-51	8-2-52	8-2-53	8-2-54	8-2-55	8-2-56
项目				公称直径（mm 以内）					
				500	600	700	800	900	1000
名称			单位	消耗量					
人工	000203000	综合二类工	工日	15.349	16.249	18.574	21.353	23.935	26.904
材料	180801002	碳钢板卷管件	个	（10.000）	（10.000）	（10.000）	（10.000）	（10.000）	（10.000）
	031301009	低碳钢焊条 J427（综合）	kg	38.698	68.436	78.330	99.970	112.282	139.054
	142909001	氧气	m^3	12.448	14.656	18.568	21.800	24.300	29.499
	142907002	乙炔气	kg	4.788	5.637	7.142	8.385	9.346	11.346
	031101013	尼龙砂轮片 $\phi100\times16\times3$	片	32.885	41.567	49.498	57.436	64.158	78.670
	012100002	角钢（综合）	kg	2.001	2.001	2.201	2.201	2.201	2.201
	092705004	碎布	kg	0.914	1.006	1.127	1.261	1.413	1.582
	850103006	其他材料费（占材料费）	%	1.000	1.000	1.000	1.000	1.000	1.000
机械	990900010	电焊机（综合）	台班	6.557	11.595	13.272	15.167	17.036	19.103
	990304004	汽车式起重机 8t	台班	0.042	0.061	0.080	0.105	0.165	0.204
	990401030	载重汽车 8t	台班	0.042	0.061	0.080	0.105	0.165	0.204
	990919030	电焊条烘干箱 $60\times50\times75cm^3$	台班	0.656	1.160	1.327	1.516	1.704	1.910
	990920010	电焊条恒温箱	台班	0.656	1.160	1.327	1.516	1.704	1.910

工作内容：准备工作，管子切口，坡口加工，坡口磨平，管口组对，焊接。　　计量单位：10 个

编号				8-2-57	8-2-58	8-2-59	8-2-60	8-2-61
项目				公称直径（mm 以内）				
				1200	1400	1600	1800	2000
名称			单位	消耗量				
人工	000203000	综合二类工	工日	32.892	39.065	44.646	50.320	56.075
材料	180801002	碳钢板卷管件	个	（10.000）	（10.000）	（10.000）	（10.000）	（10.000）
	031301009	低碳钢焊条 J427（综合）	kg	166.554	239.372	273.324	307.282	341.236
	142909001	氧气	m^3	36.029	47.513	54.583	60.930	67.637
	142907002	乙炔气	kg	13.857	18.274	20.993	23.435	26.014
	031101013	尼龙砂轮片 $\phi100\times16\times3$	片	123.084	159.380	177.486	205.796	228.494
	012100002	角钢（综合）	kg	2.942	2.942	3.562	3.562	3.562
	092705004	碎布	kg	1.772	1.985	2.223	2.490	2.789
	850103006	其他材料费（占材料费）	%	1.000	1.000	1.000	1.000	1.000
机械	990900010	电焊机（综合）	台班	22.878	27.036	30.873	34.707	38.542
	990304004	汽车式起重机 8t	台班	0.293	0.477	0.648	0.788	0.972
	990401030	载重汽车 8t	台班	0.293	0.477	0.648	0.788	0.972
	990919030	电焊条烘干箱 $60\times50\times75cm^3$	台班	2.288	2.704	3.087	3.471	3.854
	990920010	电焊条恒温箱	台班	2.288	2.704	3.087	3.471	3.854

工作内容：准备工作，管子切口，坡口加工，坡口磨平，管口组对，焊接。 **计量单位：**10 个

编号				8-2-62	8-2-63	8-2-64	8-2-65	8-2-66
项目				公称直径（mm 以内）				
				2200	2400	2600	2800	3000
名称			单位	消耗量				
人工	000203000	综合二类工	工日	61.781	67.479	80.431	87.606	93.872
材料	180801002	碳钢板卷管件	个	（10.000）	（10.000）	（10.000）	（10.000）	（10.000）
	031301009	低碳钢焊条 J427（综合）	kg	375.188	409.140	539.274	580.616	621.958
	142909001	氧气	m^3	73.143	79.742	97.921	105.911	118.686
	142907002	乙炔气	kg	28.132	30.670	37.662	40.735	45.648
	031101013	尼龙砂轮片 $\phi100\times16\times3$	片	251.184	273.878	327.008	348.710	392.576
	012100002	角钢（综合）	kg	4.343	4.343	4.343	4.343	4.343
	092705004	碎布	kg	3.124	3.499	3.919	4.389	4.916
	850103006	其他材料费（占材料费）	%	1.000	1.000	1.000	1.000	1.000
机械	990900010	电焊机（综合）	台班	42.378	46.213	57.706	61.634	66.554
	990304004	汽车式起重机 8t	台班	1.177	1.399	1.642	1.904	2.185
	990401030	载重汽车 8t	台班	1.177	1.399	1.642	1.904	2.185
	990919030	电焊条烘干箱 $60\times50\times75cm^3$	台班	4.238	4.621	5.771	6.164	6.655
	990920010	电焊条恒温箱	台班	4.238	4.621	5.771	6.164	6.655

5. 碳钢板卷管件（氩电联焊）

工作内容：准备工作，管子切口，坡口加工，坡口磨平，管口组对，焊接。 **计量单位：**10 个

				8-2-67	8-2-68	8-2-69	8-2-70	8-2-71	8-2-72
编号				8-2-67	8-2-68	8-2-69	8-2-70	8-2-71	8-2-72
项目				公称直径（mm 以内）					
				200	250	300	350	400	450
名称			单位	消耗量					
人工	000203000	综合二类工	工日	7.752	9.691	11.704	14.192	15.674	17.554
材料	180801002	碳钢板卷管件	个	（10.000）	（10.000）	（10.000）	（10.000）	（10.000）	（10.000）
	031301009	低碳钢焊条 J427（综合）	kg	7.650	9.491	11.306	23.210	26.252	29.608
	031303005	碳钢焊丝	kg	1.296	1.296	1.926	2.244	2.548	2.882
	142909001	氧气	m^3	5.560	7.054	8.800	10.262	11.042	11.767
	142907002	乙炔气	kg	2.138	2.713	3.385	3.947	4.247	4.526
	142911001	氩气	m^3	3.628	3.628	3.628	6.284	7.134	8.070
	031101013	尼龙砂轮片 $\phi100\times16\times3$	片	8.576	12.106	14.186	16.468	22.035	24.934
	012100002	角钢（综合）	kg	2.061	2.061	2.061	2.061	2.061	2.061
	340101003	铈钨棒	g	7.256	7.256	7.256	12.568	14.268	16.140
	092705004	碎布	kg	0.382	0.472	0.544	0.635	0.704	0.802
	850103006	其他材料费（占材料费）	%	1.000	1.000	1.000	1.000	1.000	1.000
机械	990304004	汽车式起重机 8t	台班	0.005	0.008	0.012	0.016	0.027	0.034
	990401030	载重汽车 8t	台班	0.005	0.008	0.012	0.016	0.027	0.034
	990912010	氩弧焊机 500A	台班	1.937	1.937	1.937	3.355	3.810	4.308
	990900010	电焊机（综合）	台班	2.087	2.350	3.102	4.230	4.794	5.593
	990919030	电焊条烘干箱 $60\times50\times75cm^3$	台班	0.209	0.235	0.310	0.423	0.479	0.559
	990920010	电焊条恒温箱	台班	0.209	0.235	0.310	0.423	0.479	0.559

工作内容：准备工作，管子切口，坡口加工，坡口磨平，管口组对，焊接。 **计量单位**：10 个

编号				8-2-73	8-2-74	8-2-75	8-2-76	8-2-77	8-2-78
项目				公称直径（mm 以内）					
				500	600	700	800	900	1000
名称			单位	消耗量					
人工	000203000	综合二类工	工日	19.768	23.543	26.907	28.720	32.228	36.449
材料	180801002	碳钢板卷管件	个	（10.000）	（10.000）	（10.000）	（10.000）	（10.000）	（10.000）
	031301009	低碳钢焊条 J427（综合）	kg	30.122	35.875	41.005	59.093	66.302	90.767
	031303005	碳钢焊丝	kg	2.920	3.478	3.975	5.729	6.428	8.800
	142909001	氧气	m^3	12.448	14.825	16.945	21.707	24.355	29.983
	142907002	乙炔气	kg	4.788	5.702	6.517	8.349	9.367	11.532
	142911001	氩气	m^3	8.400	10.004	11.435	16.479	18.489	25.311
	031101013	尼龙砂轮片 $\phi100 \times 16 \times 3$	片	28.201	30.203	31.066	31.427	33.505	35.575
	012100002	角钢（综合）	kg	2.061	2.455	2.806	3.196	3.586	3.977
	340101003	铈钨棒	g	16.400	19.532	22.325	32.173	36.098	49.418
	092705004	碎布	kg	0.914	1.088	1.244	1.417	1.590	1.763
	850103006	其他材料费（占材料费）	%	1.000	1.000	1.000	1.000	1.000	1.000
机械	990304004	汽车式起重机 8t	台班	0.042	0.061	0.080	0.105	0.165	0.204
	990401030	载重汽车 8t	台班	0.042	0.061	0.080	0.105	0.165	0.204
	990912010	氩弧焊机 500A	台班	4.879	4.946	5.653	8.147	9.141	12.514
	990900010	电焊机（综合）	台班	6.016	6.098	6.970	10.044	11.270	15.428
	990919030	电焊条烘干箱 $60 \times 50 \times 75cm^3$	台班	0.602	0.610	0.697	1.004	1.127	1.543
	990920010	电焊条恒温箱	台班	0.602	0.610	0.697	1.004	1.127	1.543

工作内容：准备工作，管子切口，坡口加工，坡口磨平，管口组对，焊接。 计量单位：10 个

编号				8-2-79	8-2-80	8-2-81	8-2-82	8-2-83
项目				公称直径（mm 以内）				
				1200	1400	1600	1800	2000
名称			单位	消耗量				
人工	000203000	综合二类工	工日	43.593	60.812	69.386	77.920	86.492
材料	180801002	碳钢板卷管件	个	（10.000）	（10.000）	（10.000）	（10.000）	（10.000）
	031301009	低碳钢焊条 J427（综合）	kg	108.557	181.724	207.347	232.851	258.465
	031303005	碳钢焊丝	kg	10.525	17.619	20.103	22.576	25.059
	142909001	氧气	m^3	35.858	50.023	57.075	64.095	71.145
	142907002	乙炔气	kg	13.792	19.240	21.952	24.652	27.363
	142911001	氩气	m^3	30.272	50.675	57.820	64.932	72.075
	031101013	尼龙砂轮片 $\phi100 \times 16 \times 3$	片	39.731	56.142	64.135	72.114	105.177
	012100002	角钢（综合）	kg	4.756	5.531	6.311	7.087	7.867
	340101003	铈钨棒	g	59.104	98.940	112.891	126.777	140.722
	092705004	碎布	kg	2.109	2.453	2.799	3.143	3.489
	850103006	其他材料费（占材料费）	%	1.000	1.000	1.000	1.000	1.000
机械	990304004	汽车式起重机 8t	台班	0.293	0.477	0.648	0.788	0.972
	990401030	载重汽车 8t	台班	0.293	0.477	0.648	0.788	0.972
	990912010	氩弧焊机 500A	台班	14.966	25.054	28.586	32.102	35.634
	990900010	电焊机（综合）	台班	18.452	30.889	35.244	39.579	43.933
	990919030	电焊条烘干箱 $60 \times 50 \times 75cm^3$	台班	1.845	3.089	3.524	3.958	4.393
	990920010	电焊条恒温箱	台班	1.845	3.089	3.524	3.958	4.393

工作内容：准备工作，管子切口，坡口加工，坡口磨平，管口组对，焊接。 **计量单位**：10 个

编号				8-2-84	8-2-85	8-2-86	8-2-87	8-2-88
项目				公称直径（mm 以内）				
				2200	2400	2600	2800	3000
名称			单位	消耗量				
人工	000203000	综合二类工	工日	95.049	103.603	109.286	112.637	120.634
材料	180801001	碳钢板卷管件	个	10.000	10.000	10.000	10.000	10.000
	031301009	低碳钢焊条 J427（综合）	kg	284.053	309.618	456.377	491.062	525.927
	031303005	碳钢焊丝	kg	27.540	30.019	44.248	47.611	50.991
	142909001	氧气	m^3	78.188	85.225	107.640	115.820	124.042
	142907002	乙炔气	kg	30.072	32.779	41.400	44.546	47.708
	142911001	氩气	m^3	79.210	86.339	127.264	136.936	146.658
	031101013	尼龙砂轮片 $\phi100\times16\times3$	片	115.655	126.122	160.723	173.064	185.391
	012100002	角钢（综合）	kg	8.646	9.424	10.206	10.982	11.762
	340101003	铈钨棒	g	154.653	168.572	248.475	267.359	286.341
	092705004	碎布	kg	3.835	4.181	4.528	4.872	5.218
	850103006	其他材料费（占材料费）	%	1.000	1.000	1.000	1.000	1.000
机械	990304004	汽车式起重机 8t	台班	1.176	1.401	1.642	1.904	2.185
	990401030	载重汽车 8t	台班	1.176	1.401	1.642	1.904	2.185
	990912010	氩弧焊机 500A	台班	39.162	42.686	62.920	67.702	72.509
	990900010	电焊机（综合）	台班	48.282	52.628	77.574	83.469	89.395
	990919030	电焊条烘干箱 $60\times50\times75cm^3$	台班	4.828	5.263	7.757	8.347	8.940
	990920010	电焊条恒温箱	台班	4.828	5.263	7.757	8.347	8.940

6. 碳钢板卷管件（埋弧自动焊）

工作内容：准备工作，管子切口，坡口加工，坡口磨平，管口组对，焊接。 **计量单位：**10 个

编号				8-2-89	8-2-90	8-2-91	8-2-92	8-2-93
项目				公称直径（mm 以内）				
				600	700	800	900	1000
名称			单位	消耗量				
人工	000203000	综合二类工	工日	12.380	14.177	16.329	18.275	20.590
材料	180801002	碳钢板卷管件	个	（10.000）	（10.000）	（10.000）	（10.000）	（10.000）
	031303007	碳钢埋弧焊丝	kg	28.994	33.191	38.571	43.329	53.411
	031305007	埋弧焊剂	kg	40.790	46.700	53.263	59.830	74.391
	142909001	氧气	m^3	21.581	23.573	28.683	31.770	37.462
	142907002	乙炔气	kg	7.195	7.858	9.561	10.592	12.648
	031101013	尼龙砂轮片 $\phi100\times16\times3$	片	15.114	17.301	21.722	24.400	30.171
	012100002	角钢（综合）	kg	2.201	2.201	2.201	2.201	2.201
	092705004	碎布	kg	1.006	1.127	1.262	1.413	1.583
	850103006	其他材料费（占材料费）	%	1.000	1.000	1.000	1.000	1.000
机械	990915020	自动埋弧焊机 1200A	台班	1.638	1.892	2.157	2.417	2.714
	990304004	汽车式起重机 8t	台班	0.062	0.082	0.107	0.169	0.209
	990401030	载重汽车 8t	台班	0.062	0.082	0.107	0.169	0.209

工作内容：准备工作，管子切口，坡口加工，坡口磨平，管口组对，焊接。　　计量单位：10 个

编号				8-2-94	8-2-95	8-2-96	8-2-97	8-2-98
项目				公称直径（mm 以内）				
				1200	1400	1600	1800	2000
名称			单位	消耗量				
人工	000203000	综合二类工	工日	25.606	31.454	35.953	40.580	45.284
材料	180801002	碳钢板卷管件	个	（10.000）	（10.000）	（10.000）	（10.000）	（10.000）
	031303007	碳钢埋弧焊丝	kg	63.971	91.677	104.677	117.675	130.675
	031305007	埋弧焊剂	kg	89.108	129.547	147.924	166.295	184.672
	142909001	氧气	m^3	45.294	58.039	68.382	76.046	83.705
	142907002	乙炔气	kg	15.099	19.346	22.794	25.349	27.902
	031101013	尼龙砂轮片 $\phi100\times16\times3$	片	36.147	50.522	57.703	64.881	72.062
	012100002	角钢（综合）	kg	2.942	2.942	3.562	3.562	3.562
	092705004	碎布	kg	1.772	1.985	2.249	2.491	2.789
	850103006	其他材料费（占材料费）	%	1.000	1.000	1.000	1.000	1.000
机械	990915020	自动埋弧焊机 1200A	台班	3.348	4.245	4.844	5.457	6.058
	990304004	汽车式起重机 8t	台班	0.300	0.488	0.663	0.806	0.995
	990401030	载重汽车 8t	台班	0.300	0.488	0.663	0.806	0.995

工作内容：准备工作，管子切口，坡口加工，坡口磨平，管口组对，焊接。 计量单位：10个

编号				8-2-99	8-2-100	8-2-101	8-2-102	8-2-103
项目				公称直径（mm以内）				
				2200	2400	2600	2800	3000
名称			单位	消耗量				
人工	000203000	综合二类工	工日	49.932	54.569	62.179	68.292	73.145
材料	180801002	碳钢板卷管件	个	（10.000）	（10.000）	（10.000）	（10.000）	（10.000）
	031303007	碳钢埋弧焊丝	kg	143.674	156.672	190.942	205.579	220.213
	031305007	埋弧焊剂	kg	203.049	221.426	271.713	292.539	313.366
	142909001	氧气	m^3	91.365	99.389	119.747	128.413	137.272
	142907002	乙炔气	kg	30.455	33.128	39.916	42.804	45.755
	031101013	尼龙砂轮片 $\phi100\times16\times3$	片	79.241	86.419	109.346	117.739	126.137
	012100002	角钢（综合）	kg	4.343	4.343	4.343	4.343	4.343
	092705004	碎布	kg	3.124	3.499	3.919	4.388	4.916
	850103006	其他材料费（占材料费）	%	1.000	1.000	1.000	1.000	1.000
机械	990915020	自动埋弧焊机 1200A	台班	6.665	7.267	8.413	9.162	9.790
	990304004	汽车式起重机 8t	台班	1.204	1.432	1.680	1.948	2.236
	990401030	载重汽车 8t	台班	1.204	1.432	1.680	1.948	2.236

7. 不锈钢管件（电弧焊）

工作内容：准备工作，管子切口，坡口加工，坡口磨平，管口组对，焊接，焊缝钝化。　**计量单位：**10 个

编号				8-2-104	8-2-105	8-2-106	8-2-107	8-2-108	8-2-109
项目				公称直径（mm 以内）					
				15	20	25	32	40	50
名称			单位	消耗量					
人工	000203000	综合二类工	工日	0.899	1.177	1.816	2.173	2.576	3.072
材料	180515001	不锈钢对焊管件	个	（10.000）	（10.000）	（10.000）	（10.000）	（10.000）	（10.000）
	031301001	不锈钢焊条（综合）	kg	0.356	0.400	0.558	0.688	0.788	1.096
	031101013	尼龙砂轮片 $\phi100\times16\times3$	片	0.724	0.892	1.128	1.398	1.634	2.306
	031101014	尼龙砂轮片 $\phi500\times25\times4$	片	0.115	0.133	0.208	0.257	0.296	0.302
	143315001	丙酮	kg	0.150	0.171	0.235	0.278	0.321	0.385
	143169002	酸洗膏	kg	0.086	0.105	0.140	0.173	0.215	0.269
	341101001	水	m^3	0.021	0.021	0.043	0.043	0.043	0.064
	092705004	碎布	kg	0.043	0.064	0.064	0.086	0.086	0.122
	850103006	其他材料费（占材料费）	%	1.000	1.000	1.000	1.000	1.000	1.000
机械	990900010	电焊机（综合）	台班	0.171	0.216	0.296	0.368	0.784	0.934
	990785040	砂轮切割机 $\phi500$	台班	0.011	0.028	0.061	0.068	0.074	0.079
	991003050	电动空气压缩机 $6m^3/min$	台班	0.022	0.022	0.022	0.022	0.022	0.022
	990919030	电焊条烘干箱 $60\times50\times75cm^3$	台班	0.017	0.022	0.030	0.036	0.079	0.093
	990920010	电焊条恒温箱	台班	0.017	0.022	0.030	0.036	0.079	0.093

工作内容：准备工作，管子切口，坡口加工，坡口磨平，管口组对，焊接，焊缝钝化。 **计量单位：**10 个

编号				8-2-110	8-2-111	8-2-112	8-2-113	8-2-114	8-2-115
项目				公称直径（mm 以内）					
				65	80	100	125	150	200
名称			单位	消耗量					
人工	000203000	综合二类工	工日	3.883	4.420	5.610	6.273	8.746	10.504
材料	180515001	不锈钢对焊管件	个	（10.000）	（10.000）	（10.000）	（10.000）	（10.000）	（10.000）
	031301001	不锈钢焊条（综合）	kg	1.414	2.212	2.754	5.036	6.034	10.600
	031101013	尼龙砂轮片 $\phi100 \times 16 \times 3$	片	3.064	3.748	4.748	6.554	8.084	13.872
	143315001	丙酮	kg	0.514	0.599	0.770	0.895	1.070	1.477
	143169002	酸洗膏	kg	0.367	0.430	0.551	0.847	1.137	1.482
	341101001	水	m^3	0.086	0.107	0.128	0.150	0.193	0.257
	092705004	碎布	kg	0.150	0.193	0.214	0.265	0.330	0.449
	031101014	尼龙砂轮片 $\phi500 \times 25 \times 4$	片	0.433	0.531	0.781	—	—	—
	850103006	其他材料费（占材料费）	%	1.000	1.000	1.000	1.000	1.000	1.000
机械	990785040	砂轮切割机 $\phi500$	台班	0.152	0.161	0.277	—	—	—
	990900010	电焊机（综合）	台班	1.337	1.569	2.063	2.655	3.601	5.061
	990743010	等离子切割机 400A	台班	—	0.407	0.527	0.871	1.050	1.459
	990304004	汽车式起重机 8t	台班	—	—	0.011	0.011	0.011	0.011
	990401030	载重汽车 8t	台班	—	—	0.011	0.011	0.011	0.011
	991003030	电动空气压缩机 $1m^3/min$	台班	—	0.407	0.527	0.871	1.050	1.459
	991003050	电动空气压缩机 $6m^3/min$	台班	0.022	0.022	0.022	0.022	0.022	0.022
	990919030	电焊条烘干箱 $60 \times 50 \times 75cm^3$	台班	0.134	0.157	0.206	0.266	0.360	0.506
	990920010	电焊条恒温箱	台班	0.134	0.157	0.206	0.266	0.360	0.506

工作内容：准备工作，管子切口，坡口加工，坡口磨平，管口组对，焊接，焊缝钝化。　**计量单位：**10 个

编　号				8-2-116	8-2-117	8-2-118	8-2-119	8-2-120	8-2-121
项　目				公称直径（mm 以内）					
				250	300	350	400	450	500
名　称			单位	消　耗　量					
人工	000203000	综合二类工	工日	14.663	16.650	19.683	22.213	26.089	29.041
材料	180515001	不锈钢对焊管件	个	（10.000）	（10.000）	（10.000）	（10.000）	（10.000）	（10.000）
	031301001	不锈钢焊条（综合）	kg	17.120	24.348	28.284	31.996	49.448	71.888
	031101013	尼龙砂轮片 $\phi100\times16\times3$	片	19.708	26.212	31.154	35.224	47.748	61.852
	143315001	丙酮	kg	1.840	2.183	2.525	2.846	3.244	3.699
	143169002	酸洗膏	kg	2.236	2.662	2.917	3.616	4.122	4.699
	341101001	水	m^3	0.300	0.364	0.428	0.492	0.561	0.639
	092705004	碎布	kg	0.556	0.642	0.749	0.830	0.946	1.078
	850103006	其他材料费（占材料费）	%	1.000	1.000	1.000	1.000	1.000	1.000
机械	990900010	电焊机（综合）	台班	7.224	9.297	10.731	12.487	14.734	17.387
	990743010	等离子切割机 400A	台班	1.897	2.316	2.632	3.037	3.584	4.229
	990304004	汽车式起重机 8t	台班	0.019	0.028	0.042	0.053	0.064	0.076
	990401030	载重汽车 8t	台班	0.019	0.028	0.042	0.053	0.064	0.076
	991003030	电动空气压缩机 $1m^3/min$	台班	1.897	2.316	2.686	3.037	3.584	4.229
	991003050	电动空气压缩机 $6m^3/min$	台班	0.022	0.022	0.022	0.022	0.022	0.022
	990919030	电焊条烘干箱 $60\times50\times75cm^3$	台班	0.722	0.929	1.073	1.248	1.474	1.739
	990920010	电焊条恒温箱	台班	0.722	0.929	1.073	1.248	1.474	1.739

8. 不锈钢管件（氩电联焊）

工作内容：准备工作，管子切口，坡口加工，坡口磨平，管口组对，焊接，焊缝钝化。 **计量单位：**10 个

编号				8-2-122	8-2-123	8-2-124	8-2-125	8-2-126
项目				公称直径（mm 以内）				
				50	65	80	100	125
名称			单位	消耗量				
人工	000203000	综合二类工	工日	3.212	4.209	4.826	6.228	6.793
材料	180515001	不锈钢对焊管件	个	（10.000）	（10.000）	（10.000）	（10.000）	（10.000）
	031301001	不锈钢焊条（综合）	kg	0.631	0.972	1.265	1.622	1.892
	031303017	不锈钢焊丝（综合）	kg	0.387	0.507	0.616	0.830	0.991
	142911001	氩气	m^3	1.083	1.421	1.727	2.326	2.773
	340101003	铈钨棒	g	2.012	2.602	3.069	3.980	4.674
	031101013	尼龙砂轮片 $\phi100\times16\times3$	片	1.973	2.826	3.428	4.364	5.884
	143315001	丙酮	kg	0.385	0.514	0.599	0.770	0.895
	143169002	酸洗膏	kg	0.269	0.367	0.430	0.551	0.847
	341101001	水	m^3	0.064	0.086	0.107	0.128	0.150
	092705004	碎布	kg	0.122	0.150	0.193	0.214	0.265
	031101014	尼龙砂轮片 $\phi500\times25\times4$	片	0.302	0.433	0.531	0.781	—
	850103006	其他材料费（占材料费）	%	1.000	1.000	1.000	1.000	1.000
机械	990785040	砂轮切割机 $\phi500$	台班	0.079	0.152	0.161	0.277	—
	990900010	电焊机（综合）	台班	0.598	0.689	0.930	1.193	1.637
	990912010	氩弧焊机 500A	台班	0.722	0.866	1.129	1.481	1.750
	990718040	普通车床 630×2000mm	台班	0.171	0.203	0.214	0.282	0.306
	991003050	电动空气压缩机 $6m^3/min$	台班	0.022	0.022	0.022	0.022	0.022
	990919030	电焊条烘干箱 $60\times50\times75cm^3$	台班	0.060	0.069	0.093	0.119	0.164
	990920010	电焊条恒温箱	台班	0.060	0.069	0.093	0.119	0.164
	990743010	等离子切割机 400A	台班	—	—	—	—	0.256
	990304004	汽车式起重机 8t	台班	—	—	—	0.011	0.011
	990401030	载重汽车 8t	台班	—	—	—	0.011	0.011
	990509020	单速电动葫芦 3t	台班	—	0.203	0.214	0.282	0.306
	991003030	电动空气压缩机 $1m^3/min$	台班	—	—	—	—	0.256

工作内容：准备工作，管子切口，坡口加工，坡口磨平，管口组对，焊接，焊缝钝化。 **计量单位：**10 个

编号				8-2-127	8-2-128	8-2-129	8-2-130
项目				公称直径（mm 以内）			
				150	200	250	300
名称			单位	消耗量			
人工	000203000	综合二类工	工日	9.169	11.272	15.921	18.194
材料	180515001	不锈钢对焊管件	个	（10.000）	（10.000）	（10.000）	（10.000）
	031301001	不锈钢焊条（综合）	kg	4.266	7.537	15.269	22.476
	031303017	不锈钢焊丝（综合）	kg	1.207	1.691	2.157	2.671
	142911001	氩气	m^3	3.379	4.734	6.039	7.477
	340101003	铈钨棒	g	5.585	7.657	9.562	11.385
	031101013	尼龙砂轮片 $\phi100\times16\times3$	片	7.308	12.404	18.024	24.280
	143315001	丙酮	kg	1.070	1.477	1.840	2.183
	143169002	酸洗膏	kg	1.137	1.482	2.236	2.662
	341101001	水	m^3	0.193	0.257	0.300	0.364
	092705004	碎布	kg	0.330	0.449	0.556	0.642
	850103006	其他材料费（占材料费）	%	1.000	1.000	1.000	1.000
机械	990900010	电焊机（综合）	台班	2.318	4.136	5.962	7.903
	990912010	氩弧焊机 500A	台班	2.038	2.457	3.560	4.138
	990743010	等离子切割机 400A	台班	0.308	0.436	0.558	0.681
	990718040	普通车床 630×2000mm	台班	0.431	0.453	0.479	0.518
	990304004	汽车式起重机 8t	台班	0.011	0.011	0.019	0.028
	990401030	载重汽车 8t	台班	0.011	0.011	0.019	0.028
	990509020	单速电动葫芦 3t	台班	0.431	0.453	0.479	0.518
	991003030	电动空气压缩机 $1m^3/min$	台班	0.308	0.436	0.558	0.681
	991003050	电动空气压缩机 $6m^3/min$	台班	0.022	0.022	0.022	0.022
	990919030	电焊条烘干箱 $60\times50\times75cm^3$	台班	0.232	0.414	0.596	0.790
	990920010	电焊条恒温箱	台班	0.232	0.414	0.596	0.790

工作内容：准备工作，管子切口，坡口加工，坡口磨平，管口组对，焊接，焊缝钝化。 计量单位：10个

编号				8-2-131	8-2-132	8-2-133	8-2-134
项目				公称直径（mm 以内）			
				350	400	450	500
名称			单位	消耗量			
人工	000203000	综合二类工	工日	21.695	24.518	28.950	32.174
材料	180515001	不锈钢对焊管件	个	（10.000）	（10.000）	（10.000）	（10.000）
	031301001	不锈钢焊条（综合）	kg	26.112	29.536	34.852	41.126
	031303017	不锈钢焊丝（综合）	kg	3.257	3.867	4.563	5.384
	142911001	氩气	m^3	9.119	10.826	12.775	15.074
	340101003	铈钨棒	g	13.289	15.074	17.787	20.989
	031101013	尼龙砂轮片 $\phi100\times16\times3$	片	28.940	32.864	44.730	58.568
	143315001	丙酮	kg	2.525	2.846	3.244	3.699
	143169002	酸洗膏	kg	2.917	3.616	4.122	4.699
	341101001	水	m^3	0.428	0.492	0.561	0.639
	092705004	碎布	kg	0.749	0.830	0.946	1.195
	850103006	其他材料费（占材料费）	%	1.000	1.000	1.000	1.000
机械	990900010	电焊机（综合）	台班	9.369	11.278	13.307	15.703
	990912010	氩弧焊机 500A	台班	4.576	5.394	6.364	7.510
	990743010	等离子切割机 400A	台班	0.790	0.893	1.053	1.243
	990718040	普通车床 630×2000mm	台班	0.534	0.549	0.566	0.583
	990304004	汽车式起重机 8t	台班	0.042	0.053	0.064	0.076
	990401030	载重汽车 8t	台班	0.042	0.053	0.064	0.076
	990509020	单速电动葫芦 3t	台班	0.534	0.549	0.566	0.583
	991003030	电动空气压缩机 $1m^3/min$	台班	0.790	0.893	1.053	1.243
	991003050	电动空气压缩机 $6m^3/min$	台班	0.022	0.022	0.022	0.022
	990919030	电焊条烘干箱 $60\times50\times75cm^3$	台班	0.937	1.128	1.331	1.571
	990920010	电焊条恒温箱	台班	0.937	1.128	1.331	1.571

9. 不锈钢管件（氩弧焊）

工作内容：准备工作，管子切口，坡口加工，坡口磨平，管口组对，焊接，焊缝钝化。　　**计量单位**：10 个

编号				8-2-135	8-2-136	8-2-137	8-2-138	8-2-139	8-2-140
项目				公称直径（mm 以内）					
				15	20	25	32	40	50
名称			单位	消耗量					
人工	000203000	综合二类工	工日	1.056	1.382	2.116	2.541	3.009	3.533
材料	180515001	不锈钢对焊管件	个	（10.000）	（10.000）	（10.000）	（10.000）	（10.000）	（10.000）
	031303017	不锈钢焊丝（综合）	kg	0.124	0.197	0.244	0.334	0.445	0.745
	142911001	氩气	m^3	0.349	0.526	0.683	0.845	1.248	1.485
	340101003	铈钨棒	g	0.672	0.873	1.271	1.571	2.363	2.816
	031101013	尼龙砂轮片 $\phi100\times16\times3$	片	0.532	0.754	0.954	1.194	1.420	1.973
	031101014	尼龙砂轮片 $\phi500\times25\times4$	片	0.111	0.133	0.223	0.257	0.296	0.302
	143315001	丙酮	kg	0.150	0.171	0.235	0.278	0.321	0.385
	143169002	酸洗膏	kg	0.086	0.105	0.140	0.173	0.215	0.269
	341101001	水	m^3	0.021	0.021	0.043	0.043	0.043	0.064
	092705004	碎布	kg	0.043	0.064	0.064	0.086	0.086	0.122
	850103006	其他材料费（占材料费）	%	1.000	1.000	1.000	1.000	1.000	1.000
机械	990912010	氩弧焊机 500A	台班	0.370	0.440	0.586	0.720	0.837	1.197
	990785040	砂轮切割机 $\phi500$	台班	0.011	0.028	0.061	0.068	0.074	0.079
	990718040	普通车床 630×2000mm	台班	—	—	—	—	0.166	0.171
	991003050	电动空气压缩机 $6m^3/min$	台班	0.022	0.022	0.022	0.022	0.022	0.022

工作内容：准备工作，管子切口，坡口加工，坡口磨平，管口组对，焊接，焊缝钝化。 计量单位：10个

编号				8-2-141	8-2-142	8-2-143	8-2-144	8-2-145	8-2-146
项目				公称直径（mm以内）					
				65	80	100	125	150	200
名称			单位	消耗量					
人工	000203000	综合二类工	工日	4.630	5.307	6.851	7.472	10.085	12.399
材料	180515001	不锈钢对焊管件	个	（10.000）	（10.000）	（10.000）	（10.000）	（10.000）	（10.000）
	031303017	不锈钢焊丝（综合）	kg	1.040	1.310	1.695	1.997	3.261	5.063
	142911001	氩气	m^3	2.313	2.769	4.747	5.590	9.131	14.178
	340101003	铈钨棒	g	4.387	5.153	8.821	10.306	17.090	26.545
	031101013	尼龙砂轮片 $\phi100 \times 16 \times 3$	片	2.826	3.428	4.364	5.884	7.308	12.404
	143315001	丙酮	kg	0.514	0.599	0.770	0.895	1.070	1.477
	143169002	酸洗膏	kg	0.367	0.430	0.551	0.847	1.137	1.482
	341101001	水	m^3	0.086	0.107	0.128	0.150	0.193	0.257
	092705004	碎布	kg	0.150	0.193	0.214	0.265	0.330	0.449
	031101014	尼龙砂轮片 $\phi500 \times 25 \times 4$	片	0.433	0.531	0.781	—	—	—
	850103006	其他材料费（占材料费）	%	1.000	1.000	1.000	1.000	1.000	1.000
机械	990785040	砂轮切割机 $\phi500$	台班	0.152	0.161	0.277	—	—	—
	990912010	氩弧焊机 500A	台班	1.413	1.871	2.480	3.202	4.006	5.696
	990743010	等离子切割机 400A	台班	—	—	—	0.256	0.308	0.429
	990718040	普通车床 630×2000mm	台班	0.203	0.236	0.282	0.306	0.431	0.440
	990304004	汽车式起重机 8t	台班	—	—	0.011	0.011	0.011	0.011
	990401030	载重汽车 8t	台班	—	—	0.011	0.011	0.011	0.011
	990509020	单速电动葫芦 3t	台班	0.203	0.236	0.282	0.306	0.431	0.440
	991003030	电动空气压缩机 $1m^3/min$	台班	—	—	—	0.256	0.308	0.429
	991003050	电动空气压缩机 $6m^3/min$	台班	0.022	0.022	0.022	0.022	0.022	0.022

10. 不锈钢板卷管件（电弧焊）

工作内容：准备工作，管子切口，坡口加工，坡口磨平，管口组对，焊接，焊缝钝化。　**计量单位：**10 个

编　号				8-2-147	8-2-148	8-2-149	8-2-150	8-2-151
项　目				公称直径（mm 以内）				
				200	250	300	350	400
名　称			单位	消　耗　量				
人工	000203000	综合二类工	工日	7.226	9.004	11.206	12.999	14.714
材料	180513001	不锈钢板卷管件	个	（10.000）	（10.000）	（10.000）	（10.000）	（10.000）
	031301001	不锈钢焊条（综合）	kg	5.677	7.085	8.438	9.790	11.067
	031101013	尼龙砂轮片 $\phi100\times16\times3$	片	3.057	3.820	4.554	5.287	5.980
	143315001	丙酮	kg	1.381	1.721	2.041	2.361	2.681
	143169002	酸洗膏	kg	1.386	2.091	2.489	2.727	3.381
	341101001	水	m^3	0.240	0.280	0.340	0.400	0.460
	012100002	角钢（综合）	kg	—	—	—	—	2.001
	092705004	碎布	kg	0.420	0.520	0.600	0.780	0.800
	850103006	其他材料费（占材料费）	%	1.000	1.000	1.000	1.000	1.000
机械	990900010	电焊机（综合）	台班	2.312	2.884	3.437	3.986	4.506
	990743010	等离子切割机 400A	台班	1.309	1.632	1.944	2.255	2.547
	990304004	汽车式起重机 8t	台班	0.005	0.008	0.012	0.016	0.027
	990401030	载重汽车 8t	台班	0.005	0.008	0.012	0.016	0.027
	991003030	电动空气压缩机 $1m^3/min$	台班	1.309	1.632	1.944	2.255	2.547
	991003050	电动空气压缩机 $6m^3/min$	台班	0.020	0.020	0.020	0.020	0.020
	990919030	电焊条烘干箱 $60\times50\times75cm^3$	台班	0.231	0.289	0.343	0.398	0.451
	990920010	电焊条恒温箱	台班	0.231	0.289	0.343	0.398	0.451

工作内容：准备工作，管子切口，坡口加工，坡口磨平，管口组对，焊接，焊缝钝化。 **计量单位：**10 个

编号				8-2-152	8-2-153	8-2-154	8-2-155	8-2-156
项目				公称直径（mm 以内）				
				450	500	600	700	800
名称			单位	消耗量				
人工	000203000	综合二类工	工日	18.081	20.095	27.793	31.947	36.945
材料	180513001	不锈钢板卷管件	个	（10.000）	（10.000）	（10.000）	（10.000）	（10.000）
	031301001	不锈钢焊条（综合）	kg	19.433	21.514	45.524	52.096	83.017
	031101013	尼龙砂轮片 $\phi100\times16\times3$	片	8.850	9.801	14.381	16.452	26.141
	143315001	丙酮	kg	3.001	3.502	3.962	4.522	5.162
	143169002	酸洗膏	kg	3.805	4.304	5.215	6.549	8.360
	341101001	水	m^3	0.520	0.560	0.680	0.760	0.880
	012100002	角钢（综合）	kg	2.001	2.001	2.001	2.201	2.201
	092705004	碎布	kg	0.900	1.040	1.201	1.361	1.561
	850103006	其他材料费（占材料费）	%	1.000	1.000	1.000	1.000	1.000
机械	990900010	电焊机（综合）	台班	6.086	6.738	12.962	14.832	16.900
	990743010	等离子切割机 400A	台班	2.910	3.221	3.904	4.460	5.343
	990304004	汽车式起重机 8t	台班	0.034	0.042	0.061	0.080	0.105
	990401030	载重汽车 8t	台班	0.034	0.042	0.061	0.080	0.105
	991003030	电动空气压缩机 $1m^3/min$	台班	2.910	3.221	3.904	4.460	5.343
	991003050	电动空气压缩机 $6m^3/min$	台班	0.040	0.040	0.040	0.040	0.060
	990919030	电焊条烘干箱 $60\times50\times75cm^3$	台班	0.608	0.674	1.296	1.483	1.690
	990920010	电焊条恒温箱	台班	0.608	0.674	1.296	1.483	1.690

工作内容：准备工作，管子切口，坡口加工，坡口磨平，管口组对，焊接，焊缝钝化。 计量单位：10个

编号				8-2-157	8-2-158	8-2-159	8-2-160
项目				公称直径（mm以内）			
				900	1000	1200	1400
名称			单位	消耗量			
人工	000203000	综合二类工	工日	41.351	45.884	56.103	66.477
材料	180513001	不锈钢板卷管件	个	（10.000）	（10.000）	（10.000）	（10.000）
	031301001	不锈钢焊条（综合）	kg	93.234	103.455	123.891	180.351
	031101013	尼龙砂轮片 $\phi100\times16\times3$	片	29.351	32.567	39.001	58.627
	143315001	丙酮	kg	5.783	6.403	7.283	8.164
	143169002	酸洗膏	kg	9.405	10.450	12.540	14.630
	341101001	水	m^3	0.980	1.080	1.200	1.329
	012100002	角钢（综合）	kg	2.201	2.201	2.941	2.941
	092705004	碎布	kg	1.741	1.921	2.231	2.548
	850103006	其他材料费（占材料费）	%	1.000	1.000	1.000	1.000
机械	990900010	电焊机（综合）	台班	18.981	21.060	25.221	29.709
	990743010	等离子切割机 400A	台班	5.995	6.647	7.950	9.707
	990304004	汽车式起重机 8t	台班	0.165	0.204	0.293	0.477
	990401030	载重汽车 8t	台班	0.165	0.204	0.293	0.477
	991003030	电动空气压缩机 $1m^3/min$	台班	5.995	6.647	7.950	9.707
	991003050	电动空气压缩机 $6m^3/min$	台班	0.060	0.060	0.067	0.074
	990919030	电焊条烘干箱 $60\times50\times75cm^3$	台班	1.899	2.106	2.522	2.971
	990920010	电焊条恒温箱	台班	1.899	2.106	2.522	2.971

11. 不锈钢板卷管件（氩电联焊）

工作内容：准备工作，管子切口，坡口加工，坡口磨平，管口组对，焊接，焊缝钝化。 **计量单位：**10 个

编号				8-2-161	8-2-162	8-2-163	8-2-164	8-2-165
项目				公称直径（mm 以内）				
				200	250	300	350	400
名称			单位	消耗量				
人工	000203000	综合二类工	工日	8.847	11.033	13.671	15.872	17.968
材料	180513001	不锈钢板卷管件	个	（10.000）	（10.000）	（10.000）	（10.000）	（10.000）
	031301001	不锈钢焊条（综合）	kg	2.925	3.646	4.342	5.040	5.697
	031303017	不锈钢焊丝（综合）	kg	1.861	2.335	2.785	3.239	3.664
	142911001	氩气	m^3	5.210	6.539	7.798	9.070	10.259
	340101003	铈钨棒	g	7.307	9.156	10.913	12.694	14.366
	031101013	尼龙砂轮片 $\phi100\times16\times3$	片	3.057	3.820	4.554	5.287	5.980
	143315001	丙酮	kg	1.381	1.721	2.041	2.361	2.681
	143169002	酸洗膏	kg	1.386	2.091	2.489	2.727	3.381
	341101001	水	m^3	0.240	0.280	0.340	0.400	0.460
	092705004	碎布	kg	0.420	0.520	0.600	0.780	0.800
	012100002	角钢（综合）	kg	—	—	—	—	2.001
	850103006	其他材料费（占材料费）	%	1.000	1.000	1.000	1.000	1.000
机械	990900010	电焊机（综合）	台班	1.190	1.483	1.767	2.053	2.320
	990912010	氩弧焊机 500A	台班	2.279	2.854	3.452	4.012	4.542
	990743010	等离子切割机 400A	台班	1.309	1.632	1.944	2.255	2.547
	990304004	汽车式起重机 8t	台班	0.005	0.008	0.012	0.016	0.027
	990401030	载重汽车 8t	台班	0.005	0.008	0.012	0.016	0.027
	991003030	电动空气压缩机 $1m^3/min$	台班	1.309	1.632	1.944	2.255	2.547
	991003050	电动空气压缩机 $6m^3/min$	台班	0.020	0.020	0.020	0.020	0.020
	990919030	电焊条烘干箱 $60\times50\times75cm^3$	台班	0.119	0.148	0.177	0.205	0.232
	990920010	电焊条恒温箱	台班	0.119	0.148	0.177	0.205	0.232

工作内容：准备工作，管子切口，坡口加工，坡口磨平，管口组对，焊接，焊缝钝化。　　**计量单位**：10个

编号				8-2-166	8-2-167	8-2-168	8-2-169	8-2-170
项目				公称直径（mm以内）				
				450	500	600	700	800
名称			单位	消耗量				
人工	000203000	综合二类工	工日	22.370	24.854	36.413	41.866	51.326
材料	180513001	不锈钢板卷管件	个	（10.000）	（10.000）	（10.000）	（10.000）	（10.000）
	031301001	不锈钢焊条（综合）	kg	13.094	14.497	23.336	26.682	53.370
	031303017	不锈钢焊丝（综合）	kg	4.112	4.552	6.649	7.607	8.646
	142911001	氩气	m^3	11.513	12.746	18.618	21.302	24.207
	340101003	铈钨棒	g	16.079	17.816	21.202	24.271	27.540
	031101013	尼龙砂轮片 $\phi100\times16\times3$	片	8.850	9.801	14.381	16.452	26.135
	143315001	丙酮	kg	3.001	3.502	3.962	4.522	5.162
	143169002	酸洗膏	kg	3.805	4.304	5.215	6.549	8.360
	341101001	水	m^3	0.520	0.560	0.680	0.760	0.880
	012100002	角钢（综合）	kg	2.001	2.001	2.001	2.201	2.201
	092705004	碎布	kg	0.900	1.040	1.201	1.361	1.561
	850103006	其他材料费（占材料费）	%	1.000	1.000	1.000	1.000	1.000
机械	990900010	电焊机（综合）	台班	4.100	4.540	6.646	7.595	10.868
	990912010	氩弧焊机 500A	台班	5.121	5.676	6.676	7.665	8.706
	990743010	等离子切割机 400A	台班	2.910	3.221	3.904	4.460	5.343
	990304004	汽车式起重机 8t	台班	0.034	0.042	0.061	0.080	0.105
	990401030	载重汽车 8t	台班	0.034	0.042	0.061	0.080	0.105
	991003030	电动空气压缩机 $1m^3/min$	台班	2.910	3.221	3.904	4.460	5.343
	991003050	电动空气压缩机 $6m^3/min$	台班	0.040	0.040	0.040	0.040	0.060
	990919030	电焊条烘干箱 $60\times50\times75cm^3$	台班	0.410	0.454	0.665	0.759	1.087
	990920010	电焊条恒温箱	台班	0.410	0.454	0.665	0.759	1.087

工作内容：准备工作，管子切口，坡口加工，坡口磨平，管口组对，焊接，焊缝钝化。　计量单位：10个

编号				8-2-171	8-2-172	8-2-173	8-2-174
项目				公称直径（mm以内）			
				900	1000	1200	1400
名称			单位	消耗量			
人工	000203000	综合二类工	工日	57.438	63.730	77.984	95.603
材料	180513001	不锈钢板卷管件	个	（10.000）	（10.000）	（10.000）	（10.000）
	031301001	不锈钢焊条（综合）	kg	59.901	66.438	79.510	133.174
	031303017	不锈钢焊丝（综合）	kg	9.710	10.773	12.904	15.005
	142911001	氩气	m^3	27.188	30.166	36.132	42.013
	340101003	铈钨棒	g	30.958	34.367	41.203	47.878
	031101013	尼龙砂轮片 $\phi100\times16\times3$	片	29.351	32.567	39.001	58.627
	143315001	丙酮	kg	5.783	6.403	7.283	8.164
	143169002	酸洗膏	kg	9.405	10.450	12.540	14.630
	341101001	水	m^3	0.980	1.080	1.200	1.329
	012100002	角钢（综合）	kg	2.201	2.201	2.941	2.941
	092705004	碎布	kg	1.741	1.921	2.231	2.548
	850103006	其他材料费（占材料费）	%	1.000	1.000	1.000	1.000
机械	990900010	电焊机（综合）	台班	12.197	13.525	16.187	21.688
	990912010	氩弧焊机 500A	台班	9.776	10.848	13.139	15.251
	990743010	等离子切割机 400A	台班	5.995	6.647	7.950	9.707
	990304004	汽车式起重机 8t	台班	0.165	0.204	0.293	0.477
	990401030	载重汽车 8t	台班	0.165	0.204	0.293	0.477
	991003030	电动空气压缩机 $1m^3/min$	台班	5.995	6.647	7.950	9.707
	991003050	电动空气压缩机 $6m^3/min$	台班	0.060	0.060	0.067	0.074
	990919030	电焊条烘干箱 $60\times50\times75cm^3$	台班	1.220	1.352	1.619	2.169
	990920010	电焊条恒温箱	台班	1.220	1.352	1.619	2.169

12. 合金钢管件（电弧焊）

工作内容：准备工作，管子切口，坡口加工，管口组对，焊接。　　　　**计量单位：**10 个

编　号				8-2-175	8-2-176	8-2-177	8-2-178	8-2-179
项　目				公称直径（mm 以内）				
				15	20	25	32	40
名　称			单位	消　耗　量				
人工	000203000	综合二类工	工日	0.818	1.070	1.650	1.974	2.340
材料	180401001	合金钢对焊管件	个	（10.000）	（10.000）	（10.000）	（10.000）	（10.000）
	031301004	合金钢焊条	kg	0.335	0.427	0.680	0.840	0.961
	142909001	氧气	m^3	0.050	0.054	0.066	0.078	0.085
	142907002	乙炔气	kg	0.019	0.021	0.025	0.030	0.033
	031101013	尼龙砂轮片 $\phi100\times16\times3$	片	0.262	0.328	0.432	0.529	0.604
	031101014	尼龙砂轮片 $\phi500\times25\times4$	片	0.090	0.118	0.146	0.184	0.215
	031103002	磨头	个	0.274	0.307	0.371	0.434	0.524
	143315001	丙酮	kg	0.165	0.189	0.260	0.307	0.354
	092705004	碎布	kg	0.042	0.064	0.064	0.085	0.085
	850103006	其他材料费（占材料费）	%	1.000	1.000	1.000	1.000	1.000
机械	990900010	电焊机（综合）	台班	0.245	0.311	0.496	0.614	0.700
	990785040	砂轮切割机 $\phi500$	台班	0.008	0.018	0.040	0.061	0.066
	990919030	电焊条烘干箱 $60\times50\times75cm^3$	台班	0.024	0.031	0.049	0.062	0.070
	990920010	电焊条恒温箱	台班	0.024	0.031	0.049	0.062	0.070
	990718040	普通车床 630×2000mm	台班	—	0.159	0.162	0.164	0.166

工作内容：准备工作，管子切口，坡口加工，管口组对，焊接。 计量单位：10个

编号				8-2-180	8-2-181	8-2-182	8-2-183	8-2-184
项目				公称直径（mm以内）				
				50	65	80	100	125
名称			单位	消耗量				
人工	000203000	综合二类工	工日	2.792	3.529	4.016	5.096	5.700
材料	180401001	合金钢对焊管件	个	（10.000）	（10.000）	（10.000）	（10.000）	（10.000）
	031301004	合金钢焊条	kg	1.333	2.388	2.799	5.251	5.813
	142909001	氧气	m^3	0.118	0.170	0.189	0.286	0.319
	142907002	乙炔气	kg	0.045	0.065	0.073	0.110	0.123
	031101013	尼龙砂轮片 $\phi100\times16\times3$	片	0.732	1.017	1.194	1.768	1.897
	031101014	尼龙砂轮片 $\phi500\times25\times4$	片	0.307	0.448	0.531	0.785	0.832
	031103002	磨头	个	0.623	0.831	0.972	1.180	—
	143315001	丙酮	kg	0.425	0.590	0.708	0.850	0.991
	092705004	碎布	kg	0.122	0.150	0.192	0.214	1.040
	850103006	其他材料费（占材料费）	%	1.000	1.000	1.000	1.000	1.000
机械	990304004	汽车式起重机 8t	台班	—	—	—	0.012	0.012
	990401030	载重汽车 8t	台班	—	—	—	0.012	0.012
	990900010	电焊机（综合）	台班	0.880	1.485	1.741	2.582	2.924
	990785040	砂轮切割机 $\phi500$	台班	0.081	0.102	0.121	0.192	0.201
	990718040	普通车床 630×2000mm	台班	0.191	0.239	0.256	0.314	0.381
	990919030	电焊条烘干箱 $60\times50\times75cm^3$	台班	0.088	0.148	0.174	0.258	0.292
	990920010	电焊条恒温箱	台班	0.088	0.148	0.174	0.258	0.292
	990509020	单速电动葫芦 3t	台班	—	0.239	0.256	0.314	0.381

工作内容：准备工作，管子切口，坡口加工，管口组对，焊接。 计量单位：10个

编号				8-2-185	8-2-186	8-2-187	8-2-188	8-2-189
项目				公称直径（mm 以内）				
				150	200	250	300	350
名称			单位	消耗量				
人工	000203000	综合二类工	工日	7.948	9.544	13.325	15.130	17.887
材料	180401001	合金钢对焊管件	个	（10.000）	（10.000）	（10.000）	（10.000）	（10.000）
	031301004	合金钢焊条	kg	7.356	12.654	24.886	29.689	47.231
	142909001	氧气	m^3	1.694	2.597	3.893	4.374	5.599
	142907002	乙炔气	kg	0.652	0.999	1.497	1.682	2.154
	031101013	尼龙砂轮片 $\phi100\times16\times3$	片	2.485	3.795	5.971	7.148	9.917
	143315001	丙酮	kg	1.180	1.628	2.030	2.407	2.785
	092705004	碎布	kg	0.330	0.450	0.557	0.642	0.749
	850103006	其他材料费（占材料费）	%	1.000	1.000	1.000	1.000	1.000
机械	990900010	电焊机（综合）	台班	3.616	5.141	7.304	8.712	10.850
	990744010	半自动切割机 100mm	台班	0.154	0.212	0.309	0.328	0.396
	990718040	普通车床 630 × 2000mm	台班	0.439	0.458	0.509	0.523	0.622
	990304004	汽车式起重机 8t	台班	0.012	0.012	0.021	0.031	0.046
	990401030	载重汽车 8t	台班	0.012	0.012	0.021	0.031	0.046
	990509020	单速电动葫芦 3t	台班	0.439	0.458	0.509	0.523	0.622
	990919030	电焊条烘干箱 $60\times50\times75cm^3$	台班	0.362	0.514	0.730	0.871	1.085
	990920010	电焊条恒温箱	台班	0.362	0.514	0.730	0.871	1.085

工作内容：准备工作，管子切口，坡口加工，管口组对，焊接。　　　　计量单位：10个

编号				8-2-190	8-2-191	8-2-192	8-2-193
项目				公称直径（mm以内）			
				400	450	500	600
名称			单位	消耗量			
人工	000203000	综合二类工	工日	20.185	23.709	26.390	34.308
材料	180401001	合金钢对焊管件	个	（10.000）	（10.000）	（10.000）	（10.000）
	031301004	合金钢焊条	kg	53.447	79.289	87.655	149.014
	142909001	氧气	m^3	6.296	7.564	8.323	11.236
	142907002	乙炔气	kg	2.422	2.909	3.201	4.322
	031101013	尼龙砂轮片 $\phi100\times16\times3$	片	11.663	14.667	16.253	24.380
	143315001	丙酮	kg	3.162	3.564	3.941	4.926
	092705004	碎布	kg	0.830	0.946	1.078	1.186
	850103006	其他材料费（占材料费）	%	1.000	1.000	1.000	1.000
机械	990900010	电焊机（综合）	台班	12.275	14.445	15.968	21.237
	990744010	半自动切割机 100mm	台班	0.444	0.511	0.598	0.795
	990718040	普通车床 630×2000mm	台班	0.646	0.808	0.846	1.126
	990304004	汽车式起重机 8t	台班	0.059	0.090	0.146	0.373
	990401030	载重汽车 8t	台班	0.059	0.090	0.146	0.373
	990509020	单速电动葫芦 3t	台班	0.646	0.808	0.846	1.126
	990919030	电焊条烘干箱 $60\times50\times75cm^3$	台班	1.227	1.444	1.597	2.124
	990920010	电焊条恒温箱	台班	1.227	1.444	1.597	2.124

13. 合金钢管件（氩电联焊）

工作内容：准备工作，管子切口，坡口加工，管口组对，焊接。 **计量单位：**10 个

编号				8-2-194	8-2-195	8-2-196	8-2-197	8-2-198
项目				公称直径（mm 以内）				
				50	65	80	100	125
名称			单位	消耗量				
人工	000203000	综合二类工	工日	2.919	3.825	4.384	5.660	6.173
材料	180401001	合金钢对焊管件	个	（10.000）	（10.000）	（10.000）	（10.000）	（10.000）
	031301004	合金钢焊条	kg	0.911	1.156	1.352	3.431	3.488
	031303003	合金钢焊丝	kg	0.399	0.517	0.611	0.779	0.925
	142909001	氧气	m^3	0.118	0.170	0.189	0.286	0.319
	142907002	乙炔气	kg	0.045	0.065	0.073	0.110	0.123
	142911001	氩气	m^3	1.116	1.447	1.711	2.181	2.591
	340101003	铈钨棒	g	2.233	2.893	3.422	4.361	5.183
	031101013	尼龙砂轮片 $\phi100\times16\times3$	片	0.706	0.996	1.168	1.728	1.857
	031101014	尼龙砂轮片 $\phi500\times25\times4$	片	0.307	0.448	0.531	0.785	0.832
	031103002	磨头	个	0.623	0.831	0.972	1.180	—
	143315001	丙酮	kg	0.425	0.590	0.708	0.850	0.991
	092705004	碎布	kg	0.122	0.150	0.192	0.214	0.266
	850103006	其他材料费（占材料费）	%	1.000	1.000	1.000	1.000	1.000
机械	990900010	电焊机（综合）	台班	0.567	0.719	0.841	1.739	1.755
	990912010	氩弧焊机 500A	台班	0.589	0.764	0.905	1.152	1.367
	990785040	砂轮切割机 $\phi500$	台班	0.081	0.102	0.121	0.192	0.201
	990718040	普通车床 630×2000mm	台班	0.191	0.239	0.256	0.314	0.381
	990919030	电焊条烘干箱 $60\times50\times75cm^3$	台班	0.057	0.072	0.084	0.174	0.176
	990920010	电焊条恒温箱	台班	0.057	0.072	0.084	0.174	0.176
	990509020	单速电动葫芦 3t	台班	—	0.239	0.256	0.314	0.381
	990401030	载重汽车 8t	台班	—	—	—	0.012	0.012
	990304004	汽车式起重机 8t	台班	—	—	—	0.012	0.012

工作内容：准备工作，管子切口，坡口加工，管口组对，焊接。 计量单位：10 个

编号				8-2-199	8-2-200	8-2-201	8-2-202	8-2-203
项目				公称直径（mm 以内）				
				150	200	250	300	350
名称			单位	消耗量				
人工	000203000	综合二类工	工日	8.333	10.243	14.466	16.534	19.715
材料	180401001	合金钢对焊管件	个	（10.000）	（10.000）	（10.000）	（10.000）	（10.000）
	031301004	合金钢焊条	kg	4.956	9.230	20.204	24.100	40.167
	031303003	合金钢焊丝	kg	1.107	1.529	1.893	2.273	2.622
	142909001	氧气	m^3	1.694	2.597	3.893	4.374	5.599
	142907002	乙炔气	kg	0.652	0.999	1.497	1.682	2.154
	142911001	氩气	m^3	3.099	4.281	5.301	6.363	7.342
	340101003	铈钨棒	g	6.197	8.562	10.601	12.725	14.684
	031101013	尼龙砂轮片 $\phi100\times16\times3$	片	2.431	3.715	5.841	6.995	9.693
	143315001	丙酮	kg	1.180	1.628	2.030	2.407	2.785
	092705004	碎布	kg	0.340	0.450	0.557	0.642	0.749
	850103006	其他材料费（占材料费）	%	1.000	1.000	1.000	1.000	1.000
机械	990900010	电焊机（综合）	台班	2.439	3.750	5.930	7.077	9.226
	990912010	氩弧焊机 500A	台班	1.637	2.260	2.797	3.360	3.874
	990718040	普通车床 630×2000mm	台班	0.439	0.458	0.509	0.523	0.622
	990509020	单速电动葫芦 3t	台班	0.439	0.458	0.509	0.523	0.622
	990919030	电焊条烘干箱 60×50×75cm^3	台班	0.244	0.375	0.593	0.708	0.923
	990920010	电焊条恒温箱	台班	0.244	0.375	0.593	0.708	0.923
	990401030	载重汽车 8t	台班	0.012	0.012	0.021	0.031	0.046
	990304004	汽车式起重机 8t	台班	0.012	0.012	0.021	0.031	0.046
	990744010	半自动切割机 100mm	台班	0.154	0.212	0.309	0.328	0.396

工作内容：准备工作，管子切口，坡口加工，管口组对，焊接。　　　　**计量单位**：10个

编号				8-2-204	8-2-205	8-2-206	8-2-207
项目				公称直径（mm以内）			
				400	450	500	600
名称			单位	消耗量			
人工	000203000	综合二类工	工日	22.279	26.307	29.239	38.010
材料	180401001	合金钢对焊管件	个	（10.000）	（10.000）	（10.000）	（10.000）
	031301004	合金钢焊条	kg	45.456	69.415	76.742	130.461
	031303003	合金钢焊丝	kg	2.976	3.344	3.708	5.006
	142909001	氧气	m^3	6.296	7.564	8.323	11.236
	142907002	乙炔气	kg	2.422	2.909	3.201	4.322
	142911001	氩气	m^3	8.333	9.364	10.382	12.978
	340101003	铈钨棒	g	16.666	18.729	20.763	25.954
	031101013	尼龙砂轮片 $\phi100\times16\times3$	片	11.411	14.351	15.902	23.853
	143315001	丙酮	kg	3.162	3.564	3.941	4.927
	092705004	碎布	kg	0.830	0.946	1.078	1.186
	850103006	其他材料费（占材料费）	%	1.000	1.000	1.000	1.000
机械	990900010	电焊机（综合）	台班	10.442	12.645	13.982	18.596
	990912010	氩弧焊机 500A	台班	4.398	4.942	5.479	7.287
	990718040	普通车床 630×2000mm	台班	0.646	0.808	0.846	1.126
	990509020	单速电动葫芦 3t	台班	0.646	0.808	0.846	1.126
	990919030	电焊条烘干箱 $60\times50\times75cm^3$	台班	1.044	1.265	1.398	1.860
	990920010	电焊条恒温箱	台班	1.044	1.265	1.398	1.860
	990744010	半自动切割机 100mm	台班	0.444	0.511	0.598	0.795
	990304004	汽车式起重机 8t	台班	0.059	0.090	0.146	0.373
	990401030	载重汽车 8t	台班	0.059	0.090	0.146	0.373

14. 合金钢管件（氩弧焊）

工作内容：准备工作，管子切口，坡口加工，管口组对，焊接。 **计量单位：**10 个

编号				8-2-208	8-2-209	8-2-210	8-2-211	8-2-212	8-2-213
项目				公称直径（mm 以内）					
				15	20	25	32	40	50
名称			单位	消耗量					
人工	000203000	综合二类工	工日	0.960	1.256	1.921	2.308	2.734	3.210
材料	180401001	合金钢对焊管件	个	（10.000）	（10.000）	（10.000）	（10.000）	（10.000）	（10.000）
	031303003	合金钢焊丝	kg	0.195	0.249	0.353	0.439	0.673	0.875
	142909001	氧气	m^3	0.050	0.054	0.066	0.078	0.085	0.118
	142907002	乙炔气	kg	0.019	0.021	0.025	0.030	0.033	0.045
	142911001	氩气	m^3	0.455	0.581	0.932	1.156	1.322	2.185
	340101003	铈钨棒	g	0.911	1.161	1.864	2.313	2.643	3.663
	031101013	尼龙砂轮片 $\phi100\times16\times3$	片	0.255	0.316	0.415	0.512	0.583	0.706
	031101014	尼龙砂轮片 $\phi500\times25\times4$	片	0.090	0.118	0.146	0.184	0.215	0.307
	031103002	磨头	个	0.274	0.307	0.371	0.434	0.524	0.623
	143315001	丙酮	kg	0.165	0.189	0.260	0.307	0.354	0.425
	092705004	碎布	kg	0.042	0.064	0.064	0.085	0.085	0.122
	850103006	其他材料费（占材料费）	%	1.000	1.000	1.000	1.000	1.000	1.000
机械	990912010	氩弧焊机 500A	台班	0.270	0.345	0.492	0.612	0.700	0.837
	990785040	砂轮切割机 $\phi500$	台班	0.008	0.018	0.040	0.061	0.066	0.081
	990718040	普通车床 630×2000mm	台班	—	—	0.162	0.164	0.166	0.191

工作内容：准备工作，管子切口，坡口加工，管口组对，焊接。 **计量单位**：10个

编号				8-2-214	8-2-215	8-2-216	8-2-217	8-2-218	8-2-219
项目				公称直径（mm以内）					
				65	80	100	125	150	200
名称			单位	消耗量					
人工	000203000	综合二类工	工日	4.207	4.823	6.225	6.791	9.165	11.267
材料	180401001	合金钢对焊管件	个	（10.000）	（10.000）	（10.000）	（10.000）	（10.000）	（10.000）
	031303003	合金钢焊丝	kg	0.975	1.371	2.423	2.827	3.797	6.455
	142909001	氧气	m^3	0.170	0.189	0.286	0.319	1.694	2.287
	142907002	乙炔气	kg	0.065	0.073	0.110	0.123	0.652	0.880
	142911001	氩气	m^3	3.271	3.840	6.785	7.919	10.634	13.293
	340101003	铈钨棒	g	6.542	7.679	13.570	15.838	21.268	26.585
	031101013	尼龙砂轮片 $\phi100\times16\times3$	片	0.982	1.152	1.553	1.810	2.347	3.521
	031101014	尼龙砂轮片 $\phi500\times25\times4$	片	0.448	0.531	0.785	0.832	—	—
	143315001	丙酮	kg	0.590	0.708	0.850	0.991	1.180	1.475
	031103002	磨头	个	0.831	0.972	1.180	—	—	—
	092705004	碎布	kg	0.150	0.192	0.214	0.266	0.330	0.450
	850103006	其他材料费（占材料费）	%	1.000	1.000	1.000	1.000	1.000	1.000
机械	990912010	氩弧焊机 500A	台班	1.371	1.610	2.571	3.000	3.721	4.949
	990785040	砂轮切割机 $\phi500$	台班	0.102	0.121	0.192	0.201	—	—
	990718040	普通车床 630×2000mm	台班	0.239	0.256	0.314	0.381	0.439	0.584
	990509020	单速电动葫芦 3t	台班	0.239	0.256	0.314	0.381	0.439	0.584
	990304004	汽车式起重机 8t	台班	—	—	0.012	0.012	0.012	0.012
	990401030	载重汽车 8t	台班	—	—	0.012	0.012	0.012	0.012
	990744010	半自动切割机 100mm	台班	—	—	—	—	0.154	0.205

15. 铝及铝合金管件（氩弧焊）

工作内容： 准备工作，管子切口，坡口加工，坡口磨平，管口组对，焊前预热，焊接，焊缝酸洗。

计量单位： 10 个

编号				8-2-220	8-2-221	8-2-222	8-2-223	8-2-224	8-2-225
项目				管外径（mm 以内）					
				18	25	30	40	50	60
名称			单位	消耗量					
人工	000203000	综合二类工	工日	0.535	0.703	0.811	1.124	1.382	2.147
材料	181401002	低压铝及铝合金管件	个	（10.000）	（10.000）	（10.000）	（10.000）	（10.000）	（10.000）
	031303015	铝焊丝 丝 301（综合）	kg	0.040	0.054	0.069	0.136	0.169	0.216
	142909001	氧气	m^3	0.011	0.013	0.016	0.020	0.025	0.473
	142907002	乙炔气	kg	0.004	0.005	0.006	0.008	0.010	0.182
	142911001	氩气	m^3	0.112	0.149	0.194	0.381	0.475	0.607
	340101003	铈钨棒	g	0.223	0.299	0.388	0.763	0.950	1.213
	031101014	尼龙砂轮片 $\phi500 \times 25 \times 4$	片	0.029	0.034	0.048	0.085	0.090	0.109
	143159001	氢氧化钠（烧碱）	kg	0.290	0.513	0.647	0.892	1.048	1.293
	143103001	硝酸	kg	0.112	0.178	0.178	0.268	0.312	0.379
	143175001	重铬酸钾 98%	kg	0.045	0.089	0.089	0.112	0.134	0.156
	341101001	水	m^3	0.022	0.045	0.045	0.045	0.067	0.067
	092705004	碎布	kg	0.134	0.134	0.134	0.156	0.268	0.268
	031101013	尼龙砂轮片 $\phi100 \times 16 \times 3$	片	—	—	0.322	0.402	0.503	0.628
	850103006	其他材料费（占材料费）	%	1.000	1.000	1.000	1.000	1.000	1.000
机械	990912010	氩弧焊机 500A	台班	0.076	0.101	0.130	0.221	0.276	0.341
	990785040	砂轮切割机 $\phi500$	台班	0.004	0.006	0.024	0.037	0.050	0.067
	991003050	电动空气压缩机 $6m^3/min$	台班	0.022	0.022	0.022	0.022	0.022	0.022

工作内容：准备工作，管子切口，坡口加工，坡口磨平，管口组对，焊前预热，焊接，焊缝酸洗。

计量单位：10 个

编号				8-2-226	8-2-227	8-2-228	8-2-229	8-2-230	8-2-231
项目				管外径（mm 以内）					
				70	80	100	125	150	180
名称			单位	消耗量					
人工	000203000	综合二类工	工日	2.382	3.820	4.503	6.137	7.829	9.508
材料	181401002	低压铝及铝合金管件	个	（10.000）	（10.000）	（10.000）	（10.000）	（10.000）	（10.000）
	031303015	铝焊丝 丝 301（综合）	kg	0.252	0.431	0.466	0.584	1.084	1.260
	142909001	氧气	m^3	0.573	0.641	0.928	1.158	1.585	1.932
	142907002	乙炔气	kg	0.220	0.247	0.357	0.445	0.610	0.743
	142911001	氩气	m^3	0.705	1.207	1.305	1.637	3.035	3.528
	340101003	钍钨棒	g	1.409	2.413	2.609	3.274	6.069	7.057
	031101013	尼龙砂轮片 $\phi100\times16\times3$	片	0.786	0.982	1.257	1.585	2.136	2.577
	143159001	氢氧化钠（烧碱）	kg	1.450	1.673	2.096	2.453	3.390	4.393
	143103001	硝酸	kg	0.446	0.491	0.624	0.781	0.981	1.160
	143175001	重铬酸钾 98%	kg	0.178	0.201	0.245	0.312	0.401	0.468
	341101001	水	m^3	0.890	0.100	0.112	0.156	0.178	0.223
	092705004	碎布	kg	0.268	0.290	0.424	0.424	0.447	0.461
	031101014	尼龙砂轮片 $\phi500\times25\times4$	片	0.125	—	—	—	—	—
	850103006	其他材料费（占材料费）	%	1.000	1.000	1.000	1.000	1.000	1.000
机械	990785040	砂轮切割机 $\phi500$	台班	0.074	—	—	—	—	—
	990912010	氩弧焊机 500A	台班	0.396	0.415	0.501	0.628	1.044	1.214
	990743010	等离子切割机 400A	台班	—	1.001	1.299	1.624	1.984	2.382
	990304004	汽车式起重机 8t	台班	—	—	0.010	0.010	0.010	0.010
	990401030	载重汽车 8t	台班	—	—	0.010	0.010	0.010	0.010
	991003030	电动空气压缩机 $1m^3/min$	台班	—	1.001	1.299	1.624	1.984	2.382
	991003050	电动空气压缩机 $6m^3/min$	台班	0.022	0.022	0.022	0.022	0.022	0.022

工作内容：准备工作，管子切口，坡口加工，坡口磨平，管口组对，焊前预热，焊接，焊缝酸洗。

计量单位：10 个

编号				8-2-232	8-2-233	8-2-234	8-2-235	8-2-236
项目				管外径（mm 以内）				
				200	250	300	350	410
名称			单位	消耗量				
人工	000203000	综合二类工	工日	11.269	14.471	19.070	30.099	39.995
材料	181401002	低压铝及铝合金管件	个	（10.000）	（10.000）	（10.000）	（10.000）	（10.000）
	031303015	铝焊丝 丝 301（综合）	kg	1.557	2.106	2.977	6.028	9.825
	142909001	氧气	m^3	2.352	6.458	7.242	9.100	11.606
	142907002	乙炔气	kg	0.905	2.484	2.785	3.500	4.464
	142911001	氩气	m^3	4.357	5.898	8.336	16.877	27.512
	340101003	铈钨棒	g	8.715	11.797	16.671	33.753	55.023
	031101013	尼龙砂轮片 $\phi100\times16\times3$	片	3.191	4.312	5.774	8.954	13.090
	143159001	氢氧化钠（烧碱）	kg	4.683	5.464	6.262	7.002	8.184
	143103001	硝酸	kg	1.360	1.561	2.029	2.185	2.565
	143175001	重铬酸钾 98%	kg	0.558	0.624	0.825	0.892	1.026
	341101001	水	m^3	0.268	0.290	0.379	0.424	0.491
	092705004	碎布	kg	0.491	0.557	0.602	0.691	0.736
	850103006	其他材料费（占材料费）	%	1.000	1.000	1.000	1.000	1.000
机械	990912010	氩弧焊机 500A	台班	1.499	1.894	2.676	5.081	7.997
	990743010	等离子切割机 400A	台班	2.646	3.363	4.037	4.954	6.087
	990304004	汽车式起重机 8t	台班	0.010	0.018	0.026	0.038	0.049
	990401030	载重汽车 8t	台班	0.010	0.018	0.026	0.038	0.049
	991003030	电动空气压缩机 $1m^3/min$	台班	2.646	3.363	4.037	4.954	6.087
	991003050	电动空气压缩机 $6m^3/min$	台班	0.022	0.022	0.022	0.022	0.022

16. 铝及铝合金板卷管件（氩弧焊）

工作内容：准备工作，管子切口，坡口加工，坡口磨平，管口组对，焊前预热，焊接，焊缝酸洗。

计量单位：10 个

编号				8-2-237	8-2-238	8-2-239	8-2-240	8-2-241
项目				管外径（mm 以内）				
				159	219	273	325	377
名称			单位	消耗量				
人工	000203000	综合二类工	工日	7.613	10.241	11.660	14.494	18.504
材料	181401001	低压铝及铝合金板卷管件	个	（10.000）	（10.000）	（10.000）	（10.000）	（10.000）
	031303015	铝焊丝 丝 301（综合）	kg	1.263	1.744	2.177	2.595	3.830
	142909001	氧气	m^3	0.150	0.210	0.260	0.397	0.461
	142907002	乙炔气	kg	0.058	0.081	0.100	0.153	0.177
	142911001	氩气	m^3	3.536	4.884	6.097	7.264	10.725
	340101003	铈钨棒	g	7.073	9.768	12.193	14.528	21.450
	031101013	尼龙砂轮片 $\phi100\times16\times3$	片	2.577	3.581	4.484	5.354	7.449
	031102004	铁砂布（综合）	张	1.550	2.143	2.668	3.192	4.218
	143159001	氢氧化钠（烧碱）	kg	3.055	4.332	5.472	6.612	7.752
	143103001	硝酸	kg	1.003	1.391	1.596	2.075	2.234
	143175001	重铬酸钾 98%	kg	0.410	0.570	0.638	0.844	0.912
	341101001	水	m^3	0.182	0.274	0.296	0.388	0.433
	092705004	碎布	kg	0.456	0.502	0.524	0.684	0.707
	850103006	其他材料费（占材料费）	%	1.000	1.000	1.000	1.000	1.000
机械	990912010	氩弧焊机 500A	台班	0.937	1.294	1.613	1.922	2.650
	990743010	等离子切割机 400A	台班	2.135	2.942	3.101	4.368	5.157
	990304004	汽车式起重机 8t	台班	0.005	0.005	0.008	0.012	0.016
	990401030	载重汽车 8t	台班	0.005	0.005	0.008	0.012	0.016
	991003030	电动空气压缩机 $1m^3/min$	台班	2.135	2.942	3.101	4.368	5.157
	991003050	电动空气压缩机 $6m^3/min$	台班	0.023	0.023	0.023	0.023	0.023

工作内容： 准备工作，管子切口，坡口加工，坡口磨平，管口组对，焊前预热，焊接，焊缝酸洗。

计量单位：10 个

编号				8-2-242	8-2-243	8-2-244	8-2-245
项目				管外径（mm 以内）			
				426	478	529	630
名称			单位	消耗量			
人工	000203000	综合二类工	工日	20.996	23.639	27.611	32.323
材料	181401001	低压铝及铝合金板卷管件	个	（10.000）	（10.000）	（10.000）	（10.000）
	031303015	铝焊丝 丝 301（综合）	kg	4.332	4.863	7.257	8.511
	142909001	氧气	m^3	0.520	0.584	0.591	0.766
	142907002	乙炔气	kg	0.200	0.225	0.227	0.295
	142911001	氩气	m^3	12.130	13.616	20.319	23.831
	340101003	钸钨棒	g	24.259	27.232	40.639	47.661
	031101013	尼龙砂轮片 $\phi100\times16\times3$	片	8.432	9.476	12.227	14.357
	031102004	铁砂布（综合）	张	4.765	5.358	5.928	7.501
	143159001	氢氧化钠（烧碱）	kg	8.664	9.804	9.804	12.540
	143103001	硝酸	kg	2.622	3.055	3.374	4.013
	143175001	重铬酸钾 98%	kg	1.049	1.231	1.368	1.619
	341101001	水	m^3	0.502	0.593	0.638	0.775
	092705004	碎布	kg	0.752	0.912	0.958	1.000
	850103006	其他材料费（占材料费）	%	1.000	1.000	1.000	1.000
机械	990912010	氩弧焊机 500A	台班	2.997	3.362	4.880	5.722
	990743010	等离子切割机 400A	台班	5.826	6.536	7.421	8.698
	990304004	汽车式起重机 8t	台班	0.027	0.034	0.042	0.061
	990401030	载重汽车 8t	台班	0.027	0.034	0.042	0.061
	991003030	电动空气压缩机 $1m^3/min$	台班	5.826	6.536	7.421	8.698
	991003050	电动空气压缩机 $6m^3/min$	台班	0.023	0.046	0.046	0.046

工作内容：准备工作，管子切口，坡口加工，坡口磨平，管口组对，焊前预热，焊接，焊缝酸洗。

计量单位：10 个

编号				8-2-246	8-2-247	8-2-248	8-2-249
项目				管外径（mm 以内）			
				720	820	920	1020
名称			单位	消耗量			
人工	000203000	综合二类工	工日	37.467	47.022	54.681	60.682
材料	181401001	低压铝及铝合金板卷管件	个	（10.000）	（10.000）	（10.000）	（10.000）
	031303015	铝焊丝 丝 301（综合）	kg	9.891	14.519	16.297	18.076
	142909001	氧气	m^3	0.869	0.871	0.964	1.297
	142907002	乙炔气	kg	0.334	0.335	0.371	0.499
	142911001	氩气	m^3	27.693	40.652	45.632	50.611
	340101003	铈钨棒	g	55.386	81.305	91.264	101.223
	031101013	尼龙砂轮片 $\phi100\times16\times3$	片	16.700	21.735	24.412	27.089
	031102004	铁砂布（综合）	张	8.710	10.055	11.400	12.722
	143159001	氢氧化钠（烧碱）	kg	14.250	16.142	18.058	19.950
	143103001	硝酸	kg	4.583	5.244	5.860	6.498
	143175001	重铬酸钾 98%	kg	1.847	2.120	2.371	2.622
	341101001	水	m^3	0.866	1.003	1.117	1.231
	092705004	碎布	kg	1.140	1.277	1.414	1.528
	850103006	其他材料费（占材料费）	%	1.000	1.000	1.000	1.000
机械	990912010	氩弧焊机 500A	台班	6.652	9.416	10.568	11.722
	990743010	等离子切割机 400A	台班	10.101	11.793	13.232	14.669
	990304004	汽车式起重机 8t	台班	0.081	0.105	0.166	0.205
	990401030	载重汽车 8t	台班	0.081	0.105	0.166	0.205
	991003030	电动空气压缩机 $1m^3/min$	台班	10.101	11.793	13.232	14.669
	991003050	电动空气压缩机 $6m^3/min$	台班	0.046	0.068	0.068	0.068

17. 铜及铜合金管件（氧乙炔焊）

工作内容：准备工作，管子切口，坡口加工，坡口磨平，管口组对，焊前预热，焊接。 **计量单位：**10 个

编号				8-2-250	8-2-251	8-2-252	8-2-253	8-2-254
项目				管外径（mm 以内）				
				20	30	40	50	65
名称			单位	消耗量				
人工	000203000	综合二类工	工日	1.695	2.527	3.160	3.480	4.212
材料	180700001	低压铜及铜合金管件	个	（10.000）	（10.000）	（10.000）	（10.000）	（10.000）
	031303009	铜焊丝（综合）	kg	0.162	0.243	0.353	0.423	0.951
	142909001	氧气	m^3	0.950	1.403	2.081	2.607	3.188
	142907002	乙炔气	kg	0.365	0.540	0.800	1.003	1.226
	031101014	尼龙砂轮片 $\phi500\times25\times4$	片	0.093	0.135	0.216	0.250	0.280
	040329001	硼砂	kg	0.040	0.081	0.110	0.133	0.283
	031102004	铁砂布（综合）	张	0.157	0.202	0.336	0.426	0.650
	092705004	碎布	kg	0.022	0.045	0.067	0.067	0.090
	850103006	其他材料费（占材料费）	%	1.000	1.000	1.000	1.000	1.000
机械	990785040	砂轮切割机 $\phi500$	台班	0.009	0.044	0.067	0.081	0.108

工作内容：准备工作，管子切口，坡口加工，坡口磨平，管口组对，焊前预热，焊接。　**计量单位**：10 个

编号				8-2-255	8-2-256	8-2-257	8-2-258	8-2-259
项目				管外径（mm 以内）				
				75	85	100	120	150
名称			单位	消耗量				
人工	000203000	综合二类工	工日	4.464	5.266	6.120	7.435	8.326
材料	180700001	低压铜及铜合金管件	个	（10.000）	（10.000）	（10.000）	（10.000）	（10.000）
	031303009	铜焊丝（综合）	kg	1.113	1.295	2.317	3.336	4.170
	142909001	氧气	m^3	3.851	4.440	5.348	6.834	8.051
	142907002	乙炔气	kg	1.481	1.708	2.057	2.628	3.097
	031101014	尼龙砂轮片 $\phi500 \times 25 \times 4$	片	0.315	—	—	—	—
	040329001	硼砂	kg	0.344	0.385	0.448	0.538	0.672
	031102004	铁砂布（综合）	张	0.739	0.739	0.941	1.075	1.434
	092705004	碎布	kg	0.112	0.112	0.134	0.179	0.202
	031101013	尼龙砂轮片 $\phi100 \times 16 \times 3$	片	—	—	1.262	1.526	1.920
	850103006	其他材料费（占材料费）	%	1.000	1.000	1.000	1.000	1.000
机械	990743010	等离子切割机 400A	台班	—	0.330	1.368	1.642	2.053
	991003030	电动空气压缩机 $1m^3/min$	台班	—	0.330	1.368	1.642	2.053
	990304004	汽车式起重机 8t	台班	—	—	0.010	0.010	0.010
	990401030	载重汽车 8t	台班	—	—	0.010	0.010	0.010
	990785040	砂轮切割机 $\phi500$	台班	0.120	—	—	—	—

工作内容：准备工作，管子切口，坡口加工，坡口磨平，管口组对，焊前预热，焊接。 计量单位：10 个

编号				8-2-260	8-2-261	8-2-262	8-2-263
项目				管外径（mm 以内）			
				185	200	250	300
名称			单位	消耗量			
人工	000203000	综合二类工	工日	10.020	10.822	12.201	15.629
材料	180700001	低压铜及铜合金管件	个	（10.000）	（10.000）	（10.000）	（10.000）
	031303009	铜焊丝（综合）	kg	5.143	5.560	6.977	8.367
	142909001	氧气	m^3	10.389	13.518	16.923	20.018
	142907002	乙炔气	kg	3.996	5.199	6.509	7.699
	031101013	尼龙砂轮片 $\phi100\times16\times3$	片	2.380	2.577	3.235	3.892
	040329001	硼砂	kg	0.829	0.896	1.120	1.344
	031102004	铁砂布（综合）	张	1.904	2.106	2.979	3.853
	092705004	碎布	kg	0.269	0.291	0.358	0.426
	850103006	其他材料费（占材料费）	%	1.000	1.000	1.000	1.000
机械	990743010	等离子切割机 400A	台班	2.532	2.738	3.421	4.105
	990304004	汽车式起重机 8t	台班	0.010	0.010	0.018	0.026
	990401030	载重汽车 8t	台班	0.010	0.010	0.018	0.026
	991003030	电动空气压缩机 $1m^3/min$	台班	2.532	2.738	3.421	4.105

18. 铜及铜合金板卷管件（氧乙炔焊）

工作内容：准备工作，管子切口，坡口加工，坡口磨平，管口组对，焊前预热，焊接。 **计量单位：**10个

编号				8-2-264	8-2-265	8-2-266	8-2-267
项目				管外径（mm以内）			
				155	205	255	305
名称			单位	消耗量			
人工	000203000	综合二类工	工日	7.812	10.179	12.264	16.056
材料	180725007	铜及铜合金板卷管件	个	（10.000）	（10.000）	（10.000）	（10.000）
	031303009	铜焊丝（综合）	kg	3.729	4.930	7.168	8.568
	142909001	氧气	m^3	7.745	9.521	15.594	19.362
	142907002	乙炔气	kg	2.979	3.662	5.998	7.447
	031101013	尼龙砂轮片 $\phi100\times16\times3$	片	1.814	2.413	3.996	4.792
	040329001	硼砂	kg	0.542	0.701	1.153	1.379
	031102004	铁砂布（综合）	张	1.446	2.124	3.006	3.593
	092705004	碎布	kg	0.226	0.294	0.362	0.429
	850103006	其他材料费（占材料费）	%	1.000	1.000	1.000	1.000
机械	990743010	等离子切割机 400A	台班	2.097	2.774	3.514	4.202
	990304004	汽车式起重机 8t	台班	0.005	0.005	0.008	0.012
	990401030	载重汽车 8t	台班	0.005	0.005	0.008	0.012
	991003030	电动空气压缩机 $1m^3/min$	台班	2.097	2.774	3.514	4.202

工作内容：准备工作，管子切口，坡口加工，坡口磨平，管口组对，焊前预热，焊接。 计量单位：10 个

编号				8-2-268	8-2-269	8-2-270
项目				管外径（mm 以内）		
				355	405	505
名称			单位	消耗量		
人工	000203000	综合二类工	工日	18.574	22.522	26.490
材料	180725007	铜及铜合金板卷管件	个	（10.000）	（10.000）	（10.000）
	031303009	铜焊丝（综合）	kg	9.977	11.388	14.202
	142909001	氧气	m^3	22.542	25.736	30.265
	142907002	乙炔气	kg	8.670	9.898	11.640
	031101013	尼龙砂轮片 $\phi100\times16\times3$	片	8.334	9.529	11.917
	040329001	硼砂	kg	2.373	2.712	3.367
	031102004	铁砂布（综合）	张	4.678	5.311	7.322
	092705004	碎布	kg	0.497	0.565	0.723
	850103006	其他材料费（占材料费）	%	1.000	1.000	1.000
机械	990743010	等离子切割机 400A	台班	5.064	5.780	7.205
	990304004	汽车式起重机 8t	台班	0.016	0.027	0.042
	990401030	载重汽车 8t	台班	0.016	0.027	0.042
	991003030	电动空气压缩机 $1m^3/min$	台班	5.064	5.780	7.205

19. 加热外套碳钢管件（两半）（电弧焊）

工作内容：准备工作，管子切口，坡口加工，坡口磨平，管口组对，焊接。 **计量单位**：10 个

编号				8-2-271	8-2-272	8-2-273	8-2-274	8-2-275	8-2-276
项目				公称直径（mm 以内）					
				32	40	50	65	80	100
名称			单位	消耗量					
人工	000203000	综合二类工	工日	3.197	3.791	4.520	5.713	6.501	8.250
材料	180803003	碳钢两半管件	片	（20.000）	（20.000）	（20.000）	（20.000）	（20.000）	（20.000）
	031301009	低碳钢焊条 J427（综合）	kg	1.508	1.731	2.395	4.287	5.072	9.441
	142909001	氧气	m^3	0.087	0.094	0.109	2.341	2.653	3.977
	142907002	乙炔气	kg	0.034	0.036	0.042	0.900	1.020	1.529
	031101013	尼龙砂轮片 $\phi100\times16\times3$	片	1.574	2.032	2.821	4.361	5.233	8.562
	031103002	磨头	个	0.801	0.917	1.090	1.454	1.702	2.181
	092705004	碎布	kg	0.170	0.170	0.244	0.300	0.384	0.428
	031101014	尼龙砂轮片 $\phi500\times25\times4$	片	0.184	0.215	0.307	—	—	—
	850103006	其他材料费（占材料费）	%	1.000	1.000	1.000	1.000	1.000	1.000
机械	990785040	砂轮切割机 $\phi500$	台班	0.061	0.066	0.081	—	—	—
	990304004	汽车式起重机 8t	台班	—	—	—	—	—	0.012
	990401030	载重汽车 8t	台班	—	—	—	—	—	0.012
	990900010	电焊机（综合）	台班	1.131	1.309	1.623	2.610	3.047	4.427
	990919030	电焊条烘干箱 $60\times50\times75cm^3$	台班	0.113	0.131	0.162	0.261	0.304	0.443
	990920010	电焊条恒温箱	台班	0.113	0.131	0.162	0.261	0.304	0.443

工作内容：准备工作，管子切口，坡口加工，坡口磨平，管口组对，焊接。 计量单位：10 个

				8-2-277	8-2-278	8-2-279	8-2-280	8-2-281
编号				8-2-277	8-2-278	8-2-279	8-2-280	8-2-281
项目				公称直径（mm 以内）				
				125	150	200	250	300
名称			单位	消耗量				
人工	000203000	综合二类工	工日	9.228	12.868	16.612	23.197	26.337
材料	180803003	碳钢两半管件	片	（20.000）	（20.000）	（20.000）	（20.000）	（20.000）
	031301009	低碳钢焊条 J427（综合）	kg	10.465	13.815	22.753	44.744	53.381
	142909001	氧气	m^3	4.092	5.435	7.539	11.225	12.679
	142907002	乙炔气	kg	1.574	2.090	2.900	4.317	4.877
	031101013	尼龙砂轮片 $\phi100\times16\times3$	片	9.218	13.811	21.266	35.543	42.489
	012100002	角钢（综合）	kg	—	—	1.794	1.794	2.360
	092705004	碎布	kg	0.532	0.660	0.900	1.114	1.284
	850103006	其他材料费（占材料费）	%	1.000	1.000	1.000	1.000	1.000
机械	990900010	电焊机（综合）	台班	5.014	6.347	8.867	12.549	15.028
	990304004	汽车式起重机 8t	台班	0.012	0.012	0.012	0.021	0.031
	990401030	载重汽车 8t	台班	0.012	0.012	0.012	0.021	0.031
	990919030	电焊条烘干箱 $60\times50\times75cm^3$	台班	0.501	0.635	0.887	1.255	1.503
	990920010	电焊条恒温箱	台班	0.501	0.635	0.887	1.255	1.503

工作内容：准备工作，管子切口，坡口加工，坡口磨平，管口组对，焊接。　　计量单位：10 个

编号				8-2-282	8-2-283	8-2-284	8-2-285	8-2-286
项目				公称直径（mm 以内）				
				350	400	450	500	600
名称			单位	消耗量				
人工	000203000	综合二类工	工日	31.137	35.138	41.270	45.939	59.720
材料	180803003	碳钢两半管件	片	（20.000）	（20.000）	（20.000）	（20.000）	（20.000）
	031301009	低碳钢焊条 J427（综合）	kg	84.604	95.738	141.651	156.598	266.211
	142909001	氧气	m^3	16.609	18.314	21.313	24.710	33.359
	142907002	乙炔气	kg	6.388	7.044	8.197	9.504	12.830
	031101013	尼龙砂轮片 $\phi100\times16\times3$	片	65.081	72.528	94.350	104.419	156.628
	012100002	角钢（综合）	kg	2.360	2.360	2.360	2.360	2.360
	092705004	碎布	kg	1.498	1.660	1.892	2.156	2.372
	850103006	其他材料费（占材料费）	%	1.000	1.000	1.000	1.000	1.000
机械	990900010	电焊机（综合）	台班	18.309	20.716	24.371	26.941	35.832
	990304004	汽车式起重机 8t	台班	0.046	0.059	0.090	0.146	0.365
	990401030	载重汽车 8t	台班	0.046	0.059	0.090	0.146	0.365
	990919030	电焊条烘干箱 $60\times50\times75cm^3$	台班	1.831	2.072	2.437	2.694	3.583
	990920010	电焊条恒温箱	台班	1.831	2.072	2.437	2.694	3.583

20. 加热外套不锈钢管件（两半）（电弧焊）

工作内容：准备工作，管子切口，坡口加工，坡口磨平，管口组对，焊接，焊缝钝化。 **计量单位**：10 个

编 号				8-2-287	8-2-288	8-2-289	8-2-290	8-2-291
项 目				公称直径（mm 以内）				
				32	40	50	65	80
名 称			单位	消 耗 量				
人工	000203000	综合二类工	工日	3.233	5.130	5.357	7.512	8.331
材料	180515002	不锈钢两半管件	片	（20.000）	（20.000）	（20.000）	（20.000）	（20.000）
	031301001	不锈钢焊条（综合）	kg	1.045	1.570	1.869	2.921	3.430
	031101013	尼龙砂轮片 $\phi100\times16\times3$	片	1.338	3.255	3.877	6.176	7.662
	031101014	尼龙砂轮片 $\phi500\times25\times4$	片	0.257	0.296	0.302	0.433	0.531
	143315001	丙酮	kg	0.487	0.562	0.674	0.899	1.049
	143169002	酸洗膏	kg	0.304	0.377	0.470	0.642	0.753
	341101001	水	m^3	0.075	0.075	0.112	0.150	0.187
	092705004	碎布	kg	0.150	0.150	0.214	0.262	0.337
	850103006	其他材料费（占材料费）	%	1.000	1.000	1.000	1.000	1.000
机械	990743010	等离子切割机 400A	台班	—	—	—	—	0.407
	991003030	电动空气压缩机 $1m^3/min$	台班	—	—	—	—	0.712
	990900010	电焊机（综合）	台班	0.645	1.372	1.634	2.339	2.746
	990785040	砂轮切割机 $\phi500$	台班	0.068	0.074	0.079	0.152	0.161
	991003050	电动空气压缩机 $6m^3/min$	台班	0.038	0.038	0.038	0.038	0.038
	990919030	电焊条烘干箱 $60\times50\times75cm^3$	台班	0.065	0.137	0.164	0.234	0.274
	990920010	电焊条恒温箱	台班	0.065	0.137	0.164	0.234	0.274

工作内容：准备工作，管子切口，坡口加工，坡口磨平，管口组对，焊接，焊缝钝化。 **计量单位：**10个

编号				8-2-292	8-2-293	8-2-294	8-2-295	8-2-296
项目				公称直径（mm以内）				
				100	125	150	200	250
名称			单位	消耗量				
人工	000203000	综合二类工	工日	9.185	10.241	12.666	17.153	23.368
材料	180515002	不锈钢两半管件	片	（20.000）	（20.000）	（20.000）	（20.000）	（20.000）
	031301001	不锈钢焊条（综合）	kg	5.861	6.850	12.006	16.587	34.069
	031101013	尼龙砂轮片 $\phi100\times16\times3$	片	11.277	14.355	20.048	31.155	59.104
	143315001	丙酮	kg	1.348	1.565	1.873	2.584	3.221
	143169002	酸洗膏	kg	0.964	1.483	1.990	2.594	3.914
	341101001	水	m^3	0.225	0.262	0.337	0.449	0.524
	092705004	碎布	kg	0.375	0.464	0.577	0.786	0.974
	031101014	尼龙砂轮片 $\phi500\times25\times4$	片	0.781	—	—	—	—
	850103006	其他材料费（占材料费）	%	1.000	1.000	1.000	1.000	1.000
机械	990785040	砂轮切割机 $\phi500$	台班	0.277	—	—	—	—
	990900010	电焊机（综合）	台班	4.023	4.700	6.410	8.983	13.363
	990743010	等离子切割机 400A	台班	0.527	0.871	1.050	1.459	1.897
	990304004	汽车式起重机 8t	台班	0.011	0.011	0.011	0.011	0.019
	990401030	载重汽车 8t	台班	0.011	0.011	0.011	0.011	0.019
	991003030	电动空气压缩机 $1m^3/min$	台班	0.923	1.524	1.838	2.554	3.320
	991003050	电动空气压缩机 $6m^3/min$	台班	0.038	0.038	0.038	0.038	0.038
	990919030	电焊条烘干箱 $60\times50\times75cm^3$	台班	0.402	0.470	0.641	0.898	1.336
	990920010	电焊条恒温箱	台班	0.402	0.470	0.641	0.898	1.336

工作内容：准备工作，管子切口，坡口加工，坡口磨平，管口组对，焊接，焊缝钝化。 **计量单位：10个**

编号				8-2-297	8-2-298	8-2-299	8-2-300	8-2-301
项目				公称直径（mm以内）				
				300	350	400	450	500
名称			单位	消耗量				
人工	000203000	综合二类工	工日	28.323	32.600	36.708	41.848	47.705
材料	180515002	不锈钢两半管件	片	（20.000）	（20.000）	（20.000）	（20.000）	（20.000）
	031301001	不锈钢焊条（综合）	kg	48.453	56.284	63.669	75.129	88.653
	031101013	尼龙砂轮片 $\phi100\times16\times3$	片	79.653	97.367	110.549	126.026	143.666
	143315001	丙酮	kg	3.820	4.419	4.981	5.678	6.473
	143169002	酸洗膏	kg	4.659	5.105	6.327	7.213	8.212
	341101001	水	m^3	0.637	0.749	0.861	0.982	1.119
	092705004	碎布	kg	1.124	1.311	1.453	1.695	1.932
	850103006	其他材料费（占材料费）	%	1.000	1.000	1.000	1.000	1.000
机械	990900010	电焊机（综合）	台班	16.630	19.318	21.852	25.785	30.426
	990743010	等离子切割机 400A	台班	2.316	2.686	3.037	3.584	4.229
	990304004	汽车式起重机 8t	台班	0.028	0.042	0.053	0.064	0.076
	990401030	载重汽车 8t	台班	0.028	0.042	0.053	0.064	0.076
	991003030	电动空气压缩机 $1m^3/min$	台班	4.053	4.701	5.015	5.918	6.983
	991003050	电动空气压缩机 $6m^3/min$	台班	0.038	0.038	0.038	0.038	0.038
	990919030	电焊条烘干箱 $60\times50\times75cm^3$	台班	1.663	1.932	2.185	2.579	3.043
	990920010	电焊条恒温箱	台班	1.663	1.932	2.185	2.579	3.043

21. 塑料管件（承插粘接）

工作内容：准备工作，管子切口，坡口加工，管口组对，粘接。　　计量单位：10 个

编号				8-2-302	8-2-303	8-2-304	8-2-305	8-2-306
项目				管外径（mm 以内）				
				20	25	32	40	50
名称			单位	消耗量				
人工	000203000	综合二类工	工日	0.225	0.271	0.330	0.426	0.718
材料	180999001	承插塑料管件	个	（10.000）	（10.000）	（10.000）	（10.000）	（10.000）
	144100002	胶粘剂	kg	0.034	0.042	0.052	0.066	0.082
	031541002	锯条（综合）	根	0.149	0.187	0.238	0.303	0.305
	143315001	丙酮	kg	0.050	0.062	0.076	0.098	0.122
	092705004	碎布	kg	0.028	0.036	0.044	0.056	0.072
	850103006	其他材料费（占材料费）	%	1.000	1.000	1.000	1.000	1.000

工作内容：准备工作，管子切口，坡口加工，管口组对，粘接。　　计量单位：10 个

编号				8-2-307	8-2-308	8-2-309	8-2-310
项目				管外径（mm 以内）			
				75	90	110	125
名称			单位	消耗量			
人工	000203000	综合二类工	工日	1.051	1.253	1.518	1.748
材料	180999001	承插塑料管件	个	（10.000）	（10.000）	（10.000）	（10.000）
	144100002	胶粘剂	kg	0.124	0.148	0.252	0.286
	031102004	铁砂布（综合）	张	6.000	6.000	6.000	8.000
	143315001	丙酮	kg	0.184	0.220	0.378	0.428
	092705004	碎布	kg	0.106	0.120	0.134	0.152
	850103006	其他材料费（占材料费）	%	1.000	1.000	1.000	1.000
机械	990706010	木工圆锯机 500mm	台班	0.010	0.010	0.010	0.010
	990304004	汽车式起重机 8t	台班	—	—	0.008	0.008
	990401030	载重汽车 8t	台班	—	—	0.008	0.008

工作内容：准备工作，管子切口，坡口加工，管口组对，粘接。　　计量单位：10个

编号				8-2-311	8-2-312	8-2-313	8-2-314
项目				管外径（mm以内）			
				150	180	200	250
名称			单位	消耗量			
人工	000203000	综合二类工	工日	2.223	2.523	2.881	3.887
材料	180999001	承插塑料管件	个	（10.000）	（10.000）	（10.000）	（10.000）
	144100002	胶粘剂	kg	0.344	0.412	0.458	0.572
	031102004	铁砂布（综合）	张	8.000	8.000	8.968	12.700
	143315001	丙酮	kg	0.516	0.618	0.688	0.860
	092705004	碎布	kg	0.182	0.220	0.244	0.304
	850103006	其他材料费（占材料费）	%	1.000	1.000	1.000	1.000
机械	990706010	木工圆锯机 500mm	台班	0.010	0.015	0.020	0.020
	990304004	汽车式起重机 8t	台班	0.008	0.010	0.010	0.018
	990401030	载重汽车 8t	台班	0.008	0.010	0.010	0.018

22. 塑料管件（热熔焊）

工作内容：准备工作，管子切口，坡口加工，管口组对，焊接。　　计量单位：10个

编号				8-2-315	8-2-316	8-2-317	8-2-318	8-2-319
项目				管外径（mm以内）				
				20	25	32	40	50
名称			单位	消耗量				
人工	000203000	综合二类工	工日	0.626	0.752	0.937	1.270	1.689
材料	180900004	塑料管件	个	（10.000）	（10.000）	（10.000）	（10.000）	（10.000）
	092705004	碎布	kg	0.028	0.036	0.044	0.056	0.072
	031541002	锯条（综合）	根	0.149	0.187	0.238	0.303	0.305
	850103006	其他材料费（占材料费）	%	1.000	1.000	1.000	1.000	1.000
机械	990911030	热熔对接焊机 630mm	台班	0.352	0.430	0.549	0.746	1.006
	991003020	电动空气压缩机 0.6m^3/min	台班	0.290	0.354	0.450	0.615	0.714

工作内容：准备工作，管子切口，坡口加工，管口组对，焊接。 计量单位：10 个

编号				8-2-320	8-2-321	8-2-322	8-2-323
项目				管外径（mm 以内）			
				75	90	110	125
名称			单位	消耗量			
人工	000203000	综合二类工	工日	2.361	3.091	3.940	4.058
材料	180900004	塑料管件	个	（10.000）	（10.000）	（10.000）	（10.000）
	092705004	碎布	kg	0.106	0.120	0.134	0.152
	031102005	铁砂布 0#～2#	张	6.000	6.000	6.000	8.000
	850103006	其他材料费（占材料费）	%	1.000	1.000	1.000	1.000
机械	990304004	汽车式起重机 8t	台班	—	0.007	0.007	0.007
	990401030	载重汽车 8t	台班	—	0.007	0.007	0.007
	990706010	木工圆锯机 500mm	台班	0.008	0.008	0.008	0.008
	990911030	热熔对接焊机 630mm	台班	1.514	2.006	2.598	2.703
	991003020	电动空气压缩机 0.6m³/min	台班	1.098	1.422	1.913	1.913

工作内容：准备工作，管子切口，坡口加工，管口组对，焊接。 计量单位：10 个

编号				8-2-324	8-2-325	8-2-326	8-2-327
项目				管外径（mm 以内）			
				150	180	200	250
名称			单位	消耗量			
人工	000203000	综合二类工	工日	5.794	6.223	7.938	9.802
材料	180900004	塑料管件	个	（10.000）	（10.000）	（10.000）	（10.000）
	092705004	碎布	kg	0.182	0.220	0.244	0.304
	031102005	铁砂布 0#～2#	张	8.000	8.968	8.968	12.700
	850103006	其他材料费（占材料费）	%	1.000	1.000	1.000	1.000
机械	990304004	汽车式起重机 8t	台班	0.007	0.008	0.008	0.009
	990401030	载重汽车 8t	台班	0.007	0.008	0.008	0.009
	990706010	木工圆锯机 500mm	台班	0.008	0.012	0.016	0.016
	990911030	热熔对接焊机 630mm	台班	3.992	4.224	5.745	7.468
	991003020	电动空气压缩机 0.6m³/min	台班	2.746	2.992	4.004	5.206

23. 金属骨架复合管件（热熔焊）

工作内容： 准备工作，管子切口，坡口加工，管口组对，热熔连接。 **计量单位：** 10 个

编号				8-2-328	8-2-329	8-2-330	8-2-331	8-2-332	8-2-333
项目				管外径（mm 以内）					
				20	25	32	40	50	65
名称			单位	消耗量					
人工	000203000	综合二类工	工日	0.677	0.815	1.019	1.656	1.862	2.321
材料	181100001	低压金属骨架复合管件	个	（10.000）	（10.000）	（10.000）	（10.000）	（10.000）	（10.000）
	031541002	锯条（综合）	根	0.149	0.179	0.215	0.257	0.309	0.371
	031102004	铁砂布（综合）	张	5.000	5.000	5.000	5.000	5.000	5.000
	092705004	碎布	kg	0.028	0.036	0.044	0.056	0.072	0.086
	850103006	其他材料费（占材料费）	%	1.000	1.000	1.000	1.000	1.000	1.000
机械	990911030	热熔对接焊机 630mm	台班	0.370	0.451	0.577	0.783	1.057	1.185
	990706010	木工圆锯机 500mm	台班	0.004	0.005	0.006	0.006	0.007	0.007

工作内容： 准备工作，管子切口，坡口加工，管口组对，热熔连接。 **计量单位：** 10 个

编号				8-2-334	8-2-335	8-2-336	8-2-337	8-2-338
项目				管外径（mm 以内）				
				76	90	114	140	166
名称			单位	消耗量				
人工	000203000	综合二类工	工日	2.714	3.606	4.509	5.523	6.265
材料	181100001	低压金属骨架复合管件	个	（10.000）	（10.000）	（10.000）	（10.000）	（10.000）
	031541002	锯条（综合）	根	0.445	0.534	0.641	0.769	0.923
	031102004	铁砂布（综合）	张	5.000	5.000	6.000	7.200	8.640
	092705004	碎布	kg	0.104	0.124	0.149	0.179	0.215
	850103006	其他材料费（占材料费）	%	1.000	1.000	1.000	1.000	1.000
机械	990911030	热熔对接焊机 630mm	台班	1.390	1.590	2.106	2.728	2.838
	990706010	木工圆锯机 500mm	台班	0.008	0.008	0.008	0.008	0.012
	990304004	汽车式起重机 8t	台班	—	—	0.008	0.008	0.008
	990401030	载重汽车 8t	台班	—	—	0.008	0.008	0.008

工作内容：准备工作，管子切口，坡口加工，管口组对，热熔连接。 计量单位：10 个

编号				8-2-339	8-2-340	8-2-341	8-2-342	8-2-343
项目				管外径（mm 以内）				
				218	250	300	400	500
名称			单位	消耗量				
人工	000203000	综合二类工	工日	10.121	16.036	18.442	23.973	29.967
材料	181100001	低压金属骨架复合管件	个	（10.000）	（10.000）	（10.000）	（10.000）	（10.000）
	031541002	锯条（综合）	根	1.107	1.328	1.594	1.913	2.296
	031102004	铁砂布（综合）	张	10.368	12.442	14.930	17.916	21.499
	092705004	碎布	kg	0.258	0.310	0.371	0.446	0.535
	850103006	其他材料费（占材料费）	%	1.000	1.000	1.000	1.000	1.000
机械	990911030	热熔对接焊机 630mm	台班	4.191	7.842	9.018	10.370	11.926
	990706010	木工圆锯机 500mm	台班	0.016	0.016	0.018	0.025	0.031
	990304004	汽车式起重机 8t	台班	0.010	0.018	0.030	0.042	0.073
	990401030	载重汽车 8t	台班	0.010	0.018	0.030	0.042	0.073

24. 玻璃钢管件（胶泥）

工作内容：准备工作，管子切口，坡口加工，坡口磨平，管口组对，管口连接。 计量单位：10 个

编号				8-2-344	8-2-345	8-2-346	8-2-347
项目				公称直径（mm 以内）			
				25	40	50	80
名称			单位	消耗量			
人工	000203000	综合二类工	工日	1.417	2.296	2.879	4.261
材料	180600001	玻璃钢管件	个	（10.000）	（10.000）	（10.000）	（10.000）
	801500003	胶泥	kg	2.760	4.400	5.500	8.800
	031101014	尼龙砂轮片 $\phi500\times25\times4$	片	0.061	0.125	0.177	0.279
	143179001	乙二胺	kg	0.020	0.020	0.020	0.020
	142107001	环氧树脂	kg	0.040	0.080	0.100	0.160
	150702003	玻璃布 $\delta0.2$	m^2	0.480	0.760	0.940	1.500
	850103006	其他材料费（占材料费）	%	1.000	1.000	1.000	1.000
机械	990785040	砂轮切割机 $\phi500$	台班	0.024	0.038	0.043	0.069

工作内容： 准备工作，管子切口，坡口加工，坡口磨平，管口组对，管口连接。 **计量单位：** 10 个

编号				8-2-348	8-2-349	8-2-350
项目				公称直径（mm 以内）		
				100	125	150
名称			单位	消耗量		
人工	000203000	综合二类工	工日	5.337	7.220	8.676
材料	180600001	玻璃钢管件	个	（10.000）	（10.000）	（10.000）
	801500003	胶泥	kg	10.460	11.660	16.840
	031101014	尼龙砂轮片 $\phi500\times25\times4$	片	0.406	0.482	0.580
	143179001	乙二胺	kg	0.020	0.020	0.020
	142107001	环氧树脂	kg	0.200	0.240	0.280
	150702003	玻璃布 $\delta0.2$	m^2	1.880	2.360	2.820
	850103006	其他材料费（占材料费）	%	1.000	1.000	1.000
机械	990304004	汽车式起重机 8t	台班	0.008	0.008	0.008
	990401030	载重汽车 8t	台班	0.008	0.008	0.008
	990785040	砂轮切割机 $\phi500$	台班	0.086	0.113	0.133

25. 玻璃钢管件（环氧树脂）

工作内容： 准备工作，管子切口，坡口加工，坡口磨平，管口组对，树脂填充连接，接口补强，管口连接。 **计量单位：** 10 个

编号				8-2-351	8-2-352	8-2-353	8-2-354	8-2-355	8-2-356
项目				公称直径（mm 以内）					
				25	40	50	80	100	150
名称			单位	消耗量					
人工	000203000	综合二类工	工日	2.197	3.555	4.399	7.110	8.797	13.329
材料	180600001	玻璃钢管件	个	（10.000）	（10.000）	（10.000）	（10.000）	（10.000）	（10.000）
	142107001	环氧树脂	kg	2.266	4.532	5.562	12.154	16.068	24.102
	031101014	尼龙砂轮片 $\phi500\times25\times4$	片	0.005	0.011	0.015	0.016	0.016	0.017
	092705004	碎布	kg	0.542	0.580	0.580	0.629	0.678	0.826
	031102005	铁砂布 $0^{\#}\sim2^{\#}$	张	0.041	0.082	0.124	0.206	0.228	0.618
	040915006	石英粉	kg	1.267	1.974	2.474	4.978	6.216	13.698
	143345001	邻苯二甲酸二丁酯	kg	0.080	0.124	0.156	0.313	0.391	0.862
	143315001	丙酮	kg	0.310	0.483	0.606	1.218	1.521	3.353
	143179001	乙二胺	kg	0.062	0.097	0.121	0.244	0.304	0.671
	150702003	玻璃布 $\delta0.2$	m^2	8.312	12.906	16.130	32.558	40.572	89.456
	850103006	其他材料费（占材料费）	%	1.000	1.000	1.000	1.000	1.000	1.000
机械	990304004	汽车式起重机 8t	台班	—	—	—	0.008	0.009	0.009
	990401030	载重汽车 8t	台班	—	—	—	0.008	0.009	0.009
	990785040	砂轮切割机 $\phi500$	台班	0.016	0.028	0.031	0.049	0.062	0.095

26. 螺旋卷管件（氩电联焊）

工作内容：准备工作，管子切口，坡口加工，坡口磨平，管口组对，焊接。 **计量单位：**10 个

编号				8-2-357	8-2-358	8-2-359	8-2-360
项目				公称直径（mm 以内）			
				200	250	300	350
名称			单位	消耗量			
人工	000203000	综合二类工	工日	7.166	8.959	10.817	13.117
材料	183123001	低压螺旋卷管件	个	（10.000）	（10.000）	（10.000）	（10.000）
	031301009	低碳钢焊条 J427（综合）	kg	7.650	9.491	11.306	23.210
	031303008	碳钢氩弧焊丝	kg	1.296	1.296	1.926	2.244
	142909001	氧气	m^3	5.560	7.054	8.800	10.262
	142907002	乙炔气	kg	2.138	2.713	3.385	3.947
	142911001	氩气	m^3	3.628	3.628	3.628	6.284
	340101003	铈钨棒	g	7.256	7.256	7.256	12.568
	031101013	尼龙砂轮片 $\phi100\times16\times3$	片	12.166	17.186	17.186	23.378
	012100002	角钢（综合）	kg	1.736	1.736	1.736	1.736
	092705004	碎布	kg	0.306	0.379	0.437	0.509
	850103006	其他材料费（占材料费）	%	1.000	1.000	1.000	1.000
机械	990900010	电焊机（综合）	台班	3.596	3.666	3.839	7.877
	990912010	氩弧焊机 500A	台班	2.329	2.329	2.329	4.033
	990304004	汽车式起重机 8t	台班	0.005	0.007	0.011	0.014
	990401030	载重汽车 8t	台班	0.005	0.007	0.011	0.014
	990919030	电焊条烘干箱 $60\times50\times75cm^3$	台班	0.360	0.367	0.384	0.788
	990920010	电焊条恒温箱	台班	0.360	0.367	0.384	0.788

工作内容：准备工作，管子切口，坡口加工，坡口磨平，管口组对，焊接。 计量单位：10 个

编号				8-2-361	8-2-362	8-2-363
项目				公称直径（mm 以内）		
				400	450	500
名称			单位	消耗量		
人工	000203000	综合二类工	工日	14.487	16.227	18.272
材料	183123001	低压螺旋卷管件	个	（10.000）	（10.000）	（10.000）
	031301009	低碳钢焊条 J427（综合）	kg	26.252	29.608	30.122
	031303008	碳钢氩弧焊丝	kg	2.548	2.882	2.920
	142909001	氧气	m^3	11.042	11.767	12.448
	142907002	乙炔气	kg	4.247	4.526	4.788
	142911001	氩气	m^3	7.134	8.070	8.400
	340101003	铈钨棒	g	14.268	16.140	16.400
	031101013	尼龙砂轮片 $\phi100\times16\times3$	片	31.285	35.414	40.061
	012100002	角钢（综合）	kg	1.736	1.736	1.736
	092705004	碎布	kg	0.564	0.643	0.733
	850103006	其他材料费（占材料费）	%	1.000	1.000	1.000
机械	990900010	电焊机（综合）	台班	8.913	10.050	12.709
	990912010	氩弧焊机 500A	台班	4.580	5.178	5.866
	990304004	汽车式起重机 8t	台班	0.025	0.032	0.039
	990401030	载重汽车 8t	台班	0.025	0.032	0.039
	990919030	电焊条烘干箱 $60\times50\times75cm^3$	台班	0.891	1.005	1.271
	990920010	电焊条恒温箱	台班	0.891	1.005	1.271

27. 法兰铸铁管件（法兰连接）

工作内容：准备工作，管口组对，管件连接。 **计量单位：**10 个

编号				8-2-364	8-2-365	8-2-366	8-2-367	8-2-368	8-2-369
项目				公称直径（mm 以内）					
				75	100	125	150	200	250
名称			单位	消耗量					
人工	000203000	综合二类工	工日	0.290	0.335	0.424	0.482	0.519	0.681
材料	180100002	法兰铸铁管件	个	（10.000）	（10.000）	（10.000）	（10.000）	（10.000）	（10.000）
	020112004	无石棉橡胶板 低压 δ0.8～6	kg	0.260	0.340	0.460	0.560	0.660	0.740
	143311001	白铅油	kg	0.140	0.200	0.240	0.280	0.340	0.400
	140103002	清油 C01-1	kg	0.040	0.040	0.040	0.060	0.060	0.080
	092705004	碎布	kg	0.040	0.060	0.060	0.060	0.060	0.080
	850103006	其他材料费（占材料费）	%	1.000	1.000	1.000	1.000	1.000	1.000
机械	990304004	汽车式起重机 8t	台班	—	0.010	0.010	0.010	0.010	0.018
	990401030	载重汽车 8t	台班	—	0.010	0.010	0.010	0.010	0.018

工作内容：准备工作，管口组对，管件连接。 **计量单位：**10 个

编号				8-2-370	8-2-371	8-2-372	8-2-373	8-2-374	8-2-375
项目				公称直径（mm 以内）					
				300	350	400	450	500	600
名称			单位	消耗量					
人工	000203000	综合二类工	工日	0.820	0.959	1.194	1.318	1.677	1.938
材料	180100002	法兰铸铁管件	个	（10.000）	（10.000）	（10.000）	（10.000）	（10.000）	（10.000）
	020112004	无石棉橡胶板 低压 δ0.8～6	kg	0.800	1.080	1.380	1.620	1.660	1.680
	022305003	碳精棒（综合）	kg	—	—	0.940	0.940	1.180	1.410
	040915003	黑铅粉	kg	—	—	—	—	—	0.120
	140103002	清油 C01-1	kg	0.100	0.100	0.120	0.120	0.120	0.360
	092705004	碎布	kg	0.100	0.100	0.120	0.120	0.140	0.140
	143311001	白铅油	kg	0.500	0.500	0.600	0.600	0.660	—
	850103006	其他材料费（占材料费）	%	1.000	1.000	1.000	1.000	1.000	1.000
机械	990900010	电焊机（综合）	台班	—	—	0.283	0.283	0.359	0.425
	990304004	汽车式起重机 8t	台班	0.026	0.038	0.049	0.075	0.122	0.159
	990401030	载重汽车 8t	台班	0.026	0.038	0.049	0.075	0.122	0.159
	991003020	电动空气压缩机 0.6m³/min	台班	—	—	0.301	0.301	0.382	0.452

28. 钢套钢直埋保温管件（氩电联焊）

工作内容：准备工作，管子切口，坡口加工，坡口磨平，管口组对，焊接。 **计量单位：**10 个

编 号				8-2-376	8-2-377	8-2-378	8-2-379	8-2-380
项 目				公称直径（mm 以内）				
				100	200	250	300	350
名 称			单位	消 耗 量				
人工	000203000	综合二类工	工日	4.263	8.528	10.660	12.873	15.612
材料	180801002	碳钢板卷管件	个	（10.000）	（10.000）	（10.000）	（10.000）	（10.000）
	031301009	低碳钢焊条 J427（综合）	kg	3.366	7.650	9.491	11.306	23.210
	031303005	碳钢焊丝	kg	0.570	1.296	1.296	1.926	2.244
	142909001	氧气	m^3	2.446	5.560	7.054	8.800	10.262
	142907002	乙炔气	kg	0.941	2.138	2.713	3.385	3.947
	142911001	氩气	m^3	1.596	3.628	3.628	3.628	6.284
	031101013	尼龙砂轮片 $\phi100\times16\times3$	片	5.353	12.166	17.186	17.186	23.378
	012100002	角钢（综合）	kg	0.907	2.061	2.061	2.061	2.061
	340101003	铈钨棒	g	3.193	7.256	7.256	7.256	12.568
	092705004	碎布	kg	0.168	0.382	0.472	0.544	0.635
	850103006	其他材料费（占材料费）	%	1.000	1.000	1.000	1.000	1.000
机械	990304004	汽车式起重机 8t	台班	0.003	0.006	0.009	0.013	0.017
	990401030	载重汽车 8t	台班	0.003	0.005	0.009	0.013	0.017
	990912010	氩弧焊机 500A	台班	1.197	2.131	2.131	2.131	3.690
	990900010	电焊机（综合）	台班	1.289	2.295	2.585	3.412	4.653
	990919030	电焊条烘干箱 $60\times50\times75cm^3$	台班	0.129	0.230	0.259	0.341	0.465
	990920010	电焊条恒温箱	台班	0.129	0.230	0.259	0.341	0.465

工作内容：准备工作，管子切口，坡口加工，坡口磨平，管口组对，焊接。 **计量单位**：10 个

编号				8-2-381	8-2-382	8-2-383	8-2-384	8-2-385
项目				公称直径（mm 以内）				
				400	450	500	600	700
名称			单位	消耗量				
人工	000203000	综合二类工	工日	17.241	19.310	21.744	25.897	29.598
材料	180801002	碳钢板卷管件	个	（10.000）	（10.000）	（10.000）	（10.000）	（10.000）
	031301009	低碳钢焊条 J427（综合）	kg	26.252	29.608	30.122	35.875	41.005
	031303005	碳钢焊丝	kg	2.548	2.882	2.920	3.478	3.975
	142909001	氧气	m^3	11.042	11.767	12.448	14.825	16.945
	142907002	乙炔气	kg	4.247	4.526	4.788	5.702	6.517
	142911001	氩气	m^3	7.134	8.070	8.400	10.004	11.435
	031101013	尼龙砂轮片 $\phi100 \times 16 \times 3$	片	31.285	35.414	40.061	47.713	54.536
	012100002	角钢（综合）	kg	2.061	2.061	2.061	2.455	2.806
	340101003	铈钨棒	g	14.268	16.140	16.400	19.532	22.325
	092705004	碎布	kg	0.704	0.802	0.914	1.088	1.244
	850103006	其他材料费（占材料费）	%	1.000	1.000	1.000	1.000	1.000
机械	990304004	汽车式起重机 8t	台班	0.030	0.038	0.046	0.067	0.088
	990401030	载重汽车 8t	台班	0.030	0.038	0.046	0.067	0.088
	990912010	氩弧焊机 500A	台班	4.191	4.739	5.367	5.441	6.218
	990900010	电焊机（综合）	台班	5.273	6.152	6.618	6.708	7.667
	990919030	电焊条烘干箱 $60 \times 50 \times 75cm^3$	台班	0.527	0.615	0.662	0.671	0.767
	990920010	电焊条恒温箱	台班	0.527	0.615	0.662	0.671	0.767

工作内容：准备工作，管子切口，坡口加工，坡口磨平，管口组对，焊接。 计量单位：10个

编号				8-2-386	8-2-387	8-2-388	8-2-389
项目				公称直径（mm以内）			
				800	900	1000	1200
名称			单位	消耗量			
人工	000203000	综合二类工	工日	31.592	35.451	40.094	47.953
材料	180801002	碳钢板卷管件	个	(10.000)	(10.000)	(10.000)	(10.000)
	031301009	低碳钢焊条 J427（综合）	kg	59.093	66.302	90.767	108.557
	031303005	碳钢焊丝	kg	5.729	6.428	8.800	10.525
	142909001	氧气	m^3	21.707	24.355	29.983	35.858
	142907002	乙炔气	kg	8.349	9.367	11.532	13.792
	142911001	氩气	m^3	16.479	18.489	25.311	30.272
	031101013	尼龙砂轮片 $\phi100\times16\times3$	片	62.117	69.695	85.795	102.611
	012100002	角钢（综合）	kg	3.196	3.586	3.977	4.756
	340101003	铈钨棒	g	32.173	36.098	49.418	59.104
	092705004	碎布	kg	1.417	1.590	1.763	2.109
	850103006	其他材料费（占材料费）	%	1.000	1.000	1.000	1.000
机械	990304004	汽车式起重机 8t	台班	0.115	0.182	0.225	0.323
	990401030	载重汽车 8t	台班	0.115	0.182	0.225	0.323
	990912010	氩弧焊机 500A	台班	8.962	10.055	13.765	16.463
	990900010	电焊机（综合）	台班	11.048	12.397	16.971	20.297
	990919030	电焊条烘干箱 $60\times50\times75cm^3$	台班	1.104	1.240	1.697	2.030
	990920010	电焊条恒温箱	台班	1.104	1.240	1.697	2.030

二、中 压 管 件

1. 碳钢管件（电弧焊）

工作内容：准备工作，管子切口，坡口加工，坡口磨平，管口组对，焊接。　　**计量单位：**10 个

编　号				8-2-390	8-2-391	8-2-392	8-2-393	8-2-394
项　目				公称直径（mm 以内）				
				15	20	25	32	40
名　称			单位	消　耗　量				
人工	000203000	综合二类工	工日	0.765	1.046	1.368	1.623	2.078
材料	180803002	碳钢对焊管件	个	（10.000）	（10.000）	（10.000）	（10.000）	（10.000）
	031301009	低碳钢焊条 J427（综合）	kg	0.538	0.686	1.000	1.498	1.600
	142909001	氧气	m^3	0.001	0.001	0.001	0.125	0.137
	031101013	尼龙砂轮片 $\phi100\times16\times3$	片	0.596	0.758	1.194	1.546	2.104
	031101014	尼龙砂轮片 $\phi500\times25\times4$	片	0.104	0.127	0.180	0.247	0.290
	031103002	磨头	个	0.200	0.260	0.314	0.388	0.444
	092705004	碎布	kg	0.042	0.064	0.064	0.085	0.085
	142907002	乙炔气	kg	—	—	—	0.048	0.053
	850103006	其他材料费（占材料费）	%	1.000	1.000	1.000	1.000	1.000
机械	990900010	电焊机（综合）	台班	0.334	0.483	0.591	0.733	0.841
	990785040	砂轮切割机 $\phi500$	台班	0.008	0.043	0.063	0.080	0.087
	990919030	电焊条烘干箱 $60\times50\times75cm^3$	台班	0.033	0.048	0.059	0.073	0.084
	990920010	电焊条恒温箱	台班	0.033	0.048	0.059	0.073	0.084

工作内容：准备工作，管子切口，坡口加工，坡口磨平，管口组对，焊接。 计量单位：10 个

编号				8-2-395	8-2-396	8-2-397	8-2-398	8-2-399
项目				公称直径（mm 以内）				
				50	65	80	100	125
名称			单位	消耗量				
人工	000203000	综合二类工	工日	2.375	2.789	3.165	4.040	5.216
材料	180803002	碳钢对焊管件	个	（10.000）	（10.000）	（10.000）	（10.000）	（10.000）
	031301009	低碳钢焊条 J427（综合）	kg	2.000	4.400	6.280	8.340	12.960
	142909001	氧气	m^3	0.184	3.167	3.691	4.700	6.204
	142907002	乙炔气	kg	0.071	1.218	1.420	1.808	2.386
	031101013	尼龙砂轮片 $\phi100\times16\times3$	片	2.226	2.756	3.572	4.756	6.704
	031103002	磨头	个	0.528	0.704	0.824	1.056	—
	092705004	碎布	kg	0.122	0.150	0.192	0.214	0.266
	031101014	尼龙砂轮片 $\phi500\times25\times4$	片	0.425	—	—	—	—
	850103006	其他材料费（占材料费）	%	1.000	1.000	1.000	1.000	1.000
机械	990304004	汽车式起重机 8t	台班	—	—	—	0.012	0.012
	990401030	载重汽车 8t	台班	—	—	—	0.012	0.012
	990785040	砂轮切割机 $\phi500$	台班	0.103	—	—	—	—
	990900010	电焊机（综合）	台班	1.142	1.574	1.853	2.559	2.998
	990919030	电焊条烘干箱 $60\times50\times75cm^3$	台班	0.114	0.157	0.186	0.256	0.300
	990920010	电焊条恒温箱	台班	0.114	0.157	0.186	0.256	0.300

工作内容：准备工作，管子切口，坡口加工，坡口磨平，管口组对，焊接。　　**计量单位：**10 个

编号				8-2-400	8-2-401	8-2-402	8-2-403
项目				公称直径（mm 以内）			
				150	200	250	300
名称			单位	消耗量			
人工	000203000	综合二类工	工日	6.067	8.051	10.633	13.311
材料	180803002	碳钢对焊管件	个	（10.000）	（10.000）	（10.000）	（10.000）
	031301009	低碳钢焊条 J427（综合）	kg	18.000	34.000	54.000	76.000
	142909001	氧气	m^3	7.750	10.500	14.700	18.900
	142907002	乙炔气	kg	2.981	4.038	5.654	7.269
	031101013	尼龙砂轮片 $\phi100\times16\times3$	片	9.136	14.048	20.424	27.180
	092705004	碎布	kg	0.330	0.450	0.557	0.642
	012100002	角钢（综合）	kg	—	1.794	1.794	2.360
	850103006	其他材料费（占材料费）	%	1.000	1.000	1.000	1.000
机械	990304004	汽车式起重机 8t	台班	0.012	0.012	0.021	0.030
	990401030	载重汽车 8t	台班	0.012	0.012	0.021	0.030
	990900010	电焊机（综合）	台班	3.803	5.629	7.336	9.234
	990919030	电焊条烘干箱 $60\times50\times75cm^3$	台班	0.380	0.563	0.733	0.924
	990920010	电焊条恒温箱	台班	0.380	0.563	0.733	0.924

工作内容：准备工作，管子切口，坡口加工，坡口磨平，管口组对，焊接。 **计量单位：**10 个

编号				8-2-404	8-2-405	8-2-406	8-2-407	8-2-408
项目				公称直径（mm 以内）				
				350	400	450	500	600
名称			单位	消耗量				
人工	000203000	综合二类工	工日	15.374	18.784	22.909	25.337	32.940
材料	180803002	碳钢对焊管件	个	（10.000）	（10.000）	（10.000）	（10.000）	（10.000）
	031301009	低碳钢焊条 J427（综合）	kg	108.000	140.000	156.000	212.573	272.675
	142909001	氧气	m^3	21.200	24.640	31.600	35.558	46.231
	142907002	乙炔气	kg	8.154	9.477	12.154	13.676	17.781
	031101013	尼龙砂轮片 $\phi100\times16\times3$	片	34.484	42.800	47.980	55.130	79.117
	012100002	角钢（综合）	kg	2.360	2.360	2.360	2.360	2.360
	092705004	碎布	kg	0.749	0.830	0.946	1.078	1.186
	850103006	其他材料费（占材料费）	%	1.000	1.000	1.000	1.000	1.000
机械	990900010	电焊机（综合）	台班	12.584	16.203	20.302	22.468	29.882
	990304004	汽车式起重机 8t	台班	0.046	0.058	0.089	0.145	0.370
	990401030	载重汽车 8t	台班	0.046	0.058	0.089	0.145	0.370
	990919030	电焊条烘干箱 $60\times50\times75cm^3$	台班	1.259	1.620	2.030	2.246	2.989
	990920010	电焊条恒温箱	台班	1.259	1.620	2.030	2.246	2.989

2. 碳钢管件（氩电联焊）

工作内容：准备工作，管子切口，坡口加工，坡口磨平，管口组对，焊接。　　**计量单位：**10 个

编号				8-2-409	8-2-410	8-2-411	8-2-412	8-2-413
项目				公称直径（mm 以内）				
				15	20	25	32	40
	名称		单位	消耗量				
人工	000203000	综合二类工	工日	1.070	1.431	1.874	2.221	2.847
材料	180803002	碳钢对焊管件	个	（10.000）	（10.000）	（10.000）	（10.000）	（10.000）
	031303005	碳钢焊丝	kg	0.276	0.352	0.600	0.800	1.000
	142909001	氧气	m^3	0.001	0.001	0.001	0.125	0.137
	142907002	乙炔气	kg	—	—	—	0.048	0.053
	142911001	氩气	m^3	0.772	0.986	1.600	2.200	2.600
	340101003	铈钨棒	g	1.544	1.974	3.200	4.300	5.000
	031101013	尼龙砂轮片 $\phi100\times16\times3$	片	0.576	0.734	1.194	1.552	2.084
	031101014	尼龙砂轮片 $\phi500\times25\times4$	片	0.104	0.127	0.180	0.247	0.290
	031103002	磨头	个	0.200	0.260	0.314	0.388	0.444
	092705004	碎布	kg	0.042	0.064	0.064	0.085	0.085
	850103006	其他材料费（占材料费）	%	1.000	1.000	1.000	1.000	1.000
机械	990912010	氩弧焊机 500A	台班	0.297	0.468	0.573	0.708	0.814
	990785040	砂轮切割机 $\phi500$	台班	0.008	0.043	0.063	0.080	0.087

工作内容：准备工作，管子切口，坡口加工，坡口磨平，管口组对，焊接。 计量单位：10 个

编号				8-2-414	8-2-415	8-2-416	8-2-417	8-2-418
项目				公称直径（mm 以内）				
				50	65	80	100	125
名称			单位	消耗量				
人工	000203000	综合二类工	工日	3.416	4.203	4.835	5.752	7.331
材料	180803002	碳钢对焊管件	个	（10.000）	（10.000）	（10.000）	（10.000）	（10.000）
	031303005	碳钢焊丝	kg	0.432	0.440	0.460	0.620	0.700
	142909001	氧气	m^3	0.184	2.300	2.580	3.200	4.180
	142907002	乙炔气	kg	0.071	0.885	0.992	1.231	1.608
	142911001	氩气	m^3	1.208	1.220	1.300	1.740	2.000
	340101003	铈钨棒	g	2.416	2.420	2.600	3.480	4.000
	031101013	尼龙砂轮片 $\phi100\times16\times3$	片	2.175	2.696	3.532	4.676	6.604
	031101014	尼龙砂轮片 $\phi500\times25\times4$	片	0.425	0.637	0.858	1.152	1.500
	031103002	磨头	个	0.528	0.704	0.824	1.056	—
	092705004	碎布	kg	0.122	0.150	0.192	0.214	0.266
	031301009	低碳钢焊条 J427（综合）	kg	0.947	3.600	5.300	7.000	11.460
	850103006	其他材料费（占材料费）	%	1.000	1.000	1.000	1.000	1.000
机械	990304004	汽车式起重机 8t	台班	—	—	—	0.012	0.012
	990401030	载重汽车 8t	台班	—	—	—	0.012	0.012
	990912010	氩弧焊机 500A	台班	0.540	0.681	0.816	1.048	1.244
	990785040	砂轮切割机 $\phi500$	台班	0.103	0.134	0.158	0.233	0.250
	990900010	电焊机（综合）	台班	0.814	1.149	1.352	2.008	2.350
	990919030	电焊条烘干箱 $60\times50\times75cm^3$	台班	0.081	0.115	0.135	0.201	0.235
	990920010	电焊条恒温箱	台班	0.081	0.115	0.135	0.201	0.235

工作内容：准备工作，管子切口，坡口加工，坡口磨平，管口组对，焊接。　　**计量单位**：10 个

编　号				8-2-419	8-2-420	8-2-421	8-2-422	8-2-423
项　目				公称直径（mm 以内）				
				150	200	250	300	350
名　称			单位	消　耗　量				
人工	000203000	综合二类工	工日	8.175	10.948	14.500	18.158	20.956
材料	180803002	碳钢对焊管件	个	（10.000）	（10.000）	（10.000）	（10.000）	（10.000）
	031301009	低碳钢焊条 J427（综合）	kg	16.000	28.000	44.000	78.000	106.000
	031303005	碳钢焊丝	kg	0.860	1.200	1.520	1.800	2.120
	142909001	氧气	m^3	7.460	10.000	14.100	16.800	20.100
	142907002	乙炔气	kg	2.869	3.846	5.423	6.462	7.731
	142911001	氩气	m^3	2.400	3.400	4.200	5.060	6.000
	340101003	铈钨棒	g	4.800	6.800	8.400	10.200	11.800
	031101013	尼龙砂轮片 $\phi100\times16\times3$	片	9.006	13.848	20.224	26.840	34.124
	012100002	角钢（综合）	kg	—	1.794	1.794	2.360	2.360
	092705004	碎布	kg	0.330	0.450	0.557	0.642	0.749
	850103006	其他材料费（占材料费）	%	1.000	1.000	1.000	1.000	1.000
机械	990900010	电焊机（综合）	台班	3.088	4.788	6.423	8.240	11.406
	990912010	氩弧焊机 500A	台班	1.491	2.060	2.570	3.063	3.551
	990744010	半自动切割机 100mm	台班	0.742	1.079	1.344	1.624	1.895
	990304004	汽车式起重机 8t	台班	0.012	0.012	0.021	0.030	0.046
	990401030	载重汽车 8t	台班	0.012	0.012	0.021	0.030	0.046
	990919030	电焊条烘干箱 $60\times50\times75cm^3$	台班	0.308	0.479	0.643	0.824	1.140
	990920010	电焊条恒温箱	台班	0.308	0.479	0.643	0.824	1.140

工作内容：准备工作，管子切口，坡口加工，坡口磨平，管口组对，焊接。 **计量单位：**10 个

编号				8-2-424	8-2-425	8-2-426	8-2-427
项目				公称直径（mm 以内）			
				400	450	500	600
名称			单位	消耗量			
人工	000203000	综合二类工	工日	25.400	30.755	34.056	44.274
材料	180803002	碳钢对焊管件	个	（10.000）	（10.000）	（10.000）	（10.000）
	031301009	低碳钢焊条 J427（综合）	kg	138.000	152.000	203.485	261.011
	031303005	碳钢焊丝	kg	2.600	3.000	3.908	5.054
	142909001	氧气	m^3	23.506	28.600	34.697	44.004
	142907002	乙炔气	kg	9.041	11.000	13.345	16.925
	142911001	氩气	m^3	6.960	7.600	10.943	14.151
	340101003	铈钨棒	g	13.900	15.200	21.886	28.302
	031101013	尼龙砂轮片 $\phi100\times16\times3$	片	41.720	47.580	54.601	78.446
	012100002	角钢（综合）	kg	2.360	2.360	2.360	2.360
	092705004	碎布	kg	0.830	0.946	1.078	1.186
	850103006	其他材料费（占材料费）	%	1.000	1.000	1.000	1.000
机械	990900010	电焊机（综合）	台班	14.820	18.699	20.694	27.523
	990912010	氩弧焊机 500A	台班	4.012	4.520	5.031	6.691
	990744010	半自动切割机 100mm	台班	2.191	2.581	2.769	3.683
	990304004	汽车式起重机 8t	台班	0.058	0.089	0.145	0.362
	990401030	载重汽车 8t	台班	0.058	0.089	0.145	0.362
	990919030	电焊条烘干箱 $60\times50\times75cm^3$	台班	1.482	1.870	2.070	2.752
	990920010	电焊条恒温箱	台班	1.482	1.870	2.070	2.752

3. 螺旋卷管件（电弧焊）

工作内容：准备工作，管子切口，坡口加工，坡口磨平，管口组对，焊接。　　**计量单位：**10 个

编号				8-2-428	8-2-429	8-2-430	8-2-431	8-2-432	8-2-433
项目				公称直径（mm 以内）					
				200	250	300	350	400	450
名称			单位	消耗量					
人工	000203000	综合二类工	工日	6.479	8.330	10.268	12.257	13.826	15.797
材料	180001002	螺旋卷管件	个	（10.000）	（10.000）	（10.000）	（10.000）	（10.000）	（10.000）
	031301009	低碳钢焊条 J427（综合）	kg	19.993	25.023	25.200	37.664	42.622	68.658
	142909001	氧气	m^3	7.800	9.600	10.300	12.496	13.787	17.086
	142907002	乙炔气	kg	3.000	3.692	3.962	4.806	5.303	6.572
	031101013	尼龙砂轮片 $\phi100\times16\times3$	片	16.616	19.916	26.302	33.158	37.520	48.989
	012100002	角钢（综合）	kg	2.006	2.006	2.006	2.006	2.006	2.006
	092705004	碎布	kg	0.383	0.473	0.546	0.637	0.706	0.804
	850103006	其他材料费（占材料费）	%	1.000	1.000	1.000	1.000	1.000	1.000
机械	990900010	电焊机（综合）	台班	3.666	4.155	4.888	6.137	6.946	10.020
	990304004	汽车式起重机 8t	台班	0.005	0.009	0.013	0.017	0.030	0.038
	990401030	载重汽车 8t	台班	0.005	0.009	0.013	0.017	0.030	0.038
	990919030	电焊条烘干箱 $60\times50\times75cm^3$	台班	0.367	0.415	0.489	0.614	0.695	1.002
	990920010	电焊条恒温箱	台班	0.367	0.415	0.489	0.614	0.695	1.002

工作内容：准备工作，管子切口，坡口加工，坡口磨平，管口组对，焊接。 计量单位：10个

编号				8-2-434	8-2-435	8-2-436	8-2-437	8-2-438	8-2-439
项目				公称直径（mm以内）					
				500	600	700	800	900	1000
名称			单位	消耗量					
人工	000203000	综合二类工	工日	17.477	21.572	24.723	28.108	31.466	34.855
材料	180001002	螺旋卷管件	个	（10.000）	（10.000）	（10.000）	（10.000）	（10.000）	（10.000）
	031301009	低碳钢焊条J427（综合）	kg	76.086	102.000	120.495	167.196	187.870	125.985
	142909001	氧气	m^3	18.556	21.844	24.729	31.000	36.000	37.550
	142907002	乙炔气	kg	7.137	8.402	9.511	11.923	13.846	14.442
	031101013	尼龙砂轮片 $\phi100\times16\times3$	片	56.096	70.394	80.018	95.668	110.518	22.931
	022305003	碳精棒（综合）	kg	—	1.010	1.154	1.314	1.474	1.639
	012100002	角钢（综合）	kg	2.006	2.207	2.207	2.207	2.207	2.207
	092705004	碎布	kg	0.916	1.008	1.130	1.265	1.416	1.587
	850103006	其他材料费（占材料费）	%	1.000	1.000	1.000	1.000	1.000	1.000
机械	990900010	电焊机（综合）	台班	10.265	15.153	17.352	21.507	24.166	20.995
	990304004	汽车式起重机8t	台班	0.046	0.066	0.088	0.115	0.181	0.224
	990401030	载重汽车 8t	台班	0.046	0.066	0.088	0.115	0.181	0.224
	990919030	电焊条烘干箱 $60\times50\times75cm^3$	台班	1.026	1.515	1.735	2.151	2.417	2.100
	990920010	电焊条恒温箱	台班	1.026	1.515	1.735	2.151	2.417	2.100

4. 螺旋卷管件（氩电联焊）

工作内容：准备工作，管子切口，坡口加工，坡口磨平，管口组对，焊接。　　　　**计量单位：**10 个

编　号				8-2-440	8-2-441	8-2-442	8-2-443
项　目				公称直径（mm 以内）			
				200	250	300	350
名　称			单位	消　耗　量			
人工	000203000	综合二类工	工日	8.958	11.197	13.522	16.397
材料	180001002	螺旋卷管件	个	（10.000）	（10.000）	（10.000）	（10.000）
	031301009	低碳钢焊条 J427（综合）	kg	16.869	20.000	25.200	33.290
	031303008	碳钢氩弧焊丝	kg	1.296	1.600	1.926	2.244
	142909001	氧气	m^3	7.800	9.600	10.300	12.496
	142907002	乙炔气	kg	3.000	3.692	3.962	4.806
	142911001	氩气	m^3	3.628	4.460	5.360	6.284
	340101003	铈钨棒	g	7.256	8.920	10.720	12.568
	031101013	尼龙砂轮片 $\phi100 \times 16 \times 3$	片	16.316	19.596	26.102	32.896
	012100002	角钢（综合）	kg	2.169	2.169	2.169	2.169
	092705004	碎布	kg	0.383	0.473	0.546	0.637
	850103006	其他材料费（占材料费）	%	1.000	1.000	1.000	1.000
机械	990900010	电焊机（综合）	台班	4.644	5.988	7.088	8.844
	990912010	氩弧焊机 500A	台班	2.329	2.859	3.422	4.033
	990304004	汽车式起重机 8t	台班	0.006	0.009	0.014	0.018
	990401030	载重汽车 8t	台班	0.006	0.009	0.014	0.018
	990919030	电焊条烘干箱 $60 \times 50 \times 75cm^3$	台班	0.464	0.599	0.709	0.885
	990920010	电焊条恒温箱	台班	0.464	0.599	0.709	0.885

工作内容：准备工作，管子切口，坡口加工，坡口磨平，管口组对，焊接。 计量单位：10 个

编号				8-2-444	8-2-445	8-2-446
项目				公称直径（mm 以内）		
				400	450	500
名称			单位	消耗量		
人工	000203000	综合二类工	工日	18.109	20.282	22.839
材料	180001002	螺旋卷管件	个	（10.000）	（10.000）	（10.000）
	031301009	低碳钢焊条 J427（综合）	kg	37.674	57.532	63.604
	031303008	碳钢氩弧焊丝	kg	2.548	2.882	3.142
	142909001	氧气	m^3	13.787	17.086	18.556
	142907002	乙炔气	kg	5.303	6.572	7.137
	142911001	氩气	m^3	7.134	8.070	8.798
	340101003	铈钨棒	g	14.268	16.140	17.596
	031101013	尼龙砂轮片 $\phi100\times16\times3$	片	37.226	48.485	55.560
	012100002	角钢（综合）	kg	2.169	2.169	2.169
	092705004	碎布	kg	0.706	0.804	0.916
	850103006	其他材料费（占材料费）	%	1.000	1.000	1.000
机械	990900010	电焊机（综合）	台班	10.008	12.119	13.403
	990912010	氩弧焊机 500A	台班	4.580	5.178	5.866
	990304004	汽车式起重机 8t	台班	0.032	0.039	0.048
	990401030	载重汽车 8t	台班	0.032	0.039	0.048
	990919030	电焊条烘干箱 $60\times50\times75cm^3$	台班	1.001	1.212	1.340
	990920010	电焊条恒温箱	台班	1.001	1.212	1.340

5. 不锈钢管件（电弧焊）

工作内容：准备工作，管子切口，坡口加工，坡口磨平，管口组对，焊接，焊缝钝化。 **计量单位：**10 个

编 号				8-2-447	8-2-448	8-2-449	8-2-450	8-2-451	8-2-452
项 目				公称直径（mm 以内）					
				15	20	25	32	40	50
名 称			单位	消 耗 量					
人工	000203000	综合二类工	工日	1.289	1.765	2.308	2.737	3.503	4.005
材料	180515001	不锈钢对焊管件	个	（10.000）	（10.000）	（10.000）	（10.000）	（10.000）	（10.000）
	031301001	不锈钢焊条（综合）	kg	0.356	0.438	0.648	0.802	1.228	1.800
	031101013	尼龙砂轮片 $\phi100\times16\times3$	片	0.730	0.896	1.346	1.670	2.340	3.362
	031101014	尼龙砂轮片 $\phi500\times25\times4$	片	0.111	0.133	0.256	0.296	0.362	0.403
	143315001	丙酮	kg	0.150	0.171	0.235	0.278	0.321	0.385
	143169002	酸洗膏	kg	0.103	0.126	0.168	0.208	0.258	0.322
	341101001	水	m^3	0.021	0.021	0.043	0.043	0.043	0.064
	092705004	碎布	kg	0.043	0.064	0.064	0.086	0.086	0.122
	850103006	其他材料费（占材料费）	%	1.000	1.000	1.000	1.000	1.000	1.000
机械	990900010	电焊机（综合）	台班	0.346	0.426	0.577	0.714	0.937	1.257
	990785040	砂轮切割机 $\phi500$	台班	0.011	0.028	0.075	0.081	0.104	0.134
	991003050	电动空气压缩机 $6m^3/min$	台班	0.021	0.021	0.021	0.021	0.021	0.021
	990919030	电焊条烘干箱 $60\times50\times75cm^3$	台班	0.035	0.043	0.058	0.071	0.093	0.126
	990920010	电焊条恒温箱	台班	0.035	0.043	0.058	0.071	0.093	0.126

工作内容：准备工作，管子切口，坡口加工，坡口磨平，管口组对，焊接，焊缝钝化。 **计量单位**：10个

编号				8-2-453	8-2-454	8-2-455	8-2-456	8-2-457	8-2-458
项目				公称直径（mm 以内）					
				65	80	100	125	150	200
名称			单位	消耗量					
人工	000203000	综合二类工	工日	4.704	5.338	6.814	8.798	10.232	13.579
材料	180515001	不锈钢对焊管件	个	（10.000）	（10.000）	（10.000）	（10.000）	（10.000）	（10.000）
	031301001	不锈钢焊条（综合）	kg	3.200	4.144	6.200	8.200	11.782	36.620
	031101013	尼龙砂轮片 $\phi100\times16\times3$	片	4.956	5.778	7.246	8.468	13.518	20.602
	143315001	丙酮	kg	0.514	0.599	0.770	0.895	1.072	1.477
	143169002	酸洗膏	kg	0.441	0.516	0.661	1.017	1.365	1.778
	341101001	水	m^3	0.086	0.107	0.128	0.150	0.193	0.257
	092705004	碎布	kg	0.150	0.193	0.214	0.265	0.330	0.449
	031101014	尼龙砂轮片 $\phi500\times25\times4$	片	0.718	0.884	1.329	—	—	—
	850103006	其他材料费（占材料费）	%	1.000	1.000	1.000	1.000	1.000	1.000
机械	990785040	砂轮切割机 $\phi500$	台班	0.226	0.300	0.371	—	—	—
	990900010	电焊机（综合）	台班	1.792	2.110	3.076	3.601	4.498	6.673
	990743010	等离子切割机 400A	台班	—	0.417	0.548	0.904	1.110	1.601
	990304004	汽车式起重机 8t	台班	—	—	0.010	0.010	0.010	0.010
	990401030	载重汽车 8t	台班	—	—	0.010	0.010	0.010	0.010
	991003030	电动空气压缩机 $1m^3/min$	台班	—	0.417	0.548	0.904	1.110	1.601
	991003050	电动空气压缩机 $6m^3/min$	台班	0.021	0.021	0.021	0.021	0.021	0.021
	990919030	电焊条烘干箱 $60\times50\times75cm^3$	台班	0.179	0.211	0.307	0.360	0.450	0.668
	990920010	电焊条恒温箱	台班	0.179	0.211	0.307	0.360	0.450	0.668

工作内容：准备工作，管子切口，坡口加工，坡口磨平，管口组对，焊接，焊缝钝化。 **计量单位**：10 个

编号				8-2-459	8-2-460	8-2-461	8-2-462	8-2-463	8-2-464
项目				公称直径（mm 以内）					
				250	300	350	400	450	500
名称			单位	消耗量					
人工	000203000	综合二类工	工日	17.933	22.450	25.930	31.680	38.639	42.736
材料	180515001	不锈钢对焊管件	个	（10.000）	（10.000）	（10.000）	（10.000）	（10.000）	（10.000）
	031301001	不锈钢焊条（综合）	kg	41.640	55.620	83.404	114.340	153.764	170.164
	031101013	尼龙砂轮片 $\phi100\times16\times3$	片	31.366	41.148	52.856	65.768	81.354	90.300
	143315001	丙酮	kg	1.840	2.183	2.525	2.846	3.244	3.699
	143169002	酸洗膏	kg	2.684	3.195	3.500	4.339	5.424	6.780
	341101001	水	m^3	0.300	0.364	0.428	0.492	0.561	0.639
	092705004	碎布	kg	0.556	0.642	0.749	0.830	0.946	1.078
	850103006	其他材料费（占材料费）	%	1.000	1.000	1.000	1.000	1.000	1.000
机械	990900010	电焊机（综合）	台班	8.564	12.133	16.138	21.292	25.124	29.647
	990743010	等离子切割机 400A	台班	2.092	2.638	3.189	3.799	4.483	5.290
	990304004	汽车式起重机 8t	台班	0.019	0.027	0.041	0.052	0.063	0.074
	990401030	载重汽车 8t	台班	0.019	0.027	0.041	0.052	0.063	0.074
	991003030	电动空气压缩机 $1m^3/min$	台班	2.092	2.638	3.189	3.799	4.483	5.290
	991003050	电动空气压缩机 $6m^3/min$	台班	0.021	0.021	0.021	0.021	0.021	0.021
	990919030	电焊条烘干箱 $60\times50\times75cm^3$	台班	0.856	1.213	1.614	2.129	2.512	2.965
	990920010	电焊条恒温箱	台班	0.856	1.213	1.614	2.129	2.512	2.965

6. 不锈钢管件（氩电联焊）

工作内容：准备工作，管子切口，坡口加工，坡口磨平，管口组对，焊接，焊缝钝化。 **计量单位：**10 个

编号				8-2-465	8-2-466	8-2-467	8-2-468	8-2-469
项目				公称直径（mm 以内）				
				50	65	80	100	125
名称			单位	消耗量				
人工	000203000	综合二类工	工日	4.320	5.317	6.117	7.276	9.273
材料	180515001	不锈钢对焊管件	个	（10.000）	（10.000）	（10.000）	（10.000）	（10.000）
	031301001	不锈钢焊条（综合）	kg	1.445	2.923	3.439	6.283	7.357
	031303017	不锈钢焊丝（综合）	kg	0.449	0.559	0.706	0.912	1.156
	142911001	氩气	m^3	1.168	1.564	1.977	2.553	3.236
	340101003	铈钨棒	g	1.965	2.444	2.910	3.762	4.460
	031101013	尼龙砂轮片 $\phi100\times16\times3$	片	2.897	4.436	5.164	6.440	7.568
	031101014	尼龙砂轮片 $\phi500\times25\times4$	片	0.403	0.718	0.884	1.329	—
	143315001	丙酮	kg	0.385	0.514	0.599	0.770	0.895
	143169002	酸洗膏	kg	0.322	0.441	0.516	0.661	1.017
	341101001	水	m^3	0.064	0.086	0.107	0.128	0.150
	092705004	碎布	kg	0.122	0.150	0.193	0.214	0.265
	850103006	其他材料费（占材料费）	%	1.000	1.000	1.000	1.000	1.000
机械	990743010	等离子切割机 400A	台班	—	—	—	—	0.266
	991003030	电动空气压缩机 $1m^3/min$	台班	—	—	—	—	0.266
	990900010	电焊机（综合）	台班	0.839	1.374	1.615	2.400	2.808
	990912010	氩弧焊机 500A	台班	0.770	0.962	1.125	1.475	1.756
	990785040	砂轮切割机 $\phi500$	台班	0.134	0.226	0.300	0.371	—
	990718040	普通车床 $630\times2000mm$	台班	0.238	0.422	0.424	0.434	0.439
	990509020	单速电动葫芦 3t	台班	0.238	0.422	0.424	0.434	0.439
	991003050	电动空气压缩机 $6m^3/min$	台班	0.021	0.021	0.021	0.021	0.021
	990919030	电焊条烘干箱 $60\times50\times75cm^3$	台班	0.084	0.137	0.162	0.240	0.281
	990920010	电焊条恒温箱	台班	0.084	0.137	0.162	0.240	0.281
	990304004	汽车式起重机 8t	台班	—	—	—	0.010	0.010
	990401030	载重汽车 8t	台班	—	—	—	0.010	0.010

工作内容：准备工作，管子切口，坡口加工，坡口磨平，管口组对，焊接，焊缝钝化。 **计量单位：**10 个

编号				8-2-470	8-2-471	8-2-472	8-2-473
项目				公称直径（mm 以内）			
				150	200	250	300
名称			单位	消耗量			
人工	000203000	综合二类工	工日	10.341	13.848	18.341	22.969
材料	180515001	不锈钢对焊管件	个	（10.000）	（10.000）	（10.000）	（10.000）
	031301001	不锈钢焊条（综合）	kg	10.875	21.556	36.453	56.443
	031303017	不锈钢焊丝（综合）	kg	1.385	1.962	2.452	2.996
	142911001	氩气	m^3	3.878	5.496	6.865	8.389
	340101003	铈钨棒	g	5.333	7.370	9.202	10.953
	031101013	尼龙砂轮片 $\phi100\times16\times3$	片	12.366	18.866	29.268	38.492
	143315001	丙酮	kg	1.072	1.477	1.840	2.183
	143169002	酸洗膏	kg	1.365	1.778	2.684	3.195
	341101001	水	m^3	0.193	0.257	0.300	0.364
	092705004	碎布	kg	0.330	0.449	0.556	0.642
	850103006	其他材料费（占材料费）	%	1.000	1.000	1.000	1.000
机械	990900010	电焊机（综合）	台班	3.694	5.727	7.681	11.865
	990912010	氩弧焊机 500A	台班	2.036	2.768	3.541	4.148
	990743010	等离子切割机 400A	台班	0.326	0.471	0.615	0.776
	990718040	普通车床 630×2000mm	台班	0.458	0.520	0.618	0.762
	990304004	汽车式起重机 8t	台班	0.010	0.010	0.019	0.027
	990401030	载重汽车 8t	台班	0.010	0.010	0.019	0.027
	990509020	单速电动葫芦 3t	台班	0.458	0.520	0.618	0.762
	991003030	电动空气压缩机 $1m^3/min$	台班	0.326	0.471	0.615	0.776
	991003050	电动空气压缩机 $6m^3/min$	台班	0.021	0.021	0.021	0.021
	990919030	电焊条烘干箱 $60\times50\times75cm^3$	台班	0.369	0.573	0.768	1.186
	990920010	电焊条恒温箱	台班	0.369	0.573	0.768	1.186

工作内容：准备工作，管子切口，坡口加工，坡口磨平，管口组对，焊接，焊缝钝化。 计量单位：10个

编号				8-2-474	8-2-475	8-2-476	8-2-477
项目				公称直径（mm以内）			
				350	400	450	500
名称			单位	消耗量			
人工	000203000	综合二类工	工日	26.508	32.130	38.904	43.080
材料	180515001	不锈钢对焊管件	个	（10.000）	（10.000）	（10.000）	（10.000）
	031301001	不锈钢焊条（综合）	kg	88.091	124.274	171.498	236.667
	031303017	不锈钢焊丝（综合）	kg	3.478	4.359	5.449	6.811
	142911001	氩气	m^3	9.737	12.207	15.259	19.073
	340101003	铈钨棒	g	12.703	14.347	17.934	22.417
	031101013	尼龙砂轮片 $\phi100\times16\times3$	片	49.568	62.160	77.042	85.704
	143315001	丙酮	kg	2.525	2.846	3.131	3.444
	143169002	酸洗膏	kg	3.500	4.339	5.424	6.780
	341101001	水	m^3	0.428	0.492	0.561	0.639
	092705004	碎布	kg	0.749	0.830	0.946	1.078
	850103006	其他材料费（占材料费）	%	1.000	1.000	1.000	1.000
机械	990900010	电焊机（综合）	台班	14.647	19.735	25.655	33.351
	990912010	氩弧焊机 500A	台班	4.768	5.080	5.994	7.073
	990743010	等离子切割机 400A	台班	1.117	1.758	2.075	2.448
	990718040	普通车床 630×2000mm	台班	0.959	1.211	1.430	1.687
	990304004	汽车式起重机 8t	台班	0.041	0.052	0.063	0.074
	990401030	载重汽车 8t	台班	0.041	0.052	0.063	0.074
	990509020	单速电动葫芦 3t	台班	0.959	1.211	1.430	1.687
	991003030	电动空气压缩机 $1m^3/min$	台班	0.937	1.117	1.318	1.555
	991003050	电动空气压缩机 $6m^3/min$	台班	0.021	0.021	0.021	0.021
	990919030	电焊条烘干箱 $60\times50\times75cm^3$	台班	1.464	1.974	2.565	3.335
	990920010	电焊条恒温箱	台班	1.464	1.974	2.565	3.335

7. 不锈钢管件（氩弧焊）

工作内容：准备工作，管子切口，坡口加工，坡口磨平，管口组对，焊接，焊缝钝化。 **计量单位：**10 个

编　号				8-2-478	8-2-479	8-2-480	8-2-481	8-2-482	8-2-483
项　目				公称直径（mm 以内）					
				15	20	25	32	40	50
名　称			单位	消　耗　量					
人工	000203000	综合二类工	工日	1.488	1.991	2.608	3.090	3.962	4.754
材料	180515001	不锈钢对焊管件	个	（10.000）	（10.000）	（10.000）	（10.000）	（10.000）	（10.000）
材料	031303017	不锈钢焊丝（综合）	kg	0.201	0.248	0.370	0.460	0.713	1.141
材料	142911001	氩气	m^3	0.563	0.696	1.038	1.288	1.997	3.195
材料	340101003	铈钨棒	g	1.066	1.318	1.930	2.397	3.681	6.018
材料	031101013	尼龙砂轮片 $\phi100\times16\times3$	片	0.608	0.756	1.160	1.452	2.058	2.897
材料	031101014	尼龙砂轮片 $\phi500\times25\times4$	片	0.111	0.133	0.256	0.296	0.362	0.403
材料	143315001	丙酮	kg	0.150	0.171	0.257	0.278	0.321	0.385
材料	143169002	酸洗膏	kg	0.103	0.126	0.168	0.208	0.258	0.322
材料	341101001	水	m^3	0.021	0.021	0.043	0.043	0.043	0.064
材料	092705004	碎布	kg	0.043	0.064	0.064	0.086	0.086	0.122
材料	850103006	其他材料费（占材料费）	%	1.000	1.000	1.000	1.000	1.000	1.000
机械	990912010	氩弧焊机 500A	台班	0.384	0.463	0.620	0.764	1.020	1.448
机械	990785040	砂轮切割机 $\phi500$	台班	0.011	0.028	0.075	0.081	0.104	0.134
机械	990718040	普通车床 630×2000mm	台班	0.150	0.154	0.167	0.173	0.197	0.238
机械	991003050	电动空气压缩机 $6m^3/min$	台班	0.021	0.021	0.021	0.021	0.021	0.021
机械	990509020	单速电动葫芦 3t	台班	—	—	—	—	—	0.238

工作内容：准备工作，管子切口，坡口加工，坡口磨平，管口组对，焊接，焊缝钝化。 **计量单位：**10 个

编号				8-2-484	8-2-485	8-2-486	8-2-487	8-2-488	8-2-489
项目				公称直径（mm 以内）					
				65	80	100	125	150	200
名称			单位	消耗量					
人工	000203000	综合二类工	工日	5.848	6.727	8.003	10.200	11.374	15.234
材料	180515001	不锈钢对焊管件	个	（10.000）	（10.000）	（10.000）	（10.000）	（10.000）	（10.000）
	031303017	不锈钢焊丝（综合）	kg	2.125	2.544	4.248	5.053	7.130	13.324
	142911001	氩气	m^3	5.951	7.126	11.894	14.145	19.966	37.307
	340101003	铈钨棒	g	11.218	13.208	22.444	26.279	37.510	70.992
	031101013	尼龙砂轮片 $\phi100\times16\times3$	片	4.436	5.164	6.440	7.568	12.366	18.866
	143315001	丙酮	kg	0.514	0.599	0.770	0.895	1.072	1.477
	143169002	酸洗膏	kg	0.441	0.516	0.661	1.017	1.365	1.778
	341101001	水	m^3	0.086	0.107	0.128	0.150	0.193	0.257
	092705004	碎布	kg	0.150	0.193	0.214	0.265	0.330	0.449
	031101014	尼龙砂轮片 $\phi500\times25\times4$	片	0.718	0.884	1.329	—	—	—
	850103006	其他材料费（占材料费）	%	1.000	1.000	1.000	1.000	1.000	1.000
机械	990785040	砂轮切割机 $\phi500$	台班	0.226	0.300	0.371	—	—	—
	990912010	氩弧焊机 500A	台班	2.257	2.639	4.192	4.923	6.607	8.773
	990743010	等离子切割机 400A	台班	—	—	—	0.266	0.326	0.471
	990718040	普通车床 630×2000mm	台班	0.422	0.424	0.434	0.439	0.458	0.520
	990304004	汽车式起重机 8t	台班	—	—	0.010	0.010	0.010	0.010
	990401030	载重汽车 8t	台班	—	—	0.010	0.010	0.010	0.010
	990509020	单速电动葫芦 3t	台班	0.422	0.424	0.434	0.439	0.458	0.520
	991003030	电动空气压缩机 $1m^3/min$	台班	—	—	—	0.266	0.326	0.471
	991003050	电动空气压缩机 $6m^3/min$	台班	0.021	0.021	0.021	0.021	0.021	0.021

8. 合金钢管件（电弧焊）

工作内容：准备工作，管子切口，坡口加工，管口组对，焊接。 **计量单位：**10 个

编号				8-2-490	8-2-491	8-2-492	8-2-493	8-2-494
项目				公称直径（mm 以内）				
				15	20	25	32	40
名称			单位	消耗量				
人工	000203000	综合二类工	工日	1.173	1.604	2.097	2.489	3.185
材料	180401001	合金钢对焊管件	个	（10.000）	（10.000）	（10.000）	（10.000）	（10.000）
	031301004	合金钢焊条	kg	0.434	0.861	1.055	1.307	1.499
	142909001	氧气	m^3	0.066	0.080	0.094	0.111	0.151
	142907002	乙炔气	kg	0.025	0.031	0.036	0.043	0.058
	031101013	尼龙砂轮片 $\phi100\times16\times3$	片	0.283	0.366	0.446	0.555	0.637
	031101014	尼龙砂轮片 $\phi500\times25\times4$	片	0.090	0.151	0.189	0.240	0.280
	031103002	磨头	个	0.274	0.307	0.371	0.434	0.524
	143315001	丙酮	kg	0.165	0.189	0.260	0.307	0.472
	092705004	碎布	kg	0.042	0.064	0.064	0.085	0.085
	850103006	其他材料费（占材料费）	%	1.000	1.000	1.000	1.000	1.000
机械	990900010	电焊机（综合）	台班	0.315	0.533	0.650	0.807	0.924
	990785040	砂轮切割机 $\phi500$	台班	0.008	0.043	0.063	0.080	0.087
	990718040	普通车床 630×2000mm	台班	0.156	0.177	0.184	0.196	0.203
	990919030	电焊条烘干箱 $60\times50\times75cm^3$	台班	0.031	0.053	0.065	0.081	0.092
	990920010	电焊条恒温箱	台班	0.031	0.053	0.065	0.081	0.092

工作内容：准备工作，管子切口，坡口加工，管口组对，焊接。 计量单位：10 个

编号				8-2-495	8-2-496	8-2-497	8-2-498	8-2-499
项目				公称直径（mm 以内）				
				50	65	80	100	125
名称			单位	消耗量				
人工	000203000	综合二类工	工日	3.642	4.276	4.853	6.194	7.999
材料	180401001	合金钢对焊管件	个	（10.000）	（10.000）	（10.000）	（10.000）	（10.000）
	031301004	合金钢焊条	kg	2.579	4.293	5.055	8.595	10.065
	142909001	氧气	m^3	0.172	0.286	0.321	0.432	0.484
	142907002	乙炔气	kg	0.066	0.110	0.123	0.166	0.186
	031101013	尼龙砂轮片 $\phi100\times16\times3$	片	0.857	1.256	1.487	2.126	2.758
	031101014	尼龙砂轮片 $\phi500\times25\times4$	片	0.426	0.654	0.778	1.077	1.270
	031103002	磨头	个	0.623	0.831	0.972	1.246	—
	143315001	丙酮	kg	0.519	0.590	0.732	0.873	1.015
	092705004	碎布	kg	0.122	0.150	0.192	0.214	0.266
	850103006	其他材料费（占材料费）	%	1.000	1.000	1.000	1.000	1.000
机械	990304004	汽车式起重机 8t	台班	—	—	—	0.012	0.012
	990401030	载重汽车 8t	台班	—	—	—	0.012	0.012
	990900010	电焊机（综合）	台班	1.257	1.732	2.037	2.816	3.297
	990785040	砂轮切割机 $\phi500$	台班	0.103	0.134	0.158	0.233	0.250
	990718040	普通车床 630×2000mm	台班	0.278	0.433	0.435	0.445	0.450
	990919030	电焊条烘干箱 $60\times50\times75cm^3$	台班	0.126	0.173	0.204	0.282	0.329
	990920010	电焊条恒温箱	台班	0.126	0.173	0.204	0.282	0.329
	990509020	单速电动葫芦 3t	台班	0.278	0.433	0.435	0.445	0.450

工作内容：准备工作，管子切口，坡口加工，管口组对，焊接。 计量单位：10 个

编号				8-2-500	8-2-501	8-2-502	8-2-503	8-2-504
项目				公称直径（mm 以内）				
				150	200	250	300	350
名称			单位	消耗量				
人工	000203000	综合二类工	工日	9.302	12.345	16.304	20.411	23.573
材料	180401001	合金钢对焊管件	个	（10.000）	（10.000）	（10.000）	（10.000）	（10.000）
	031301004	合金钢焊条	kg	14.363	27.178	44.651	67.824	101.699
	142909001	氧气	m^3	2.688	4.197	5.861	7.594	8.962
	142907002	乙炔气	kg	1.034	1.614	2.254	2.921	3.447
	031101013	尼龙砂轮片 $\phi100 \times 16 \times 3$	片	3.389	5.808	8.102	10.721	14.009
	143315001	丙酮	kg	1.227	1.676	2.100	2.478	2.879
	092705004	碎布	kg	0.330	0.450	0.557	0.642	0.749
	850103006	其他材料费（占材料费）	%	1.000	1.000	1.000	1.000	1.000
机械	990900010	电焊机（综合）	台班	4.183	6.191	8.069	10.158	13.844
	990744010	半自动切割机 100mm	台班	0.220	0.337	0.383	0.440	0.478
	990718040	普通车床 630×2000mm	台班	0.469	0.533	0.634	0.780	0.983
	990304004	汽车式起重机 8t	台班	0.012	0.012	0.021	0.030	0.046
	990401030	载重汽车 8t	台班	0.012	0.012	0.021	0.030	0.046
	990509020	单速电动葫芦 3t	台班	0.469	0.533	0.634	0.780	0.983
	990919030	电焊条烘干箱 $60 \times 50 \times 75cm^3$	台班	0.418	0.619	0.807	1.016	1.385
	990920010	电焊条恒温箱	台班	0.418	0.619	0.807	1.016	1.385

工作内容：准备工作，管子切口，坡口加工，管口组对，焊接。 **计量单位：**10个

编号				8-2-505	8-2-506	8-2-507	8-2-508
项目				公称直径（mm以内）			
				400	450	500	600
名称			单位	消耗量			
人工	000203000	综合二类工	工日	28.802	35.128	38.852	50.508
材料	180401001	合金钢对焊管件	个	（10.000）	（10.000）	（10.000）	（10.000）
	031301004	合金钢焊条	kg	139.426	187.497	207.494	352.740
	142909001	氧气	m^3	11.217	12.674	13.968	18.857
	142907002	乙炔气	kg	4.314	4.875	5.372	7.253
	031101013	尼龙砂轮片 $\phi100\times16\times3$	片	18.675	22.649	25.186	37.779
	143315001	丙酮	kg	3.257	3.682	4.059	5.074
	092705004	碎布	kg	0.830	0.946	1.078	1.186
	850103006	其他材料费（占材料费）	%	1.000	1.000	1.000	1.000
机械	990509020	单速电动葫芦 3t	台班	1.242	—	—	—
	990900010	电焊机（综合）	台班	17.824	22.333	24.714	32.129
	990744010	半自动切割机 100mm	台班	0.545	0.687	0.755	1.003
	990718040	普通车床 630×2000mm	台班	1.242	1.584	1.708	2.272
	990304004	汽车式起重机 8t	台班	0.058	0.089	0.145	0.362
	990401030	载重汽车 8t	台班	0.058	0.089	0.145	0.362
	990307010	电动单梁起重机 5t	台班	—	1.584	1.708	2.272
	990919030	电焊条烘干箱 $60\times50\times75cm^3$	台班	1.782	2.234	2.471	3.213
	990920010	电焊条恒温箱	台班	1.782	2.234	2.471	3.213

9. 合金钢管件（氩电联焊）

工作内容：准备工作，管子切口，坡口加工，管口组对，焊接。　　　　**计量单位**：10 个

编　号				8-2-509	8-2-510	8-2-511	8-2-512	8-2-513
项　目				公称直径（mm 以内）				
				15	20	25	32	40
		名　称	单位	消　耗　量				
人工	000203000	综合二类工	工日	1.230	1.646	2.155	2.554	3.275
材料	180401001	合金钢对焊管件	个	（10.000）	（10.000）	（10.000）	（10.000）	（10.000）
	031303003	合金钢焊丝	kg	0.212	0.422	0.517	0.640	0.734
	142909001	氧气	m^3	0.661	0.054	0.094	0.111	0.151
	142907002	乙炔气	kg	0.254	0.021	0.036	0.043	0.058
	142911001	氩气	m^3	0.595	1.182	1.447	1.791	2.056
	340101003	铈钨棒	g	1.189	2.365	2.893	3.582	4.111
	031101013	尼龙砂轮片 $\phi100\times16\times3$	片	0.165	0.189	0.257	0.444	0.555
	031101014	尼龙砂轮片 $\phi500\times25\times4$	片	0.090	0.118	0.189	0.240	0.280
	031103002	磨头	个	0.274	0.307	0.371	0.434	0.524
	143315001	丙酮	kg	0.165	0.198	0.260	0.307	0.472
	092705004	碎布	kg	0.042	0.064	0.064	0.085	0.085
	850103006	其他材料费（占材料费）	%	1.000	1.000	1.000	1.000	1.000
机械	990912010	氩弧焊机 500A	台班	0.313	0.490	0.603	0.744	0.855
	990785040	砂轮切割机 $\phi500$	台班	0.008	0.018	0.063	0.080	0.087
	990718040	普通车床 630×2000mm	台班	0.156	0.177	0.184	0.196	0.203

工作内容：准备工作，管子切口，坡口加工，管口组对，焊接。 **计量单位：**10 个

编号				8-2-514	8-2-515	8-2-516	8-2-517	8-2-518
项目				公称直径（mm 以内）				
				50	65	80	100	125
名称			单位	消耗量				
人工	000203000	综合二类工	工日	3.928	4.834	5.560	6.616	8.431
材料	180401001	合金钢对焊管件	个	（10.000）	（10.000）	（10.000）	（10.000）	（10.000）
	031301004	合金钢焊条	kg	1.836	3.134	3.686	6.740	7.892
	031303003	合金钢焊丝	kg	0.385	0.486	0.583	0.748	0.887
	142909001	氧气	m^3	0.172	0.286	0.321	0.432	0.484
	142907002	乙炔气	kg	0.066	0.110	0.123	0.166	0.186
	142911001	氩气	m^3	1.076	1.362	1.633	2.096	2.485
	340101003	铈钨棒	g	2.152	2.723	3.266	4.191	4.970
	031101013	尼龙砂轮片 $\phi100\times16\times3$	片	0.885	1.230	1.454	2.079	2.697
	031101014	尼龙砂轮片 $\phi500\times25\times4$	片	0.426	0.654	0.778	1.077	1.270
	031103002	磨头	个	0.623	0.831	0.972	1.246	—
	143315001	丙酮	kg	0.519	0.590	0.732	0.873	1.015
	092705004	碎布	kg	0.122	0.150	0.192	0.214	0.266
	850103006	其他材料费（占材料费）	%	1.000	1.000	1.000	1.000	1.000
机械	990900010	电焊机（综合）	台班	0.895	1.264	1.486	2.208	2.586
	990912010	氩弧焊机 500A	台班	0.564	0.713	0.855	1.097	1.302
	990785040	砂轮切割机 $\phi500$	台班	0.103	0.134	0.158	0.233	0.250
	990718040	普通车床 630×2000mm	台班	0.278	0.433	0.435	0.445	0.450
	990509020	单速电动葫芦 3t	台班	0.278	0.433	0.435	0.445	0.450
	990919030	电焊条烘干箱 $60\times50\times75cm^3$	台班	0.089	0.126	0.149	0.221	0.259
	990920010	电焊条恒温箱	台班	0.089	0.126	0.149	0.221	0.259
	990304004	汽车式起重机 8t	台班	—	—	—	0.012	0.012
	990401030	载重汽车 8t	台班	—	—	—	0.012	0.012

工作内容：准备工作，管子切口，坡口加工，管口组对，焊接。 计量单位：10 个

编号				8-2-519	8-2-520	8-2-521	8-2-522	8-2-523
项目				公称直径（mm 以内）				
				150	200	250	300	350
名称			单位	消耗量				
人工	000203000	综合二类工	工日	9.401	12.589	16.675	20.883	24.099
材料	180401001	合金钢对焊管件	个	（10.000）	（10.000）	（10.000）	（10.000）	（10.000）
	031301004	合金钢焊条	kg	11.661	23.116	39.089	60.529	92.167
	031303003	合金钢焊丝	kg	1.064	1.470	1.834	2.185	2.535
	142909001	氧气	m^3	2.688	4.197	5.861	7.594	8.962
	142907002	乙炔气	kg	1.034	1.614	2.254	2.921	3.447
	142911001	氩气	m^3	2.981	4.116	5.135	6.119	7.097
	340101003	钸钨棒	g	5.961	8.232	10.271	12.239	14.193
	031101013	尼龙砂轮片 $\phi100\times16\times3$	片	3.316	5.683	7.925	10.490	13.707
	143315001	丙酮	kg	1.227	1.676	2.100	2.478	2.879
	092705004	碎布	kg	0.330	0.450	0.557	0.642	0.749
	850103006	其他材料费（占材料费）	%	1.000	1.000	1.000	1.000	1.000
机械	990900010	电焊机（综合）	台班	3.396	5.267	7.066	9.063	12.546
	990912010	氩弧焊机 500A	台班	1.561	2.157	2.687	3.205	3.715
	990718040	普通车床 630×2000mm	台班	0.469	0.533	0.634	0.780	0.983
	990509020	单速电动葫芦 3t	台班	0.469	0.533	0.634	0.780	0.983
	990919030	电焊条烘干箱 $60\times50\times75cm^3$	台班	0.340	0.527	0.707	0.906	1.255
	990920010	电焊条恒温箱	台班	0.340	0.527	0.707	0.906	1.255
	990304004	汽车式起重机 8t	台班	0.012	0.012	0.021	0.030	0.046
	990401030	载重汽车 8t	台班	0.012	0.012	0.021	0.030	0.046
	990744010	半自动切割机 100mm	台班	0.220	0.337	0.383	0.440	0.478

工作内容：准备工作，管子切口，坡口加工，管口组对，焊接。　　　　**计量单位：**10 个

		编号		8-2-524	8-2-525	8-2-526	8-2-527
		项目		公称直径（mm 以内）			
				400	450	500	600
		名称	单位	消耗量			
人工	000203000	综合二类工	工日	29.209	35.369	39.165	50.914
材料	180401001	合金钢对焊管件	个	（10.000）	（10.000）	（10.000）	（10.000）
	031301004	合金钢焊条	kg	131.067	172.688	191.106	324.880
	031303003	合金钢焊丝	kg	2.863	3.226	3.590	6.103
	142909001	氧气	m^3	11.217	12.674	13.968	18.857
	142907002	乙炔气	kg	4.314	4.875	5.372	7.253
	142911001	氩气	m^3	8.015	9.034	10.051	12.563
	340101003	钍钨棒	g	16.029	18.068	20.102	25.128
	031101013	尼龙砂轮片 $\phi100\times16\times3$	片	19.451	22.158	24.641	36.962
	143315001	丙酮	kg	3.257	3.682	4.059	5.074
	092705004	碎布	kg	0.830	0.946	1.078	1.186
	850103006	其他材料费（占材料费）	%	1.000	1.000	1.000	1.000
机械	990900010	电焊机（综合）	台班	16.302	20.570	22.762	30.275
	990912010	氩弧焊机 500A	台班	4.196	4.729	5.262	6.999
	990744010	半自动切割机 100mm	台班	0.545	0.687	0.755	1.003
	990718040	普通车床 630×2000mm	台班	1.242	1.584	1.708	2.272
	990304004	汽车式起重机 8t	台班	0.058	0.089	0.145	0.362
	990401030	载重汽车 8t	台班	0.058	0.089	0.145	0.362
	990509020	单速电动葫芦 3t	台班	1.242	—	—	—
	990919030	电焊条烘干箱 $60\times50\times75cm^3$	台班	1.630	2.057	2.276	3.028
	990920010	电焊条恒温箱	台班	1.630	2.057	2.276	3.028
	990307010	电动单梁起重机 5t	台班	—	1.584	1.708	2.272

10. 合金钢管件（氩弧焊）

工作内容：准备工作，管子切口，坡口加工，管口组对，焊接。 计量单位：10 个

	编 号			8-2-528	8-2-529	8-2-530	8-2-531	8-2-532	8-2-533
	项 目			公称直径（mm 以内）					
				15	20	25	32	40	50
	名 称		单位	消 耗 量					
人工	000203000	综合二类工	工日	1.354	1.811	2.370	2.810	3.601	4.321
材料	180401001	合金钢对焊管件	个	（10.000）	（10.000）	（10.000）	（10.000）	（10.000）	（10.000）
	031303003	合金钢焊丝	kg	0.212	0.422	0.517	0.640	0.734	1.345
	142909001	氧气	m^3	0.066	0.078	0.094	0.111	0.151	0.172
	142907002	乙炔气	kg	0.025	0.030	0.036	0.043	0.058	0.066
	142911001	氩气	m^3	0.595	1.182	1.447	1.791	2.056	3.767
	340101003	铈钨棒	g	1.189	2.365	2.893	3.582	4.111	7.533
	031101013	尼龙砂轮片 $\phi100\times16\times3$	片	0.274	0.387	0.432	0.536	0.616	0.826
	031101014	尼龙砂轮片 $\phi500\times25\times4$	片	0.090	0.118	0.189	0.240	0.280	0.426
	031103002	磨头	个	0.274	0.307	0.371	0.434	0.524	0.623
	143315001	丙酮	kg	0.165	0.189	0.260	0.307	0.472	0.517
	092705004	碎布	kg	0.042	0.064	0.064	0.085	0.085	0.122
	850103006	其他材料费（占材料费）	%	1.000	1.000	1.000	1.000	1.000	1.000
机械	990912010	氩弧焊机 500A	台班	0.313	0.490	0.603	0.744	0.855	1.307
	990785040	砂轮切割机 $\phi500$	台班	0.008	0.018	0.063	0.080	0.087	0.103
	990718040	普通车床 630×2000mm	台班	0.156	0.177	0.184	0.196	0.203	0.278
	990509020	单速电动葫芦 3t	台班	—	—	—	—	—	0.278

工作内容：准备工作，管子切口，坡口加工，管口组对，焊接。 计量单位：10 个

编号				8-2-534	8-2-535	8-2-536	8-2-537	8-2-538	8-2-539
项目				公称直径（mm 以内）					
				65	80	100	125	150	200
名称			单位	消耗量					
人工	000203000	综合二类工	工日	5.317	6.116	7.276	9.273	10.341	13.849
材料	180401001	合金钢对焊管件	个	（10.000）	（10.000）	（10.000）	（10.000）	（10.000）	（10.000）
	031303003	合金钢焊丝	kg	2.237	2.634	4.444	5.186	7.351	8.673
	142909001	氧气	m^3	0.286	0.321	0.432	0.484	2.688	3.064
	142907002	乙炔气	kg	0.110	0.123	0.166	0.186	1.034	1.178
	142911001	氩气	m^3	6.263	7.375	12.443	14.523	20.582	23.463
	340101003	铈钨棒	g	12.527	14.750	24.885	29.046	41.163	46.926
	031101013	尼龙砂轮片 $\phi100\times16\times3$	片	1.211	1.433	2.006	2.549	3.093	3.526
	031101014	尼龙砂轮片 $\phi500\times25\times4$	片	0.654	0.778	1.077	1.270	—	—
	031103002	磨头	个	0.831	0.972	1.246	—	—	—
	143315001	丙酮	kg	0.590	0.732	0.873	1.015	1.227	1.399
	092705004	碎布	kg	0.150	0.192	0.214	0.266	0.330	0.450
	850103006	其他材料费（占材料费）	%	1.000	1.000	1.000	1.000	1.000	1.000
机械	990304004	汽车式起重机 8t	台班	—	—	0.012	0.012	0.012	0.013
	990401030	载重汽车 8t	台班	—	—	0.012	0.012	0.012	0.013
	990744010	半自动切割机 100mm	台班	—	—	—	—	0.220	0.260
	990912010	氩弧焊机 500A	台班	2.035	2.397	3.831	4.472	6.076	7.170
	990785040	砂轮切割机 $\phi500$	台班	0.134	0.158	0.233	0.250	—	—
	990718040	普通车床 630×2000mm	台班	0.433	0.435	0.445	0.450	0.469	0.554
	990509020	单速电动葫芦 3t	台班	0.433	0.435	0.445	0.450	0.469	0.554

11. 铜及铜合金管件（氧乙炔焊）

工作内容：准备工作，管子切口，坡口加工，坡口磨平，管口组对，焊前预热，焊接。　**计量单位：**10 个

编　号				8-2-540	8-2-541	8-2-542	8-2-543	8-2-544
项　目				管外径（mm 以内）				
				20	30	40	50	65
名　称			单位	消　耗　量				
人工	000203000	综合二类工	工日	1.980	3.034	3.790	4.175	5.053
材料	180700002	中压铜及铜合金管件	个	（10.000）	（10.000）	（10.000）	（10.000）	（10.000）
	031303009	铜焊丝（综合）	kg	0.220	0.420	0.580	0.980	1.280
	142909001	氧气	m^3	1.330	1.964	2.913	3.650	4.463
	142907002	乙炔气	kg	0.512	0.755	1.120	1.404	1.717
	031101013	尼龙砂轮片 $\phi100\times16\times3$	片	0.200	0.300	0.309	0.391	0.515
	031101014	尼龙砂轮片 $\phi500\times25\times4$	片	0.093	0.135	0.249	0.325	0.368
	040329001	硼砂	kg	0.044	0.089	0.121	0.146	0.311
	031102004	铁砂布（综合）	张	0.269	0.336	0.403	0.470	0.650
	092705004	碎布	kg	0.022	0.045	0.067	0.067	0.090
	850103006	其他材料费（占材料费）	%	1.000	1.000	1.000	1.000	1.000
机械	990785040	砂轮切割机 $\phi500$	台班	0.009	0.044	0.079	0.107	0.142

工作内容：准备工作，管子切口，坡口加工，坡口磨平，管口组对，焊前预热，焊接。 计量单位：10 个

编号				8-2-545	8-2-546	8-2-547	8-2-548	8-2-549
项目				管外径（mm 以内）				
				75	85	100	120	150
名称			单位	消耗量				
人工	000203000	综合二类工	工日	5.353	6.317	6.262	7.777	9.625
材料	180700002	中压铜及铜合金管件	个	（10.000）	（10.000）	（10.000）	（10.000）	（10.000）
	031303009	铜焊丝（综合）	kg	1.500	2.160	2.450	3.500	4.380
	142909001	氧气	m^3	5.391	6.216	6.417	8.200	9.661
	142907002	乙炔气	kg	2.073	2.391	2.468	3.154	3.716
	031101013	尼龙砂轮片 $\phi100\times16\times3$	片	0.606	1.638	1.854	2.249	2.841
	031101014	尼龙砂轮片 $\phi500\times25\times4$	片	0.414	—	—	—	—
	040329001	硼砂	kg	0.378	0.424	0.650	0.784	0.986
	031102004	铁砂布（综合）	张	0.762	0.900	1.165	1.546	2.150
	092705004	碎布	kg	0.112	0.134	0.134	0.179	0.202
	850103006	其他材料费（占材料费）	%	1.000	1.000	1.000	1.000	1.000
机械	990743010	等离子切割机 400A	台班	—	1.215	1.412	1.694	2.119
	991003030	电动空气压缩机 $1m^3/min$	台班	—	1.215	1.412	1.694	2.119
	990304004	汽车式起重机 8t	台班	—	—	0.010	0.010	0.010
	990401030	载重汽车 8t	台班	—	—	0.010	0.010	0.010
	990785040	砂轮切割机 $\phi500$	台班	0.156	—	—	—	—

工作内容：准备工作，管子切口，坡口加工，坡口磨平，管口组对，焊前预热，焊接。 计量单位：10个

编号				8-2-550	8-2-551	8-2-552	8-2-553
项目				管外径（mm以内）			
				185	200	250	300
名称			单位	消耗量			
人工	000203000	综合二类工	工日	11.574	12.980	14.635	18.748
材料	180700002	中压铜及铜合金管件	个	（10.000）	（10.000）	（10.000）	（10.000）
	031303009	铜焊丝（综合）	kg	5.420	9.160	11.500	13.820
	142909001	氧气	m^3	12.467	16.222	20.308	24.022
	142907002	乙炔气	kg	4.795	6.239	7.811	9.239
	031101013	尼龙砂轮片 $\phi100\times16\times3$	片	3.530	5.049	6.364	7.679
	040329001	硼砂	kg	1.210	2.061	2.576	3.091
	031102004	铁砂布（综合）	张	2.822	3.136	4.122	5.107
	092705004	碎布	kg	0.269	0.291	0.358	0.426
	850103006	其他材料费（占材料费）	%	1.000	1.000	1.000	1.000
机械	990743010	等离子切割机 400A	台班	2.614	2.972	3.713	4.457
	990304004	汽车式起重机 8t	台班	0.010	0.010	0.018	0.025
	990401030	载重汽车 8t	台班	0.010	0.010	0.018	0.025
	991003030	电动空气压缩机 $1m^3/min$	台班	2.614	2.972	3.713	4.457

12. 钢套钢直埋保温管件（氩电联焊）

工作内容： 准备工作，管子切口，坡口加工，坡口磨平，管口组对，焊前预热，焊接。 **计量单位：** 10 个

编号				8-2-554	8-2-555	8-2-556	8-2-557	8-2-558
项目				公称直径（mm 以内）				
				100	200	250	300	350
名称			单位	消耗量				
人工	000203000	综合二类工	工日	5.310	10.621	13.274	16.034	19.444
材料	180300006	预制钢套钢复合保温管管件	个	（10.000）	（10.000）	（10.000）	（10.000）	（10.000）
	031301009	低碳钢焊条 J427（综合）	kg	8.435	16.869	20.000	25.200	33.290
	031303005	碳钢焊丝	kg	0.648	1.296	1.600	1.926	2.244
	142909001	氧气	m^3	3.900	7.800	9.600	10.300	12.495
	142907002	乙炔气	kg	1.500	3.000	3.692	3.962	4.806
	142911001	氩气	m^3	1.814	3.628	4.460	5.360	6.284
	031101013	尼龙砂轮片 $\phi100\times16\times3$	片	8.159	16.318	19.599	26.105	32.900
	012100002	角钢（综合）	kg	1.085	2.169	2.169	2.169	2.169
	340101003	铈钨棒	g	3.628	7.256	8.920	10.720	12.568
	092705004	碎布	kg	0.192	0.383	0.473	0.546	0.636
	850103006	其他材料费（占材料费）	%	1.000	1.000	1.000	1.000	1.000
机械	990304004	汽车式起重机 8t	台班	0.008	0.013	0.024	0.037	0.054
	990401030	载重汽车 8t	台班	0.008	0.013	0.024	0.037	0.054
	990912010	氩弧焊机 500A	台班	1.308	2.180	2.677	3.203	3.775
	990900010	电焊机（综合）	台班	2.608	4.347	5.606	6.635	8.280
	990919030	电焊条烘干箱 $60\times50\times75cm^3$	台班	0.261	0.435	0.561	0.664	0.828
	990920010	电焊条恒温箱	台班	0.261	0.435	0.561	0.664	0.828

工作内容：准备工作，管子切口，坡口加工，坡口磨平，管口组对，焊前预热，焊接。　　**计量单位**：10 个

编号				8-2-559	8-2-560	8-2-561	8-2-562	8-2-563
项目				公称直径（mm 以内）				
				400	450	500	600	700
名称			单位	消耗量				
人工	000203000	综合二类工	工日	21.476	24.052	27.082	32.256	36.867
材料	180300006	预制钢套钢复合保温管管件	个	（10.000）	（10.000）	（10.000）	（10.000）	（10.000）
	031301009	低碳钢焊条 J427（综合）	kg	37.674	57.532	63.604	75.752	86.585
	031303005	碳钢焊丝	kg	2.548	2.882	3.142	3.742	4.277
	142909001	氧气	m^3	13.787	17.085	18.555	22.100	25.260
	142907002	乙炔气	kg	5.303	6.571	7.137	8.500	9.715
	142911001	氩气	m^3	7.134	8.070	8.798	10.478	11.976
	031101013	尼龙砂轮片 $\phi100\times16\times3$	片	37.230	48.491	55.567	66.181	75.644
	012100002	角钢（综合）	kg	2.169	2.169	2.169	2.583	2.952
	340101003	铈钨棒	g	14.268	16.140	17.596	20.957	23.954
	092705004	碎布	kg	0.705	0.804	0.916	1.091	1.247
	850103006	其他材料费（占材料费）	%	1.000	1.000	1.000	1.000	1.000
机械	990304004	汽车式起重机 8t	台班	0.070	0.108	0.175	0.434	0.506
	990401030	载重汽车 8t	台班	0.070	0.108	0.175	0.434	0.506
	990912010	氩弧焊机 500A	台班	4.288	4.848	5.491	6.541	7.476
	990900010	电焊机（综合）	台班	9.370	11.345	12.547	14.944	17.080
	990919030	电焊条烘干箱 $60\times50\times75cm^3$	台班	0.937	1.135	1.255	1.494	1.708
	990920010	电焊条恒温箱	台班	0.937	1.135	1.255	1.494	1.708

工作内容：准备工作，管子切口，坡口加工，坡口磨平，管口组对，焊前预热，焊接。 计量单位：10个

编号				8-2-564	8-2-565	8-2-566	8-2-567
项目				公称直径（mm以内）			
				800	900	1000	1200
名称			单位	消耗量			
人工	000203000	综合二类工	工日	44.551	49.982	55.433	75.778
材料	180300006	预制钢套钢复合保温管管件	个	（10.000）	（10.000）	（10.000）	（10.000）
	031301009	低碳钢焊条 J427（综合）	kg	134.310	150.696	167.122	261.045
	031303005	碳钢焊丝	kg	6.636	7.446	8.258	12.899
	142909001	氧气	m^3	33.575	37.672	41.777	57.110
	142907002	乙炔气	kg	12.913	14.489	16.068	21.965
	142911001	氩气	m^3	18.577	20.843	23.115	36.106
	031101013	尼龙砂轮片 $\phi100\times16\times3$	片	100.548	112.814	125.111	171.027
	012100002	角钢（综合）	kg	3.362	3.772	4.183	5.003
	340101003	铈钨棒	g	37.157	41.690	46.234	72.218
	092705004	碎布	kg	1.420	1.593	1.766	2.112
	850103006	其他材料费（占材料费）	%	1.000	1.000	1.000	1.000
机械	990304004	汽车式起重机 8t	台班	0.580	0.591	0.595	0.601
	990401030	载重汽车 8t	台班	0.580	0.591	0.595	0.601
	990912010	氩弧焊机 500A	台班	11.596	13.012	14.430	22.540
	990900010	电焊机（综合）	台班	26.495	29.726	32.967	51.494
	990919030	电焊条烘干箱 $60\times50\times75cm^3$	台班	2.649	2.973	3.297	5.149
	990920010	电焊条恒温箱	台班	2.649	2.973	3.297	5.149

三、高压管件

1. 碳钢管件（电弧焊）

工作内容：准备工作，管子切口，坡口加工，坡口磨平，管口组对，焊接。 **计量单位**：10 个

编号				8-2-568	8-2-569	8-2-570	8-2-571	8-2-572
项目				公称直径（mm 以内）				
				15	20	25	32	40
名称			单位	消耗量				
人工	000203000	综合二类工	工日	1.071	1.512	1.995	2.362	2.797
材料	180803002	碳钢对焊管件	个	（10.000）	（10.000）	（10.000）	（10.000）	（10.000）
	031301009	低碳钢焊条 J427（综合）	kg	0.800	1.652	2.758	3.996	4.644
	031101013	尼龙砂轮片 $\phi100\times16\times3$	片	0.180	0.250	0.362	0.496	0.602
	031101014	尼龙砂轮片 $\phi500\times25\times4$	片	0.121	0.196	0.301	0.427	0.512
	031103002	磨头	个	0.020	0.260	0.314	0.388	0.444
	143315001	丙酮	kg	0.216	0.230	0.242	0.260	0.292
	092705004	碎布	kg	0.042	0.064	0.064	0.085	0.085
	850103006	其他材料费（占材料费）	%	1.000	1.000	1.000	1.000	1.000
机械	990900010	电焊机（综合）	台班	0.374	0.519	0.676	0.873	1.016
	990785040	砂轮切割机 $\phi500$	台班	0.033	0.070	0.090	0.102	0.111
	990718040	普通车床 630×2000mm	台班	0.175	0.235	0.353	0.357	0.362
	990919030	电焊条烘干箱 $60\times50\times75cm^3$	台班	0.037	0.052	0.068	0.087	0.101
	990920010	电焊条恒温箱	台班	0.037	0.052	0.068	0.087	0.101
	990509020	单速电动葫芦 3t	台班	—	—	0.353	0.357	0.362

工作内容：准备工作，管子切口，坡口加工，坡口磨平，管口组对，焊接。 计量单位：10 个

编号				8-2-573	8-2-574	8-2-575	8-2-576	8-2-577
项目				公称直径（mm 以内）				
				50	65	80	100	125
名称			单位	消耗量				
人工	000203000	综合二类工	工日	3.242	3.608	4.238	6.941	9.534
材料	180803002	碳钢对焊管件	个	（10.000）	（10.000）	（10.000）	（10.000）	（10.000）
	031301009	低碳钢焊条 J427（综合）	kg	7.210	12.390	17.525	27.811	48.551
	031101013	尼龙砂轮片 $\phi100\times16\times3$	片	0.774	1.196	1.464	1.865	2.795
	031101014	尼龙砂轮片 $\phi500\times25\times4$	片	0.750	1.145	1.546	—	—
	031103002	磨头	个	0.528	0.704	0.824	1.056	—
	143315001	丙酮	kg	0.350	0.474	0.558	0.716	0.838
	092705004	碎布	kg	0.122	0.150	0.192	0.214	0.266
	142909001	氧气	m^3	—	—	—	3.024	3.653
	142907002	乙炔气	kg	—	—	—	1.163	1.405
	850103006	其他材料费（占材料费）	%	1.000	1.000	1.000	1.000	1.000
机械	990304004	汽车式起重机 8t	台班	—	—	0.008	0.016	0.030
	990401030	载重汽车 8t	台班	—	—	0.008	0.016	0.030
	990900010	电焊机（综合）	台班	1.251	1.780	2.290	3.412	5.139
	990785040	砂轮切割机 $\phi500$	台班	0.138	0.152	0.183	—	—
	990718040	普通车床 630×2000mm	台班	0.374	0.404	0.441	0.509	1.070
	990919030	电焊条烘干箱 $60\times50\times75cm^3$	台班	0.125	0.178	0.229	0.341	0.514
	990920010	电焊条恒温箱	台班	0.125	0.178	0.229	0.341	0.514
	990509020	单速电动葫芦 3t	台班	0.374	0.404	0.441	0.509	1.070

工作内容：准备工作，管子切口，坡口加工，坡口磨平，管口组对，焊接。 **计量单位**：10 个

编号				8-2-578	8-2-579	8-2-580	8-2-581	8-2-582
项目				公称直径（mm 以内）				
				150	200	250	300	350
名称			单位	消耗量				
人工	000203000	综合二类工	工日	12.392	17.624	25.102	35.361	47.184
材料	180803002	碳钢对焊管件	个	（10.000）	（10.000）	（10.000）	（10.000）	（10.000）
	031301009	低碳钢焊条 J427（综合）	kg	76.533	119.214	175.111	269.048	379.674
	142909001	氧气	m^3	5.339	7.508	10.252	11.699	15.342
	142907002	乙炔气	kg	2.053	2.888	3.943	4.500	5.901
	031101013	尼龙砂轮片 $\phi100\times16\times3$	片	3.984	6.427	9.483	12.966	17.595
	143315001	丙酮	kg	1.000	1.380	1.720	2.040	2.360
	012100002	角钢（综合）	kg	—	1.520	1.520	2.000	2.000
	092705004	碎布	kg	0.330	0.450	0.557	0.642	0.749
	850103006	其他材料费（占材料费）	%	1.000	1.000	1.000	1.000	1.000
机械	990900010	电焊机（综合）	台班	7.583	11.641	16.934	25.056	34.096
	990744010	半自动切割机 100mm	台班	0.263	0.416	0.888	1.179	1.452
	990718040	普通车床 630×2000mm	台班	1.169	1.744	2.104	2.661	3.444
	990304004	汽车式起重机 8t	台班	0.042	0.063	0.105	0.146	0.189
	990401030	载重汽车 8t	台班	0.042	0.063	0.105	0.146	0.189
	990509020	单速电动葫芦 3t	台班	1.169	1.744	—	—	—
	990919030	电焊条烘干箱 $60\times50\times75cm^3$	台班	0.758	1.164	1.694	2.506	3.409
	990920010	电焊条恒温箱	台班	0.758	1.164	1.694	2.506	3.409
	990307010	电动单梁起重机 5t	台班	—	—	2.104	2.661	3.444

工作内容：准备工作，管子切口，坡口加工，坡口磨平，管口组对，焊接。 **计量单位：**10 个

				8-2-583	8-2-584	8-2-585	8-2-586
编号				8-2-583	8-2-584	8-2-585	8-2-586
项目				公称直径（mm 以内）			
				400	450	500	600
名称			单位	消耗量			
人工	000203000	综合二类工	工日	59.693	72.876	89.327	116.126
材料	180803002	碳钢对焊管件	个	（10.000）	（10.000）	（10.000）	（10.000）
	031301009	低碳钢焊条 J427（综合）	kg	507.933	642.628	803.579	1366.084
	142909001	氧气	m^3	17.641	23.647	27.025	36.484
	142907002	乙炔气	kg	6.785	9.095	10.394	14.032
	031101013	尼龙砂轮片 $\phi100 \times 16 \times 3$	片	22.056	25.232	32.120	40.150
	143315001	丙酮	kg	2.660	3.000	3.300	3.630
	012100002	角钢（综合）	kg	2.000	2.000	2.000	2.000
	092705004	碎布	kg	0.830	0.946	1.078	1.186
	850103006	其他材料费（占材料费）	%	1.000	1.000	1.000	1.000
机械	990900010	电焊机（综合）	台班	44.424	56.202	70.279	93.471
	990744010	半自动切割机 100mm	台班	1.638	1.989	2.658	3.534
	990718040	普通车床 630 × 2000mm	台班	3.776	4.688	5.106	6.791
	990304004	汽车式起重机 8t	台班	0.244	0.298	0.368	0.490
	990401030	载重汽车 8t	台班	0.244	0.298	0.368	0.490
	990307010	电动单梁起重机 5t	台班	3.776	4.688	5.106	6.791
	990919030	电焊条烘干箱 $60 \times 50 \times 75cm^3$	台班	4.442	5.620	7.028	9.347
	990920010	电焊条恒温箱	台班	4.442	5.620	7.028	9.347

2. 碳钢管件（氩电联焊）

工作内容：准备工作，管子切口，坡口加工，坡口磨平，管口组对，焊接。　　　　**计量单位：**10 个

				8-2-587	8-2-588	8-2-589	8-2-590	8-2-591
编号				8-2-587	8-2-588	8-2-589	8-2-590	8-2-591
项目				公称直径（mm 以内）				
				15	20	25	32	40
名称			单位	消耗量				
人工	000203000	综合二类工	工日	1.289	1.988	2.673	3.170	3.735
材料	180803002	碳钢对焊管件	个	（10.000）	（10.000）	（10.000）	（10.000）	（10.000）
	031303005	碳钢焊丝	kg	0.416	0.862	1.246	1.572	1.816
	142911001	氩气	m^3	1.164	2.414	3.488	4.402	5.084
	340101003	铈钨棒	g	2.328	4.828	6.976	8.804	10.168
	031101013	尼龙砂轮片 $\phi100\times16\times3$	片	0.170	0.240	0.330	0.440	0.520
	031101014	尼龙砂轮片 $\phi500\times25\times4$	片	0.121	0.196	0.301	0.427	0.512
	031103002	磨头	个	0.020	0.260	0.314	0.388	0.444
	143315001	丙酮	kg	0.216	0.230	0.242	0.260	0.292
	092705004	碎布	kg	0.042	0.064	0.064	0.085	0.085
	850103006	其他材料费（占材料费）	%	1.000	1.000	1.000	1.000	1.000
机械	990912010	氩弧焊机 500A	台班	0.406	0.748	1.036	1.307	1.509
	990785040	砂轮切割机 $\phi500$	台班	0.033	0.070	0.090	0.102	0.111
	990718040	普通车床 630×2000mm	台班	0.175	0.235	0.353	0.357	0.362
	990509020	单速电动葫芦 3t	台班	—	—	0.353	0.357	0.362

工作内容：准备工作，管子切口，坡口加工，坡口磨平，管口组对，焊接。 计量单位：10 个

编号				8-2-592	8-2-593	8-2-594	8-2-595	8-2-596
项目				公称直径（mm 以内）				
				50	65	80	100	125
名称			单位	消耗量				
人工	000203000	综合二类工	工日	4.051	4.496	5.290	8.588	11.727
材料	180803002	碳钢对焊管件	个	（10.000）	（10.000）	（10.000）	（10.000）	（10.000）
	031303005	碳钢焊丝	kg	0.240	0.316	0.418	0.550	0.645
	142911001	氩气	m^3	0.672	0.884	1.171	1.540	1.804
	340101003	铈钨棒	g	1.344	1.768	2.343	3.080	3.608
	031101013	尼龙砂轮片 $\phi100\times16\times3$	片	0.820	1.170	1.540	1.808	2.744
	031101014	尼龙砂轮片 $\phi500\times25\times4$	片	0.750	1.145	1.546	—	—
	031103002	磨头	个	0.528	0.704	0.824	1.056	—
	143315001	丙酮	kg	0.350	0.474	0.558	0.716	0.838
	092705004	碎布	kg	0.122	0.150	0.192	0.214	0.266
	031301009	低碳钢焊条 J427（综合）	kg	6.680	11.058	13.963	23.472	44.861
	142909001	氧气	m^3	—	—	—	3.707	4.450
	142907002	乙炔气	kg	—	—	—	1.426	1.712
	850103006	其他材料费（占材料费）	%	1.000	1.000	1.000	1.000	1.000
机械	990900010	电焊机（综合）	台班	1.159	1.589	2.007	3.066	4.749
	990919030	电焊条烘干箱 $60\times50\times75cm^3$	台班	0.116	0.159	0.200	0.307	0.475
	990920010	电焊条恒温箱	台班	0.116	0.159	0.200	0.307	0.475
	990304004	汽车式起重机 8t	台班	—	—	0.008	0.016	0.030
	990401030	载重汽车 8t	台班	—	—	0.008	0.016	0.030
	990912010	氩弧焊机 500A	台班	0.570	0.786	0.959	1.199	1.316
	990785040	砂轮切割机 $\phi500$	台班	0.138	0.152	0.183	—	—
	990718040	普通车床 630×2000mm	台班	0.374	0.404	0.441	0.509	1.070
	990509020	单速电动葫芦 3t	台班	0.374	0.404	0.441	0.509	1.070

工作内容：准备工作，管子切口，坡口加工，坡口磨平，管口组对，焊接。 **计量单位：**10 个

编号				8-2-597	8-2-598	8-2-599	8-2-600	8-2-601
项目				公称直径（mm 以内）				
				150	200	250	300	350
名称			单位	消耗量				
人工	000203000	综合二类工	工日	15.104	21.494	29.615	43.045	56.324
材料	180803002	碳钢对焊管件	个	（10.000）	（10.000）	（10.000）	（10.000）	（10.000）
	031303005	碳钢焊丝	kg	0.743	1.134	1.484	1.847	2.178
	142911001	氩气	m^3	2.080	3.175	4.154	5.170	6.098
	340101003	铈钨棒	g	4.160	6.349	8.308	10.341	12.197
	031101013	尼龙砂轮片 $\phi100\times16\times3$	片	3.904	6.291	8.691	12.958	17.075
	143315001	丙酮	kg	1.000	1.380	1.720	2.040	2.360
	092705004	碎布	kg	0.330	0.450	0.557	0.642	0.749
	031301009	低碳钢焊条 J427（综合）	kg	71.297	111.272	153.454	258.171	354.590
	142909001	氧气	m^3	5.339	7.508	10.252	11.699	15.342
	142907002	乙炔气	kg	2.053	2.888	3.943	4.500	5.901
	012100002	角钢（综合）	kg	—	1.520	1.520	2.000	2.000
	850103006	其他材料费（占材料费）	%	1.000	1.000	1.000	1.000	1.000
机械	990304004	汽车式起重机 8t	台班	0.042	0.063	0.105	0.146	0.189
	990401030	载重汽车 8t	台班	0.042	0.063	0.105	0.146	0.189
	990744010	半自动切割机 100mm	台班	0.263	0.416	0.888	1.179	1.452
	990307010	电动单梁起重机 5t	台班	—	—	2.104	2.661	3.444
	990912010	氩弧焊机 500A	台班	1.672	2.798	3.462	4.957	5.728
	990718040	普通车床 630×2000mm	台班	1.169	1.744	2.104	2.661	3.444
	990509020	单速电动葫芦 3t	台班	1.169	1.744	—	—	—
	990900010	电焊机（综合）	台班	7.066	10.866	14.840	24.042	31.844
	990919030	电焊条烘干箱 60×50×75cm³	台班	0.707	1.087	1.484	2.405	3.185
	990920010	电焊条恒温箱	台班	0.707	1.087	1.484	2.405	3.185

工作内容：准备工作，管子切口，坡口加工，坡口磨平，管口组对，焊接。　　**计量单位：**10个

编号				8-2-602	8-2-603	8-2-604	8-2-605
项目				公称直径（mm以内）			
				400	450	500	600
名称			单位	消耗量			
人工	000203000	综合二类工	工日	70.433	86.346	105.278	136.862
材料	180803002	碳钢对焊管件	个	（10.000）	（10.000）	（10.000）	（10.000）
	031301009	低碳钢焊条 J427（综合）	kg	469.502	609.684	755.731	1284.743
	031303005	碳钢焊丝	kg	2.440	2.488	3.082	5.239
	142909001	氧气	m^3	17.641	23.647	25.404	34.295
	142907002	乙炔气	kg	6.785	9.095	9.771	13.190
	142911001	氩气	m^3	6.831	6.839	8.629	10.786
	340101003	铈钨棒	g	13.662	13.667	17.257	21.571
	031101013	尼龙砂轮片 $\phi100\times16\times3$	片	21.144	24.760	31.248	39.060
	143315001	丙酮	kg	2.660	3.000	3.300	3.630
	012100002	角钢（综合）	kg	2.000	2.000	2.000	2.000
	092705004	碎布	kg	0.830	0.946	1.078	1.186
	850103006	其他材料费（占材料费）	%	1.000	1.000	1.000	1.000
机械	990900010	电焊机（综合）	台班	41.062	53.322	66.095	87.906
	990912010	氩弧焊机 500A	台班	6.942	8.618	10.567	12.680
	990744010	半自动切割机 100mm	台班	1.638	1.989	2.498	3.323
	990718040	普通车床 630×2000mm	台班	3.776	4.688	5.106	6.791
	990304004	汽车式起重机 8t	台班	0.244	0.298	0.368	0.490
	990401030	载重汽车 8t	台班	0.244	0.298	0.368	0.490
	990307010	电动单梁起重机 5t	台班	3.776	4.688	5.106	6.791
	990919030	电焊条烘干箱 $60\times50\times75cm^3$	台班	4.106	5.332	6.609	8.791
	990920010	电焊条恒温箱	台班	4.106	5.332	6.609	8.791

3. 不锈钢管件（电弧焊）

工作内容：准备工作，管子切口，坡口加工，坡口磨平，管口组对，焊接，焊缝钝化。　**计量单位：**10 个

编　号				8-2-606	8-2-607	8-2-608	8-2-609	8-2-610	8-2-611
项　目				公称直径（mm 以内）					
				15	20	25	32	40	50
名　称			单位	消　耗　量					
人工	000203000	综合二类工	工日	1.595	2.251	2.970	3.515	4.162	4.824
材料	180515001	不锈钢对焊管件	个	（10.000）	（10.000）	（10.000）	（10.000）	（10.000）	（10.000）
	031301001	不锈钢焊条（综合）	kg	0.824	1.248	2.104	2.642	3.584	5.018
	031101013	尼龙砂轮片 $\phi100\times16\times3$	片	0.350	0.454	0.630	0.824	1.046	1.438
	031101014	尼龙砂轮片 $\phi500\times25\times4$	片	0.155	0.217	0.423	0.503	0.617	0.690
	143315001	丙酮	kg	0.140	0.160	0.220	0.260	0.300	0.360
	143169002	酸洗膏	kg	0.120	0.147	0.197	0.243	0.302	0.377
	341101001	水	m^3	0.020	0.020	0.040	0.040	0.040	0.060
	092705004	碎布	kg	0.042	0.064	0.064	0.085	0.085	0.122
	850103006	其他材料费（占材料费）	%	1.000	1.000	1.000	1.000	1.000	1.000
机械	990900010	电焊机（综合）	台班	0.461	0.597	0.863	1.084	1.287	1.567
	990785040	砂轮切割机 $\phi500$	台班	0.050	0.090	0.117	0.141	0.188	0.229
	990718040	普通车床 630×2000mm	台班	0.188	0.235	0.319	0.366	0.424	0.432
	990509020	单速电动葫芦 3t	台班	—	—	—	0.366	0.424	0.432
	991003050	电动空气压缩机 $6m^3/min$	台班	0.021	0.021	0.021	0.021	0.021	0.021
	990919030	电焊条烘干箱 $60\times50\times75cm^3$	台班	0.046	0.060	0.086	0.108	0.128	0.156
	990920010	电焊条恒温箱	台班	0.046	0.060	0.086	0.108	0.128	0.156

工作内容：准备工作，管子切口，坡口加工，坡口磨平，管口组对，焊接，焊缝钝化。 计量单位：10个

编号				8-2-612	8-2-613	8-2-614	8-2-615	8-2-616	8-2-617
项目				公称直径（mm以内）					
				65	80	100	125	150	200
名称			单位	消耗量					
人工	000203000	综合二类工	工日	5.370	6.308	10.329	14.189	18.441	26.226
材料	180515001	不锈钢对焊管件	个	（10.000）	（10.000）	（10.000）	（10.000）	（10.000）	（10.000）
	031301001	不锈钢焊条（综合）	kg	7.129	12.646	19.820	33.816	51.534	106.039
	031101013	尼龙砂轮片 $\phi100\times16\times3$	片	2.138	2.867	3.954	5.548	7.714	12.106
	031101014	尼龙砂轮片 $\phi500\times25\times4$	片	1.094	1.561	—	—	—	—
	143315001	丙酮	kg	0.595	0.717	0.720	0.836	1.002	1.380
	143169002	酸洗膏	kg	0.515	0.603	0.773	1.188	1.595	2.078
	341101001	水	m^3	0.080	0.100	0.120	0.140	0.180	0.240
	092705004	碎布	kg	0.150	0.192	0.214	0.266	0.330	0.450
	850103006	其他材料费（占材料费）	%	1.000	1.000	1.000	1.000	1.000	1.000
机械	990900010	电焊机（综合）	台班	2.226	2.978	4.067	5.926	8.414	15.684
	990785040	砂轮切割机 $\phi500$	台班	0.296	0.406	—	—	—	—
	990718040	普通车床 630×2000mm	台班	0.458	0.488	0.529	0.634	0.768	1.713
	990509020	单速电动葫芦 3t	台班	0.458	0.488	0.529	0.634	0.768	1.713
	991003050	电动空气压缩机 $6m^3/min$	台班	0.021	0.021	0.021	0.021	0.021	0.021
	990919030	电焊条烘干箱 $60\times50\times75cm^3$	台班	0.222	0.298	0.407	0.592	0.842	1.569
	990920010	电焊条恒温箱	台班	0.222	0.298	0.407	0.592	0.842	1.569
	990304004	汽车式起重机 8t	台班	—	0.008	0.016	0.030	0.042	0.063
	990401030	载重汽车 8t	台班	—	0.008	0.016	0.030	0.042	0.063
	990743010	等离子切割机 400A	台班	—	—	0.272	0.345	0.433	0.645
	991003030	电动空气压缩机 $1m^3/min$	台班	—	—	0.272	0.345	0.433	0.645

工作内容：准备工作，管子切口，坡口加工，坡口磨平，管口组对，焊接，焊缝钝化。 计量单位：10 个

编号				8-2-618	8-2-619	8-2-620	8-2-621	8-2-622	8-2-623
项目				公称直径（mm 以内）					
				250	300	350	400	450	500
名称			单位	消耗量					
人工	000203000	综合二类工	工日	37.356	52.621	70.215	88.830	108.448	132.931
材料	180515001	不锈钢对焊管件	个	（10.000）	（10.000）	（10.000）	（10.000）	（10.000）	（10.000）
	031301001	不锈钢焊条（综合）	kg	162.583	234.078	323.009	371.374	512.496	707.245
	031101013	尼龙砂轮片 $\phi100\times16\times3$	片	17.755	26.070	32.498	39.461	49.326	61.658
	143315001	丙酮	kg	1.720	2.040	2.360	2.660	2.926	3.219
	143169002	酸洗膏	kg	3.135	3.732	4.089	5.069	5.576	6.133
	341101001	水	m^3	0.280	0.340	0.400	0.460	0.506	0.556
	092705004	碎布	kg	0.520	0.642	0.749	0.830	0.946	1.078
	850103006	其他材料费（占材料费）	%	1.000	1.000	1.000	1.000	1.000	1.000
机械	990900010	电焊机（综合）	台班	22.999	33.113	43.782	51.230	66.599	86.578
	990743010	等离子切割机 400A	台班	0.970	1.199	1.570	1.961	2.549	3.314
	990718040	普通车床 630×2000mm	台班	2.486	2.972	3.717	4.512	5.865	7.625
	990304004	汽车式起重机 8t	台班	0.105	0.146	0.189	0.244	0.316	0.411
	990401030	载重汽车 8t	台班	0.105	0.146	0.189	0.244	0.316	0.411
	990509020	单速电动葫芦 3t	台班	2.486	—	—	—	—	—
	991003030	电动空气压缩机 $1m^3/min$	台班	0.970	1.199	1.570	1.961	2.549	3.314
	991003050	电动空气压缩机 $6m^3/min$	台班	0.021	0.021	0.021	0.021	0.021	0.021
	990919030	电焊条烘干箱 $60\times50\times75cm^3$	台班	2.300	3.311	4.378	5.123	6.660	8.658
	990920010	电焊条恒温箱	台班	2.300	3.311	4.378	5.123	6.660	8.658
	990307010	电动单梁起重机 5t	台班	—	2.972	3.717	4.512	5.865	7.625

4. 不锈钢管件（氩电联焊）

工作内容：准备工作，管子切口，坡口加工，坡口磨平，管口组对，焊接，焊缝钝化。 **计量单位：**10 个

编号				8-2-624	8-2-625	8-2-626	8-2-627	8-2-628	8-2-629
项目				公称直径（mm 以内）					
				15	20	25	32	40	50
名称			单位	消耗量					
人工	000203000	综合二类工	工日	1.631	2.515	3.381	4.010	4.724	5.124
材料	180515001	不锈钢对焊管件	个	（10.000）	（10.000）	（10.000）	（10.000）	（10.000）	（10.000）
	031303017	不锈钢焊丝（综合）	kg	0.432	0.656	1.092	1.378	1.878	0.528
	142911001	氩气	m^3	1.210	1.838	3.058	3.858	5.260	7.336
	340101003	铈钨棒	g	2.308	3.496	5.892	7.404	10.048	14.056
	031101013	尼龙砂轮片 $\phi100\times16\times3$	片	0.336	0.438	0.608	0.794	1.010	1.386
	031101014	尼龙砂轮片 $\phi500\times25\times4$	片	0.155	0.217	0.423	0.503	0.503	0.503
	143315001	丙酮	kg	0.140	0.160	0.220	0.260	0.300	0.360
	143169002	酸洗膏	kg	0.120	0.147	0.197	0.243	0.302	0.377
	341101001	水	m^3	0.020	0.020	0.040	0.040	0.040	0.060
	092705004	碎布	kg	0.042	0.064	0.064	0.085	0.085	0.122
	031301001	不锈钢焊条（综合）	kg	—	—	—	—	—	5.636
	850103006	其他材料费（占材料费）	%	1.000	1.000	1.000	1.000	1.000	1.000
机械	990900010	电焊机（综合）	台班	—	—	—	—	—	1.709
	990919030	电焊条烘干箱 $60\times50\times75cm^3$	台班	—	—	—	—	—	0.171
	990920010	电焊条恒温箱	台班	—	—	—	—	—	0.171
	990912010	氩弧焊机 500A	台班	0.559	0.780	1.209	1.537	1.971	0.813
	990785040	砂轮切割机 $\phi500$	台班	0.050	0.090	0.117	0.141	0.141	0.141
	990718040	普通车床 630×2000mm	台班	0.188	0.235	0.319	0.366	0.424	0.432
	991003050	电动空气压缩机 $6m^3/min$	台班	0.021	0.021	0.021	0.021	0.021	0.021
	990509020	单速电动葫芦 3t	台班	—	—	—	0.366	0.424	0.432

工作内容：准备工作，管子切口，坡口加工，坡口磨平，管口组对，焊接，焊缝钝化。 计量单位：10个

编号				8-2-630	8-2-631	8-2-632	8-2-633	8-2-634	8-2-635
项目				公称直径（mm以内）					
				65	80	100	125	150	200
名称			单位	消耗量					
人工	000203000	综合二类工	工日	5.686	6.692	10.863	14.834	19.106	27.186
材料	180515001	不锈钢对焊管件	个	（10.000）	（10.000）	（10.000）	（10.000）	（10.000）	（10.000）
	031301001	不锈钢焊条（综合）	kg	6.164	10.853	17.688	31.259	48.464	100.949
	031303017	不锈钢焊丝（综合）	kg	0.634	0.780	1.060	1.184	1.766	2.806
	142911001	氩气	m^3	1.775	2.181	2.968	3.315	4.106	6.456
	340101003	铈钨棒	g	2.246	2.658	3.036	3.245	4.168	7.335
	031101013	尼龙砂轮片 $\phi100\times16\times3$	片	2.170	2.734	3.868	5.485	7.548	10.222
	143315001	丙酮	kg	0.595	0.717	0.720	0.836	1.002	1.380
	143169002	酸洗膏	kg	0.515	0.603	0.773	1.188	1.595	2.078
	341101001	水	m^3	0.080	0.100	0.120	0.140	0.180	0.240
	092705004	碎布	kg	0.150	0.192	0.214	0.266	0.330	0.450
	031101014	尼龙砂轮片 $\phi500\times25\times4$	片	1.094	1.561	—	—	—	—
	850103006	其他材料费（占材料费）	%	1.000	1.000	1.000	1.000	1.000	1.000
机械	990785040	砂轮切割机 $\phi500$	台班	0.296	0.406	—	—	—	—
	990900010	电焊机（综合）	台班	1.964	2.440	3.303	4.984	7.052	13.069
	990912010	氩弧焊机 500A	台班	1.110	1.322	1.688	1.858	2.283	3.759
	990743010	等离子切割机 400A	台班	—	—	0.272	0.345	0.433	0.645
	990718040	普通车床 630×2000mm	台班	0.458	0.488	0.529	0.634	0.768	1.713
	990304004	汽车式起重机 8t	台班	—	0.008	0.016	0.030	0.042	0.063
	990401030	载重汽车 8t	台班	—	0.008	0.016	0.030	0.042	0.063
	990509020	单速电动葫芦 3t	台班	0.458	0.488	0.529	0.634	0.768	1.713
	991003030	电动空气压缩机 $1m^3/min$	台班	—	—	0.272	0.345	0.433	0.645
	991003050	电动空气压缩机 $6m^3/min$	台班	0.021	0.021	0.021	0.021	0.021	0.021
	990919030	电焊条烘干箱 $60\times50\times75cm^3$	台班	0.196	0.244	0.330	0.499	0.705	1.307
	990920010	电焊条恒温箱	台班	0.196	0.244	0.330	0.499	0.705	1.307

工作内容：准备工作，管子切口，坡口加工，坡口磨平，管口组对，焊接，焊缝钝化。　　计量单位：10 个

编号				8-2-636	8-2-637	8-2-638	8-2-639	8-2-640	8-2-641
项目				公称直径（mm 以内）					
				250	300	350	400	450	500
名称			单位	消耗量					
人工	000203000	综合二类工	工日	37.462	54.450	71.244	89.092	109.219	133.168
材料	180515001	不锈钢对焊管件	个	(10.000)	(10.000)	(10.000)	(10.000)	(10.000)	(10.000)
	031301001	不锈钢焊条（综合）	kg	149.133	211.104	298.132	386.290	533.080	735.651
	031303017	不锈钢焊丝（综合）	kg	2.918	3.908	4.166	5.161	7.122	9.829
	142911001	氩气	m^3	8.172	10.942	11.666	14.450	19.941	27.519
	340101003	钍钨棒	g	9.400	13.619	13.731	18.060	24.923	34.393
	031101013	尼龙砂轮片 $\phi100\times16\times3$	片	14.967	21.609	27.390	35.963	49.629	68.488
	143315001	丙酮	kg	1.720	2.040	2.360	2.660	2.926	3.219
	143169002	酸洗膏	kg	3.135	3.732	4.089	5.069	5.576	6.133
	341101001	水	m^3	0.280	0.340	0.400	0.460	0.506	0.557
	092705004	碎布	kg	0.557	0.642	0.749	0.830	0.946	1.078
	850103006	其他材料费（占材料费）	%	1.000	1.000	1.000	1.000	1.000	1.000
机械	990900010	电焊机（综合）	台班	19.210	27.195	36.775	47.647	61.941	80.524
	990912010	氩弧焊机 500A	台班	4.770	6.713	7.691	8.790	11.428	14.856
	990743010	等离子切割机 400A	台班	0.970	1.199	1.570	1.961	2.549	3.314
	990718040	普通车床 630×2000mm	台班	2.486	2.972	3.717	4.512	5.865	7.625
	990304004	汽车式起重机 8t	台班	0.105	0.146	0.189	0.244	0.316	0.411
	990401030	载重汽车 8t	台班	0.105	0.146	0.189	0.244	0.316	0.411
	990509020	单速电动葫芦 3t	台班	2.486	—	—	—	—	—
	991003030	电动空气压缩机 $1m^3/min$	台班	0.970	1.199	1.570	1.961	2.549	3.314
	991003050	电动空气压缩机 $6m^3/min$	台班	0.021	0.021	0.021	0.021	0.021	0.021
	990919030	电焊条烘干箱 $60\times50\times75cm^3$	台班	1.921	2.720	3.677	4.765	6.194	8.052
	990920010	电焊条恒温箱	台班	1.921	2.720	3.677	4.765	6.194	8.052
	990307010	电动单梁起重机 5t	台班	—	2.972	3.717	4.512	5.865	7.625

5. 合金钢管件（电弧焊）

工作内容：准备工作，管子切口，坡口加工，管口组对，焊接。　　**计量单位：**10 个

编　号				8-2-642	8-2-643	8-2-644	8-2-645	8-2-646
项　目				公称直径（mm 以内）				
				15	20	25	32	40
名　称			单位	消　耗　量				
人工	000203000	综合二类工	工日	1.450	2.046	2.702	3.199	3.786
材料	180401001	合金钢对焊管件	个	（10.000）	（10.000）	（10.000）	（10.000）	（10.000）
	031301004	合金钢焊条	kg	0.800	1.260	2.046	2.570	3.484
	031101013	尼龙砂轮片 $\phi100\times16\times3$	片	0.254	0.342	0.450	0.584	0.744
	031101014	尼龙砂轮片 $\phi500\times25\times4$	片	0.114	0.176	0.253	0.327	0.432
	031103002	磨头	个	0.232	0.260	0.314	0.368	0.444
	143315001	丙酮	kg	0.252	0.280	0.300	0.340	0.388
	092705004	碎布	kg	0.042	0.064	0.064	0.085	0.085
	850103006	其他材料费（占材料费）	%	1.000	1.000	1.000	1.000	1.000
机械	990900010	电焊机（综合）	台班	0.412	0.535	0.708	0.889	1.070
	990785040	砂轮切割机 $\phi500$	台班	0.027	0.063	0.083	0.093	0.106
	990718040	普通车床 630×2000mm	台班	0.173	0.218	0.291	0.334	0.389
	990509020	单速电动葫芦 3t	台班	—	—	—	0.334	0.389
	990919030	电焊条烘干箱 60×50×75cm^3	台班	0.041	0.053	0.071	0.089	0.107
	990920010	电焊条恒温箱	台班	0.041	0.053	0.071	0.089	0.107

工作内容：准备工作，管子切口，坡口加工，管口组对，焊接。 计量单位：10 个

编号				8-2-647	8-2-648	8-2-649	8-2-650	8-2-651
项目				公称直径（mm 以内）				
				50	65	80	100	125
名称			单位	消耗量				
人工	000203000	综合二类工	工日	4.389	4.884	5.736	9.396	12.906
材料	180401001	合金钢对焊管件	个	（10.000）	（10.000）	（10.000）	（10.000）	（10.000）
	031301004	合金钢焊条	kg	4.880	9.902	14.451	19.272	32.881
	142909001	氧气	m^3	—	—	—	2.450	3.540
	142907002	乙炔气	kg	—	—	—	0.942	1.362
	031101013	尼龙砂轮片 $\phi100 \times 16 \times 3$	片	1.012	1.570	1.978	2.766	3.877
	143315001	丙酮	kg	0.480	0.640	0.800	0.940	1.120
	092705004	碎布	kg	0.122	0.150	0.192	0.214	0.266
	031101014	尼龙砂轮片 $\phi500 \times 25 \times 4$	片	0.600	1.013	1.390	—	—
	031103002	磨头	个	0.528	0.704	0.824	1.056	—
	850103006	其他材料费（占材料费）	%	1.000	1.000	1.000	1.000	1.000
机械	990785040	砂轮切割机 $\phi500$	台班	0.111	0.149	0.180	—	—
	990900010	电焊机（综合）	台班	1.318	1.889	2.283	3.047	4.435
	990718040	普通车床 630×2000mm	台班	0.396	0.426	0.460	0.484	0.593
	990304004	汽车式起重机 8t	台班	—	—	0.008	0.016	0.030
	990401030	载重汽车 8t	台班	—	—	0.008	0.016	0.030
	990509020	单速电动葫芦 3t	台班	0.396	0.426	0.460	0.484	0.593
	990919030	电焊条烘干箱 60×50×75cm^3	台班	0.132	0.188	0.228	0.305	0.444
	990920010	电焊条恒温箱	台班	0.132	0.188	0.228	0.305	0.444

工作内容：准备工作，管子切口，坡口加工，管口组对，焊接。　　　　**计量单位**：10 个

编　号				8-2-652	8-2-653	8-2-654	8-2-655	8-2-656
项　目				公称直径（mm 以内）				
				150	200	250	300	350
名　称			单位	消　耗　量				
人工	000203000	综合二类工	工日	16.774	23.856	33.977	47.866	63.868
材料	180401001	合金钢对焊管件	个	（10.000）	（10.000）	（10.000）	（10.000）	（10.000）
	031301004	合金钢焊条	kg	50.112	107.184	164.125	245.305	319.751
	142909001	氧气	m^3	3.997	6.235	9.491	11.699	14.019
	142907002	乙炔气	kg	1.537	2.398	3.650	4.500	5.392
	031101013	尼龙砂轮片 $\phi100\times16\times3$	片	5.270	8.123	12.027	16.006	21.355
	143315001	丙酮	kg	1.320	1.820	2.280	2.700	2.860
	092705004	碎布	kg	0.330	0.450	0.557	0.642	0.749
	850103006	其他材料费（占材料费）	%	1.000	1.000	1.000	1.000	1.000
机械	990900010	电焊机（综合）	台班	6.300	11.682	17.459	25.129	32.756
	990744010	半自动切割机 100mm	台班	0.255	0.408	0.814	1.179	1.381
	990718040	普通车床 630×2000mm	台班	0.704	1.601	2.170	2.836	3.374
	990304004	汽车式起重机 8t	台班	0.042	0.063	0.105	0.146	0.189
	990401030	载重汽车 8t	台班	0.042	0.063	0.105	0.146	0.189
	990509020	单速电动葫芦 3t	台班	0.704	1.601	1.620	—	—
	990919030	电焊条烘干箱 $60\times50\times75cm^3$	台班	0.630	1.168	1.746	2.513	3.276
	990920010	电焊条恒温箱	台班	0.630	1.168	1.746	2.513	3.276
	990307010	电动单梁起重机 5t	台班	—	—	0.764	2.836	3.374

工作内容：准备工作，管子切口，坡口加工，管口组对，焊接。 计量单位：10个

编号				8-2-657	8-2-658	8-2-659	8-2-660
项目				公称直径（mm以内）			
				400	450	500	600
名称			单位	消耗量			
人工	000203000	综合二类工	工日	80.801	98.645	120.916	157.189
材料	180401001	合金钢对焊管件	个	（10.000）	（10.000）	（10.000）	（10.000）
	031301004	合金钢焊条	kg	434.805	565.365	730.645	1242.097
	142909001	氧气	m^3	17.641	20.478	24.300	32.805
	142907002	乙炔气	kg	6.785	7.876	9.346	12.617
	031101013	尼龙砂轮片 $\phi100\times16\times3$	片	27.792	33.872	44.384	55.480
	143315001	丙酮	kg	3.120	3.120	3.580	4.475
	092705004	碎布	kg	0.830	0.946	1.078	1.186
	850103006	其他材料费（占材料费）	%	1.000	1.000	1.000	1.000
机械	990900010	电焊机（综合）	台班	42.951	54.392	70.292	93.488
	990744010	半自动切割机 100mm	台班	1.638	1.881	2.397	3.188
	990718040	普通车床 630×2000mm	台班	4.041	4.658	5.487	7.297
	990304004	汽车式起重机 8t	台班	0.244	0.298	0.368	0.490
	990401030	载重汽车 8t	台班	0.244	0.298	0.368	0.490
	990307010	电动单梁起重机 5t	台班	4.041	4.658	5.487	7.297
	990919030	电焊条烘干箱 $60\times50\times75cm^3$	台班	4.295	5.440	7.029	9.349
	990920010	电焊条恒温箱	台班	4.295	5.440	7.029	9.349

6. 合金钢管件（氩电联焊）

工作内容：准备工作，管子切口，坡口加工，管口组对，焊接。　　　　**计量单位**：10 个

编号				8-2-661	8-2-662	8-2-663	8-2-664	8-2-665
项目				公称直径（mm 以内）				
				15	20	25	32	40
名称			单位	消耗量				
人工	000203000	综合二类工	工日	1.482	2.286	3.075	3.647	4.297
材料	180401001	合金钢对焊管件	个	（10.000）	（10.000）	（10.000）	（10.000）	（10.000）
	031303003	合金钢焊丝	kg	0.416	0.658	1.066	1.340	1.816
	142911001	氩气	m^3	1.164	1.842	2.984	3.752	5.084
	340101003	铈钨棒	g	2.328	3.684	5.968	7.504	10.168
	031101013	尼龙砂轮片 $\phi100\times16\times3$	片	0.244	0.330	0.434	0.564	0.718
	031101014	尼龙砂轮片 $\phi500\times25\times4$	片	0.114	0.176	0.253	0.327	0.432
	031103002	磨头	个	0.232	0.260	0.314	0.368	0.444
	143315001	丙酮	kg	0.252	0.280	0.300	0.340	0.388
	092705004	碎布	kg	0.042	0.064	0.064	0.085	0.085
	850103006	其他材料费（占材料费）	%	1.000	1.000	1.000	1.000	1.000
机械	990912010	氩弧焊机 500A	台班	0.426	0.632	0.970	1.221	1.585
	990785040	砂轮切割机 $\phi500$	台班	0.027	0.063	0.083	0.093	0.106
	990718040	普通车床 630×2000mm	台班	0.173	0.218	0.291	0.334	0.389
	990509020	单速电动葫芦 3t	台班	—	—	—	0.334	0.389

工作内容：准备工作，管子切口，坡口加工，管口组对，焊接。 计量单位：10个

编号				8-2-666	8-2-667	8-2-668	8-2-669	8-2-670
项目				公称直径（mm以内）				
				50	65	80	100	125
名称			单位	消耗量				
人工	000203000	综合二类工	工日	4.660	5.174	6.086	9.880	13.494
材料	180401001	合金钢对焊管件	个	（10.000）	（10.000）	（10.000）	（10.000）	（10.000）
	031303003	合金钢焊丝	kg	2.184	0.338	0.494	0.851	1.588
	142911001	氩气	m^3	6.116	0.946	1.104	1.540	1.645
	340101003	铈钨棒	g	12.232	1.892	2.208	3.080	3.289
	031101013	尼龙砂轮片 $\phi100\times16\times3$	片	0.880	1.536	1.974	2.766	3.849
	031101014	尼龙砂轮片 $\phi500\times25\times4$	片	0.600	1.013	1.390	—	—
	031103002	磨头	个	0.528	0.704	0.824	1.056	—
	143315001	丙酮	kg	0.480	0.640	0.800	0.940	1.120
	092705004	碎布	kg	0.122	0.150	0.192	0.214	0.266
	031301004	合金钢焊条	kg	7.529	8.971	13.360	17.602	30.524
	142909001	氧气	m^3	—	—	—	2.450	3.540
	142907002	乙炔气	kg	—	—	—	0.942	1.362
	850103006	其他材料费（占材料费）	%	1.000	1.000	1.000	1.000	1.000
机械	990912010	氩弧焊机 500A	台班	0.595	0.823	1.005	1.255	1.378
	990785040	砂轮切割机 $\phi500$	台班	0.111	0.149	0.180	—	—
	990718040	普通车床 630×2000mm	台班	0.396	0.426	0.460	0.484	0.593
	990509020	单速电动葫芦 3t	台班	0.396	0.426	0.460	0.484	0.593
	990900010	电焊机（综合）	台班	1.203	1.653	2.080	2.720	4.119
	990919030	电焊条烘干箱 $60\times50\times75cm^3$	台班	0.120	0.166	0.208	0.272	0.412
	990920010	电焊条恒温箱	台班	0.120	0.166	0.208	0.272	0.412
	990304004	汽车式起重机 8t	台班	—	—	0.008	0.016	0.030
	990401030	载重汽车 8t	台班	—	—	0.008	0.016	0.030

工作内容：准备工作，管子切口，坡口加工，管口组对，焊接。　　**计量单位**：10 个

编　号				8-2-671	8-2-672	8-2-673	8-2-674	8-2-675
项　目				公称直径（mm 以内）				
				150	200	250	300	350
名　称			单位	消　耗　量				
人工	000203000	综合二类工	工日	17.377	24.730	34.075	49.528	64.806
材料	180401001	合金钢对焊管件	个	（10.000）	（10.000）	（10.000）	（10.000）	（10.000）
	031301004	合金钢焊条	kg	46.754	103.396	158.454	259.080	311.327
	031303003	合金钢焊丝	kg	1.752	2.132	2.284	2.580	2.883
	142909001	氧气	m^3	3.997	6.235	9.491	11.699	14.019
	142907002	乙炔气	kg	1.537	2.398	3.650	4.500	5.392
	142911001	氩气	m^3	2.506	3.171	4.554	5.266	6.812
	340101003	铈钨棒	g	4.212	6.342	8.408	10.532	12.224
	031101013	尼龙砂轮片 $\phi100\times16\times3$	片	5.270	8.995	13.243	20.266	23.269
	143315001	丙酮	kg	1.320	1.820	2.280	2.700	2.860
	092705004	碎布	kg	0.330	0.450	0.557	0.642	0.749
	850103006	其他材料费（占材料费）	%	1.000	1.000	1.000	1.000	1.000
机械	990509020	单速电动葫芦 3t	台班	0.704	1.387	1.406	—	—
	990900010	电焊机（综合）	台班	5.801	10.944	16.324	26.539	30.459
	990912010	氩弧焊机 500A	台班	1.750	2.929	3.620	5.187	5.992
	990744010	半自动切割机 100mm	台班	0.255	0.408	0.814	1.179	1.381
	990718040	普通车床 630×2000mm	台班	0.704	1.601	2.170	2.836	3.374
	990304004	汽车式起重机 8t	台班	0.042	0.063	0.105	0.146	0.189
	990401030	载重汽车 8t	台班	0.042	0.063	0.105	0.146	0.189
	990307010	电动单梁起重机 5t	台班	—	—	0.764	2.836	3.374
	990919030	电焊条烘干箱 60×50×$75cm^3$	台班	0.580	1.095	1.632	2.654	3.046
	990920010	电焊条恒温箱	台班	0.580	1.095	1.632	2.654	3.046

工作内容：准备工作，管子切口，坡口加工，管口组对，焊接。 计量单位：10 个

编号				8-2-676	8-2-677	8-2-678	8-2-679
项目				公称直径（mm 以内）			
				400	450	500	600
名称			单位	消耗量			
人工	000203000	综合二类工	工日	81.040	99.349	121.131	157.471
材料	180401001	合金钢对焊管件	个	（10.000）	（10.000）	（10.000）	（10.000）
	031301004	合金钢焊条	kg	427.185	558.676	722.818	1228.791
	031303003	合金钢焊丝	kg	3.199	3.327	3.537	6.013
	142909001	氧气	m^3	17.641	20.478	24.300	32.805
	142907002	乙炔气	kg	6.785	7.876	9.346	12.617
	142911001	氩气	m^3	7.157	7.859	8.284	10.355
	340101003	铈钨棒	g	12.315	15.718	15.769	19.711
	031101013	尼龙砂轮片 $\phi100\times16\times3$	片	29.007	36.945	37.894	56.841
	143315001	丙酮	kg	3.120	3.120	3.580	4.475
	092705004	碎布	kg	0.830	0.946	1.078	1.186
	850103006	其他材料费（占材料费）	%	1.000	1.000	1.000	1.000
机械	990900010	电焊机（综合）	台班	40.714	50.861	65.592	87.237
	990912010	氩弧焊机 500A	台班	7.260	9.016	11.052	13.263
	990744010	半自动切割机 100mm	台班	1.638	1.881	2.397	3.187
	990718040	普通车床 630×2000mm	台班	4.041	4.658	5.487	7.297
	990304004	汽车式起重机 8t	台班	0.244	0.298	0.368	0.490
	990401030	载重汽车 8t	台班	0.244	0.298	0.368	0.490
	990307010	电动单梁起重机 5t	台班	4.041	4.658	5.487	7.297
	990919030	电焊条烘干箱 $60\times50\times75cm^3$	台班	4.071	5.086	6.559	8.724
	990920010	电焊条恒温箱	台班	4.071	5.086	6.559	8.724

四、补 充 项 目

1. 钛及钛合金管件

（1）低压钛管件（氩弧焊）

工作内容：准备工作，切口，坡口及处理，组对，铁离子检测，焊接，焊缝外观检查及钝化。

计量单位：10 个

编　　号				8-2-680	8-2-681	8-2-682	8-2-683	8-2-684	8-2-685
项　　目				公称直径（mm 以内）					
				15	20	25	32	40	50
名　　称			单位	消　耗　量					
人工	000203000	综合二类工	工日	4.036	6.401	8.951	9.627	11.794	14.686
材料	181001001	低压钛管件	个	（10.000）	（10.000）	（10.000）	（10.000）	（10.000）	（10.000）
	142911001	氩气	m^3	0.349	0.526	0.683	0.845	1.248	1.485
	031303002	钛焊丝	kg	0.211	0.234	0.237	0.311	0.365	0.402
	031101021	不锈钢专用砂轮片 $\phi 125 \times 6$	片	0.073	0.081	0.083	0.108	0.127	0.140
	340101003	铈钨棒	g	1.184	1.310	1.324	1.741	2.046	2.253
	093301001	真丝绸布 宽 900	m	0.789	0.874	0.883	1.161	1.364	1.502
	143157001	氢氟酸 45%	kg	0.015	0.016	0.016	0.022	0.025	0.028
	143103001	硝酸	kg	0.331	0.366	0.370	0.486	0.572	0.630
	143315001	丙酮	kg	0.275	0.304	0.308	0.405	0.476	0.524
	143575001	铁离子检测溶液	kg	0.294	0.325	0.329	0.433	0.508	0.560
	031308001	水溶纸	kg	0.029	0.033	0.033	0.043	0.051	0.056
	341101001	水	m^3	0.022	0.024	0.024	0.032	0.038	0.042
	341103001	电	kW·h	1.406	1.557	1.573	2.068	2.431	2.677
	031101022	不锈钢专用砂轮片 $\phi 500 \times 3$	片	0.099	0.109	0.111	0.146	0.171	0.188
	031103003	合金磨头	个	0.049	0.055	0.055	0.072	0.085	0.093
	850103006	其他材料费（占材料费）	%	1.000	1.000	1.000	1.000	1.000	1.000
机械	990718040	普通车床 630×2000mm	台班	0.343	0.343	0.432	0.453	0.472	0.512
	990912010	氩弧焊机 500A	台班	0.770	0.770	0.973	1.020	1.063	1.152
	991003050	电动空气压缩机 $6m^3/min$	台班	0.171	0.171	0.217	0.227	0.236	0.256
	990785040	砂轮切割机 $\phi 500$	台班	0.085	0.085	0.108	0.113	0.118	0.128

工作内容：准备工作，切口，坡口及处理，组对，铁离子检测，焊接，焊缝外观检查及钝化。

计量单位：10 个

编号				8-2-686	8-2-687	8-2-688	8-2-689	8-2-690	8-2-691
项目				公称直径（mm 以内）					
				65	80	100	125	150	200
名称			单位	消耗量					
人工	000203000	综合二类工	工日	20.157	25.827	31.491	35.398	41.458	56.084
材料	181001001	低压钛管件	个	（10.000）	（10.000）	（10.000）	（10.000）	（10.000）	（10.000）
	142911001	氩气	m^3	2.313	2.769	4.747	5.590	9.131	14.178
	031303002	钛焊丝	kg	0.638	0.744	2.022	2.678	3.305	4.044
	031101021	不锈钢专用砂轮片 $\phi125 \times 6$	片	0.222	0.259	0.280	0.371	0.458	0.560
	340101003	铈钨棒	g	3.570	4.168	11.323	14.999	18.504	22.647
	093301001	真丝绸布 宽 900	m	2.380	2.779	2.934	3.887	4.795	5.869
	143157001	氢氟酸 45%	kg	0.044	0.052	0.063	0.083	0.103	0.126
	143103001	硝酸	kg	0.998	1.165	1.176	1.557	1.922	2.352
	143315001	丙酮	kg	0.830	0.969	1.364	1.806	2.228	2.726
	143575001	铁离子检测溶液	kg	0.887	1.036	1.120	1.483	1.830	2.240
	031308001	水溶纸	kg	0.089	0.104	0.448	0.594	0.732	0.896
	341101001	水	m^3	0.066	0.078	0.078	0.078	0.078	0.078
	341103001	电	kW · h	4.242	4.953	1.116	1.478	1.823	2.232
	031513006	吊装带 5t × 10m	条	—	—	0.117	0.155	0.190	0.233
	031101022	不锈钢专用砂轮片 $\phi500 \times 3$	片	0.298	0.348	—	—	—	—
	031103003	合金磨头	个	0.148	0.173	—	—	—	—
	850103006	其他材料费（占材料费）	%	1.000	1.000	1.000	1.000	1.000	1.000
机械	990718040	普通车床 630 × 2000mm	台班	0.551	0.579	0.968	1.060	1.098	1.536
	990912010	氩弧焊机 500A	台班	1.241	1.302	2.258	2.473	2.563	3.584
	991003050	电动空气压缩机 $6m^3/min$	台班	0.276	0.290	0.323	0.353	0.367	0.512
	990304024	汽车式起重机 25t	台班	—	—	0.081	0.088	0.091	0.128
	990401035	载重汽车 10t	台班	—	—	0.081	0.088	0.091	0.128
	990509020	单速电动葫芦 3t	台班	—	—	2.258	2.473	2.563	3.584
	990785040	砂轮切割机 $\phi500$	台班	0.137	0.144	—	—	—	—

工作内容：准备工作，切口，坡口及处理，组对，铁离子检测，焊接，焊缝外观检查及钝化。

计量单位：10 个

编号				8-2-692	8-2-693	8-2-694	8-2-695	8-2-696
项目				公称直径（mm 以内）				
				250	300	350	400	450
名称			单位	消耗量				
人工	000203000	综合二类工	工日	64.798	73.613	81.863	94.780	115.612
材料	181001001	低压钛管件	个	（10.000）	（10.000）	（10.000）	（10.000）	（10.000）
	142911001	氩气	m^3	14.380	16.640	18.910	21.170	23.440
	031303002	钛焊丝	kg	4.573	6.106	7.913	11.601	20.082
	031101021	不锈钢专用砂轮片 $\phi125\times6$	片	0.633	0.846	1.096	1.606	1.714
	340101003	铈钨棒	g	25.608	34.196	44.317	64.967	137.357
	093301001	真丝绸布 宽 900	m	6.636	8.861	11.484	16.836	28.904
	143157001	氢氟酸 45%	kg	0.142	0.190	0.246	0.360	0.479
	143103001	硝酸	kg	2.660	3.552	4.603	6.747	9.198
	143315001	丙酮	kg	3.083	4.117	5.336	7.822	10.172
	143575001	铁离子检测溶液	kg	2.533	3.382	4.383	6.426	6.493
	031308001	水溶纸	kg	1.013	1.353	1.753	2.570	9.080
	341101001	水	m^3	0.079	0.106	0.137	0.201	0.336
	341103001	电	kW·h	2.523	3.369	4.367	4.584	4.805
	031513006	吊装带 5t×10m	条	0.264	0.352	0.456	0.669	1.487
	850103006	其他材料费（占材料费）	%	1.000	1.000	1.000	1.000	1.000
机械	990718040	普通车床 630×2000mm	台班	1.929	2.441	2.849	3.412	3.441
	990912010	氩弧焊机 500A	台班	4.500	5.697	6.649	7.959	9.722
	991003050	电动空气压缩机 $6m^3$/min	台班	0.643	0.814	0.950	1.138	1.264
	990304024	汽车式起重机 25t	台班	0.161	0.204	0.238	0.284	0.317
	990401035	载重汽车 10t	台班	0.161	0.204	0.238	0.284	0.317
	990509020	单速电动葫芦 3t	台班	4.500	5.697	6.649	7.959	8.172

工作内容：准备工作，切口，坡口及处理，组对，铁离子检测，焊接，焊缝外观检查及钝化。

计量单位：10个

编号				8-2-697	8-2-698	8-2-699	8-2-700
项目				公称直径（mm 以内）			
				500	600	700	800
名称			单位	消耗量			
人工	000203000	综合二类工	工日	138.086	151.337	164.485	181.088
材料	181001001	低压钛管件	个	（10.000）	（10.000）	（10.000）	（10.000）
	142911001	氩气	m^3	25.700	27.970	30.231	32.500
	031303002	钛焊丝	kg	28.561	41.593	50.178	70.533
	031101021	不锈钢专用砂轮片 $\phi125\times6$	片	1.820	2.021	2.438	3.427
	031513006	吊装带 5t×10m	条	2.305	2.560	3.088	4.341
	340101003	铈钨棒	g	209.742	232.922	280.996	394.983
	093301001	真丝绸布 宽 900	m	40.979	45.508	54.900	77.171
	143157001	氢氟酸 45%	kg	0.584	0.649	0.783	1.100
	143103001	硝酸	kg	11.649	12.937	15.606	21.937
	143315001	丙酮	kg	12.524	13.908	16.778	23.585
	143575001	铁离子检测溶液	kg	6.650	6.922	8.350	11.738
	031308001	水溶纸	kg	15.583	17.305	20.876	29.345
	341101001	水	m^3	0.468	0.519	0.626	0.881
	341103001	电	kW·h	4.834	5.369	6.476	9.104
	850103006	其他材料费（占材料费）	%	1.000	1.000	1.000	1.000
机械	990304024	汽车式起重机 25t	台班	0.737	0.782	0.850	0.923
	990401035	载重汽车 10t	台班	0.737	0.782	0.850	0.923
	990509020	单速电动葫芦 3t	台班	8.448	8.972	9.729	10.566
	990718040	普通车床 630×2000mm	台班	3.533	3.753	4.068	4.419
	990912010	氩弧焊机 500A	台班	11.484	15.009	16.274	17.675
	991003050	电动空气压缩机 $6m^3/min$	台班	1.536	1.631	1.768	1.922

（2）中压钛管件（氩弧焊）

工作内容：准备工作，切口，坡口及处理，组对，铁离子检测，焊接，焊缝外观检查及钝化。

计量单位：10 个

编号				8-2-701	8-2-702	8-2-703	8-2-704	8-2-705	8-2-706
项目				公称直径（mm 以内）					
				15	20	25	32	40	50
名称			单位	消耗量					
人工	000203000	综合二类工	工日	4.844	7.682	10.748	11.552	14.152	17.631
材料	181003001	中压钛管件	个	（10.000）	（10.000）	（10.000）	（10.000）	（10.000）	（10.000）
	142911001	氩气	m^3	0.563	0.696	1.038	1.288	1.997	3.195
	031303002	钛焊丝	kg	0.253	0.281	0.284	0.373	0.438	0.483
	031101021	不锈钢专用砂轮片 $\phi125\times6$	片	0.088	0.097	0.099	0.130	0.153	0.168
	031101022	不锈钢专用砂轮片 $\phi500\times3$	片	0.118	0.131	0.133	0.175	0.205	0.226
	340101003	铈钨棒	g	1.420	1.572	1.588	2.089	2.456	2.704
	093301001	真丝绸布 宽900	m	0.946	1.049	1.059	1.393	1.637	1.802
	031103003	合金磨头	个	0.059	0.066	0.066	0.087	0.101	0.112
	143157001	氢氟酸 45%	kg	0.017	0.020	0.020	0.026	0.030	0.034
	143103001	硝酸	kg	0.398	0.440	0.444	0.584	0.686	0.756
	143315001	丙酮	kg	0.330	0.365	0.370	0.486	0.571	0.629
	143575001	铁离子检测溶液	kg	0.353	0.391	0.395	0.519	0.610	0.672
	031308001	水溶纸	kg	0.035	0.039	0.039	0.052	0.062	0.067
	341101001	水	m^3	0.027	0.029	0.029	0.038	0.045	0.050
	341103001	电	kW·h	1.688	1.868	1.887	2.482	2.918	3.213
	850103006	其他材料费（占材料费）	%	1.000	1.000	1.000	1.000	1.000	1.000
机械	990718040	普通车床 630×2000mm	台班	0.411	0.411	0.519	0.543	0.566	0.614
	990785040	砂轮切割机 $\phi500$	台班	0.102	0.102	0.130	0.136	0.141	0.154
	990912010	氩弧焊机 500A	台班	0.924	0.924	1.168	1.225	1.276	1.382
	991003050	电动空气压缩机 $6m^3/min$	台班	0.205	0.205	0.259	0.272	0.283	0.307

工作内容：准备工作，切口，坡口及处理，组对，铁离子检测，焊接，焊缝外观检查及钝化。

计量单位：10 个

编号				8-2-707	8-2-708	8-2-709	8-2-710	8-2-711
项目				公称直径（mm 以内）				
				65	80	100	125	150
名称			单位	消耗量				
人工	000203000	综合二类工	工日	24.192	26.642	37.786	42.474	49.755
材料	181003001	中压钛管件	个	（10.000）	（10.000）	（10.000）	（10.000）	（10.000）
	142911001	氩气	m^3	5.954	7.126	11.894	14.145	19.996
	031513006	吊装带 5t × 10m	条	—	—	0.140	0.185	0.228
	031303002	钛焊丝	kg	0.765	0.893	2.427	3.214	3.965
	031101021	不锈钢专用砂轮片 ϕ125 × 6	片	0.266	0.311	0.336	0.445	0.549
	031101022	不锈钢专用砂轮片 ϕ500 × 3	片	0.358	0.417	—	—	—
	340101003	铈钨棒	g	4.284	5.002	13.588	17.998	22.205
	093301001	真丝绸布 宽 900	m	2.856	3.335	3.521	4.665	5.754
	031103003	合金磨头	个	0.177	0.207	—	—	—
	143157001	氢氟酸 45%	kg	0.053	0.062	0.076	0.100	0.123
	143103001	硝酸	kg	1.198	1.399	1.411	1.869	2.306
	143315001	丙酮	kg	0.996	1.163	1.637	2.167	2.674
	143575001	铁离子检测溶液	kg	1.064	1.243	1.344	1.780	2.197
	031308001	水溶纸	kg	0.106	0.125	0.538	0.713	0.878
	341101001	水	m^3	0.080	0.093	0.093	0.093	0.094
	341103001	电	kW · h	5.090	5.944	1.339	1.773	2.187
	850103006	其他材料费（占材料费）	%	1.000	1.000	1.000	1.000	1.000
机械	990718040	普通车床 630 × 2000mm	台班	0.662	0.694	1.162	1.272	1.318
	990304024	汽车式起重机 25t	台班	—	—	0.097	0.106	0.109
	990401035	载重汽车 10t	台班	—	—	0.097	0.106	0.109
	990509020	单速电动葫芦 3t	台班	—	—	2.709	2.967	3.076
	990785040	砂轮切割机 ϕ500	台班	0.165	0.174	—	—	—
	990912010	氩弧焊机 500A	台班	1.489	1.562	2.709	2.967	3.076
	991003050	电动空气压缩机 $6m^3$/min	台班	0.331	0.348	0.387	0.424	0.440

工作内容：准备工作，切口，坡口及处理，组对，铁离子检测，焊接，焊缝外观检查及钝化。

计量单位：10 个

编号				8-2-712	8-2-713	8-2-714	8-2-715	8-2-716
项目				公称直径（mm 以内）				
				200	250	300	350	400
名称			单位	消耗量				
人工	000203000	综合二类工	工日	67.301	77.759	88.350	98.241	113.743
材料	181003001	中压钛管件	个	（10.000）	（10.000）	（10.000）	（10.000）	（10.000）
	142911001	氩气	m^3	37.307	41.358	49.567	57.776	65.985
	031513006	吊装带 5t × 10m	条	0.280	0.316	0.423	0.547	0.803
	031303002	钛焊丝	kg	4.852	5.488	7.328	9.496	13.922
	031101021	不锈钢专用砂轮片 ϕ125 × 6	片	0.672	0.760	1.015	1.315	1.928
	340101003	铈钨棒	g	27.177	30.730	41.035	53.180	77.960
	093301001	真丝绸布 宽 900	m	7.043	7.963	10.634	13.781	20.203
	143157001	氢氟酸 45%	kg	0.151	0.171	0.227	0.295	0.433
	143103001	硝酸	kg	2.822	3.192	4.262	5.524	8.097
	143315001	丙酮	kg	3.272	3.700	4.941	6.404	9.387
	143575001	铁离子检测溶液	kg	2.688	3.039	4.059	5.260	7.711
	031308001	水溶纸	kg	1.075	1.215	1.624	2.104	3.084
	341101001	水	m^3	0.094	0.095	0.127	0.164	0.241
	341103001	电	kW · h	2.678	3.027	4.043	5.240	5.501
	850103006	其他材料费（占材料费）	%	1.000	1.000	1.000	1.000	1.000
机械	990718040	普通车床 630 × 2000mm	台班	1.843	2.314	2.930	3.420	4.093
	990304024	汽车式起重机 25t	台班	0.154	0.194	0.244	0.286	0.341
	990401035	载重汽车 10t	台班	0.154	0.194	0.244	0.286	0.341
	990509020	单速电动葫芦 3t	台班	4.301	5.401	6.836	7.979	9.552
	990912010	氩弧焊机 500A	台班	4.301	5.401	6.836	7.979	9.552
	991003050	电动空气压缩机 $6m^3$/min	台班	0.614	0.771	0.977	1.140	1.365

工作内容： 准备工作，切口，坡口及处理，组对，铁离子检测，焊接，焊缝外观检查及钝化。

计量单位： 10 个

编号				8-2-717	8-2-718	8-2-719	8-2-720	8-2-721
项目				公称直径（mm 以内）				
				450	500	600	700	800
名称			单位	消耗量				
人工	000203000	综合二类工	工日	138.734	165.705	181.601	197.389	217.305
材料	181003001	中压钛管件	个	（10.000）	（10.000）	（10.000）	（10.000）	（10.000）
	142911001	氩气	m^3	72.531	79.908	87.286	94.663	102.040
	031303002	钛焊丝	kg	24.098	34.275	49.912	60.214	84.639
	031101021	不锈钢专用砂轮片 $\phi 125 \times 6$	片	2.057	2.184	2.425	2.926	4.112
	340101003	铈钨棒	g	164.828	251.690	279.506	337.196	473.980
	093301001	真丝绸布 宽 900	m	34.685	49.174	54.609	65.880	92.605
	143157001	氢氟酸 45%	kg	0.575	0.701	0.778	0.939	1.320
	143103001	硝酸	kg	11.038	13.978	15.524	18.728	26.325
	143315001	丙酮	kg	12.207	15.028	16.690	20.134	28.302
	143575001	铁离子检测溶液	kg	7.792	7.980	8.306	10.020	14.085
	031308001	水溶纸	kg	10.896	18.699	20.765	25.052	35.213
	341101001	水	m^3	0.403	0.561	0.623	0.752	1.057
	341103001	电	kW·h	5.766	5.801	6.443	7.771	10.925
	031513006	吊装带 5t × 10m	条	1.785	2.766	3.072	3.706	5.209
	850103006	其他材料费（占材料费）	%	1.000	1.000	1.000	1.000	1.000
机械	990718040	普通车床 630 × 2000mm	台班	4.129	4.239	4.502	4.883	5.302
	990912010	氩弧焊机 500A	台班	11.666	13.781	18.010	19.528	21.210
	991003050	电动空气压缩机 $6m^3/min$	台班	1.518	1.843	1.957	2.123	2.306
	990304024	汽车式起重机 25t	台班	0.379	0.885	0.939	1.020	1.107
	990401035	载重汽车 10t	台班	0.379	0.885	0.939	1.020	1.107
	990509020	单速电动葫芦 3t	台班	9.805	10.138	10.766	11.675	12.680

第三章

阀门安装

说　明

一、本章内容包括螺纹阀门、法兰阀门、安全阀门、焊接阀门等安装及安全阀调试。

二、本章各种阀门安装（调节阀门除外）均包括壳体压力试验和密封试验工作内容。

三、本章各种阀门安装不包括阀体磁粉检测和阀杆密封填料更换工作内容。

四、关于下列各项费用的规定：

1. 仪表流量计安装，应执行阀门安装相应安装项目。

2. 限流孔板、八字盲板，应执行阀门安装相应项目乘以系数 0.60。

五、有关说明：

1. 各种法兰阀门安装不包括法兰安装，只包括一个垫片和一副法兰用螺栓的安装费，透镜垫和螺栓本身价格应另行计算，其中螺栓按实际用量加 3%损耗计算。

2. 焊接阀门安装是按碳钢焊接阀门编制，采用合金钢焊接阀门，执行焊接阀门相应项目，定额人工、机械乘以系数 1.15，采用不锈钢焊接阀门，应执行焊接阀门相应安装项目人工、机械乘以系数 1.25，焊接材料应按实调整。

3. 阀门壳体压力试验和密封试验是按水考虑的，如设计要求其他介质，可按实计算。

4. 法兰阀门安装使用垫片是按无石棉橡胶板考虑的，实际施工与定额不同时，可按实调整。

5. 齿轮、液压传动、电动阀门安装已包括齿轮、液压传动、电动机安装，检查接线应执行第四册《电气设备与线缆安装工程》相应定额项目。

6. 螺纹阀门安装项目中未包括活接头安装，若设计要求使用活接头者，活接头应按本册第二章管件连接相应定额项目计算。

工程量计算规则

一、各种阀门安装应区分不同压力、连接形式及种类、型号、公称直径分别列项，应按设计图示数量以“个”为计量单位。

二、各种法兰阀门安装与配套法兰的安装，应分别计算工程量，法兰安装应执行本册第四章相应安装项目。

一、低压阀门

1. 螺纹阀门

工作内容：准备工作，阀门壳体压力试验和密封试验，管子切口，套丝，阀门安装。　　　　**计量单位：**个

编号				8-3-1	8-3-2	8-3-3	8-3-4	8-3-5	8-3-6
项目				公称直径（mm 以内）					
				15	20	25	32	40	50
	名称		单位	消耗量					
人工	000203000	综合二类工	工日	0.165	0.178	0.206	0.264	0.289	0.325
材料	190003002	螺纹阀门（综合）	个	（1.020）	（1.020）	（1.010）	（1.010）	（1.010）	（1.010）
	031301009	低碳钢焊条 J427（综合）	kg	0.165	0.165	0.165	0.165	0.165	0.165
	142909001	氧气	m^3	0.141	0.141	0.141	0.141	0.141	0.141
	142907002	乙炔气	kg	0.054	0.054	0.054	0.054	0.054	0.054
	031101014	尼龙砂轮片 $\phi500\times25\times4$	片	0.008	0.010	0.012	0.016	0.018	0.026
	020112004	无石棉橡胶板 低压 $\delta0.8\sim6$	kg	0.034	0.050	0.084	0.101	0.140	0.168
	340203007	聚四氟乙烯生料带（综合）	m	0.415	0.509	0.641	0.791	0.904	1.074
	012903023	热轧中厚钢板 $\delta20$	kg	0.007	0.009	0.010	0.014	0.016	0.020
	170201002	无缝钢管 $D22\times2.5$	m	0.010	0.010	0.010	0.010	0.010	0.010
	171915005	输水软管 $\phi25$	m	0.020	0.020	0.020	0.020	0.020	0.020
	190103002	螺纹截止阀 J11T-16 *DN*15	个	0.020	0.020	0.020	0.020	0.020	0.020
	860113015	压力表 Y-100 0～6MPa	块	0.020	0.020	0.020	0.020	0.020	0.020
	860113024	压力表补芯	个	0.020	0.020	0.020	0.020	0.020	0.020
	140303001	机油（综合）	kg	0.007	0.009	0.011	0.014	0.017	0.021
	850103006	其他材料费（占材料费）	%	1.000	1.000	1.000	1.000	1.000	1.000
机械	990900010	电焊机（综合）	台班	0.034	0.034	0.034	0.034	0.034	0.034
	990813045	试压泵 60MPa	台班	0.016	0.016	0.016	0.016	0.032	0.032
	990785040	砂轮切割机 $\phi500$	台班	0.001	0.002	0.003	0.006	0.007	0.008
	990919030	电焊条烘干箱 $60\times50\times75cm^3$	台班	0.004	0.004	0.004	0.004	0.004	0.004
	990920010	电焊条恒温箱	台班	0.004	0.004	0.004	0.004	0.004	0.004
	990748010	管子切断套丝机 159mm	台班	0.029	0.029	0.029	0.032	0.032	0.032

2. 承插焊阀门

工作内容： 准备工作，阀门壳体压力试验和密封试验，管子切口，管口组对，焊接，阀门安装。

计量单位： 个

编号				8-3-7	8-3-8	8-3-9	8-3-10	8-3-11	8-3-12
项目				公称直径（mm 以内）					
				15	20	25	32	40	50
名称			单位	消耗量					
人工	000203000	综合二类工	工日	0.192	0.211	0.237	0.280	0.312	0.358
材料	190005001	焊接阀门	个	（1.000）	（1.000）	（1.000）	（1.000）	（1.000）	（1.000）
	031301009	低碳钢焊条 J427（综合）	kg	0.209	0.214	0.228	0.247	0.259	0.282
	142909001	氧气	m^3	0.141	0.141	0.141	0.148	0.149	0.150
	142907002	乙炔气	kg	0.054	0.054	0.054	0.057	0.057	0.058
	031101013	尼龙砂轮片 ϕ100 × 16 × 3	片	0.003	0.004	0.005	0.007	0.019	0.023
	031101014	尼龙砂轮片 ϕ500 × 25 × 4	片	0.008	0.010	0.012	0.016	0.018	0.026
	020112004	无石棉橡胶板 低压 δ0.8～6	kg	0.034	0.050	0.084	0.101	0.140	0.168
	031103001	磨头	块	0.020	0.026	0.031	0.039	0.044	0.053
	012903023	热轧中厚钢板 δ20	kg	0.007	0.009	0.010	0.014	0.016	0.020
	170201002	无缝钢管 D22 × 2.5	m	0.010	0.010	0.010	0.010	0.010	0.010
	171915005	输水软管 ϕ25	m	0.020	0.020	0.020	0.020	0.020	0.020
	190103002	螺纹截止阀 J11T-16 DN15	个	0.020	0.020	0.020	0.020	0.020	0.020
	860113015	压力表 Y-100 0～6MPa	块	0.020	0.020	0.020	0.020	0.020	0.020
	860113024	压力表补芯	个	0.020	0.020	0.020	0.020	0.020	0.020
	092705004	碎布	kg	0.002	0.003	0.004	0.006	0.006	0.007
	850103006	其他材料费（占材料费）	%	1.000	1.000	1.000	1.000	1.000	1.000
机械	990900010	电焊机（综合）	台班	0.061	0.064	0.075	0.086	0.094	0.108
	990785040	砂轮切割机 ϕ500	台班	0.001	0.002	0.003	0.006	0.007	0.008
	990813045	试压泵 60MPa	台班	0.016	0.016	0.016	0.016	0.032	0.032
	990919030	电焊条烘干箱 60 × 50 × 75cm^3	台班	0.006	0.006	0.007	0.009	0.009	0.011
	990920010	电焊条恒温箱	台班	0.006	0.006	0.007	0.009	0.009	0.011

3. 法兰阀门

工作内容：准备工作，阀门壳体压力试验和密封试验，阀门安装。　　**计量单位：**个

编　号				8-3-13	8-3-14	8-3-15	8-3-16	8-3-17	8-3-18
项　目				公称直径（mm 以内）					
				15	20	25	32	40	50
名　称			单位	消　耗　量					
人工	000203000	综合二类工	工日	0.211	0.211	0.211	0.224	0.224	0.237
材料	190001001	法兰阀门	个	（1.000）	（1.000）	（1.000）	（1.000）	（1.000）	（1.000）
	031301009	低碳钢焊条 J427（综合）	kg	0.165	0.165	0.165	0.165	0.165	0.165
	142909001	氧气	m^3	0.141	0.141	0.141	0.141	0.141	0.141
	142907002	乙炔气	kg	0.054	0.054	0.054	0.054	0.054	0.054
	020112004	无石棉橡胶板 低压 δ0.8～6	kg	0.010	0.020	0.040	0.040	0.060	0.070
	012903023	热轧中厚钢板 δ20	kg	0.007	0.009	0.010	0.014	0.016	0.020
	170201002	无缝钢管 $D22\times2.5$	m	0.010	0.010	0.010	0.010	0.010	0.010
	171915005	输水软管 ϕ25	m	0.020	0.020	0.020	0.020	0.020	0.020
	190103002	螺纹截止阀 J11T-16 *DN*15	个	0.020	0.020	0.020	0.020	0.020	0.020
	860113015	压力表 Y-100 0～6MPa	块	0.020	0.020	0.020	0.020	0.020	0.020
	860113024	压力表补芯	个	0.020	0.020	0.020	0.020	0.020	0.020
	143121001	二硫化钼	kg	0.002	0.002	0.002	0.004	0.004	0.004
	850103006	其他材料费（占材料费）	%	1.000	1.000	1.000	1.000	1.000	1.000
机械	990900010	电焊机（综合）	台班	0.034	0.034	0.034	0.034	0.034	0.034
	990813045	试压泵 60MPa	台班	0.016	0.016	0.016	0.016	0.032	0.032
	990919030	电焊条烘干箱 $60\times50\times75cm^3$	台班	0.004	0.004	0.004	0.004	0.004	0.004
	990920010	电焊条恒温箱	台班	0.004	0.004	0.004	0.004	0.004	0.004

工作内容：准备工作，阀门壳体压力试验和密封试验，阀门安装。　　　　**计量单位：**个

编号				8-3-19	8-3-20	8-3-21	8-3-22	8-3-23	8-3-24
项目				公称直径（mm 以内）					
				65	80	100	125	150	200
名称			单位	消耗量					
人工	000203000	综合二类工	工日	0.346	0.375	0.499	0.611	0.828	1.192
材料	190001001	法兰阀门	个	（1.000）	（1.000）	（1.000）	（1.000）	（1.000）	（1.000）
	031301009	低碳钢焊条 J427（综合）	kg	0.165	0.165	0.165	0.165	0.165	0.165
	142909001	氧气	m^3	0.141	0.159	0.204	0.273	0.312	0.447
	142907002	乙炔气	kg	0.054	0.061	0.078	0.105	0.120	0.172
	020112004	无石棉橡胶板 低压 δ0.8～6	kg	0.090	0.130	0.170	0.230	0.280	0.330
	012903023	热轧中厚钢板 δ20	kg	0.025	0.030	0.036	0.047	0.061	0.088
	170201002	无缝钢管 $D22\times2.5$	m	0.010	0.010	0.010	0.010	0.010	0.010
	171915005	输水软管 ϕ25	m	0.020	0.020	0.020	0.020	0.020	0.020
	190103002	螺纹截止阀 J11T-16 *DN*15	个	0.020	0.020	0.020	0.020	0.020	0.020
	860113015	压力表 Y-100 0～6MPa	块	0.020	0.020	0.020	0.020	0.020	0.020
	860113024	压力表补芯	个	0.020	0.020	0.020	0.020	0.020	0.020
	143121001	二硫化钼	kg	0.004	0.006	0.006	0.013	0.013	0.013
	850103006	其他材料费（占材料费）	%	1.000	1.000	1.000	1.000	1.000	1.000
机械	990900010	电焊机（综合）	台班	0.034	0.034	0.034	0.034	0.034	0.034
	990813045	试压泵 60MPa	台班	0.036	0.041	0.048	0.088	0.128	0.128
	990919030	电焊条烘干箱 $60\times50\times75cm^3$	台班	0.004	0.004	0.004	0.004	0.004	0.004
	990920010	电焊条恒温箱	台班	0.004	0.004	0.004	0.004	0.004	0.004
	990304004	汽车式起重机 8t	台班	—	—	0.011	0.011	0.011	0.011
	990515010	吊装机械（综合）	台班	—	—	0.058	0.058	0.058	0.058
	990401030	载重汽车 8t	台班	—	—	0.011	0.011	0.011	0.011

工作内容：准备工作，阀门壳体压力试验和密封试验，阀门安装。　　　　**计量单位：**个

编号				8-3-25	8-3-26	8-3-27	8-3-28	8-3-29	8-3-30
项目				公称直径（mm 以内）					
				250	300	350	400	450	500
名称			单位	消耗量					
人工	000203000	综合二类工	工日	1.824	2.115	2.242	2.532	3.001	3.396
材料	190001001	法兰阀门	个	（1.000）	（1.000）	（1.000）	（1.000）	（1.000）	（1.000）
	031301009	低碳钢焊条 J427（综合）	kg	0.165	0.165	0.165	0.165	0.165	0.165
	142909001	氧气	m^3	0.627	0.750	0.820	0.910	1.078	1.130
	142907002	乙炔气	kg	0.241	0.288	0.315	0.350	0.415	0.435
	020112004	无石棉橡胶板 低压 δ0.8～6	kg	0.370	0.400	0.540	0.690	0.810	0.830
	012903023	热轧中厚钢板 δ20	kg	0.128	0.165	0.211	0.262	—	—
	170201002	无缝钢管 $D22\times2.5$	m	0.010	0.010	0.010	0.010	0.010	0.010
	171915005	输水软管 ϕ25	m	0.020	0.020	0.020	0.020	0.020	0.020
	190103002	螺纹截止阀 J11T-16 *DN*15	个	0.020	0.020	0.020	0.020	0.020	0.020
	860113015	压力表 Y-100 0～6MPa	块	0.020	0.020	0.020	0.020	0.020	0.020
	860113024	压力表补芯	个	0.020	0.020	0.020	0.020	0.020	0.020
	143121001	二硫化钼	kg	0.019	0.029	0.029	0.038	0.038	0.038
	341101001	水	m^3	—	—	—	0.070	0.100	0.137
	012903025	热轧中厚钢板 δ30	kg	—	—	—	—	0.479	0.582
	850103006	其他材料费（占材料费）	%	1.000	1.000	1.000	1.000	1.000	1.000
机械	990900010	电焊机（综合）	台班	0.034	0.034	0.034	0.034	0.034	0.034
	990304004	汽车式起重机 8t	台班	0.011	0.011	0.026	0.032	0.033	0.035
	990515010	吊装机械（综合）	台班	0.068	0.068	0.106	0.106	0.136	0.136
	990401030	载重汽车 8t	台班	0.011	0.011	0.026	0.032	0.033	0.035
	990813045	试压泵 60MPa	台班	0.128	0.128	0.143	0.159	0.175	0.191
	990919030	电焊条烘干箱 $60\times50\times75cm^3$	台班	0.004	0.004	0.004	0.004	0.004	0.004
	990920010	电焊条恒温箱	台班	0.004	0.004	0.004	0.004	0.004	0.004

工作内容：准备工作，阀门壳体压力试验和密封试验，阀门安装。 **计量单位：**个

编号				8-3-31	8-3-32	8-3-33	8-3-34	8-3-35
项目				公称直径（mm 以内）				
				600	700	800	900	1000
名称			单位	消耗量				
人工	000203000	综合二类工	工日	4.133	5.498	6.709	7.676	8.874
材料	190001001	法兰阀门	个	（1.000）	（1.000）	（1.000）	（1.000）	（1.000）
	031301009	低碳钢焊条 J427（综合）	kg	0.165	0.165	0.165	0.165	0.165
	142909001	氧气	m^3	1.275	1.455	1.590	1.785	2.160
	142907002	乙炔气	kg	0.490	0.560	0.612	0.687	0.831
	020112004	无石棉橡胶板 低压 δ0.8～6	kg	0.840	1.030	1.160	1.300	1.310
	012903025	热轧中厚钢板 δ30	kg	0.826	0.969	1.217	1.468	1.843
	170201002	无缝钢管 $D22\times2.5$	m	0.010	0.010	0.010	0.015	0.015
	171915005	输水软管 ϕ25	m	0.020	0.020	0.020	0.040	0.040
	190103002	螺纹截止阀 J11T-16 *DN*15	个	0.020	0.020	0.020	0.020	0.020
	860113015	压力表 Y-100 0～6MPa	块	0.020	0.020	0.020	0.020	0.020
	860113024	压力表补芯	个	0.020	0.020	0.020	0.020	0.020
	143121001	二硫化钼	kg	0.056	0.067	0.101	0.101	0.118
	341101001	水	m^3	0.238	0.281	0.378	0.463	0.550
	850103006	其他材料费（占材料费）	%	1.000	1.000	1.000	1.000	1.000
机械	990900010	电焊机（综合）	台班	0.034	0.034	0.034	0.034	0.034
	990304004	汽车式起重机 8t	台班	0.051	0.063	0.101	0.116	0.150
	990515010	吊装机械（综合）	台班	0.242	0.290	0.339	0.387	0.532
	990401030	载重汽车 8t	台班	0.051	0.063	0.101	0.116	0.150
	990813045	试压泵 60MPa	台班	0.191	0.207	0.223	0.223	0.223
	990919030	电焊条烘干箱 $60\times50\times75cm^3$	台班	0.004	0.004	0.004	0.004	0.004
	990920010	电焊条恒温箱	台班	0.004	0.004	0.004	0.004	0.004

工作内容：准备工作，阀门壳体压力试验和密封试验，阀门安装。 **计量单位：个**

编号				8-3-36	8-3-37	8-3-38	8-3-39	8-3-40
项目				公称直径（mm 以内）				
				1200	1400	1600	1800	2000
名称			单位	消耗量				
人工	000203000	综合二类工	工日	12.244	13.704	15.274	17.372	18.977
材料	190001001	法兰阀门	个	（1.000）	（1.000）	（1.000）	（1.000）	（1.000）
	031301009	低碳钢焊条 J427（综合）	kg	0.292	0.292	0.292	0.567	0.567
	142909001	氧气	m^3	2.790	3.480	3.975	4.470	4.965
	142907002	乙炔气	kg	1.073	1.338	1.529	1.719	1.910
	020112004	无石棉橡胶板 低压 δ0.8～6	kg	1.460	2.160	2.450	2.600	2.900
	012903025	热轧中厚钢板 δ30	kg	2.025	2.562	3.212	3.936	4.733
	170201002	无缝钢管 $D22\times2.5$	m	0.015	0.015	0.015	0.015	0.015
	171915005	输水软管 ϕ25	m	0.040	0.040	0.040	0.040	0.040
	190103002	螺纹截止阀 J11T-16 *DN*15	个	0.020	0.020	0.020	0.020	0.020
	860113015	压力表 Y-100 0～6MPa	块	0.020	0.020	0.020	0.020	0.020
	860113024	压力表补芯	个	0.020	0.020	0.020	0.020	0.020
	143121001	二硫化钼	kg	0.134	0.151	0.175	0.208	0.240
	341101001	水	m^3	0.950	1.509	2.252	3.206	4.398
	850103006	其他材料费（占材料费）	%	1.000	1.000	1.000	1.000	1.000
机械	990900010	电焊机（综合）	台班	0.604	0.604	0.604	1.173	1.173
	990304004	汽车式起重机 8t	台班	0.203	0.232	0.273	0.331	0.382
	990515010	吊装机械（综合）	台班	0.610	0.697	0.765	0.832	0.910
	990401030	载重汽车 8t	台班	0.203	0.232	0.273	0.331	0.382
	990813045	试压泵 60MPa	台班	0.239	0.239	0.239	0.239	0.239
	990919030	电焊条烘干箱 $60\times50\times75cm^3$	台班	0.060	0.060	0.060	0.118	0.118
	990920010	电焊条恒温箱	台班	0.060	0.060	0.060	0.118	0.118

4. 齿轮、液压传动、电动阀门

工作内容：准备工作，阀门壳体压力试验和密封试验，阀门调试，阀门安装。 **计量单位：**个

编号				8-3-41	8-3-42	8-3-43	8-3-44	8-3-45
项目				公称直径（mm 以内）				
				100	125	150	200	250
名称			单位	消耗量				
人工	000203000	综合二类工	工日	1.000	1.236	1.299	1.463	1.892
材料	193301001	齿轮、液压、电动阀门	个	（1.000）	（1.000）	（1.000）	（1.000）	（1.000）
	031301009	低碳钢焊条 J427（综合）	kg	0.165	0.165	0.165	0.165	0.165
	142909001	氧气	m^3	0.204	0.273	0.312	0.447	0.627
	142907002	乙炔气	kg	0.078	0.105	0.120	0.172	0.241
	020112004	无石棉橡胶板 低压 $\delta0.8\sim6$	kg	0.170	0.230	0.280	0.330	0.370
	012903023	热轧中厚钢板 $\delta20$	kg	0.036	0.047	0.061	0.088	0.128
	170201002	无缝钢管 $D22\times2.5$	m	0.010	0.010	0.010	0.010	0.010
	171915005	输水软管 $\phi25$	m	0.020	0.020	0.020	0.020	0.020
	190103002	螺纹截止阀 J11T-16 *DN*15	个	0.020	0.020	0.020	0.020	0.020
	860113015	压力表 Y-100 0～6MPa	块	0.020	0.020	0.020	0.020	0.020
	860113024	压力表补芯	个	0.020	0.020	0.020	0.020	0.020
	143121001	二硫化钼	kg	0.006	0.006	0.009	0.013	0.019
	850103006	其他材料费（占材料费）	%	1.000	1.000	1.000	1.000	1.000
机械	990900010	电焊机（综合）	台班	0.034	0.034	0.034	0.034	0.034
	990304004	汽车式起重机 8t	台班	0.012	0.012	0.012	0.012	0.012
	990515010	吊装机械（综合）	台班	0.071	0.071	0.071	0.071	0.081
	990401030	载重汽车 8t	台班	0.012	0.012	0.012	0.012	0.012
	990813045	试压泵 60MPa	台班	0.048	0.088	0.128	0.128	0.128
	990919030	电焊条烘干箱 $60\times50\times75cm^3$	台班	0.004	0.004	0.004	0.004	0.004
	990920010	电焊条恒温箱	台班	0.004	0.004	0.004	0.004	0.004

工作内容：准备工作，阀门壳体压力试验和密封试验，阀门调试，阀门安装。 **计量单位：**个

编号				8-3-46	8-3-47	8-3-48	8-3-49	8-3-50
项目				公称直径（mm 以内）				
				300	350	400	450	500
名称			单位	消耗量				
人工	000203000	综合二类工	工日	2.246	2.685	3.301	3.834	4.242
材料	193301001	齿轮、液压、电动阀门	个	（1.000）	（1.000）	（1.000）	（1.000）	（1.000）
	031301009	低碳钢焊条 J427（综合）	kg	0.165	0.165	0.165	0.165	0.165
	142909001	氧气	m^3	0.750	0.820	0.910	1.078	1.130
	142907002	乙炔气	kg	0.288	0.315	0.350	0.415	0.435
	020112004	无石棉橡胶板 低压 δ0.8～6	kg	0.400	0.540	0.690	0.810	0.830
	012903025	热轧中厚钢板 δ30	kg	—	—	—	0.479	0.582
	170201002	无缝钢管 $D22\times2.5$	m	0.010	0.010	0.010	0.010	0.010
	171915005	输水软管 ϕ25	m	0.020	0.020	0.020	0.020	0.020
	190103002	螺纹截止阀 J11T-16 *DN*15	个	0.020	0.020	0.020	0.020	0.020
	860113015	压力表 Y-100 0～6MPa	块	0.020	0.020	0.020	0.020	0.020
	860113024	压力表补芯	个	0.020	0.020	0.020	0.020	0.020
	143121001	二硫化钼	kg	0.029	0.029	0.038	0.038	0.038
	341101001	水	m^3	—	—	0.070	0.100	0.137
	012903023	热轧中厚钢板 δ20	kg	0.165	—	0.262	—	—
	850103006	其他材料费（占材料费）	%	1.000	1.000	1.000	1.000	1.000
机械	990900010	电焊机（综合）	台班	0.034	0.034	0.034	0.034	0.034
	990304004	汽车式起重机 8t	台班	0.012	0.026	0.032	0.033	0.035
	990515010	吊装机械（综合）	台班	0.081	0.128	0.128	0.163	0.163
	990401030	载重汽车 8t	台班	0.012	0.026	0.032	0.033	0.035
	990813045	试压泵 60MPa	台班	0.128	0.143	0.159	0.175	0.191
	990919030	电焊条烘干箱 $60\times50\times75cm^3$	台班	0.004	0.004	0.004	0.004	0.004
	990920010	电焊条恒温箱	台班	0.004	0.004	0.004	0.004	0.004

工作内容：准备工作，阀门壳体压力试验和密封试验，阀门调试，阀门安装。 计量单位：个

编号				8-3-51	8-3-52	8-3-53	8-3-54	8-3-55
项目				公称直径（mm 以内）				
				600	700	800	900	1000
名称			单位	消耗量				
人工	000203000	综合二类工	工日	5.023	6.442	8.130	9.617	11.245
材料	193301001	齿轮、液压、电动阀门	个	（1.000）	（1.000）	（1.000）	（1.000）	（1.000）
	031301009	低碳钢焊条 J427（综合）	kg	0.165	0.165	0.165	0.165	0.165
	142909001	氧气	m^3	1.275	1.455	1.590	1.785	2.160
	142907002	乙炔气	kg	0.490	0.560	0.612	0.687	0.831
	020112004	无石棉橡胶板 低压 δ0.8～6	kg	0.840	1.030	1.160	1.300	1.310
	012903025	热轧中厚钢板 δ30	kg	0.826	0.969	1.217	1.468	1.843
	170201002	无缝钢管 $D22\times2.5$	m	0.010	0.010	0.010	0.010	0.015
	171915005	输水软管 ϕ25	m	0.020	0.020	0.020	0.020	0.040
	190103002	螺纹截止阀 J11T-16 *DN*15	个	0.020	0.020	0.020	0.020	0.020
	860113015	压力表 Y-100 0～6MPa	块	0.020	0.020	0.020	0.020	0.020
	860113024	压力表补芯	个	0.020	0.020	0.020	0.020	0.020
	143121001	二硫化钼	kg	0.056	0.067	0.101	0.101	0.118
	341101001	水	m^3	0.238	0.281	0.378	0.463	0.550
	850103006	其他材料费（占材料费）	%	1.000	1.000	1.000	1.000	1.000
机械	990900010	电焊机（综合）	台班	0.034	0.034	0.034	0.034	0.034
	990304004	汽车式起重机 8t	台班	0.051	0.063	0.101	0.116	0.150
	990515010	吊装机械（综合）	台班	0.290	0.348	0.407	0.465	0.523
	990401030	载重汽车 8t	台班	0.051	0.063	0.101	0.116	0.150
	990813045	试压泵 60MPa	台班	0.191	0.207	0.223	0.223	0.223
	990919030	电焊条烘干箱 $60\times50\times75cm^3$	台班	0.004	0.004	0.004	0.004	0.004
	990920010	电焊条恒温箱	台班	0.004	0.004	0.004	0.004	0.004

工作内容：准备工作，阀门壳体压力试验和密封试验，阀门调试，阀门安装。 计量单位：个

编号				8-3-56	8-3-57	8-3-58	8-3-59	8-3-60
项目				公称直径（mm 以内）				
				1200	1400	1600	1800	2000
名称			单位	消耗量				
人工	000203000	综合二类工	工日	14.703	16.247	18.587	21.249	24.386
材料	193301001	齿轮、液压、电动阀门	个	（1.000）	（1.000）	（1.000）	（1.000）	（1.000）
	031301009	低碳钢焊条 J427（综合）	kg	0.292	0.292	0.292	0.567	0.567
	142909001	氧气	m^3	2.790	3.480	3.975	4.470	4.965
	142907002	乙炔气	kg	1.073	1.338	1.529	1.719	1.910
	020112004	无石棉橡胶板 低压 δ0.8～6	kg	1.460	2.160	2.450	2.600	2.900
	012903025	热轧中厚钢板 δ30	kg	2.025	2.562	3.212	3.936	4.733
	170201002	无缝钢管 $D22\times2.5$	m	0.015	0.015	0.015	0.015	0.015
	171915005	输水软管 ϕ25	m	0.040	0.040	0.040	0.040	0.040
	190103002	螺纹截止阀 J11T-16 *DN*15	个	0.020	0.020	0.020	0.020	0.020
	860113015	压力表 Y-100 0～6MPa	块	0.020	0.020	0.020	0.020	0.020
	860113024	压力表补芯	个	0.020	0.020	0.020	0.020	0.020
	143121001	二硫化钼	kg	0.134	0.151	0.175	0.208	0.240
	341101001	水	m^3	0.950	1.509	2.252	3.206	4.398
	850103006	其他材料费（占材料费）	%	1.000	1.000	1.000	1.000	1.000
机械	990900010	电焊机（综合）	台班	0.604	0.604	0.604	1.173	1.173
	990304004	汽车式起重机 8t	台班	0.203	0.232	0.273	0.331	0.382
	990515010	吊装机械（综合）	台班	0.732	0.836	0.918	0.999	1.092
	990401030	载重汽车 8t	台班	0.203	0.232	0.273	0.331	0.382
	990813045	试压泵 60MPa	台班	0.239	0.239	0.239	0.239	0.239
	990919030	电焊条烘干箱 $60\times50\times75cm^3$	台班	0.060	0.060	0.060	0.118	0.118
	990920010	电焊条恒温箱	台班	0.060	0.060	0.060	0.118	0.118

5. 调节阀门

工作内容：准备工作，阀门安装。 计量单位：个

编号				8-3-61	8-3-62	8-3-63	8-3-64	8-3-65	8-3-66
项目				公称直径（mm 以内）					
				20	25	32	40	50	65
名称			单位	消耗量					
人工	000203000	综合二类工	工日	0.320	0.320	0.320	0.320	0.320	0.565
材料	191300001	调节阀	个	（1.000）	（1.000）	（1.000）	（1.000）	（1.000）	（1.000）
	020112004	无石棉橡胶板 低压 δ0.8～6	kg	0.020	0.040	0.040	0.060	0.070	0.090
	143121001	二硫化钼	kg	0.002	0.002	0.004	0.004	0.004	0.006
	850103006	其他材料费（占材料费）	%	1.000	1.000	1.000	1.000	1.000	1.000
机械	990304004	汽车式起重机 8t	台班	—	—	—	—	0.006	0.006
	990515010	吊装机械（综合）	台班	—	—	—	—	0.029	0.029
	990401030	载重汽车 8t	台班	—	—	—	—	0.006	0.006

工作内容：准备工作，阀门安装。 计量单位：个

编号				8-3-67	8-3-68	8-3-69	8-3-70	8-3-71	8-3-72
项目				公称直径（mm 以内）					
				80	100	125	150	200	250
名称			单位	消耗量					
人工	000203000	综合二类工	工日	0.583	0.857	1.050	1.083	1.276	1.517
材料	191300001	调节阀	个	（1.000）	（1.000）	（1.000）	（1.000）	（1.000）	（1.000）
	020112004	无石棉橡胶板 低压 δ0.8～6	kg	0.130	0.170	0.230	0.280	0.330	0.370
	143121001	二硫化钼	kg	0.006	0.006	0.013	0.013	0.013	0.019
	850103006	其他材料费（占材料费）	%	1.000	1.000	1.000	1.000	1.000	1.000
机械	990304004	汽车式起重机 8t	台班	0.006	0.011	0.011	0.011	0.011	0.011
	990515010	吊装机械（综合）	台班	0.029	0.058	0.058	0.058	0.058	0.068
	990401030	载重汽车 8t	台班	0.006	0.011	0.011	0.011	0.011	0.011

工作内容：准备工作，阀门安装。　　　　计量单位：个

编　号				8-3-73	8-3-74	8-3-75	8-3-76	8-3-77
项　目				公称直径（mm 以内）				
				300	350	400	450	500
名　称			单位	消　耗　量				
人工	000203000	综合二类工	工日	1.705	1.820	1.983	2.258	2.452
材料	191300001	调节阀	个	（1.000）	（1.000）	（1.000）	（1.000）	（1.000）
	020112004	无石棉橡胶板 低压 δ0.8～6	kg	0.400	0.540	0.690	0.810	0.830
	143121001	二硫化钼	kg	0.029	0.029	0.038	0.038	0.038
	850103006	其他材料费（占材料费）	%	1.000	1.000	1.000	1.000	1.000
机械	990304004	汽车式起重机 8t	台班	0.011	0.026	0.032	0.033	0.035
	990515010	吊装机械（综合）	台班	0.068	0.106	0.106	0.136	0.136
	990401030	载重汽车 8t	台班	0.011	0.026	0.032	0.033	0.035

6. 安全阀门（螺纹连接）

工作内容：准备工作，阀门壳体压力试验和密封试验，管子切口，套丝，阀门安装。 **计量单位：**个

编号				8-3-78	8-3-79	8-3-80	8-3-81	8-3-82	8-3-83
项目				公称直径（mm 以内）					
				15	20	25	32	40	50
名称			单位	消耗量					
人工	000203000	综合二类工	工日	0.361	0.396	0.467	0.633	0.702	0.804
材料	191100001	安全阀门	个	（1.000）	（1.000）	（1.000）	（1.000）	（1.000）	（1.000）
	031301009	低碳钢焊条 J427（综合）	kg	0.165	0.165	0.165	0.165	0.165	0.165
	142909001	氧气	m^3	0.141	0.141	0.141	0.141	0.141	0.141
	142907002	乙炔气	kg	0.054	0.054	0.054	0.054	0.054	0.054
	031101014	尼龙砂轮片 ϕ500×25×4	片	0.008	0.010	0.014	0.018	0.024	0.030
	020112004	无石棉橡胶板 低压 δ0.8～6	kg	0.055	0.083	0.138	0.165	0.228	0.276
	340203007	聚四氟乙烯生料带（综合）	m	0.142	0.188	0.236	0.302	0.376	0.472
	015303001	青铅（综合）	kg	0.050	0.050	0.050	0.050	0.050	0.050
	140303001	机油（综合）	kg	0.007	0.009	0.011	0.014	0.017	0.021
	012903023	热轧中厚钢板 δ20	kg	0.007	0.009	0.010	0.014	0.016	0.020
	031507011	镀锌铁丝 ϕ1.2～1.6	kg	0.500	0.500	0.500	0.500	0.500	0.500
	170201002	无缝钢管 D22×2.5	m	0.010	0.010	0.010	0.010	0.010	0.010
	171915005	输水软管 ϕ25	m	0.020	0.020	0.020	0.020	0.020	0.020
	190103002	螺纹截止阀 J11T-16 DN15	个	0.020	0.020	0.020	0.020	0.020	0.020
	860113015	压力表 Y-100 0～6MPa	块	0.020	0.020	0.020	0.020	0.020	0.020
	860113024	压力表补芯	个	0.020	0.020	0.020	0.020	0.020	0.020
	850103006	其他材料费（占材料费）	%	1.000	1.000	1.000	1.000	1.000	1.000
机械	990900010	电焊机（综合）	台班	0.034	0.034	0.034	0.034	0.034	0.034
	990785040	砂轮切割机 ϕ500	台班	0.001	0.002	0.006	0.007	0.008	0.009
	990813045	试压泵 60MPa	台班	0.032	0.032	0.032	0.035	0.059	0.064
	990919030	电焊条烘干箱 60×50×75cm³	台班	0.004	0.004	0.004	0.004	0.004	0.004
	990920010	电焊条恒温箱	台班	0.004	0.004	0.004	0.004	0.004	0.004
	990304004	汽车式起重机 8t	台班	—	—	—	—	—	0.006
	990515010	吊装机械（综合）	台班	—	—	—	—	—	0.029
	990401030	载重汽车 8t	台班	—	—	—	—	—	0.006

工作内容：准备工作，阀门壳体压力试验和密封试验，管子切口，套丝，阀门安装。　　计量单位：个

编号				8-3-84	8-3-85	8-3-86	8-3-87	8-3-88	8-3-89
项目				公称直径（mm 以内）					
				65	80	100	125	150	200
名称			单位	消耗量					
人工	000203000	综合二类工	工日	0.901	1.154	1.601	1.977	2.041	2.261
材料	191100001	安全阀门	个	（1.000）	（1.000）	（1.000）	（1.000）	（1.000）	（1.000）
	031301009	低碳钢焊条 J427（综合）	kg	0.165	0.165	0.165	0.165	0.165	0.165
	142909001	氧气	m^3	0.099	0.159	0.204	0.273	0.312	0.447
	142907002	乙炔气	kg	0.038	0.061	0.078	0.105	0.120	0.172
	020112004	无石棉橡胶板 低压 δ0.8～6	kg	0.100	0.130	0.170	0.230	0.280	0.330
	015303001	青铅（综合）	kg	0.050	0.050	0.050	—	—	—
	012903023	热轧中厚钢板 δ20	kg	0.018	0.030	0.036	0.047	0.061	0.088
	031507011	镀锌铁丝 ϕ1.2～1.6	kg	0.500	0.500	1.000	1.000	1.000	1.000
	170201002	无缝钢管 $D22 \times 2.5$	m	0.010	0.010	0.010	0.010	0.010	0.010
	171915005	输水软管 ϕ25	m	0.020	0.020	0.020	0.020	0.020	0.020
	190103002	螺纹截止阀 J11T-16 *DN*15	个	0.020	0.020	0.020	0.020	0.020	0.020
	860113015	压力表 Y-100 0～6MPa	块	0.020	0.020	0.020	0.020	0.020	0.020
	860113024	压力表补芯	个	0.020	0.020	0.020	0.020	0.020	0.020
	850103006	其他材料费（占材料费）	%	1.000	1.000	1.000	1.000	1.000	1.000
机械	990900010	电焊机（综合）	台班	0.034	0.034	0.034	0.034	0.034	0.034
	990304004	汽车式起重机 8t	台班	0.006	0.006	0.011	0.011	0.011	0.011
	990515010	吊装机械（综合）	台班	0.029	0.029	0.058	0.058	0.058	0.058
	990401030	载重汽车 8t	台班	0.006	0.006	0.011	0.011	0.011	0.011
	990813045	试压泵 60MPa	台班	0.066	0.077	0.108	0.154	0.182	0.182
	990919030	电焊条烘干箱 $60 \times 50 \times 75cm^3$	台班	0.004	0.004	0.004	0.004	0.004	0.004
	990920010	电焊条恒温箱	台班	0.004	0.004	0.004	0.004	0.004	0.004

7. 安全阀门（法兰连接）

工作内容：准备工作，阀门壳体压力试验和密封试验，阀门安装。 **计量单位：**个

编号				8-3-90	8-3-91	8-3-92	8-3-93	8-3-94	8-3-95
项目				公称直径（mm 以内）					
				15	20	25	32	40	50
名称			单位	消耗量					
人工	000203000	综合二类工	工日	0.638	0.638	0.638	0.667	0.667	0.699
材料	191100001	安全阀门	个	（1.000）	（1.000）	（1.000）	（1.000）	（1.000）	（1.000）
	031301009	低碳钢焊条 J427（综合）	kg	0.165	0.165	0.165	0.165	0.165	0.165
	142909001	氧气	m^3	0.141	0.141	0.141	0.141	0.141	0.141
	142907002	乙炔气	kg	0.054	0.054	0.054	0.054	0.054	0.054
	020112004	无石棉橡胶板 低压 δ0.8～6	kg	0.020	0.020	0.040	0.040	0.060	0.070
	015303001	青铅（综合）	kg	0.050	0.050	0.050	0.050	0.050	0.050
	012903023	热轧中厚钢板 δ20	kg	0.008	0.009	0.010	0.014	0.016	0.020
	031507011	镀锌铁丝 ϕ1.2～1.6	kg	0.500	0.500	0.500	0.500	0.500	0.500
	170201002	无缝钢管 $D22\times2.5$	m	0.010	0.010	0.010	0.010	0.010	0.010
	171915005	输水软管 ϕ25	m	0.020	0.020	0.020	0.020	0.020	0.020
	190103002	螺纹截止阀 J11T-16 *DN*15	个	0.020	0.020	0.020	0.020	0.020	0.020
	860113015	压力表 Y-100 0～6MPa	块	0.020	0.020	0.020	0.020	0.020	0.020
	860113024	压力表补芯	个	0.020	0.020	0.020	0.020	0.020	0.020
	143121001	二硫化钼	kg	0.002	0.003	0.004	0.006	0.006	0.006
	850103006	其他材料费（占材料费）	%	1.000	1.000	1.000	1.000	1.000	1.000
机械	990900010	电焊机（综合）	台班	0.034	0.034	0.034	0.034	0.034	0.034
	990813045	试压泵 60MPa	台班	0.023	0.023	0.023	0.026	0.041	0.046
	990919030	电焊条烘干箱 $60\times50\times75cm^3$	台班	0.004	0.004	0.004	0.004	0.004	0.004
	990920010	电焊条恒温箱	台班	0.004	0.004	0.004	0.004	0.004	0.004
	990304004	汽车式起重机 8t	台班	—	—	—	—	—	0.006
	990515010	吊装机械（综合）	台班	—	—	—	—	—	0.029
	990401030	载重汽车 8t	台班	—	—	—	—	—	0.006

工作内容：准备工作，阀门壳体压力试验和密封试验，阀门安装。 **计量单位**：个

编号				8-3-96	8-3-97	8-3-98	8-3-99	8-3-100	8-3-101
项目				公称直径（mm 以内）					
				65	80	100	125	150	200
名称			单位	消耗量					
人工	000203000	综合二类工	工日	1.104	1.154	1.601	1.977	2.041	2.256
材料	191100001	安全阀门	个	（1.000）	（1.000）	（1.000）	（1.000）	（1.000）	（1.000）
	031301009	低碳钢焊条 J427（综合）	kg	0.165	0.165	0.165	0.165	0.165	0.165
	142909001	氧气	m^3	0.141	0.159	0.204	0.273	0.312	0.447
	142907002	乙炔气	kg	0.054	0.061	0.078	0.105	0.120	0.172
	020112004	无石棉橡胶板 低压 δ0.8～6	kg	0.090	0.130	0.170	0.230	0.280	0.330
	015303001	青铅（综合）	kg	0.050	0.050	0.050	0.050	0.050	0.050
	012903023	热轧中厚钢板 δ20	kg	0.025	0.030	0.036	0.047	0.061	0.088
	031507011	镀锌铁丝 ϕ1.2～1.6	kg	0.500	0.500	1.000	1.000	1.000	1.000
	170201002	无缝钢管 $D22\times2.5$	m	0.010	0.010	0.010	0.010	0.010	0.010
	171915005	输水软管 ϕ25	m	0.020	0.020	0.020	0.020	0.020	0.020
	190103002	螺纹截止阀 J11T-16 *DN*15	个	0.020	0.020	0.020	0.020	0.020	0.020
	860113015	压力表 Y-100 0～6MPa	块	0.020	0.020	0.020	0.020	0.020	0.020
	860113024	压力表补芯	个	0.020	0.020	0.020	0.020	0.020	0.020
	143121001	二硫化钼	kg	0.006	0.013	0.013	0.016	0.019	0.029
	850103006	其他材料费（占材料费）	%	1.000	1.000	1.000	1.000	1.000	1.000
机械	990900010	电焊机（综合）	台班	0.034	0.034	0.034	0.034	0.034	0.034
	990304004	汽车式起重机 8t	台班	0.006	0.006	0.011	0.011	0.011	0.011
	990515010	吊装机械（综合）	台班	0.029	0.029	0.058	0.058	0.058	0.058
	990401030	载重汽车 8t	台班	0.006	0.006	0.011	0.011	0.011	0.011
	990813045	试压泵 60MPa	台班	0.052	0.059	0.068	0.154	0.182	0.182
	990919030	电焊条烘干箱 $60\times50\times75cm^3$	台班	0.004	0.004	0.004	0.004	0.004	0.004
	990920010	电焊条恒温箱	台班	0.004	0.004	0.004	0.004	0.004	0.004

工作内容：准备工作，阀门壳体压力试验和密封试验，阀门安装。　　**计量单位：**个

编号				8-3-102	8-3-103	8-3-104	8-3-105	8-3-106
项目				公称直径（mm 以内）				
				250	300	350	400	450
名称			单位	消耗量				
人工	000203000	综合二类工	工日	2.716	3.248	3.789	4.332	4.869
材料	191100001	安全阀门	个	（1.000）	（1.000）	（1.000）	（1.000）	（1.000）
	031301009	低碳钢焊条 J427（综合）	kg	0.165	0.165	0.165	0.165	0.165
	142909001	氧气	m^3	0.536	0.644	0.772	0.927	1.112
	142907002	乙炔气	kg	0.206	0.248	0.297	0.357	0.428
	020112004	无石棉橡胶板 低压 δ0.8～6	kg	0.396	0.475	0.570	0.684	0.821
	015303001	青铅（综合）	kg	0.050	0.050	0.075	0.075	0.075
	012903023	热轧中厚钢板 δ20	kg	0.114	0.148	0.192	0.250	0.325
	031507011	镀锌铁丝 ϕ1.2～1.6	kg	1.000	1.000	1.000	1.000	1.000
	170201002	无缝钢管 $D22 \times 2.5$	m	0.010	0.010	0.010	0.010	0.010
	171915005	输水软管 ϕ25	m	0.020	0.020	0.020	0.020	0.020
	190103002	螺纹截止阀 J11T-16 *DN*15	个	0.020	0.020	0.020	0.020	0.020
	860113015	压力表 Y-100 0～6MPa	块	0.020	0.020	0.020	0.020	0.020
	860113024	压力表补芯	个	0.020	0.020	0.020	0.020	0.020
	143121001	二硫化钼	kg	0.033	0.035	0.035	0.038	0.038
	341101001	水	m^3	—	0.059	0.106	0.191	0.344
	850103006	其他材料费（占材料费）	%	1.000	1.000	1.000	1.000	1.000
机械	990900010	电焊机（综合）	台班	0.034	0.034	0.034	0.034	0.034
	990304004	汽车式起重机 8t	台班	0.011	0.011	0.025	0.033	0.034
	990515010	吊装机械（综合）	台班	0.068	0.068	0.107	0.114	0.135
	990401030	载重汽车 8t	台班	0.011	0.011	0.025	0.033	0.034
	990813045	试压泵 60MPa	台班	0.205	0.205	0.228	0.228	0.228
	990919030	电焊条烘干箱 $60 \times 50 \times 75cm^3$	台班	0.004	0.004	0.004	0.004	0.004
	990920010	电焊条恒温箱	台班	0.004	0.004	0.004	0.004	0.004

8. 安全阀调试定压

工作内容：准备工作，整定压力测试，打铅封，挂合格证。　　计量单位：个

编　号				8-3-107	8-3-108	8-3-109	8-3-110	8-3-111	8-3-112
项　目				公称直径（mm 以内）					
				15	20	25	32	40	50
名　称			单位	消　耗　量					
人工	000203000	综合二类工	工日	0.445	0.514	0.585	0.631	0.697	0.737
材料	143121001	二硫化钼	kg	0.002	0.002	0.003	0.003	0.004	0.004
	203309003	内外环缠绕垫（综合）	个	0.150	0.150	0.150	0.150	0.150	0.150
	092705004	碎布	kg	0.021	0.021	0.023	0.023	0.030	0.035
	850103006	其他材料费（占材料费）	%	1.000	1.000	1.000	1.000	1.000	1.000
机械	991003070	电动空气压缩机 $10m^3/min$	台班	0.011	0.013	0.014	0.017	0.018	0.020
	991218010	安全阀试压机 YFC-A	台班	0.059	0.071	0.080	0.088	0.097	0.106

工作内容：准备工作，整定压力测试，打铅封，挂合格证。　　计量单位：个

编　号				8-3-113	8-3-114	8-3-115	8-3-116	8-3-117	8-3-118
项　目				公称直径（mm 以内）					
				65	80	100	125	150	200
名　称			单位	消　耗　量					
人工	000203000	综合二类工	工日	0.831	0.897	0.962	1.122	1.122	1.242
材料	143121001	二硫化钼	kg	0.006	0.007	0.010	0.014	0.014	0.017
	203309003	内外环缠绕垫（综合）	个	0.150	0.150	0.150	0.150	0.150	0.150
	092705004	碎布	kg	0.049	0.063	0.070	0.112	0.112	0.140
	850103006	其他材料费（占材料费）	%	1.000	1.000	1.000	1.000	1.000	1.000
机械	990305010	叉式起重机 3t	台班	—	—	0.008	0.008	0.008	0.008
	990307010	电动单梁起重机 5t	台班	—	—	0.028	0.032	0.032	0.034
	991003070	电动空气压缩机 $10m^3/min$	台班	0.021	0.022	0.023	0.024	0.024	0.025
	991218010	安全阀试压机 YFC-A	台班	0.112	0.118	0.124	0.129	0.129	0.136

工作内容：准备工作，整定压力测试，打铅封，挂合格证。 **计量单位：**个

编号				8-3-119	8-3-120	8-3-121	8-3-122	8-3-123
项目				公称直径（mm 以内）				
				250	300	350	400	450
名称			单位	消耗量				
人工	000203000	综合二类工	工日	1.369	1.507	1.658	1.822	2.005
材料	143121001	二硫化钼	kg	0.020	0.023	0.027	0.030	0.034
	203309003	内外环缠绕垫（综合）	个	0.150	0.150	0.150	0.150	0.150
	092705004	碎布	kg	0.154	0.175	0.196	0.217	0.238
	850103006	其他材料费（占材料费）	%	1.000	1.000	1.000	1.000	1.000
机械	990305010	叉式起重机 3t	台班	0.008	0.009	0.009	0.009	0.009
	990307010	电动单梁起重机 5t	台班	0.037	0.039	0.040	0.042	0.044
	991003070	电动空气压缩机 10m^3/min	台班	0.028	0.030	0.032	0.034	0.038
	991218010	安全阀试压机 YFC-A	台班	0.141	0.147	0.154	0.159	0.166

9. 塑 料 阀 门

工作内容：准备工作，阀门壳体压力试验和密封试验，管子切口，管口组对，阀门安装。　**计量单位：**个

编　号				8-3-124	8-3-125	8-3-126	8-3-127	8-3-128	8-3-129
项　目				公称直径（mm 以内）					
				20	25	32	40	50	65
名　称			单位	消　耗　量					
人工	000203000	综合二类工	工日	0.320	0.370	0.403	0.468	0.526	0.699
材料	193800002	塑料阀门	个	（1.000）	（1.000）	（1.000）	（1.000）	（1.000）	（1.000）
	031301015	聚氯乙烯焊条（综合）	kg	0.003	0.004	0.004	0.007	0.014	0.016
	031301009	低碳钢焊条 J427（综合）	kg	0.165	0.165	0.165	0.165	0.165	0.165
	142909001	氧气	m^3	0.141	0.141	0.141	0.141	0.141	0.141
	142907002	乙炔气	kg	0.054	0.054	0.054	0.054	0.054	0.054
	020112004	无石棉橡胶板　低压 δ0.8～6	kg	0.020	0.040	0.040	0.060	0.070	0.090
	020117001	耐酸无石棉橡胶板（综合）	kg	0.060	0.070	0.080	0.110	0.140	0.180
	273103001	电阻丝	根	0.003	0.003	0.003	0.004	0.004	0.004
	341111001	木柴	kg	0.103	0.103	0.103	0.103	0.206	0.206
	031541002	锯条（综合）	根	0.019	0.024	0.030	0.031	0.064	0.076
	012903023	热轧中厚钢板　δ20	kg	0.009	0.010	0.014	0.016	0.020	0.025
	170201002	无缝钢管　$D22 \times 2.5$	m	0.010	0.010	0.010	0.010	0.010	0.010
	171915005	输水软管　ϕ25	m	0.020	0.020	0.020	0.020	0.020	0.020
	190103002	螺纹截止阀　J11T-16 *DN*15	个	0.020	0.020	0.020	0.020	0.020	0.020
	860113015	压力表　Y-100　0～6MPa	块	0.020	0.020	0.020	0.020	0.020	0.020
	860113024	压力表补芯	个	0.020	0.020	0.020	0.020	0.020	0.020
	850103006	其他材料费（占材料费）	%	1.000	1.000	1.000	1.000	1.000	1.000
机械	990900010	电焊机（综合）	台班	0.030	0.030	0.030	0.030	0.030	0.030
	990813045	试压泵　60MPa	台班	0.010	0.010	0.010	0.020	0.020	0.023
	991003020	电动空气压缩机 $0.6m^3/min$	台班	0.056	0.069	0.074	0.075	0.115	0.137
	990919030	电焊条烘干箱 $60 \times 50 \times 75cm^3$	台班	0.003	0.003	0.003	0.003	0.003	0.003
	990920010	电焊条恒温箱	台班	0.003	0.003	0.003	0.003	0.003	0.003

工作内容：准备工作，阀门壳体压力试验和密封试验，管子切口，管口组对，阀门安装。 **计量单位：**个

编号				8-3-130	8-3-131	8-3-132	8-3-133	8-3-134	8-3-135
项目				公称直径（mm 以内）					
				80	100	125	150	200	250
名称			单位	消耗量					
人工	000203000	综合二类工	工日	0.765	0.929	1.170	1.392	2.027	2.757
材料	193800002	塑料阀门	个	（1.000）	（1.000）	（1.000）	（1.000）	（1.000）	（1.000）
	031301015	聚氯乙烯焊条（综合）	kg	0.021	0.038	0.054	0.067	0.119	0.428
	031301009	低碳钢焊条 J427（综合）	kg	0.165	0.165	0.165	0.165	0.165	0.165
	142909001	氧气	m^3	0.159	0.204	0.273	0.312	0.447	0.627
	142907002	乙炔气	kg	0.061	0.078	0.105	0.120	0.172	0.241
	020112004	无石棉橡胶板 低压 δ0.8～6	kg	0.130	0.170	0.230	0.280	0.330	0.370
	020117001	耐酸无石棉橡胶板（综合）	kg	0.260	0.350	0.460	0.550	0.660	1.036
	273103001	电阻丝	根	0.005	0.006	0.006	0.007	0.007	0.008
	341111001	木柴	kg	0.279	0.310	0.824	0.824	0.824	1.030
	031541002	锯条（综合）	根	0.102	0.153	0.247	0.323	0.397	0.600
	012903023	热轧中厚钢板 δ20	kg	0.030	0.036	0.047	0.061	0.088	0.128
	170201002	无缝钢管 $D22\times2.5$	m	0.010	0.010	0.010	0.010	0.010	0.010
	171915005	输水软管 ϕ25	m	0.020	0.020	0.020	0.020	0.020	0.020
	190103002	螺纹截止阀 J11T-16 *DN*15	个	0.020	0.020	0.020	0.020	0.020	0.020
	860113015	压力表 Y-100 0～6MPa	块	0.020	0.020	0.020	0.020	0.020	0.020
	860113024	压力表补芯	个	0.020	0.020	0.020	0.020	0.020	0.020
	850103006	其他材料费（占材料费）	%	1.000	1.000	1.000	1.000	1.000	1.000
机械	990900010	电焊机（综合）	台班	0.030	0.030	0.030	0.030	0.030	0.030
	990813045	试压泵 60MPa	台班	0.026	0.030	0.055	0.080	0.080	0.080
	991003020	电动空气压缩机 $0.6m^3/min$	台班	0.159	0.190	0.295	0.338	0.477	0.626
	990919030	电焊条烘干箱 $60\times50\times75cm^3$	台班	0.003	0.003	0.003	0.003	0.003	0.003
	990920010	电焊条恒温箱	台班	0.003	0.003	0.003	0.003	0.003	0.003

二、中 压 阀 门

1. 螺 纹 阀 门

工作内容：准备工作，阀门壳体压力试验和密封试验，管子切口，套丝，阀门安装。　　　　**计量单位：**个

编号				8-3-136	8-3-137	8-3-138	8-3-139	8-3-140	8-3-141
项目				公称直径（mm 以内）					
				15	20	25	32	40	50
名称			单位	消耗量					
人工	000203000	综合二类工	工日	0.174	0.193	0.225	0.286	0.315	0.353
材料	190003002	螺纹阀门（综合）	个	（1.020）	（1.020）	（1.010）	（1.010）	（1.010）	（1.010）
	031301009	低碳钢焊条 J427（综合）	kg	0.165	0.165	0.165	0.165	0.165	0.165
	142909001	氧气	m^3	0.141	0.141	0.141	0.141	0.141	0.141
	142907002	乙炔气	kg	0.054	0.054	0.054	0.054	0.054	0.054
	031101014	尼龙砂轮片 ϕ500×25×4	片	0.008	0.013	0.016	0.020	0.024	0.036
	020112006	无石棉橡胶板 中压 δ0.8～6	kg	0.034	0.050	0.084	0.101	0.140	0.168
	340203007	聚四氟乙烯生料带（综合）	m	0.415	0.509	0.641	0.791	0.904	1.074
	012903023	热轧中厚钢板 δ20	kg	0.007	0.009	0.010	0.014	0.016	0.020
	170201002	无缝钢管 D22×2.5	m	0.010	0.010	0.010	0.010	0.010	0.010
	171915005	输水软管 ϕ25	m	0.020	0.020	0.020	0.020	0.020	0.020
	190103002	螺纹截止阀 J11T-16 *DN*15	个	0.020	0.020	0.020	0.020	0.020	0.020
	860113004	压力表 中压	块	0.020	0.020	0.020	0.020	0.020	0.020
	860113024	压力表补芯	个	0.020	0.020	0.020	0.020	0.020	0.020
	140303001	机油（综合）	kg	0.007	0.009	0.011	0.014	0.017	0.021
	850103006	其他材料费（占材料费）	%	1.000	1.000	1.000	1.000	1.000	1.000
机械	990900010	电焊机（综合）	台班	0.034	0.034	0.034	0.034	0.034	0.034
	990785040	砂轮切割机 ϕ500	台班	0.001	0.005	0.006	0.008	0.009	0.010
	990813045	试压泵 60MPa	台班	0.019	0.019	0.019	0.025	0.031	0.039
	990919030	电焊条烘干箱 60×50×75cm^3	台班	0.004	0.004	0.004	0.004	0.004	0.004
	990920010	电焊条恒温箱	台班	0.004	0.004	0.004	0.004	0.004	0.004
	990748010	管子切断套丝机 159mm	台班	0.032	0.032	0.032	0.035	0.035	0.035

2. 承插焊阀门

工作内容：准备工作，阀门壳体压力试验和密封试验，管子切口，管口组对，焊接，阀门安装。

计量单位：个

编号				8-3-142	8-3-143	8-3-144	8-3-145	8-3-146	8-3-147
项目				公称直径（mm 以内）					
				15	20	25	32	40	50
名称			单位	消耗量					
人工	000203000	综合二类工	工日	0.211	0.252	0.285	0.335	0.397	0.448
材料	190005001	焊接阀门	个	（1.000）	（1.000）	（1.000）	（1.000）	（1.000）	（1.000）
	031301009	低碳钢焊条 J427（综合）	kg	0.209	0.241	0.258	0.280	0.342	0.390
	142909001	氧气	m^3	0.141	0.141	0.141	0.152	0.153	0.157
	142907002	乙炔气	kg	0.054	0.054	0.054	0.058	0.059	0.060
	031101013	尼龙砂轮片 $\phi100\times16\times3$	片	0.004	0.004	0.005	0.023	0.027	0.038
	031101014	尼龙砂轮片 $\phi500\times25\times4$	片	0.008	0.013	0.026	0.032	0.038	0.058
	020112006	无石棉橡胶板 中压 $\delta0.8\sim6$	kg	0.034	0.050	0.084	0.101	0.140	0.168
	031103001	磨头	块	0.020	0.026	0.031	0.039	0.044	0.053
	012903023	热轧中厚钢板 $\delta20$	kg	0.007	0.009	0.010	0.014	0.016	0.020
	170201002	无缝钢管 $D22\times2.5$	m	0.010	0.010	0.010	0.010	0.010	0.010
	171915005	输水软管 $\phi25$	m	0.020	0.020	0.020	0.020	0.020	0.020
	190103002	螺纹截止阀 J11T-16 *DN*15	个	0.020	0.020	0.020	0.020	0.020	0.020
	860113004	压力表 中压	块	0.020	0.020	0.020	0.020	0.020	0.020
	860113024	压力表补芯	个	0.020	0.020	0.020	0.020	0.020	0.020
	092705004	碎布	kg	0.002	0.003	0.004	0.006	0.006	0.007
	850103006	其他材料费（占材料费）	%	1.000	1.000	1.000	1.000	1.000	1.000
机械	990900010	电焊机（综合）	台班	0.065	0.085	0.098	0.113	0.129	0.158
	990785040	砂轮切割机 $\phi500$	台班	0.001	0.005	0.006	0.008	0.008	0.010
	990813045	试压泵 60MPa	台班	0.019	0.019	0.019	0.025	0.031	0.039
	990919030	电焊条烘干箱 $60\times50\times75cm^3$	台班	0.006	0.008	0.010	0.011	0.013	0.015
	990920010	电焊条恒温箱	台班	0.006	0.008	0.010	0.011	0.013	0.015

3. 对焊阀门（氩电联焊）

工作内容： 准备工作，阀门壳体压力试验和密封试验，管子切口，坡口加工，管口组对，焊接，阀门安装。

计量单位： 个

编号				8-3-148	8-3-149	8-3-150	8-3-151	8-3-152
项目				公称直径（mm 以内）				
				15	20	25	32	40
		名称	单位	消耗量				
人工	000203000	综合二类工	工日	0.364	0.508	0.563	0.626	0.894
材料	190005001	焊接阀门	个	（1.000）	（1.000）	（1.000）	（1.000）	（1.000）
	031301009	低碳钢焊条 J427（综合）	kg	0.130	0.130	0.144	0.160	0.160
	031303005	碳钢焊丝	kg	0.028	0.035	0.060	0.080	0.100
	142909001	氧气	m^3	0.013	0.013	0.014	0.016	0.016
	142907002	乙炔气	kg	0.005	0.005	0.006	0.006	0.006
	142911001	氩气	m^3	0.077	0.099	0.160	0.220	0.260
	340101003	铈钨棒	g	0.154	0.197	0.320	0.430	0.500
	031101013	尼龙砂轮片 $\phi100\times16\times3$	片	0.058	0.073	0.119	0.155	0.208
	031101014	尼龙砂轮片 $\phi500\times25\times4$	片	0.010	0.013	0.018	0.025	0.029
	020112006	无石棉橡胶板 中压 $\delta0.8\sim6$	kg	0.145	0.145	0.161	0.178	0.178
	031103001	磨头	块	0.020	0.026	0.031	0.039	0.044
	143315001	丙酮	kg	0.255	0.255	0.284	0.315	0.315
	012903023	热轧中厚钢板 $\delta20$	kg	0.007	0.009	0.010	0.014	0.016
	170201002	无缝钢管 $D22\times2.5$	m	0.010	0.010	0.010	0.010	0.010
	171915005	输水软管 $\phi25$	m	0.020	0.020	0.020	0.020	0.020
	190103002	螺纹截止阀 J11T-16 *DN*15	个	0.020	0.020	0.020	0.020	0.020
	860113004	压力表 中压	块	0.020	0.020	0.020	0.020	0.020
	860113024	压力表补芯	个	0.020	0.020	0.020	0.020	0.020
	010301007	钢丝 $\phi4.0$	kg	0.013	0.013	0.014	0.016	0.016
	092705004	碎布	kg	0.023	0.023	0.026	0.029	0.029
	850103006	其他材料费（占材料费）	%	1.000	1.000	1.000	1.000	1.000
机械	990900010	电焊机（综合）	台班	0.130	0.130	0.145	0.161	0.161
	990912010	氩弧焊机 500A	台班	0.086	0.086	0.096	0.107	0.107
	990785040	砂轮切割机 $\phi500$	台班	0.016	0.016	0.018	0.020	0.020
	990718040	普通车床 630×2000mm	台班	0.049	0.049	0.054	0.060	0.060
	990813045	试压泵 60MPa	台班	0.056	0.056	0.063	0.070	0.070
	990919030	电焊条烘干箱 $60\times50\times75cm^3$	台班	0.013	0.013	0.015	0.016	0.016
	990920010	电焊条恒温箱	台班	0.013	0.013	0.015	0.016	0.016

工作内容： 准备工作，阀门壳体压力试验和密封试验，管子切口，坡口加工，管口组对，焊接，阀门安装。

计量单位：个

编号				8-3-153	8-3-154	8-3-155	8-3-156	8-3-157
项目				公称直径（mm 以内）				
				50	65	80	100	125
名称			单位	消耗量				
人工	000203000	综合二类工	工日	0.993	1.336	1.540	1.818	2.310
材料	190005001	焊接阀门	个	（1.000）	（1.000）	（1.000）	（1.000）	（1.000）
	031301009	低碳钢焊条 J427（综合）	kg	0.178	0.360	0.530	0.700	1.146
	031303005	碳钢焊丝	kg	0.043	0.044	0.046	0.062	0.070
	142909001	氧气	m^3	0.018	0.230	0.258	0.320	0.418
	142907002	乙炔气	kg	0.007	0.088	0.099	0.123	0.161
	142911001	氩气	m^3	0.121	0.122	0.130	0.174	0.200
	340101003	铈钨棒	g	0.242	0.242	0.260	0.348	0.400
	031101013	尼龙砂轮片 $\phi100\times16\times3$	片	0.217	0.430	0.568	0.758	1.090
	031101014	尼龙砂轮片 $\phi500\times25\times4$	片	0.043	0.064	0.086	0.115	0.150
	020112006	无石棉橡胶板 中压 $\delta0.8\sim6$	kg	0.198	0.257	0.376	0.496	0.654
	143315001	丙酮	kg	0.350	0.474	0.558	0.716	0.838
	031103001	磨头	块	0.053	0.070	0.094	0.106	—
	012903023	热轧中厚钢板 $\delta20$	kg	0.020	0.025	0.030	0.036	0.047
	170201002	无缝钢管 $D22\times2.5$	m	0.010	0.010	0.010	0.010	0.010
	171915005	输水软管 $\phi25$	m	0.020	0.020	0.020	0.020	0.020
	190103002	螺纹截止阀 J11T-16 *DN*15	个	0.020	0.020	0.020	0.020	0.020
	860113004	压力表 中压	块	0.020	0.020	0.020	0.020	0.020
	860113024	压力表补芯	个	0.020	0.020	0.020	0.020	0.020
	092705004	碎布	kg	0.032	0.011	0.014	0.016	0.019
	010301007	钢丝 $\phi4.0$	kg	0.018	—	—	—	—
	850103006	其他材料费（占材料费）	%	1.000	1.000	1.000	1.000	1.000
机械	990900010	电焊机（综合）	台班	0.179	0.252	0.297	0.441	0.516
	990912010	氩弧焊机 500A	台班	0.119	0.150	0.179	0.230	0.273
	990785040	砂轮切割机 $\phi500$	台班	0.022	0.029	0.034	0.051	0.054
	990813045	试压泵 60MPa	台班	0.077	0.089	0.098	0.114	0.210
	990718040	普通车床 630×2000mm	台班	0.067	0.073	0.078	0.092	0.191
	990919030	电焊条烘干箱 $60\times50\times75cm^3$	台班	0.018	0.025	0.030	0.045	0.052
	990920010	电焊条恒温箱	台班	0.018	0.025	0.030	0.045	0.052
	990304004	汽车式起重机 8t	台班	—	—	—	0.011	0.011
	990515010	吊装机械（综合）	台班	—	—	—	0.058	0.058
	990401030	载重汽车 8t	台班	—	—	—	0.011	0.011

工作内容：准备工作，阀门壳体压力试验和密封试验，管子切口，坡口加工，管口组对，焊接，阀门安装。

计量单位：个

编号				8-3-158	8-3-159	8-3-160	8-3-161	8-3-162
项目				公称直径（mm 以内）				
				150	200	250	300	350
名称			单位	消耗量				
人工	000203000	综合二类工	工日	2.603	3.192	3.775	4.701	5.649
材料	190005001	焊接阀门	个	（1.000）	（1.000）	（1.000）	（1.000）	（1.000）
	031301009	低碳钢焊条 J427（综合）	kg	1.600	2.800	4.400	7.800	10.600
	031303005	碳钢焊丝	kg	0.086	0.120	0.152	0.180	0.212
	142909001	氧气	m^3	0.746	1.000	1.410	1.680	2.010
	142907002	乙炔气	kg	0.287	0.385	0.542	0.646	0.773
	142911001	氩气	m^3	0.240	0.340	0.420	0.506	0.600
	340101003	铈钨棒	g	0.480	0.680	0.840	1.020	1.180
	031101013	尼龙砂轮片 $\phi100\times16\times3$	片	1.521	2.345	3.382	4.564	5.812
	020112006	无石棉橡胶板 中压 $\delta0.8\sim6$	kg	0.793	0.951	1.050	1.149	1.546
	143315001	丙酮	kg	1.000	1.380	1.720	2.040	2.448
	012903023	热轧中厚钢板 $\delta20$	kg	0.061	0.088	0.128	0.165	0.211
	170201002	无缝钢管 $D22\times2.5$	m	0.010	0.010	0.010	0.010	0.010
	171915005	输水软管 $\phi25$	m	0.020	0.020	0.020	0.020	0.020
	190103002	螺纹截止阀 J11T-16 *DN*15	个	0.020	0.020	0.020	0.020	0.020
	860113004	压力表 中压	块	0.020	0.020	0.020	0.020	0.020
	860113024	压力表补芯	个	0.020	0.020	0.020	0.020	0.020
	012100002	角钢（综合）	kg	—	0.174	0.174	0.229	0.229
	092705004	碎布	kg	0.024	0.032	0.039	0.046	0.055
	341101001	水	m^3	—	—	—	—	0.056
	850103006	其他材料费（占材料费）	%	1.000	1.000	1.000	1.000	1.000
机械	990900010	电焊机（综合）	台班	0.678	1.051	1.410	1.809	2.505
	990912010	氩弧焊机 500A	台班	0.327	0.452	0.564	0.673	0.780
	990304004	汽车式起重机 8t	台班	0.011	0.011	0.011	0.011	0.025
	990515010	吊装机械（综合）	台班	0.058	0.058	0.068	0.068	0.107
	990401030	载重汽车 8t	台班	0.011	0.011	0.011	0.011	0.025
	990744010	半自动切割机 100mm	台班	0.161	0.234	0.292	0.353	0.412
	990813045	试压泵 60MPa	台班	0.305	0.305	0.305	0.305	0.344
	990718040	普通车床 630×2000mm	台班	0.209	0.312	0.377	0.477	0.572
	990919030	电焊条烘干箱 $60\times50\times75cm^3$	台班	0.068	0.105	0.141	0.181	0.251
	990920010	电焊条恒温箱	台班	0.068	0.105	0.141	0.181	0.251

工作内容：准备工作，阀门壳体压力试验和密封试验，管子切口，坡口加工，管口组对，焊接，阀门安装。

计量单位：个

编号				8-3-163	8-3-164	8-3-165	8-3-166
项目				公称直径（mm 以内）			
				400	450	500	600
名称			单位	消耗量			
人工	000203000	综合二类工	工日	6.851	8.409	9.521	10.758
材料	190005001	焊接阀门	个	（1.000）	（1.000）	（1.000）	（1.000）
	031301009	低碳钢焊条 J427（综合）	kg	13.800	15.200	20.348	26.101
	031303005	碳钢焊丝	kg	0.260	0.300	0.391	0.505
	142909001	氧气	m^3	2.351	2.860	3.470	4.400
	142907002	乙炔气	kg	0.904	1.100	1.335	1.692
	142911001	氩气	m^3	0.696	0.760	1.094	1.415
	340101003	钍钨棒	g	1.390	1.520	2.189	2.830
	031101013	尼龙砂轮片 $\phi100\times16\times3$	片	7.172	8.158	9.260	13.630
	020112006	无石棉橡胶板 中压 $\delta0.8\sim6$	kg	1.982	2.339	2.379	2.688
	143315001	丙酮	kg	2.938	3.525	4.230	4.780
	012903023	热轧中厚钢板 $\delta20$	kg	0.262	—	—	—
	170201002	无缝钢管 $D22\times2.5$	m	0.010	0.010	0.010	0.010
	171915005	输水软管 $\phi25$	m	0.020	0.020	0.020	0.020
	190103002	螺纹截止阀 J11T-16 *DN*15	个	0.020	0.020	0.020	0.020
	860113004	压力表 中压	块	0.020	0.020	0.020	0.020
	860113024	压力表补芯	个	0.020	0.020	0.020	0.020
	012100002	角钢（综合）	kg	0.229	0.229	0.229	0.259
	092705004	碎布	kg	0.062	0.069	0.076	0.085
	341101001	水	m^3	0.083	0.118	0.162	0.183
	012903025	热轧中厚钢板 $\delta30$	kg	—	0.479	0.582	0.826
	850103006	其他材料费（占材料费）	%	1.000	1.000	1.000	1.000
机械	990900010	电焊机（综合）	台班	3.254	4.106	4.544	5.135
	990912010	氩弧焊机 500A	台班	0.881	0.993	1.105	1.248
	990304004	汽车式起重机 8t	台班	0.033	0.034	0.035	0.039
	990515010	吊装机械（综合）	台班	0.106	0.135	0.135	0.153
	990401030	载重汽车 8t	台班	0.033	0.034	0.035	0.039
	990744010	半自动切割机 100mm	台班	0.476	0.561	0.602	0.680
	990813045	试压泵 60MPa	台班	0.383	0.421	0.460	0.520
	990718040	普通车床 630×2000mm	台班	0.686	0.824	0.988	1.117
	990919030	电焊条烘干箱 $60\times50\times75cm^3$	台班	0.325	0.411	0.455	0.514
	990920010	电焊条恒温箱	台班	0.325	0.411	0.455	0.514

4. 法 兰 阀 门

工作内容：准备工作，阀门壳体压力试验和密封试验，阀门安装。　　　　**计量单位：**个

编　号				8-3-167	8-3-168	8-3-169	8-3-170	8-3-171	8-3-172
项　目				公称直径（mm 以内）					
				15	20	25	32	40	50
名　称			单位	消　耗　量					
人工	000203000	综合二类工	工日	0.243	0.243	0.243	0.258	0.258	0.274
材料	190001001	法兰阀门	个	（1.000）	（1.000）	（1.000）	（1.000）	（1.000）	（1.000）
	031301009	低碳钢焊条 J427（综合）	kg	0.165	0.165	0.165	0.165	0.165	0.165
	142909001	氧气	m^3	0.141	0.141	0.141	0.141	0.141	0.141
	142907002	乙炔气	kg	0.054	0.054	0.054	0.054	0.054	0.054
	020112006	无石棉橡胶板 中压 δ0.8～6	kg	0.020	0.020	0.040	0.040	0.060	0.070
	012903023	热轧中厚钢板 δ20	kg	0.007	0.009	0.010	0.014	0.016	0.020
	170201002	无缝钢管 $D22\times2.5$	m	0.010	0.010	0.010	0.010	0.010	0.010
	171915005	输水软管 ϕ25	m	0.020	0.020	0.020	0.020	0.020	0.020
	190103002	螺纹截止阀 J11T-16 *DN*15	个	0.020	0.020	0.020	0.020	0.020	0.020
	860113004	压力表 中压	块	0.020	0.020	0.020	0.020	0.020	0.020
	860113024	压力表补芯	个	0.020	0.020	0.020	0.020	0.020	0.020
	143121001	二硫化钼	kg	0.004	0.004	0.004	0.006	0.006	0.006
	850103006	其他材料费（占材料费）	%	1.000	1.000	1.000	1.000	1.000	1.000
机械	990900010	电焊机（综合）	台班	0.034	0.034	0.034	0.034	0.034	0.034
	990813045	试压泵 60MPa	台班	0.019	0.019	0.019	0.025	0.033	0.039
	990919030	电焊条烘干箱 $60\times50\times75cm^3$	台班	0.004	0.004	0.004	0.004	0.004	0.004
	990920010	电焊条恒温箱	台班	0.004	0.004	0.004	0.004	0.004	0.004

工作内容： 准备工作，阀门壳体压力试验和密封试验，阀门安装。　　　　**计量单位：** 个

编号				8-3-173	8-3-174	8-3-175	8-3-176	8-3-177	8-3-178
项目				公称直径（mm 以内）					
				65	80	100	125	150	200
名称			单位	消耗量					
人工	000203000	综合二类工	工日	0.402	0.434	0.577	0.702	1.081	1.614
材料	190001001	法兰阀门	个	（1.000）	（1.000）	（1.000）	（1.000）	（1.000）	（1.000）
	031301009	低碳钢焊条 J427（综合）	kg	0.165	0.165	0.165	0.165	0.165	0.165
	142909001	氧气	m^3	0.141	0.159	0.204	0.273	0.312	0.447
	142907002	乙炔气	kg	0.054	0.061	0.078	0.105	0.120	0.172
	020112006	无石棉橡胶板 中压 δ0.8～6	kg	0.090	0.130	0.170	0.230	0.280	0.330
	012903023	热轧中厚钢板 δ20	kg	0.025	0.030	0.036	0.047	0.061	0.088
	170201002	无缝钢管 $D22\times2.5$	m	0.010	0.010	0.010	0.010	0.010	0.010
	171915005	输水软管 ϕ25	m	0.020	0.020	0.020	0.020	0.020	0.020
	190103002	螺纹截止阀 J11T-16 *DN*15	个	0.020	0.020	0.020	0.020	0.020	0.020
	860113004	压力表 中压	块	0.020	0.020	0.020	0.020	0.020	0.020
	860113024	压力表补芯	个	0.020	0.020	0.020	0.020	0.020	0.020
	143121001	二硫化钼	kg	0.006	0.013	0.013	0.013	0.019	0.029
	850103006	其他材料费（占材料费）	%	1.000	1.000	1.000	1.000	1.000	1.000
机械	990304004	汽车式起重机 8t	台班	—	—	0.011	0.011	0.011	0.011
	990515010	吊装机械（综合）	台班	—	—	0.058	0.058	0.058	0.058
	990401030	载重汽车 8t	台班	—	—	0.011	0.011	0.011	0.011
	990900010	电焊机（综合）	台班	0.034	0.034	0.034	0.034	0.034	0.034
	990813045	试压泵 60MPa	台班	0.044	0.049	0.057	0.105	0.153	0.153
	990919030	电焊条烘干箱 $60\times50\times75cm^3$	台班	0.004	0.004	0.004	0.004	0.004	0.004
	990920010	电焊条恒温箱	台班	0.004	0.004	0.004	0.004	0.004	0.004

工作内容：准备工作，阀门壳体压力试验和密封试验，阀门安装。　　　　**计量单位**：个

编　号				8-3-179	8-3-180	8-3-181	8-3-182	8-3-183	8-3-184
项　目				公称直径（mm 以内）					
				250	300	350	400	450	500
名　称			单位	消　耗　量					
人工	000203000	综合二类工	工日	1.997	2.261	2.535	2.849	3.393	3.853
材料	190001001	法兰阀门	个	（1.000）	（1.000）	（1.000）	（1.000）	（1.000）	（1.000）
	031301009	低碳钢焊条 J427（综合）	kg	0.165	0.165	0.165	0.165	0.165	0.165
	142909001	氧气	m^3	0.627	0.750	0.820	0.910	1.078	1.130
	142907002	乙炔气	kg	0.241	0.288	0.315	0.350	0.415	0.435
	020112006	无石棉橡胶板 中压 $\delta0.8\sim6$	kg	0.370	0.400	0.540	0.690	0.810	0.830
	012903023	热轧中厚钢板 $\delta20$	kg	0.128	0.165	0.211	0.262	—	—
	170201002	无缝钢管 $D22\times2.5$	m	0.010	0.010	0.010	0.010	0.010	0.010
	171915005	输水软管 $\phi25$	m	0.020	0.020	0.020	0.020	0.020	0.020
	190103002	螺纹截止阀 J11T-16 *DN*15	个	0.020	0.020	0.020	0.020	0.020	0.020
	860113004	压力表 中压	块	0.020	0.020	0.020	0.020	0.020	0.020
	860113024	压力表补芯	个	0.020	0.020	0.020	0.020	0.020	0.020
	143121001	二硫化钼	kg	0.034	0.034	0.045	0.067	0.084	0.100
	341101001	水	m^3	—	—	—	0.070	0.100	0.137
	012903025	热轧中厚钢板 $\delta30$	kg	—	—	—	—	0.479	0.582
	850103006	其他材料费（占材料费）	%	1.000	1.000	1.000	1.000	1.000	1.000
机械	990900010	电焊机（综合）	台班	0.034	0.034	0.034	0.034	0.034	0.034
	990304004	汽车式起重机 8t	台班	0.011	0.011	0.026	0.032	0.033	0.035
	990515010	吊装机械（综合）	台班	0.068	0.068	0.106	0.106	0.136	0.136
	990401030	载重汽车 8t	台班	0.011	0.011	0.026	0.032	0.033	0.035
	990813045	试压泵 60MPa	台班	0.153	0.153	0.172	0.191	0.211	0.230
	990919030	电焊条烘干箱 $60\times50\times75cm^3$	台班	0.004	0.004	0.004	0.004	0.004	0.004
	990920010	电焊条恒温箱	台班	0.004	0.004	0.004	0.004	0.004	0.004

5. 齿轮、液压传动、电动阀门

工作内容： 准备工作，阀门壳体压力试验和密封试验，阀门调试，阀门安装。 **计量单位：** 个

编号				8-3-185	8-3-186	8-3-187	8-3-188	8-3-189
项目				公称直径（mm 以内）				
				100	125	150	200	250
名称			单位	消耗量				
人工	000203000	综合二类工	工日	1.242	1.536	1.626	1.982	2.349
材料	193301001	齿轮、液压、电动阀门	个	（1.000）	（1.000）	（1.000）	（1.000）	（1.000）
	031301009	低碳钢焊条 J427（综合）	kg	0.165	0.165	0.165	0.165	0.165
	142909001	氧气	m^3	0.204	0.273	0.312	0.447	0.627
	142907002	乙炔气	kg	0.078	0.105	0.120	0.172	0.241
	020112006	无石棉橡胶板 中压 $\delta0.8\sim6$	kg	0.170	0.230	0.280	0.330	0.370
	012903023	热轧中厚钢板 $\delta20$	kg	0.036	0.047	0.061	0.088	0.128
	170201002	无缝钢管 $D22\times2.5$	m	0.010	0.010	0.010	0.010	0.010
	171915005	输水软管 $\phi25$	m	0.020	0.020	0.020	0.020	0.020
	190103002	螺纹截止阀 J11T-16 *DN*15	个	0.020	0.020	0.020	0.020	0.020
	860113004	压力表 中压	块	0.020	0.020	0.020	0.020	0.020
	860113024	压力表补芯	个	0.020	0.020	0.020	0.020	0.020
	143121001	二硫化钼	kg	0.011	0.011	0.015	0.024	0.034
	850103006	其他材料费（占材料费）	%	1.000	1.000	1.000	1.000	1.000
机械	990900010	电焊机（综合）	台班	0.034	0.034	0.034	0.034	0.034
	990304004	汽车式起重机 8t	台班	0.013	0.013	0.013	0.013	0.013
	990515010	吊装机械（综合）	台班	0.078	0.078	0.078	0.078	0.089
	990401030	载重汽车 8t	台班	0.013	0.013	0.013	0.013	0.013
	990813045	试压泵 60MPa	台班	0.057	0.105	0.153	0.153	0.153
	990919030	电焊条烘干箱 $60\times50\times75cm^3$	台班	0.004	0.004	0.004	0.004	0.004
	990920010	电焊条恒温箱	台班	0.004	0.004	0.004	0.004	0.004

工作内容：准备工作，阀门壳体压力试验和密封试验，阀门调试，阀门安装。　　**计量单位：**个

编　号				8-3-190	8-3-191	8-3-192	8-3-193	8-3-194
项　目				公称直径（mm 以内）				
				300	350	400	450	500
名　称			单位	消　耗　量				
人工	000203000	综合二类工	工日	2.750	3.332	4.117	4.793	5.323
材料	193301001	齿轮、液压、电动阀门	个	（1.000）	（1.000）	（1.000）	（1.000）	（1.000）
	031301009	低碳钢焊条 J427（综合）	kg	0.165	0.165	0.165	0.165	0.165
	142909001	氧气	m^3	0.750	0.820	0.910	1.078	1.130
	142907002	乙炔气	kg	0.288	0.315	0.350	0.415	0.435
	020112006	无石棉橡胶板 中压 δ0.8～6	kg	0.400	0.540	0.690	0.810	0.830
	012903025	热轧中厚钢板 δ30	kg	—	—	—	0.479	0.582
	170201002	无缝钢管 $D22 \times 2.5$	m	0.010	0.010	0.010	0.010	0.010
	171915005	输水软管 ϕ25	m	0.020	0.020	0.020	0.020	0.020
	190103002	螺纹截止阀 J11T-16 *DN*15	个	0.020	0.020	0.020	0.020	0.020
	860113004	压力表 中压	块	0.020	0.020	0.020	0.020	0.020
	860113024	压力表补芯	个	0.020	0.020	0.020	0.020	0.020
	143121001	二硫化钼	kg	0.034	0.045	0.067	0.084	0.100
	341101001	水	m^3	—	—	0.070	0.100	0.137
	012903023	热轧中厚钢板 δ20	kg	0.165	0.211	0.262	—	—
	850103006	其他材料费（占材料费）	%	1.000	1.000	1.000	1.000	1.000
机械	990900010	电焊机（综合）	台班	0.034	0.034	0.034	0.034	0.034
	990304004	汽车式起重机 8t	台班	0.013	0.028	0.036	0.037	0.038
	990515010	吊装机械（综合）	台班	0.089	0.141	0.141	0.179	0.179
	990401030	载重汽车 8t	台班	0.013	0.028	0.036	0.037	0.038
	990813045	试压泵 60MPa	台班	0.153	0.172	0.191	0.211	0.230
	990919030	电焊条烘干箱 $60 \times 50 \times 75cm^3$	台班	0.004	0.004	0.004	0.004	0.004
	990920010	电焊条恒温箱	台班	0.004	0.004	0.004	0.004	0.004

工作内容：准备工作，阀门壳体压力试验和密封试验，阀门调试，阀门安装。 计量单位：个

编号				8-3-195	8-3-196	8-3-197	8-3-198	8-3-199
项目				公称直径（mm 以内）				
				600	700	800	900	1000
名称			单位	消耗量				
人工	000203000	综合二类工	工日	6.400	7.669	9.560	11.519	13.710
材料	193301001	齿轮、液压、电动阀门	个	（1.000）	（1.000）	（1.000）	（1.000）	（1.000）
	031301009	低碳钢焊条 J427（综合）	kg	0.165	0.165	0.165	0.165	0.165
	142909001	氧气	m^3	1.275	1.455	1.590	1.785	2.160
	142907002	乙炔气	kg	0.490	0.560	0.612	0.687	0.831
	020112006	无石棉橡胶板 中压 δ0.8～6	kg	0.840	1.030	1.160	1.300	1.310
	012903025	热轧中厚钢板 δ30	kg	0.826	0.969	1.217	1.468	1.843
	170201002	无缝钢管 $D22\times2.5$	m	0.010	0.010	0.010	0.015	0.015
	171915005	输水软管 ϕ25	m	0.020	0.020	0.020	0.040	0.040
	190103002	螺纹截止阀 J11T-16 DN15	个	0.020	0.020	0.020	0.020	0.020
	860113004	压力表 中压	块	0.020	0.020	0.020	0.020	0.020
	860113024	压力表补芯	个	0.020	0.020	0.020	0.020	0.020
	143121001	二硫化钼	kg	0.144	0.158	0.193	0.193	0.224
	341101001	水	m^3	0.238	0.280	0.331	0.390	0.460
	850103006	其他材料费（占材料费）	%	1.000	1.000	1.000	1.000	1.000
机械	990900010	电焊机（综合）	台班	0.034	0.034	0.034	0.034	0.034
	990304004	汽车式起重机 8t	台班	0.056	0.070	0.111	0.127	0.165
	990515010	吊装机械（综合）	台班	0.319	0.383	0.447	0.511	0.575
	990401030	载重汽车 8t	台班	0.056	0.070	0.111	0.127	0.165
	990813045	试压泵 60MPa	台班	0.230	0.271	0.320	0.377	0.444
	990919030	电焊条烘干箱 $60\times50\times75cm^3$	台班	0.004	0.004	0.004	0.004	0.004
	990920010	电焊条恒温箱	台班	0.004	0.004	0.004	0.004	0.004

工作内容：准备工作，阀门壳体压力试验和密封试验，阀门调试，阀门安装。　　**计量单位**：个

编号				8-3-200	8-3-201	8-3-202	8-3-203	8-3-204
项目				公称直径（mm 以内）				
				1200	1400	1600	1800	2000
名称			单位	消耗量				
人工	000203000	综合二类工	工日	17.069	19.477	23.127	27.540	32.959
材料	193301001	齿轮、液压、电动阀门	个	（1.000）	（1.000）	（1.000）	（1.000）	（1.000）
	031301009	低碳钢焊条 J427（综合）	kg	0.292	0.292	0.292	0.567	0.567
	142909001	氧气	m^3	2.790	3.480	3.975	4.470	4.965
	142907002	乙炔气	kg	1.073	1.338	1.529	1.719	1.910
	020112006	无石棉橡胶板 中压 $\delta 0.8 \sim 6$	kg	1.460	2.160	2.450	2.600	2.900
	012903025	热轧中厚钢板 $\delta 30$	kg	2.025	2.562	3.212	3.936	4.733
	170201002	无缝钢管 $D22 \times 2.5$	m	0.015	0.015	0.015	0.015	0.015
	171915005	输水软管 $\phi 25$	m	0.040	0.040	0.040	0.040	0.040
	190103002	螺纹截止阀 J11T-16 *DN*15	个	0.020	0.020	0.020	0.020	0.020
	860113004	压力表 中压	块	0.020	0.020	0.020	0.020	0.020
	860113024	压力表补芯	个	0.020	0.020	0.020	0.020	0.020
	143121001	二硫化钼	kg	0.255	0.287	0.333	0.395	0.456
	341101001	水	m^3	0.543	0.641	0.757	0.892	1.054
	850103006	其他材料费（占材料费）	%	1.000	1.000	1.000	1.000	1.000
机械	990900010	电焊机（综合）	台班	0.604	0.604	0.604	1.173	1.173
	990304004	汽车式起重机 8t	台班	0.223	0.255	0.300	0.364	0.420
	990515010	吊装机械（综合）	台班	0.805	0.920	1.009	1.099	1.201
	990401030	载重汽车 8t	台班	0.223	0.255	0.300	0.364	0.420
	990813045	试压泵 60MPa	台班	0.525	0.620	0.731	0.862	1.018
	990919030	电焊条烘干箱 $60 \times 50 \times 75cm^3$	台班	0.060	0.060	0.060	0.118	0.118
	990920010	电焊条恒温箱	台班	0.060	0.060	0.060	0.118	0.118

6. 调节阀门

工作内容：准备工作，阀门安装。 计量单位：个

编号				8-3-205	8-3-206	8-3-207	8-3-208	8-3-209	8-3-210
项目				公称直径（mm 以内）					
				20	25	32	40	50	65
名称			单位	消耗量					
人工	000203000	综合二类工	工日	0.389	0.389	0.389	0.389	0.389	0.680
材料	191300001	调节阀	个	（1.000）	（1.000）	（1.000）	（1.000）	（1.000）	（1.000）
	020112006	无石棉橡胶板 中压 δ0.8～6	kg	0.020	0.040	0.040	0.060	0.070	0.090
	143121001	二硫化钼	kg	0.004	0.004	0.006	0.006	0.006	0.006
	850103006	其他材料费（占材料费）	%	1.000	1.000	1.000	1.000	1.000	1.000
机械	990304004	汽车式起重机 8t	台班	—	—	—	—	0.007	0.007
	990515010	吊装机械（综合）	台班	—	—	—	—	0.035	0.035
	990401030	载重汽车 8t	台班	—	—	—	—	0.007	0.007

工作内容：准备工作，阀门安装。 计量单位：个

编号				8-3-211	8-3-212	8-3-213	8-3-214	8-3-215	8-3-216
项目				公称直径（mm 以内）					
				80	100	125	150	200	250
名称			单位	消耗量					
人工	000203000	综合二类工	工日	0.697	1.017	1.235	1.266	1.437	1.708
材料	191300001	调节阀	个	（1.000）	（1.000）	（1.000）	（1.000）	（1.000）	（1.000）
	020112006	无石棉橡胶板 中压 δ0.8～6	kg	0.130	0.170	0.230	0.280	0.330	0.370
	143121001	二硫化钼	kg	0.006	0.013	0.013	0.019	0.029	0.034
	850103006	其他材料费（占材料费）	%	1.000	1.000	1.000	1.000	1.000	1.000
机械	990304004	汽车式起重机 8t	台班	0.007	0.013	0.013	0.013	0.013	0.013
	990515010	吊装机械（综合）	台班	0.035	0.069	0.069	0.069	0.070	0.081
	990401030	载重汽车 8t	台班	0.007	0.013	0.013	0.013	0.013	0.013

工作内容：准备工作，阀门安装。 **计量单位：个**

编号				8-3-217	8-3-218	8-3-219	8-3-220	8-3-221
项目				公称直径（mm 以内）				
				300	350	400	450	500
名称			单位	消耗量				
人工	000203000	综合二类工	工日	1.883	2.010	2.329	2.658	2.890
材料	191300001	调节阀	个	（1.000）	（1.000）	（1.000）	（1.000）	（1.000）
	020112006	无石棉橡胶板 中压 δ0.8～6	kg	0.400	0.540	0.690	0.810	0.830
	143121001	二硫化钼	kg	0.034	0.045	0.067	0.084	0.100
	850103006	其他材料费（占材料费）	%	1.000	1.000	1.000	1.000	1.000
机械	990304004	汽车式起重机 8t	台班	0.013	0.031	0.039	0.040	0.041
	990515010	吊装机械（综合）	台班	0.081	0.128	0.128	0.163	0.163
	990401030	载重汽车 8t	台班	0.013	0.031	0.039	0.040	0.041

7. 安全阀门（螺纹连接）

工作内容：准备工作，阀门壳体压力试验和密封试验，管子切口，套丝，阀门安装。 **计量单位：**个

编号				8-3-222	8-3-223	8-3-224	8-3-225	8-3-226	8-3-227
项目				公称直径（mm 以内）					
				15	20	25	32	40	50
名称			单位	消耗量					
人工	000203000	综合二类工	工日	0.432	0.474	0.562	0.645	0.764	0.862
材料	191100001	安全阀门	个	（1.000）	（1.000）	（1.000）	（1.000）	（1.000）	（1.000）
	031301009	低碳钢焊条 J427（综合）	kg	0.165	0.165	0.165	0.165	0.165	0.165
	142909001	氧气	m^3	0.141	0.141	0.141	0.141	0.141	0.141
	142907002	乙炔气	kg	0.054	0.054	0.054	0.054	0.054	0.054
	031101014	尼龙砂轮片 $\phi500 \times 25 \times 4$	片	0.010	0.013	0.019	0.028	0.041	0.060
	020112006	无石棉橡胶板 中压 $\delta0.8\sim6$	kg	0.055	0.083	0.138	0.165	0.228	0.276
	340203007	聚四氟乙烯生料带（综合）	m	0.142	0.188	0.236	0.302	0.376	0.472
	015303001	青铅（综合）	kg	0.050	0.050	0.050	0.050	0.050	0.050
	140303001	机油（综合）	kg	0.007	0.009	0.011	0.014	0.017	0.021
	012903023	热轧中厚钢板 $\delta20$	kg	0.007	0.009	0.010	0.014	0.016	0.020
	031507011	镀锌铁丝 $\phi1.2\sim1.6$	kg	0.500	0.500	0.500	0.500	0.500	0.500
	170201002	无缝钢管 $D22 \times 2.5$	m	0.010	0.010	0.010	0.010	0.010	0.010
	171915005	输水软管 $\phi25$	m	0.020	0.020	0.020	0.020	0.020	0.020
	190103002	螺纹截止阀 J11T-16 *DN*15	个	0.020	0.020	0.020	0.020	0.020	0.020
	860113004	压力表 中压	块	0.020	0.020	0.020	0.020	0.020	0.020
	860113024	压力表补芯	个	0.020	0.020	0.020	0.020	0.020	0.020
	850103006	其他材料费（占材料费）	%	1.000	1.000	1.000	1.000	1.000	1.000
机械	990900010	电焊机（综合）	台班	0.034	0.034	0.034	0.034	0.034	0.034
	990785040	砂轮切割机 $\phi500$	台班	0.001	0.005	0.008	0.014	0.024	0.043
	990813045	试压泵 60MPa	台班	0.038	0.038	0.038	0.042	0.069	0.075
	990919030	电焊条烘干箱 $60 \times 50 \times 75cm^3$	台班	0.004	0.004	0.004	0.004	0.004	0.004
	990920010	电焊条恒温箱	台班	0.004	0.004	0.004	0.004	0.004	0.004
	990304004	汽车式起重机 8t	台班	—	—	—	—	—	0.006
	990515010	吊装机械（综合）	台班	—	—	—	—	—	0.032
	990401030	载重汽车 8t	台班	—	—	—	—	—	0.006

8. 安全阀门（法兰连接）

工作内容：准备工作，阀门壳体压力试验和密封试验，阀门安装。　　**计量单位：**个

编号				8-3-228	8-3-229	8-3-230	8-3-231	8-3-232	8-3-233
项目				公称直径（mm 以内）					
				15	20	25	32	40	50
名称			单位	消耗量					
人工	000203000	综合二类工	工日	0.726	0.726	0.726	0.761	0.761	0.796
材料	191100001	安全阀门	个	（1.000）	（1.000）	（1.000）	（1.000）	（1.000）	（1.000）
	031301009	低碳钢焊条 J427（综合）	kg	0.165	0.165	0.165	0.165	0.165	0.165
	142909001	氧气	m^3	0.141	0.141	0.141	0.141	0.141	0.141
	142907002	乙炔气	kg	0.054	0.054	0.054	0.054	0.054	0.054
	020112006	无石棉橡胶板 中压 δ0.8～6	kg	0.020	0.020	0.040	0.040	0.060	0.070
	015303001	青铅（综合）	kg	0.050	0.050	0.050	0.050	0.050	0.050
	012903023	热轧中厚钢板 δ20	kg	0.008	0.009	0.010	0.014	0.016	0.020
	031507011	镀锌铁丝 ϕ1.2～1.6	kg	0.500	0.500	0.500	0.500	0.500	0.500
	170201002	无缝钢管 $D22\times2.5$	m	0.010	0.010	0.010	0.010	0.010	0.010
	171915005	输水软管 ϕ25	m	0.020	0.020	0.020	0.020	0.020	0.020
	190103002	螺纹截止阀 J11T-16 *DN*15	个	0.020	0.020	0.020	0.020	0.020	0.020
	860113004	压力表 中压	块	0.020	0.020	0.020	0.020	0.020	0.020
	860113024	压力表补芯	个	0.020	0.020	0.020	0.020	0.020	0.020
	143121001	二硫化钼	kg	0.004	0.004	0.004	0.006	0.006	0.006
	850103006	其他材料费（占材料费）	%	1.000	1.000	1.000	1.000	1.000	1.000
机械	990900010	电焊机（综合）	台班	0.034	0.034	0.034	0.034	0.034	0.034
	990813045	试压泵 60MPa	台班	0.027	0.027	0.027	0.036	0.043	0.055
	990919030	电焊条烘干箱 $60\times50\times75cm^3$	台班	0.004	0.004	0.004	0.004	0.004	0.004
	990920010	电焊条恒温箱	台班	0.004	0.004	0.004	0.004	0.004	0.004
	990304004	汽车式起重机 8t	台班	—	—	—	—	—	0.006
	990515010	吊装机械（综合）	台班	—	—	—	—	—	0.032
	990401030	载重汽车 8t	台班	—	—	—	—	—	0.006

工作内容： 准备工作，阀门壳体压力试验和密封试验，阀门安装。 **计量单位：** 个

编号				8-3-234	8-3-235	8-3-236	8-3-237	8-3-238	8-3-239
项目				公称直径（mm 以内）					
				65	80	100	125	150	200
名称			单位	消耗量					
人工	000203000	综合二类工	工日	1.257	1.310	1.811	2.040	2.282	2.635
材料	191100001	安全阀门	个	（1.000）	（1.000）	（1.000）	（1.000）	（1.000）	（1.000）
	031301009	低碳钢焊条 J427（综合）	kg	0.165	0.165	0.165	0.165	0.165	0.165
	142909001	氧气	m^3	0.141	0.159	0.204	0.273	0.312	0.447
	142907002	乙炔气	kg	0.054	0.061	0.078	0.105	0.120	0.172
	020112006	无石棉橡胶板 中压 δ0.8～6	kg	0.090	0.130	0.170	0.230	0.280	0.330
	015303001	青铅（综合）	kg	0.050	0.050	0.050	0.050	0.050	0.075
	012903023	热轧中厚钢板 δ20	kg	0.025	0.030	0.036	0.047	0.061	0.088
	031507011	镀锌铁丝 ϕ1.2～1.6	kg	0.500	0.500	1.000	1.000	1.000	1.000
	170201002	无缝钢管 $D22\times2.5$	m	0.010	0.010	0.010	0.010	0.010	0.010
	171915005	输水软管 ϕ25	m	0.020	0.020	0.020	0.020	0.020	0.020
	190103002	螺纹截止阀 J11T-16 *DN*15	个	0.020	0.020	0.020	0.020	0.020	0.020
	860113004	压力表 中压	块	0.020	0.020	0.020	0.020	0.020	0.020
	860113024	压力表补芯	个	0.020	0.020	0.020	0.020	0.020	0.020
	143121001	二硫化钼	kg	0.006	0.013	0.013	0.013	0.019	0.029
	850103006	其他材料费（占材料费）	%	1.000	1.000	1.000	1.000	1.000	1.000
机械	990900010	电焊机（综合）	台班	0.034	0.034	0.034	0.034	0.034	0.034
	990304004	汽车式起重机 8t	台班	0.006	0.006	0.012	0.012	0.012	0.012
	990515010	吊装机械（综合）	台班	0.032	0.032	0.064	0.064	0.064	0.064
	990401030	载重汽车 8t	台班	0.006	0.006	0.012	0.012	0.012	0.012
	990813045	试压泵 60MPa	台班	0.064	0.071	0.082	0.184	0.219	0.273
	990919030	电焊条烘干箱 $60\times50\times75cm^3$	台班	0.004	0.004	0.004	0.004	0.004	0.004
	990920010	电焊条恒温箱	台班	0.004	0.004	0.004	0.004	0.004	0.004

工作内容：准备工作，阀门壳体压力试验和密封试验，阀门安装。 **计量单位**：个

编号				8-3-240	8-3-241	8-3-242	8-3-243	8-3-244
项目				公称直径（mm 以内）				
				250	300	350	400	450
名称			单位	消耗量				
人工	000203000	综合二类工	工日	2.926	3.510	4.212	5.055	6.066
材料	191100001	安全阀门	个	（1.000）	（1.000）	（1.000）	（1.000）	（1.000）
	031301009	低碳钢焊条 J427（综合）	kg	0.165	0.165	0.165	0.165	0.165
	142909001	氧气	m^3	0.536	0.644	0.772	0.927	1.112
	142907002	乙炔气	kg	0.206	0.248	0.297	0.357	0.428
	020112006	无石棉橡胶板 中压 $\delta0.8\sim6$	kg	0.396	0.475	0.570	0.684	0.821
	015303001	青铅（综合）	kg	0.075	0.075	0.100	0.100	0.100
	012903023	热轧中厚钢板 $\delta20$	kg	0.114	0.148	0.192	0.250	0.325
	031507011	镀锌铁丝 $\phi1.2\sim1.6$	kg	1.000	1.000	1.000	1.000	1.000
	170201002	无缝钢管 $D22\times2.5$	m	0.010	0.010	0.010	0.010	0.010
	171915005	输水软管 $\phi25$	m	0.020	0.020	0.020	0.020	0.020
	190103002	螺纹截止阀 J11T-16 *DN*15	个	0.020	0.020	0.020	0.020	0.020
	860113004	压力表 中压	块	0.020	0.020	0.020	0.020	0.020
	860113024	压力表补芯	个	0.020	0.020	0.020	0.020	0.020
	143121001	二硫化钼	kg	0.034	0.034	0.045	0.067	0.084
	341101001	水	m^3	—	0.059	0.106	0.191	0.344
	850103006	其他材料费（占材料费）	%	1.000	1.000	1.000	1.000	1.000
机械	990900010	电焊机（综合）	台班	0.034	0.034	0.034	0.034	0.034
	990304004	汽车式起重机 8t	台班	0.012	0.012	0.028	0.036	0.037
	990515010	吊装机械（综合）	台班	0.074	0.074	0.117	0.133	0.149
	990401030	载重汽车 8t	台班	0.012	0.012	0.028	0.036	0.037
	990813045	试压泵 60MPa	台班	0.342	0.427	0.534	0.667	0.834
	990919030	电焊条烘干箱 $60\times50\times75cm^3$	台班	0.004	0.004	0.004	0.004	0.004
	990920010	电焊条恒温箱	台班	0.004	0.004	0.004	0.004	0.004

9. 安全阀调试定压

工作内容：准备工作，场内搬运，整定压力测试，打铅封，挂合格证。 计量单位：个

编号				8-3-245	8-3-246	8-3-247	8-3-248	8-3-249	8-3-250
项目				公称直径（mm 以内）					
				15	20	25	32	40	50
名称			单位	消耗量					
人工	000203000	综合二类工	工日	0.555	0.642	0.733	0.788	0.872	0.921
材料	143121001	二硫化钼	kg	0.002	0.002	0.003	0.004	0.004	0.005
	203309003	内外环缠绕垫（综合）	个	0.150	0.150	0.150	0.150	0.150	0.150
	092705004	碎布	kg	0.023	0.023	0.025	0.025	0.035	0.038
	850103006	其他材料费（占材料费）	%	1.000	1.000	1.000	1.000	1.000	1.000
机械	991003070	电动空气压缩机 10m³/min	台班	0.011	0.013	0.014	0.017	0.018	0.020
	991218010	安全阀试压机 YFC-A	台班	0.065	0.078	0.087	0.097	0.107	0.117

工作内容：准备工作，场内搬运，整定压力测试，打铅封，挂合格证。 计量单位：个

编号				8-3-251	8-3-252	8-3-253	8-3-254	8-3-255	8-3-256
项目				公称直径（mm 以内）					
				65	80	100	125	150	200
名称			单位	消耗量					
人工	000203000	综合二类工	工日	1.038	1.122	1.445	1.683	1.683	1.865
材料	143121001	二硫化钼	kg	0.006	0.007	0.011	0.015	0.015	0.019
	203309003	内外环缠绕垫（综合）	个	0.150	0.150	0.150	0.150	0.150	0.150
	092705004	碎布	kg	0.054	0.069	0.070	0.112	0.112	0.154
	850103006	其他材料费（占材料费）	%	1.000	1.000	1.000	1.000	1.000	1.000
机械	990305010	叉式起重机 3t	台班	—	—	0.008	0.008	0.008	0.008
	990307010	电动单梁起重机 5t	台班	—	—	0.031	0.034	0.034	0.039
	991003070	电动空气压缩机 10m³/min	台班	0.021	0.022	0.023	0.024	0.024	0.025
	991218010	安全阀试压机 YFC-A	台班	0.123	0.129	0.136	0.144	0.144	0.149

工作内容：准备工作，场内搬运，整定压力测试，打铅封，挂合格证。　　　　**计量单位**：个

编　号				8-3-257	8-3-258	8-3-259	8-3-260	8-3-261
项　目				公称直径（mm 以内）				
				250	300	350	400	450
名　称			单位	消　耗　量				
人工	000203000	综合二类工	工日	2.052	2.300	2.576	2.887	3.231
材料	143121001	二硫化钼	kg	0.022	0.026	0.029	0.033	0.036
	203309003	内外环缠绕垫（综合）	个	0.150	0.150	0.150	0.150	0.150
	092705004	碎布	kg	0.169	0.185	0.200	0.216	0.231
	850103006	其他材料费（占材料费）	%	1.000	1.000	1.000	1.000	1.000
机械	990305010	叉式起重机 3t	台班	0.008	0.008	0.008	0.009	0.009
	990307010	电动单梁起重机 5t	台班	0.041	0.044	0.048	0.051	0.055
	991003070	电动空气压缩机 $10m^3/min$	台班	0.033	0.034	0.035	0.037	0.040
	991218010	安全阀试压机 YFC-A	台班	0.156	0.162	0.168	0.175	0.188

三、高压阀门

1. 螺纹阀门

工作内容：准备工作，阀门壳体压力试验和密封试验，管子切口，套丝，阀门安装。 **计量单位：**个

编号				8-3-262	8-3-263	8-3-264	8-3-265	8-3-266	8-3-267
项目				公称直径（mm 以内）					
				15	20	25	32	40	50
名称			单位	消耗量					
人工	000203000	综合二类工	工日	0.289	0.367	0.428	0.546	0.649	0.795
材料	190003002	螺纹阀门（综合）	个	（1.000）	（1.000）	（1.000）	（1.000）	（1.000）	（1.000）
	031301009	低碳钢焊条 J427（综合）	kg	0.165	0.165	0.165	0.165	0.165	0.165
	142909001	氧气	m^3	0.141	0.141	0.141	0.141	0.141	0.141
	142907002	乙炔气	kg	0.054	0.054	0.054	0.054	0.054	0.054
	031101014	尼龙砂轮片 $\phi500\times25\times4$	片	0.012	0.020	0.030	0.043	0.051	0.075
	020112007	无石棉橡胶板 高压 $\delta1\sim6$	kg	0.034	0.050	0.084	0.101	0.140	0.168
	340203007	聚四氟乙烯生料带（综合）	m	0.415	0.509	0.641	0.791	0.904	1.074
	012903023	热轧中厚钢板 $\delta20$	kg	0.007	0.009	0.010	0.014	0.016	0.020
	170201002	无缝钢管 $D22\times2.5$	m	0.010	0.010	0.010	0.010	0.010	0.010
	171915005	输水软管 $\phi25$	m	0.020	0.020	0.020	0.020	0.020	0.020
	190103002	螺纹截止阀 J11T-16 *DN*15	个	0.020	0.020	0.020	0.020	0.020	0.020
	860113003	压力表 高压	块	0.020	0.020	0.020	0.020	0.020	0.020
	860113024	压力表补芯	个	0.020	0.020	0.020	0.020	0.020	0.020
	031102004	铁砂布（综合）	张	0.038	0.065	0.065	0.080	0.100	0.125
	140721002	皂化冷却液	kg	0.026	0.043	0.043	0.054	0.067	0.083
	850103006	其他材料费（占材料费）	%	1.000	1.000	1.000	1.000	1.000	1.000
机械	990900010	电焊机（综合）	台班	0.033	0.033	0.033	0.033	0.033	0.033
	990785040	砂轮切割机 $\phi500$	台班	0.003	0.008	0.009	0.011	0.011	0.014
	990718040	普通车床 630×2000mm	台班	0.056	0.092	0.092	0.118	0.146	0.229
	990813045	试压泵 60MPa	台班	0.015	0.020	0.024	0.032	0.040	0.046
	990919030	电焊条烘干箱 $60\times50\times75cm^3$	台班	0.003	0.003	0.003	0.003	0.003	0.003
	990920010	电焊条恒温箱	台班	0.003	0.003	0.003	0.003	0.003	0.003
	990748010	管子切断套丝机 159mm	台班	0.083	0.083	0.083	0.092	0.092	0.092

2. 承插焊阀门

工作内容： 准备工作，阀门壳体压力试验和密封试验，管子切口，管口组对，焊接，阀门安装。

计量单位： 个

编　号				8-3-268	8-3-269	8-3-270	8-3-271	8-3-272	8-3-273
项　目				公称直径（mm 以内）					
				15	20	25	32	40	50
名　称			单位	消　耗　量					
人工	000203000	综合二类工	工日	0.304	0.382	0.455	0.564	0.685	0.801
材料	190005002	碳钢焊接阀门	个	（1.000）	（1.000）	（1.000）	（1.000）	（1.000）	（1.000）
	031301009	低碳钢焊条 J427（综合）	kg	0.298	0.318	0.336	0.365	0.385	0.434
	142909001	氧气	m^3	0.141	0.141	0.141	0.153	0.153	0.157
	142907002	乙炔气	kg	0.054	0.054	0.054	0.059	0.059	0.060
	031101013	尼龙砂轮片 $\phi100\times16\times3$	片	0.004	0.004	0.005	0.007	0.007	0.009
	031101014	尼龙砂轮片 $\phi500\times25\times4$	片	0.012	0.020	0.030	0.043	0.051	0.075
	020112007	无石棉橡胶板 高压 $\delta1\sim6$	kg	0.034	0.050	0.084	0.101	0.140	0.168
	031103001	磨头	块	0.020	0.026	0.031	0.039	0.044	0.053
	143315001	丙酮	kg	0.022	0.023	0.024	0.026	0.029	0.035
	012903023	热轧中厚钢板 $\delta20$	kg	0.007	0.009	0.010	0.014	0.016	0.020
	170201002	无缝钢管 $D22\times2.5$	m	0.010	0.010	0.010	0.010	0.010	0.010
	171915005	输水软管 $\phi25$	m	0.020	0.020	0.020	0.020	0.020	0.020
	190103002	螺纹截止阀 J11T-16 *DN*15	个	0.020	0.020	0.020	0.020	0.020	0.020
	860113003	压力表 高压	块	0.020	0.020	0.020	0.020	0.020	0.020
	860113024	压力表补芯	个	0.020	0.020	0.020	0.020	0.020	0.020
	092705004	碎布	kg	0.002	0.003	0.004	0.006	0.006	0.007
	850103006	其他材料费（占材料费）	%	1.000	1.000	1.000	1.000	1.000	1.000
机械	990900010	电焊机（综合）	台班	0.078	0.103	0.118	0.135	0.154	0.190
	990785040	砂轮切割机 $\phi500$	台班	0.003	0.007	0.008	0.010	0.010	0.012
	990813045	试压泵 60MPa	台班	0.021	0.021	0.021	0.028	0.034	0.040
	990919030	电焊条烘干箱 $60\times50\times75cm^3$	台班	0.008	0.010	0.012	0.014	0.015	0.019
	990920010	电焊条恒温箱	台班	0.008	0.010	0.012	0.014	0.015	0.019

3. 对焊阀门（氩电联焊）

工作内容：准备工作，阀门壳体压力试验和密封试验，管子切口，坡口加工，管口组对，焊接，阀门安装。

计量单位：个

编号				8-3-274	8-3-275	8-3-276	8-3-277	8-3-278	8-3-279
项目				公称直径（mm 以内）					
				15	20	25	32	40	50
名称			单位	消耗量					
人工	000203000	综合二类工	工日	1.449	1.449	1.609	1.788	1.788	2.484
材料	190005002	碳钢焊接阀门	个	（1.000）	（1.000）	（1.000）	（1.000）	（1.000）	（1.000）
	031301009	低碳钢焊条 J427（综合）	kg	0.260	0.260	0.289	0.321	0.321	0.445
	031303005	碳钢焊丝	kg	0.054	0.054	0.060	0.067	0.067	0.093
	142909001	氧气	m³	0.026	0.026	0.029	0.032	0.032	0.045
	142907002	乙炔气	kg	0.010	0.010	0.011	0.012	0.012	0.017
	142911001	氩气	m³	0.152	0.152	0.169	0.188	0.188	0.261
	340101003	铈钨棒	g	0.304	0.304	0.338	0.376	0.376	0.522
	031101013	尼龙砂轮片 $\phi100\times16\times3$	片	0.103	0.103	0.114	0.127	0.127	0.176
	031101014	尼龙砂轮片 $\phi500\times25\times4$	片	0.060	0.060	0.067	0.074	0.074	0.103
	020112007	无石棉橡胶板 高压 $\delta1\sim6$	kg	0.289	0.289	0.321	0.357	0.357	0.496
	031103001	磨头	块	0.040	0.052	0.062	0.078	0.088	0.153
	143315001	丙酮	kg	0.510	0.510	0.567	0.630	0.630	0.875
	012903023	热轧中厚钢板 $\delta20$	kg	0.007	0.009	0.010	0.014	0.016	0.020
	170201002	无缝钢管 $D22\times2.5$	m	0.010	0.010	0.010	0.010	0.010	0.010
	171915005	输水软管 $\phi25$	m	0.020	0.020	0.020	0.020	0.020	0.020
	190103002	螺纹截止阀 J11T-16 *DN*15	个	0.020	0.020	0.020	0.020	0.020	0.020
	860113003	压力表 高压	块	0.020	0.020	0.020	0.020	0.020	0.020
	860113024	压力表补芯	个	0.020	0.020	0.020	0.020	0.020	0.020
	010301007	钢丝 $\phi4.0$	kg	0.026	0.026	0.029	0.032	0.032	0.044
	092705004	碎布	kg	0.047	0.047	0.052	0.058	0.058	0.080
	850103006	其他材料费（占材料费）	%	1.000	1.000	1.000	1.000	1.000	1.000
机械	990900010	电焊机（综合）	台班	0.261	0.261	0.290	0.322	0.322	0.447
	990912010	氩弧焊机 500A	台班	0.173	0.173	0.192	0.213	0.213	0.296
	990813045	试压泵 60MPa	台班	0.113	0.113	0.125	0.139	0.139	0.194
	990785040	砂轮切割机 $\phi500$	台班	0.033	0.033	0.036	0.040	0.040	0.056
	990718040	普通车床 630×2000mm	台班	0.098	0.098	0.109	0.121	0.121	0.167
	990919030	电焊条烘干箱 $60\times50\times75cm^3$	台班	0.026	0.026	0.029	0.032	0.032	0.045
	990920010	电焊条恒温箱	台班	0.026	0.026	0.029	0.032	0.032	0.045

工作内容：准备工作，阀门壳体压力试验和密封试验，管子切口，坡口加工，管口组对，焊接，阀门安装。

计量单位：个

	编号			8-3-280	8-3-281	8-3-282	8-3-283	8-3-284	8-3-285
	项目			公称直径（mm 以内）					
				65	80	100	125	150	200
	名称		单位	消耗量					
人工	000203000	综合二类工	工日	3.341	3.853	4.545	5.776	6.507	8.048
材料	190005002	碳钢焊接阀门	个	（1.000）	（1.000）	（1.000）	（1.000）	（1.000）	（1.000）
	031301009	低碳钢焊条 J427（综合）	kg	0.760	0.894	1.634	1.914	2.828	5.606
	031303005	碳钢焊丝	kg	0.118	0.141	0.181	0.215	0.258	0.357
	142909001	氧气	m^3	0.616	0.692	0.947	1.071	1.841	2.836
	142907002	乙炔气	kg	0.237	0.266	0.364	0.412	0.708	1.091
	142911001	氩气	m^3	0.330	0.396	0.508	0.603	0.723	0.998
	340101003	铈钨棒	g	0.660	0.792	1.016	1.205	1.446	1.996
	031101013	尼龙砂轮片 $\phi100\times16\times3$	片	0.314	0.372	0.427	0.502	0.702	0.835
	031101014	尼龙砂轮片 $\phi500\times25\times4$	片	0.159	0.189	0.261	0.308	—	—
	020112007	无石棉橡胶板 高压 $\delta1\sim6$	kg	0.643	0.941	1.239	1.634	1.982	2.378
	031103001	磨头	块	0.201	0.236	0.302	—	—	—
	143315001	丙酮	kg	1.185	1.395	1.790	2.095	2.500	3.450
	012903023	热轧中厚钢板 $\delta20$	kg	0.025	0.030	0.036	0.047	0.061	0.088
	170201002	无缝钢管 $D22\times2.5$	m	0.010	0.010	0.010	0.010	0.010	0.010
	171915005	输水软管 $\phi25$	m	0.020	0.020	0.020	0.020	0.020	0.020
	190103002	螺纹截止阀 J11T-16 *DN*15	个	0.020	0.020	0.020	0.020	0.020	0.020
	860113003	压力表 高压	块	0.020	0.020	0.020	0.020	0.020	0.020
	860113024	压力表补芯	个	0.020	0.020	0.020	0.020	0.020	0.020
	092705004	碎布	kg	0.029	0.034	0.040	0.048	0.059	0.080
	012100002	角钢（综合）	kg	—	—	—	—	—	0.435
	850103006	其他材料费（占材料费）	%	1.000	1.000	1.000	1.000	1.000	1.000
机械	990304004	汽车式起重机 8t	台班	—	0.006	0.011	0.011	0.011	0.011
	990515010	吊装机械（综合）	台班	—	0.029	0.058	0.058	0.058	0.058
	990401030	载重汽车 8t	台班	—	0.006	0.011	0.011	0.011	0.011
	990744010	半自动切割机 100mm	台班	—	—	—	—	0.403	0.586
	990900010	电焊机（综合）	台班	0.631	0.742	1.103	1.290	1.695	2.629
	990912010	氩弧焊机 500A	台班	0.374	0.448	0.575	0.683	0.819	1.131
	990813045	试压泵 60MPa	台班	0.222	0.245	0.285	0.524	0.763	0.763
	990785040	砂轮切割机 $\phi500$	台班	0.073	0.086	0.127	0.136	—	—
	990718040	普通车床 630×2000mm	台班	0.182	0.196	0.230	0.479	0.522	0.780
	990919030	电焊条烘干箱 $60\times50\times75cm^3$	台班	0.063	0.075	0.110	0.129	0.169	0.263
	990920010	电焊条恒温箱	台班	0.063	0.075	0.110	0.129	0.169	0.263

工作内容：准备工作，阀门壳体压力试验和密封试验，管子切口，坡口加工，管口组对，焊接，阀门安装。

计量单位：个

		编号		8-3-286	8-3-287	8-3-288	8-3-289	8-3-290	8-3-291
		项目		公称直径（mm 以内）					
				250	300	350	400	450	500
		名称	单位	消耗量					
人工	000203000	综合二类工	工日	9.435	11.753	14.123	17.128	21.022	23.802
材料	190005002	碳钢焊接阀门	个	（1.000）	（1.000）	（1.000）	（1.000）	（1.000）	（1.000）
	031301009	低碳钢焊条 J427（综合）	kg	9.479	14.678	22.351	30.925	41.877	46.343
	031303005	碳钢焊丝	kg	0.445	0.530	0.615	0.694	0.782	0.870
	142909001	氧气	m^3	3.837	4.892	5.963	7.210	8.375	9.084
	142907002	乙炔气	kg	1.476	1.882	2.293	2.773	3.221	3.494
	142911001	氩气	m^3	1.245	1.484	1.721	1.944	2.191	2.437
	340101003	铈钨棒	g	2.491	2.968	3.442	3.887	4.382	4.875
	031101013	尼龙砂轮片 $\phi100\times16\times3$	片	1.257	1.755	2.347	3.040	3.808	4.224
	020112007	无石棉橡胶板 高压 $\delta1\sim6$	kg	2.626	2.873	3.865	4.956	5.847	5.947
	143315001	丙酮	kg	4.300	5.100	6.120	7.344	8.813	10.575
	012903023	热轧中厚钢板 $\delta20$	kg	0.128	0.165	0.211	0.262	—	—
	170201002	无缝钢管 $D22\times2.5$	m	0.010	0.010	0.010	0.010	0.010	0.010
	171915005	输水软管 $\phi25$	m	0.020	0.020	0.020	0.020	0.020	0.020
	190103002	螺纹截止阀 J11T-16 *DN*15	个	0.020	0.020	0.020	0.020	0.020	0.020
	860113003	压力表 高压	块	0.020	0.020	0.020	0.020	0.020	0.020
	860113024	压力表补芯	个	0.020	0.020	0.020	0.020	0.020	0.020
	012100002	角钢（综合）	kg	0.435	0.572	0.572	0.572	0.572	0.572
	092705004	碎布	kg	0.097	0.114	0.137	0.155	0.172	0.189
	341101001	水	m^3	0.051	0.088	0.139	0.208	0.296	0.405
	012903025	热轧中厚钢板 $\delta30$	kg	—	—	—	—	0.479	0.582
	850103006	其他材料费（占材料费）	%	1.000	1.000	1.000	1.000	1.000	1.000
机械	990900010	电焊机（综合）	台班	3.526	4.524	6.262	8.136	10.266	11.361
	990912010	氩弧焊机 500A	台班	1.411	1.682	1.949	2.203	2.482	2.762
	990304004	汽车式起重机 8t	台班	0.011	0.011	0.025	0.033	0.034	0.035
	990515010	吊装机械（综合）	台班	0.068	0.068	0.107	0.106	0.135	0.135
	990401030	载重汽车 8t	台班	0.011	0.011	0.025	0.033	0.034	0.035
	990813045	试压泵 60MPa	台班	0.763	0.763	0.860	0.957	1.053	1.150
	990744010	半自动切割机 100mm	台班	0.730	0.882	1.029	1.190	1.402	1.504
	990718040	普通车床 630×2000mm	台班	0.943	1.191	1.430	1.716	2.059	2.471
	990919030	电焊条烘干箱 $60\times50\times75cm^3$	台班	0.353	0.453	0.626	0.814	1.026	1.136
	990920010	电焊条恒温箱	台班	0.353	0.453	0.626	0.814	1.026	1.136

4. 法 兰 阀 门

工作内容：准备工作，阀门壳体压力试验和密封试验，阀门安装，螺栓涂二硫化钼。 **计量单位：**个

编号				8-3-292	8-3-293	8-3-294	8-3-295	8-3-296	8-3-297
项目				公称直径（mm 以内）					
				15	20	25	32	40	50
名称			单位	消耗量					
人工	000203000	综合二类工	工日	0.279	0.279	0.325	0.461	0.512	0.622
材料	190001001	法兰阀门	个	（1.000）	（1.000）	（1.000）	（1.000）	（1.000）	（1.000）
	203101003	碳钢透镜垫	个	（1.000）	（1.000）	（1.000）	（1.000）	（1.000）	（1.000）
	031301009	低碳钢焊条 J427（综合）	kg	0.165	0.165	0.165	0.165	0.165	0.165
	142909001	氧气	m^3	0.141	0.141	0.141	0.141	0.141	0.141
	142907002	乙炔气	kg	0.054	0.054	0.054	0.054	0.054	0.054
	020112007	无石棉橡胶板 高压 δ1～6	kg	0.034	0.050	0.084	0.101	0.140	0.168
	143121001	二硫化钼	kg	0.006	0.010	0.010	0.011	0.011	0.022
	012903023	热轧中厚钢板 δ20	kg	0.007	0.009	0.010	0.014	0.016	0.020
	170201002	无缝钢管 $D22\times2.5$	m	0.010	0.010	0.010	0.010	0.010	0.010
	171915005	输水软管 ϕ25	m	0.020	0.020	0.020	0.020	0.020	0.020
	190103002	螺纹截止阀 J11T-16 *DN*15	个	0.020	0.020	0.020	0.020	0.020	0.020
	860113003	压力表 高压	块	0.020	0.020	0.020	0.020	0.020	0.020
	860113024	压力表补芯	个	0.020	0.020	0.020	0.020	0.020	0.020
	031102001	砂纸	张	0.008	0.016	0.016	0.016	0.016	0.032
	092705004	碎布	kg	0.008	0.016	0.016	0.016	0.016	0.032
	850103006	其他材料费（占材料费）	%	1.000	1.000	1.000	1.000	1.000	1.000
机械	990900010	电焊机（综合）	台班	0.034	0.034	0.034	0.034	0.034	0.034
	990813045	试压泵 60MPa	台班	0.025	0.025	0.025	0.033	0.041	0.048
	990919030	电焊条烘干箱 $60\times50\times75cm^3$	台班	0.004	0.004	0.004	0.004	0.004	0.004
	990920010	电焊条恒温箱	台班	0.004	0.004	0.004	0.004	0.004	0.004

工作内容：准备工作，阀门壳体压力试验和密封试验，阀门安装，螺栓涂二硫化钼。 计量单位：个

编号				8-3-298	8-3-299	8-3-300	8-3-301	8-3-302	8-3-303
项目				公称直径（mm 以内）					
				65	80	100	125	150	200
名称			单位	消耗量					
人工	000203000	综合二类工	工日	0.838	1.142	1.499	2.503	2.706	3.410
材料	190001001	法兰阀门	个	（1.000）	（1.000）	（1.000）	（1.000）	（1.000）	（1.000）
	203101003	碳钢透镜垫	个	（1.000）	（1.000）	（1.000）	（1.000）	（1.000）	（1.000）
	031301009	低碳钢焊条 J427（综合）	kg	0.165	0.165	0.165	0.165	0.165	0.165
	142909001	氧气	m^3	0.141	0.159	0.204	0.273	0.312	0.447
	142907002	乙炔气	kg	0.054	0.061	0.078	0.105	0.120	0.172
	020112007	无石棉橡胶板 高压 δ1～6	kg	0.218	0.319	0.420	0.554	0.672	0.806
	143121001	二硫化钼	kg	0.034	0.034	0.040	0.058	0.086	0.110
	012903023	热轧中厚钢板 δ20	kg	0.025	0.030	0.036	0.047	0.061	0.088
	170201002	无缝钢管 $D22 \times 2.5$	m	0.010	0.010	0.010	0.010	0.010	0.010
	171915005	输水软管 ϕ25	m	0.020	0.020	0.020	0.020	0.020	0.020
	190103002	螺纹截止阀 J11T-16 *DN*15	个	0.020	0.020	0.020	0.020	0.020	0.020
	860113003	压力表 高压	块	0.020	0.020	0.020	0.020	0.020	0.020
	860113024	压力表补芯	个	0.020	0.020	0.020	0.020	0.020	0.020
	031102001	砂纸	张	0.032	0.032	0.032	0.048	0.072	0.096
	092705004	碎布	kg	0.032	0.032	0.032	0.048	0.072	0.096
	850103006	其他材料费（占材料费）	%	1.000	1.000	1.000	1.000	1.000	1.000
机械	990900010	电焊机（综合）	台班	0.034	0.034	0.034	0.034	0.034	0.034
	990304004	汽车式起重机 8t	台班	0.006	0.011	0.024	0.024	0.024	0.024
	990515010	吊装机械（综合）	台班	0.029	0.049	0.057	0.057	0.057	0.057
	990401030	载重汽车 8t	台班	0.006	0.011	0.024	0.024	0.024	0.024
	990813045	试压泵 60MPa	台班	0.064	0.080	0.091	0.138	0.186	0.186
	990919030	电焊条烘干箱 $60 \times 50 \times 75cm^3$	台班	0.004	0.004	0.004	0.004	0.004	0.004
	990920010	电焊条恒温箱	台班	0.004	0.004	0.004	0.004	0.004	0.004

工作内容：准备工作，阀门壳体压力试验和密封试验，阀门安装，螺栓涂二硫化钼。 **计量单位**：个

编号				8-3-304	8-3-305	8-3-306	8-3-307	8-3-308	8-3-309
项目				公称直径（mm 以内）					
				250	300	350	400	450	500
名称			单位	消耗量					
人工	000203000	综合二类工	工日	3.696	4.063	4.501	4.925	5.448	6.000
材料	190001001	法兰阀门	个	（1.000）	（1.000）	（1.000）	（1.000）	（1.000）	（1.000）
	203101003	碳钢透镜垫	个	（1.000）	（1.000）	（1.000）	（1.000）	（1.000）	（1.000）
	031301009	低碳钢焊条 J427（综合）	kg	0.165	0.165	0.165	0.165	0.165	0.165
	142909001	氧气	m^3	0.627	0.750	0.820	0.910	1.078	1.130
	142907002	乙炔气	kg	0.241	0.288	0.315	0.350	0.415	0.435
	020112007	无石棉橡胶板 高压 δ1～6	kg	0.890	0.974	1.051	1.128	1.211	1.308
	143121001	二硫化钼	kg	0.139	0.139	0.186	0.224	0.280	0.280
	012903023	热轧中厚钢板 δ20	kg	0.128	0.165	0.211	0.262	—	—
	170201002	无缝钢管 $D22 \times 2.5$	m	0.010	0.010	0.010	0.010	0.010	0.010
	171915005	输水软管 ϕ25	m	0.020	0.020	0.020	0.020	0.020	0.020
	190103002	螺纹截止阀 J11T-16 *DN*15	个	0.020	0.020	0.020	0.020	0.020	0.020
	860113003	压力表 高压	块	0.020	0.020	0.020	0.020	0.020	0.020
	860113024	压力表补芯	个	0.020	0.020	0.020	0.020	0.020	0.020
	031102001	砂纸	张	0.120	0.120	0.160	0.160	0.200	0.200
	092705004	碎布	kg	0.120	0.120	0.160	0.160	0.200	0.200
	012903025	热轧中厚钢板 δ30	kg	—	—	—	—	0.479	0.582
	850103006	其他材料费（占材料费）	%	1.000	1.000	1.000	1.000	1.000	1.000
机械	990900010	电焊机（综合）	台班	0.034	0.034	0.034	0.034	0.034	0.034
	990304004	汽车式起重机 8t	台班	0.044	0.050	0.067	0.073	0.088	0.097
	990515010	吊装机械（综合）	台班	0.057	0.057	0.089	0.089	0.114	0.114
	990401030	载重汽车 8t	台班	0.044	0.050	0.067	0.073	0.088	0.097
	990813045	试压泵 60MPa	台班	0.186	0.211	0.211	0.241	0.272	0.297
	990919030	电焊条烘干箱 $60 \times 50 \times 75cm^3$	台班	0.004	0.004	0.004	0.004	0.004	0.004
	990920010	电焊条恒温箱	台班	0.004	0.004	0.004	0.004	0.004	0.004

5. 齿轮、液压传动、电动阀门

工作内容：准备工作，阀门壳体压力试验和密封试验，阀门调试，阀门安装。 **计量单位：**个

编号				8-3-310	8-3-311	8-3-312	8-3-313	8-3-314
项目				公称直径（mm 以内）				
				100	125	150	200	250
名称			单位	消耗量				
人工	000203000	综合二类工	工日	3.108	3.840	4.063	4.966	5.869
材料	193301001	齿轮、液压、电动阀门	个	（1.000）	（1.000）	（1.000）	（1.000）	（1.000）
	031301009	低碳钢焊条 J427（综合）	kg	0.165	0.165	0.165	0.165	0.165
	142909001	氧气	m^3	0.204	0.273	0.312	0.447	0.627
	142907002	乙炔气	kg	0.078	0.105	0.120	0.172	0.241
	020112006	无石棉橡胶板 中压 δ0.8～6	kg	0.170	0.230	0.280	0.330	0.370
	012903023	热轧中厚钢板 δ20	kg	0.036	0.047	0.061	0.088	0.128
	170201002	无缝钢管 $D22\times2.5$	m	0.010	0.010	0.010	0.010	0.010
	171915005	输水软管 ϕ25	m	0.020	0.020	0.020	0.020	0.020
	190103002	螺纹截止阀 J11T-16 *DN*15	个	0.020	0.020	0.020	0.020	0.020
	860113004	压力表 中压	块	0.020	0.020	0.020	0.020	0.020
	860113024	压力表补芯	个	0.020	0.020	0.020	0.020	0.020
	143121001	二硫化钼	kg	0.040	0.040	0.086	0.110	0.139
	850103006	其他材料费（占材料费）	%	1.000	1.000	1.000	1.000	1.000
机械	990900010	电焊机（综合）	台班	0.034	0.034	0.034	0.034	0.034
	990304004	汽车式起重机 8t	台班	0.031	0.031	0.031	0.031	0.031
	990515010	吊装机械（综合）	台班	0.078	0.078	0.078	0.078	0.089
	990401030	载重汽车 8t	台班	0.031	0.031	0.031	0.031	0.031
	990813045	试压泵 60MPa	台班	0.068	0.126	0.183	0.183	0.183
	990919030	电焊条烘干箱 $60\times50\times75cm^3$	台班	0.004	0.004	0.004	0.004	0.004
	990920010	电焊条恒温箱	台班	0.004	0.004	0.004	0.004	0.004

工作内容：准备工作，阀门壳体压力试验和密封试验，阀门调试，阀门安装。　　**计量单位：**个

编号				8-3-315	8-3-316	8-3-317	8-3-318
项目				公称直径（mm 以内）			
				300	350	400	450
名称			单位	消耗量			
人工	000203000	综合二类工	工日	6.875	8.332	10.290	11.982
材料	193301001	齿轮、液压、电动阀门	个	（1.000）	（1.000）	（1.000）	（1.000）
	031301009	低碳钢焊条 J427（综合）	kg	0.165	0.165	0.165	0.165
	142909001	氧气	m^3	0.750	0.820	0.910	1.078
	142907002	乙炔气	kg	0.288	0.315	0.350	0.415
	020112006	无石棉橡胶板 中压 δ0.8～6	kg	0.400	0.540	0.690	0.810
	012903023	热轧中厚钢板 δ20	kg	0.165	0.211	0.262	—
	170201002	无缝钢管 $D22\times2.5$	m	0.010	0.010	0.010	0.010
	171915005	输水软管 ϕ25	m	0.020	0.020	0.020	0.020
	190103002	螺纹截止阀 J11T-16 *DN*15	个	0.020	0.020	0.020	0.020
	860113004	压力表 中压	块	0.020	0.020	0.020	0.020
	860113024	压力表补芯	个	0.020	0.020	0.020	0.020
	143121001	二硫化钼	kg	0.139	0.186	0.224	0.280
	341101001	水	m^3	—	—	0.070	0.100
	012903025	热轧中厚钢板 δ30	kg	—	—	—	0.479
	850103006	其他材料费（占材料费）	%	1.000	1.000	1.000	1.000
机械	990900010	电焊机（综合）	台班	0.034	0.034	0.034	0.034
	990304004	汽车式起重机 8t	台班	0.031	0.064	0.081	0.083
	990515010	吊装机械（综合）	台班	0.089	0.141	0.141	0.179
	990401030	载重汽车 8t	台班	0.031	0.064	0.081	0.083
	990813045	试压泵 60MPa	台班	0.183	0.206	0.230	0.253
	990919030	电焊条烘干箱 $60\times50\times75cm^3$	台班	0.004	0.004	0.004	0.004
	990920010	电焊条恒温箱	台班	0.004	0.004	0.004	0.004

工作内容：准备工作，阀门壳体压力试验和密封试验，阀门调试，阀门安装。 **计量单位：**个

编号				8-3-319	8-3-320	8-3-321	8-3-322
项目				公称直径（mm 以内）			
				500	600	700	800
名称			单位	消耗量			
人工	000203000	综合二类工	工日	13.306	15.996	19.173	23.902
材料	193301001	齿轮、液压、电动阀门	个	（1.000）	（1.000）	（1.000）	（1.000）
	031301009	低碳钢焊条 J427（综合）	kg	0.165	0.165	0.165	0.165
	142909001	氧气	m^3	1.130	1.275	1.455	1.590
	142907002	乙炔气	kg	0.435	0.490	0.560	0.612
	020112006	无石棉橡胶板 中压 δ0.8～6	kg	0.830	0.840	1.030	1.160
	012903025	热轧中厚钢板 δ30	kg	0.582	0.826	0.969	1.217
	170201002	无缝钢管 $D22\times2.5$	m	0.010	0.010	0.010	0.010
	171915005	输水软管 $\phi25$	m	0.020	0.020	0.020	0.020
	190103002	螺纹截止阀 J11T-16 *DN*15	个	0.020	0.020	0.020	0.020
	860113004	压力表 中压	块	0.020	0.020	0.020	0.020
	860113024	压力表补芯	个	0.020	0.020	0.020	0.020
	143121001	二硫化钼	kg	0.280	0.392	0.549	0.768
	341101001	水	m^3	0.137	0.238	0.280	0.331
	850103006	其他材料费（占材料费）	%	1.000	1.000	1.000	1.000
机械	990900010	电焊机（综合）	台班	0.034	0.034	0.034	0.034
	990304004	汽车式起重机 8t	台班	0.086	0.128	0.158	0.253
	990515010	吊装机械（综合）	台班	0.179	0.319	0.383	0.447
	990401030	载重汽车 8t	台班	0.086	0.128	0.158	0.253
	990813045	试压泵 60MPa	台班	0.276	0.276	0.325	0.384
	990919030	电焊条烘干箱 $60\times50\times75cm^3$	台班	0.004	0.004	0.004	0.004
	990920010	电焊条恒温箱	台班	0.004	0.004	0.004	0.004

6. 调 节 阀 门

工作内容：准备工作，阀门安装。 计量单位：个

编号				8-3-323	8-3-324	8-3-325	8-3-326	8-3-327	8-3-328
项目				公称直径（mm 以内）					
				20	25	32	40	50	65
名称			单位	消耗量					
人工	000203000	综合二类工	工日	0.974	0.974	0.974	0.974	0.974	1.700
材料	191300001	调节阀	个	（1.000）	（1.000）	（1.000）	（1.000）	（1.000）	（1.000）
	020112006	无石棉橡胶板 中压 δ0.8～6	kg	0.020	0.040	0.040	0.060	0.070	0.090
	143121001	二硫化钼	kg	0.010	0.010	0.011	0.011	0.022	0.034
	850103006	其他材料费（占材料费）	%	1.000	1.000	1.000	1.000	1.000	1.000
机械	990304004	汽车式起重机 8t	台班	—	—	—	—	0.015	0.015
	990515010	吊装机械（综合）	台班	—	—	—	—	0.035	0.035
	990401030	载重汽车 8t	台班	—	—	—	—	0.015	0.015

工作内容：准备工作，阀门安装。 计量单位：个

编号				8-3-329	8-3-330	8-3-331	8-3-332	8-3-333	8-3-334
项目				公称直径（mm 以内）					
				80	100	125	150	200	250
名称			单位	消耗量					
人工	000203000	综合二类工	工日	1.746	2.544	3.085	3.167	3.591	4.271
材料	191300001	调节阀	个	（1.000）	（1.000）	（1.000）	（1.000）	（1.000）	（1.000）
	020112006	无石棉橡胶板 中压 δ0.8～6	kg	0.130	0.170	0.230	0.280	0.330	0.370
	143121001	二硫化钼	kg	0.034	0.040	0.058	0.086	0.110	0.139
	850103006	其他材料费（占材料费）	%	1.000	1.000	1.000	1.000	1.000	1.000
机械	990304004	汽车式起重机 8t	台班	0.015	0.030	0.030	0.030	0.030	0.030
	990515010	吊装机械（综合）	台班	0.035	0.069	0.069	0.069	0.070	0.081
	990401030	载重汽车 8t	台班	0.015	0.030	0.030	0.030	0.030	0.030

工作内容：准备工作，阀门安装。 计量单位：个

编号				8-3-335	8-3-336	8-3-337	8-3-338	8-3-339
项目				公称直径（mm 以内）				
				300	350	400	450	500
名称			单位	消耗量				
人工	000203000	综合二类工	工日	4.709	5.026	5.824	6.646	7.227
材料	191300001	调节阀	个	（1.000）	（1.000）	（1.000）	（1.000）	（1.000）
	020112006	无石棉橡胶板 中压 δ0.8～6	kg	0.400	0.540	0.690	0.810	0.830
	143121001	二硫化钼	kg	0.139	0.186	0.224	0.280	0.280
	850103006	其他材料费（占材料费）	%	1.000	1.000	1.000	1.000	1.000
机械	990304004	汽车式起重机 8t	台班	0.030	0.070	0.088	0.091	0.094
	990515010	吊装机械（综合）	台班	0.081	0.128	0.128	0.163	0.163
	990401030	载重汽车 8t	台班	0.030	0.070	0.088	0.091	0.094

7. 安全阀门（法兰连接）

工作内容：准备工作，阀门壳体压力试验和密封试验，阀门安装。 计量单位：个

编号				8-3-340	8-3-341	8-3-342	8-3-343	8-3-344
项目				公称直径（mm 以内）				
				15	20	25	32	40
名称			单位	消耗量				
人工	000203000	综合二类工	工日	1.182	1.182	1.182	1.200	1.331
材料	191100001	安全阀门	个	（1.000）	（1.000）	（1.000）	（1.000）	（1.000）
	203500002	垫片	个	（2.000）	（2.000）	（2.000）	（2.000）	（2.000）
	031301009	低碳钢焊条 J427（综合）	kg	0.165	0.165	0.165	0.165	0.165
	142909001	氧气	m^3	0.141	0.141	0.141	0.141	0.141
	142907002	乙炔气	kg	0.054	0.054	0.054	0.054	0.054
	020112007	无石棉橡胶板 高压 δ1～6	kg	0.010	0.020	0.040	0.040	0.060
	015303001	青铅（综合）	kg	0.050	0.050	0.050	0.050	0.050
	012903023	热轧中厚钢板 δ20	kg	0.008	0.009	0.010	0.014	0.016
	031507011	镀锌铁丝 φ1.2～1.6	kg	0.500	0.500	0.500	0.500	0.500
	170201002	无缝钢管 *D*22 × 2.5	m	0.010	0.010	0.010	0.010	0.010
	171915005	输水软管 φ25	m	0.020	0.020	0.020	0.020	0.020
	190103002	螺纹截止阀 J11T-16 *DN*15	个	0.020	0.020	0.020	0.020	0.020
	860113003	压力表 高压	块	0.020	0.020	0.020	0.020	0.020
	860113024	压力表补芯	个	0.020	0.020	0.020	0.020	0.020
	143121001	二硫化钼	kg	0.007	0.007	0.007	0.009	0.009
	850103006	其他材料费（占材料费）	%	1.000	1.000	1.000	1.000	1.000
机械	990900010	电焊机（综合）	台班	0.040	0.040	0.040	0.040	0.040
	990813045	试压泵 60MPa	台班	0.032	0.032	0.032	0.043	0.051
	990919030	电焊条烘干箱 60 × 50 × 75cm³	台班	0.004	0.004	0.004	0.004	0.004
	990920010	电焊条恒温箱	台班	0.004	0.004	0.004	0.004	0.004

工作内容：准备工作，阀门壳体压力试验和密封试验，阀门安装。 **计量单位：**个

编号				8-3-345	8-3-346	8-3-347	8-3-348	8-3-349
项目				公称直径（mm 以内）				
				50	65	80	100	125
名称			单位	消耗量				
人工	000203000	综合二类工	工日	1.637	2.214	2.732	3.205	4.234
材料	191100001	安全阀门	个	（1.000）	（1.000）	（1.000）	（1.000）	（1.000）
	203500002	垫片	个	（2.000）	（2.000）	（2.000）	（2.000）	（2.000）
	031301009	低碳钢焊条 J427（综合）	kg	0.165	0.165	0.165	0.165	0.165
	142909001	氧气	m^3	0.141	0.141	0.159	0.204	0.273
	142907002	乙炔气	kg	0.054	0.054	0.061	0.078	0.105
	020112007	无石棉橡胶板 高压 $\delta1\sim6$	kg	0.070	0.090	0.130	0.170	0.230
	015303001	青铅（综合）	kg	0.050	0.050	0.050	0.050	0.050
	012903023	热轧中厚钢板 $\delta20$	kg	0.020	0.025	0.030	0.036	0.047
	031507011	镀锌铁丝 $\phi1.2\sim1.6$	kg	0.500	0.500	0.500	1.000	1.000
	170201002	无缝钢管 $D22\times2.5$	m	0.010	0.010	0.010	0.010	0.010
	171915005	输水软管 $\phi25$	m	0.020	0.020	0.020	0.020	0.020
	190103002	螺纹截止阀 J11T-16 *DN*15	个	0.020	0.020	0.020	0.020	0.020
	860113003	压力表 高压	块	0.020	0.020	0.020	0.020	0.020
	860113024	压力表补芯	个	0.020	0.020	0.020	0.020	0.020
	143121001	二硫化钼	kg	0.019	0.029	0.029	0.049	0.061
	850103006	其他材料费（占材料费）	%	1.000	1.000	1.000	1.000	1.000
机械	990900010	电焊机（综合）	台班	0.040	0.040	0.040	0.040	0.040
	990813045	试压泵 60MPa	台班	0.064	0.075	0.083	0.096	0.217
	990919030	电焊条烘干箱 $60\times50\times75cm^3$	台班	0.004	0.004	0.004	0.004	0.004
	990920010	电焊条恒温箱	台班	0.004	0.004	0.004	0.004	0.004
	990304004	汽车式起重机 8t	台班	0.007	0.007	0.007	0.013	0.013
	990515010	吊装机械（综合）	台班	0.035	0.035	0.035	0.069	0.069
	990401030	载重汽车 8t	台班	0.007	0.007	0.007	0.013	0.013

工作内容： 准备工作，阀门壳体压力试验和密封试验，阀门安装。 **计量单位：** 个

编号				8-3-350	8-3-351	8-3-352	8-3-353
项目				公称直径（mm 以内）			
				150	200	250	300
名称			单位	消耗量			
人工	000203000	综合二类工	工日	6.210	8.834	10.600	12.721
材料	191100001	安全阀门	个	（1.000）	（1.000）	（1.000）	（1.000）
	203500002	垫片	个	（2.000）	（2.000）	（2.000）	（2.000）
	031301009	低碳钢焊条 J427（综合）	kg	0.165	0.165	0.165	0.165
	142909001	氧气	m^3	0.312	0.447	0.536	0.644
	142907002	乙炔气	kg	0.120	0.172	0.206	0.248
	020112007	无石棉橡胶板 高压 $\delta1\sim6$	kg	0.280	0.330	0.396	0.475
	015303001	青铅（综合）	kg	0.050	0.075	0.075	0.075
	012903023	热轧中厚钢板 $\delta20$	kg	0.061	0.088	0.105	0.126
	031507011	镀锌铁丝 $\phi1.2\sim1.6$	kg	1.000	1.000	1.000	1.000
	170201002	无缝钢管 $D22\times2.5$	m	0.010	0.010	0.010	0.010
	171915005	输水软管 $\phi25$	m	0.020	0.020	0.020	0.020
	190103002	螺纹截止阀 J11T-16 *DN*15	个	0.020	0.020	0.020	0.020
	860113003	压力表 高压	块	0.020	0.020	0.020	0.020
	860113024	压力表补芯	个	0.020	0.020	0.020	0.020
	143121001	二硫化钼	kg	0.070	0.080	0.096	0.100
	341101001	水	m^3	—	—	—	0.059
	850103006	其他材料费（占材料费）	%	1.000	1.000	1.000	1.000
机械	990900010	电焊机（综合）	台班	0.040	0.040	0.040	0.040
	990304004	汽车式起重机 8t	台班	0.013	0.013	0.013	0.013
	990515010	吊装机械（综合）	台班	0.069	0.069	0.081	0.081
	990401030	载重汽车 8t	台班	0.013	0.013	0.013	0.013
	990813045	试压泵 60MPa	台班	0.257	0.322	0.386	0.463
	990919030	电焊条烘干箱 $60\times50\times75cm^3$	台班	0.004	0.004	0.004	0.004
	990920010	电焊条恒温箱	台班	0.004	0.004	0.004	0.004

8. 安全阀调试定压

工作内容：准备工作，场内搬运，整定压力测试，打铅封，挂合格证。　　计量单位：个

编号				8-3-354	8-3-355	8-3-356	8-3-357	8-3-358
项目				公称直径（mm 以内）				
				15	20	25	32	40
名称			单位	消耗量				
人工	000203000	综合二类工	工日	0.725	0.840	0.958	1.031	1.138
材料	143121001	二硫化钼	kg	0.002	0.002	0.003	0.004	0.005
	203309003	内外环缠绕垫（综合）	个	0.150	0.150	0.150	0.150	0.150
	092705004	碎布	kg	0.026	0.026	0.028	0.030	0.038
	850103006	其他材料费（占材料费）	%	1.000	1.000	1.000	1.000	1.000
机械	991003070	电动空气压缩机 $10m^3/min$	台班	0.013	0.016	0.017	0.020	0.022
	991218010	安全阀试压机 YFC-A	台班	0.078	0.093	0.105	0.117	0.128

工作内容：准备工作，场内搬运，整定压力测试，打铅封，挂合格证。　　计量单位：个

编号				8-3-359	8-3-360	8-3-361	8-3-362	8-3-363
项目				公称直径（mm 以内）				
				50	65	80	100	125
名称			单位	消耗量				
人工	000203000	综合二类工	工日	1.201	1.357	1.466	1.574	1.732
材料	143121001	二硫化钼	kg	0.005	0.007	0.008	0.012	0.015
	203309003	内外环缠绕垫（综合）	个	0.150	0.150	0.150	0.150	0.150
	092705004	碎布	kg	0.042	0.059	0.076	0.085	0.104
	850103006	其他材料费（占材料费）	%	1.000	1.000	1.000	1.000	1.000
机械	990305010	叉式起重机 3t	台班	—	0.007	0.007	0.008	0.009
	990307010	电动单梁起重机 5t	台班	—	0.013	0.019	0.024	0.031
	991003070	电动空气压缩机 $10m^3/min$	台班	0.024	0.025	0.027	0.028	0.030
	991218010	安全阀试压机 YFC-A	台班	0.140	0.147	0.156	0.164	0.170

工作内容：准备工作，场内搬运，整定压力测试，打铅封，挂合格证。 **计量单位：**个

编号				8-3-364	8-3-365	8-3-366	8-3-367
项目				公称直径（mm 以内）			
				150	200	250	300
名称			单位	消耗量			
人工	000203000	综合二类工	工日	1.904	2.093	2.302	2.532
材料	143121001	二硫化钼	kg	0.017	0.021	0.024	0.029
	203309003	内外环缠绕垫（综合）	个	0.150	0.150	0.150	0.150
	092705004	碎布	kg	0.135	0.169	0.186	0.204
	850103006	其他材料费（占材料费）	%	1.000	1.000	1.000	1.000
机械	990305010	叉式起重机 3t	台班	0.009	0.009	0.010	0.011
	990307010	电动单梁起重机 5t	台班	0.031	0.035	0.042	0.046
	991003070	电动空气压缩机 $10m^3/min$	台班	0.030	0.031	0.032	0.033
	991218010	安全阀试压机 YFC-A	台班	0.170	0.179	0.187	0.193

第四章

法 兰 安 装

说 明

一、本章内容包括低压法兰、中压法兰、高压法兰等各种法兰安装。

二、本章不包括法兰冷紧、热紧。

三、关于下列各项费用的规定：

1. 全加热套管法兰安装，按内套管法兰公称直径，应执行相应定额项目乘以系数 2.00。

2. 单片法兰安装执行法兰安装，应相应定额项目乘以系数 0.61，螺栓数量不变。

3. 中压螺纹法兰、平焊法兰安装，应执行低压相应定额项目乘以系数 1.20。

4. 节流装置，应执行法兰安装相应定额项目乘以系数 0.70。

四、有关说明：

1. 焊环活动法兰安装，执行翻边活动法兰安装相应项目，但应将翻边短管更换为焊环，并另行计算其材料费。

2. 各种法兰安装，项目内只包括一个垫片和一副法兰用螺栓的安装费。透镜垫、螺栓本身价格另行计算，其中螺栓按实际用量加 3%损耗计算。

3. 低、中压法兰安装的垫片是按石棉橡胶板考虑的，如设计有特殊要求时可按实调整。

4. 在管道上安装的节流装置，已包括了短管装拆工作内容，应执行法兰安装相应安装项目。

5. 用法兰连接的管道安装，管道与法兰应分别计算工程量，应执行相应安装项目。

工程量计算规则

各种法兰安装应区分不同压力、材质、连接形式和种类，应按设计图示数量以“副”为计量单位。

一、低压法兰

1. 碳钢法兰（螺纹连接）

工作内容：准备工作，管子切口，套丝，法兰连接，螺栓涂二硫化钼。　　**计量单位：**副

编　号				8-4-1	8-4-2	8-4-3	8-4-4	8-4-5
项　目				公称直径（mm 以内）				
				15	20	25	32	40
名　称			单位	消耗量				
人工	000203000	综合二类工	工日	0.085	0.100	0.123	0.145	0.175
材料	200105001	碳钢螺纹法兰	片	（2.000）	（2.000）	（2.000）	（2.000）	（2.000）
	031101014	尼龙砂轮片 $\phi500\times25\times4$	片	0.008	0.010	0.012	0.016	0.018
	020112004	无石棉橡胶板 低压 $\delta0.8\sim6$	kg	0.010	0.020	0.040	0.040	0.060
	140103002	清油 C01-1	kg	0.020	0.020	0.020	0.020	0.020
	140303001	机油（综合）	kg	0.007	0.009	0.011	0.014	0.017
	143311001	白铅油	kg	0.040	0.040	0.040	0.040	0.040
	340203007	聚四氟乙烯生料带（综合）	m	0.415	0.509	0.641	0.791	0.904
	143121001	二硫化钼	kg	0.001	0.001	0.001	0.002	0.002
	092705004	碎布	kg	0.010	0.010	0.010	0.010	0.010
	850103006	其他材料费（占材料费）	%	1.000	1.000	1.000	1.000	1.000
机械	990785040	砂轮切割机 $\phi500$	台班	0.001	0.002	0.003	0.005	0.006
	990748010	管子切断套丝机 159mm	台班	0.029	0.029	0.029	0.032	0.032

工作内容：准备工作，管子切口，套丝，法兰连接，螺栓涂二硫化钼。 计量单位：副

编号				8-4-6	8-4-7	8-4-8	8-4-9
项目				公称直径（mm 以内）			
				50	65	80	100
名称			单位	消耗量			
人工	000203000	综合二类工	工日	0.201	0.347	0.414	0.661
材料	200105001	碳钢螺纹法兰	片	（2.000）	（2.000）	（2.000）	（2.000）
	031101014	尼龙砂轮片 $\phi500\times25\times4$	片	0.026	0.038	0.045	0.067
	020112004	无石棉橡胶板 低压 $\delta0.8\sim6$	kg	0.070	0.090	0.130	0.170
	140103002	清油 C01-1	kg	0.020	0.020	0.020	0.030
	140303001	机油（综合）	kg	0.021	0.025	0.027	0.035
	143311001	白铅油	kg	0.040	0.080	0.100	0.130
	340203007	聚四氟乙烯生料带（综合）	m	1.074	1.031	1.201	1.371
	143121001	二硫化钼	kg	0.002	0.002	0.003	0.003
	092705004	碎布	kg	0.020	0.020	0.020	0.030
	850103006	其他材料费（占材料费）	%	1.000	1.000	1.000	1.000
机械	990785040	砂轮切割机 $\phi500$	台班	0.007	0.009	0.010	0.016
	990748010	管子切断套丝机 159mm	台班	0.032	0.035	0.035	0.035

2. 碳钢平焊法兰（电弧焊）

工作内容：准备工作，管子切口，磨平，管口组对，焊接，法兰连接，螺栓涂二硫化钼。 **计量单位**：副

编号				8-4-10	8-4-11	8-4-12	8-4-13	8-4-14	8-4-15
项目				公称直径（mm 以内）					
				15	20	25	32	40	50
名称			单位	消耗量					
人工	000203000	综合二类工	工日	0.118	0.134	0.166	0.187	0.214	0.244
材料	200101005	碳钢平焊法兰（综合）	片	（2.000）	（2.000）	（2.000）	（2.000）	（2.000）	（2.000）
	031301009	低碳钢焊条 J427（综合）	kg	0.048	0.052	0.068	0.080	0.096	0.114
	031101013	尼龙砂轮片 $\phi100\times16\times3$	片	0.024	0.026	0.033	0.038	0.056	0.058
	031101014	尼龙砂轮片 $\phi500\times25\times4$	片	0.008	0.010	0.014	0.018	0.024	0.029
	031103002	磨头	个	0.020	0.026	0.031	0.039	0.044	0.053
	020112004	无石棉橡胶板 低压 $\delta0.8\sim6$	kg	0.017	0.024	0.047	0.047	0.071	0.083
	143311001	白铅油	kg	0.035	0.035	0.035	0.035	0.035	0.047
	143121001	二硫化钼	kg	0.002	0.002	0.002	0.004	0.004	0.004
	092705004	碎布	kg	0.014	0.015	0.017	0.019	0.031	0.032
	142909001	氧气	m^3	—	—	—	0.006	0.012	0.012
	142907002	乙炔气	kg	—	—	—	0.002	0.005	0.005
	850103006	其他材料费（占材料费）	%	1.000	1.000	1.000	1.000	1.000	1.000
机械	990900010	电焊机（综合）	台班	0.018	0.029	0.042	0.051	0.059	0.077
	990785040	砂轮切割机 $\phi500$	台班	0.002	0.002	0.004	0.006	0.007	0.008
	990919030	电焊条烘干箱 $60\times50\times75cm^3$	台班	0.002	0.003	0.004	0.005	0.006	0.008
	990920010	电焊条恒温箱	台班	0.002	0.003	0.004	0.005	0.006	0.008

工作内容：准备工作，管子切口，磨平，管口组对，焊接，法兰连接，螺栓涂二硫化钼。 计量单位：副

编号				8-4-16	8-4-17	8-4-18	8-4-19	8-4-20	8-4-21
项目				公称直径（mm 以内）					
				65	80	100	125	150	200
名称			单位	消耗量					
人工	000203000	综合二类工	工日	0.282	0.314	0.353	0.374	0.406	0.591
材料	200101005	碳钢平焊法兰（综合）	片	（2.000）	（2.000）	（2.000）	（2.000）	（2.000）	（2.000）
	031301009	低碳钢焊条 J427（综合）	kg	0.220	0.260	0.360	0.400	0.504	1.260
	142909001	氧气	m^3	0.064	0.079	0.107	0.138	0.160	0.217
	142907002	乙炔气	kg	0.025	0.030	0.041	0.053	0.062	0.083
	031101013	尼龙砂轮片 $\phi100\times16\times3$	片	0.189	0.302	0.342	0.462	0.577	0.898
	031103002	磨头	个	0.070	0.082	0.106	—	—	—
	020112004	无石棉橡胶板 低压 $\delta0.8\sim6$	kg	0.106	0.153	0.201	0.271	0.330	0.389
	143311001	白铅油	kg	0.059	0.083	0.118	0.142	0.165	0.201
	143121001	二硫化钼	kg	0.004	0.006	0.006	0.013	0.013	0.013
	092705004	碎布	kg	0.035	0.038	0.051	0.052	0.054	0.068
	012100002	角钢（综合）	kg	—	—	—	—	—	0.236
	850103006	其他材料费（占材料费）	%	1.000	1.000	1.000	1.000	1.000	1.000
机械	990900010	电焊机（综合）	台班	0.110	0.127	0.163	0.172	0.195	0.458
	990919030	电焊条烘干箱 $60\times50\times75cm^3$	台班	0.011	0.013	0.016	0.017	0.019	0.046
	990920010	电焊条恒温箱	台班	0.011	0.013	0.016	0.017	0.019	0.046
	990304004	汽车式起重机 8t	台班	—	—	0.001	0.001	0.001	0.002
	990401030	载重汽车 8t	台班	—	—	0.001	0.001	0.001	0.002

工作内容：准备工作，管子切口，磨平，管口组对，焊接，法兰连接，螺栓涂二硫化钼。　　**计量单位**：副

编号				8-4-22	8-4-23	8-4-24	8-4-25	8-4-26	8-4-27
项目				公称直径（mm 以内）					
				250	300	350	400	450	500
名称			单位	消耗量					
人工	000203000	综合二类工	工日	0.792	0.990	1.104	1.255	1.484	1.696
材料	200101005	碳钢平焊法兰（综合）	片	（2.000）	（2.000）	（2.000）	（2.000）	（2.000）	（2.000）
	031301009	低碳钢焊条 J427（综合）	kg	2.500	3.200	4.400	5.400	6.800	7.300
	142909001	氧气	m^3	0.304	0.342	0.400	0.490	0.580	0.700
	142907002	乙炔气	kg	0.117	0.132	0.154	0.188	0.223	0.269
	031101013	尼龙砂轮片 $\phi100\times16\times3$	片	1.322	1.840	2.087	2.984	3.480	4.000
	020112004	无石棉橡胶板 低压 $\delta0.8\sim6$	kg	0.437	0.472	0.637	0.814	0.956	0.979
	012100002	角钢（综合）	kg	0.236	0.236	0.236	0.236	0.236	0.236
	143311001	白铅油	kg	0.236	0.295	0.295	0.354	0.354	0.389
	143121001	二硫化钼	kg	0.019	0.029	0.029	0.038	0.038	0.038
	092705004	碎布	kg	0.087	0.109	0.116	0.135	0.142	0.160
	850103006	其他材料费（占材料费）	%	1.000	1.000	1.000	1.000	1.000	1.000
机械	990900010	电焊机（综合）	台班	0.642	0.795	0.844	0.954	1.137	1.199
	990304004	汽车式起重机 8t	台班	0.002	0.004	0.005	0.006	0.007	0.007
	990401030	载重汽车 8t	台班	0.002	0.004	0.005	0.006	0.007	0.007
	990919030	电焊条烘干箱 $60\times50\times75cm^3$	台班	0.064	0.079	0.084	0.096	0.113	0.120
	990920010	电焊条恒温箱	台班	0.064	0.079	0.084	0.096	0.113	0.120

工作内容：准备工作，管子切口，磨平，管口组对，焊接，法兰连接，螺栓涂二硫化钼。 **计量单位：**副

编号				8-4-28	8-4-29	8-4-30	8-4-31	8-4-32
项目				公称直径（mm 以内）				
				600	700	800	900	1000
名称			单位	消耗量				
人工	000203000	综合二类工	工日	1.762	1.963	2.402	2.739	3.221
材料	200101005	碳钢平焊法兰（综合）	片	（2.000）	（2.000）	（2.000）	（2.000）	（2.000）
	031301009	低碳钢焊条 J427（综合）	kg	8.000	9.200	9.600	10.800	12.093
	142909001	氧气	m^3	0.850	0.477	0.600	0.660	0.792
	142907002	乙炔气	kg	0.327	0.183	0.231	0.254	0.305
	031101013	尼龙砂轮片 $\phi100\times16\times3$	片	4.759	3.609	4.196	4.619	5.742
	020112004	无石棉橡胶板 低压 $\delta0.8\sim6$	kg	0.991	1.215	1.369	1.534	1.546
	140103002	清油 C01-1	kg	—	—	—	0.236	0.283
	040915003	黑铅粉	kg	0.071	0.071	0.083	0.083	0.083
	012100002	角钢（综合）	kg	0.236	0.260	0.260	0.260	0.260
	143121001	二硫化钼	kg	0.038	0.049	0.049	0.064	0.064
	092705004	碎布	kg	0.177	0.201	0.217	0.243	0.257
	850103006	其他材料费（占材料费）	%	1.000	1.000	1.000	1.000	1.000
机械	990900010	电焊机（综合）	台班	1.226	1.417	1.586	1.778	2.159
	990304004	汽车式起重机 8t	台班	0.008	0.009	0.011	0.012	0.015
	990401030	载重汽车 8t	台班	0.008	0.009	0.011	0.012	0.015
	990919030	电焊条烘干箱 $60\times50\times75cm^3$	台班	0.122	0.142	0.159	0.178	0.216
	990920010	电焊条恒温箱	台班	0.122	0.142	0.159	0.178	0.216

工作内容：准备工作，管子切口，磨平，管口组对，焊接，法兰连接，螺栓涂二硫化钼。　　计量单位：副

编　号				8-4-33	8-4-34	8-4-35	8-4-36	8-4-37
项　目				公称直径（mm 以内）				
				1200	1400	1600	1800	2000
名　称			单位	消　耗　量				
人工	000203000	综合二类工	工日	3.775	5.116	5.713	6.966	7.911
材料	200101005	碳钢平焊法兰（综合）	片	（2.000）	（2.000）	（2.000）	（2.000）	（2.000）
	031301009	低碳钢焊条 J427（综合）	kg	16.508	24.000	30.400	34.000	38.000
	142909001	氧气	m^3	1.022	1.277	1.458	1.640	1.821
	142907002	乙炔气	kg	0.393	0.491	0.561	0.631	0.700
	031101013	尼龙砂轮片 $\phi100\times16\times3$	片	6.871	9.095	10.199	11.780	13.101
	020112004	无石棉橡胶板 低压 $\delta0.8\sim6$	kg	1.723	2.549	2.891	3.068	3.422
	140103002	清油 C01-1	kg	0.330	0.378	0.425	0.472	0.531
	040915003	黑铅粉	kg	0.094	0.094	0.106	0.118	0.130
	012100002	角钢（综合）	kg	0.347	0.347	0.420	0.420	0.420
	143121001	二硫化钼	kg	0.064	0.083	0.083	0.083	0.083
	092705004	碎布	kg	0.300	0.328	0.371	0.411	0.441
	850103006	其他材料费（占材料费）	%	1.000	1.000	1.000	1.000	1.000
机械	990900010	电焊机（综合）	台班	2.419	3.105	3.910	4.396	4.880
	990304004	汽车式起重机 8t	台班	0.018	0.024	0.032	0.038	0.047
	990401030	载重汽车 8t	台班	0.018	0.024	0.032	0.038	0.047
	990919030	电焊条烘干箱 $60\times50\times75cm^3$	台班	0.242	0.311	0.391	0.440	0.488
	990920010	电焊条恒温箱	台班	0.242	0.311	0.391	0.440	0.488

3. 碳钢对焊法兰（电弧焊）

工作内容： 准备工作，管子切口，坡口加工，坡口磨平，管口组对，焊接，法兰连接，螺栓涂二硫化钼。

计量单位： 副

编号				8-4-38	8-4-39	8-4-40	8-4-41	8-4-42
项目				公称直径（mm 以内）				
				15	20	25	32	40
	名称		单位	消耗量				
人工	000203000	综合二类工	工日	0.165	0.193	0.243	0.282	0.318
材料	200103001	碳钢对焊法兰	片	（2.000）	（2.000）	（2.000）	（2.000）	（2.000）
	031301009	低碳钢焊条 J427（综合）	kg	0.035	0.044	0.063	0.078	0.120
	142909001	氧气	m^3	—	—	—	0.008	0.012
	142907002	乙炔气	kg	—	—	—	0.003	0.005
	031101013	尼龙砂轮片 $\phi100\times16\times3$	片	0.043	0.055	0.088	0.100	0.139
	031101014	尼龙砂轮片 $\phi500\times25\times4$	片	0.008	0.010	0.014	0.018	0.024
	031103002	磨头	个	0.020	0.026	0.031	0.039	0.044
	020112004	无石棉橡胶板 低压 $\delta0.8\sim6$	kg	0.020	0.020	0.040	0.040	0.060
	140103002	清油 C01-1	kg	0.011	0.011	0.011	0.011	0.011
	143311001	白铅油	kg	0.031	0.031	0.031	0.031	0.031
	143121001	二硫化钼	kg	0.002	0.002	0.002	0.004	0.004
	092705004	碎布	kg	0.013	0.014	0.015	0.018	0.018
	850103006	其他材料费（占材料费）	%	1.000	1.000	1.000	1.000	1.000
机械	990900010	电焊机（综合）	台班	0.027	0.034	0.045	0.056	0.063
	990785040	砂轮切割机 $\phi500$	台班	0.001	0.001	0.004	0.006	0.007
	990919030	电焊条烘干箱 $60\times50\times75cm^3$	台班	0.002	0.003	0.005	0.006	0.006
	990920010	电焊条恒温箱	台班	0.002	0.003	0.005	0.006	0.006

工作内容：准备工作，管子切口，坡口加工，坡口磨平，管口组对，焊接，法兰连接，螺栓涂二硫化钼。

计量单位：副

编号				8-4-43	8-4-44	8-4-45	8-4-46	8-4-47
项目				公称直径（mm以内）				
				50	65	80	100	125
名称			单位	消耗量				
人工	000203000	综合二类工	工日	0.350	0.371	0.406	0.498	0.610
材料	200103001	碳钢对焊法兰	片	（2.000）	（2.000）	（2.000）	（2.000）	（2.000）
	031301009	低碳钢焊条 J427（综合）	kg	0.142	0.260	0.520	0.473	0.628
	142909001	氧气	m^3	0.012	0.220	0.352	0.387	0.438
	142907002	乙炔气	kg	0.005	0.085	0.135	0.149	0.168
	031101013	尼龙砂轮片 $\phi100\times16\times3$	片	0.158	0.209	0.321	0.369	0.502
	020112004	无石棉橡胶板 低压 $\delta0.8\sim6$	kg	0.071	0.091	0.131	0.171	0.231
	140103002	清油 C01-1	kg	0.011	0.011	0.020	0.020	0.020
	143311001	白铅油	kg	0.040	0.051	0.071	0.111	0.120
	143121001	二硫化钼	kg	0.004	0.004	0.006	0.006	0.013
	092705004	碎布	kg	0.028	0.032	0.034	0.047	0.051
	031103002	磨头	个	0.053	0.070	0.106	0.125	—
	031101014	尼龙砂轮片 $\phi500\times25\times4$	片	0.029	—	—	—	—
	850103006	其他材料费（占材料费）	%	1.000	1.000	1.000	1.000	1.000
机械	990785040	砂轮切割机 $\phi500$	台班	0.008	—	—	—	—
	990900010	电焊机（综合）	台班	0.080	0.135	0.159	0.211	0.266
	990304004	汽车式起重机 8t	台班	—	—	—	0.001	0.001
	990401030	载重汽车 8t	台班	—	—	—	0.001	0.001
	990919030	电焊条烘干箱 $60\times50\times75cm^3$	台班	0.008	0.014	0.016	0.021	0.027
	990920010	电焊条恒温箱	台班	0.008	0.014	0.016	0.021	0.027

工作内容：准备工作，管子切口，坡口加工，坡口磨平，管口组对，焊接，法兰连接，螺栓涂二硫化钼。

计量单位：副

编号				8-4-48	8-4-49	8-4-50	8-4-51	8-4-52
项目				公称直径（mm 以内）				
				150	200	250	300	350
名称			单位	消耗量				
人工	000203000	综合二类工	工日	0.728	0.890	1.132	1.431	1.907
材料	200103001	碳钢对焊法兰	片	（2.000）	（2.000）	（2.000）	（2.000）	（2.000）
	031301009	低碳钢焊条 J427（综合）	kg	1.000	1.587	2.600	3.240	4.200
	142909001	氧气	m^3	0.520	0.720	1.004	1.142	1.360
	142907002	乙炔气	kg	0.200	0.277	0.386	0.439	0.523
	031101013	尼龙砂轮片 $\phi100\times16\times3$	片	0.617	0.944	1.392	1.927	2.181
	020112004	无石棉橡胶板 低压 $\delta0.8\sim6$	kg	0.281	0.332	0.372	0.401	0.542
	140103002	清油 C01-1	kg	0.031	0.031	0.040	0.040	0.040
	143311001	白铅油	kg	0.140	0.201	0.201	0.251	0.251
	143121001	二硫化钼	kg	0.013	0.013	0.019	0.029	0.029
	092705004	碎布	kg	0.055	0.073	0.080	0.087	0.097
	012100002	角钢（综合）	kg	—	0.179	0.179	0.236	0.236
	850103006	其他材料费（占材料费）	%	1.000	1.000	1.000	1.000	1.000
机械	990900010	电焊机（综合）	台班	0.329	0.467	0.664	0.872	0.986
	990304004	汽车式起重机 8t	台班	0.001	0.002	0.002	0.002	0.002
	990401030	载重汽车 8t	台班	0.001	0.002	0.002	0.002	0.002
	990919030	电焊条烘干箱 $60\times50\times75cm^3$	台班	0.033	0.047	0.066	0.079	0.099
	990920010	电焊条恒温箱	台班	0.033	0.047	0.066	0.079	0.099

工作内容：准备工作，管子切口，坡口加工，坡口磨平，管口组对，焊接，法兰连接，螺栓涂二硫化钼。

计量单位：副

编号				8-4-53	8-4-54	8-4-55	8-4-56
项目				公称直径（mm 以内）			
				400	450	500	600
名称			单位	消耗量			
人工	000203000	综合二类工	工日	2.218	2.483	3.090	3.960
材料	200103001	碳钢对焊法兰	片	（2.000）	（2.000）	（2.000）	（2.000）
	031301009	低碳钢焊条 J427（综合）	kg	6.600	8.049	10.200	13.676
	142909001	氧气	m^3	1.750	2.040	2.300	2.774
	142907002	乙炔气	kg	0.673	0.785	0.885	1.067
	031101013	尼龙砂轮片 $\phi100\times16\times3$	片	3.096	3.610	4.140	4.902
	020112004	无石棉橡胶板 低压 δ0.8～6	kg	0.693	0.813	0.833	0.973
	140103002	清油 C01-1	kg	0.060	0.060	0.060	0.060
	012100002	角钢（综合）	kg	0.236	0.236	0.236	0.236
	143311001	白铅油	kg	0.301	0.301	0.332	0.363
	143121001	二硫化钼	kg	0.038	0.038	0.038	0.047
	092705004	碎布	kg	0.124	0.131	0.149	0.174
	850103006	其他材料费（占材料费）	%	1.000	1.000	1.000	1.000
机械	990900010	电焊机（综合）	台班	1.116	1.182	1.452	1.787
	990304004	汽车式起重机 8t	台班	0.005	0.006	0.007	0.008
	990401030	载重汽车 8t	台班	0.005	0.006	0.007	0.008
	990919030	电焊条烘干箱 $60\times50\times75cm^3$	台班	0.112	0.118	0.145	0.179
	990920010	电焊条恒温箱	台班	0.112	0.118	0.145	0.179

4. 碳钢对焊法兰（氩电联焊）

工作内容： 准备工作，管子切口，坡口加工，坡口磨平，管口组对，焊接，法兰连接，螺栓涂二硫化钼。

计量单位： 副

编号				8-4-57	8-4-58	8-4-59	8-4-60	8-4-61
项目				公称直径（mm 以内）				
				15	20	25	32	40
名称			单位	消耗量				
人工	000203000	综合二类工	工日	0.174	0.204	0.258	0.304	0.337
材料	200103001	碳钢对焊法兰	片	（2.000）	（2.000）	（2.000）	（2.000）	（2.000）
	031303005	碳钢焊丝	kg	0.018	0.023	0.040	0.044	0.061
	142909001	氧气	m^3	—	—	—	0.006	0.012
	142907002	乙炔气	kg	—	—	—	0.002	0.005
	142911001	氩气	m^3	0.050	0.063	0.100	0.112	0.172
	340101003	铈钨棒	g	0.099	0.127	0.200	0.240	0.343
	031101013	尼龙砂轮片 $\phi100 \times 16 \times 3$	片	0.041	0.053	0.085	0.098	0.135
	031101014	尼龙砂轮片 $\phi500 \times 25 \times 4$	片	0.008	0.010	0.014	0.018	0.024
	031103002	磨头	个	0.020	0.026	0.031	0.039	0.044
	020112004	无石棉橡胶板 低压 $\delta0.8 \sim 6$	kg	0.020	0.020	0.040	0.040	0.060
	140103002	清油 C01-1	kg	0.011	0.011	0.011	0.011	0.011
	143311001	白铅油	kg	0.031	0.031	0.031	0.031	0.031
	143121001	二硫化钼	kg	0.002	0.002	0.002	0.004	0.004
	092705004	碎布	kg	0.013	0.014	0.015	0.018	0.018
	850103006	其他材料费（占材料费）	%	1.000	1.000	1.000	1.000	1.000
机械	990912010	氩弧焊机 500A	台班	0.028	0.036	0.046	0.058	0.067
	990785040	砂轮切割机 $\phi500$	台班	0.001	0.001	0.004	0.006	0.007

工作内容：准备工作，管子切口，坡口加工，坡口磨平，管口组对，焊接，法兰连接，螺栓涂二硫化钼。

计量单位：副

编号				8-4-62	8-4-63	8-4-64	8-4-65	8-4-66
项目				公称直径（mm 以内）				
				50	65	80	100	125
名称			单位	消耗量				
人工	000203000	综合二类工	工日	0.389	0.451	0.501	0.626	0.752
材料	200103001	碳钢对焊法兰	片	（2.000）	（2.000）	（2.000）	（2.000）	（2.000）
	031301009	低碳钢焊条 J427（综合）	kg	0.071	0.180	0.260	0.394	0.500
	031303005	碳钢焊丝	kg	0.032	0.043	0.050	0.065	0.076
	142909001	氧气	m^3	0.012	0.156	0.204	0.245	0.300
	142907002	乙炔气	kg	0.005	0.060	0.078	0.094	0.115
	142911001	氩气	m^3	0.090	0.120	0.140	0.181	0.210
	340101003	铈钨棒	g	0.181	0.240	0.280	0.363	0.420
	031101013	尼龙砂轮片 $\phi100\times16\times3$	片	0.147	0.207	0.316	0.362	0.492
	020112004	无石棉橡胶板 低压 $\delta0.8\sim6$	kg	0.071	0.091	0.131	0.171	0.231
	140103002	清油 C01-1	kg	0.011	0.011	0.020	0.020	0.020
	143311001	白铅油	kg	0.040	0.051	0.071	0.111	0.120
	143121001	二硫化钼	kg	0.004	0.004	0.006	0.006	0.013
	092705004	碎布	kg	0.028	0.032	0.034	0.047	0.051
	031101014	尼龙砂轮片 $\phi500\times25\times4$	片	0.029	0.047	0.065	0.079	0.108
	031103002	磨头	个	0.053	0.070	0.082	0.106	—
	850103006	其他材料费（占材料费）	%	1.000	1.000	1.000	1.000	1.000
机械	990785040	砂轮切割机 $\phi500$	台班	0.008	0.011	0.012	0.017	0.020
	990900010	电焊机（综合）	台班	0.059	0.080	0.092	0.160	0.180
	990912010	氩弧焊机 500A	台班	0.049	0.069	0.083	0.099	0.130
	990304004	汽车式起重机 8t	台班	—	—	—	0.001	0.001
	990401030	载重汽车 8t	台班	—	—	—	0.001	0.001
	990919030	电焊条烘干箱 $60\times50\times75cm^3$	台班	0.006	0.008	0.009	0.016	0.018
	990920010	电焊条恒温箱	台班	0.006	0.008	0.009	0.016	0.018

工作内容：准备工作，管子切口，坡口加工，坡口磨平，管口组对，焊接，法兰连接，螺栓涂二硫化钼。

计量单位：副

编号				8-4-67	8-4-68	8-4-69	8-4-70	8-4-71
项目				公称直径（mm 以内）				
				150	200	250	300	350
名称			单位	消耗量				
人工	000203000	综合二类工	工日	0.894	1.153	1.260	1.504	1.956
材料	200103001	碳钢对焊法兰	片	（2.000）	（2.000）	（2.000）	（2.000）	（2.000）
	031301009	低碳钢焊条 J427（综合）	kg	0.780	1.339	2.390	2.864	3.600
	031303005	碳钢焊丝	kg	0.092	0.127	0.156	0.190	0.220
	142909001	氧气	m^3	0.476	0.686	0.910	1.090	1.250
	142907002	乙炔气	kg	0.183	0.264	0.350	0.419	0.481
	142911001	氩气	m^3	0.256	0.356	0.440	0.532	0.620
	340101003	钸钨棒	g	0.512	0.712	0.880	1.064	1.220
	031101013	尼龙砂轮片 $\phi100\times16\times3$	片	0.607	0.930	1.372	1.904	2.157
	020112004	无石棉橡胶板 低压 $\delta0.8\sim6$	kg	0.281	0.332	0.372	0.401	0.542
	140103002	清油 C01-1	kg	0.031	0.031	0.040	0.040	0.040
	143311001	白铅油	kg	0.140	0.201	0.201	0.251	0.251
	143121001	二硫化钼	kg	0.013	0.013	0.019	0.029	0.029
	092705004	碎布	kg	0.055	0.073	0.072	0.078	0.085
	012100002	角钢（综合）	kg	—	0.179	—	—	—
	850103006	其他材料费（占材料费）	%	1.000	1.000	1.000	1.000	1.000
机械	990900010	电焊机（综合）	台班	0.249	0.381	0.540	0.643	0.839
	990912010	氩弧焊机 500A	台班	0.156	0.216	0.267	0.321	0.371
	990744010	半自动切割机 100mm	台班	0.052	0.073	0.105	0.115	0.145
	990304004	汽车式起重机 8t	台班	0.001	0.002	0.002	0.002	0.002
	990401030	载重汽车 8t	台班	0.001	0.002	0.002	0.002	0.002
	990919030	电焊条烘干箱 $60\times50\times75cm^3$	台班	0.025	0.038	0.054	0.064	0.084
	990920010	电焊条恒温箱	台班	0.025	0.038	0.054	0.064	0.084

工作内容：准备工作，管子切口，坡口加工，坡口磨平，管口组对，焊接，法兰连接，螺栓涂二硫化钼。

计量单位：副

编　号				8-4-72	8-4-73	8-4-74	8-4-75
项　目				公称直径（mm 以内）			
				400	450	500	600
名　称			单位	消　耗　量			
人工	000203000	综合二类工	工日	2.291	2.524	3.245	4.199
材料	200103001	碳钢对焊法兰	片	（2.000）	（2.000）	（2.000）	（2.000）
	031301009	低碳钢焊条 J427（综合）	kg	6.000	7.466	9.400	12.883
	031303005	碳钢焊丝	kg	0.249	0.281	0.310	0.371
	142909001	氧气	m^3	1.675	1.857	2.220	2.640
	142907002	乙炔气	kg	0.644	0.714	0.854	1.015
	142911001	氩气	m^3	0.696	0.786	0.870	1.038
	340101003	铈钨棒	g	1.390	1.572	1.740	2.076
	031101013	尼龙砂轮片 $\phi100 \times 16 \times 3$	片	3.060	3.575	4.106	4.856
	020112004	无石棉橡胶板 低压 $\delta0.8 \sim 6$	kg	0.693	0.813	0.833	0.973
	140103002	清油 C01-1	kg	0.060	0.060	0.060	0.060
	143311001	白铅油	kg	0.301	0.301	0.332	0.332
	143121001	二硫化钼	kg	0.038	0.038	0.038	0.046
	092705004	碎布	kg	0.113	0.119	0.135	0.140
	850103006	其他材料费（占材料费）	%	1.000	1.000	1.000	1.000
机械	990900010	电焊机（综合）	台班	0.949	1.035	1.231	1.701
	990912010	氩弧焊机 500A	台班	0.421	0.425	0.524	0.627
	990744010	半自动切割机 100mm	台班	0.158	0.180	0.206	0.254
	990304004	汽车式起重机 8t	台班	0.005	0.006	0.007	0.008
	990401030	载重汽车 8t	台班	0.005	0.006	0.007	0.008
	990919030	电焊条烘干箱 $60 \times 50 \times 75cm^3$	台班	0.095	0.104	0.123	0.170
	990920010	电焊条恒温箱	台班	0.095	0.104	0.123	0.170

5. 不锈钢平焊法兰（电弧焊）

工作内容： 准备工作，管子切口，磨平，管口组对，焊接，焊缝钝化，法兰连接，螺栓涂二硫化钼。

计量单位： 副

编号				8-4-76	8-4-77	8-4-78	8-4-79	8-4-80	8-4-81
项目				公称直径（mm 以内）					
				15	20	25	32	40	50
名称			单位	消耗量					
人工	000203000	综合二类工	工日	0.187	0.213	0.262	0.296	0.340	0.387
材料	200302002	不锈钢平焊法兰	片	（2.000）	（2.000）	（2.000）	（2.000）	（2.000）	（2.000）
	031301001	不锈钢焊条（综合）	kg	0.038	0.050	0.063	0.080	0.092	0.116
	031101013	尼龙砂轮片 $\phi100\times16\times3$	片	0.033	0.043	0.054	0.064	0.073	0.099
	031101014	尼龙砂轮片 $\phi500\times25\times4$	片	0.012	0.014	0.021	0.024	0.030	0.030
	020117001	耐酸无石棉橡胶板（综合）	kg	0.011	0.021	0.043	0.043	0.064	0.075
	143315001	丙酮	kg	0.015	0.017	0.024	0.028	0.032	0.039
	143169002	酸洗膏	kg	0.008	0.009	0.013	0.016	0.020	0.024
	341101001	水	m^3	0.002	0.002	0.004	0.004	0.004	0.006
	143121001	二硫化钼	kg	0.002	0.002	0.002	0.004	0.004	0.004
	092705004	碎布	kg	0.003	0.004	0.004	0.007	0.007	0.011
	850103006	其他材料费（占材料费）	%	1.000	1.000	1.000	1.000	1.000	1.000
机械	990900010	电焊机（综合）	台班	0.017	0.020	0.027	0.035	0.060	0.066
	990785040	砂轮切割机 $\phi500$	台班	0.001	0.003	0.007	0.007	0.008	0.008
	991003050	电动空气压缩机 $6m^3/min$	台班	0.002	0.002	0.002	0.002	0.002	0.002
	990919030	电焊条烘干箱 $60\times50\times75cm^3$	台班	0.002	0.002	0.002	0.003	0.006	0.006
	990920010	电焊条恒温箱	台班	0.002	0.002	0.002	0.003	0.006	0.006

工作内容：准备工作，管子切口，磨平，管口组对，焊接，焊缝钝化，法兰连接，螺栓涂二硫化钼。

计量单位：副

编　号				8-4-82	8-4-83	8-4-84	8-4-85	8-4-86	8-4-87
项　目				公称直径（mm 以内）					
				65	80	100	125	150	200
名　称			单位	消　耗　量					
人工	000203000	综合二类工	工日	0.447	0.495	0.557	0.593	0.643	0.936
材料	200302002	不锈钢平焊法兰	片	（2.000）	（2.000）	（2.000）	（2.000）	（2.000）	（2.000）
	031301001	不锈钢焊条（综合）	kg	0.217	0.253	0.320	0.389	0.500	1.180
	031101013	尼龙砂轮片 $\phi100 \times 16 \times 3$	片	0.118	0.371	0.490	0.655	0.791	1.381
	020117001	耐酸无石棉橡胶板（综合）	kg	0.082	0.139	0.182	0.246	0.300	0.353
	143315001	丙酮	kg	0.051	0.060	0.077	0.090	0.107	0.148
	143169002	酸洗膏	kg	0.033	0.039	0.050	0.077	0.103	0.134
	341101001	水	m^3	0.009	0.011	0.013	0.015	0.019	0.026
	143121001	二硫化钼	kg	0.004	0.006	0.006	0.013	0.013	0.013
	092705004	碎布	kg	0.015	0.019	0.021	0.026	0.032	0.044
	031101014	尼龙砂轮片 $\phi500 \times 25 \times 4$	片	0.044	0.054	0.078	—	—	—
	850103006	其他材料费（占材料费）	%	1.000	1.000	1.000	1.000	1.000	1.000
机械	990785040	砂轮切割机 $\phi500$	台班	0.015	0.016	0.027	—	—	—
	990900010	电焊机（综合）	台班	0.088	0.103	0.127	0.168	0.181	0.418
	990743010	等离子切割机 400A	台班	—	—	—	0.025	0.037	0.043
	990304004	汽车式起重机 8t	台班	—	—	0.001	0.001	0.001	0.002
	990401030	载重汽车 8t	台班	—	—	0.001	0.001	0.001	0.002
	991003050	电动空气压缩机 $6m^3/min$	台班	0.002	0.002	0.002	0.002	0.002	0.002
	991003030	电动空气压缩机 $1m^3/min$	台班	—	—	—	0.025	0.037	0.043
	990919030	电焊条烘干箱 $60 \times 50 \times 75cm^3$	台班	0.009	0.011	0.013	0.017	0.018	0.042
	990920010	电焊条恒温箱	台班	0.009	0.011	0.013	0.017	0.018	0.042

工作内容：准备工作，管子切口，磨平，管口组对，焊接，焊缝钝化，法兰连接，螺栓涂二硫化钼。

计量单位：副

编号				8-4-88	8-4-89	8-4-90	8-4-91	8-4-92	8-4-93
项目				公称直径（mm 以内）					
				250	300	350	400	450	500
名称			单位	消耗量					
人工	000203000	综合二类工	工日	1.254	1.566	1.745	1.987	2.349	2.684
材料	200302002	不锈钢平焊法兰	片	（2.000）	（2.000）	（2.000）	（2.000）	（2.000）	（2.000）
	031301001	不锈钢焊条（综合）	kg	2.360	2.936	4.000	4.600	5.577	7.359
	031101013	尼龙砂轮片 $\phi100\times16\times3$	片	1.962	2.621	3.144	3.526	4.775	6.371
	020117001	耐酸无石棉橡胶板（综合）	kg	0.396	0.428	0.578	0.738	0.898	1.058
	143315001	丙酮	kg	0.184	0.218	0.253	0.285	0.317	0.349
	143169002	酸洗膏	kg	0.203	0.242	0.265	0.328	0.391	0.454
	341101001	水	m^3	0.030	0.036	0.043	0.049	0.055	0.061
	143121001	二硫化钼	kg	0.019	0.029	0.029	0.038	0.047	0.056
	092705004	碎布	kg	0.055	0.064	0.075	0.084	0.093	0.102
	850103006	其他材料费（占材料费）	%	1.000	1.000	1.000	1.000	1.000	1.000
机械	990900010	电焊机（综合）	台班	0.632	0.703	0.732	0.827	0.921	1.016
	990743010	等离子切割机 400A	台班	0.056	0.068	0.079	0.090	0.101	0.112
	990304004	汽车式起重机 8t	台班	0.003	0.003	0.004	0.005	0.006	0.007
	990401030	载重汽车 8t	台班	0.003	0.003	0.004	0.005	0.006	0.007
	991003050	电动空气压缩机 $6m^3/min$	台班	0.002	0.002	0.002	0.002	0.002	0.002
	991003030	电动空气压缩机 $1m^3/min$	台班	0.056	0.068	0.079	0.090	0.101	0.112
	990919030	电焊条烘干箱 $60\times50\times75cm^3$	台班	0.063	0.070	0.073	0.083	0.092	0.102
	990920010	电焊条恒温箱	台班	0.063	0.070	0.073	0.083	0.092	0.102

6. 不锈钢对焊法兰（电弧焊）

工作内容： 准备工作，管子切口，坡口加工，坡口磨平，焊接，焊缝钝化，法兰连接，螺栓涂二硫化钼。

计量单位： 副

编号				8-4-94	8-4-95	8-4-96	8-4-97	8-4-98	8-4-99
项目				公称直径（mm 以内）					
				15	20	25	32	40	50
名称			单位	消耗量					
人工	000203000	综合二类工	工日	0.210	0.245	0.308	0.357	0.403	0.443
材料	200301001	不锈钢对焊法兰	片	（2.000）	（2.000）	（2.000）	（2.000）	（2.000）	（2.000）
	031301001	不锈钢焊条（综合）	kg	0.036	0.040	0.056	0.069	0.079	0.110
	031101013	尼龙砂轮片 $\phi100\times16\times3$	片	0.072	0.089	0.113	0.140	0.163	0.231
	031101014	尼龙砂轮片 $\phi500\times25\times4$	片	0.012	0.014	0.021	0.024	0.030	0.030
	020117001	耐酸无石棉橡胶板（综合）	kg	0.018	0.018	0.036	0.036	0.055	0.064
	143315001	丙酮	kg	0.015	0.017	0.024	0.028	0.032	0.039
	143169002	酸洗膏	kg	0.008	0.009	0.013	0.016	0.020	0.024
	341101001	水	m^3	0.002	0.002	0.004	0.004	0.004	0.006
	143121001	二硫化钼	kg	0.002	0.002	0.002	0.004	0.004	0.004
	092705004	碎布	kg	0.005	0.007	0.007	0.010	0.010	0.014
	850103006	其他材料费（占材料费）	%	1.000	1.000	1.000	1.000	1.000	1.000
机械	990900010	电焊机（综合）	台班	0.017	0.022	0.030	0.037	0.078	0.094
	990785040	砂轮切割机 $\phi500$	台班	0.001	0.002	0.005	0.007	0.008	0.008
	991003050	电动空气压缩机 $6m^3/min$	台班	0.002	0.002	0.002	0.002	0.002	0.002
	990919030	电焊条烘干箱 $60\times50\times75cm^3$	台班	0.002	0.002	0.003	0.004	0.008	0.010
	990920010	电焊条恒温箱	台班	0.002	0.002	0.003	0.004	0.008	0.010

工作内容：准备工作，管子切口，坡口加工，坡口磨平，焊接，焊缝钝化，法兰连接，螺栓涂二硫化钼。

计量单位：副

编号				8-4-100	8-4-101	8-4-102	8-4-103	8-4-104	8-4-105
项目				公称直径（mm 以内）					
				65	80	100	125	150	200
名称			单位	消耗量					
人工	000203000	综合二类工	工日	0.470	0.512	0.631	0.771	0.921	1.128
材料	200301001	不锈钢对焊法兰	片	（2.000）	（2.000）	（2.000）	（2.000）	（2.000）	（2.000）
	031301001	不锈钢焊条（综合）	kg	0.141	0.221	0.275	0.504	0.603	1.060
	031101013	尼龙砂轮片 $\phi100\times16\times3$	片	0.306	0.375	0.475	0.655	0.808	1.387
	031101014	尼龙砂轮片 $\phi500\times25\times4$	片	0.049	0.054	0.078	—	—	—
	020117001	耐酸无石棉橡胶板（综合）	kg	0.082	0.119	0.155	0.210	0.255	0.301
	143315001	丙酮	kg	0.051	0.060	0.077	0.090	0.107	0.148
	143169002	酸洗膏	kg	0.033	0.039	0.050	0.077	0.103	0.134
	341101001	水	m^3	0.009	0.011	0.013	0.015	0.019	0.026
	143121001	二硫化钼	kg	0.004	0.006	0.006	0.013	0.013	0.013
	092705004	碎布	kg	0.015	0.018	0.022	0.024	0.035	0.046
	850103006	其他材料费（占材料费）	%	1.000	1.000	1.000	1.000	1.000	1.000
机械	990743010	等离子切割机 400A	台班	—	0.040	0.053	0.086	0.105	0.145
	991003030	电动空气压缩机 $1m^3/min$	台班	—	0.040	0.053	0.086	0.105	0.145
	990304004	汽车式起重机 8t	台班	—	—	0.001	0.001	0.001	0.002
	990401030	载重汽车 8t	台班	—	—	0.001	0.001	0.001	0.002
	990900010	电焊机（综合）	台班	0.152	0.157	0.230	0.268	0.330	0.506
	990785040	砂轮切割机 $\phi500$	台班	0.018	0.021	0.027	—	—	—
	991003050	电动空气压缩机 $6m^3/min$	台班	0.002	0.002	0.002	0.002	0.002	0.002
	990919030	电焊条烘干箱 $60\times50\times75cm^3$	台班	0.015	0.015	0.023	0.027	0.033	0.050
	990920010	电焊条恒温箱	台班	0.015	0.015	0.023	0.027	0.033	0.050

工作内容：准备工作，管子切口，坡口加工，坡口磨平，焊接，焊缝钝化，法兰连接，螺栓涂二硫化钼。

计量单位：副

编　　号				8-4-106	8-4-107	8-4-108	8-4-109	8-4-110	8-4-111
项　　目				公称直径（mm 以内）					
				250	300	350	400	450	500
名　　称			单位	消　耗　量					
人工	000203000	综合二类工	工日	1.433	1.811	2.414	2.807	3.142	3.909
材料	200301001	不锈钢对焊法兰	片	（2.000）	（2.000）	（2.000）	（2.000）	（2.000）	（2.000）
	031301001	不锈钢焊条（综合）	kg	1.712	2.435	2.828	3.200	4.945	7.189
	031101013	尼龙砂轮片 $\phi100\times16\times3$	片	1.971	2.621	3.115	3.522	4.775	6.185
	020117001	耐酸无石棉橡胶板（综合）	kg	0.337	0.364	0.491	0.628	0.765	0.902
	143315001	丙酮	kg	0.184	0.218	0.253	0.285	0.317	0.349
	143169002	酸洗膏	kg	0.203	0.242	0.265	0.328	0.391	0.454
	341101001	水	m^3	0.030	0.036	0.043	0.049	0.055	0.061
	143121001	二硫化钼	kg	0.019	0.029	0.029	0.038	0.046	0.055
	092705004	碎布	kg	0.051	0.059	0.071	0.081	0.089	0.096
	850103006	其他材料费（占材料费）	%	1.000	1.000	1.000	1.000	1.000	1.000
机械	990900010	电焊机（综合）	台班	0.764	0.950	1.104	1.248	1.393	1.537
	990743010	等离子切割机 400A	台班	0.189	0.231	0.268	0.304	0.340	0.376
	990304004	汽车式起重机 8t	台班	0.002	0.002	0.002	0.004	0.005	0.006
	990401030	载重汽车 8t	台班	0.002	0.002	0.002	0.004	0.005	0.006
	991003030	电动空气压缩机 $1m^3/min$	台班	0.189	0.231	0.268	0.304	0.340	0.376
	991003050	电动空气压缩机 $6m^3/min$	台班	0.002	0.002	0.002	0.002	0.003	0.003
	990919030	电焊条烘干箱 $60\times50\times75cm^3$	台班	0.076	0.095	0.110	0.125	0.139	0.154
	990920010	电焊条恒温箱	台班	0.076	0.095	0.110	0.125	0.139	0.154

7. 不锈钢对焊法兰（氩电联焊）

工作内容： 准备工作，管子切口，坡口加工，坡口磨平，管口组对，焊接，焊缝钝化，法兰连接，螺栓涂二硫化钼。

计量单位： 副

编号				8-4-112	8-4-113	8-4-114	8-4-115	8-4-116
项目				公称直径（mm 以内）				
				50	65	80	100	125
名称			单位	消耗量				
人工	000203000	综合二类工	工日	0.492	0.570	0.635	0.792	0.951
材料	200301001	不锈钢对焊法兰	片	（2.000）	（2.000）	（2.000）	（2.000）	（2.000）
	031301001	不锈钢焊条（综合）	kg	0.108	0.197	0.257	0.422	0.550
	031303017	不锈钢焊丝（综合）	kg	0.034	0.042	0.058	0.072	0.098
	142911001	氩气	m^3	0.094	0.117	0.162	0.202	0.275
	340101003	钍钨棒	g	0.147	0.165	0.218	0.253	0.334
	031101013	尼龙砂轮片 $\phi100\times16\times3$	片	0.197	0.283	0.343	0.436	0.588
	020117001	耐酸无石棉橡胶板（综合）	kg	0.056	0.072	0.104	0.136	0.184
	143315001	丙酮	kg	0.029	0.038	0.045	0.058	0.067
	143169002	酸洗膏	kg	0.024	0.033	0.039	0.050	0.077
	341101001	水	m^3	0.048	0.006	0.008	0.010	0.011
	143121001	二硫化钼	kg	0.004	0.004	0.006	0.006	0.013
	092705004	碎布	kg	0.009	0.011	0.014	0.016	0.020
	031101014	尼龙砂轮片 $\phi500\times25\times4$	片	0.030	0.048	0.066	0.090	—
	850103006	其他材料费（占材料费）	%	1.000	1.000	1.000	1.000	1.000
机械	990785040	砂轮切割机 $\phi500$	台班	0.011	0.016	0.023	0.025	—
	990900010	电焊机（综合）	台班	0.064	0.095	0.124	0.166	0.215
	990912010	氩弧焊机 500A	台班	0.069	0.078	0.097	0.116	0.148
	990718040	普通车床 630×2000mm	台班	0.018	0.029	0.033	0.033	0.034
	991003050	电动空气压缩机 $6m^3/min$	台班	0.002	0.002	0.002	0.002	0.002
	990919030	电焊条烘干箱 $60\times50\times75cm^3$	台班	0.006	0.010	0.012	0.016	0.022
	990920010	电焊条恒温箱	台班	0.006	0.010	0.012	0.016	0.022
	990743010	等离子切割机 400A	台班	—	—	—	—	0.020
	990304004	汽车式起重机 8t	台班	—	—	—	0.001	0.001
	990401030	载重汽车 8t	台班	—	—	—	0.001	0.001
	991003030	电动空气压缩机 $1m^3/min$	台班	—	—	—	—	0.020

工作内容：准备工作，管子切口，坡口加工，坡口磨平，管口组对，焊接，焊缝钝化，法兰连接，螺栓涂二硫化钼。

计量单位：副

编号				8-4-117	8-4-118	8-4-119	8-4-120
项目				公称直径（mm 以内）			
				150	200	250	300
名称			单位	消耗量			
人工	000203000	综合二类工	工日	1.131	1.459	1.595	1.902
材料	200301001	不锈钢对焊法兰	片	（2.000）	（2.000）	（2.000）	（2.000）
	031301001	不锈钢焊条（综合）	kg	0.813	1.612	2.726	4.220
	031303017	不锈钢焊丝（综合）	kg	0.119	0.194	0.245	0.302
	142911001	氩气	m^3	0.334	0.545	0.684	0.845
	340101003	铈钨棒	g	0.398	0.551	0.688	0.819
	031101013	尼龙砂轮片 $\phi100 \times 16 \times 3$	片	0.731	1.240	1.802	2.428
	020117001	耐酸无石棉橡胶板（综合）	kg	0.224	0.264	0.296	0.320
	143315001	丙酮	kg	0.080	0.110	0.138	0.163
	143169002	酸洗膏	kg	0.103	0.134	0.203	0.242
	341101001	水	m^3	0.014	0.019	0.022	0.027
	143121001	二硫化钼	kg	0.013	0.013	0.019	0.029
	092705004	碎布	kg	0.025	0.034	0.042	0.048
	850103006	其他材料费（占材料费）	%	1.000	1.000	1.000	1.000
机械	990900010	电焊机（综合）	台班	0.283	0.439	0.589	0.755
	990912010	氩弧焊机 500A	台班	0.172	0.236	0.304	0.358
	990718040	普通车床 630 × 2000mm	台班	0.035	0.040	0.048	0.058
	991003050	电动空气压缩机 $6m^3/min$	台班	0.002	0.002	0.002	0.002
	990919030	电焊条烘干箱 $60 \times 50 \times 75cm^3$	台班	0.028	0.044	0.059	0.075
	990920010	电焊条恒温箱	台班	0.028	0.044	0.059	0.075
	990743010	等离子切割机 400A	台班	0.025	0.036	0.048	0.060
	990304004	汽车式起重机 8t	台班	0.001	0.002	0.002	0.002
	990401030	载重汽车 8t	台班	0.001	0.002	0.002	0.002
	991003030	电动空气压缩机 $1m^3/min$	台班	0.025	0.036	0.048	0.060

工作内容：准备工作，管子切口，坡口加工，坡口磨平，管口组对，焊接，焊缝钝化，法兰连接，螺栓涂二硫化钼。

计量单位：副

编号				8-4-121	8-4-122	8-4-123	8-4-124
项目				公称直径（mm 以内）			
				350	400	450	500
名称			单位	消耗量			
人工	000203000	综合二类工	工日	2.476	2.898	3.192	4.106
材料	200301001	不锈钢对焊法兰	片	（2.000）	（2.000）	（2.000）	（2.000）
	031301001	不锈钢焊条（综合）	kg	6.426	8.891	11.356	13.821
	031303017	不锈钢焊丝（综合）	kg	0.350	0.358	0.366	0.374
	142911001	氩气	m^3	0.981	1.288	1.535	1.782
	340101003	铈钨棒	g	0.950	1.073	1.196	1.319
	031101013	尼龙砂轮片 $\phi100\times16\times3$	片	2.894	3.286	4.473	5.857
	020117001	耐酸无石棉橡胶板（综合）	kg	0.432	0.552	0.672	0.792
	143315001	丙酮	kg	0.189	0.213	0.237	0.261
	143169002	酸洗膏	kg	0.265	0.328	0.391	0.454
	341101001	水	m^3	0.032	0.037	0.042	0.047
	143121001	二硫化钼	kg	0.029	0.038	0.046	0.054
	092705004	碎布	kg	0.056	0.062	0.071	0.079
	850103006	其他材料费（占材料费）	%	1.000	1.000	1.000	1.000
机械	990900010	电焊机（综合）	台班	1.045	1.196	1.346	1.497
	990912010	氩弧焊机 500A	台班	0.362	0.393	0.401	0.408
	990718040	普通车床 630×2000mm	台班	0.074	0.090	0.107	0.123
	990743010	等离子切割机 400A	台班	0.072	0.076	0.081	0.085
	990304004	汽车式起重机 8t	台班	0.002	0.003	0.004	0.004
	990401030	载重汽车 8t	台班	0.002	0.003	0.004	0.004
	991003030	电动空气压缩机 $1m^3/min$	台班	0.072	0.076	0.081	0.085
	991003050	电动空气压缩机 $6m^3/min$	台班	0.002	0.002	0.002	0.002
	990919030	电焊条烘干箱 $60\times50\times75cm^3$	台班	0.104	0.120	0.134	0.150
	990920010	电焊条恒温箱	台班	0.104	0.120	0.134	0.150

8. 不锈钢对焊法兰（氩弧焊）

工作内容：准备工作，管子切口，坡口加工，焊接，焊缝钝化，法兰连接，螺栓涂二硫化钼。

计量单位：副

编号				8-4-125	8-4-126	8-4-127	8-4-128	8-4-129	8-4-130
项目				公称直径（mm 以内）					
				15	20	25	32	40	50
名称			单位	消耗量					
人工	000203000	综合二类工	工日	0.242	0.284	0.361	0.422	0.469	0.542
材料	200301001	不锈钢对焊法兰	片	(2.000)	(2.000)	(2.000)	(2.000)	(2.000)	(2.000)
	031303017	不锈钢焊丝（综合）	kg	0.015	0.018	0.026	0.034	0.050	0.088
	142911001	氩气	m^3	0.042	0.052	0.074	0.094	0.142	0.246
	340101003	铈钨棒	g	0.080	0.098	0.144	0.179	0.275	0.478
	031101013	尼龙砂轮片 $\phi100 \times 16 \times 3$	片	0.026	0.075	0.095	0.119	0.142	0.197
	031101014	尼龙砂轮片 $\phi500 \times 25 \times 4$	片	0.008	0.010	0.019	0.022	0.027	0.032
	020117001	耐酸无石棉橡胶板（综合）	kg	0.016	0.016	0.032	0.032	0.048	0.060
	143315001	丙酮	kg	0.010	0.010	0.015	0.017	0.024	0.031
	143169002	酸洗膏	kg	0.008	0.009	0.013	0.016	0.020	0.024
	341101001	水	m^3	0.002	0.002	0.003	0.003	0.003	0.005
	143121001	二硫化钼	kg	0.002	0.002	0.002	0.004	0.004	0.003
	092705004	碎布	kg	0.003	0.005	0.005	0.007	0.007	0.009
	850103006	其他材料费（占材料费）	%	1.000	1.000	1.000	1.000	1.000	1.000
机械	990912010	氩弧焊机 500A	台班	0.030	0.036	0.047	0.060	0.071	0.112
	990785040	砂轮切割机 $\phi500$	台班	0.001	0.002	0.006	0.007	0.008	0.012
	990718040	普通车床 630×2000mm	台班	0.011	0.011	0.013	0.013	0.015	0.020
	991003050	电动空气压缩机 $6m^3/min$	台班	0.002	0.002	0.002	0.002	0.002	0.002

工作内容：准备工作，管子切口，坡口加工，焊接，焊缝钝化，法兰连接，螺栓涂二硫化钼。

计量单位：副

编号				8-4-131	8-4-132	8-4-133	8-4-134	8-4-135	8-4-136
项目				公称直径（mm 以内）					
				65	80	100	125	150	200
名称			单位	消耗量					
人工	000203000	综合二类工	工日	0.627	0.697	0.872	1.047	1.245	1.606
材料	200301001	不锈钢对焊法兰	片	（2.000）	（2.000）	（2.000）	（2.000）	（2.000）	（2.000）
	031303017	不锈钢焊丝（综合）	kg	0.146	0.192	0.296	0.386	0.549	1.058
	142911001	氩气	m^3	0.411	0.539	0.829	1.080	1.538	2.962
	340101003	铈钨棒	g	0.802	1.049	1.605	2.088	2.980	5.640
	031101013	尼龙砂轮片 $\phi100\times16\times3$	片	0.283	0.343	0.436	0.588	0.731	1.240
	031101014	尼龙砂轮片 $\phi500\times25\times4$	片	0.051	0.071	0.095	—	—	—
	020117001	耐酸无石棉橡胶板（综合）	kg	0.077	0.111	0.145	0.196	0.238	0.281
	143315001	丙酮	kg	0.041	0.048	0.061	0.071	0.085	0.117
	143169002	酸洗膏	kg	0.034	0.040	0.051	0.079	0.105	0.137
	341101001	水	m^3	0.007	0.009	0.010	0.012	0.015	0.020
	143121001	二硫化钼	kg	0.003	0.005	0.005	0.011	0.011	0.011
	092705004	碎布	kg	0.011	0.015	0.016	0.020	0.025	0.034
	850103006	其他材料费（占材料费）	%	1.000	1.000	1.000	1.000	1.000	1.000
机械	990912010	氩弧焊机 500A	台班	0.156	0.185	0.309	0.340	0.445	0.587
	990785040	砂轮切割机 $\phi500$	台班	0.018	0.026	0.029	—	—	—
	990718040	普通车床 630×2000mm	台班	0.032	0.034	0.037	0.038	0.040	0.045
	991003050	电动空气压缩机 $6m^3/min$	台班	0.002	0.002	0.002	0.002	0.002	0.002
	990304004	汽车式起重机 8t	台班	—	—	0.001	0.001	0.001	0.002
	990401030	载重汽车 8t	台班	—	—	0.001	0.001	0.001	0.002
	990743010	等离子切割机 400A	台班	—	—	—	0.023	0.029	0.041
	991003030	电动空气压缩机 $1m^3/min$	台班	—	—	—	0.023	0.029	0.041

9. 不锈钢翻边活动法兰（电弧焊）

工作内容：准备工作，管子切口，坡口加工，坡口磨平，管口组对，焊接，焊缝钝化，法兰连接，螺栓涂二硫化钼。

计量单位：副

编　号				8-4-137	8-4-138	8-4-139	8-4-140	8-4-141
项　目				公称直径（mm 以内）				
				15	20	25	32	40
名　称			单位	消　耗　量				
人工	000203000	综合二类工	工日	0.220	0.250	0.397	0.434	0.482
材料	180511001	低压不锈钢翻边短管	个	（2.000）	（2.000）	（2.000）	（2.000）	（2.000）
	200009001	活动法兰	片	（2.000）	（2.000）	（2.000）	（2.000）	（2.000）
	031301001	不锈钢焊条（综合）	kg	0.036	0.040	0.056	0.069	0.079
	031101013	尼龙砂轮片 $\phi100\times16\times3$	片	0.072	0.089	0.113	0.140	0.163
	031101014	尼龙砂轮片 $\phi500\times25\times4$	片	0.007	0.010	0.022	0.026	0.030
	020117001	耐酸无石棉橡胶板（综合）	kg	0.011	0.021	0.043	0.043	0.064
	143315001	丙酮	kg	0.015	0.017	0.024	0.028	0.032
	143159001	氢氧化钠（烧碱）	kg	0.043	0.043	0.064	0.086	0.107
	143169002	酸洗膏	kg	0.008	0.009	0.013	0.016	0.020
	341101001	水	m^3	0.002	0.002	0.004	0.004	0.004
	143121001	二硫化钼	kg	0.002	0.002	0.002	0.004	0.004
	092705004	碎布	kg	0.047	0.049	0.049	0.062	0.073
	850103006	其他材料费（占材料费）	%	1.000	1.000	1.000	1.000	1.000
机械	990900010	电焊机（综合）	台班	0.017	0.022	0.037	0.053	0.078
	990785040	砂轮切割机 $\phi500$	台班	0.001	0.002	0.007	0.007	0.008
	991003050	电动空气压缩机 $6m^3/min$	台班	0.002	0.002	0.002	0.002	0.002
	990919030	电焊条烘干箱 $60\times50\times75cm^3$	台班	0.002	0.002	0.004	0.006	0.008
	990920010	电焊条恒温箱	台班	0.002	0.002	0.004	0.006	0.008

工作内容：准备工作，管子切口，坡口加工，坡口磨平，管口组对，焊接，焊缝钝化，法兰连接，螺栓涂二硫化钼。

计量单位：副

编号				8-4-142	8-4-143	8-4-144	8-4-145	8-4-146
项目				公称直径（mm以内）				
				50	65	80	100	125
名称			单位	消耗量				
人工	000203000	综合二类工	工日	0.525	0.737	0.831	1.064	1.195
材料	180511001	低压不锈钢翻边短管	个	（2.000）	（2.000）	（2.000）	（2.000）	（2.000）
	200009001	活动法兰	片	（2.000）	（2.000）	（2.000）	（2.000）	（2.000）
	031301001	不锈钢焊条（综合）	kg	0.110	0.141	0.221	0.275	0.504
	031101013	尼龙砂轮片 $\phi100\times16\times3$	片	0.231	0.306	0.584	0.750	1.047
	020117001	耐酸无石棉橡胶板（综合）	kg	0.075	0.096	0.139	0.182	0.246
	143315001	丙酮	kg	0.039	0.051	0.060	0.077	0.090
	143159001	氢氧化钠（烧碱）	kg	0.128	0.171	0.171	0.214	0.300
	143169002	酸洗膏	kg	0.024	0.033	0.039	0.050	0.077
	341101001	水	m^3	0.006	0.009	0.011	0.013	0.015
	143121001	二硫化钼	kg	0.004	0.004	0.006	0.006	0.013
	092705004	碎布	kg	0.076	0.090	0.094	0.107	0.123
	031101014	尼龙砂轮片 $\phi500\times25\times4$	片	0.030	0.044	0.054	0.078	—
	850103006	其他材料费（占材料费）	%	1.000	1.000	1.000	1.000	1.000
机械	990785040	砂轮切割机 $\phi500$	台班	0.008	0.015	0.016	0.027	—
	990900010	电焊机（综合）	台班	0.094	0.134	0.157	0.184	0.188
	990743010	等离子切割机 400A	台班	—	—	0.040	0.053	0.086
	990304004	汽车式起重机 8t	台班	—	—	—	0.001	0.001
	990401030	载重汽车 8t	台班	—	—	—	0.001	0.001
	991003050	电动空气压缩机 $6m^3/min$	台班	0.002	0.002	0.002	0.002	0.002
	991003030	电动空气压缩机 $1m^3/min$	台班	—	—	0.040	0.053	0.086
	990919030	电焊条烘干箱 $60\times50\times75cm^3$	台班	0.010	0.014	0.015	0.019	0.019
	990920010	电焊条恒温箱	台班	0.010	0.014	0.015	0.019	0.019

工作内容：准备工作，管子切口，坡口加工，坡口磨平，管口组对，焊接，焊缝钝化，法兰连接，螺栓涂二硫化钼。　　**计量单位**：副

编　号				8-4-147	8-4-148	8-4-149	8-4-150	8-4-151
项　目				公称直径（mm 以内）				
				150	200	250	300	350
名　称			单位	消　耗　量				
人工	000203000	综合二类工	工日	1.327	1.576	1.950	2.750	3.109
材料	180511001	低压不锈钢翻边短管	个	（2.000）	（2.000）	（2.000）	（2.000）	（2.000）
	200009001	活动法兰	片	（2.000）	（2.000）	（2.000）	（2.000）	（2.000）
	031301001	不锈钢焊条（综合）	kg	0.603	1.060	1.712	2.435	2.828
	031101013	尼龙砂轮片 $\phi100\times16\times3$	片	1.278	2.227	3.151	4.282	5.047
	020117001	耐酸无石棉橡胶板（综合）	kg	0.300	0.353	0.396	0.428	0.578
	143315001	丙酮	kg	0.107	0.148	0.184	0.218	0.253
	143159001	氢氧化钠（烧碱）	kg	0.364	0.407	0.514	0.621	0.728
	143169002	酸洗膏	kg	0.103	0.134	0.203	0.242	0.265
	341101001	水	m^3	0.019	0.026	0.030	0.036	0.043
	143121001	二硫化钼	kg	0.013	0.013	0.019	0.029	0.029
	092705004	碎布	kg	0.129	0.141	0.152	0.182	0.193
	850103006	其他材料费（占材料费）	%	1.000	1.000	1.000	1.000	1.000
机械	990900010	电焊机（综合）	台班	0.202	0.292	0.435	0.577	0.669
	990743010	等离子切割机 400A	台班	0.105	0.145	0.189	0.231	0.268
	990304004	汽车式起重机 8t	台班	0.001	0.002	0.002	0.003	0.004
	990401030	载重汽车 8t	台班	0.001	0.002	0.002	0.003	0.004
	991003050	电动空气压缩机 $6m^3/min$	台班	0.002	0.002	0.002	0.002	0.002
	991003030	电动空气压缩机 $1m^3/min$	台班	0.105	0.145	0.189	0.231	0.268
	990919030	电焊条烘干箱 $60\times50\times75cm^3$	台班	0.020	0.029	0.044	0.057	0.067
	990920010	电焊条恒温箱	台班	0.020	0.029	0.044	0.057	0.067

工作内容：准备工作，管子切口，坡口加工，坡口磨平，管口组对，焊接，焊缝钝化，法兰连接，螺栓涂二硫化钼。

计量单位：副

编号				8-4-152	8-4-153	8-4-154	8-4-155	8-4-156
项目				公称直径（mm 以内）				
				400	450	500	600	700
名称			单位	消耗量				
人工	000203000	综合二类工	工日	3.475	3.551	3.939	4.883	5.546
材料	180511001	低压不锈钢翻边短管	个	（2.000）	（2.000）	（2.000）	（2.000）	（2.000）
	200009001	活动法兰	片	（2.000）	（2.000）	（2.000）	（2.000）	（2.000）
	031301001	不锈钢焊条（综合）	kg	3.200	4.945	7.189	4.298	4.324
	031101013	尼龙砂轮片 $\phi100\times16\times3$	片	5.709	7.975	10.627	8.110	7.239
	020117001	耐酸无石棉橡胶板（综合）	kg	0.738	0.867	0.888	0.899	1.102
	143315001	丙酮	kg	0.285	0.321	0.375	0.424	0.484
	143159001	氢氧化钠（烧碱）	kg	0.813	0.920	0.920	1.177	1.177
	143169002	酸洗膏	kg	0.328	0.369	0.418	0.506	0.636
	341101001	水	m^3	0.049	0.056	0.060	0.073	0.081
	143121001	二硫化钼	kg	0.038	0.038	0.038	0.049	0.049
	092705004	碎布	kg	0.212	0.225	0.293	0.310	0.327
	012100002	角钢（综合）	kg	—	0.214	0.214	0.214	0.235
	850103006	其他材料费（占材料费）	%	1.000	1.000	1.000	1.000	1.000
机械	990900010	电焊机（综合）	台班	0.758	0.853	1.046	1.251	1.432
	990743010	等离子切割机 400A	台班	0.304	0.318	0.352	0.428	0.488
	990304004	汽车式起重机 8t	台班	0.005	0.006	0.006	0.007	0.009
	990401030	载重汽车 8t	台班	0.005	0.006	0.006	0.007	0.009
	991003050	电动空气压缩机 $6m^3/min$	台班	0.002	0.004	0.004	0.004	0.004
	991003030	电动空气压缩机 $1m^3/min$	台班	0.304	0.318	0.352	0.428	0.488
	990919030	电焊条烘干箱 $60\times50\times75cm^3$	台班	0.076	0.085	0.104	0.125	0.143
	990920010	电焊条恒温箱	台班	0.076	0.085	0.104	0.125	0.143

工作内容：准备工作，管子切口，坡口加工，坡口磨平，管口组对，焊接，焊缝钝化，法兰连接，螺栓涂二硫化钼。　　计量单位：副

编　号				8-4-157	8-4-158	8-4-159	8-4-160	8-4-161
项　目				公称直径（mm 以内）				
				800	900	1000	1200	1400
名　称			单位	消　耗　量				
人工	000203000	综合二类工	工日	6.258	7.203	7.989	9.506	11.171
材料	180511001	低压不锈钢翻边短管	个	（2.000）	（2.000）	（2.000）	（2.000）	（2.000）
	200009001	活动法兰	片	（2.000）	（2.000）	（2.000）	（2.000）	（2.000）
	031301001	不锈钢焊条（综合）	kg	6.656	8.352	9.266	11.093	16.915
	031101013	尼龙砂轮片 $\phi100\times16\times3$	片	10.493	12.153	13.481	16.139	23.573
	020117001	耐酸无石棉橡胶板（综合）	kg	1.241	1.391	1.402	1.562	2.311
	143315001	丙酮	kg	0.552	0.618	0.685	0.779	0.873
	143159001	氢氧化钠（烧碱）	kg	1.370	1.562	1.990	2.386	2.782
	143169002	酸洗膏	kg	0.811	1.014	1.267	1.980	3.094
	341101001	水	m^3	0.094	0.105	0.116	0.139	0.162
	012100002	角钢（综合）	kg	0.235	0.235	0.235	0.315	0.315
	143121001	二硫化钼	kg	0.049	0.064	0.064	0.064	0.083
	092705004	碎布	kg	0.360	0.379	0.409	0.448	0.499
	850103006	其他材料费（占材料费）	%	1.000	1.000	1.000	1.000	1.000
机械	990900010	电焊机（综合）	台班	1.584	1.977	2.194	2.626	3.204
	990743010	等离子切割机 400A	台班	0.567	0.655	0.727	0.870	1.062
	990304004	汽车式起重机 8t	台班	0.010	0.011	0.014	0.016	0.021
	990401030	载重汽车 8t	台班	0.010	0.011	0.014	0.016	0.021
	991003050	电动空气压缩机 $6m^3/min$	台班	0.007	0.007	0.007	0.008	0.009
	991003030	电动空气压缩机 $1m^3/min$	台班	0.567	0.655	0.727	0.870	1.062
	990919030	电焊条烘干箱 $60\times50\times75cm^3$	台班	0.159	0.198	0.219	0.262	0.321
	990920010	电焊条恒温箱	台班	0.159	0.198	0.219	0.262	0.321

10. 不锈钢翻边活动法兰（氩弧焊）

工作内容： 准备工作，管子切口，坡口加工，管口组对，焊接，焊缝钝化，法兰连接，螺栓涂二硫化钼。

计量单位： 副

编号				8-4-162	8-4-163	8-4-164	8-4-165	8-4-166	8-4-167
项目				公称直径（mm 以内）					
				15	20	25	32	40	50
名称			单位	消耗量					
人工	000203000	综合二类工	工日	0.282	0.318	0.429	0.473	0.554	0.648
材料	180511001	低压不锈钢翻边短管	个	（2.000）	（2.000）	（2.000）	（2.000）	（2.000）	（2.000）
	200009001	活动法兰	片	（2.000）	（2.000）	（2.000）	（2.000）	（2.000）	（2.000）
	031303017	不锈钢焊丝（综合）	kg	0.032	0.045	0.064	0.080	0.115	0.134
	142911001	氩气	m^3	0.037	0.051	0.071	0.091	0.131	0.142
	340101003	铈钨棒	g	0.067	0.091	0.127	0.157	0.236	0.249
	031101013	尼龙砂轮片 $\phi100\times16\times3$	片	0.037	0.045	0.061	0.075	0.089	0.122
	031101014	尼龙砂轮片 $\phi500\times25\times4$	片	0.007	0.010	0.022	0.026	0.030	0.030
	020117001	耐酸无石棉橡胶板（综合）	kg	0.011	0.021	0.043	0.043	0.064	0.075
	143315001	丙酮	kg	0.015	0.017	0.024	0.028	0.032	0.039
	143159001	氢氧化钠（烧碱）	kg	0.043	0.043	0.064	0.086	0.107	0.128
	143169002	酸洗膏	kg	0.008	0.009	0.013	0.016	0.020	0.024
	341101001	水	m^3	0.002	0.002	0.004	0.004	0.004	0.006
	143121001	二硫化钼	kg	0.002	0.002	0.002	0.004	0.004	0.004
	092705004	碎布	kg	0.047	0.049	0.049	0.062	0.073	0.076
	850103006	其他材料费（占材料费）	%	1.000	1.000	1.000	1.000	1.000	1.000
机械	990912010	氩弧焊机 500A	台班	0.088	0.103	0.136	0.167	0.191	0.204
	990785040	砂轮切割机 $\phi500$	台班	0.001	0.002	0.007	0.007	0.008	0.008
	990718040	普通车床 630×2000mm	台班	—	—	—	—	0.016	0.018
	991003050	电动空气压缩机 $6m^3/min$	台班	0.002	0.002	0.002	0.002	0.002	0.002

工作内容：准备工作，管子切口，坡口加工，管口组对，焊接，焊缝钝化，法兰连接，螺栓涂二硫化钼。

计量单位：副

编　号				8-4-168	8-4-169	8-4-170	8-4-171	8-4-172	8-4-173
项　目				公称直径（mm 以内）					
				65	80	100	125	150	200
名　称			单位	消　耗　量					
人工	000203000	综合二类工	工日	0.888	1.016	1.201	1.512	1.796	2.158
材料	180511001	低压不锈钢翻边短管	个	（2.000）	（2.000）	（2.000）	（2.000）	（2.000）	（2.000）
	200009001	活动法兰	片	（2.000）	（2.000）	（2.000）	（2.000）	（2.000）	（2.000）
	031303017	不锈钢焊丝（综合）	kg	0.209	0.245	0.335	0.343	0.473	1.255
	142911001	氩气	m^3	0.154	0.190	0.265	0.322	0.398	0.567
	340101003	铈钨棒	g	0.260	0.307	0.398	0.468	0.559	0.773
	031101013	尼龙砂轮片 $\phi100\times16\times3$	片	0.157	0.212	0.272	0.384	0.494	0.775
	020117001	耐酸无石棉橡胶板（综合）	kg	0.096	0.139	0.182	0.246	0.300	0.353
	143315001	丙酮	kg	0.051	0.060	0.077	0.090	0.107	0.148
	143159001	氢氧化钠（烧碱）	kg	0.171	0.171	0.214	0.300	0.364	0.407
	143169002	酸洗膏	kg	0.033	0.039	0.050	0.077	0.103	0.134
	341101001	水	m^3	0.009	0.011	0.013	0.015	0.019	0.026
	143121001	二硫化钼	kg	0.004	0.006	0.006	0.013	0.013	0.013
	092705004	碎布	kg	0.090	0.094	0.107	0.123	0.129	0.141
	031101014	尼龙砂轮片 $\phi500\times25\times4$	片	0.044	0.054	0.078	—	—	—
	850103006	其他材料费（占材料费）	%	1.000	1.000	1.000	1.000	1.000	1.000
机械	990785040	砂轮切割机 $\phi500$	台班	0.015	0.016	0.027	—	—	—
	990912010	氩弧焊机 500A	台班	0.220	0.255	0.327	0.387	0.452	0.611
	990743010	等离子切割机 400A	台班	—	—	—	0.025	0.031	0.043
	990718040	普通车床 630×2000mm	台班	0.021	0.022	0.028	0.031	0.043	0.044
	990509020	单速电动葫芦 3t	台班	0.021	0.022	0.028	0.031	0.043	0.044
	990304004	汽车式起重机 8t	台班	—	—	0.001	0.001	0.001	0.002
	990401030	载重汽车 8t	台班	—	—	0.001	0.001	0.001	0.002
	991003050	电动空气压缩机 $6m^3/min$	台班	0.002	0.002	0.002	0.002	0.002	0.002
	991003030	电动空气压缩机 $1m^3/min$	台班	—	—	—	0.025	0.031	0.043

工作内容：准备工作，管子切口，坡口加工，管口组对，焊接，焊缝钝化，法兰连接，螺栓涂二硫化钼。

计量单位：副

编号				8-4-174	8-4-175	8-4-176	8-4-177	8-4-178	8-4-179
项目				公称直径（mm 以内）					
				250	300	350	400	450	500
名称			单位	消耗量					
人工	000203000	综合二类工	工日	2.703	3.146	3.557	3.971	4.432	4.947
材料	180511001	低压不锈钢翻边短管	个	（2.000）	（2.000）	（2.000）	（2.000）	（2.000）	（2.000）
	200009001	活动法兰	片	（2.000）	（2.000）	（2.000）	（2.000）	（2.000）	（2.000）
	031303017	不锈钢焊丝（综合）	kg	2.611	3.461	4.020	4.548	5.144	5.820
	142911001	氩气	m^3	0.731	0.928	1.160	1.411	1.716	2.087
	340101003	铈钨棒	g	0.957	1.138	1.329	1.508	1.711	1.942
	031101013	尼龙砂轮片 $\phi100\times16\times3$	片	0.890	1.058	1.199	1.491	1.854	2.306
	020117001	耐酸无石棉橡胶板（综合）	kg	0.396	0.428	0.578	0.738	0.942	1.203
	143315001	丙酮	kg	0.184	0.218	0.253	0.285	0.321	0.362
	143159001	氢氧化钠（烧碱）	kg	0.514	0.621	0.728	0.813	0.908	1.014
	143169002	酸洗膏	kg	0.203	0.242	0.265	0.328	0.406	0.503
	341101001	水	m^3	0.030	0.036	0.043	0.049	0.055	0.061
	143121001	二硫化钼	kg	0.019	0.029	0.029	0.038	0.038	0.047
	092705004	碎布	kg	0.152	0.182	0.193	0.212	0.232	0.252
	850103006	其他材料费（占材料费）	%	1.000	1.000	1.000	1.000	1.000	1.000
机械	990912010	氩弧焊机 500A	台班	0.786	0.919	1.022	1.162	1.323	1.504
	990743010	等离子切割机 400A	台班	0.056	0.068	0.079	0.090	0.102	0.117
	990718040	普通车床 630×2000mm	台班	0.048	0.051	0.054	0.055	0.057	0.059
	990509020	单速电动葫芦 3t	台班	0.048	0.051	0.054	0.055	0.057	0.059
	990304004	汽车式起重机 8t	台班	0.002	0.003	0.004	0.005	0.006	0.007
	990401030	载重汽车 8t	台班	0.002	0.003	0.004	0.005	0.006	0.007
	991003050	电动空气压缩机 $6m^3/min$	台班	0.002	0.002	0.002	0.002	0.002	0.002
	991003030	电动空气压缩机 $1m^3/min$	台班	0.056	0.068	0.079	0.090	0.102	0.117

11. 合金钢平焊法兰（电弧焊）

工作内容：准备工作，管子切口，磨平，管口组对，焊接，法兰连接，螺栓涂二硫化钼。　　**计量单位**：副

编号				8-4-180	8-4-181	8-4-182	8-4-183	8-4-184
项目				公称直径（mm 以内）				
				15	20	25	32	40
名称			单位	消耗量				
人工	000203000	综合二类工	工日	0.171	0.193	0.238	0.269	0.308
材料	201107002	合金钢平焊法兰	片	（2.000）	（2.000）	（2.000）	（2.000）	（2.000）
	031301004	合金钢焊条	kg	0.060	0.066	0.085	0.097	0.109
	142909001	氧气	m^3	0.005	0.006	0.007	0.008	0.008
	142907002	乙炔气	kg	0.002	0.002	0.003	0.003	0.003
	031101013	尼龙砂轮片 $\phi100\times16\times3$	片	0.026	0.050	0.083	0.092	0.131
	031101014	尼龙砂轮片 $\phi500\times25\times4$	片	0.007	0.009	0.014	0.019	0.021
	031103002	磨头	个	0.027	0.031	0.037	0.044	0.052
	020112004	无石棉橡胶板 低压 $\delta0.8\sim6$	kg	0.012	0.024	0.047	0.047	0.071
	140103002	清油 C01-1	kg	0.012	0.012	0.012	0.012	0.012
	143315001	丙酮	kg	0.017	0.019	0.026	0.031	0.035
	143311001	白铅油	kg	0.035	0.035	0.035	0.035	0.035
	143121001	二硫化钼	kg	0.002	0.002	0.002	0.004	0.004
	092705004	碎布	kg	0.014	0.017	0.017	0.031	0.031
	850103006	其他材料费（占材料费）	%	1.000	1.000	1.000	1.000	1.000
机械	990900010	电焊机（综合）	台班	0.036	0.044	0.053	0.061	0.068
	990785040	砂轮切割机 $\phi500$	台班	0.001	0.001	0.004	0.006	0.007
	990919030	电焊条烘干箱 $60\times50\times75cm^3$	台班	0.003	0.004	0.006	0.006	0.006
	990920010	电焊条恒温箱	台班	0.003	0.004	0.006	0.006	0.006

工作内容：准备工作，管子切口，磨平，管口组对，焊接，法兰连接，螺栓涂二硫化钼。 计量单位：副

编号				8-4-185	8-4-186	8-4-187	8-4-188	8-4-189
项目				公称直径（mm 以内）				
				50	65	80	100	125
名称			单位	消耗量				
人工	000203000	综合二类工	工日	0.351	0.406	0.451	0.508	0.539
材料	201107002	合金钢平焊法兰	片	（2.000）	（2.000）	（2.000）	（2.000）	（2.000）
	031301004	合金钢焊条	kg	0.150	0.280	0.317	0.391	0.457
	142909001	氧气	m^3	0.012	0.017	0.019	0.028	0.032
	142907002	乙炔气	kg	0.005	0.006	0.007	0.011	0.012
	031101013	尼龙砂轮片 $\phi100\times16\times3$	片	0.158	0.189	0.302	0.417	0.502
	031101014	尼龙砂轮片 $\phi500\times25\times4$	片	0.031	0.045	0.053	0.077	0.084
	031103002	磨头	个	0.063	0.083	0.097	0.118	—
	020112004	无石棉橡胶板 低压 $\delta0.8\sim6$	kg	0.083	0.106	0.153	0.201	0.271
	140103002	清油 C01-1	kg	0.012	0.012	0.024	0.024	0.024
	143315001	丙酮	kg	0.042	0.059	0.071	0.085	0.099
	143311001	白铅油	kg	0.047	0.059	0.083	0.118	0.142
	143121001	二硫化钼	kg	0.004	0.004	0.006	0.006	0.013
	092705004	碎布	kg	0.033	0.035	0.050	0.052	0.054
	850103006	其他材料费（占材料费）	%	1.000	1.000	1.000	1.000	1.000
机械	990304004	汽车式起重机 8t	台班	—	—	—	0.001	0.001
	990401030	载重汽车 8t	台班	—	—	—	0.001	0.001
	990900010	电焊机（综合）	台班	0.076	0.113	0.134	0.167	0.178
	990785040	砂轮切割机 $\phi500$	台班	0.008	0.011	0.012	0.017	0.020
	990919030	电焊条烘干箱 $60\times50\times75cm^3$	台班	0.007	0.011	0.014	0.017	0.018
	990920010	电焊条恒温箱	台班	0.007	0.011	0.014	0.017	0.018

工作内容：准备工作，管子切口，磨平，管口组对，焊接，法兰连接，螺栓涂二硫化钼。　**计量单位：**副

编号				8-4-190	8-4-191	8-4-192	8-4-193	8-4-194
项目				公称直径（mm 以内）				
				150	200	250	300	350
名称			单位	消耗量				
人工	000203000	综合二类工	工日	0.585	0.851	1.139	1.423	1.586
材料	201107002	合金钢平焊法兰	片	（2.000）	（2.000）	（2.000）	（2.000）	（2.000）
	031301004	合金钢焊条	kg	0.562	1.407	2.859	3.539	5.289
	142909001	氧气	m^3	0.170	0.260	0.389	0.438	0.561
	142907002	乙炔气	kg	0.065	0.100	0.150	0.168	0.216
	031101013	尼龙砂轮片 $\phi100\times16\times3$	片	0.617	0.944	1.392	1.927	2.181
	020112004	无石棉橡胶板 低压 $\delta0.8\sim6$	kg	0.330	0.389	0.437	0.472	0.637
	140103002	清油 C01-1	kg	0.035	0.035	0.047	0.059	0.071
	143315001	丙酮	kg	0.118	0.163	0.203	0.241	0.278
	143311001	白铅油	kg	0.165	0.201	0.236	0.295	0.354
	143121001	二硫化钼	kg	0.013	0.013	0.019	0.029	0.029
	092705004	碎布	kg	0.061	0.080	0.087	0.106	0.127
	850103006	其他材料费（占材料费）	%	1.000	1.000	1.000	1.000	1.000
机械	990900010	电焊机（综合）	台班	0.209	0.476	0.670	0.821	0.866
	990744010	半自动切割机 100mm	台班	0.016	0.022	0.031	0.033	0.040
	990304004	汽车式起重机 8t	台班	0.001	0.002	0.002	0.004	0.005
	990401030	载重汽车 8t	台班	0.001	0.002	0.002	0.004	0.005
	990919030	电焊条烘干箱 $60\times50\times75cm^3$	台班	0.021	0.048	0.067	0.082	0.087
	990920010	电焊条恒温箱	台班	0.021	0.048	0.067	0.082	0.087

工作内容：准备工作，管子切口，磨平，管口组对，焊接，法兰连接，螺栓涂二硫化钼。 **计量单位：**副

编号				8-4-195	8-4-196	8-4-197	8-4-198
项目				公称直径（mm 以内）			
				400	450	500	600
名称			单位	消耗量			
人工	000203000	综合二类工	工日	1.805	2.135	2.439	2.533
材料	201107002	合金钢平焊法兰	片	（2.000）	（2.000）	（2.000）	（2.000）
	031301004	合金钢焊条	kg	5.977	7.433	8.914	11.851
	142909001	氧气	m^3	0.630	0.708	0.832	1.034
	142907002	乙炔气	kg	0.242	0.272	0.320	0.398
	031101013	尼龙砂轮片 $\phi100\times16\times3$	片	3.096	3.610	4.140	4.902
	020112004	无石棉橡胶板 低压 $\delta0.8\sim6$	kg	0.814	0.956	0.979	1.144
	140103002	清油 C01-1	kg	0.083	0.094	0.094	0.105
	143315001	丙酮	kg	0.316	0.356	0.394	0.472
	143311001	白铅油	kg	0.354	0.413	0.413	0.472
	143121001	二硫化钼	kg	0.038	0.038	0.038	0.047
	092705004	碎布	kg	0.146	0.165	0.172	0.190
	850103006	其他材料费（占材料费）	%	1.000	1.000	1.000	1.000
机械	990900010	电焊机（综合）	台班	0.978	1.203	1.434	1.890
	990744010	半自动切割机 100mm	台班	0.045	0.051	0.060	0.076
	990304004	汽车式起重机 8t	台班	0.006	0.007	0.007	0.008
	990401030	载重汽车 8t	台班	0.006	0.007	0.007	0.008
	990919030	电焊条烘干箱 $60\times50\times75cm^3$	台班	0.098	0.121	0.143	0.189
	990920010	电焊条恒温箱	台班	0.098	0.121	0.143	0.189

12. 合金钢对焊法兰（氩电联焊）

工作内容：准备工作，管子切口，坡口加工，管口组对，焊接，法兰连接，螺栓涂二硫化钼。

计量单位：副

编号				8-4-199	8-4-200	8-4-201	8-4-202	8-4-203
项目				公称直径（mm 以内）				
				15	20	25	32	40
		名称	单位	消耗量				
人工	000203000	综合二类工	工日	0.200	0.235	0.297	0.350	0.388
材料	201107001	合金钢对焊法兰	片	（2.000）	（2.000）	（2.000）	（2.000）	（2.000）
	031303003	合金钢焊丝	kg	0.021	0.038	0.052	0.064	0.073
	142909001	氧气	m^3	0.007	0.008	0.009	0.011	0.015
	142907002	乙炔气	kg	0.003	0.003	0.004	0.004	0.006
	142911001	氩气	m^3	0.059	0.106	0.145	0.179	0.205
	340101003	铈钨棒	g	0.119	0.212	0.289	0.359	0.411
	031101013	尼龙砂轮片 $\phi100\times16\times3$	片	0.027	0.053	0.085	0.098	0.135
	031101014	尼龙砂轮片 $\phi500\times25\times4$	片	0.009	0.015	0.019	0.024	0.028
	031103002	磨头	个	0.027	0.031	0.037	0.044	0.052
	020112004	无石棉橡胶板 低压 $\delta0.8\sim6$	kg	0.012	0.024	0.047	0.047	0.071
	140103002	清油 C01-1	kg	0.012	0.012	0.012	0.012	0.012
	143315001	丙酮	kg	0.017	0.019	0.026	0.031	0.047
	143311001	白铅油	kg	0.035	0.035	0.035	0.035	0.035
	143121001	二硫化钼	kg	0.002	0.002	0.002	0.004	0.004
	092705004	碎布	kg	0.014	0.017	0.017	0.031	0.031
	850103006	其他材料费（占材料费）	%	1.000	1.000	1.000	1.000	1.000
机械	990912010	氩弧焊机 500A	台班	0.027	0.038	0.052	0.064	0.073
	990785040	砂轮切割机 $\phi500$	台班	0.001	0.004	0.005	0.007	0.007
	990718040	普通车床 630×2000mm	台班	0.013	0.015	0.015	0.016	0.017

工作内容：准备工作，管子切口，坡口加工，管口组对，焊接，法兰连接，螺栓涂二硫化钼。

计量单位：副

		编号		8-4-204	8-4-205	8-4-206	8-4-207	8-4-208
		项目		公称直径（mm 以内）				
				50	65	80	100	125
		名称	单位	消耗量				
人工	000203000	综合二类工	工日	0.448	0.519	0.577	0.719	0.864
材料	201107001	合金钢对焊法兰	片	（2.000）	（2.000）	（2.000）	（2.000）	（2.000）
	031303003	合金钢焊丝	kg	0.027	0.039	0.045	0.059	0.076
	142909001	氧气	m^3	0.015	0.126	0.143	0.222	0.295
	142907002	乙炔气	kg	0.006	0.049	0.055	0.085	0.114
	142911001	氩气	m^3	0.077	0.129	0.153	0.198	0.235
	340101003	铈钨棒	g	0.155	0.218	0.255	0.330	0.407
	031101013	尼龙砂轮片 $\phi100\times16\times3$	片	0.147	0.207	0.316	0.376	0.492
	031101014	尼龙砂轮片 $\phi500\times25\times4$	片	0.034	0.052	0.065	0.086	0.102
	031103002	磨头	个	0.050	0.066	0.066	0.118	—
	020112004	无石棉橡胶板 低压 $\delta0.8\sim6$	kg	0.066	0.085	0.123	0.160	0.217
	140103002	清油 C01-1	kg	0.009	0.009	0.019	0.019	0.022
	143315001	丙酮	kg	0.004	0.047	0.059	0.081	0.082
	143311001	白铅油	kg	0.038	0.038	0.066	0.113	0.113
	143121001	二硫化钼	kg	0.003	0.004	0.006	0.006	0.013
	092705004	碎布	kg	0.026	0.028	0.030	0.049	0.049
	031301004	合金钢焊条	kg	0.132	0.256	0.424	0.519	0.555
	850103006	其他材料费（占材料费）	%	1.000	1.000	1.000	1.000	1.000
机械	990900010	电焊机（综合）	台班	0.082	0.111	0.149	0.177	0.191
	990919030	电焊条烘干箱 $60\times50\times75cm^3$	台班	0.008	0.011	0.015	0.018	0.019
	990920010	电焊条恒温箱	台班	0.008	0.011	0.015	0.018	0.019
	990509020	单速电动葫芦 3t	台班	—	0.036	0.036	0.037	0.041
	990304004	汽车式起重机 8t	台班	—	—	—	0.001	0.001
	990401030	载重汽车 8t	台班	—	—	—	0.001	0.001
	990912010	氩弧焊机 500A	台班	0.041	0.057	0.067	0.089	0.112
	990785040	砂轮切割机 $\phi500$	台班	0.009	0.012	0.013	0.019	0.020
	990718040	普通车床 $630\times2000mm$	台班	0.022	0.036	0.036	0.037	0.041

工作内容：准备工作，管子切口，坡口加工，管口组对，焊接，法兰连接，螺栓涂二硫化钼。

计量单位：副

				8-4-209	8-4-210	8-4-211	8-4-212	8-4-213
编号				8-4-209	8-4-210	8-4-211	8-4-212	8-4-213
项目				公称直径（mm 以内）				
				150	200	250	300	350
名称			单位	消耗量				
人工	000203000	综合二类工	工日	1.028	1.326	1.450	1.729	2.251
材料	201107001	合金钢对焊法兰	片	（2.000）	（2.000）	（2.000）	（2.000）	（2.000）
	031301004	合金钢焊条	kg	1.029	1.940	3.242	4.975	7.530
	031303003	合金钢焊丝	kg	0.091	0.117	0.146	0.175	0.190
	142909001	氧气	m^3	0.399	1.119	2.394	3.249	3.786
	142907002	乙炔气	kg	0.154	0.430	0.921	1.250	1.456
	142911001	氩气	m^3	0.282	0.389	0.484	0.578	0.669
	340101003	铈钨棒	g	0.493	0.645	0.810	0.965	1.067
	031101013	尼龙砂轮片 $\phi100\times16\times3$	片	0.607	0.930	1.372	1.904	2.157
	020112004	无石棉橡胶板 低压 $\delta0.8\sim6$	kg	0.264	0.312	0.349	0.378	0.510
	140103002	清油 C01-1	kg	0.028	0.028	0.038	0.047	0.047
	143315001	丙酮	kg	0.098	0.098	0.168	0.198	0.230
	143311001	白铅油	kg	0.132	0.160	0.189	0.236	0.236
	143121001	二硫化钼	kg	0.013	0.013	0.019	0.029	0.029
	092705004	碎布	kg	0.058	0.065	0.070	0.085	0.093
	850103006	其他材料费（占材料费）	%	1.000	1.000	1.000	1.000	1.000
机械	990900010	电焊机（综合）	台班	0.308	0.454	0.607	0.777	1.069
	990912010	氩弧焊机 500A	台班	0.133	0.174	0.217	0.258	0.299
	990718040	普通车床 630×2000mm	台班	0.041	0.068	0.083	0.105	0.122
	990509020	单速电动葫芦 3t	台班	0.041	0.068	—	—	—
	990919030	电焊条烘干箱 $60\times50\times75cm^3$	台班	0.031	0.045	0.061	0.078	0.107
	990920010	电焊条恒温箱	台班	0.031	0.045	0.061	0.078	0.107
	990304004	汽车式起重机 8t	台班	0.001	0.002	0.002	0.002	0.002
	990401030	载重汽车 8t	台班	0.001	0.002	0.002	0.002	0.002

工作内容： 准备工作，管子切口，坡口加工，管口组对，焊接，法兰连接，螺栓涂二硫化钼。

计量单位：副

编号				8-4-214	8-4-215	8-4-216	8-4-217
项目				公称直径（mm 以内）			
				400	450	500	600
名称			单位	消耗量			
人工	000203000	综合二类工	工日	2.634	2.902	3.731	4.830
材料	201107001	合金钢对焊法兰	片	（2.000）	（2.000）	（2.000）	（2.000）
	031301004	合金钢焊条	kg	10.378	14.015	14.860	19.342
	031303003	合金钢焊丝	kg	0.228	0.258	0.274	0.320
	142909001	氧气	m^3	5.331	6.062	9.026	12.721
	142907002	乙炔气	kg	2.050	2.332	3.471	4.893
	142911001	氩气	m^3	0.756	0.853	0.949	1.142
	340101003	铈钨棒	g	1.206	1.367	1.653	2.100
	031101013	尼龙砂轮片 $\phi100\times16\times3$	片	3.060	3.575	4.106	4.856
	020112004	无石棉橡胶板 低压 $\delta0.8\sim6$	kg	0.651	0.765	0.784	0.917
	140103002	清油 C01-1	kg	0.057	0.057	0.057	0.067
	143315001	丙酮	kg	0.261	0.295	0.325	0.389
	143311001	白铅油	kg	0.283	0.283	0.312	0.341
	143121001	二硫化钼	kg	0.038	0.038	0.038	0.047
	092705004	碎布	kg	0.110	0.115	0.130	0.150
	850103006	其他材料费（占材料费）	%	1.000	1.000	1.000	1.000
机械	990900010	电焊机（综合）	台班	1.380	1.737	1.845	2.310
	990912010	氩弧焊机 500A	台班	0.338	0.382	0.424	0.510
	990718040	普通车床 630×2000mm	台班	0.160	0.192	0.299	0.438
	990304004	汽车式起重机 8t	台班	0.004	0.005	0.006	0.006
	990401030	载重汽车 8t	台班	0.004	0.005	0.006	0.006
	990919030	电焊条烘干箱 $60\times50\times75cm^3$	台班	0.138	0.174	0.185	0.231
	990920010	电焊条恒温箱	台班	0.138	0.174	0.185	0.231

13. 合金钢对焊法兰（氩弧焊）

工作内容：准备工作，管子切口，坡口加工，管口组对，焊接，法兰连接，螺栓涂二硫化钼。

计量单位：副

编号				8-4-218	8-4-219	8-4-220	8-4-221	8-4-222	8-4-223
项目				公称直径（mm 以内）					
				15	20	25	32	40	50
名称			单位	消耗量					
人工	000203000	综合二类工	工日	0.220	0.258	0.326	0.384	0.426	0.492
材料	201107001	合金钢对焊法兰	片	（2.000）	（2.000）	（2.000）	（2.000）	（2.000）	（2.000）
	031303003	合金钢焊丝	kg	0.021	0.038	0.052	0.064	0.073	0.097
	142909001	氧气	m^3	0.007	0.008	0.009	0.011	0.015	0.015
	142907002	乙炔气	kg	0.003	0.003	0.004	0.004	0.006	0.006
	142911001	氩气	m^3	0.059	0.106	0.145	0.179	0.205	0.271
	340101003	铈钨棒	g	0.119	0.212	0.289	0.359	0.411	0.543
	031101013	尼龙砂轮片 $\phi100\times16\times3$	片	0.025	0.053	0.085	0.098	0.135	0.147
	031101014	尼龙砂轮片 $\phi500\times25\times4$	片	0.009	0.015	0.019	0.024	0.028	0.034
	031103002	磨头	个	0.027	0.031	0.037	0.044	0.052	0.055
	020112004	无石棉橡胶板 低压 $\delta0.8\sim6$	kg	0.012	0.024	0.047	0.047	0.051	0.066
	140103002	清油 C01-1	kg	0.012	0.012	0.012	0.012	0.012	0.012
	143315001	丙酮	kg	0.017	0.019	0.026	0.031	0.047	0.047
	143311001	白铅油	kg	0.035	0.035	0.035	0.035	0.035	0.038
	143121001	二硫化钼	kg	0.002	0.002	0.002	0.004	0.004	0.004
	092705004	碎布	kg	0.014	0.017	0.017	0.021	0.021	0.026
	850103006	其他材料费（占材料费）	%	1.000	1.000	1.000	1.000	1.000	1.000
机械	990912010	氩弧焊机 500A	台班	0.027	0.038	0.052	0.064	0.073	0.117
	990785040	砂轮切割机 $\phi500$	台班	0.001	0.004	0.005	0.007	0.007	0.009
	990718040	普通车床 630×2000mm	台班	0.013	0.015	0.015	0.016	0.017	0.022

工作内容：准备工作，管子切口，坡口加工，管口组对，焊接，法兰连接，螺栓涂二硫化钼。

计量单位：副

编号				8-4-224	8-4-225	8-4-226	8-4-227	8-4-228	8-4-229
项目				公称直径（mm 以内）					
				65	80	100	125	150	200
名称			单位	消耗量					
人工	000203000	综合二类工	工日	0.571	0.633	0.792	0.952	1.131	1.460
材料	201107001	合金钢对焊法兰	片	（2.000）	（2.000）	（2.000）	（2.000）	（2.000）	（2.000）
	031303003	合金钢焊丝	kg	0.179	0.221	0.361	0.361	0.593	1.035
	142909001	氧气	m^3	0.023	0.027	0.035	0.039	0.215	0.357
	142907002	乙炔气	kg	0.009	0.010	0.013	0.015	0.083	0.137
	142911001	氩气	m^3	0.501	0.620	1.011	1.011	1.660	2.893
	340101003	铈钨棒	g	1.003	1.239	2.022	2.022	3.319	3.527
	031101013	尼龙砂轮片 $\phi100\times16\times3$	片	0.207	0.316	0.376	0.492	0.607	0.930
	031101014	尼龙砂轮片 $\phi500\times25\times4$	片	0.052	0.065	0.086	0.102	—	—
	031103002	磨头	个	0.066	0.081	0.100	—	—	—
	020112004	无石棉橡胶板 低压 $\delta0.8\sim6$	kg	0.085	0.129	0.160	0.217	0.264	0.331
	140103002	清油 C01-1	kg	0.012	0.019	0.019	0.020	0.028	0.030
	143315001	丙酮	kg	0.047	0.061	0.070	0.081	0.098	0.104
	143311001	白铅油	kg	0.038	0.069	0.113	0.113	0.132	0.171
	143121001	二硫化钼	kg	0.004	0.005	0.005	0.010	0.010	0.016
	092705004	碎布	kg	0.028	0.032	0.042	0.043	0.049	0.058
	850103006	其他材料费（占材料费）	%	1.000	1.000	1.000	1.000	1.000	1.000
机械	990744010	半自动切割机 100mm	台班	—	—	—	—	0.017	0.032
	990912010	氩弧焊机 500A	台班	0.164	0.193	0.314	0.374	0.494	0.597
	990785040	砂轮切割机 $\phi500$	台班	0.012	0.013	0.019	0.020	—	—
	990718040	普通车床 630×2000mm	台班	0.036	0.036	0.037	0.041	0.041	0.068
	990509020	单速电动葫芦 3t	台班	0.036	0.036	0.037	0.041	0.041	0.068
	990304004	汽车式起重机 8t	台班	—	—	0.001	0.001	0.001	0.002
	990401030	载重汽车 8t	台班	—	—	0.001	0.001	0.001	0.002

14. 铝及铝合金翻边活动法兰（氩弧焊）

工作内容： 准备工作，管子切口，坡口加工，坡口磨平，管口组对，焊前预热，焊接，焊缝酸洗，法兰连接，螺栓涂二硫化钼。

计量单位： 副

编　号				8-4-230	8-4-231	8-4-232	8-4-233	8-4-234	8-4-235
项　目				管外径（mm 以内）					
				18	25	30	40	50	60
名　称			单位	消　耗　量					
人工	000203000	综合二类工	工日	0.172	0.188	0.212	0.242	0.281	0.376
材料	181403001	低压铝翻边短管	个	（2.000）	（2.000）	（2.000）	（2.000）	（2.000）	（2.000）
	200009001	活动法兰	片	（2.000）	（2.000）	（2.000）	（2.000）	（2.000）	（2.000）
	031303016	铝锰合金焊丝 丝 321（综合）	kg	0.013	0.015	0.018	0.033	0.040	0.075
	142909001	氧气	m^3	0.001	0.001	0.001	0.002	0.002	0.045
	142911001	氩气	m^3	0.013	0.016	0.020	0.037	0.046	0.083
	340101003	铈钨棒	g	0.020	0.027	0.035	0.068	0.085	0.161
	031101014	尼龙砂轮片 $\phi500 \times 25 \times 4$	片	0.003	0.003	0.005	0.009	0.009	0.011
	020117001	耐酸无石棉橡胶板（综合）	kg	0.010	0.020	0.040	0.040	0.060	0.070
	143159001	氢氧化钠（烧碱）	kg	0.066	0.086	0.118	0.160	0.194	0.232
	143103001	硝酸	kg	0.020	0.024	0.026	0.034	0.038	0.044
	143175001	重铬酸钾 98%	kg	0.004	0.007	0.008	0.010	0.012	0.014
	341101001	水	m^3	0.002	0.003	0.004	0.004	0.006	0.006
	143121001	二硫化钼	kg	0.002	0.002	0.002	0.004	0.004	0.004
	092705004	碎布	kg	0.022	0.022	0.022	0.024	0.044	0.044
	031101013	尼龙砂轮片 $\phi100 \times 16 \times 3$	片	—	—	0.012	0.017	0.022	0.026
	142907002	乙炔气	kg	—	—	—	0.001	0.001	0.017
	850103006	其他材料费（占材料费）	%	1.000	1.000	1.000	1.000	1.000	1.000
机械	990912010	氩弧焊机 500A	台班	0.023	0.029	0.035	0.052	0.066	0.073
	990785040	砂轮切割机 $\phi500$	台班	0.001	0.001	0.002	0.004	0.005	0.007
	991003050	电动空气压缩机 $6m^3/min$	台班	0.002	0.002	0.002	0.002	0.002	0.002

工作内容：准备工作，管子切口，坡口加工，坡口磨平，管口组对，焊前预热，焊接，焊缝酸洗，法兰连接，螺栓涂二硫化钼。

计量单位：副

编号				8-4-236	8-4-237	8-4-238	8-4-239	8-4-240	8-4-241
项目				管外径（mm 以内）					
				70	80	100	125	150	180
名称			单位	消耗量					
人工	000203000	综合二类工	工日	0.459	0.591	0.699	0.929	1.127	1.350
材料	181403001	低压铝翻边短管	个	（2.000）	（2.000）	（2.000）	（2.000）	（2.000）	（2.000）
	200009001	活动法兰	片	（2.000）	（2.000）	（2.000）	（2.000）	（2.000）	（2.000）
	031303016	铝锰合金焊丝 丝 321（综合）	kg	0.090	0.103	0.113	0.143	0.204	0.310
	142909001	氧气	m^3	0.055	0.061	0.084	0.103	0.137	0.173
	142907002	乙炔气	kg	0.021	0.023	0.032	0.040	0.053	0.067
	142911001	氩气	m^3	0.098	0.111	0.123	0.155	0.277	0.332
	340101003	铈钨棒	g	0.189	0.216	0.234	0.294	0.526	0.633
	031101013	尼龙砂轮片 $\phi100\times16\times3$	片	0.031	0.035	0.045	0.056	0.068	0.117
	031101014	尼龙砂轮片 $\phi500\times25\times4$	片	0.013	—	—	—	—	—
	020117001	耐酸无石棉橡胶板（综合）	kg	0.090	0.130	0.170	0.230	0.280	0.305
	143159001	氢氧化钠（烧碱）	kg	0.290	0.310	0.388	0.500	0.644	0.754
	143103001	硝酸	kg	0.060	0.064	0.076	0.100	0.118	0.144
	143175001	重铬酸钾 98%	kg	0.016	0.018	0.022	0.028	0.036	0.042
	341101001	水	m^3	0.008	0.008	0.010	0.014	0.016	0.020
	143121001	二硫化钼	kg	0.004	0.006	0.006	0.013	0.013	0.013
	092705004	碎布	kg	0.044	0.056	0.068	0.068	0.070	0.077
	850103006	其他材料费（占材料费）	%	1.000	1.000	1.000	1.000	1.000	1.000
机械	990912010	氩弧焊机 500A	台班	0.085	0.100	0.125	0.160	0.250	0.295
	990785040	砂轮切割机 $\phi500$	台班	0.007	—	—	—	—	—
	991003050	电动空气压缩机 $6m^3/min$	台班	0.002	0.002	0.002	0.002	0.002	0.002
	990743010	等离子切割机 400A	台班	—	0.024	0.036	0.045	0.059	0.059
	991003030	电动空气压缩机 $1m^3/min$	台班	—	0.024	0.036	0.045	0.059	0.059

工作内容：准备工作，管子切口，坡口加工，坡口磨平，管口组对，焊前预热，焊接，焊缝酸洗，法兰连接，螺栓涂二硫化钼。

计量单位：副

编号				8-4-242	8-4-243	8-4-244	8-4-245	8-4-246
项目				管外径（mm 以内）				
				200	250	300	350	410
名称			单位	消耗量				
人工	000203000	综合二类工	工日	1.537	1.912	2.445	3.574	4.614
材料	181403001	低压铝翻边短管	个	（2.000）	（2.000）	（2.000）	（2.000）	（2.000）
	200009001	活动法兰	片	（2.000）	（2.000）	（2.000）	（2.000）	（2.000）
	031303016	铝锰合金焊丝 丝 321（综合）	kg	0.325	0.518	0.723	1.428	2.298
	142909001	氧气	m^3	0.211	0.800	1.055	1.654	2.397
	142907002	乙炔气	kg	0.081	0.308	0.406	0.636	0.922
	142911001	氩气	m^3	0.349	0.554	0.779	1.556	2.520
	340101003	钸钨棒	g	0.664	1.058	1.495	3.027	4.935
	031101013	尼龙砂轮片 $\phi100\times16\times3$	片	0.130	0.220	0.270	0.310	0.470
	020117001	耐酸无石棉橡胶板（综合）	kg	0.330	0.370	0.400	0.540	0.690
	143159001	氢氧化钠（烧碱）	kg	0.800	0.970	1.142	1.308	1.494
	143103001	硝酸	kg	0.172	0.200	0.252	0.276	0.320
	143175001	重铬酸钾 98%	kg	0.050	0.056	0.074	0.080	0.092
	341101001	水	m^3	0.020	0.024	0.034	0.038	0.044
	143121001	二硫化钼	kg	0.019	0.019	0.029	0.029	0.038
	092705004	碎布	kg	0.084	0.090	0.094	0.102	0.126
	850103006	其他材料费（占材料费）	%	1.000	1.000	1.000	1.000	1.000
机械	990912010	氩弧焊机 500A	台班	0.314	0.437	0.590	1.031	1.576
	991003050	电动空气压缩机 $6m^3/min$	台班	0.002	0.002	0.002	0.002	0.002
	990743010	等离子切割机 400A	台班	0.074	0.075	0.112	0.137	0.169
	990304004	汽车式起重机 8t	台班	0.002	0.002	0.003	0.004	0.005
	990401030	载重汽车 8t	台班	0.002	0.002	0.003	0.004	0.005
	991003030	电动空气压缩机 $1m^3/min$	台班	0.074	0.075	0.112	0.137	0.169

15. 铝及铝合金法兰（氩弧焊）

工作内容：准备工作，管子切口，磨平，管口组对，焊前预热，焊接，焊缝酸洗，法兰连接，螺栓涂二硫化钼。

计量单位：副

编号				8-4-247	8-4-248	8-4-249	8-4-250	8-4-251
项目				管外径（mm 以内）				
				18	25	30	40	50
名称			单位	消耗量				
人工	000203000	综合二类工	工日	0.153	0.175	0.196	0.237	0.292
材料	201105002	铝及铝合金法兰	副	（2.000）	（2.000）	（2.000）	（2.000）	（2.000）
	031303016	铝锰合金焊丝 丝 321（综合）	kg	0.008	0.009	0.010	0.018	0.021
	142909001	氧气	m^3	0.001	0.001	0.001	0.002	0.002
	142911001	氩气	m^3	0.011	0.013	0.017	0.034	0.043
	340101003	铈钨棒	g	0.023	0.027	0.035	0.068	0.085
	031101014	尼龙砂轮片 $\phi500\times25\times4$	片	0.003	0.003	0.005	0.009	0.009
	020117001	耐酸无石棉橡胶板（综合）	kg	0.020	0.020	0.040	0.040	0.060
	143159001	氢氧化钠（烧碱）	kg	0.040	0.046	0.058	0.080	0.094
	143103001	硝酸	kg	0.012	0.014	0.016	0.024	0.028
	143175001	重铬酸钾 98%	kg	0.006	0.007	0.008	0.010	0.012
	341101001	水	m^3	0.003	0.003	0.004	0.004	0.006
	143121001	二硫化钼	kg	0.002	0.002	0.002	0.002	0.004
	092705004	碎布	kg	0.012	0.012	0.012	0.014	0.024
	031101013	尼龙砂轮片 $\phi100\times16\times3$	片	—	—	0.012	0.017	0.022
	142907002	乙炔气	kg	—	—	—	0.001	0.001
	850103006	其他材料费（占材料费）	%	1.000	1.000	1.000	1.000	1.000
机械	990912010	氩弧焊机 500A	台班	0.012	0.015	0.018	0.028	0.033
	990785040	砂轮切割机 $\phi500$	台班	0.001	0.001	0.002	0.004	0.005
	991003050	电动空气压缩机 $6m^3/min$	台班	0.002	0.002	0.002	0.002	0.002

工作内容：准备工作，管子切口，磨平，管口组对，焊前预热，焊接，焊缝酸洗，法兰连接，螺栓涂二硫化钼。　　　　计量单位：副

编号				8-4-252	8-4-253	8-4-254	8-4-255
项目				管外径（mm 以内）			
				60	70	80	100
名称			单位	消耗量			
人工	000203000	综合二类工	工日	0.384	0.427	0.509	0.587
材料	201105002	铝及铝合金法兰	副	（2.000）	（2.000）	（2.000）	（2.000）
	031303016	铝锰合金焊丝 丝 321（综合）	kg	0.038	0.043	0.050	0.054
	142909001	氧气	m^3	0.045	0.055	0.061	0.084
	142907002	乙炔气	kg	0.017	0.021	0.023	0.032
	142911001	氩气	m^3	0.080	0.095	0.108	0.117
	340101003	钍钨棒	g	0.161	0.189	0.216	0.234
	031101013	尼龙砂轮片 $\phi100\times16\times3$	片	0.026	0.031	0.035	0.045
	031101014	尼龙砂轮片 $\phi500\times25\times4$	片	0.011	0.013	—	—
	020117001	耐酸无石棉橡胶板（综合）	kg	0.070	0.090	0.130	0.170
	143159001	氢氧化钠（烧碱）	kg	0.112	0.130	0.150	0.188
	143103001	硝酸	kg	0.034	0.040	0.044	0.056
	143175001	重铬酸钾 98%	kg	0.014	0.016	0.018	0.022
	341101001	水	m^3	0.006	0.008	0.008	0.010
	143121001	二硫化钼	kg	0.004	0.004	0.004	0.006
	092705004	碎布	kg	0.024	0.024	0.026	0.038
	850103006	其他材料费（占材料费）	%	1.000	1.000	1.000	1.000
机械	990912010	氩弧焊机 500A	台班	0.038	0.042	0.048	0.059
	990785040	砂轮切割机 $\phi500$	台班	0.007	0.007	—	—
	991003050	电动空气压缩机 $6m^3/min$	台班	0.002	0.002	0.002	0.002
	990743010	等离子切割机 400A	台班	—	—	0.024	0.036
	991003030	电动空气压缩机 $1m^3/min$	台班	—	—	0.024	0.036

工作内容：准备工作，管子切口，磨平，管口组对，焊前预热，焊接，焊缝酸洗，法兰连接，螺栓涂二硫化钼。

计量单位：副

编号				8-4-256	8-4-257	8-4-258	8-4-259
项目				管外径（mm 以内）			
				125	150	180	200
名称			单位	消耗量			
人工	000203000	综合二类工	工日	0.785	0.976	1.180	1.353
材料	201105002	铝及铝合金法兰	副	（2.000）	（2.000）	（2.000）	（2.000）
	031303016	铝锰合金焊丝 丝 321（综合）	kg	0.069	0.117	0.147	0.163
	142909001	氧气	m^3	0.103	0.118	0.173	0.211
	142907002	乙炔气	kg	0.040	0.045	0.067	0.081
	142911001	氩气	m^3	0.147	0.263	0.316	0.332
	340101003	铈钨棒	g	0.294	0.526	0.633	0.664
	031101013	尼龙砂轮片 $\phi100\times16\times3$	片	0.056	0.068	0.117	0.130
	020117001	耐酸无石棉橡胶板（综合）	kg	0.230	0.280	0.297	0.330
	143159001	氢氧化钠（烧碱）	kg	0.220	0.304	0.394	0.420
	143103001	硝酸	kg	0.070	0.088	0.104	0.122
	143175001	重铬酸钾 98%	kg	0.028	0.036	0.042	0.050
	341101001	水	m^3	0.014	0.016	0.020	0.024
	143121001	二硫化钼	kg	0.006	0.013	0.013	0.013
	092705004	碎布	kg	0.038	0.040	0.042	0.044
	850103006	其他材料费（占材料费）	%	1.000	1.000	1.000	1.000
机械	990912010	氩弧焊机 500A	台班	0.074	0.112	0.140	0.155
	991003050	电动空气压缩机 $6m^3/min$	台班	0.002	0.002	0.002	0.002
	990743010	等离子切割机 400A	台班	0.045	0.059	0.059	0.074
	991003030	电动空气压缩机 $1m^3/min$	台班	0.045	0.059	0.059	0.074

16. 铜及铜合金翻边活动法兰（氧乙炔焊）

工作内容：准备工作，管子切口，坡口加工，坡口磨平，焊前预热，焊接，法兰连接，螺栓涂二硫化钼。

计量单位：副

		编 号		8-4-260	8-4-261	8-4-262	8-4-263	8-4-264
		项 目		管外径（mm 以内）				
				20	30	40	50	65
		名 称	单位	消 耗 量				
人工	000203000	综合二类工	工日	0.137	0.170	0.206	0.221	0.292
材料	180721001	低压铜翻边短管	个	（2.000）	（2.000）	（2.000）	（2.000）	（2.000）
	200009001	活动法兰	片	（2.000）	（2.000）	（2.000）	（2.000）	（2.000）
	031303009	铜焊丝（综合）	kg	0.015	0.024	0.034	0.040	0.094
	142909001	氧气	m^3	0.090	0.136	0.193	0.242	0.390
	142907002	乙炔气	kg	0.035	0.052	0.074	0.093	0.150
	031101013	尼龙砂轮片 $\phi100\times16\times3$	片	0.013	0.018	0.023	0.027	0.032
	031101014	尼龙砂轮片 $\phi500\times25\times4$	片	0.005	0.011	0.017	0.025	0.028
	020112004	无石棉橡胶板 低压 $\delta0.8\sim6$	kg	0.010	0.040	0.040	0.060	0.070
	040329001	硼砂	kg	0.004	0.007	0.010	0.013	0.020
	140103002	清油 C01-1	kg	0.001	0.001	0.001	0.001	0.001
	143311001	白铅油	kg	0.030	0.030	0.030	0.030	0.040
	031102004	铁砂布（综合）	张	0.014	0.018	0.030	0.038	0.056
	143121001	二硫化钼	kg	0.002	0.002	0.002	0.004	0.004
	092705004	碎布	kg	0.011	0.011	0.012	0.022	0.024
	850103006	其他材料费（占材料费）	%	1.000	1.000	1.000	1.000	1.000
机械	990785040	砂轮切割机 $\phi500$	台班	0.003	0.004	0.005	0.008	0.011

工作内容： 准备工作，管子切口，坡口加工，坡口磨平，焊前预热，焊接，法兰连接，螺栓涂二硫化钼。

计量单位：副

编号				8-4-265	8-4-266	8-4-267	8-4-268	8-4-269
项目				管外径（mm 以内）				
				75	85	100	120	150
名称			单位	消耗量				
人工	000203000	综合二类工	工日	0.329	0.360	0.385	0.467	0.598
材料	180721001	低压铜翻边短管	个	（2.000）	（2.000）	（2.000）	（2.000）	（2.000）
	200009001	活动法兰	片	（2.000）	（2.000）	（2.000）	（2.000）	（2.000）
	031303009	铜焊丝（综合）	kg	0.110	0.128	0.207	0.248	0.309
	142909001	氧气	m^3	0.448	0.529	0.555	0.612	0.696
	142907002	乙炔气	kg	0.172	0.203	0.213	0.235	0.268
	031101013	尼龙砂轮片 $\phi100\times16\times3$	片	0.036	0.046	0.058	0.069	0.119
	020112004	无石棉橡胶板 低压 $\delta0.8\sim6$	kg	0.090	0.130	0.170	0.230	0.280
	040329001	硼砂	kg	0.028	0.038	0.038	0.040	0.048
	140103002	清油 C01-1	kg	0.001	0.002	0.020	0.020	0.030
	143311001	白铅油	kg	0.050	0.070	0.100	0.120	0.140
	031102004	铁砂布（综合）	张	0.066	0.066	0.084	0.096	0.128
	143121001	二硫化钼	kg	0.004	0.004	0.006	0.006	0.013
	092705004	碎布	kg	0.024	0.026	0.036	0.038	0.038
	031101014	尼龙砂轮片 $\phi500\times25\times4$	片	0.032	—	—	—	—
	850103006	其他材料费（占材料费）	%	1.000	1.000	1.000	1.000	1.000
机械	990304004	汽车式起重机 8t	台班	—	—	0.001	0.001	0.001
	990401030	载重汽车 8t	台班	—	—	0.001	0.001	0.001
	990785040	砂轮切割机 $\phi500$	台班	0.012	—	—	—	—
	990743010	等离子切割机 400A	台班	—	0.027	0.129	0.154	0.190
	991003030	电动空气压缩机 $1m^3/min$	台班	—	0.027	0.129	0.154	0.190

工作内容：准备工作，管子切口，坡口加工，坡口磨平，焊前预热，焊接，法兰连接，螺栓涂二硫化钼。

计量单位：副

编号				8-4-270	8-4-271	8-4-272	8-4-273
项目				管外径（mm 以内）			
				185	200	250	300
名称			单位	消耗量			
人工	000203000	综合二类工	工日	0.775	1.072	1.471	1.917
材料	180721001	低压铜翻边短管	个	（2.000）	（2.000）	（2.000）	（2.000）
	200009001	活动法兰	片	（2.000）	（2.000）	（2.000）	（2.000）
	031303009	铜焊丝（综合）	kg	0.377	0.412	0.517	0.620
	142909001	氧气	m^3	0.857	0.929	1.163	1.395
	142907002	乙炔气	kg	0.330	0.357	0.447	0.537
	031101013	尼龙砂轮片 $\phi100 \times 16 \times 3$	片	0.133	0.225	0.274	0.313
	020112004	无石棉橡胶板 低压 $\delta0.8\sim6$	kg	0.298	0.330	0.370	0.400
	040329001	硼砂	kg	0.050	0.060	0.080	0.100
	140103002	清油 C01-1	kg	0.030	0.030	0.040	0.050
	143311001	白铅油	kg	0.153	0.170	0.200	0.250
	031102004	铁砂布（综合）	张	0.170	0.188	0.266	0.344
	143121001	二硫化钼	kg	0.013	0.013	0.019	0.029
	092705004	碎布	kg	0.045	0.049	0.060	0.060
	850103006	其他材料费（占材料费）	%	1.000	1.000	1.000	1.000
机械	990743010	等离子切割机 400A	台班	0.238	0.257	0.322	0.386
	990304004	汽车式起重机 8t	台班	0.001	0.002	0.002	0.003
	990401030	载重汽车 8t	台班	0.001	0.002	0.002	0.003
	991003030	电动空气压缩机 $1m^3/min$	台班	0.238	0.257	0.322	0.386

17. 铜及铜合金法兰（氧乙炔焊）

工作内容： 准备工作，管子切口，磨平，管口组对，焊前预热，焊接，法兰连接，螺栓涂二硫化钼。

计量单位： 副

编号				8-4-274	8-4-275	8-4-276	8-4-277	8-4-278
项目				管外径（mm 以内）				
				20	30	40	50	65
名称			单位	消耗量				
人工	000203000	综合二类工	工日	0.162	0.238	0.280	0.336	0.371
材料	200700001	铜法兰	片	（2.000）	（2.000）	（2.000）	（2.000）	（2.000）
	031303009	铜焊丝（综合）	kg	0.020	0.031	0.040	0.070	0.099
	142909001	氧气	m^3	0.086	0.129	0.177	0.222	0.231
	142907002	乙炔气	kg	0.033	0.050	0.068	0.085	0.089
	031101013	尼龙砂轮片 $\phi100\times16\times3$	片	0.012	0.017	0.022	0.026	0.031
	031101014	尼龙砂轮片 $\phi500\times25\times4$	片	0.005	0.011	0.017	0.025	0.028
	020112004	无石棉橡胶板 低压 $\delta0.8\sim6$	kg	0.010	0.040	0.040	0.060	0.070
	040329001	硼砂	kg	0.004	0.005	0.006	0.007	0.014
	140103002	清油 C01-1	kg	0.001	0.001	0.001	0.001	0.001
	031102004	铁砂布（综合）	张	0.014	0.018	0.030	0.038	0.056
	143311001	白铅油	kg	0.030	0.030	0.030	0.030	0.040
	143121001	二硫化钼	kg	0.002	0.002	0.002	0.004	0.004
	092705004	碎布	kg	0.012	0.014	0.016	0.026	0.028
	850103006	其他材料费（占材料费）	%	1.000	1.000	1.000	1.000	1.000
机械	990785040	砂轮切割机 $\phi500$	台班	0.003	0.004	0.005	0.008	0.011

工作内容： 准备工作，管子切口，磨平，管口组对，焊前预热，焊接，法兰连接，螺栓涂二硫化钼。

计量单位： 副

编号				8-4-279	8-4-280	8-4-281	8-4-282	8-4-283
项目				管外径（mm以内）				
				75	85	100	120	150
名称			单位	消耗量				
人工	000203000	综合二类工	工日	0.422	0.478	0.570	0.663	0.944
材料	200700001	铜法兰	片	（2.000）	（2.000）	（2.000）	（2.000）	（2.000）
	031303009	铜焊丝（综合）	kg	0.157	0.182	0.212	0.251	0.313
	142909001	氧气	m^3	0.378	0.443	0.547	0.660	0.897
	142907002	乙炔气	kg	0.145	0.170	0.210	0.254	0.345
	031101013	尼龙砂轮片 $\phi100\times16\times3$	片	0.035	0.045	0.057	0.068	0.118
	031101014	尼龙砂轮片 $\phi500\times25\times4$	片	0.032	—	—	—	—
	020112004	无石棉橡胶板 低压 $\delta0.8\sim6$	kg	0.090	0.130	0.170	0.230	0.280
	040329001	硼砂	kg	0.018	0.019	0.028	0.034	0.042
	140103002	清油 C01-1	kg	0.001	0.002	0.020	0.020	0.030
	031102004	铁砂布（综合）	张	0.066	0.066	0.084	0.096	0.128
	143311001	白铅油	kg	0.050	0.070	0.100	0.120	0.140
	143121001	二硫化钼	kg	0.004	0.004	0.006	0.006	0.013
	092705004	碎布	kg	0.030	0.030	0.042	0.046	0.048
	850103006	其他材料费（占材料费）	%	1.000	1.000	1.000	1.000	1.000
机械	990743010	等离子切割机 400A	台班	—	0.027	0.038	0.045	0.056
	991003030	电动空气压缩机 $1m^3/min$	台班	—	0.027	0.038	0.045	0.056
	990304004	汽车式起重机 8t	台班	—	—	0.001	0.001	0.001
	990401030	载重汽车 8t	台班	—	—	0.001	0.001	0.001
	990785040	砂轮切割机 $\phi500$	台班	0.012	—	—	—	—

工作内容：准备工作，管子切口，磨平，管口组对，焊前预热，焊接，法兰连接，螺栓涂二硫化钼。

计量单位：副

编号				8-4-284	8-4-285	8-4-286	8-4-287
项目				管外径（mm 以内）			
				185	200	250	300
名称			单位	消耗量			
人工	000203000	综合二类工	工日	1.224	1.506	1.788	2.180
材料	200700001	铜法兰	片	（2.000）	（2.000）	（2.000）	（2.000）
	031303009	铜焊丝（综合）	kg	0.380	0.414	0.541	0.974
	142909001	氧气	m^3	1.146	1.189	1.423	1.793
	142907002	乙炔气	kg	0.441	0.457	0.547	0.690
	031101013	尼龙砂轮片 $\phi100\times16\times3$	片	0.132	0.224	0.273	0.312
	020112004	无石棉橡胶板 低压 $\delta0.8\sim6$	kg	0.297	0.330	0.370	0.400
	040329001	硼砂	kg	0.050	0.080	0.100	0.130
	140103002	清油 C01-1	kg	0.030	0.030	0.040	0.050
	031102004	铁砂布（综合）	张	0.170	0.188	0.266	0.344
	143311001	白铅油	kg	0.153	0.170	0.200	0.250
	143121001	二硫化钼	kg	0.013	0.013	0.019	0.029
	092705004	碎布	kg	0.060	0.066	0.082	0.088
	850103006	其他材料费（占材料费）	%	1.000	1.000	1.000	1.000
机械	990743010	等离子切割机 400A	台班	0.070	0.076	0.094	0.114
	990304004	汽车式起重机 8t	台班	0.001	0.002	0.002	0.003
	990401030	载重汽车 8t	台班	0.001	0.002	0.002	0.003
	991003030	电动空气压缩机 $1m^3/min$	台班	0.070	0.076	0.094	0.114

18. 低压塑料法兰（热熔焊）

工作内容：准备工作，管子切口，磨平，管口组对，焊前预热，焊接，法兰连接，螺栓涂二硫化钼。

计量单位：副

编号				8-4-288	8-4-289	8-4-290	8-4-291	8-4-292	8-4-293
项目				管外径（mm 以内）					
				20	25	32	40	50	75
名称			单位	消耗量					
人工	000203000	综合二类工	工日	0.109	0.136	0.152	0.178	0.196	0.230
材料	200905002	塑料法兰（带短管）	片	（2.000）	（2.000）	（2.000）	（2.000）	（2.000）	（2.000）
	020112004	无石棉橡胶板 低压 δ0.8～6	kg	0.020	0.040	0.040	0.060	0.070	0.090
	092705004	碎布	kg	0.004	0.005	0.007	0.007	0.008	0.012
	031102004	铁砂布（综合）	张	0.030	0.036	0.040	0.046	0.060	0.085
	031541003	钢锯条	条	0.149	0.187	0.238	0.303	0.305	—
	143315001	丙酮	kg	0.020	0.020	0.030	0.030	0.040	0.050
	143121001	二硫化钼	kg	0.002	0.002	0.004	0.004	0.004	0.004
	850103006	其他材料费（占材料费）	%	1.000	1.000	1.000	1.000	1.000	1.000
机械	990706010	木工圆锯机 500mm	台班	—	—	—	—	—	0.009
	990911030	热熔对接焊机 630mm	台班	0.038	0.051	0.060	0.068	0.085	0.108

工作内容：准备工作，管子切口，磨平，管口组对，焊前预热，焊接，法兰连接，螺栓涂二硫化钼。

计量单位：副

编号				8-4-294	8-4-295	8-4-296	8-4-297	8-4-298
项目				管外径（mm 以内）				
				90	110	150	200	250
名称			单位	消耗量				
人工	000203000	综合二类工	工日	0.251	0.287	0.326	0.512	0.690
材料	200905002	塑料法兰（带短管）	片	（2.000）	（2.000）	（2.000）	（2.000）	（2.000）
	020112004	无石棉橡胶板 低压 δ0.8～6	kg	0.130	0.170	0.280	0.330	0.370
	092705004	碎布	kg	0.014	0.015	0.019	0.033	0.040
	031102004	铁砂布（综合）	张	0.100	0.149	0.196	0.321	0.505
	143315001	丙酮	kg	0.060	0.070	0.100	0.140	0.170
	143121001	二硫化钼	kg	0.006	0.006	0.013	0.013	0.019
	850103006	其他材料费（占材料费）	%	1.000	1.000	1.000	1.000	1.000
机械	990706010	木工圆锯机 500mm	台班	0.009	0.009	0.009	0.018	0.018
	990911030	热熔对接焊机 630mm	台班	0.124	0.160	0.191	0.449	0.628
	990304004	汽车式起重机 8t	台班	0.001	0.001	0.001	0.001	0.001
	990401030	载重汽车 8t	台班	0.001	0.001	0.001	0.001	0.001

19. 低压玻璃钢法兰（环氧树脂）

工作内容：准备工作，管子切口，磨平，管口组对，焊前预热，焊接，法兰连接，螺栓涂二硫化钼。

计量单位：副

编号				8-4-299	8-4-300	8-4-301	8-4-302	8-4-303	8-4-304
项目				管外径（mm 以内）					
				25	40	50	80	100	125
名称			单位	消耗量					
人工	000203000	综合二类工	工日	0.201	0.318	0.400	0.709	0.886	1.323
材料	201101001	玻璃钢法兰	片	（2.000）	（2.000）	（2.000）	（2.000）	（2.000）	（2.000）
	142107003	环氧树脂 618#	kg	0.124	0.165	0.227	0.453	0.556	0.886
	031101014	尼龙砂轮片 $\phi500\times25\times4$	片	0.001	0.001	0.002	0.002	0.003	0.004
	020112004	无石棉橡胶板 低压 $\delta0.8$～6	kg	0.047	0.071	0.083	0.153	0.201	0.271
	031102004	铁砂布（综合）	张	0.004	0.008	0.012	0.021	0.023	0.042
	040915007	石英粉 100 目	kg	0.127	0.197	0.247	0.498	0.622	0.996
	143121001	二硫化钼	kg	0.002	0.004	0.004	0.006	0.006	0.013
	143345001	邻苯二甲酸二丁酯	kg	0.008	0.012	0.016	0.031	0.039	0.063
	143315001	丙酮	kg	0.031	0.048	0.061	0.122	0.152	0.244
	143179001	乙二胺	kg	0.006	0.010	0.012	0.024	0.030	0.049
	150702003	玻璃布 $\delta0.2$	m^2	0.831	1.291	1.613	3.256	4.057	6.501
	850103006	其他材料费（占材料费）	%	1.000	1.000	1.000	1.000	1.000	1.000
机械	990785040	砂轮切割机 $\phi500$	台班	0.002	0.003	0.003	0.007	0.008	0.010

工作内容： 准备工作，管子切口，磨平，管口组对，焊前预热，焊接，法兰连接，螺栓涂二硫化钼。

计量单位：副

编　号				8-4-305	8-4-306	8-4-307	8-4-308	8-4-309	8-4-310
项　目				管外径（mm 以内）					
				150	200	250	300	400	500
名　称			单位	消　耗　量					
人工	000203000	综合二类工	工日	1.759	2.232	2.571	3.407	5.248	7.009
材料	201101001	玻璃钢法兰	片	（2.000）	（2.000）	（2.000）	（2.000）	（2.000）	（2.000）
	142107003	环氧树脂 618#	kg	1.215	1.609	2.410	3.214	5.315	7.272
	031101014	尼龙砂轮片 $\phi500 \times 25 \times 4$	片	0.004	0.005	0.006	0.006	0.007	0.008
	020112004	无石棉橡胶板 低压 $\delta0.8 \sim 6$	kg	0.330	0.389	0.437	0.472	0.814	0.979
	031102004	铁砂布（综合）	张	0.062	0.082	0.124	0.163	0.268	0.367
	040915007	石英粉 100 目	kg	1.370	1.809	2.707	3.600	5.951	8.144
	143121001	二硫化钼	kg	0.013	0.013	0.019	0.019	0.029	0.029
	143345001	邻苯二甲酸二丁酯	kg	0.086	0.114	0.170	0.227	0.375	0.512
	143315001	丙酮	kg	0.335	0.443	0.663	0.881	1.456	1.993
	143179001	乙二胺	kg	0.067	0.089	0.133	0.176	0.291	0.399
	150702003	玻璃布 $\delta0.2$	m^2	8.946	11.810	17.676	23.513	35.862	53.175
	850103006	其他材料费（占材料费）	%	1.000	1.000	1.000	1.000	1.000	1.000
机械	990785040	砂轮切割机 $\phi500$	台班	0.012	0.014	0.018	0.024	0.029	0.035
	990304004	汽车式起重机 8t	台班	0.001	0.001	0.001	0.001	0.001	0.001
	990401030	载重汽车 8t	台班	0.001	0.001	0.001	0.001	0.001	0.001

二、中压法兰

1. 碳钢对焊法兰（电弧焊）

工作内容：准备工作，管子切口，坡口加工，坡口磨平，焊接，法兰连接，螺栓涂二硫化钼。

计量单位：副

编号				8-4-311	8-4-312	8-4-313	8-4-314	8-4-315
项目				公称直径（mm 以内）				
				15	20	25	32	40
名称			单位	消耗量				
人工	000203000	综合二类工	工日	0.152	0.186	0.209	0.227	0.257
材料	200103001	碳钢对焊法兰	片	（2.000）	（2.000）	（2.000）	（2.000）	（2.000）
	031301009	低碳钢焊条 J427（综合）	kg	0.054	0.069	0.100	0.150	0.160
	031101013	尼龙砂轮片 $\phi100\times16\times3$	片	0.060	0.076	0.119	0.155	0.210
	031101014	尼龙砂轮片 $\phi500\times25\times4$	片	0.010	0.013	0.018	0.025	0.029
	031103002	磨头	个	0.020	0.026	0.031	0.039	0.044
	020112004	无石棉橡胶板 低压 $\delta0.8\sim6$	kg	0.024	0.024	0.047	0.047	0.071
	140103002	清油 C01-1	kg	0.012	0.012	0.012	0.012	0.012
	143311001	白铅油	kg	0.035	0.035	0.035	0.035	0.035
	143121001	二硫化钼	kg	0.002	0.002	0.002	0.004	0.004
	092705004	碎布	kg	0.014	0.015	0.017	0.019	0.019
	850103006	其他材料费（占材料费）	%	1.000	1.000	1.000	1.000	1.000
机械	990900010	电焊机（综合）	台班	0.029	0.046	0.062	0.076	0.088
	990785040	砂轮切割机 $\phi500$	台班	0.001	0.004	0.006	0.009	0.009
	990919030	电焊条烘干箱 $60\times50\times75cm^3$	台班	0.003	0.004	0.006	0.008	0.009
	990920010	电焊条恒温箱	台班	0.003	0.004	0.006	0.008	0.009

工作内容：准备工作，管子切口，坡口加工，坡口磨平，焊接，法兰连接，螺栓涂二硫化钼。

计量单位：副

编号				8-4-316	8-4-317	8-4-318	8-4-319	8-4-320
项目				公称直径（mm 以内）				
				50	65	80	100	125
名称			单位	消耗量				
人工	000203000	综合二类工	工日	0.282	0.332	0.366	0.437	0.534
材料	200103001	碳钢对焊法兰	片	（2.000）	（2.000）	（2.000）	（2.000）	（2.000）
	031301009	低碳钢焊条 J427（综合）	kg	0.200	0.440	0.628	0.834	1.296
	031101013	尼龙砂轮片 $\phi100\times16\times3$	片	0.223	0.276	0.357	0.476	0.670
	031101014	尼龙砂轮片 $\phi500\times25\times4$	片	0.043	—	—	—	—
	031103002	磨头	个	0.053	0.070	0.082	0.106	—
	020112004	无石棉橡胶板 低压 $\delta0.8\sim6$	kg	0.083	0.106	0.153	0.201	0.271
	140103002	清油 C01-1	kg	0.012	0.012	0.024	0.024	0.024
	143311001	白铅油	kg	0.047	0.059	0.083	0.130	0.142
	143121001	二硫化钼	kg	0.004	0.004	0.006	0.006	0.013
	092705004	碎布	kg	0.032	0.035	0.038	0.052	0.055
	142909001	氧气	m^3	—	0.317	0.369	0.470	0.620
	142907002	乙炔气	kg	—	0.122	0.142	0.181	0.238
	850103006	其他材料费（占材料费）	%	1.000	1.000	1.000	1.000	1.000
机械	990304004	汽车式起重机 8t	台班	—	—	—	0.001	0.001
	990401030	载重汽车 8t	台班	—	—	—	0.001	0.001
	990900010	电焊机（综合）	台班	0.107	0.164	0.193	0.267	0.313
	990785040	砂轮切割机 $\phi500$	台班	0.010	—	—	—	—
	990919030	电焊条烘干箱 $60\times50\times75cm^3$	台班	0.011	0.017	0.019	0.027	0.031
	990920010	电焊条恒温箱	台班	0.011	0.017	0.019	0.027	0.031

工作内容：准备工作，管子切口，坡口加工，坡口磨平，焊接，法兰连接，螺栓涂二硫化钼。

计量单位：副

编号				8-4-321	8-4-322	8-4-323	8-4-324	8-4-325
项目				公称直径（mm 以内）				
				150	200	250	300	350
名称			单位	消耗量				
人工	000203000	综合二类工	工日	0.656	0.708	0.962	1.150	1.710
材料	200103001	碳钢对焊法兰	片	（2.000）	（2.000）	（2.000）	（2.000）	（2.000）
	031301009	低碳钢焊条 J427（综合）	kg	1.800	3.400	5.400	7.600	10.800
	142909001	氧气	m^3	0.775	1.050	1.470	1.890	2.120
	142907002	乙炔气	kg	0.298	0.404	0.565	0.727	0.815
	031101013	尼龙砂轮片 $\phi100\times16\times3$	片	0.914	1.405	2.042	2.718	3.448
	020112004	无石棉橡胶板 低压 δ0.8～6	kg	0.330	0.389	0.437	0.472	0.637
	140103002	清油 C01-1	kg	0.035	0.035	0.047	0.047	0.047
	143311001	白铅油	kg	0.165	0.236	0.236	0.295	0.295
	143121001	二硫化钼	kg	0.013	0.013	0.019	0.029	0.029
	092705004	碎布	kg	0.060	0.080	0.087	0.094	0.104
	850103006	其他材料费（占材料费）	%	1.000	1.000	1.000	1.000	1.000
机械	990900010	电焊机（综合）	台班	0.396	0.587	0.764	0.962	1.311
	990304004	汽车式起重机 8t	台班	0.001	0.002	0.002	0.002	0.002
	990401030	载重汽车 8t	台班	0.001	0.002	0.002	0.002	0.002
	990919030	电焊条烘干箱 $60\times50\times75cm^3$	台班	0.039	0.059	0.076	0.096	0.131
	990920010	电焊条恒温箱	台班	0.039	0.059	0.076	0.096	0.131

工作内容：准备工作，管子切口，坡口加工，坡口磨平，焊接，法兰连接，螺栓涂二硫化钼。

计量单位：副

编号				8-4-326	8-4-327	8-4-328	8-4-329
项目				公称直径（mm 以内）			
				400	450	500	600
名称			单位	消耗量			
人工	000203000	综合二类工	工日	2.146	2.576	3.100	4.054
材料	200103001	碳钢对焊法兰	片	（2.000）	（2.000）	（2.000）	（2.000）
	031301009	低碳钢焊条 J427（综合）	kg	14.000	15.600	21.257	27.267
	142909001	氧气	m^3	2.464	3.160	3.556	4.623
	142907002	乙炔气	kg	0.948	1.215	1.368	1.778
	031101013	尼龙砂轮片 $\phi100\times16\times3$	片	4.280	4.798	5.513	7.912
	020112004	无石棉橡胶板 低压 $\delta0.8\sim6$	kg	0.814	0.956	0.979	1.144
	140103002	清油 C01-1	kg	0.071	0.071	0.071	0.071
	143311001	白铅油	kg	0.354	0.354	0.389	0.424
	143121001	二硫化钼	kg	0.038	0.038	0.038	0.047
	092705004	碎布	kg	0.135	0.142	0.160	0.187
	850103006	其他材料费（占材料费）	%	1.000	1.000	1.000	1.000
机械	990900010	电焊机（综合）	台班	1.688	2.115	2.340	2.993
	990304004	汽车式起重机 8t	台班	0.005	0.006	0.007	0.008
	990401030	载重汽车 8t	台班	0.005	0.006	0.007	0.008
	990919030	电焊条烘干箱 $60\times50\times75cm^3$	台班	0.169	0.212	0.234	0.300
	990920010	电焊条恒温箱	台班	0.169	0.212	0.234	0.300

2. 碳钢对焊法兰（氩电联焊）

工作内容：准备工作，管子切口，坡口加工，坡口磨平，管口组对，焊接，法兰连接，螺栓涂二硫化钼。

计量单位：副

编号				8-4-330	8-4-331	8-4-332	8-4-333	8-4-334
项目				公称直径（mm 以内）				
				15	20	25	32	40
名称			单位	消耗量				
人工	000203000	综合二类工	工日	0.231	0.280	0.325	0.379	0.443
材料	200103001	碳钢对焊法兰	片	（2.000）	（2.000）	（2.000）	（2.000）	（2.000）
	031303005	碳钢焊丝	kg	0.028	0.035	0.060	0.080	0.100
	142909001	氧气	m^3	—	—	—	0.013	0.014
	142907002	乙炔气	kg	—	—	—	0.005	0.005
	142911001	氩气	m^3	0.077	0.099	0.160	0.220	0.260
	340101003	铈钨棒	g	0.154	0.197	0.320	0.430	0.500
	031101013	尼龙砂轮片 $\phi100\times16\times3$	片	0.058	0.073	0.119	0.155	0.208
	031101014	尼龙砂轮片 $\phi500\times25\times4$	片	0.010	0.013	0.018	0.025	0.029
	031103002	磨头	个	0.020	0.026	0.031	0.039	0.044
	020112004	无石棉橡胶板 低压 δ0.8～6	kg	0.024	0.024	0.047	0.047	0.071
	140103002	清油 C01-1	kg	0.012	0.012	0.012	0.012	0.012
	143311001	白铅油	kg	0.035	0.035	0.035	0.035	0.035
	143121001	二硫化钼	kg	0.002	0.002	0.002	0.004	0.004
	092705004	碎布	kg	0.014	0.015	0.017	0.019	0.019
	850103006	其他材料费（占材料费）	%	1.000	1.000	1.000	1.000	1.000
机械	990912010	氩弧焊机 500A	台班	0.030	0.043	0.060	0.074	0.084
	990785040	砂轮切割机 $\phi500$	台班	0.001	0.005	0.006	0.009	0.009

工作内容：准备工作，管子切口，坡口加工，坡口磨平，管口组对，焊接，法兰连接，螺栓涂二硫化钼。

计量单位：副

编号				8-4-335	8-4-336	8-4-337	8-4-338	8-4-339
项目				公称直径（mm 以内）				
				50	65	80	100	125
名称			单位	消耗量				
人工	000203000	综合二类工	工日	0.489	0.581	0.647	0.800	1.034
材料	200103001	碳钢对焊法兰	片	（2.000）	（2.000）	（2.000）	（2.000）	（2.000）
	031303005	碳钢焊丝	kg	0.043	0.044	0.046	0.062	0.070
	142909001	氧气	m^3	0.019	0.230	0.258	0.320	0.418
	142907002	乙炔气	kg	0.007	0.088	0.099	0.123	0.161
	142911001	氩气	m^3	0.121	0.122	0.130	0.174	0.200
	340101003	铈钨棒	g	0.242	0.242	0.260	0.348	0.400
	031101013	尼龙砂轮片 $\phi100 \times 16 \times 3$	片	0.217	0.270	0.353	0.468	0.660
	031101014	尼龙砂轮片 $\phi500 \times 25 \times 4$	片	0.043	0.064	0.086	0.115	0.150
	031103002	磨头	个	0.053	0.070	0.082	0.106	—
	020112004	无石棉橡胶板 低压 $\delta0.8\sim6$	kg	0.083	0.106	0.153	0.201	0.271
	140103002	清油 C01-1	kg	0.012	0.012	0.024	0.024	0.024
	143311001	白铅油	kg	0.085	0.090	0.083	0.130	0.142
	143121001	二硫化钼	kg	0.004	0.004	0.006	0.006	0.013
	092705004	碎布	kg	0.032	0.035	0.038	0.052	0.055
	031301009	低碳钢焊条 J427（综合）	kg	0.095	0.360	0.530	0.700	1.146
	850103006	其他材料费（占材料费）	%	1.000	1.000	1.000	1.000	1.000
机械	990304004	汽车式起重机 8t	台班	—	—	—	0.001	0.001
	990401030	载重汽车 8t	台班	—	—	—	0.001	0.001
	990912010	氩弧焊机 500A	台班	0.050	0.071	0.089	0.109	0.130
	990785040	砂轮切割机 $\phi500$	台班	0.010	0.014	0.016	0.025	0.026
	990900010	电焊机（综合）	台班	0.076	0.119	0.141	0.210	0.245
	990919030	电焊条烘干箱 $60 \times 50 \times 75cm^3$	台班	0.008	0.012	0.014	0.021	0.024
	990920010	电焊条恒温箱	台班	0.008	0.012	0.014	0.021	0.024

工作内容：准备工作，管子切口，坡口加工，坡口磨平，管口组对，焊接，法兰连接，螺栓涂二硫化钼。

计量单位：副

编号				8-4-340	8-4-341	8-4-342	8-4-343	8-4-344
项目				公称直径（mm 以内）				
				150	200	250	300	350
名称			单位	消耗量				
人工	000203000	综合二类工	工日	1.123	1.468	1.909	2.429	2.852
材料	200103001	碳钢对焊法兰	片	（2.000）	（2.000）	（2.000）	（2.000）	（2.000）
	031301009	低碳钢焊条 J427（综合）	kg	1.600	2.800	4.400	7.800	10.600
	031303005	碳钢焊丝	kg	0.086	0.120	0.152	0.180	0.212
	142909001	氧气	m^3	0.746	1.000	1.410	1.680	2.010
	142907002	乙炔气	kg	0.287	0.385	0.542	0.646	0.773
	142911001	氩气	m^3	0.240	0.340	0.420	0.506	0.600
	340101003	铈钨棒	g	0.480	0.680	0.840	1.020	1.180
	031101013	尼龙砂轮片 $\phi100\times16\times3$	片	0.901	1.385	2.022	2.684	3.412
	020112004	无石棉橡胶板 低压 $\delta0.8\sim6$	kg	0.330	0.389	0.437	0.472	0.637
	140103002	清油 C01-1	kg	0.035	0.035	0.047	0.047	0.047
	143311001	白铅油	kg	0.165	0.236	0.236	0.295	0.295
	012100002	角钢（综合）	kg	—	0.179	0.179	0.236	0.236
	143121001	二硫化钼	kg	0.013	0.013	0.019	0.029	0.029
	092705004	碎布	kg	0.060	0.080	0.087	0.094	0.104
	850103006	其他材料费（占材料费）	%	1.000	1.000	1.000	1.000	1.000
机械	990900010	电焊机（综合）	台班	0.322	0.499	0.669	0.859	1.188
	990912010	氩弧焊机 500A	台班	0.156	0.214	0.268	0.319	0.370
	990744010	半自动切割机 100mm	台班	0.077	0.112	0.140	0.169	0.197
	990304004	汽车式起重机 8t	台班	0.001	0.002	0.002	0.002	0.002
	990401030	载重汽车 8t	台班	0.001	0.002	0.002	0.002	0.002
	990919030	电焊条烘干箱 $60\times50\times75cm^3$	台班	0.033	0.050	0.067	0.086	0.119
	990920010	电焊条恒温箱	台班	0.033	0.050	0.067	0.086	0.119

工作内容：准备工作，管子切口，坡口加工，坡口磨平，管口组对，焊接，法兰连接，螺栓涂二硫化钼。

计量单位：副

编号				8-4-345	8-4-346	8-4-347	8-4-348
项目				公称直径（mm 以内）			
				400	450	500	600
名称			单位	消耗量			
人工	000203000	综合二类工	工日	3.486	4.145	4.902	6.318
材料	200103001	碳钢对焊法兰	片	（2.000）	（2.000）	（2.000）	（2.000）
	031301009	低碳钢焊条 J427（综合）	kg	13.800	15.200	20.348	26.101
	031303005	碳钢焊丝	kg	0.260	0.300	0.391	0.505
	142909001	氧气	m^3	2.351	2.860	3.470	4.400
	142907002	乙炔气	kg	0.904	1.100	1.335	1.692
	142911001	氩气	m^3	0.696	0.760	1.094	1.415
	340101003	铈钨棒	g	1.390	1.520	2.189	2.830
	031101013	尼龙砂轮片 $\phi100\times16\times3$	片	4.172	4.758	5.460	7.845
	020112004	无石棉橡胶板 低压 $\delta0.8\sim6$	kg	0.814	0.956	0.979	1.144
	140103002	清油 C01-1	kg	0.071	0.071	0.071	0.071
	143311001	白铅油	kg	0.354	0.354	0.389	0.424
	012100002	角钢（综合）	kg	0.236	0.236	0.236	0.236
	143121001	二硫化钼	kg	0.038	0.038	0.038	0.047
	092705004	碎布	kg	0.135	0.142	0.160	0.187
	850103006	其他材料费（占材料费）	%	1.000	1.000	1.000	1.000
机械	990900010	电焊机（综合）	台班	1.544	1.948	2.155	2.767
	990912010	氩弧焊机 500A	台班	0.418	0.471	0.524	0.629
	990744010	半自动切割机 100mm	台班	0.227	0.268	0.288	0.348
	990304004	汽车式起重机 8t	台班	0.005	0.006	0.007	0.007
	990401030	载重汽车 8t	台班	0.005	0.006	0.007	0.007
	990919030	电焊条烘干箱 $60\times50\times75cm^3$	台班	0.155	0.195	0.216	0.277
	990920010	电焊条恒温箱	台班	0.155	0.195	0.216	0.277

3. 不锈钢对焊法兰（电弧焊）

工作内容： 准备工作，管子切口，坡口加工，坡口磨平，焊接，焊缝钝化，法兰连接，螺栓涂二硫化钼。

计量单位： 副

编号				8-4-349	8-4-350	8-4-351	8-4-352	8-4-353	8-4-354
项目				公称直径（mm 以内）					
				15	20	25	32	40	50
名称			单位	消耗量					
人工	000203000	综合二类工	工日	0.241	0.293	0.330	0.360	0.407	0.446
材料	200301001	不锈钢对焊法兰	片	（2.000）	（2.000）	（2.000）	（2.000）	（2.000）	（2.000）
	031301001	不锈钢焊条（综合）	kg	0.036	0.044	0.065	0.080	0.123	0.180
	031101013	尼龙砂轮片 $\phi100 \times 16 \times 3$	片	0.073	0.090	0.135	0.167	0.234	0.336
	031101014	尼龙砂轮片 $\phi500 \times 25 \times 4$	片	0.012	0.015	0.024	0.028	0.034	0.038
	020117001	耐酸无石棉橡胶板（综合）	kg	0.020	0.020	0.040	0.040	0.060	0.070
	143315001	丙酮	kg	0.015	0.017	0.024	0.028	0.032	0.039
	143169002	酸洗膏	kg	0.010	0.011	0.016	0.019	0.024	0.029
	341101001	水	m^3	0.002	0.002	0.004	0.004	0.004	0.006
	143121001	二硫化钼	kg	0.002	0.002	0.002	0.004	0.004	0.004
	092705004	碎布	kg	0.005	0.007	0.007	0.010	0.010	0.098
	850103006	其他材料费（占材料费）	%	1.000	1.000	1.000	1.000	1.000	1.000
机械	990900010	电焊机（综合）	台班	0.034	0.042	0.057	0.071	0.093	0.112
	990785040	砂轮切割机 $\phi500$	台班	0.001	0.003	0.007	0.008	0.011	0.014
	991003050	电动空气压缩机 $6m^3/min$	台班	0.002	0.002	0.002	0.002	0.002	0.002
	990919030	电焊条烘干箱 $60 \times 50 \times 75cm^3$	台班	0.003	0.004	0.006	0.007	0.009	0.011
	990920010	电焊条恒温箱	台班	0.003	0.004	0.006	0.007	0.009	0.011

工作内容：准备工作，管子切口，坡口加工，坡口磨平，焊接，焊缝钝化，法兰连接，螺栓涂二硫化钼。

计量单位：副

		编　号		8-4-355	8-4-356	8-4-357	8-4-358	8-4-359	8-4-360
		项　目		公称直径（mm 以内）					
				65	80	100	125	150	200
		名　称	单位	消　耗　量					
人工	000203000	综合二类工	工日	0.525	0.578	0.690	0.844	1.037	1.121
材料	200301001	不锈钢对焊法兰	片	（2.000）	（2.000）	（2.000）	（2.000）	（2.000）	（2.000）
	031301001	不锈钢焊条（综合）	kg	0.320	0.414	0.620	0.820	1.178	2.229
	031101013	尼龙砂轮片 $\phi100\times16\times3$	片	0.496	0.578	0.725	0.847	1.352	2.060
	020117001	耐酸无石棉橡胶板（综合）	kg	0.090	0.130	0.170	0.230	0.280	0.330
	143315001	丙酮	kg	0.051	0.060	0.077	0.090	0.107	0.148
	143169002	酸洗膏	kg	0.040	0.047	0.060	0.092	0.124	0.161
	341101001	水	m^3	0.008	0.010	0.012	0.014	0.018	0.024
	143121001	二硫化钼	kg	0.004	0.006	0.006	0.013	0.013	0.013
	092705004	碎布	kg	0.014	0.017	0.021	0.024	0.035	0.045
	031101014	尼龙砂轮片 $\phi500\times25\times4$	片	0.060	0.083	0.112	—	—	—
	850103006	其他材料费（占材料费）	%	1.000	1.000	1.000	1.000	1.000	1.000
机械	990785040	砂轮切割机 $\phi500$	台班	0.020	0.030	0.033	—	—	—
	990900010	电焊机（综合）	台班	0.159	0.209	0.274	0.356	0.445	0.660
	990743010	等离子切割机 400A	台班	—	0.041	0.052	0.090	0.110	0.159
	990304004	汽车式起重机 8t	台班	—	—	0.001	0.001	0.001	0.002
	990401030	载重汽车 8t	台班	—	—	0.001	0.001	0.001	0.002
	991003050	电动空气压缩机 $6m^3/min$	台班	0.002	0.002	0.002	0.002	0.002	0.002
	991003030	电动空气压缩机 $1m^3/min$	台班	—	0.041	0.052	0.090	0.110	0.159
	990919030	电焊条烘干箱 $60\times50\times75cm^3$	台班	0.016	0.021	0.028	0.036	0.044	0.066
	990920010	电焊条恒温箱	台班	0.016	0.021	0.028	0.036	0.044	0.066

工作内容：准备工作，管子切口，坡口加工，坡口磨平，焊接，焊缝钝化，法兰连接，螺栓涂二硫化钼。

计量单位：副

编号				8-4-361	8-4-362	8-4-363	8-4-364	8-4-365	8-4-366
项目				公称直径（mm 以内）					
				250	300	350	400	450	500
名称			单位	消耗量					
人工	000203000	综合二类工	工日	1.522	1.817	2.702	3.390	4.073	4.902
材料	200301001	不锈钢对焊法兰	片	（2.000）	（2.000）	（2.000）	（2.000）	（2.000）	（2.000）
	031301001	不锈钢焊条（综合）	kg	3.662	5.562	8.340	11.434	15.376	17.016
	031101013	尼龙砂轮片 $\phi100\times16\times3$	片	3.137	4.115	5.286	6.577	8.135	9.030
	020117001	耐酸无石棉橡胶板（综合）	kg	0.370	0.400	0.540	0.690	0.794	0.913
	143315001	丙酮	kg	0.184	0.218	0.253	0.285	0.317	0.349
	143169002	酸洗膏	kg	0.244	0.290	0.318	0.394	0.443	0.502
	341101001	水	m^3	0.028	0.034	0.040	0.046	0.053	0.061
	143121001	二硫化钼	kg	0.019	0.029	0.029	0.038	0.038	0.038
	092705004	碎布	kg	0.050	0.058	0.069	0.079	0.088	0.099
	850103006	其他材料费（占材料费）	%	1.000	1.000	1.000	1.000	1.000	1.000
机械	990900010	电焊机（综合）	台班	0.907	1.201	1.537	1.908	2.424	2.787
	990743010	等离子切割机 400A	台班	0.208	0.262	0.316	0.376	0.432	0.497
	990304004	汽车式起重机 8t	台班	0.002	0.002	0.002	0.004	0.005	0.005
	990401030	载重汽车 8t	台班	0.002	0.002	0.002	0.004	0.005	0.005
	991003050	电动空气压缩机 $6m^3/min$	台班	0.002	0.002	0.002	0.002	0.002	0.003
	991003030	电动空气压缩机 $1m^3/min$	台班	0.208	0.262	0.316	0.376	0.432	0.497
	990919030	电焊条烘干箱 $60\times50\times75cm^3$	台班	0.090	0.120	0.154	0.191	0.243	0.279
	990920010	电焊条恒温箱	台班	0.090	0.120	0.154	0.191	0.243	0.279

4. 不锈钢对焊法兰（氩电联焊）

工作内容： 准备工作，管子切口，坡口加工，管口组对，焊接，焊缝钝化，法兰连接，螺栓涂二硫化钼。

计量单位： 副

编号				8-4-367	8-4-368	8-4-369	8-4-370	8-4-371
项目				公称直径（mm 以内）				
				50	65	80	100	125
名称			单位	消耗量				
人工	000203000	综合二类工	工日	0.618	0.736	0.818	1.011	1.309
材料	200301001	不锈钢对焊法兰	片	（2.000）	（2.000）	（2.000）	（2.000）	（2.000）
	031301001	不锈钢焊条（综合）	kg	0.135	0.246	0.321	0.528	0.688
	031303017	不锈钢焊丝（综合）	kg	0.042	0.052	0.072	0.090	0.123
	142911001	氩气	m^3	0.117	0.146	0.202	0.252	0.344
	340101003	铈钨棒	g	0.184	0.206	0.272	0.316	0.417
	031101013	尼龙砂轮片 $\phi100 \times 16 \times 3$	片	0.290	0.444	0.516	0.644	0.757
	031101014	尼龙砂轮片 $\phi500 \times 25 \times 4$	片	0.038	0.060	0.083	0.112	—
	020117001	耐酸无石棉橡胶板（综合）	kg	0.070	0.090	0.130	0.170	0.230
	143315001	丙酮	kg	0.036	0.048	0.056	0.072	0.084
	143169002	酸洗膏	kg	0.029	0.040	0.047	0.060	0.092
	341101001	水	m^3	0.060	0.008	0.010	0.012	0.014
	143121001	二硫化钼	kg	0.004	0.004	0.006	0.006	0.013
	092705004	碎布	kg	0.011	0.014	0.018	0.020	0.025
	850103006	其他材料费（占材料费）	%	1.000	1.000	1.000	1.000	1.000
机械	990743010	等离子切割机 400A	台班	—	—	—	—	0.026
	991003030	电动空气压缩机 $1m^3/min$	台班	—	—	—	—	0.026
	990900010	电焊机（综合）	台班	0.083	0.122	0.160	0.214	0.278
	990912010	氩弧焊机 500A	台班	0.090	0.101	0.125	0.149	0.191
	990785040	砂轮切割机 $\phi500$	台班	0.014	0.020	0.030	0.033	—
	990718040	普通车床 630 × 2000mm	台班	0.023	0.037	0.042	0.042	0.043
	991003050	电动空气压缩机 $6m^3/min$	台班	0.002	0.002	0.002	0.002	0.002
	990919030	电焊条烘干箱 $60 \times 50 \times 75cm^3$	台班	0.008	0.013	0.016	0.022	0.028
	990920010	电焊条恒温箱	台班	0.008	0.013	0.016	0.022	0.028
	990304004	汽车式起重机 8t	台班	—	—	—	0.001	0.001
	990401030	载重汽车 8t	台班	—	—	—	0.001	0.001

工作内容：准备工作，管子切口，坡口加工，管口组对，焊接，焊缝钝化，法兰连接，螺栓涂二硫化钼。

计量单位：副

编号				8-4-372	8-4-373	8-4-374	8-4-375
项目				公称直径（mm 以内）			
				150	200	250	300
名称			单位	消耗量			
人工	000203000	综合二类工	工日	1.419	1.858	2.414	3.075
材料	200301001	不锈钢对焊法兰	片	（2.000）	（2.000）	（2.000）	（2.000）
	031301001	不锈钢焊条（综合）	kg	1.016	2.015	3.407	5.275
	031303017	不锈钢焊丝（综合）	kg	0.149	0.243	0.306	0.377
	142911001	氩气	m^3	0.418	0.681	0.855	1.056
	340101003	铈钨棒	g	0.498	0.689	0.860	1.024
	031101013	尼龙砂轮片 $\phi100\times16\times3$	片	1.237	1.887	2.927	3.849
	020117001	耐酸无石棉橡胶板（综合）	kg	0.280	0.330	0.370	0.400
	143315001	丙酮	kg	0.100	0.138	0.172	0.204
	143169002	酸洗膏	kg	0.124	0.161	0.244	0.290
	341101001	水	m^3	0.018	0.024	0.028	0.034
	143121001	二硫化钼	kg	0.013	0.013	0.019	0.029
	092705004	碎布	kg	0.031	0.042	0.052	0.060
	850103006	其他材料费（占材料费）	%	1.000	1.000	1.000	1.000
机械	990900010	电焊机（综合）	台班	0.365	0.566	0.761	0.976
	990912010	氩弧焊机 500A	台班	0.222	0.305	0.393	0.463
	990743010	等离子切割机 400A	台班	0.033	0.047	0.061	0.077
	990718040	普通车床 630×2000mm	台班	0.046	0.052	0.061	0.075
	990304004	汽车式起重机 8t	台班	0.001	0.002	0.002	0.002
	990401030	载重汽车 8t	台班	0.001	0.002	0.002	0.002
	991003050	电动空气压缩机 $6m^3/min$	台班	0.002	0.002	0.002	0.002
	991003030	电动空气压缩机 $1m^3/min$	台班	0.033	0.047	0.061	0.077
	990919030	电焊条烘干箱 $60\times50\times75cm^3$	台班	0.037	0.057	0.076	0.098
	990920010	电焊条恒温箱	台班	0.037	0.057	0.076	0.098

工作内容：准备工作，管子切口，坡口加工，管口组对，焊接，焊缝钝化，法兰连接，螺栓涂二硫化钼。

计量单位：副

编号				8-4-376	8-4-377	8-4-378	8-4-379
项目				公称直径（mm 以内）			
				350	400	450	500
名称			单位	消耗量			
人工	000203000	综合二类工	工日	3.607	4.409	5.243	6.200
材料	200301001	不锈钢对焊法兰	片	（2.000）	（2.000）	（2.000）	（2.000）
	031301001	不锈钢焊条（综合）	kg	8.033	11.114	12.781	14.698
	031303017	不锈钢焊丝（综合）	kg	0.438	0.575	0.661	0.760
	142911001	氩气	m^3	1.226	1.610	1.852	2.129
	340101003	铈钨棒	g	1.187	1.341	1.542	1.773
	031101013	尼龙砂轮片 $\phi100\times16\times3$	片	4.957	6.216	7.704	8.570
	020117001	耐酸无石棉橡胶板（综合）	kg	0.540	0.690	0.794	0.913
	143315001	丙酮	kg	0.236	0.266	0.306	0.352
	143169002	酸洗膏	kg	0.318	0.394	0.443	0.502
	341101001	水	m^3	0.040	0.046	0.053	0.061
	143121001	二硫化钼	kg	0.029	0.038	0.038	0.038
	092705004	碎布	kg	0.070	0.078	0.090	0.103
	850103006	其他材料费（占材料费）	%	1.000	1.000	1.000	1.000
机械	990900010	电焊机（综合）	台班	1.350	1.754	2.017	2.320
	990912010	氩弧焊机 500A	台班	0.508	0.574	0.661	0.760
	990743010	等离子切割机 400A	台班	0.093	0.110	0.127	0.146
	990718040	普通车床 630×2000mm	台班	0.095	0.120	0.138	0.158
	990304004	汽车式起重机 8t	台班	0.002	0.004	0.005	0.005
	990401030	载重汽车 8t	台班	0.002	0.004	0.005	0.005
	991003050	电动空气压缩机 $6m^3/min$	台班	0.002	0.002	0.002	0.003
	991003030	电动空气压缩机 $1m^3/min$	台班	0.093	0.110	0.127	0.146
	990919030	电焊条烘干箱 $60\times50\times75cm^3$	台班	0.135	0.176	0.202	0.232
	990920010	电焊条恒温箱	台班	0.135	0.176	0.202	0.232

5. 不锈钢对焊法兰（氩弧焊）

工作内容：准备工作，管子切口，坡口加工，焊接，焊缝钝化，法兰连接，螺栓涂二硫化钼。

计量单位：副

编号				8-4-380	8-4-381	8-4-382	8-4-383	8-4-384	8-4-385
项目				公称直径（mm 以内）					
				15	20	25	32	40	50
名称			单位	消耗量					
人工	000203000	综合二类工	工日	0.321	0.389	0.451	0.527	0.616	0.679
材料	200301001	不锈钢对焊法兰	片	（2.000）	（2.000）	（2.000）	（2.000）	（2.000）	（2.000）
	031303017	不锈钢焊丝（综合）	kg	0.019	0.023	0.033	0.042	0.063	0.109
	142911001	氩气	m^3	0.053	0.065	0.093	0.118	0.178	0.289
	340101003	铈钨棒	g	0.100	0.123	0.180	0.224	0.344	0.562
	031101013	尼龙砂轮片 $\phi100\times16\times3$	片	0.061	0.076	0.116	0.145	0.206	0.290
	031101014	尼龙砂轮片 $\phi500\times25\times4$	片	0.010	0.012	0.024	0.028	0.034	0.038
	020117001	耐酸无石棉橡胶板（综合）	kg	0.020	0.020	0.040	0.040	0.060	0.070
	143315001	丙酮	kg	0.010	0.010	0.015	0.017	0.024	0.036
	143169002	酸洗膏	kg	0.010	0.011	0.016	0.019	0.024	0.029
	341101001	水	m^3	0.002	0.002	0.004	0.004	0.004	0.006
	143121001	二硫化钼	kg	0.002	0.002	0.002	0.004	0.004	0.004
	092705004	碎布	kg	0.004	0.006	0.006	0.008	0.008	0.010
	850103006	其他材料费（占材料费）	%	1.000	1.000	1.000	1.000	1.000	1.000
机械	990912010	氩弧焊机 500A	台班	0.039	0.047	0.058	0.072	0.096	0.150
	990785040	砂轮切割机 $\phi500$	台班	0.001	0.003	0.007	0.008	0.011	0.015
	990718040	普通车床 630×2000mm	台班	0.015	0.015	0.017	0.017	0.019	0.026
	991003050	电动空气压缩机 $6m^3/min$	台班	0.002	0.002	0.002	0.002	0.002	0.002

工作内容：准备工作，管子切口，坡口加工，焊接，焊缝钝化，法兰连接，螺栓涂二硫化钼。

计量单位：副

编号				8-4-386	8-4-387	8-4-388	8-4-389	8-4-390	8-4-391
项目				公称直径（mm 以内）					
				65	80	100	125	150	200
名称			单位	消耗量					
人工	000203000	综合二类工	工日	0.807	0.900	1.113	1.439	1.562	2.043
材料	200301001	不锈钢对焊法兰	片	（2.000）	（2.000）	（2.000）	（2.000）	（2.000）	（2.000）
	031303017	不锈钢焊丝（综合）	kg	0.172	0.226	0.348	0.454	0.646	1.245
	142911001	氩气	m^3	0.483	0.634	0.975	1.270	1.809	3.485
	340101003	铈钨棒	g	0.944	1.234	1.888	2.456	3.506	6.635
	031101013	尼龙砂轮片 $\phi100\times16\times3$	片	0.444	0.516	0.644	0.757	1.237	1.887
	031101014	尼龙砂轮片 $\phi500\times25\times4$	片	0.060	0.083	0.112	—	—	—
	020117001	耐酸无石棉橡胶板（综合）	kg	0.090	0.130	0.170	0.230	0.280	0.330
	143315001	丙酮	kg	0.048	0.056	0.072	0.084	0.100	0.138
	143169002	酸洗膏	kg	0.040	0.047	0.060	0.092	0.124	0.161
	341101001	水	m^3	0.008	0.010	0.012	0.014	0.018	0.024
	143121001	二硫化钼	kg	0.004	0.006	0.006	0.013	0.013	0.013
	092705004	碎布	kg	0.012	0.016	0.017	0.022	0.027	0.036
	850103006	其他材料费（占材料费）	%	1.000	1.000	1.000	1.000	1.000	1.000
机械	990304004	汽车式起重机 8t	台班	—	—	0.001	0.001	0.001	0.002
	990401030	载重汽车 8t	台班	—	—	0.001	0.001	0.001	0.002
	990743010	等离子切割机 400A	台班	—	—	—	0.026	0.033	0.047
	991003030	电动空气压缩机 $1m^3/min$	台班	—	—	—	0.026	0.033	0.047
	990912010	氩弧焊机 500A	台班	0.201	0.259	0.354	0.459	0.626	0.733
	990785040	砂轮切割机 $\phi500$	台班	0.021	0.031	0.033	—	—	—
	990718040	普通车床 630×2000mm	台班	0.039	0.041	0.042	0.043	0.046	0.052
	991003050	电动空气压缩机 $6m^3/min$	台班	0.002	0.002	0.002	0.002	0.002	0.002

6. 合金钢对焊法兰（电弧焊）

工作内容：准备工作，管子切口，坡口加工，管口组对，焊接，法兰连接，螺栓涂二硫化钼。

计量单位：副

编号				8-4-392	8-4-393	8-4-394	8-4-395	8-4-396
项目				公称直径（mm 以内）				
				15	20	25	32	40
名称			单位	消耗量				
人工	000203000	综合二类工	工日	0.219	0.267	0.301	0.327	0.369
材料	201107001	合金钢对焊法兰	片	（2.000）	（2.000）	（2.000）	（2.000）	（2.000）
	031301004	合金钢焊条	kg	0.044	0.078	0.105	0.131	0.150
	142909001	氧气	m^3	0.007	0.008	0.009	0.011	0.015
	142907002	乙炔气	kg	0.003	0.003	0.004	0.004	0.006
	031101013	尼龙砂轮片 $\phi100\times16\times3$	片	0.061	0.076	0.119	0.155	0.210
	031101014	尼龙砂轮片 $\phi500\times25\times4$	片	0.009	0.014	0.019	0.024	0.028
	020112004	无石棉橡胶板 低压 $\delta0.8\sim6$	kg	0.012	0.024	0.047	0.047	0.071
	140103002	清油 C01-1	kg	0.012	0.012	0.012	0.012	0.012
	143315001	丙酮	kg	0.017	0.019	0.026	0.031	0.047
	143311001	白铅油	kg	0.035	0.035	0.035	0.035	0.035
	031103002	磨头	个	0.027	0.031	0.037	0.044	0.052
	143121001	二硫化钼	kg	0.002	0.002	0.002	0.004	0.004
	092705004	碎布	kg	0.014	0.017	0.017	0.031	0.031
	850103006	其他材料费（占材料费）	%	1.000	1.000	1.000	1.000	1.000
机械	990900010	电焊机（综合）	台班	0.048	0.069	0.089	0.110	0.125
	990785040	砂轮切割机 $\phi500$	台班	0.001	0.004	0.006	0.009	0.009
	990718040	普通车床 630×2000mm	台班	0.016	0.019	0.019	0.020	0.021
	990919030	电焊条烘干箱 $60\times50\times75cm^3$	台班	0.005	0.007	0.009	0.011	0.013
	990920010	电焊条恒温箱	台班	0.005	0.007	0.009	0.011	0.013

工作内容：准备工作，管子切口，坡口加工，管口组对，焊接，法兰连接，螺栓涂二硫化钼。

计量单位：副

编号				8-4-397	8-4-398	8-4-399	8-4-400	8-4-401
项目				公称直径（mm 以内）				
				50	65	80	100	125
名称			单位	消耗量				
人工	000203000	综合二类工	工日	0.406	0.477	0.527	0.628	0.768
材料	201107001	合金钢对焊法兰	片	（2.000）	（2.000）	（2.000）	（2.000）	（2.000）
	031301004	合金钢焊条	kg	0.232	0.430	0.505	0.859	1.007
	142909001	氧气	m^3	0.018	0.028	0.032	0.044	0.048
	142907002	乙炔气	kg	0.007	0.011	0.012	0.017	0.019
	031101013	尼龙砂轮片 $\phi100\times16\times3$	片	0.223	0.276	0.357	0.476	0.670
	031101014	尼龙砂轮片 $\phi500\times25\times4$	片	0.038	0.065	0.078	0.107	0.127
	020112004	无石棉橡胶板 低压 $\delta0.8\sim6$	kg	0.083	0.106	0.153	0.201	0.271
	140103002	清油 C01-1	kg	0.012	0.012	0.024	0.024	0.024
	143315001	丙酮	kg	0.047	0.059	0.073	0.087	0.101
	143311001	白铅油	kg	0.047	0.047	0.083	0.142	0.142
	031103002	磨头	个	0.063	0.083	0.097	0.125	—
	143121001	二硫化钼	kg	0.004	0.004	0.006	0.006	0.013
	092705004	碎布	kg	0.033	0.035	0.038	0.052	0.054
	850103006	其他材料费（占材料费）	%	1.000	1.000	1.000	1.000	1.000
机械	990900010	电焊机（综合）	台班	0.150	0.217	0.257	0.355	0.412
	990785040	砂轮切割机 $\phi500$	台班	0.010	0.014	0.016	0.025	0.026
	990718040	普通车床 630×2000mm	台班	0.029	0.045	0.045	0.046	0.047
	990919030	电焊条烘干箱 $60\times50\times75cm^3$	台班	0.015	0.022	0.026	0.035	0.041
	990920010	电焊条恒温箱	台班	0.015	0.022	0.026	0.035	0.041
	990304004	汽车式起重机 8t	台班	—	—	—	0.001	0.001
	990401030	载重汽车 8t	台班	—	—	—	0.001	0.001

工作内容：准备工作，管子切口，坡口加工，管口组对，焊接，法兰连接，螺栓涂二硫化钼。

计量单位：副

编号				8-4-402	8-4-403	8-4-404	8-4-405	8-4-406
项目				公称直径（mm 以内）				
				150	200	250	300	350
名称			单位	消耗量				
人工	000203000	综合二类工	工日	0.944	1.020	1.384	1.653	2.457
材料	201107001	合金钢对焊法兰	片	（2.000）	（2.000）	（2.000）	（2.000）	（2.000）
	031301004	合金钢焊条	kg	1.436	2.718	4.465	6.783	10.170
	142909001	氧气	m^3	0.269	0.420	0.586	0.759	0.897
	142907002	乙炔气	kg	0.103	0.162	0.226	0.292	0.345
	031101013	尼龙砂轮片 $\phi100\times16\times3$	片	0.914	1.405	2.042	2.718	3.448
	020112004	无石棉橡胶板 低压 δ0.8～6	kg	0.330	0.389	0.437	0.472	0.637
	140103002	清油 C01-1	kg	0.035	0.035	0.047	0.059	0.059
	143315001	丙酮	kg	0.123	0.168	0.210	0.248	0.288
	143311001	白铅油	kg	0.165	0.201	0.236	0.295	0.295
	143121001	二硫化钼	kg	0.013	0.013	0.019	0.029	0.029
	092705004	碎布	kg	0.061	0.068	0.087	0.106	0.116
	850103006	其他材料费（占材料费）	%	1.000	1.000	1.000	1.000	1.000
机械	990900010	电焊机（综合）	台班	0.507	0.746	0.974	1.211	1.613
	990744010	半自动切割机 100mm	台班	0.022	0.035	0.040	0.046	0.050
	990718040	普通车床 630×2000mm	台班	0.049	0.056	0.066	0.081	0.087
	990304004	汽车式起重机 8t	台班	0.001	0.002	0.002	0.002	0.002
	990401030	载重汽车 8t	台班	0.001	0.002	0.002	0.002	0.002
	990919030	电焊条烘干箱 $60\times50\times75cm^3$	台班	0.051	0.074	0.097	0.121	0.161
	990920010	电焊条恒温箱	台班	0.051	0.074	0.097	0.121	0.161

工作内容：准备工作，管子切口，坡口加工，管口组对，焊接，法兰连接，螺栓涂二硫化钼。

计量单位：副

编号				8-4-407	8-4-408	8-4-409	8-4-410
项目				公称直径（mm 以内）			
				400	450	500	600
名称			单位	消耗量			
人工	000203000	综合二类工	工日	3.083	3.704	4.456	5.826
材料	201107001	合金钢对焊法兰	片	（2.000）	（2.000）	（2.000）	（2.000）
	031301004	合金钢焊条	kg	13.943	18.750	20.749	27.555
	142909001	氧气	m^3	1.121	1.267	1.397	1.673
	142907002	乙炔气	kg	0.431	0.487	0.537	0.643
	031101013	尼龙砂轮片 $\phi100\times16\times3$	片	4.280	4.798	5.513	7.912
	020112004	无石棉橡胶板 低压 $\delta0.8\sim6$	kg	0.814	0.956	0.979	1.144
	140103002	清油 C01-1	kg	0.071	0.071	0.071	0.071
	143315001	丙酮	kg	0.326	0.368	0.406	0.486
	143311001	白铅油	kg	0.354	0.354	0.389	0.424
	143121001	二硫化钼	kg	0.038	0.038	0.038	0.047
	092705004	碎布	kg	0.137	0.144	0.163	0.189
	850103006	其他材料费（占材料费）	%	1.000	1.000	1.000	1.000
机械	990900010	电焊机（综合）	台班	2.040	2.540	2.815	3.588
	990744010	半自动切割机 100mm	台班	0.057	0.071	0.078	0.100
	990718040	普通车床 630×2000mm	台班	0.130	0.164	0.178	0.226
	990304004	汽车式起重机 8t	台班	0.005	0.006	0.007	0.008
	990401030	载重汽车 8t	台班	0.005	0.006	0.007	0.008
	990919030	电焊条烘干箱 60×50×75cm³	台班	0.204	0.254	0.281	0.359
	990920010	电焊条恒温箱	台班	0.204	0.254	0.281	0.359

7. 合金钢对焊法兰（氩电联焊）

工作内容：准备工作，管子切口，坡口加工，管口组对，焊接，法兰连接，螺栓涂二硫化钼。

计量单位：副

编号				8-4-411	8-4-412	8-4-413	8-4-414	8-4-415
项目				公称直径（mm 以内）				
				50	65	80	100	125
名称			单位	消耗量				
人工	000203000	综合二类工	工日	0.562	0.668	0.743	0.920	1.189
材料	201107001	合金钢对焊法兰	片	（2.000）	（2.000）	（2.000）	（2.000）	（2.000）
	031301004	合金钢焊条	kg	0.165	0.314	0.368	0.674	0.789
	031303003	合金钢焊丝	kg	0.034	0.048	0.058	0.074	0.089
	142909001	氧气	m^3	0.018	0.028	0.032	0.044	0.048
	142907002	乙炔气	kg	0.007	0.011	0.012	0.017	0.019
	142911001	氩气	m^3	0.097	0.136	0.163	0.210	0.249
	340101003	铈钨棒	g	0.194	0.273	0.327	0.419	0.497
	031101013	尼龙砂轮片 $\phi100 \times 16 \times 3$	片	0.217	0.270	0.353	0.468	0.660
	031101014	尼龙砂轮片 $\phi500 \times 25 \times 4$	片	0.042	0.065	0.078	0.107	0.127
	031103002	磨头	个	0.063	0.083	0.097	0.125	—
	020112004	无石棉橡胶板 低压 $\delta0.8 \sim 6$	kg	0.083	0.106	0.153	0.201	0.271
	140103002	清油 C01-1	kg	0.012	0.012	0.024	0.024	0.024
	143315001	丙酮	kg	0.005	0.059	0.073	0.087	0.101
	143311001	白铅油	kg	0.047	0.047	0.083	0.142	0.142
	143121001	二硫化钼	kg	0.004	0.004	0.006	0.006	0.013
	092705004	碎布	kg	0.033	0.035	0.038	0.052	0.054
	850103006	其他材料费（占材料费）	%	1.000	1.000	1.000	1.000	1.000
机械	990900010	电焊机（综合）	台班	0.105	0.167	0.199	0.292	0.338
	990912010	氩弧焊机 500A	台班	0.053	0.074	0.089	0.115	0.136
	990785040	砂轮切割机 $\phi500$	台班	0.011	0.014	0.016	0.025	0.026
	990718040	普通车床 630×2000mm	台班	0.029	0.045	0.045	0.046	0.047
	990919030	电焊条烘干箱 $60 \times 50 \times 75cm^3$	台班	0.011	0.017	0.020	0.029	0.033
	990920010	电焊条恒温箱	台班	0.011	0.017	0.020	0.029	0.033
	990304004	汽车式起重机 8t	台班	—	—	—	0.001	0.001
	990401030	载重汽车 8t	台班	—	—	—	0.001	0.001

工作内容：准备工作，管子切口，坡口加工，管口组对，焊接，法兰连接，螺栓涂二硫化钼。

计量单位：副

编号				8-4-416	8-4-417	8-4-418	8-4-419	8-4-420
项目				公称直径（mm 以内）				
				150	200	250	300	350
名称			单位	消耗量				
人工	000203000	综合二类工	工日	1.292	1.688	2.196	2.794	3.280
材料	201107001	合金钢对焊法兰	片	（2.000）	（2.000）	（2.000）	（2.000）	（2.000）
	031301004	合金钢焊条	kg	1.166	2.312	3.909	6.053	9.217
	031303003	合金钢焊丝	kg	0.106	0.148	0.183	0.218	0.254
	142909001	氧气	m^3	0.269	0.420	0.586	0.759	0.897
	142907002	乙炔气	kg	0.103	0.162	0.226	0.292	0.345
	142911001	氩气	m^3	0.299	0.412	0.513	0.612	0.709
	340101003	铈钨棒	g	0.596	0.824	1.027	1.224	1.420
	031101013	尼龙砂轮片 $\phi100\times16\times3$	片	0.901	1.385	2.022	2.684	3.412
	020112004	无石棉橡胶板 低压 $\delta0.8\sim6$	kg	0.330	0.389	0.437	0.472	0.637
	140103002	清油 C01-1	kg	0.035	0.035	0.047	0.059	0.059
	143315001	丙酮	kg	0.123	0.123	0.210	0.248	0.288
	143311001	白铅油	kg	0.165	0.201	0.236	0.295	0.295
	143121001	二硫化钼	kg	0.013	0.019	0.029	0.029	0.038
	092705004	碎布	kg	0.061	0.068	0.087	0.106	0.116
	850103006	其他材料费（占材料费）	%	1.000	1.000	1.000	1.000	1.000
机械	990744010	半自动切割机 100mm	台班	0.022	0.035	0.040	0.046	0.050
	990900010	电焊机（综合）	台班	0.425	0.649	0.869	0.944	1.307
	990912010	氩弧焊机 500A	台班	0.163	0.225	0.280	0.334	0.387
	990718040	普通车床 630×2000mm	台班	0.049	0.056	0.066	0.081	0.102
	990919030	电焊条烘干箱 $60\times50\times75cm^3$	台班	0.043	0.065	0.087	0.095	0.131
	990920010	电焊条恒温箱	台班	0.043	0.065	0.087	0.095	0.131
	990304004	汽车式起重机 8t	台班	0.001	0.002	0.002	0.002	0.002
	990401030	载重汽车 8t	台班	0.001	0.002	0.002	0.002	0.002

工作内容：准备工作，管子切口，坡口加工，管口组对，焊接，法兰连接，螺栓涂二硫化钼。

计量单位：副

编号				8-4-421	8-4-422	8-4-423	8-4-424
项目				公称直径（mm 以内）			
				400	450	500	600
名称			单位	消耗量			
人工	000203000	综合二类工	工日	4.010	4.767	5.638	7.267
材料	201107001	合金钢对焊法兰	片	（2.000）	（2.000）	（2.000）	（2.000）
	031301004	合金钢焊条	kg	12.752	17.269	19.110	25.468
	031303003	合金钢焊丝	kg	0.287	0.322	0.359	0.431
	142909001	氧气	m^3	1.121	1.267	1.397	1.673
	142907002	乙炔气	kg	0.431	0.487	0.537	0.643
	142911001	氩气	m^3	0.801	0.904	1.005	1.209
	340101003	铈钨棒	g	1.602	1.807	2.011	2.420
	031101013	尼龙砂轮片 $\phi100\times16\times3$	片	4.172	4.758	5.460	7.845
	020112004	无石棉橡胶板 低压 $\delta0.8\sim6$	kg	0.814	0.956	0.979	1.144
	140103002	清油 C01-1	kg	0.071	0.071	0.071	0.071
	143315001	丙酮	kg	0.326	0.368	0.406	0.486
	143311001	白铅油	kg	0.354	0.354	0.389	0.424
	143121001	二硫化钼	kg	0.038	0.049	0.049	0.060
	092705004	碎布	kg	0.137	0.144	0.163	0.189
	850103006	其他材料费（占材料费）	%	1.000	1.000	1.000	1.000
机械	990900010	电焊机（综合）	台班	1.698	2.142	2.371	3.044
	990912010	氩弧焊机 500A	台班	0.437	0.493	0.548	0.659
	990744010	半自动切割机 100mm	台班	0.057	0.071	0.078	0.100
	990718040	普通车床 630×2000mm	台班	0.130	0.164	0.178	0.226
	990304004	汽车式起重机 8t	台班	0.005	0.006	0.007	0.008
	990401030	载重汽车 8t	台班	0.005	0.006	0.007	0.008
	990919030	电焊条烘干箱 60×50×75cm³	台班	0.170	0.214	0.237	0.305
	990920010	电焊条恒温箱	台班	0.170	0.214	0.237	0.305

8. 合金钢对焊法兰（氩弧焊）

工作内容： 准备工作，管子切口，坡口加工，管口组对，焊接，法兰连接，螺栓涂二硫化钼。

计量单位： 副

编号				8-4-425	8-4-426	8-4-427	8-4-428	8-4-429	8-4-430
项目				公称直径（mm 以内）					
				15	20	25	32	40	50
名称			单位	消耗量					
人工	000203000	综合二类工	工日	0.292	0.355	0.411	0.479	0.560	0.618
材料	201107001	合金钢对焊法兰	片	（2.000）	（2.000）	（2.000）	（2.000）	（2.000）	（2.000）
材料	031303003	合金钢焊丝	kg	0.022	0.040	0.055	0.067	0.077	0.122
材料	142909001	氧气	m^3	0.007	0.009	0.010	0.011	0.016	0.018
材料	142907002	乙炔气	kg	0.003	0.003	0.004	0.004	0.006	0.007
材料	142911001	氩气	m^3	0.062	0.112	0.152	0.188	0.216	0.339
材料	340101003	铈钨棒	g	0.125	0.223	0.304	0.377	0.431	0.679
材料	031101013	尼龙砂轮片 $\phi100\times16\times3$	片	0.058	0.073	0.119	0.155	0.208	0.217
材料	031101014	尼龙砂轮片 $\phi500\times25\times4$	片	0.010	0.016	0.020	0.025	0.030	0.042
材料	031103002	磨头	个	0.028	0.032	0.038	0.046	0.055	0.063
材料	020112004	无石棉橡胶板 低压 $\delta0.8\sim6$	kg	0.012	0.025	0.050	0.050	0.074	0.083
材料	140103002	清油 C01-1	kg	0.012	0.012	0.012	0.012	0.012	0.012
材料	143315001	丙酮	kg	0.017	0.020	0.027	0.032	0.050	0.050
材料	143311001	白铅油	kg	0.037	0.037	0.037	0.037	0.037	0.047
材料	143121001	二硫化钼	kg	0.002	0.002	0.002	0.004	0.004	0.004
材料	092705004	碎布	kg	0.015	0.017	0.017	0.032	0.032	0.034
材料	850103006	其他材料费（占材料费）	%	1.000	1.000	1.000	1.000	1.000	1.000
机械	990912010	氩弧焊机 500A	台班	0.043	0.051	0.063	0.077	0.129	0.151
机械	990785040	砂轮切割机 $\phi500$	台班	0.001	0.005	0.006	0.009	0.009	0.011
机械	990718040	普通车床 630×2000mm	台班	0.016	0.019	0.019	0.020	0.021	0.029

工作内容：准备工作，管子切口，坡口加工，管口组对，焊接，法兰连接，螺栓涂二硫化钼。

计量单位：副

编号				8-4-431	8-4-432	8-4-433	8-4-434	8-4-435	8-4-436
项目				公称直径（mm 以内）					
				65	80	100	125	150	200
名称			单位	消耗量					
人工	000203000	综合二类工	工日	0.735	0.818	1.012	1.308	1.420	1.857
材料	201107001	合金钢对焊法兰	片	（2.000）	（2.000）	（2.000）	（2.000）	（2.000）	（2.000）
	031303003	合金钢焊丝	kg	0.224	0.263	0.451	0.451	0.741	1.218
	142909001	氧气	m^3	0.028	0.032	0.044	0.048	0.269	0.420
	142907002	乙炔气	kg	0.011	0.012	0.017	0.019	0.103	0.162
	142911001	氩气	m^3	0.627	0.738	1.264	1.264	2.074	3.403
	340101003	铈钨棒	g	1.253	1.475	2.528	2.528	4.149	4.149
	031101013	尼龙砂轮片 $\phi100\times16\times3$	片	0.270	0.353	0.468	0.660	0.901	1.385
	031101014	尼龙砂轮片 $\phi500\times25\times4$	片	0.065	0.078	0.107	0.127	—	—
	031103002	磨头	个	0.083	0.097	0.125	—	—	—
	020112004	无石棉橡胶板 低压 $\delta0.8\sim6$	kg	0.106	0.153	0.201	0.271	0.330	0.389
	140103002	清油 C01-1	kg	0.012	0.024	0.024	0.024	0.035	0.035
	143315001	丙酮	kg	0.059	0.073	0.087	0.101	0.123	0.123
	143311001	白铅油	kg	0.047	0.083	0.142	0.142	0.165	0.201
	143121001	二硫化钼	kg	0.004	0.006	0.006	0.013	0.013	0.019
	092705004	碎布	kg	0.035	0.038	0.052	0.054	0.061	0.068
	850103006	其他材料费（占材料费）	%	1.000	1.000	1.000	1.000	1.000	1.000
机械	990744010	半自动切割机 100mm	台班	—	—	—	—	0.022	0.035
	990912010	氩弧焊机 500A	台班	0.212	0.289	0.405	0.505	0.638	0.649
	990785040	砂轮切割机 $\phi500$	台班	0.014	0.016	0.025	0.026	—	—
	990718040	普通车床 630×2000mm	台班	0.045	0.045	0.046	0.047	0.049	0.056
	990304004	汽车式起重机 8t	台班	—	—	0.001	0.001	0.001	0.002
	990401030	载重汽车 8t	台班	—	—	0.001	0.001	0.001	0.002

9. 铜及铜合金对焊法兰（氧乙炔焊）

工作内容： 准备工作，管子切口，坡口加工，坡口磨平，焊前预热，焊接，法兰连接，螺栓涂二硫化钼。

计量单位： 副

	编号			8-4-437	8-4-438	8-4-439	8-4-440	8-4-441
	项目			管外径（mm 以内）				
				20	30	40	50	65
	名称		单位	消耗量				
人工	000203000	综合二类工	工日	0.243	0.331	0.346	0.434	0.464
材料	200703001	铜对焊法兰	片	（2.000）	（2.000）	（2.000）	（2.000）	（2.000）
	031303009	铜焊丝（综合）	kg	0.020	0.042	0.058	0.098	0.128
	142909001	氧气	m^3	0.095	0.204	0.336	0.387	0.490
	142907002	乙炔气	kg	0.037	0.078	0.129	0.149	0.188
	031101013	尼龙砂轮片 $\phi100\times16\times3$	片	0.012	0.017	0.022	0.070	0.092
	031101014	尼龙砂轮片 $\phi500\times25\times4$	片	0.007	0.014	0.022	0.031	0.037
	020112004	无石棉橡胶板 低压 $\delta0.8\sim6$	kg	0.010	0.040	0.040	0.060	0.070
	040329001	硼砂	kg	0.005	0.008	0.011	0.013	0.026
	140103002	清油 C01-1	kg	0.001	0.001	0.001	0.001	0.001
	031102004	铁砂布（综合）	张	0.014	0.018	0.030	0.038	0.056
	143311001	白铅油	kg	0.030	0.030	0.030	0.030	0.040
	143121001	二硫化钼	kg	0.002	0.002	0.002	0.004	0.004
	092705004	碎布	kg	0.012	0.012	0.012	0.022	0.022
	850103006	其他材料费（占材料费）	%	1.000	1.000	1.000	1.000	1.000
机械	990785040	砂轮切割机 $\phi500$	台班	0.003	0.004	0.007	0.012	0.014

工作内容：准备工作，管子切口，坡口加工，坡口磨平，焊前预热，焊接，法兰连接，螺栓涂二硫化钼。

计量单位：副

编号				8-4-442	8-4-443	8-4-444	8-4-445	8-4-446
项目				管外径（mm 以内）				
				75	85	100	120	150
名称			单位	消耗量				
人工	000203000	综合二类工	工日	0.493	0.531	0.578	0.733	0.877
材料	200703001	铜对焊法兰	片	（2.000）	（2.000）	（2.000）	（2.000）	（2.000）
	031303009	铜焊丝（综合）	kg	0.150	0.216	0.245	0.350	0.438
	142909001	氧气	m^3	0.593	0.865	0.978	1.387	1.740
	142907002	乙炔气	kg	0.228	0.333	0.376	0.533	0.669
	031101013	尼龙砂轮片 $\phi100\times16\times3$	片	0.108	0.200	0.281	0.402	0.507
	020112004	无石棉橡胶板 低压 $\delta0.8\sim6$	kg	0.090	0.130	0.170	0.230	0.280
	040329001	硼砂	kg	0.030	0.044	0.049	0.070	0.088
	140103002	清油 C01-1	kg	0.001	0.002	0.002	0.002	0.003
	031102004	铁砂布（综合）	张	0.066	0.066	0.084	0.096	0.128
	143311001	白铅油	kg	0.050	0.070	0.100	0.120	0.140
	143121001	二硫化钼	kg	0.004	0.004	0.006	0.006	0.013
	092705004	碎布	kg	0.022	0.022	0.015	0.019	0.023
	031101014	尼龙砂轮片 $\phi500\times25\times4$	片	0.041	—	—	—	—
	850103006	其他材料费（占材料费）	%	1.000	1.000	1.000	1.000	1.000
机械	990785040	砂轮切割机 $\phi500$	台班	0.016	—	—	—	—
	990743010	等离子切割机 400A	台班	—	0.106	0.109	0.156	0.195
	990304004	汽车式起重机 8t	台班	—	—	0.001	0.001	0.001
	990401030	载重汽车 8t	台班	—	—	0.001	0.001	0.001
	991003030	电动空气压缩机 $1m^3/min$	台班	—	0.106	0.109	0.156	0.195

工作内容：准备工作，管子切口，坡口加工，坡口磨平，焊前预热，焊接，法兰连接，螺栓涂二硫化钼。

计量单位：副

编号				8-4-447	8-4-448	8-4-449	8-4-450
项目				管外径（mm 以内）			
				185	200	250	300
名称			单位	消耗量			
人工	000203000	综合二类工	工日	1.017	1.342	1.681	2.067
材料	200703001	铜对焊法兰	片	（2.000）	（2.000）	（2.000）	（2.000）
	031303009	铜焊丝（综合）	kg	0.542	0.916	1.150	1.382
	142909001	氧气	m^3	2.154	3.436	4.311	5.182
	142907002	乙炔气	kg	0.828	1.322	1.658	1.993
	031101013	尼龙砂轮片 $\phi100\times16\times3$	片	0.630	0.902	1.136	1.371
	020112004	无石棉橡胶板 低压 $\delta0.8\sim6$	kg	0.314	0.330	0.370	0.400
	040329001	硼砂	kg	0.108	0.184	0.230	0.276
	140103002	清油 C01-1	kg	0.003	0.003	0.004	0.005
	031102004	铁砂布（综合）	张	0.170	0.188	0.266	0.344
	143311001	白铅油	kg	0.153	0.170	0.200	0.250
	143121001	二硫化钼	kg	0.013	0.013	0.019	0.029
	092705004	碎布	kg	0.029	0.032	0.040	0.046
	850103006	其他材料费（占材料费）	%	1.000	1.000	1.000	1.000
机械	990743010	等离子切割机 400A	台班	0.241	0.274	0.342	0.411
	990304004	汽车式起重机 8t	台班	0.001	0.002	0.002	0.002
	990401030	载重汽车 8t	台班	0.001	0.002	0.002	0.002
	991003030	电动空气压缩机 $1m^3/min$	台班	0.241	0.274	0.342	0.411

三、高 压 法 兰

1. 碳钢法兰（螺纹连接）

工作内容： 准备工作，管子切口，套丝，法兰连接，螺栓涂二硫化钼。 **计量单位：** 副

编号				8-4-451	8-4-452	8-4-453	8-4-454	8-4-455	8-4-456
项目				公称直径（mm 以内）					
				15	20	25	32	40	50
名称			单位	消耗量					
人工	000203000	综合二类工	工日	0.121	0.153	0.174	0.196	0.234	0.319
材料	200105001	碳钢螺纹法兰	片	（2.000）	（2.000）	（2.000）	（2.000）	（2.000）	（2.000）
	203101003	碳钢透镜垫	个	（1.000）	（1.000）	（1.000）	（1.000）	（1.000）	（1.000）
	031101014	尼龙砂轮片 $\phi500\times25\times4$	片	0.012	0.020	0.030	0.043	0.051	0.075
	140307001	煤油	kg	0.360	0.400	0.440	0.540	0.640	0.740
	040915003	黑铅粉	kg	0.040	0.040	0.050	0.050	0.060	0.070
	031102004	铁砂布（综合）	张	0.038	0.052	0.065	0.080	0.100	0.125
	143189001	皂化液	kg	0.026	0.034	0.043	0.054	0.067	0.083
	031102001	砂纸	张	0.004	0.004	0.004	0.004	0.004	0.004
	340203007	聚四氟乙烯生料带（综合）	m	0.415	0.509	0.641	0.791	0.904	1.074
	143121001	二硫化钼	kg	0.001	0.001	0.001	0.002	0.002	0.002
	092705004	碎布	kg	0.034	0.034	0.044	0.044	0.064	0.074
	850103006	其他材料费（占材料费）	%	1.000	1.000	1.000	1.000	1.000	1.000
机械	990785040	砂轮切割机 $\phi500$	台班	0.003	0.007	0.009	0.011	0.011	0.014
	990718040	普通车床 630×2000mm	台班	0.055	0.072	0.090	0.114	0.142	0.223
	990748010	管子切断套丝机 159mm	台班	0.068	0.068	0.068	0.075	0.075	0.075

工作内容：准备工作，管子切口，套丝，法兰连接，螺栓涂二硫化钼。 计量单位：副

编号				8-4-457	8-4-458	8-4-459	8-4-460	8-4-461	8-4-462
项目				公称直径（mm 以内）					
				65	80	100	125	150	200
名称			单位	消耗量					
人工	000203000	综合二类工	工日	0.433	0.478	0.559	0.683	0.741	0.875
材料	200105001	碳钢螺纹法兰	片	（2.000）	（2.000）	（2.000）	（2.000）	（2.000）	（2.000）
	203101003	碳钢透镜垫	个	（1.000）	（1.000）	（1.000）	（1.000）	（1.000）	（1.000）
	142909001	氧气	m^3	—	—	0.302	0.365	0.534	0.676
	142907002	乙炔气	kg	—	—	0.116	0.140	0.205	0.260
	140307001	煤油	kg	0.900	1.100	1.200	1.260	1.392	1.440
	040915003	黑铅粉	kg	0.080	0.100	0.112	0.120	0.128	0.139
	031102004	铁砂布（综合）	张	0.172	0.195	0.241	0.296	0.349	0.455
	143189001	皂化液	kg	0.115	0.130	0.161	0.198	0.233	0.303
	031102001	砂纸	张	0.004	0.004	0.004	0.004	0.004	0.004
	143121001	二硫化钼	kg	0.002	0.003	0.003	0.003	0.003	0.003
	092705004	碎布	kg	0.074	0.074	0.084	0.101	0.102	0.116
	031101014	尼龙砂轮片 $\phi500 \times 25 \times 4$	片	0.103	0.139	—	—	—	—
	850103006	其他材料费（占材料费）	%	1.000	1.000	1.000	1.000	1.000	1.000
机械	990785040	砂轮切割机 $\phi500$	台班	0.014	0.016	—	—	—	—
	990718040	普通车床 630×2000mm	台班	0.307	0.348	0.428	0.530	0.624	0.805
	990744010	半自动切割机 100mm	台班	—	—	—	—	0.027	0.037
	990748010	管子切断套丝机 159mm	台班	0.083	0.083	0.083	0.090	0.090	0.090

2. 碳钢对焊法兰（电弧焊）

工作内容： 准备工作，管子切口，坡口加工，管口组对，焊接，法兰连接，螺栓涂二硫化钼。

计量单位： 副

编号				8-4-463	8-4-464	8-4-465	8-4-466	8-4-467
项目				公称直径（mm 以内）				
				15	20	25	32	40
名称			单位	消耗量				
人工	000203000	综合二类工	工日	0.298	0.354	0.418	0.499	0.595
材料	203101003	碳钢透镜垫	个	（1.000）	（1.000）	（1.000）	（1.000）	（1.000）
	200103001	碳钢对焊法兰	片	（2.000）	（2.000）	（2.000）	（2.000）	（2.000）
	031301009	低碳钢焊条 J427（综合）	kg	0.123	0.176	0.290	0.418	0.504
	031101013	尼龙砂轮片 $\phi100 \times 16 \times 3$	片	0.062	0.074	0.082	0.091	0.104
	031101014	尼龙砂轮片 $\phi500 \times 25 \times 4$	片	0.012	0.020	0.030	0.043	0.051
	031103002	磨头	个	0.020	0.026	0.031	0.039	0.044
	140307001	煤油	kg	0.180	0.200	0.220	0.270	0.320
	143315001	丙酮	kg	0.022	0.023	0.024	0.026	0.029
	143121001	二硫化钼	kg	0.002	0.002	0.002	0.004	0.004
	092705004	碎布	kg	0.032	0.033	0.044	0.046	0.066
	850103006	其他材料费（占材料费）	%	1.000	1.000	1.000	1.000	1.000
机械	990900010	电焊机（综合）	台班	0.058	0.069	0.091	0.117	0.138
	990785040	砂轮切割机 $\phi500$	台班	0.003	0.007	0.009	0.011	0.011
	990718040	普通车床 630 × 2000mm	台班	0.017	0.024	0.035	0.035	0.036
	990919030	电焊条烘干箱 $60 \times 50 \times 75cm^3$	台班	0.006	0.007	0.009	0.012	0.014
	990920010	电焊条恒温箱	台班	0.006	0.007	0.009	0.012	0.014

工作内容：准备工作，管子切口，坡口加工，管口组对，焊接，法兰连接，螺栓涂二硫化钼。

计量单位：副

编号				8-4-468	8-4-469	8-4-470	8-4-471	8-4-472
项目				公称直径（mm 以内）				
				50	65	80	100	125
名称			单位	消耗量				
人工	000203000	综合二类工	工日	0.680	0.910	1.086	1.466	2.154
材料	203101003	碳钢透镜垫	个	（1.000）	（1.000）	（1.000）	（1.000）	（1.000）
	200103001	碳钢对焊法兰	片	（2.000）	（2.000）	（2.000）	（2.000）	（2.000）
	031301009	低碳钢焊条 J427（综合）	kg	0.775	1.317	1.791	2.783	4.999
	031101013	尼龙砂轮片 $\phi100\times16\times3$	片	0.144	0.219	0.255	0.388	0.453
	031101014	尼龙砂轮片 $\phi500\times25\times4$	片	0.075	0.115	0.155	—	—
	031103002	磨头	个	0.053	0.070	0.082	0.106	—
	140307001	煤油	kg	0.370	0.450	0.550	0.600	0.630
	143315001	丙酮	kg	0.035	0.047	0.056	0.072	0.084
	143121001	二硫化钼	kg	0.004	0.004	0.006	0.006	0.013
	092705004	碎布	kg	0.077	0.080	0.082	0.094	0.107
	142909001	氧气	m^3	—	—	—	0.302	0.365
	142907002	乙炔气	kg	—	—	—	0.116	0.140
	850103006	其他材料费（占材料费）	%	1.000	1.000	1.000	1.000	1.000
机械	990304004	汽车式起重机 8t	台班	—	—	—	0.001	0.001
	990401030	载重汽车 8t	台班	—	—	—	0.001	0.001
	990900010	电焊机（综合）	台班	0.171	0.233	0.292	0.427	0.645
	990785040	砂轮切割机 $\phi500$	台班	0.014	0.015	0.018	—	—
	990718040	普通车床 630×2000mm	台班	0.037	0.041	0.044	0.051	0.107
	990919030	电焊条烘干箱 $60\times50\times75cm^3$	台班	0.017	0.024	0.030	0.043	0.064
	990920010	电焊条恒温箱	台班	0.017	0.024	0.030	0.043	0.064
	990509020	单速电动葫芦 3t	台班	0.037	0.041	0.044	0.051	0.107

工作内容：准备工作，管子切口，坡口加工，管口组对，焊接，法兰连接，螺栓涂二硫化钼。

计量单位：副

编号				8-4-473	8-4-474	8-4-475	8-4-476	8-4-477
项目				公称直径（mm 以内）				
				150	200	250	300	350
名称			单位	消耗量				
人工	000203000	综合二类工	工日	2.927	3.211	4.255	5.634	7.197
材料	203101003	碳钢透镜垫	个	（1.000）	（1.000）	（1.000）	（1.000）	（1.000）
	200103001	碳钢对焊法兰	片	（2.000）	（2.000）	（2.000）	（2.000）	（2.000）
	031301009	低碳钢焊条 J427（综合）	kg	7.819	12.137	17.996	28.364	38.720
	031101013	尼龙砂轮片 $\phi100\times16\times3$	片	0.632	1.124	1.720	2.430	3.263
	140307001	煤油	kg	0.700	0.800	0.900	1.000	1.100
	143315001	丙酮	kg	0.100	0.138	0.172	0.204	0.236
	143121001	二硫化钼	kg	0.013	0.013	0.019	0.029	0.029
	092705004	碎布	kg	0.131	0.158	0.174	0.190	0.208
	142909001	氧气	m^3	0.534	0.751	1.025	1.260	1.534
	142907002	乙炔气	kg	0.205	0.289	0.394	0.485	0.590
	012100002	角钢（综合）	kg	—	0.152	0.152	0.200	0.200
	850103006	其他材料费（占材料费）	%	1.000	1.000	1.000	1.000	1.000
机械	990304004	汽车式起重机 8t	台班	0.001	0.010	0.020	0.030	0.035
	990401030	载重汽车 8t	台班	0.001	0.010	0.020	0.030	0.035
	990744010	半自动切割机 100mm	台班	0.027	0.042	0.089	0.121	0.146
	990307010	电动单梁起重机 5t	台班	—	—	0.211	0.260	0.345
	990900010	电焊机（综合）	台班	0.901	1.352	1.930	2.833	3.386
	990718040	普通车床 630×2000mm	台班	0.117	0.165	0.211	0.260	0.345
	990919030	电焊条烘干箱 $60\times50\times75cm^3$	台班	0.090	0.135	0.193	0.283	0.339
	990920010	电焊条恒温箱	台班	0.090	0.135	0.193	0.283	0.339
	990509020	单速电动葫芦 3t	台班	0.117	0.165	—	—	—

工作内容：准备工作，管子切口，坡口加工，管口组对，焊接，法兰连接，
螺栓涂二硫化钼。

计量单位：副

编号				8-4-478	8-4-479	8-4-480	8-4-481
项目				公称直径（mm 以内）			
				400	450	500	600
名称			单位	消耗量			
人工	000203000	综合二类工	工日	8.745	11.078	13.401	18.056
材料	203101003	碳钢透镜垫	个	（1.000）	（1.000）	（1.000）	（1.000）
	200103001	碳钢对焊法兰	片	（2.000）	（2.000）	（2.000）	（2.000）
	031301009	低碳钢焊条 J427（综合）	kg	46.946	67.154	82.348	117.750
	142909001	氧气	m^3	1.723	2.365	2.432	3.141
	142907002	乙炔气	kg	0.663	0.910	0.935	1.208
	031101013	尼龙砂轮片 $\phi100\times16\times3$	片	4.189	5.287	5.858	7.527
	140307001	煤油	kg	1.200	1.300	1.400	1.500
	143315001	丙酮	kg	0.266	0.300	0.330	0.394
	012100002	角钢（综合）	kg	0.200	0.200	0.200	0.200
	143121001	二硫化钼	kg	0.038	0.038	0.038	0.047
	092705004	碎布	kg	0.224	0.240	0.256	0.278
	850103006	其他材料费（占材料费）	%	1.000	1.000	1.000	1.000
机械	990900010	电焊机（综合）	台班	4.106	5.874	7.202	10.299
	990744010	半自动切割机 100mm	台班	0.166	0.199	0.240	0.315
	990718040	普通车床 630×2000mm	台班	0.380	0.469	0.510	0.642
	990304004	汽车式起重机 8t	台班	0.044	0.060	0.081	0.118
	990401030	载重汽车 8t	台班	0.044	0.060	0.081	0.118
	990307010	电动单梁起重机 5t	台班	0.380	0.469	0.510	0.642
	990919030	电焊条烘干箱 $60\times50\times75cm^3$	台班	0.411	0.587	0.720	1.030
	990920010	电焊条恒温箱	台班	0.411	0.587	0.720	1.030

3. 碳钢对焊法兰（氩电联焊）

工作内容： 准备工作，管子切口，坡口加工，管口组对，焊接，法兰连接，螺栓涂二硫化钼。

计量单位： 副

编号				8-4-482	8-4-483	8-4-484	8-4-485	8-4-486
项目				公称直径（mm 以内）				
				15	20	25	32	40
名称			单位	消耗量				
人工	000203000	综合二类工	工日	0.375	0.463	0.573	0.701	0.829
材料	203101003	碳钢透镜垫	个	（1.000）	（1.000）	（1.000）	（1.000）	（1.000）
	200103001	碳钢对焊法兰	片	（2.000）	（2.000）	（2.000）	（2.000）	（2.000）
	031303005	碳钢焊丝	kg	0.050	0.086	0.143	0.197	0.227
	142911001	氩气	m^3	0.140	0.241	0.401	0.550	0.636
	340101003	铈钨棒	g	0.279	0.483	0.802	1.101	1.271
	031101013	尼龙砂轮片 $\phi100 \times 16 \times 3$	片	0.058	0.070	0.078	0.087	0.100
	031101014	尼龙砂轮片 $\phi500 \times 25 \times 4$	片	0.012	0.020	0.030	0.043	0.051
	031103002	磨头	个	0.020	0.026	0.031	0.039	0.044
	140307001	煤油	kg	0.180	0.200	0.220	0.270	0.320
	143315001	丙酮	kg	0.022	0.023	0.024	0.026	0.029
	143121001	二硫化钼	kg	0.002	0.002	0.002	0.004	0.004
	092705004	碎布	kg	0.032	0.033	0.044	0.046	0.066
	850103006	其他材料费（占材料费）	%	1.000	1.000	1.000	1.000	1.000
机械	990912010	氩弧焊机 500A	台班	0.048	0.074	0.119	0.164	0.189
	990785040	砂轮切割机 $\phi500$	台班	0.003	0.007	0.009	0.011	0.011
	990718040	普通车床 630×2000mm	台班	0.017	0.024	0.035	0.035	0.036

工作内容：准备工作，管子切口，坡口加工，管口组对，焊接，法兰连接，螺栓涂二硫化钼。

计量单位：副

编号				8-4-487	8-4-488	8-4-489	8-4-490	8-4-491
项目				公称直径（mm 以内）				
				50	65	80	100	125
名称			单位	消耗量				
人工	000203000	综合二类工	工日	0.877	1.152	1.397	1.890	2.747
材料	203101003	碳钢透镜垫	个	（1.000）	（1.000）	（1.000）	（1.000）	（1.000）
	200103001	碳钢对焊法兰	片	（2.000）	（2.000）	（2.000）	（2.000）	（2.000）
	031303005	碳钢焊丝	kg	0.024	0.030	0.035	0.048	0.064
	142911001	氩气	m^3	0.067	0.084	0.098	0.133	0.180
	340101003	铈钨棒	g	0.134	0.168	0.197	0.266	0.360
	031101013	尼龙砂轮片 $\phi100\times16\times3$	片	0.140	0.215	0.251	0.384	0.449
	031101014	尼龙砂轮片 $\phi500\times25\times4$	片	0.075	0.103	0.139	—	—
	031103002	磨头	个	0.053	0.070	0.082	0.106	—
	140307001	煤油	kg	0.370	0.450	0.550	0.600	0.630
	143315001	丙酮	kg	0.035	0.047	0.056	0.072	0.084
	143121001	二硫化钼	kg	0.004	0.004	0.006	0.006	0.013
	092705004	碎布	kg	0.077	0.080	0.082	0.094	0.107
	031301009	低碳钢焊条 J427（综合）	kg	0.722	1.129	1.717	2.691	4.630
	142909001	氧气	m^3	—	—	—	0.272	0.329
	142907002	乙炔气	kg	—	—	—	0.105	0.127
	850103006	其他材料费（占材料费）	%	1.000	1.000	1.000	1.000	1.000
机械	990900010	电焊机（综合）	台班	0.162	0.206	0.283	0.416	0.606
	990509020	单速电动葫芦 3t	台班	0.037	0.041	0.044	0.051	0.107
	990919030	电焊条烘干箱 $60\times50\times75cm^3$	台班	0.016	0.020	0.028	0.041	0.061
	990920010	电焊条恒温箱	台班	0.016	0.020	0.028	0.041	0.061
	990304004	汽车式起重机 8t	台班	—	—	—	0.001	0.001
	990401030	载重汽车 8t	台班	—	—	—	0.001	0.001
	990912010	氩弧焊机 500A	台班	0.035	0.044	0.052	0.070	0.095
	990785040	砂轮切割机 $\phi500$	台班	0.014	0.014	0.016	—	—
	990718040	普通车床 630×2000mm	台班	0.037	0.041	0.044	0.051	0.107

工作内容：准备工作，管子切口，坡口加工，管口组对，焊接，法兰连接，螺栓涂二硫化钼。

计量单位：副

编号				8-4-492	8-4-493	8-4-494	8-4-495	8-4-496
项目				公称直径（mm 以内）				
				150	200	250	300	350
名称			单位	消耗量				
人工	000203000	综合二类工	工日	3.719	4.074	5.399	7.106	9.040
材料	203101003	碳钢透镜垫	个	（1.000）	（1.000）	（1.000）	（1.000）	（1.000）
	200103001	碳钢对焊法兰	片	（2.000）	（2.000）	（2.000）	（2.000）	（2.000）
	031301009	低碳钢焊条 J427（综合）	kg	7.296	11.343	16.888	26.727	36.884
	031303005	碳钢焊丝	kg	0.074	0.113	0.136	0.157	0.186
	142909001	氧气	m^3	0.534	0.676	1.025	1.120	1.534
	142907002	乙炔气	kg	0.205	0.260	0.394	0.431	0.590
	142911001	氩气	m^3	0.208	0.318	0.378	0.442	0.519
	340101003	铈钨棒	g	0.416	0.635	0.757	0.883	1.039
	031101013	尼龙砂轮片 $\phi100\times16\times3$	片	0.628	1.120	1.716	2.426	3.259
	140307001	煤油	kg	0.700	0.800	0.900	1.000	1.100
	143315001	丙酮	kg	0.100	0.138	0.172	0.204	0.236
	012100002	角钢（综合）	kg	—	0.152	0.152	0.200	0.200
	143121001	二硫化钼	kg	0.013	0.013	0.019	0.029	0.029
	092705004	碎布	kg	0.131	0.158	0.174	0.190	0.208
	850103006	其他材料费（占材料费）	%	1.000	1.000	1.000	1.000	1.000
机械	990900010	电焊机（综合）	台班	0.849	1.275	1.825	2.685	3.583
	990912010	氩弧焊机 500A	台班	0.111	0.167	0.200	0.233	0.275
	990744010	半自动切割机 100mm	台班	0.027	0.037	0.089	0.108	0.146
	990718040	普通车床 630×2000mm	台班	0.117	0.157	0.211	0.260	0.326
	990509020	单速电动葫芦 3t	台班	0.117	0.157	—	—	—
	990304004	汽车式起重机 8t	台班	0.001	0.010	0.020	0.030	0.035
	990401030	载重汽车 8t	台班	0.001	0.010	0.020	0.030	0.035
	990919030	电焊条烘干箱 $60\times50\times75cm^3$	台班	0.085	0.128	0.183	0.269	0.358
	990920010	电焊条恒温箱	台班	0.085	0.128	0.183	0.269	0.358
	990307010	电动单梁起重机 5t	台班	—	—	0.211	0.260	0.326

工作内容：准备工作，管子切口，坡口加工，管口组对，焊接，法兰连接，螺栓涂二硫化钼。

计量单位：副

编号				8-4-497	8-4-498	8-4-499	8-4-500
项目				公称直径（mm 以内）			
				400	450	500	600
名称			单位	消耗量			
人工	000203000	综合二类工	工日	11.022	13.898	16.810	22.650
材料	203101003	碳钢透镜垫	个	（1.000）	（1.000）	（1.000）	（1.000）
	200103001	碳钢对焊法兰	片	（2.000）	（2.000）	（2.000）	（2.000）
	031301009	低碳钢焊条 J427（综合）	kg	44.691	63.953	71.374	98.057
	031303005	碳钢焊丝	kg	0.230	0.254	0.289	0.348
	142909001	氧气	m^3	1.723	2.365	2.432	3.141
	142907002	乙炔气	kg	0.663	0.910	0.935	1.208
	142911001	氩气	m^3	0.644	0.711	0.809	0.974
	340101003	铈钨棒	g	1.288	1.423	1.619	1.815
	031101013	尼龙砂轮片 $\phi100\times16\times3$	片	4.185	5.283	5.854	7.523
	140307001	煤油	kg	1.200	1.300	1.400	1.500
	143315001	丙酮	kg	0.266	0.300	0.330	0.394
	012100002	角钢（综合）	kg	0.200	0.200	0.200	0.200
	143121001	二硫化钼	kg	0.038	0.038	0.038	0.047
	092705004	碎布	kg	0.224	0.240	0.256	0.278
	850103006	其他材料费（占材料费）	%	1.000	1.000	1.000	1.000
机械	990900010	电焊机（综合）	台班	4.342	6.085	6.815	9.288
	990912010	氩弧焊机 500A	台班	0.340	0.375	0.427	0.516
	990744010	半自动切割机 100mm	台班	0.166	0.199	0.240	0.315
	990718040	普通车床 630×2000mm	台班	0.380	0.469	0.538	0.698
	990304004	汽车式起重机 8t	台班	0.044	0.060	0.081	0.118
	990401030	载重汽车 8t	台班	0.044	0.060	0.081	0.118
	990307010	电动单梁起重机 5t	台班	0.380	0.469	0.538	0.698
	990919030	电焊条烘干箱 $60\times50\times75cm^3$	台班	0.434	0.609	0.681	0.929
	990920010	电焊条恒温箱	台班	0.434	0.609	0.681	0.929

4. 不锈钢对焊法兰（电弧焊）

工作内容： 准备工作，管子切口，坡口加工，管口组对，焊接，焊缝钝化，法兰连接，螺栓涂二硫化钼。

计量单位： 副

编号				8-4-501	8-4-502	8-4-503	8-4-504	8-4-505	8-4-506
项目				公称直径（mm 以内）					
				15	20	25	32	40	50
名称			单位	消耗量					
人工	000203000	综合二类工	工日	0.472	0.560	0.662	0.789	0.942	1.075
材料	180525001	不锈钢透镜垫	个	（1.000）	（1.000）	（1.000）	（1.000）	（1.000）	（1.000）
	200301001	不锈钢对焊法兰	片	（2.000）	（2.000）	（2.000）	（2.000）	（2.000）	（2.000）
	031301001	不锈钢焊条（综合）	kg	0.082	0.125	0.210	0.264	0.358	0.502
	031101013	尼龙砂轮片 $\phi 100 \times 16 \times 3$	片	0.073	0.085	0.093	0.102	0.115	0.155
	031101014	尼龙砂轮片 $\phi 500 \times 25 \times 4$	片	0.016	0.022	0.042	0.050	0.062	0.069
	143315001	丙酮	kg	0.014	0.016	0.022	0.026	0.030	0.036
	143159001	氢氧化钠（烧碱）	kg	0.050	0.050	0.072	0.096	0.120	0.144
	143169002	酸洗膏	kg	0.012	0.014	0.020	0.024	0.030	0.036
	341101001	水	m^3	0.002	0.002	0.004	0.004	0.004	0.006
	143121001	二硫化钼	kg	0.002	0.002	0.002	0.004	0.004	0.004
	092705004	碎布	kg	0.054	0.056	0.056	0.068	0.078	0.081
	850103006	其他材料费（占材料费）	%	1.000	1.000	1.000	1.000	1.000	1.000
机械	990900010	电焊机（综合）	台班	0.046	0.059	0.086	0.109	0.129	0.157
	990785040	砂轮切割机 $\phi 500$	台班	0.005	0.009	0.012	0.014	0.019	0.022
	990718040	普通车床 630 × 2000mm	台班	0.019	0.024	0.032	0.036	0.043	0.043
	991003050	电动空气压缩机 $6m^3/min$	台班	0.002	0.002	0.002	0.002	0.002	0.002
	990919030	电焊条烘干箱 $60 \times 50 \times 75cm^3$	台班	0.004	0.006	0.008	0.011	0.013	0.016
	990920010	电焊条恒温箱	台班	0.004	0.006	0.008	0.011	0.013	0.016
	990509020	单速电动葫芦 3t	台班	—	—	—	—	—	0.043

工作内容：准备工作，管子切口，坡口加工，管口组对，焊接，焊缝钝化，法兰连接，螺栓涂二硫化钼。

计量单位：副

编号				8-4-507	8-4-508	8-4-509	8-4-510	8-4-511	8-4-512
项目				公称直径（mm 以内）					
				65	80	100	125	150	200
名称			单位	消耗量					
人工	000203000	综合二类工	工日	1.440	1.718	2.320	3.405	4.628	5.079
材料	180525001	不锈钢透镜垫	个	（1.000）	（1.000）	（1.000）	（1.000）	（1.000）	（1.000）
	200301001	不锈钢对焊法兰	片	（2.000）	（2.000）	（2.000）	（2.000）	（2.000）	（2.000）
	031301001	不锈钢焊条（综合）	kg	0.921	1.441	1.982	3.597	5.153	11.065
	031101013	尼龙砂轮片 $\phi100\times16\times3$	片	0.274	0.276	0.395	0.590	0.771	1.580
	031101014	尼龙砂轮片 $\phi500\times25\times4$	片	0.125	0.174	—	—	—	—
	143315001	丙酮	kg	0.048	0.056	0.072	0.084	0.100	0.138
	143159001	氢氧化钠（烧碱）	kg	0.192	0.192	0.240	0.340	0.410	0.460
	143169002	酸洗膏	kg	0.050	0.059	0.075	0.116	0.155	0.201
	341101001	水	m^3	0.008	0.010	0.012	0.014	0.018	0.024
	143121001	二硫化钼	kg	0.004	0.006	0.006	0.013	0.013	0.013
	092705004	碎布	kg	0.094	0.098	0.120	0.135	0.141	0.152
	850103006	其他材料费（占材料费）	%	1.000	1.000	1.000	1.000	1.000	1.000
机械	990900010	电焊机（综合）	台班	0.288	0.296	0.406	0.631	0.942	1.636
	990785040	砂轮切割机 $\phi500$	台班	0.034	0.042	—	—	—	—
	990718040	普通车床 630×2000mm	台班	0.050	0.050	0.052	0.064	0.077	0.184
	990509020	单速电动葫芦 3t	台班	0.050	0.050	0.052	0.064	0.077	0.184
	991003050	电动空气压缩机 $6m^3/min$	台班	0.002	0.002	0.002	0.002	0.002	0.002
	990919030	电焊条烘干箱 $60\times50\times75cm^3$	台班	0.029	0.030	0.041	0.063	0.095	0.164
	990920010	电焊条恒温箱	台班	0.029	0.030	0.041	0.063	0.095	0.164
	990743010	等离子切割机 400A	台班	—	—	0.027	0.035	0.044	0.071
	990304004	汽车式起重机 8t	台班	—	—	0.001	0.001	0.001	0.010
	990401030	载重汽车 8t	台班	—	—	0.001	0.001	0.001	0.010
	991003030	电动空气压缩机 $1m^3/min$	台班	—	—	0.027	0.035	0.044	0.071

工作内容：准备工作，管子切口，坡口加工，管口组对，焊接，焊缝钝化，法兰连接，螺栓涂二硫化钼。

计量单位：副

编号				8-4-513	8-4-514	8-4-515	8-4-516	8-4-517	8-4-518
项目				公称直径（mm 以内）					
				250	300	350	400	450	500
名称			单位	消耗量					
人工	000203000	综合二类工	工日	6.729	8.910	11.379	13.825	17.516	21.189
材料	180525001	不锈钢透镜垫	个	（1.000）	（1.000）	（1.000）	（1.000）	（1.000）	（1.000）
	200301001	不锈钢对焊法兰	片	（2.000）	（2.000）	（2.000）	（2.000）	（2.000）	（2.000）
	031301001	不锈钢焊条（综合）	kg	16.728	23.618	31.837	42.488	48.861	56.190
	031101013	尼龙砂轮片 $\phi100\times16\times3$	片	2.286	3.288	4.010	5.415	6.227	7.161
	143315001	丙酮	kg	0.172	0.204	0.236	0.266	0.306	0.352
	143159001	氢氧化钠（烧碱）	kg	0.580	0.700	0.840	0.980	1.127	1.296
	143169002	酸洗膏	kg	0.305	0.363	0.398	0.492	0.554	0.627
	341101001	水	m^3	0.028	0.034	0.040	0.046	0.053	0.061
	143121001	二硫化钼	kg	0.019	0.029	0.029	0.038	0.038	0.038
	092705004	碎布	kg	0.162	0.190	0.226	0.260	0.299	0.344
	850103006	其他材料费（占材料费）	%	1.000	1.000	1.000	1.000	1.000	1.000
机械	990509020	单速电动葫芦 3t	台班	0.247	—	—	—	—	—
	990900010	电焊机（综合）	台班	2.367	3.341	4.316	5.759	6.623	7.616
	990743010	等离子切割机 400A	台班	0.095	0.146	0.169	0.207	0.237	0.273
	990718040	普通车床 630×2000mm	台班	0.247	0.334	0.383	0.491	0.565	0.649
	990304004	汽车式起重机 8t	台班	0.020	0.030	0.035	0.044	0.051	0.058
	990401030	载重汽车 8t	台班	0.020	0.030	0.035	0.044	0.051	0.058
	990307010	电动单梁起重机 5t	台班	—	0.334	0.383	0.491	0.565	0.649
	991003030	电动空气压缩机 $1m^3/min$	台班	0.095	0.146	0.169	0.207	0.237	0.273
	991003050	电动空气压缩机 $6m^3/min$	台班	0.002	0.002	0.002	0.002	0.002	0.003
	990919030	电焊条烘干箱 $60\times50\times75cm^3$	台班	0.237	0.334	0.432	0.576	0.663	0.762
	990920010	电焊条恒温箱	台班	0.237	0.334	0.432	0.576	0.663	0.762

5. 不锈钢对焊法兰（氩电联焊）

工作内容：准备工作，管子切口，坡口加工，管口组对，焊接，焊缝钝化，法兰连接，螺栓涂二硫化钼。

计量单位：副

编号				8-4-519	8-4-520	8-4-521	8-4-522	8-4-523	8-4-524
项目				公称直径（mm 以内）					
				15	20	25	32	40	50
名称			单位	消耗量					
人工	000203000	综合二类工	工日	0.475	0.586	0.725	0.885	1.048	1.108
材料	180525001	不锈钢透镜垫	个	（1.000）	（1.000）	（1.000）	（1.000）	（1.000）	（1.000）
	200301001	不锈钢对焊法兰	片	（2.000）	（2.000）	（2.000）	（2.000）	（2.000）	（2.000）
	031303017	不锈钢焊丝（综合）	kg	0.045	0.068	0.113	0.144	0.195	0.050
	142911001	氩气	m^3	0.127	0.192	0.317	0.403	0.548	0.142
	340101003	铈钨棒	g	0.231	0.350	0.589	0.740	1.005	0.154
	031101013	尼龙砂轮片 $\phi100\times16\times3$	片	0.071	0.083	0.091	0.100	0.113	0.153
	031101014	尼龙砂轮片 $\phi500\times25\times4$	片	0.016	0.022	0.042	0.050	0.062	0.069
	143315001	丙酮	kg	0.014	0.016	0.022	0.026	0.030	0.036
	143159001	氢氧化钠（烧碱）	kg	0.050	0.050	0.072	0.096	0.120	0.144
	143169002	酸洗膏	kg	0.012	0.014	0.020	0.024	0.030	0.036
	341101001	水	m^3	0.002	0.002	0.004	0.004	0.004	0.006
	143121001	二硫化钼	kg	0.002	0.002	0.002	0.004	0.004	0.004
	092705004	碎布	kg	0.054	0.056	0.056	0.068	0.078	0.081
	031301001	不锈钢焊条（综合）	kg	—	—	—	—	—	0.442
	850103006	其他材料费（占材料费）	%	1.000	1.000	1.000	1.000	1.000	1.000
机械	990912010	氩弧焊机 500A	台班	0.065	0.090	0.136	0.175	0.224	0.105
	990785040	砂轮切割机 $\phi500$	台班	0.005	0.009	0.012	0.014	0.019	0.022
	990718040	普通车床 630×2000mm	台班	0.019	0.024	0.032	0.036	0.043	0.043
	990509020	单速电动葫芦 3t	台班	—	—	—	0.036	0.043	0.043
	991003050	电动空气压缩机 $6m^3/min$	台班	0.002	0.002	0.002	0.002	0.002	0.002
	990900010	电焊机（综合）	台班	—	—	—	—	—	0.141
	990919030	电焊条烘干箱 $60\times50\times75cm^3$	台班	—	—	—	—	—	0.014
	990920010	电焊条恒温箱	台班	—	—	—	—	—	0.014

工作内容：准备工作，管子切口，坡口加工，管口组对，焊接，焊缝钝化，法兰连接，螺栓涂二硫化钼。

计量单位：副

编号				8-4-525	8-4-526	8-4-527	8-4-528	8-4-529	8-4-530
项目				公称直径（mm 以内）					
				65	80	100	125	150	200
名称			单位	消耗量					
人工	000203000	综合二类工	工日	1.457	1.767	2.390	3.475	4.704	5.154
材料	180525001	不锈钢透镜垫	个	（1.000）	（1.000）	（1.000）	（1.000）	（1.000）	（1.000）
	200301001	不锈钢对焊法兰	片	（2.000）	（2.000）	（2.000）	（2.000）	（2.000）	（2.000）
	031301001	不锈钢焊条（综合）	kg	0.768	1.029	1.769	3.290	4.746	10.258
	031303017	不锈钢焊丝（综合）	kg	0.088	0.105	0.158	0.185	0.222	0.338
	142911001	氩气	m^3	0.246	0.293	0.443	0.519	0.623	0.946
	340101003	铈钨棒	g	0.280	0.298	0.304	0.342	0.417	0.775
	031101013	尼龙砂轮片 $\phi100\times16\times3$	片	0.270	0.272	0.387	0.577	0.755	1.546
	143315001	丙酮	kg	0.048	0.056	0.072	0.084	0.100	0.138
	143159001	氢氧化钠（烧碱）	kg	0.192	0.192	0.240	0.340	0.410	0.460
	143169002	酸洗膏	kg	0.050	0.059	0.075	0.116	0.155	0.201
	341101001	水	m^3	0.008	0.010	0.012	0.014	0.018	0.024
	143121001	二硫化钼	kg	0.004	0.006	0.006	0.013	0.013	0.013
	092705004	碎布	kg	0.094	0.098	0.120	0.135	0.141	0.152
	031101014	尼龙砂轮片 $\phi500\times25\times4$	片	0.125	0.174	—	—	—	—
	850103006	其他材料费（占材料费）	%	1.000	1.000	1.000	1.000	1.000	1.000
机械	990785040	砂轮切割机 $\phi500$	台班	0.034	0.042	—	—	—	—
	990900010	电焊机（综合）	台班	0.244	0.293	0.330	0.525	0.705	1.383
	990912010	氩弧焊机 500A	台班	0.155	0.176	0.231	0.277	0.326	0.527
	990743010	等离子切割机 400A	台班	—	—	0.027	0.035	0.044	0.071
	990718040	普通车床 630×2000mm	台班	0.048	0.050	0.052	0.064	0.077	0.184
	990509020	单速电动葫芦 3t	台班	0.048	0.050	0.052	0.064	0.077	0.184
	990304004	汽车式起重机 8t	台班	—	—	0.001	0.001	0.001	0.010
	990401030	载重汽车 8t	台班	—	—	0.001	0.001	0.001	0.010
	991003050	电动空气压缩机 $6m^3/min$	台班	0.002	0.002	0.002	0.002	0.002	0.002
	991003030	电动空气压缩机 $1m^3/min$	台班	—	—	0.027	0.035	0.044	0.071
	990919030	电焊条烘干箱 $60\times50\times75cm^3$	台班	0.025	0.030	0.033	0.052	0.070	0.139
	990920010	电焊条恒温箱	台班	0.025	0.030	0.033	0.052	0.070	0.139

工作内容：准备工作，管子切口，坡口加工，管口组对，焊接，焊缝钝化，法兰连接，螺栓涂二硫化钼。

计量单位：副

编号				8-4-531	8-4-532	8-4-533	8-4-534	8-4-535	8-4-536
项目				公称直径（mm 以内）					
				250	300	350	400	450	500
名称			单位	消耗量					
人工	000203000	综合二类工	工日	6.832	8.991	11.437	13.945	17.581	21.267
材料	180525001	不锈钢透镜垫	个	（1.000）	（1.000）	（1.000）	（1.000）	（1.000）	（1.000）
	200301001	不锈钢对焊法兰	片	（2.000）	（2.000）	（2.000）	（2.000）	（2.000）	（2.000）
	031301001	不锈钢焊条（综合）	kg	15.584	22.002	29.850	39.837	45.813	52.684
	031303017	不锈钢焊丝（综合）	kg	0.423	0.550	0.594	0.734	0.844	0.971
	142911001	氩气	m^3	1.184	1.537	1.664	2.053	2.361	2.715
	340101003	铈钨棒	g	0.980	1.420	1.673	1.863	2.142	2.464
	031101013	尼龙砂轮片 $\phi100 \times 16 \times 3$	片	2.236	3.217	3.923	5.298	6.093	7.007
	143315001	丙酮	kg	0.172	0.204	0.236	0.266	0.306	0.352
	143159001	氢氧化钠（烧碱）	kg	0.580	0.700	0.840	0.980	1.127	1.296
	143169002	酸洗膏	kg	0.305	0.363	0.398	0.492	0.554	0.627
	341101001	水	m^3	0.028	0.034	0.040	0.046	0.053	0.061
	143121001	二硫化钼	kg	0.019	0.029	0.029	0.038	0.038	0.038
	092705004	碎布	kg	0.162	0.190	0.226	0.260	0.299	0.344
	850103006	其他材料费（占材料费）	%	1.000	1.000	1.000	1.000	1.000	1.000
机械	990900010	电焊机（综合）	台班	2.008	2.834	3.682	4.914	5.651	6.499
	990912010	氩弧焊机 500A	台班	0.647	0.886	0.904	1.172	1.347	1.550
	990743010	等离子切割机 400A	台班	0.095	0.146	0.169	0.207	0.237	0.273
	990718040	普通车床 630×2000mm	台班	0.247	0.334	0.383	0.491	0.565	0.649
	990509020	单速电动葫芦 3t	台班	0.247	—	—	—	—	—
	990304004	汽车式起重机 8t	台班	0.020	0.030	0.035	0.049	0.057	0.065
	990401030	载重汽车 8t	台班	0.020	0.030	0.035	0.049	0.057	0.065
	991003050	电动空气压缩机 $6m^3/min$	台班	0.002	0.002	0.002	0.002	0.002	0.003
	991003030	电动空气压缩机 $1m^3/min$	台班	0.095	0.146	0.169	0.207	0.237	0.273
	990919030	电焊条烘干箱 $60 \times 50 \times 75cm^3$	台班	0.201	0.283	0.369	0.491	0.565	0.650
	990920010	电焊条恒温箱	台班	0.201	0.283	0.369	0.491	0.565	0.650
	990307010	电动单梁起重机 5t	台班	—	0.334	0.383	0.491	0.565	0.649

6. 合金钢对焊法兰（电弧焊）

工作内容：准备工作，管子切口，坡口加工，管口组对，焊接，法兰连接，螺栓涂二硫化钼。

计量单位：副

编号				8-4-537	8-4-538	8-4-539	8-4-540	8-4-541
项目				公称直径（mm 以内）				
				15	20	25	32	40
名称			单位	消耗量				
人工	000203000	综合二类工	工日	0.427	0.510	0.601	0.717	0.856
材料	203101004	合金钢透镜垫	个	（1.000）	（1.000）	（1.000）	（1.000）	（1.000）
	201107001	合金钢对焊法兰	片	（2.000）	（2.000）	（2.000）	（2.000）	（2.000）
	031301004	合金钢焊条	kg	0.080	0.126	0.205	0.257	0.348
	031101013	尼龙砂轮片 $\phi100\times16\times3$	片	0.068	0.079	0.088	0.099	0.110
	031101014	尼龙砂轮片 $\phi500\times25\times4$	片	0.011	0.018	0.025	0.033	0.043
	031103002	磨头	个	0.023	0.026	0.031	0.037	0.044
	140307001	煤油	kg	0.180	0.200	0.220	0.270	0.320
	143315001	丙酮	kg	0.018	0.018	0.030	0.030	0.034
	143121001	二硫化钼	kg	0.002	0.002	0.002	0.004	0.004
	092705004	碎布	kg	0.032	0.034	0.044	0.046	0.066
	850103006	其他材料费（占材料费）	%	1.000	1.000	1.000	1.000	1.000
机械	990900010	电焊机（综合）	台班	0.055	0.072	0.095	0.120	0.145
	990785040	砂轮切割机 $\phi500$	台班	0.003	0.006	0.009	0.010	0.011
	990718040	普通车床 630×2000mm	台班	0.017	0.021	0.029	0.033	0.039
	990919030	电焊条烘干箱 $60\times50\times75cm^3$	台班	0.006	0.008	0.009	0.012	0.014
	990920010	电焊条恒温箱	台班	0.006	0.008	0.009	0.012	0.014
	990509020	单速电动葫芦 3t	台班	—	—	—	0.033	0.039

工作内容：准备工作，管子切口，坡口加工，管口组对，焊接，法兰连接，螺栓涂二硫化钼。

计量单位：副

编号				8-4-542	8-4-543	8-4-544	8-4-545	8-4-546
项目				公称直径（mm 以内）				
				50	65	80	100	125
名称			单位	消耗量				
人工	000203000	综合二类工	工日	0.977	1.308	1.561	2.108	3.098
材料	203101004	合金钢透镜垫	个	（1.000）	（1.000）	（1.000）	（1.000）	（1.000）
	201107001	合金钢对焊法兰	片	（2.000）	（2.000）	（2.000）	（2.000）	（2.000）
	031301004	合金钢焊条	kg	0.488	0.990	1.475	1.927	3.323
	031101013	尼龙砂轮片 $\phi100\times16\times3$	片	0.149	0.243	0.263	0.390	0.522
	031101014	尼龙砂轮片 $\phi500\times25\times4$	片	0.060	0.101	0.139	0.140	0.145
	031103002	磨头	个	0.053	0.070	0.082	0.106	—
	140307001	煤油	kg	0.370	0.450	0.550	0.600	0.630
	143315001	丙酮	kg	0.048	0.064	0.080	0.094	0.112
	143121001	二硫化钼	kg	0.004	0.004	0.006	0.006	0.013
	092705004	碎布	kg	0.078	0.080	0.082	0.094	0.106
	142909001	氧气	m^3	—	—	—	0.245	0.354
	142907002	乙炔气	kg	—	—	—	0.094	0.136
	850103006	其他材料费（占材料费）	%	1.000	1.000	1.000	1.000	1.000
机械	990304004	汽车式起重机 8t	台班	—	—	—	0.001	0.001
	990401030	载重汽车 8t	台班	—	—	—	0.001	0.001
	990900010	电焊机（综合）	台班	0.181	0.245	0.299	0.419	0.688
	990785040	砂轮切割机 $\phi500$	台班	0.011	0.015	0.018	0.019	0.022
	990718040	普通车床 630×2000mm	台班	0.040	0.043	0.046	0.048	0.057
	990919030	电焊条烘干箱 60×50×75cm^3	台班	0.018	0.025	0.030	0.042	0.069
	990920010	电焊条恒温箱	台班	0.018	0.025	0.030	0.042	0.069
	990509020	单速电动葫芦 3t	台班	0.040	0.043	0.046	0.048	0.057

工作内容：准备工作，管子切口，坡口加工，管口组对，焊接，法兰连接，螺栓涂二硫化钼。

计量单位：副

编 号				8-4-547	8-4-548	8-4-549	8-4-550	8-4-551
项 目				公称直径（mm 以内）				
				150	200	250	300	350
名 称			单位	消 耗 量				
人工	000203000	综合二类工	工日	4.208	4.616	6.117	8.098	10.346
材料	203101004	合金钢透镜垫	个	（1.000）	（1.000）	（1.000）	（1.000）	（1.000）
	201107001	合金钢对焊法兰	片	（2.000）	（2.000）	（2.000）	（2.000）	（2.000）
	031301004	合金钢焊条	kg	5.011	11.050	16.412	24.397	33.169
	142909001	氧气	m^3	0.400	0.624	0.949	1.170	1.402
	142907002	乙炔气	kg	0.154	0.240	0.365	0.450	0.539
	031101013	尼龙砂轮片 $\phi100\times16\times3$	片	0.711	1.382	1.975	2.854	3.712
	140307001	煤油	kg	0.655	0.680	0.765	0.850	0.935
	143315001	丙酮	kg	0.132	0.182	0.228	0.270	0.286
	143121001	二硫化钼	kg	0.013	0.013	0.019	0.029	0.029
	092705004	碎布	kg	0.116	0.141	0.155	0.170	0.186
	850103006	其他材料费（占材料费）	%	1.000	1.000	1.000	1.000	1.000
机械	990900010	电焊机（综合）	台班	1.097	1.857	2.565	3.699	4.877
	990744010	半自动切割机 100mm	台班	0.026	0.041	0.081	0.118	0.138
	990718040	普通车床 630×2000mm	台班	0.071	0.160	0.216	0.277	0.333
	990509020	单速电动葫芦 3t	台班	0.071	0.160	0.216	—	—
	990304004	汽车式起重机 8t	台班	0.001	0.010	0.020	0.030	0.035
	990401030	载重汽车 8t	台班	0.001	0.010	0.020	0.030	0.035
	990919030	电焊条烘干箱 $60\times50\times75cm^3$	台班	0.109	0.185	0.256	0.370	0.488
	990920010	电焊条恒温箱	台班	0.109	0.185	0.256	0.370	0.488
	990307010	电动单梁起重机 5t	台班	—	—	—	0.277	0.333

工作内容：准备工作，管子切口，坡口加工，管口组对，焊接，法兰连接，螺栓涂二硫化钼。

计量单位：副

编号				8-4-552	8-4-553	8-4-554	8-4-555
项目				公称直径（mm 以内）			
				400	450	500	600
名称			单位	消耗量			
人工	000203000	综合二类工	工日	12.570	15.926	19.263	25.957
材料	203101004	合金钢透镜垫	个	（1.000）	（1.000）	（1.000）	（1.000）
	201107001	合金钢对焊法兰	片	（2.000）	（2.000）	（2.000）	（2.000）
	031301004	合金钢焊条	kg	44.377	56.466	68.729	93.081
	142909001	氧气	m^3	1.764	2.018	2.703	3.642
	142907002	乙炔气	kg	0.678	0.776	1.040	1.401
	031101013	尼龙砂轮片 $\phi100\times16\times3$	片	4.913	5.673	6.842	8.771
	140307001	煤油	kg	1.020	1.105	1.190	1.360
	143315001	丙酮	kg	0.312	0.312	0.358	0.404
	143121001	二硫化钼	kg	0.038	0.038	0.038	0.047
	092705004	碎布	kg	0.203	0.215	0.232	0.261
	850103006	其他材料费（占材料费）	%	1.000	1.000	1.000	1.000
机械	990900010	电焊机（综合）	台班	6.268	7.432	8.613	11.972
	990744010	半自动切割机 100mm	台班	0.164	0.185	0.266	0.369
	990718040	普通车床 630×2000mm	台班	0.393	0.477	0.561	0.729
	990304004	汽车式起重机 8t	台班	0.044	0.060	0.081	0.118
	990401030	载重汽车 8t	台班	0.044	0.060	0.081	0.118
	990307010	电动单梁起重机 5t	台班	0.393	0.477	0.561	0.729
	990919030	电焊条烘干箱 $60\times50\times75cm^3$	台班	0.627	0.743	0.861	1.198
	990920010	电焊条恒温箱	台班	0.627	0.743	0.861	1.198

7. 合金钢对焊法兰（氩电联焊）

工作内容： 准备工作，管子切口，坡口加工，管口组对，焊接，法兰连接，螺栓涂二硫化钼。

计量单位： 副

编号				8-4-556	8-4-557	8-4-558	8-4-559	8-4-560
项目				公称直径（mm 以内）				
				15	20	25	32	40
名称			单位	消耗量				
人工	000203000	综合二类工	工日	0.432	0.533	0.660	0.806	0.954
材料	203101004	合金钢透镜垫	个	（1.000）	（1.000）	（1.000）	（1.000）	（1.000）
	201107001	合金钢对焊法兰	片	（2.000）	（2.000）	（2.000）	（2.000）	（2.000）
	031303003	合金钢焊丝	kg	0.042	0.066	0.107	0.134	0.182
	142911001	氩气	m^3	0.116	0.184	0.298	0.375	0.508
	340101003	铈钨棒	g	0.233	0.368	0.597	0.750	1.017
	031101013	尼龙砂轮片 $\phi100\times16\times3$	片	0.064	0.075	0.084	0.095	0.106
	031101014	尼龙砂轮片 $\phi500\times25\times4$	片	0.011	0.018	0.025	0.033	0.043
	031103002	磨头	个	0.023	0.026	0.031	0.037	0.044
	140307001	煤油	kg	0.180	0.200	0.220	0.270	0.320
	143315001	丙酮	kg	0.018	0.018	0.030	0.030	0.034
	143121001	二硫化钼	kg	0.002	0.002	0.002	0.004	0.004
	092705004	碎布	kg	0.032	0.034	0.044	0.046	0.066
	850103006	其他材料费（占材料费）	%	1.000	1.000	1.000	1.000	1.000
机械	990912010	氩弧焊机 500A	台班	0.072	0.113	0.157	0.192	0.259
	990785040	砂轮切割机 $\phi500$	台班	0.003	0.006	0.009	0.010	0.011
	990718040	普通车床 630×2000mm	台班	0.017	0.021	0.029	0.033	0.039
	990509020	单速电动葫芦 3t	台班	—	—	—	0.033	0.039

工作内容：准备工作，管子切口，坡口加工，管口组对，焊接，法兰连接，螺栓涂二硫化钼。

计量单位：副

编　号				8-4-561	8-4-562	8-4-563	8-4-564	8-4-565
项　目				公称直径（mm 以内）				
				50	65	80	100	125
名　称			单位	消　耗　量				
人工	000203000	综合二类工	工日	1.010	1.325	1.607	2.173	3.159
材料	203101004	合金钢透镜垫	个	（1.000）	（1.000）	（1.000）	（1.000）	（1.000）
	201107001	合金钢对焊法兰	片	（2.000）	（2.000）	（2.000）	（2.000）	（2.000）
	031303003	合金钢焊丝	kg	0.028	0.034	0.039	0.055	0.059
	142911001	氩气	m^3	0.078	0.095	0.110	0.154	0.164
	340101003	铈钨棒	g	0.156	0.189	0.221	0.308	0.328
	031101013	尼龙砂轮片 $\phi100\times16\times3$	片	0.145	0.239	0.259	0.386	0.518
	031101014	尼龙砂轮片 $\phi500\times25\times4$	片	0.060	0.101	0.139	0.140	0.145
	031103002	磨头	个	0.053	0.070	0.082	0.106	—
	140307001	煤油	kg	0.370	0.450	0.550	0.595	0.600
	143315001	丙酮	kg	0.048	0.064	0.080	0.094	0.112
	143121001	二硫化钼	kg	0.004	0.004	—	0.006	0.006
	092705004	碎布	kg	0.078	0.080	0.082	0.094	0.106
	031301004	合金钢焊条	kg	0.481	0.933	1.394	1.820	3.158
	142909001	氧气	m^3	—	—	—	0.245	0.354
	142907002	乙炔气	kg	—	—	—	0.094	0.136
	850103006	其他材料费（占材料费）	%	1.000	1.000	1.000	1.000	1.000
机械	990304004	汽车式起重机 8t	台班	—	—	—	0.001	0.001
	990401030	载重汽车 8t	台班	—	—	—	0.001	0.001
	990912010	氩弧焊机 500A	台班	0.043	0.052	0.061	0.085	0.091
	990785040	砂轮切割机 $\phi500$	台班	0.011	0.015	0.018	0.019	0.022
	990718040	普通车床 630×2000mm	台班	0.040	0.043	0.046	0.048	0.057
	990509020	单速电动葫芦 3t	台班	0.040	0.043	0.046	0.048	0.057
	990900010	电焊机（综合）	台班	0.165	0.221	0.274	0.386	0.550
	990919030	电焊条烘干箱 60×50×75cm^3	台班	0.017	0.022	0.027	0.039	0.055
	990920010	电焊条恒温箱	台班	0.017	0.022	0.027	0.039	0.055

工作内容：准备工作，管子切口，坡口加工，管口组对，焊接，法兰连接，螺栓涂二硫化钼。

计量单位：副

编号				8-4-566	8-4-567	8-4-568	8-4-569	8-4-570
项目				公称直径（mm 以内）				
				150	200	250	300	350
名称			单位	消耗量				
人工	000203000	综合二类工	工日	4.276	4.686	6.208	8.173	10.395
材料	203101004	合金钢透镜垫	个	（1.000）	（1.000）	（1.000）	（1.000）	（1.000）
	201107001	合金钢对焊法兰	片	（2.000）	（2.000）	（2.000）	（2.000）	（2.000）
	031301004	合金钢焊条	kg	4.748	10.471	15.567	23.189	31.542
	031303003	合金钢焊丝	kg	0.075	0.116	0.149	0.165	0.192
	142909001	氧气	m^3	0.400	0.624	0.949	1.170	1.402
	142907002	乙炔气	kg	0.154	0.240	0.365	0.450	0.539
	142911001	氩气	m^3	0.211	0.325	0.415	0.460	0.538
	340101003	铈钨棒	g	0.421	0.651	0.831	0.920	1.076
	031101013	尼龙砂轮片 $\phi100\times16\times3$	片	0.707	1.378	1.971	2.850	3.708
	140307001	煤油	kg	0.630	0.680	0.765	0.850	0.935
	143315001	丙酮	kg	0.132	0.182	0.228	0.270	0.286
	143121001	二硫化钼	kg	0.013	0.013	0.013	0.019	0.029
	092705004	碎布	kg	0.116	0.141	0.155	0.170	0.186
	850103006	其他材料费（占材料费）	%	1.000	1.000	1.000	1.000	1.000
机械	990900010	电焊机（综合）	台班	0.747	1.376	1.951	2.748	3.181
	990912010	氩弧焊机 500A	台班	0.117	0.180	0.230	0.254	0.298
	990744010	半自动切割机 100mm	台班	0.026	0.041	0.081	0.118	0.138
	990718040	普通车床 630×2000mm	台班	0.071	0.160	0.216	0.277	0.333
	990509020	单速电动葫芦 3t	台班	0.071	0.160	0.216	—	—
	990304004	汽车式起重机 8t	台班	0.001	0.010	0.020	0.030	0.035
	990401030	载重汽车 8t	台班	0.001	0.010	0.020	0.030	0.035
	990919030	电焊条烘干箱 $60\times50\times75cm^3$	台班	0.074	0.138	0.195	0.275	0.318
	990920010	电焊条恒温箱	台班	0.074	0.138	0.195	0.275	0.318
	990307010	电动单梁起重机 5t	台班	—	—	—	0.277	0.333

工作内容：准备工作，管子切口，坡口加工，管口组对，焊接，法兰连接，螺栓涂二硫化钼。

计量单位：副

编号				8-4-571	8-4-572	8-4-573	8-4-574
项目				公称直径（mm 以内）			
				400	450	500	600
名称			单位	消耗量			
人工	000203000	综合二类工	工日	12.675	15.982	19.330	26.047
材料	203101004	合金钢透镜垫	个	（1.000）	（1.000）	（1.000）	（1.000）
	201107001	合金钢对焊法兰	片	（2.000）	（2.000）	（2.000）	（2.000）
	031301004	合金钢焊条	kg	42.215	53.665	65.268	88.321
	031303003	合金钢焊丝	kg	0.218	0.282	0.349	0.480
	142909001	氧气	m^3	1.764	2.018	2.703	3.642
	142907002	乙炔气	kg	0.678	0.776	1.040	1.401
	142911001	氩气	m^3	0.610	0.791	0.977	1.344
	340101003	铈钨棒	g	1.220	1.581	1.953	2.686
	031101013	尼龙砂轮片 $\phi100\times16\times3$	片	4.909	5.669	6.838	8.767
	140307001	煤油	kg	1.020	1.105	1.190	1.360
	143315001	丙酮	kg	0.312	0.312	0.358	0.404
	143121001	二硫化钼	kg	0.038	0.038	0.038	0.047
	092705004	碎布	kg	0.203	0.215	0.232	0.261
	850103006	其他材料费（占材料费）	%	1.000	1.000	1.000	1.000
机械	990900010	电焊机（综合）	台班	4.116	5.181	6.281	8.446
	990912010	氩弧焊机 500A	台班	0.337	0.437	0.540	0.743
	990744010	半自动切割机 100mm	台班	0.164	0.185	0.266	0.369
	990718040	普通车床 630×2000mm	台班	0.393	0.477	0.561	0.729
	990304004	汽车式起重机 8t	台班	0.044	0.060	0.081	0.118
	990401030	载重汽车 8t	台班	0.044	0.060	0.081	0.118
	990307010	电动单梁起重机 5t	台班	0.393	0.477	0.561	0.729
	990919030	电焊条烘干箱 $60\times50\times75cm^3$	台班	0.411	0.518	0.628	0.845
	990920010	电焊条恒温箱	台班	0.411	0.518	0.628	0.845

四、补充项目

1. 钛及钛合金法兰

（1）低压钛法兰（氩弧焊）

工作内容：准备工作，切口，坡口及处理，组对，铁离子检测，焊接，焊缝外观检查及钝化，法兰连接，螺栓涂二硫化钼。

计量单位：副

编号				8-4-575	8-4-576	8-4-577	8-4-578	8-4-579	8-4-580
项目				公称直径（mm 以内）					
				15	20	25	32	40	50
名称			单位	消耗量					
人工	000203000	综合二类工	工日	0.427	0.680	0.950	1.017	1.253	1.551
材料	200801001	低压钛法兰	片	（2.000）	（2.000）	（2.000）	（2.000）	（2.000）	（2.000）
	142911001	氩气	m^3	0.042	0.052	0.074	0.094	0.142	0.246
	031303002	钛焊丝	kg	0.021	0.023	0.024	0.031	0.036	0.040
	031101021	不锈钢专用砂轮片 $\phi125\times6$	片	0.008	0.008	0.008	0.010	0.013	0.014
	031101022	不锈钢专用砂轮片 $\phi500\times3$	片	0.010	0.011	0.011	0.015	0.017	0.019
	020101002	橡胶板 $\delta1\sim3$	kg	0.026	0.029	0.029	0.038	0.045	0.049
	340101003	铈钨棒	g	0.118	0.131	0.132	0.174	0.204	0.225
	093301001	真丝绸布 宽 900	m	0.079	0.087	0.088	0.116	0.136	0.150
	031103003	合金磨头	个	0.005	0.006	0.006	0.007	0.008	0.009
	143121001	二硫化钼	kg	0.001	0.001	0.001	0.001	0.001	0.001
	143157001	氢氟酸 45%	kg	0.001	0.001	0.001	0.002	0.003	0.003
	143103001	硝酸	kg	0.033	0.036	0.037	0.049	0.057	0.063
	143315001	丙酮	kg	0.027	0.031	0.031	0.041	0.048	0.052
	143575001	铁离子检测溶液	kg	0.029	0.033	0.033	0.043	0.051	0.056
	031308001	水溶纸	kg	0.003	0.003	0.003	0.004	0.005	0.006
	341101001	水	m^3	0.002	0.002	0.003	0.003	0.003	0.004
	341103001	电	kW·h	0.141	0.155	0.157	0.207	0.243	0.268
	850103006	其他材料费（占材料费）	%	1.000	1.000	1.000	1.000	1.000	1.000
机械	990718040	普通车床 630×2000mm	台班	0.034	0.034	0.041	0.043	0.046	0.049
	990785040	砂轮切割机 $\phi500$	台班	0.008	0.008	0.011	0.011	0.012	0.012
	990912010	氩弧焊机 500A	台班	0.074	0.074	0.093	0.098	0.102	0.110
	991003050	电动空气压缩机 $6m^3/min$	台班	0.016	0.016	0.021	0.022	0.022	0.025

工作内容：准备工作，切口，坡口及处理，组对，铁离子检测，焊接，焊缝外观检查及钝化，法兰连接，螺栓涂二硫化钼。　　**计量单位：**副

编　号				8-4-581	8-4-582	8-4-583	8-4-584	8-4-585	8-4-586
项　目				公称直径（mm 以内）					
				65	80	100	125	150	200
名　称			单位	消　耗　量					
人工	000203000	综合二类工	工日	2.138	2.355	3.188	3.592	4.208	5.689
材料	200801001	低压钛法兰	片	（2.000）	（2.000）	（2.000）	（2.000）	（2.000）	（2.000）
	031513006	吊装带 5t × 10m	条	—	—	0.012	0.015	0.019	0.023
	142911001	氩气	m^3	0.411	0.539	0.829	1.080	1.538	2.962
	031303002	钛焊丝	kg	0.064	0.074	0.202	0.268	0.330	0.405
	031101021	不锈钢专用砂轮片 ϕ125 × 6	片	0.022	0.026	0.028	0.037	0.045	0.056
	031101022	不锈钢专用砂轮片 ϕ500 × 3	片	0.030	0.035	—	—	—	—
	020101002	橡胶板 δ1～3	kg	0.078	0.090	0.392	0.519	0.640	0.784
	340101003	铈钨棒	g	0.357	0.417	1.133	1.500	1.850	2.264
	093301001	真丝绸布 宽 900	m	0.238	0.278	0.293	0.388	0.479	0.587
	031103003	合金磨头	个	0.015	0.017	—	—	—	—
	143121001	二硫化钼	kg	0.001	0.001	0.001	0.001	0.001	0.002
	143157001	氢氟酸 45%	kg	0.004	0.005	0.006	0.008	0.010	0.013
	143103001	硝酸	kg	0.100	0.116	0.118	0.156	0.192	0.235
	143315001	丙酮	kg	0.083	0.097	0.136	0.181	0.223	0.273
	143575001	铁离子检测溶液	kg	0.089	0.104	0.112	0.148	0.183	0.224
	031308001	水溶纸	kg	0.009	0.010	0.045	0.059	0.073	0.090
	341101001	水	m^3	0.007	0.008	0.008	0.008	0.008	0.008
	341103001	电	kW · h	0.424	0.496	0.111	0.148	0.182	0.223
	850103006	其他材料费（占材料费）	%	1.000	1.000	1.000	1.000	1.000	1.000
机械	990304024	汽车式起重机 25t	台班	—	—	0.001	0.001	0.001	0.002
	990401035	载重汽车 10t	台班	—	—	0.001	0.001	0.001	0.002
	990509020	单速电动葫芦 3t	台班	—	—	0.217	0.238	0.247	0.345
	990718040	普通车床 630 × 2000mm	台班	0.053	0.056	0.093	0.102	0.106	0.148
	990785040	砂轮切割机 ϕ500	台班	0.013	0.014	—	—	—	—
	990912010	氩弧焊机 500A	台班	0.120	0.126	0.217	0.238	0.247	0.345
	991003050	电动空气压缩机 $6m^3/min$	台班	0.027	0.028	0.031	0.034	0.036	0.049

工作内容：准备工作，切口，坡口及处理，组对，铁离子检测，焊接，
焊缝外观检查及钝化，法兰连接，螺栓涂二硫化钼。 计量单位：副

编号				8-4-587	8-4-588	8-4-589	8-4-590	8-4-591
项目				公称直径（mm 以内）				
				250	300	350	400	450
名称			单位	消耗量				
人工	000203000	综合二类工	工日	7.768	8.830	9.822	11.354	13.071
材料	200801001	低压钛法兰	片	（2.000）	（2.000）	（2.000）	（2.000）	（2.000）
	142911001	氩气	m^3	1.976	2.177	2.378	2.580	2.781
	031303002	钛焊丝	kg	0.457	0.610	0.792	1.160	2.008
	031101021	不锈钢专用砂轮片 $\phi125\times6$	片	0.063	0.085	0.110	0.160	0.171
	020101002	橡胶板 $\delta1\sim3$	kg	0.886	1.184	1.534	2.249	4.310
	340101003	铈钨棒	g	2.561	3.419	4.432	6.497	13.735
	093301001	真丝绸布 宽 900	m	0.664	0.886	1.149	1.683	2.891
	143121001	二硫化钼	kg	0.002	0.003	0.004	0.006	0.008
	143157001	氢氟酸 45%	kg	0.014	0.019	0.024	0.036	0.048
	143103001	硝酸	kg	0.266	0.355	0.461	0.675	0.920
	143315001	丙酮	kg	0.308	0.412	0.533	0.783	1.018
	143575001	铁离子检测溶液	kg	0.253	0.338	0.438	0.643	0.650
	031308001	水溶纸	kg	0.101	0.135	0.175	0.257	0.908
	341101001	水	m^3	0.008	0.010	0.014	0.020	0.034
	341103001	电	kW·h	0.252	0.337	0.437	0.458	0.480
	031513006	吊装带 5t×10m	条	0.027	0.035	0.045	0.067	0.149
	850103006	其他材料费（占材料费）	%	1.000	1.000	1.000	1.000	1.000
机械	990718040	普通车床 630×2000mm	台班	0.185	0.235	0.275	0.328	0.365
	990912010	氩弧焊机 500A	台班	0.433	0.548	0.640	0.766	0.936
	991003050	电动空气压缩机 $6m^3/min$	台班	0.062	0.079	0.091	0.109	0.122
	990304024	汽车式起重机 25t	台班	0.002	0.002	0.002	0.003	0.004
	990401035	载重汽车 10t	台班	0.002	0.002	0.002	0.003	0.004
	990509020	单速电动葫芦 3t	台班	0.433	0.548	0.640	0.766	0.852

工作内容：准备工作，切口，坡口及处理，组对，铁离子检测，焊接，焊缝外观检查及钝化，法兰连接，螺栓涂二硫化钼。 **计量单位：**副

编号				8-4-592	8-4-593	8-4-594	8-4-595
项目				公称直径（mm 以内）			
				500	600	700	800
名称			单位	消耗量			
人工	000203000	综合二类工	工日	13.978	15.321	16.662	18.338
材料	200801001	低压钛法兰	片	（2.000）	（2.000）	（2.000）	（2.000）
	142911001	氩气	m^3	2.982	3.183	3.385	3.586
	031303002	钛焊丝	kg	2.856	4.159	5.018	7.053
	031101021	不锈钢专用砂轮片 $\phi125\times6$	片	0.182	0.202	0.244	0.343
	020101002	橡胶板 $\delta1\sim3$	kg	6.370	7.074	8.534	11.996
	340101003	铈钨棒	g	20.974	23.292	28.099	39.498
	093301001	真丝绸布 宽 900	m	4.098	4.551	5.490	7.717
	143121001	二硫化钼	kg	0.008	0.009	0.011	0.015
	143157001	氢氟酸 45%	kg	0.058	0.065	0.078	0.110
	143103001	硝酸	kg	1.165	1.294	1.560	2.194
	143315001	丙酮	kg	1.252	1.391	1.678	2.358
	143575001	铁离子检测溶液	kg	0.665	0.692	0.835	1.174
	031308001	水溶纸	kg	1.558	1.730	2.087	2.934
	341101001	水	m^3	0.047	0.052	0.062	0.088
	341103001	电	kW · h	0.484	0.537	0.647	0.911
	031513006	吊装带 5t × 10m	条	0.230	0.256	0.309	0.434
	850103006	其他材料费（占材料费）	%	1.000	1.000	1.000	1.000
机械	990718040	普通车床 630 × 2000mm	台班	0.368	0.386	0.392	0.425
	990912010	氩弧焊机 500A	台班	1.106	1.445	1.567	1.702
	991003050	电动空气压缩机 $6m^3/min$	台班	0.148	0.157	0.170	0.185
	990304024	汽车式起重机 25t	台班	0.005	0.005	0.006	0.007
	990401035	载重汽车 10t	台班	0.005	0.005	0.006	0.007
	990509020	单速电动葫芦 3t	台班	0.854	0.863	0.936	1.018

（2）中压钛法兰（氩弧焊）

工作内容： 准备工作，切口，坡口及处理，组对，铁离子检测，焊接，焊缝外观检查及钝化，法兰连接，螺栓涂二硫化钼。

计量单位：副

编号				8-4-596	8-4-597	8-4-598	8-4-599	8-4-600	8-4-601
项目				公称直径（mm 以内）					
				15	20	25	32	40	50
名称			单位	消耗量					
人工	000203000	综合二类工	工日	0.795	1.071	1.199	1.290	1.572	1.965
材料	200803001	中压钛法兰	片	（2.000）	（2.000）	（2.000）	（2.000）	（2.000）	（2.000）
	031303002	钛焊丝	kg	0.025	0.028	0.029	0.037	0.043	0.048
	142911001	氩气	m^3	0.053	0.065	0.093	0.118	0.178	0.289
	031101021	不锈钢专用砂轮片 $\phi125\times6$	片	0.009	0.010	0.010	0.013	0.015	0.017
	031101022	不锈钢专用砂轮片 $\phi500\times3$	片	0.012	0.013	0.013	0.017	0.020	0.022
	020101002	橡胶板 $\delta1\sim3$	kg	0.031	0.034	0.034	0.045	0.054	0.059
	340101003	铈钨棒	g	0.142	0.157	0.159	0.209	0.245	0.270
	093301001	真丝绸布 宽 900	m	0.095	0.105	0.106	0.139	0.164	0.181
	031103003	合金磨头	个	0.006	0.007	0.007	0.008	0.010	0.011
	143121001	二硫化钼	kg	0.001	0.001	0.001	0.001	0.001	0.001
	143157001	氢氟酸 45%	kg	0.001	0.001	0.001	0.003	0.003	0.003
	143103001	硝酸	kg	0.039	0.043	0.045	0.059	0.069	0.076
	143315001	丙酮	kg	0.033	0.037	0.037	0.049	0.057	0.063
	143575001	铁离子检测溶液	kg	0.035	0.039	0.039	0.052	0.062	0.067
	031308001	水溶纸	kg	0.003	0.004	0.004	0.005	0.006	0.007
	341101001	水	m^3	0.003	0.003	0.003	0.004	0.004	0.005
	341103001	电	kW · h	0.169	0.186	0.189	0.248	0.291	0.322
	143505004	清洗液 500ml	瓶	0.047	0.047	0.059	0.062	0.064	0.070
	850103006	其他材料费（占材料费）	%	1.000	1.000	1.000	1.000	1.000	1.000
机械	990718040	普通车床 630×2000mm	台班	0.041	0.041	0.052	0.055	0.057	0.061
	990785040	砂轮切割机 $\phi500$	台班	0.011	0.011	0.013	0.013	0.013	0.015
	990912010	氩弧焊机 500A	台班	0.092	0.092	0.117	0.122	0.128	0.138
	991003050	电动空气压缩机 $6m^3/min$	台班	0.020	0.020	0.026	0.027	0.029	0.031

工作内容：准备工作，切口，坡口及处理，组对，铁离子检测，焊接，焊缝外观检查及钝化，法兰连接，螺栓涂二硫化钼。　　**计量单位：**副

编　号				8-4-602	8-4-603	8-4-604	8-4-605	8-4-606	8-4-607
项　目				公称直径（mm 以内）					
				65	80	100	125	150	200
名　称			单位	消　耗　量					
人工	000203000	综合二类工	工日	2.691	2.964	4.033	4.536	5.309	7.187
材料	200803001	中压钛法兰	片	（2.000）	（2.000）	（2.000）	（2.000）	（2.000）	（2.000）
	031513006	吊装带 5t × 10m	条	—	—	0.014	0.018	0.022	0.028
	142911001	氩气	m^3	0.483	0.634	0.975	1.270	1.809	3.485
	031303002	钛焊丝	kg	0.076	0.089	0.243	0.322	0.396	0.486
	031101021	不锈钢专用砂轮片 ϕ125 × 6	片	0.027	0.031	0.034	0.045	0.055	0.067
	031101022	不锈钢专用砂轮片 ϕ500 × 3	片	0.036	0.042	—	—	—	—
	020101002	橡胶板 δ1～3	kg	0.093	0.108	0.470	0.623	0.769	0.941
	340101003	铈钨棒	g	0.428	0.500	1.359	1.800	2.220	2.717
	093301001	真丝绸布 宽 900	m	0.286	0.333	0.352	0.466	0.575	0.704
	031103003	合金磨头	个	0.017	0.021	—	—	—	—
	143121001	二硫化钼	kg	0.001	0.001	0.001	0.001	0.001	0.003
	143157001	氢氟酸 45%	kg	0.005	0.006	0.008	0.010	0.013	0.015
	143103001	硝酸	kg	0.120	0.139	0.141	0.188	0.231	0.282
	143315001	丙酮	kg	0.100	0.116	0.164	0.217	0.267	0.328
	143575001	铁离子检测溶液	kg	0.106	0.125	0.134	0.178	0.219	0.269
	031308001	水溶纸	kg	0.011	0.013	0.054	0.071	0.088	0.108
	341101001	水	m^3	0.008	0.009	0.009	0.009	0.009	0.009
	341103001	电	kW · h	0.509	0.595	0.134	0.177	0.218	0.268
	143505004	清洗液 500ml	瓶	0.076	0.079	—	—	—	—
	850103006	其他材料费（占材料费）	%	1.000	1.000	1.000	1.000	1.000	1.000
机械	990304024	汽车式起重机 25t	台班	—	—	0.001	0.001	0.001	0.002
	990401035	载重汽车 10t	台班	—	—	0.001	0.001	0.001	0.002
	990509020	单速电动葫芦 3t	台班	—	—	0.271	0.298	0.307	0.430
	990718040	普通车床 630 × 2000mm	台班	0.066	0.069	0.117	0.128	0.132	0.184
	990785040	砂轮切割机 ϕ500	台班	0.017	0.017	—	—	—	—
	990912010	氩弧焊机 500A	台班	0.149	0.156	0.271	0.298	0.307	0.430
	991003050	电动空气压缩机 $6m^3/min$	台班	0.033	0.036	0.039	0.043	0.044	0.061

工作内容：准备工作，切口，坡口及处理，组对，铁离子检测，焊接，焊缝外观检查及钝化，法兰连接，螺栓涂二硫化钼。

计量单位：副

编号				8-4-608	8-4-609	8-4-610	8-4-611	8-4-612
项目				公称直径（mm 以内）				
				250	300	350	400	450
名称			单位	消耗量				
人工	000203000	综合二类工	工日	8.490	9.647	10.728	12.417	14.288
材料	200803001	中压钛法兰	片	（2.000）	（2.000）	（2.000）	（2.000）	（2.000）
	031303002	钛焊丝	kg	0.549	0.732	0.950	1.392	2.409
	142911001	氩气	m^3	2.323	2.559	2.795	3.031	3.267
	031101021	不锈钢专用砂轮片 $\phi125\times6$	片	0.076	0.101	0.132	0.192	0.206
	020101002	橡胶板 $\delta1\sim3$	kg	1.063	1.420	1.841	2.699	5.172
	340101003	铈钨棒	g	3.073	4.103	5.318	7.796	16.482
	093301001	真丝绸布 宽 900	m	0.797	1.063	1.378	2.020	3.469
	143121001	二硫化钼	kg	0.003	0.004	0.005	0.008	0.009
	143157001	氢氟酸 45%	kg	0.017	0.022	0.029	0.043	0.057
	143103001	硝酸	kg	0.319	0.426	0.553	0.810	1.104
	143315001	丙酮	kg	0.370	0.494	0.640	0.939	1.221
	143575001	铁离子检测溶液	kg	0.304	0.406	0.526	0.771	0.780
	031308001	水溶纸	kg	0.122	0.162	0.210	0.308	1.089
	341101001	水	m^3	0.009	0.013	0.017	0.024	0.041
	341103001	电	kW·h	0.302	0.404	0.524	0.550	0.576
	031513006	吊装带 5t×10m	条	0.032	0.042	0.055	0.080	0.179
	850103006	其他材料费（占材料费）	%	1.000	1.000	1.000	1.000	1.000
机械	990718040	普通车床 630×2000mm	台班	0.231	0.293	0.342	0.409	0.455
	990912010	氩弧焊机 500A	台班	0.540	0.684	0.798	0.955	1.166
	991003050	电动空气压缩机 $6m^3$/min	台班	0.078	0.098	0.114	0.136	0.152
	990304024	汽车式起重机 25t	台班	0.002	0.002	0.002	0.003	0.004
	990401035	载重汽车 10t	台班	0.002	0.002	0.002	0.003	0.004
	990509020	单速电动葫芦 3t	台班	0.540	0.684	0.798	0.955	1.062

工作内容： 准备工作，切口，坡口及处理，组对，铁离子检测，焊接，焊缝外观检查及钝化，法兰连接，螺栓涂二硫化钼。

计量单位：副

编　号				8-4-613	8-4-614	8-4-615	8-4-616
项　目				公称直径（mm 以内）			
				500	600	700	800
名　称			单位	消　耗　量			
人工	000203000	综合二类工	工日	17.660	19.354	21.047	23.164
材料	200803001	中压钛法兰	片	（2.000）	（2.000）	（2.000）	（2.000）
	031303002	钛焊丝	kg	3.426	4.991	6.021	8.464
	142911001	氩气	m^3	3.503	3.739	3.975	4.212
	031101021	不锈钢专用砂轮片 $\phi125\times6$	片	0.218	0.243	0.293	0.412
	020101002	橡胶板 $\delta1\sim3$	kg	7.644	8.489	10.240	14.395
	340101003	铈钨棒	g	25.169	27.951	33.719	47.398
	093301001	真丝绸布 宽 900	m	4.917	5.461	6.588	9.260
	143121001	二硫化钼	kg	0.010	0.011	0.013	0.018
	143157001	氢氟酸 45%	kg	0.070	0.078	0.094	0.132
	143103001	硝酸	kg	1.398	1.553	1.872	2.633
	143315001	丙酮	kg	1.503	1.669	2.013	2.830
	143575001	铁离子检测溶液	kg	0.798	0.831	1.002	1.408
	031308001	水溶纸	kg	1.870	2.076	2.505	3.521
	341101001	水	m^3	0.056	0.062	0.075	0.106
	341103001	电	kW·h	0.580	0.644	0.777	1.093
	031513006	吊装带 5t×10m	条	0.276	0.307	0.370	0.521
	850103006	其他材料费（占材料费）	%	1.000	1.000	1.000	1.000
机械	990718040	普通车床 630×2000mm	台班	0.459	0.482	0.489	0.530
	990912010	氩弧焊机 500A	台班	1.379	1.801	1.953	2.122
	991003050	电动空气压缩机 $6m^3/min$	台班	0.184	0.196	0.212	0.230
	990304024	汽车式起重机 25t	台班	0.005	0.006	0.006	0.007
	990401035	载重汽车 10t	台班	0.005	0.006	0.006	0.007
	990509020	单速电动葫芦 3t	台班	1.066	1.077	1.167	1.268

第五章

管道压力试验、吹扫与清洗

说　明

一、本章内容包括管道压力试验、泄漏性试验、吹扫与清洗。

二、本章包括临时用空压机和泵作动力进行试压、吹扫及清洗，管道连接的临时管线、盲板、阀门、螺栓等所用的材料摊销量，不包括管道之间的临时串通管和临时排放管线。

三、管道油清洗项目按系统循环清洗考虑，包括油冲洗、系统连接和滤油机用橡胶管的摊销。

四、管道液压试验是按普通水编制的，如设计要求其他介质，可按实计算。

工程量计算规则

本章管道压力试验、泄漏性试验、吹扫与清洗应区分不同压力、管道规格，不区分材质，应按设计图示管道中心线长度以“100m”为计量单位。

一、管道压力试验

1. 低中压管道液压试验

工作内容：准备工作，制堵盲板，装设临时泵、管线，灌水加压，停压检查，强度试验，严密性试验，拆除临时性管线、盲板，现场清理。　　**计量单位：**100m

编　号				8-5-1	8-5-2	8-5-3	8-5-4	8-5-5
项　目				公称直径（mm 以内）				
				50	100	200	300	400
名　称			单位	消 耗 量				
人工	000203000	综合二类工	工日	2.286	2.756	3.368	4.564	5.420
材料	341101002	水	m^3	（0.348）	（0.984）	（3.888）	（8.772）	（14.928）
	031301009	低碳钢焊条 J427（综合）	kg	0.200	0.200	0.200	0.200	0.200
	142909001	氧气	m^3	0.156	0.300	0.460	0.460	0.610
	142907002	乙炔气	kg	0.060	0.115	0.177	0.177	0.235
	020112004	无石棉橡胶板 低压 δ0.8～6	kg	0.312	0.600	0.900	0.900	2.100
	012903014	热轧中厚钢板 δ12～20	kg	3.822	7.350	22.140	34.860	42.630
	170201066	无缝钢管 *DN*20	m	0.800	0.800	0.800	0.800	0.800
	172707010	橡胶软管 *DN*20	m	0.600	0.600	0.600	0.600	0.600
	190100002	截止阀 *PN*1.0 *DN*20	个	0.200	0.200	0.200	0.200	0.200
	860113011	压力表 0～16MPa	块	0.100	0.100	0.100	0.100	0.100
	860113020	压力表表弯	个	0.100	0.100	0.100	0.100	0.100
	850103006	其他材料费（占材料费）	%	1.000	1.000	1.000	1.000	1.000
机械	990900010	电焊机（综合）	台班	0.100	0.100	0.100	0.100	0.100
	990727010	立式钻床 25mm	台班	0.019	0.020	0.030	0.040	0.050
	990813045	试压泵 60MPa	台班	0.095	0.100	0.200	0.200	0.300
	990919030	电焊条烘干箱 60 × 50 × 75cm³	台班	0.010	0.010	0.010	0.010	0.010
	990920010	电焊条恒温箱	台班	0.010	0.010	0.010	0.010	0.010

工作内容： 准备工作，制堵盲板，装设临时泵、管线，灌水加压，停压检查，强度试验，严密性试验，拆除临时性管线、盲板，现场清理。 **计量单位：** 100m

编号				8-5-6	8-5-7	8-5-8	8-5-9	8-5-10
项目				公称直径（mm 以内）				
				500	600	800	1000	1200
名称			单位	消耗量				
人工	000203000	综合二类工	工日	6.480	6.974	7.727	8.508	6.974
材料	341101002	水	m^3	（23.760）	（42.648）	（72.757）	（113.017）	（162.864）
	031301009	低碳钢焊条 J427（综合）	kg	0.200	0.300	0.300	0.400	0.400
	142909001	氧气	m^3	0.760	0.910	1.420	2.075	2.100
	142907002	乙炔气	kg	0.292	0.350	0.546	0.798	0.808
	020112004	无石棉橡胶板 低压 δ0.8～6	kg	2.100	2.100	3.276	4.788	5.800
	012903014	热轧中厚钢板 δ12～20	kg	54.180	62.340	79.140	94.200	113.040
	170201066	无缝钢管 *DN*20	m	0.800	—	—	—	—
	172707010	橡胶软管 *DN*20	m	0.600	—	—	—	—
	190100002	截止阀 *PN*1.0 *DN*20	个	0.200	—	—	—	—
	860113011	压力表 0～16MPa	块	0.100	0.100	0.100	0.100	0.100
	860113020	压力表表弯	个	0.100	0.100	0.100	0.100	0.100
	170201069	无缝钢管 *DN*50	m	—	0.800	0.800	0.800	0.800
	172707011	橡胶软管 *DN*50	m	—	0.600	0.600	0.600	0.600
	190100005	截止阀 *PN*1.0 *DN*50	个	—	0.200	0.200	0.200	0.200
	850103006	其他材料费（占材料费）	%	1.000	1.000	1.000	1.000	1.000
机械	990900010	电焊机（综合）	台班	0.100	0.150	0.150	0.175	0.175
	990727010	立式钻床 25mm	台班	0.060	0.060	0.060	0.060	0.060
	990813045	试压泵 60MPa	台班	0.300	0.300	0.300	0.439	0.439
	990919030	电焊条烘干箱 60×50×75cm^3	台班	0.010	0.015	0.015	0.018	0.018
	990920010	电焊条恒温箱	台班	0.010	0.015	0.015	0.018	0.018

2. 高压管道液压试验

工作内容： 准备工作，制堵盲板，装设临时泵、管线，灌水加压，停压检查，强度试验，严密性试验，拆除临时性管线、盲板，现场清理。 **计量单位：** 100m

编号				8-5-11	8-5-12	8-5-13	8-5-14
项目				公称直径（mm 以内）			
				50	100	200	300
名称			单位	消耗量			
人工	000203000	综合二类工	工日	3.978	4.726	5.771	7.820
材料	341101002	水	m^3	（0.348）	（0.984）	（3.888）	（8.772）
	031301009	低碳钢焊条 J427（综合）	kg	0.200	0.200	0.200	0.200
	142909001	氧气	m^3	0.150	0.300	0.460	0.530
	142907002	乙炔气	kg	0.058	0.115	0.177	0.204
	020112004	无石棉橡胶板 低压 δ0.8～6	kg	0.400	0.600	0.900	0.900
	012903016	热轧中厚钢板 δ20～40	kg	5.800	12.240	45.210	69.720
	170201066	无缝钢管 *DN*20	m	0.800	0.800	0.800	0.800
	172707010	橡胶软管 *DN*20	m	1.000	1.000	1.000	1.000
	190100002	截止阀 *PN*1.0 *DN*20	个	0.200	0.200	0.200	0.200
	860113012	压力表 0～64MPa	块	0.100	0.100	0.100	0.100
	860113020	压力表表弯	个	0.100	0.100	0.100	0.100
	850103006	其他材料费（占材料费）	%	1.000	1.000	1.000	1.000
机械	990900010	电焊机（综合）	台班	0.100	0.100	0.100	0.100
	990813045	试压泵 60MPa	台班	0.260	0.310	0.460	0.549
	990718040	普通车床 630 × 2000mm	台班	0.200	0.300	0.400	0.599
	990919030	电焊条烘干箱 60 × 50 × 75cm^3	台班	0.010	0.010	0.010	0.010
	990920010	电焊条恒温箱	台班	0.010	0.010	0.010	0.010

工作内容：准备工作，制堵盲板，装设临时泵、管线，灌水加压，停压检查，强度试验，严密性试验，拆除临时性管线、盲板，现场清理。　　计量单位：100m

编号				8-5-15	8-5-16	8-5-17
项目				公称直径（mm 以内）		
				400	500	600
名称			单位	消耗量		
人工	000203000	综合二类工	工日	9.290	11.110	13.331
材料	341101002	水	m^3	（14.928）	（23.760）	（28.512）
	031301009	低碳钢焊条 J427（综合）	kg	0.200	0.200	0.240
	142909001	氧气	m^3	0.610	0.760	0.912
	142907002	乙炔气	kg	0.235	0.292	0.351
	020112004	无石棉橡胶板 低压 δ0.8～6	kg	2.100	2.100	2.520
	012903016	热轧中厚钢板 δ20～40	kg	85.260	108.360	130.032
	170201066	无缝钢管 *DN*20	m	0.800	0.800	0.800
	172707010	橡胶软管 *DN*20	m	1.000	1.000	1.000
	190100002	截止阀 *PN*1.0 *DN*20	个	0.200	0.200	0.240
	860113012	压力表 0～64MPa	块	0.100	0.100	0.100
	860113020	压力表表弯	个	0.100	0.100	0.100
	850103006	其他材料费（占材料费）	%	1.000	1.000	1.000
机械	990900010	电焊机（综合）	台班	0.100	0.100	0.120
	990813045	试压泵 60MPa	台班	0.709	0.799	0.959
	990718040	普通车床 630×2000mm	台班	0.699	0.899	1.079
	990919030	电焊条烘干箱 60×50×75cm³	台班	0.010	0.010	0.012
	990920010	电焊条恒温箱	台班	0.010	0.010	0.012

3. 中低压管道气压试验

工作内容： 准备工作，制堵盲板，装设临时泵、管线，充气加压，停压检查，强度试验，严密性试验，拆除临时性管线、盲板，现场清理。

计量单位： 100m

编号				8-5-18	8-5-19	8-5-20	8-5-21	8-5-22
项目				公称直径（mm 以内）				
				50	100	200	300	400
名称			单位	消耗量				
人工	000203000	综合二类工	工日	2.048	2.431	3.000	3.588	4.734
材料	031301009	低碳钢焊条 J427（综合）	kg	0.200	0.200	0.200	0.200	0.200
	142909001	氧气	m^3	0.150	0.300	0.460	0.460	0.610
	142907002	乙炔气	kg	0.058	0.115	0.177	0.177	0.235
	020112004	无石棉橡胶板 低压 δ0.8～6	kg	0.400	0.600	0.900	0.900	2.100
	012903014	热轧中厚钢板 δ12～20	kg	1.830	7.350	22.140	34.860	42.630
	170201066	无缝钢管 *DN*20	m	1.000	1.000	1.000	1.000	1.000
	190100002	截止阀 *PN*1.0 *DN*20	个	0.200	0.200	0.200	0.200	—
	194117001	针型阀	个	0.100	0.100	0.100	0.100	0.100
	860113011	压力表 0～16MPa	块	0.200	0.200	0.200	0.200	0.200
	860110005	温度计 0～120℃	块	0.200	0.200	0.200	0.200	0.200
	212909002	肥皂	块	0.150	0.300	0.600	0.900	1.000
	190100004	截止阀 *PN*1.0 *DN*32	个	—	—	—	—	0.200
	850103006	其他材料费（占材料费）	%	1.000	1.000	1.000	1.000	1.000
机械	990900010	电焊机（综合）	台班	0.100	0.100	0.100	0.100	0.100
	990727010	立式钻床 25mm	台班	0.010	0.020	0.030	0.040	0.050
	991003050	电动空气压缩机 $6m^3/min$	台班	0.090	0.100	0.110	0.120	0.130
	990919030	电焊条烘干箱 60×50×75cm^3	台班	0.010	0.010	0.010	0.010	0.010
	990920010	电焊条恒温箱	台班	0.010	0.010	0.010	0.010	0.010

工作内容： 准备工作，制堵盲板，装设临时泵、管线，充气加压，停压检查，强度试验，严密性试验，拆除临时性管线、盲板，现场清理。

计量单位： 100m

编号				8-5-23	8-5-24	8-5-25	8-5-26	8-5-27
项目				公称直径（mm 以内）				
				500	600	800	1000	1200
名称			单位	消耗量				
人工	000203000	综合二类工	工日	5.304	5.950	6.902	8.237	10.803
材料	031301009	低碳钢焊条 J427（综合）	kg	0.200	0.300	0.300	0.300	0.400
	142909001	氧气	m^3	0.760	0.910	1.220	1.520	1.830
	142907002	乙炔气	kg	0.292	0.350	0.469	0.585	0.704
	020112004	无石棉橡胶板 低压 δ0.8～6	kg	2.100	2.100	3.700	3.700	4.900
	012903014	热轧中厚钢板 δ12～20	kg	54.180	60.840	79.140	94.200	113.040
	194117001	针型阀	个	0.100	0.100	0.100	0.100	0.100
	860113011	压力表 0～16MPa	块	0.200	0.200	0.200	0.200	0.200
	860110005	温度计 0～120℃	块	0.200	0.200	0.200	0.200	0.200
	212909002	肥皂	块	1.100	1.200	1.700	2.200	2.500
	170201069	无缝钢管 *DN*50	m	1.000	1.000	1.000	1.000	1.000
	190100005	截止阀 *PN*1.0 *DN*50	个	—	—	0.200	0.200	0.200
	190100004	截止阀 *PN*1.0 *DN*32	个	0.200	0.200	—	—	—
	850103006	其他材料费（占材料费）	%	1.000	1.000	1.000	1.000	1.000
机械	991003070	电动空气压缩机 10m³/min	台班	—	—	—	—	0.090
	990900010	电焊机（综合）	台班	0.100	0.150	0.150	0.150	0.200
	990727010	立式钻床 25mm	台班	0.060	0.060	0.070	0.100	0.100
	991003050	电动空气压缩机 6m³/min	台班	0.140	0.150	0.170	0.190	—
	990919030	电焊条烘干箱 60 × 50 × 75cm³	台班	0.010	0.015	0.015	0.015	0.020
	990920010	电焊条恒温箱	台班	0.010	0.015	0.015	0.015	0.020

工作内容：准备工作，制堵盲板，装设临时泵、管线，充气加压，停压检查，强度试验，严密性试验，拆除临时性管线、盲板，现场清理。

计量单位：100m

编号				8-5-28	8-5-29	8-5-30	8-5-31	8-5-32
项目				公称直径（mm 以内）				
				1400	1600	1800	2000	2200
名称			单位	消耗量				
人工	000203000	综合二类工	工日	12.700	13.660	15.658	16.610	18.616
材料	031301009	低碳钢焊条 J427（综合）	kg	0.400	0.400	0.500	0.500	0.500
	142909001	氧气	m^3	2.130	2.320	2.730	3.040	3.350
	142907002	乙炔气	kg	0.819	0.892	1.050	1.169	1.288
	020112004	无石棉橡胶板 低压 δ0.8～6	kg	5.760	6.540	7.320	8.100	8.910
	012903014	热轧中厚钢板 δ12～20	kg	131.880	150.720	169.560	188.400	207.240
	194117001	针型阀	个	0.100	0.100	0.100	0.100	0.100
	860113011	压力表 0～16MPa	块	0.200	0.200	0.200	0.200	0.200
	860110005	温度计 0～120℃	块	0.200	0.200	0.200	0.200	0.200
	212909002	肥皂	块	3.000	3.500	4.000	4.500	5.000
	170201069	无缝钢管 *DN*50	m	1.000	1.000	1.000	1.000	1.000
	190100005	截止阀 *PN*1.0 *DN*50	个	0.200	0.200	0.200	0.200	0.200
	850103006	其他材料费（占材料费）	%	1.000	1.000	1.000	1.000	1.000
机械	991003070	电动空气压缩机 $10m^3/min$	台班	0.110	0.150	0.200	0.270	0.300
	990900010	电焊机（综合）	台班	0.200	0.200	0.250	0.250	0.300
	990727010	立式钻床 25mm	台班	0.100	0.120	0.120	0.120	0.150
	990919030	电焊条烘干箱 $60 \times 50 \times 75cm^3$	台班	0.020	0.020	0.025	0.025	0.030
	990920010	电焊条恒温箱	台班	0.020	0.020	0.025	0.025	0.030

工作内容： 准备工作，制堵盲板，装设临时泵、管线，充气加压，停压检查，强度试验，严密性试验，拆除临时性管线、盲板，现场清理。 **计量单位：** 100m

编号				8-5-33	8-5-34	8-5-35	8-5-36
项目				公称直径（mm 以内）			
				2400	2600	2800	3000
名称			单位	消耗量			
人工	000203000	综合二类工	工日	20.502	22.423	24.420	26.324
材料	031301009	低碳钢焊条 J427（综合）	kg	0.500	0.600	0.600	0.600
	142909001	氧气	m^3	3.650	3.950	4.260	4.560
	142907002	乙炔气	kg	1.404	1.519	1.638	1.754
	020112004	无石棉橡胶板 低压 δ0.8～6	kg	9.890	11.080	12.520	14.270
	012903014	热轧中厚钢板 δ12～20	kg	226.080	244.920	263.760	282.600
	170201069	无缝钢管 *DN*50	m	1.000	1.000	1.000	1.000
	190100005	截止阀 *PN*1.0 *DN*50	个	0.200	0.200	0.200	0.200
	194117001	针型阀	个	0.100	0.100	0.100	0.100
	860113011	压力表 0～16MPa	块	0.200	0.200	0.200	0.200
	860110005	温度计 0～120℃	块	0.200	0.200	0.200	0.200
	212909002	肥皂	块	5.500	6.000	6.500	7.000
	850103006	其他材料费（占材料费）	%	1.000	1.000	1.000	1.000
机械	990900010	电焊机（综合）	台班	0.300	0.300	0.350	0.350
	990727010	立式钻床 25mm	台班	0.150	0.150	0.150	0.150
	991003070	电动空气压缩机 10m^3/min	台班	0.350	0.400	0.450	0.499
	990919030	电焊条烘干箱 60×50×75cm^3	台班	0.030	0.030	0.035	0.035
	990920010	电焊条恒温箱	台班	0.030	0.030	0.035	0.035

4. 低中压管道泄漏性试验

工作内容： 准备工作，配临时管道，设备管道封闭，系统充压，涂刷检查液，检查泄漏，放压，紧固螺栓，更换垫片或盘根，阀门处理，充压，稳压，检查，放压，拆除临时管道，现场清理。　　**计量单位：** 100m

编号				8-5-37	8-5-38	8-5-39	8-5-40
项目				公称直径（mm 以内）			
				50	100	200	300
名称			单位	消耗量			
人工	000203000	综合二类工	工日	2.550	3.034	3.766	4.506
材料	031301009	低碳钢焊条 J427（综合）	kg	0.200	0.200	0.200	0.200
	142909001	氧气	m^3	0.150	0.300	0.460	0.460
	142907002	乙炔气	kg	0.058	0.115	0.177	0.177
	020112004	无石棉橡胶板 低压 δ0.8～6	kg	0.400	0.600	0.900	0.900
	012903014	热轧中厚钢板 δ12～20	kg	1.830	7.350	22.140	34.860
	170201066	无缝钢管 *DN*20	m	1.000	1.000	1.000	1.000
	190100002	截止阀 *PN*1.0 *DN*20	个	0.200	0.200	0.200	0.200
	194117001	针型阀	个	0.100	0.100	0.100	0.100
	860113011	压力表 0～16MPa	块	0.200	0.200	0.200	0.200
	860110005	温度计 0～120℃	块	0.200	0.200	0.200	0.200
	212909002	肥皂	块	0.150	0.300	0.600	0.900
	850103006	其他材料费（占材料费）	%	1.000	1.000	1.000	1.000
机械	990900010	电焊机（综合）	台班	0.100	0.100	0.100	0.100
	990727010	立式钻床 25mm	台班	0.010	0.020	0.030	0.040
	991003050	电动空气压缩机 $6m^3/min$	台班	0.090	0.100	0.110	0.120
	990919030	电焊条烘干箱 $60\times50\times75cm^3$	台班	0.010	0.010	0.010	0.010
	990920010	电焊条恒温箱	台班	0.010	0.010	0.010	0.010

工作内容：准备工作，配临时管道，设备管道封闭，系统充压，涂刷检查液，检查泄漏，放压，紧固螺栓，更换垫片或盘根，阀门处理，充压，稳压，检查，放压，拆除临时管道，现场清理。

计量单位：100m

编号				8-5-41	8-5-42	8-5-43
项目				公称直径（mm 以内）		
				400	500	600
名称			单位	消耗量		
人工	000203000	综合二类工	工日	5.958	6.690	8.027
材料	031301009	低碳钢焊条 J427（综合）	kg	0.200	0.200	0.240
	142909001	氧气	m^3	0.610	0.760	0.912
	142907002	乙炔气	kg	0.235	0.292	0.351
	020112004	无石棉橡胶板 低压 δ0.8～6	kg	2.100	2.100	2.520
	012903014	热轧中厚钢板 δ12～20	kg	42.630	54.180	65.016
	170201066	无缝钢管 *DN*20	m	1.000	1.000	1.200
	190100002	截止阀 *PN*1.0 *DN*20	个	0.200	0.200	0.240
	194117001	针型阀	个	0.100	0.100	0.120
	860113011	压力表 0～16MPa	块	0.200	0.200	0.240
	860110005	温度计 0～120℃	块	0.200	0.200	0.240
	212909002	肥皂	块	1.000	1.100	1.320
	850103006	其他材料费（占材料费）	%	1.000	1.000	1.000
机械	990900010	电焊机（综合）	台班	0.100	0.100	0.120
	990727010	立式钻床 25mm	台班	0.050	0.060	0.072
	991003050	电动空气压缩机 $6m^3/min$	台班	0.130	0.140	0.168
	990919030	电焊条烘干箱 $60 \times 50 \times 75cm^3$	台班	0.010	0.010	0.012
	990920010	电焊条恒温箱	台班	0.010	0.010	0.012

5. 低中压管道真空试验

工作内容： 准备工作，制堵盲板，装设临时管线，试验，检查，拆除临时管线、盲板，现场清理。

计量单位： 100m

编 号				8-5-44	8-5-45	8-5-46	8-5-47
项 目				公称直径（mm 以内）			
				50	100	200	300
名 称			单位	消 耗 量			
人工	000203000	综合二类工	工日	3.000	3.570	4.428	5.304
材料	031301009	低碳钢焊条 J427（综合）	kg	0.200	0.200	0.200	0.200
	142909001	氧气	m^3	0.150	0.300	0.460	0.460
	142907002	乙炔气	kg	0.058	0.115	0.177	0.177
	020112004	无石棉橡胶板 低压 $\delta 0.8\sim6$	kg	0.400	0.600	0.900	0.900
	012903014	热轧中厚钢板 $\delta 12\sim20$	kg	1.830	7.350	22.140	34.860
	170201066	无缝钢管 *DN*20	m	1.000	1.000	1.000	1.000
	190100002	截止阀 *PN*1.0 *DN*20	个	0.200	0.200	0.200	0.200
	194117001	针型阀	个	0.100	0.100	0.100	0.100
	860113011	压力表 0～16MPa	块	0.200	0.200	0.200	0.200
	860110005	温度计 0～120℃	块	0.200	0.200	0.200	0.200
	850103006	其他材料费（占材料费）	%	1.000	1.000	1.000	1.000
机械	990900010	电焊机（综合）	台班	0.100	0.100	0.100	0.100
	990727010	立式钻床 25mm	台班	0.010	0.020	0.030	0.040
	991003050	电动空气压缩机 $6m^3/min$	台班	0.270	0.300	0.330	0.360
	990919030	电焊条烘干箱 $60\times50\times75cm^3$	台班	0.010	0.010	0.010	0.010
	990920010	电焊条恒温箱	台班	0.010	0.010	0.010	0.010

工作内容： 准备工作，制堵盲板，装设临时管线，试验，检查，拆除临时管线、盲板，现场清理。

计量单位：100m

编号				8-5-48	8-5-49	8-5-50
项目				公称直径（mm 以内）		
				400	500	600
名称			单位	消耗量		
人工	000203000	综合二类工	工日	7.012	7.871	9.445
材料	031301009	低碳钢焊条 J427（综合）	kg	0.200	0.200	0.240
	142909001	氧气	m^3	0.610	0.760	0.912
	142907002	乙炔气	kg	0.235	0.292	0.351
	020112004	无石棉橡胶板 低压 δ0.8～6	kg	2.100	2.100	2.520
	012903014	热轧中厚钢板 δ12～20	kg	42.630	54.180	65.016
	170201066	无缝钢管 *DN*20	m	1.000	1.000	1.200
	190100002	截止阀 *PN*1.0 *DN*20	个	0.200	0.200	0.240
	194117001	针型阀	个	0.100	0.100	0.120
	860113011	压力表 0～16MPa	块	0.200	0.200	0.240
	860110005	温度计 0～120℃	块	0.200	0.200	0.240
	850103006	其他材料费（占材料费）	%	1.000	1.000	1.000
机械	990900010	电焊机（综合）	台班	0.100	0.100	0.120
	990727010	立式钻床 25mm	台班	0.050	0.060	0.072
	991003050	电动空气压缩机 $6m^3/min$	台班	0.390	0.420	0.503
	990919030	电焊条烘干箱 $60\times50\times75cm^3$	台班	0.010	0.010	0.012
	990920010	电焊条恒温箱	台班	0.010	0.010	0.012

二、管道系统吹扫

1. 水 冲 洗

工作内容：准备工作，制堵盲板，装设临时管线，通水冲洗检查，系统管线复位，临时管线拆除，现场清理。

计量单位：100m

编 号				8-5-51	8-5-52	8-5-53	8-5-54
项 目				公称直径（mm 以内）			
				50	100	200	300
名 称			单位	消 耗 量			
人工	000203000	综合二类工	工日	2.151	2.364	2.891	3.911
材料	341101002	水	m^3	（2.160）	（11.070）	（43.740）	（98.690）
	031301009	低碳钢焊条 J427（综合）	kg	0.200	0.200	0.200	0.200
	142909001	氧气	m^3	0.150	0.300	0.460	0.460
	142907002	乙炔气	kg	0.058	0.115	0.177	0.177
	020112004	无石棉橡胶板 低压 δ0.8～6	kg	0.540	0.950	1.560	1.700
	012903014	热轧中厚钢板 δ12～20	kg	0.610	2.450	7.380	11.620
	170201069	无缝钢管 *DN*50	m	0.100	0.100	0.100	0.100
	172707011	橡胶软管 *DN*50	m	0.800	0.800	0.800	0.800
	190100005	截止阀 *PN*1.0 *DN*50	个	0.100	0.100	0.100	0.100
	200000004	法兰 *DN*50	片	0.100	0.100	0.100	0.100
	850103006	其他材料费（占材料费）	%	1.000	1.000	1.000	1.000
机械	990801020	电动单级离心清水泵 100mm	台班	0.020	0.050	0.170	0.400
	990900010	电焊机（综合）	台班	0.100	0.100	0.100	0.100
	990727010	立式钻床 25mm	台班	0.010	0.020	0.030	0.040
	990919030	电焊条烘干箱 60 × 50 × 75cm³	台班	0.010	0.010	0.010	0.010
	990920010	电焊条恒温箱	台班	0.010	0.010	0.010	0.010

工作内容：准备工作，制堵盲板，装设临时管线，通水冲洗检查，系统管线复位，临时管线拆除，现场清理。

计量单位：100m

编号				8-5-55	8-5-56	8-5-57
项目				公称直径（mm 以内）		
				400	500	600
名称			单位	消耗量		
人工	000203000	综合二类工	工日	4.651	5.551	5.977
材料	341101002	水	m^3	（167.940）	（267.170）	（394.470）
	031301009	低碳钢焊条 J427（综合）	kg	0.200	0.200	0.300
	142909001	氧气	m^3	0.610	0.760	0.910
	142907002	乙炔气	kg	0.235	0.292	0.350
	020112004	无石棉橡胶板 低压 δ0.8～6	kg	3.480	3.760	6.360
	012903014	热轧中厚钢板 δ12～20	kg	14.210	18.060	20.280
	170201070	无缝钢管 *DN*100	m	0.100	0.100	0.100
	172707012	橡胶软管 *DN*100	m	0.800	0.800	0.800
	190100006	截止阀 *PN*1.0 *DN*100	个	0.100	0.100	0.100
	200000005	法兰 *DN*100	片	0.100	0.100	0.100
	850103006	其他材料费（占材料费）	%	1.000	1.000	1.000
机械	990900010	电焊机（综合）	台班	0.100	0.100	0.150
	990727010	立式钻床 25mm	台班	0.050	0.060	0.060
	990801040	电动单级离心清水泵 200mm	台班	0.310	0.470	0.679
	990919030	电焊条烘干箱 60×50×75cm^3	台班	0.010	0.010	0.015
	990920010	电焊条恒温箱	台班	0.010	0.010	0.015

2. 空 气 吹 扫

工作内容： 准备工作，制堵盲板，装设临时管线，充气加压，敲打管道检查，系统管线复位，临时管线拆除，现场清理。

计量单位： 100m

编号				8-5-58	8-5-59	8-5-60	8-5-61
项目				公称直径（mm 以内）			
				50	100	200	300
名称			单位	消耗量			
人工	000203000	综合二类工	工日	1.232	1.462	1.802	2.151
材料	031301009	低碳钢焊条 J427（综合）	kg	0.200	0.200	0.200	0.200
	142909001	氧气	m^3	0.150	0.300	0.460	0.460
	142907002	乙炔气	kg	0.058	0.115	0.177	0.177
	020112004	无石棉橡胶板 低压 δ0.8～6	kg	0.540	0.950	1.560	1.700
	012903014	热轧中厚钢板 δ12～20	kg	0.610	2.450	7.380	11.620
	170201068	无缝钢管 *DN*32	m	0.500	0.500	—	—
	190100004	截止阀 *PN*1.0 *DN*32	个	0.200	0.200	—	—
	200000003	法兰 *DN*32	片	0.400	0.400	—	—
	170201069	无缝钢管 *DN*50	m	—	—	0.500	0.500
	190100005	截止阀 *PN*1.0 *DN*50	个	—	—	0.200	0.200
	200000004	法兰 *DN*50	片	—	—	0.400	0.400
	850103006	其他材料费（占材料费）	%	1.000	1.000	1.000	1.000
机械	990900010	电焊机（综合）	台班	0.100	0.100	0.100	0.100
	990727010	立式钻床 25mm	台班	0.010	0.020	0.030	0.040
	991003050	电动空气压缩机 6m^3/min	台班	0.070	0.080	0.090	0.090
	990919030	电焊条烘干箱 60×50×75cm^3	台班	0.010	0.010	0.010	0.010
	990920010	电焊条恒温箱	台班	0.010	0.010	0.010	0.010

工作内容：准备工作，制堵盲板，装设临时管线，充气加压，敲打管道检查，系统管线复位，临时管线拆除，现场清理。

计量单位：100m

编号				8-5-62	8-5-63	8-5-64
项目				公称直径（mm 以内）		
				400	500	600
名称			单位	消耗量		
人工	000203000	综合二类工	工日	2.840	3.180	3.571
材料	031301009	低碳钢焊条 J427（综合）	kg	0.200	0.200	0.300
	142909001	氧气	m^3	0.610	0.760	0.910
	142907002	乙炔气	kg	0.235	0.292	0.350
	020112004	无石棉橡胶板 低压 δ0.8～6	kg	3.480	3.760	6.360
	012903014	热轧中厚钢板 δ12～20	kg	14.210	18.060	20.780
	170201069	无缝钢管 *DN*50	m	0.500	0.500	0.500
	190100005	截止阀 *PN*1.0 *DN*50	个	0.200	0.200	0.200
	200000004	法兰 *DN*50	片	0.400	0.400	0.400
	850103006	其他材料费（占材料费）	%	1.000	1.000	1.000
机械	990900010	电焊机（综合）	台班	0.100	0.100	0.150
	990727010	立式钻床 25mm	台班	0.050	0.060	0.060
	991003050	电动空气压缩机 $6m^3/min$	台班	0.100	0.110	0.120
	990919030	电焊条烘干箱 $60\times50\times75cm^3$	台班	0.010	0.010	0.015
	990920010	电焊条恒温箱	台班	0.010	0.010	0.015

3. 蒸 汽 吹 扫

工作内容： 准备工作，制堵盲板，装设临时管线，通气暖管，加压升压恒温，降温检查，反复多次吹洗，检查，系统管线复位，临时管线拆除，现场清理。 **计量单位：** 100m

编号				8-5-65	8-5-66	8-5-67	8-5-68
项目				公称直径（mm 以内）			
				50	100	200	300
名称			单位	消耗量			
人工	000203000	综合二类工	工日	1.786	2.364	2.933	3.511
材料	341113002	蒸汽	t	（2.720）	（10.850）	（42.300）	（96.270）
	031301009	低碳钢焊条 J427（综合）	kg	0.200	0.200	0.200	0.200
	142909001	氧气	m^3	0.150	0.300	0.460	0.460
	142907002	乙炔气	kg	0.058	0.115	0.177	0.177
	020112004	无石棉橡胶板 低压 δ0.8～6	kg	0.140	0.350	0.660	0.800
	012903014	热轧中厚钢板 δ12～20	kg	0.610	2.450	7.380	11.620
	170201068	无缝钢管 *DN*32	m	0.500	0.500	—	—
	190100004	截止阀 *PN*1.0 *DN*32	个	0.200	0.200	—	—
	200000003	法兰 *DN*32	片	0.400	0.400	—	—
	170201069	无缝钢管 *DN*50	m	—	—	0.500	0.500
	190100005	截止阀 *PN*1.0 *DN*50	个	—	—	0.200	0.200
	200000004	法兰 *DN*50	片	—	—	0.400	0.400
	850103006	其他材料费（占材料费）	%	1.000	1.000	1.000	1.000
机械	990900010	电焊机（综合）	台班	0.100	0.100	0.100	0.100
	990727010	立式钻床 25mm	台班	0.010	0.020	0.030	0.040
	990919030	电焊条烘干箱 60 × 50 × 75cm^3	台班	0.010	0.010	0.010	0.010
	990920010	电焊条恒温箱	台班	0.010	0.010	0.010	0.010

工作内容：准备工作，制堵盲板，装设临时管线，通气暖管，加压升压恒温，降温检查，反复多次吹洗，检查，系统管线复位，临时管线拆除，现场清理。 **计量单位：**100m

编号				8-5-69	8-5-70	8-5-71
项目				公称直径（mm 以内）		
				400	500	600
名称			单位	消耗量		
人工	000203000	综合二类工	工日	4.251	5.101	6.930
材料	341113002	蒸汽	t	（170.850）	（265.770）	（383.730）
	031301009	低碳钢焊条 J427（综合）	kg	0.200	0.200	0.300
	142909001	氧气	m^3	0.610	0.760	0.910
	142907002	乙炔气	kg	0.235	0.292	0.350
	020112004	无石棉橡胶板 低压 δ0.8～6	kg	1.380	1.660	2.660
	012903014	热轧中厚钢板 δ12～20	kg	14.210	18.060	20.780
	170201069	无缝钢管 *DN*50	m	0.500	0.500	0.500
	190100005	截止阀 *PN*1.0 *DN*50	个	0.200	0.200	0.200
	200000004	法兰 *DN*50	片	0.400	0.400	0.400
	850103006	其他材料费（占材料费）	%	1.000	1.000	1.000
机械	990900010	电焊机（综合）	台班	0.100	0.100	0.150
	990727010	立式钻床 25mm	台班	0.050	0.060	0.060
	990919030	电焊条烘干箱 60×50×75cm^3	台班	0.010	0.010	0.015
	990920010	电焊条恒温箱	台班	0.010	0.010	0.015

三、管道系统清洗

1. 碱　　洗

工作内容：准备工作，临时管线安装及拆除，配制清洗剂，清洗，检查，剂料回收，现场清理。

计量单位：100m

编　　号				8-5-72	8-5-73	8-5-74	8-5-75
项　　目				公称直径（mm 以内）			
				50	100	200	300
		名　　称	单位	消　耗　量			
人工	000203000	综合二类工	工日	2.474	3.147	4.676	6.828
材料	143127001	碱洗药剂	kg	（19.670）	（39.330）	（65.040）	（97.090）
	341101002	水	m^3	（0.480）	（2.460）	（9.720）	（21.930）
	031301009	低碳钢焊条 J427（综合）	kg	0.200	0.200	0.200	0.200
	142909001	氧气	m^3	0.150	0.150	0.470	0.470
	142907002	乙炔气	kg	0.058	0.058	0.181	0.181
	020117001	耐酸无石棉橡胶板（综合）	kg	0.280	0.680	1.320	1.600
	012903014	热轧中厚钢板 δ12～20	kg	0.610	2.450	7.380	11.620
	170201069	无缝钢管 *DN*50	m	—	0.200	0.200	0.200
	172521002	耐碱塑料管 *DN*50	m	—	1.000	1.000	1.000
	190100005	截止阀 *PN*1.0 *DN*50	个	—	0.200	0.200	0.200
	170201067	无缝钢管 *DN*25	m	0.200	—	—	—
	172521001	耐碱塑料管 *DN*25	m	1.000	—	—	—
	190100003	截止阀 *PN*1.0 *DN*25	个	0.200	—	—	—
	850103006	其他材料费（占材料费）	%	1.000	1.000	1.000	1.000
机械	990807010	耐腐蚀泵 40mm	台班	0.499	0.599	0.699	—
	990900010	电焊机（综合）	台班	0.100	0.100	0.100	0.100
	990807040	耐腐蚀泵 100mm	台班	—	—	—	0.799
	990727010	立式钻床 25mm	台班	0.010	0.020	0.030	0.040
	990919030	电焊条烘干箱 60 × 50 × 75cm³	台班	0.010	0.010	0.010	0.010
	990920010	电焊条恒温箱	台班	0.010	0.010	0.010	0.010

工作内容：准备工作，临时管线安装及拆除，配制清洗剂，清洗，检查，剂料回收，现场清理。

计量单位：100m

编号				8-5-76	8-5-77	8-5-78
项目				公称直径（mm 以内）		
				400	500	600
名称			单位	消耗量		
人工	000203000	综合二类工	工日	9.947	13.492	16.190
材料	143127001	碱洗药剂	kg	（127.570）	（157.600）	（189.120）
	341101002	水	m^3	（37.320）	（59.370）	（71.244）
	031301009	低碳钢焊条 J427（综合）	kg	0.200	0.200	0.200
	142909001	氧气	m^3	0.760	0.760	0.912
	142907002	乙炔气	kg	0.292	0.292	0.351
	020117001	耐酸无石棉橡胶板（综合）	kg	2.800	3.320	3.984
	012903014	热轧中厚钢板 δ12～20	kg	14.210	18.060	21.672
	170201069	无缝钢管 *DN*50	m	0.200	0.200	0.200
	172521002	耐碱塑料管 *DN*50	m	1.000	1.000	1.000
	190100005	截止阀 *PN*1.0 *DN*50	个	0.200	0.200	0.200
	850103006	其他材料费（占材料费）	%	1.000	1.000	1.000
机械	990900010	电焊机（综合）	台班	0.100	0.100	0.120
	990807040	耐腐蚀泵 100mm	台班	0.899	0.999	1.199
	990727010	立式钻床 25mm	台班	0.050	0.060	0.072
	990919030	电焊条烘干箱 60 × 50 × 75cm³	台班	0.010	0.010	0.012
	990920010	电焊条恒温箱	台班	0.010	0.010	0.012

2. 酸 洗

工作内容：准备工作，临时管线安装及拆除，配制清洗剂，清洗，中和处理，检查，剂料回收，现场清理。

计量单位：100m

编号				8-5-79	8-5-80	8-5-81	8-5-82
项目				公称直径（mm 以内）			
				50	100	200	300
名称			单位	消耗量			
人工	000203000	综合二类工	工日	3.477	4.429	6.614	9.683
材料	143169003	酸洗药剂	kg	(23.400)	(47.100)	(58.780)	(72.820)
	143127001	碱洗药剂	kg	(3.930)	(7.850)	(15.750)	(23.500)
	341101002	水	m^3	(0.640)	(3.280)	(12.960)	(29.240)
	031301009	低碳钢焊条 J427（综合）	kg	0.200	0.200	0.200	0.200
	142909001	氧气	m^3	0.150	0.150	0.470	0.470
	142907002	乙炔气	kg	0.058	0.058	0.181	0.181
	020117001	耐酸无石棉橡胶板（综合）	kg	0.280	0.680	1.320	1.600
	012903014	热轧中厚钢板 δ12～20	kg	0.610	2.450	7.380	11.620
	170201067	无缝钢管 *DN*25	m	0.200	—	—	—
	172521003	耐酸塑料管 *DN*25	m	1.000	—	—	—
	190100003	截止阀 *PN*1.0 *DN*25	个	0.200	—	—	—
	170201069	无缝钢管 *DN*50	m	—	0.200	0.200	0.200
	172521004	耐酸塑料管 *DN*50	m	—	1.000	1.000	1.000
	190100005	截止阀 *PN*1.0 *DN*50	个	—	0.200	0.200	0.200
	850103006	其他材料费（占材料费）	%	1.000	1.000	1.000	1.000
机械	990900010	电焊机（综合）	台班	0.100	0.100	0.100	0.100
	990807010	耐腐蚀泵 40mm	台班	0.499	0.599	0.699	—
	990727010	立式钻床 25mm	台班	0.010	0.020	0.030	0.040
	990919030	电焊条烘干箱 60×50×75cm^3	台班	0.010	0.010	0.010	0.010
	990920010	电焊条恒温箱	台班	0.010	0.010	0.010	0.010
	990807040	耐腐蚀泵 100mm	台班	—	—	—	0.799

工作内容： 准备工作，临时管线安装及拆除，配制清洗剂，清洗，中和处理，检查，剂料回收，现场清理。

计量单位：100m

编 号				8-5-83	8-5-84	8-5-85
项 目				公称直径（mm 以内）		
				400	500	600
名 称			单位	消 耗 量		
人工	000203000	综合二类工	工日	13.492	19.205	23.046
材料	143169003	酸洗药剂	kg	（95.680）	（118.000）	（141.600）
	143127001	碱洗药剂	kg	（31.400）	（39.400）	（47.280）
	341101002	水	m^3	（49.760）	（79.160）	（94.992）
	031301009	低碳钢焊条 J427（综合）	kg	0.200	0.200	0.200
	142909001	氧气	m^3	0.760	0.760	0.912
	142907002	乙炔气	kg	0.292	0.292	0.351
	020117001	耐酸无石棉橡胶板（综合）	kg	2.800	3.320	3.984
	012903014	热轧中厚钢板 δ12～20	kg	14.210	18.060	21.672
	170201069	无缝钢管 *DN*50	m	0.200	0.200	0.200
	172521004	耐酸塑料管 *DN*50	m	1.000	1.000	1.000
	190100005	截止阀 *PN*1.0 *DN*50	个	0.200	0.200	0.200
	850103006	其他材料费（占材料费）	%	1.000	1.000	1.000
机械	990900010	电焊机（综合）	台班	0.100	0.100	0.120
	990727010	立式钻床 25mm	台班	0.050	0.060	0.072
	990919030	电焊条烘干箱 60×50×75cm³	台班	0.010	0.010	0.012
	990920010	电焊条恒温箱	台班	0.010	0.010	0.012
	990807040	耐腐蚀泵 100mm	台班	0.899	0.999	1.199

3. 化学清洗

工作内容：准备工作，临时管线安装及拆除，配制清洗剂，碱煮，水冲洗，酸洗，水冲洗，中和钝化，水冲洗，检查，充氮保护，剂料回收，现场清理。 **计量单位：**100m

编号				8-5-86	8-5-87	8-5-88	8-5-89
项目				公称直径（mm 以内）			
				50	100	200	300
名称			单位	消耗量			
人工	000203000	综合二类工	工日	13.695	16.264	21.755	31.006
材料	143505002	化学清洗介质	kg	（50.080）	（157.905）	（556.875）	（1235.850）
	341101002	水	m^3	（30.808）	（81.582）	（314.814）	（720.149）
	341113002	蒸汽	t	（4.494）	（10.843）	（41.842）	（95.716）
	142913002	氮气	m^3	0.832	2.853	10.911	24.458
	031301009	低碳钢焊条 J427（综合）	kg	0.400	0.400	0.400	0.400
	142909001	氧气	m^3	0.300	0.300	0.940	0.940
	142907002	乙炔气	kg	0.115	0.115	0.362	0.362
	020112006	无石棉橡胶板 中压 δ0.8～6	kg	0.560	1.360	2.640	3.200
	012903014	热轧中厚钢板 δ12～20	kg	4.296	8.139	16.504	24.492
	172521004	耐酸塑料管 *DN*50	m	—	2.000	2.000	2.000
	860113012	压力表 0～64MPa	块	0.200	0.200	0.200	0.200
	860110005	温度计 0～120℃	块	0.200	0.200	0.200	0.200
	860116011	转子流量计 TZB-25 1000t/min	支	0.200	0.200	0.200	0.200
	860150011	浊度计	套	0.200	0.200	0.200	0.200
	170201068	无缝钢管 *DN*32	m	0.500	—	—	—
	172521003	耐酸塑料管 *DN*25	m	2.000	—	—	—
	190100003	截止阀 *PN*1.0 *DN*25	个	0.400	—	—	—
	200101001	钢板平焊法兰 *PN*1.6 *DN*25	片	0.400	—	—	—
	170201069	无缝钢管 *DN*50	m	—	0.500	0.500	0.500
	190100005	截止阀 *PN*1.0 *DN*50	个	—	0.400	0.400	0.400
	200101002	钢板平焊法兰 *PN*1.6 *DN*50	片	—	0.400	0.400	0.400
	850103006	其他材料费（占材料费）	%	1.000	1.000	1.000	1.000
机械	990807010	耐腐蚀泵 40mm	台班	1.249	1.498	1.748	—
	990900010	电焊机（综合）	台班	0.200	0.200	0.200	0.200
	990727010	立式钻床 25mm	台班	0.025	0.050	0.075	0.100
	991003050	电动空气压缩机 $6m^3$/min	台班	0.140	0.160	0.180	0.200
	990807040	耐腐蚀泵 100mm	台班	—	—	—	1.998
	990826010	药剂泵	台班	0.158	0.189	0.227	0.272
	990919030	电焊条烘干箱 60×50×75cm^3	台班	0.020	0.020	0.020	0.020
	990920010	电焊条恒温箱	台班	0.020	0.020	0.020	0.020

工作内容：准备工作，临时管线安装及拆除，配制清洗剂，碱煮，水冲洗，酸洗，水冲洗，中和钝化，水冲洗，检查，充氮保护，剂料回收，现场清理。 计量单位：100m

编号				8-5-90	8-5-91	8-5-92
项目				公称直径（mm 以内）		
				400	500	600
名称			单位	消耗量		
人工	000203000	综合二类工	工日	40.868	50.950	61.141
材料	143505002	化学清洗介质	kg	（1932.975）	（3032.205）	（3638.646）
	341101002	水	m^3	（1271.580）	（1978.508）	（2374.210）
	341113002	蒸汽	t	（169.007）	（262.966）	（315.559）
	142913002	氮气	m^3	41.859	65.489	78.587
	031301009	低碳钢焊条 J427（综合）	kg	0.400	0.400	0.400
	142909001	氧气	m^3	1.520	1.520	1.824
	142907002	乙炔气	kg	0.585	0.585	0.702
	020112006	无石棉橡胶板 中压 δ0.8～6	kg	5.600	6.640	7.968
	012903014	热轧中厚钢板 δ12～20	kg	32.103	39.865	47.838
	170201070	无缝钢管 *DN*100	m	0.500	0.500	0.500
	172521004	耐酸塑料管 *DN*50	m	2.000	2.000	2.000
	190100006	截止阀 *PN*1.0 *DN*100	个	0.400	0.400	0.400
	200101003	钢板平焊法兰 *PN*1.6 *DN*100	片	0.400	0.400	0.400
	860113012	压力表 0～64MPa	块	0.200	0.200	0.200
	860110005	温度计 0～120℃	块	0.200	0.200	0.200
	860116011	转子流量计 TZB-25 1000t/min	支	0.200	0.200	0.200
	860150011	浊度计	套	0.200	0.200	0.200
	850103006	其他材料费（占材料费）	%	1.000	1.000	1.000
机械	990900010	电焊机（综合）	台班	0.200	0.200	0.200
	990727010	立式钻床 25mm	台班	0.125	0.150	0.180
	991003050	电动空气压缩机 $6m^3/min$	台班	0.220	0.240	0.288
	990807040	耐腐蚀泵 100mm	台班	2.248	2.497	2.997
	990826010	药剂泵	台班	0.313	0.360	0.432
	990919030	电焊条烘干箱 $60 \times 50 \times 75cm^3$	台班	0.020	0.020	0.020
	990920010	电焊条恒温箱	台班	0.020	0.020	0.020

四、管道脱脂

工作内容：准备工作，临时管线安装及拆除，配制脱脂剂，脱脂，检查，剂料回收，现场清理。

计量单位：100m

编号				8-5-93	8-5-94	8-5-95	8-5-96
项目				公称直径（mm 以内）			
				50	100	200	300
名称			单位	消耗量			
人工	000203000	综合二类工	工日	1.666	2.330	3.477	5.874
材料	143517004	脱脂介质	kg	（18.840）	（37.700）	（78.050）	（116.510）
	031301009	低碳钢焊条 J427（综合）	kg	0.200	0.200	0.200	0.200
	142909001	氧气	m^3	0.150	0.150	0.470	0.470
	142907002	乙炔气	kg	0.058	0.058	0.181	0.181
	020112004	无石棉橡胶板 低压 $\delta0.8\sim6$	kg	0.280	0.680	1.320	1.600
	022703002	白布	m	4.000	7.200	13.900	16.000
	012903014	热轧中厚钢板 $\delta12\sim20$	kg	0.610	2.450	7.380	11.620
	170201069	无缝钢管 *DN*50	m	—	0.200	0.200	0.200
	172524002	蛇皮塑料管 *DN*50	m	—	1.000	1.000	1.000
	190100005	截止阀 *PN*1.0 *DN*50	个	—	0.200	0.200	0.200
	170201067	无缝钢管 *DN*25	m	0.200	—	—	—
	172524001	蛇皮塑料管 *DN*25	m	1.000	—	—	—
	190100003	截止阀 *PN*1.0 *DN*25	个	0.200	—	—	—
	850103006	其他材料费（占材料费）	%	1.000	1.000	1.000	1.000
机械	990807010	耐腐蚀泵 40mm	台班	0.499	0.599	0.699	—
	990900010	电焊机（综合）	台班	0.100	0.100	0.100	0.100
	990727010	立式钻床 25mm	台班	0.010	0.020	0.030	0.040
	991003050	电动空气压缩机 $6m^3/min$	台班	0.070	0.080	0.090	0.100
	990807040	耐腐蚀泵 100mm	台班	—	—	—	0.799
	990919030	电焊条烘干箱 $60\times50\times75cm^3$	台班	0.010	0.010	0.010	0.010
	990920010	电焊条恒温箱	台班	0.010	0.010	0.010	0.010

工作内容： 准备工作，临时管线安装及拆除，配制脱脂剂，脱脂，检查，剂料回收，现场清理。

计量单位：100m

编号				8-5-97	8-5-98	8-5-99
项目				公称直径（mm 以内）		
				400	500	600
名称			单位	消耗量		
人工	000203000	综合二类工	工日	8.732	9.683	11.136
材料	143517004	脱脂介质	kg	（153.080）	（188.520）	（216.798）
	031301009	低碳钢焊条 J427（综合）	kg	0.200	0.200	0.200
	142909001	氧气	m^3	0.760	0.760	0.874
	142907002	乙炔气	kg	0.292	0.292	0.336
	020112004	无石棉橡胶板 低压 δ0.8～6	kg	2.800	3.320	3.818
	022703002	白布	m	18.800	23.600	27.140
	012903014	热轧中厚钢板 δ12～20	kg	14.210	18.060	20.769
	170201069	无缝钢管 *DN*50	m	0.200	0.200	0.200
	172524002	蛇皮塑料管 *DN*50	m	1.000	1.000	1.000
	190100005	截止阀 *PN*1.0 *DN*50	个	0.200	0.200	0.200
	850103006	其他材料费（占材料费）	%	1.000	1.000	1.000
机械	990900010	电焊机（综合）	台班	0.100	0.100	0.115
	990727010	立式钻床 25mm	台班	0.050	0.060	0.069
	991003050	电动空气压缩机 $6m^3/min$	台班	0.110	0.120	0.138
	990807040	耐腐蚀泵 100mm	台班	0.899	0.999	1.149
	990919030	电焊条烘干箱 $60 \times 50 \times 75cm^3$	台班	0.010	0.010	0.012
	990920010	电焊条恒温箱	台班	0.010	0.010	0.012

五、管道油清洗

工作内容： 准备工作，临时管线安装及拆除、清洗，敲打管道，检查，反复清洗，检查，油回收，现场清理。

计量单位：100m

编号				8-5-100	8-5-101	8-5-102	8-5-103
项目				公称直径（mm 以内）			
				15	20	25	32
名称			单位	消耗量			
人工	000203000	综合二类工	工日	7.159	9.590	12.047	15.440
材料	143505007	油	kg	（27.000）	（54.000）	（94.500）	（135.000）
	311921002	滤油纸 300×300	张	2.550	4.090	7.650	10.870
	172705001	耐油胶管（综合）	m	1.500	1.500	1.500	1.500
	031507031	镀锌铁丝 ϕ4.0	kg	0.290	0.310	0.340	0.370
	092705004	碎布	kg	0.410	0.550	0.680	0.880
	850103006	其他材料费（占材料费）	%	1.000	1.000	1.000	1.000
机械	990811010	高压油泵 50MPa	台班	0.679	0.909	1.139	1.459
	991209010	真空滤油机 6000L/h	台班	0.030	0.050	0.100	0.140

工作内容： 准备工作，临时管线安装及拆除、清洗，敲打管道，检查，反复清洗，检查，油回收，现场清理。

计量单位：100m

编号				8-5-104	8-5-105	8-5-106	8-5-107
项目				公称直径（mm 以内）			
				40	50	65	80
名称			单位	消耗量			
人工	000203000	综合二类工	工日	19.283	21.730	23.074	25.344
材料	143505007	油	kg	（189.000）	（216.000）	（486.000）	（702.000）
	311921002	滤油纸 300×300	张	16.330	28.270	52.300	74.200
	172705001	耐油胶管（综合）	m	1.500	1.500	1.500	1.500
	031507031	镀锌铁丝 ϕ4.0	kg	0.410	0.460	0.520	0.590
	092705004	碎布	kg	1.090	1.170	1.250	1.330
	850103006	其他材料费（占材料费）	%	1.000	1.000	1.000	1.000
机械	990811010	高压油泵 50MPa	台班	1.818	2.268	—	—
	990811020	高压油泵 80MPa	台班	—	—	1.728	2.168
	991209010	真空滤油机 6000L/h	台班	0.200	0.350	0.649	0.929

工作内容： 准备工作，临时管线安装及拆除、清洗，敲打管道，检查，反复清洗，检查，油回收，现场清理。

计量单位： 100m

编号				8-5-108	8-5-109	8-5-110	8-5-111
项目				公称直径（mm 以内）			
				100	125	150	200
名称			单位	消耗量			
人工	000203000	综合二类工	工日	25.990	39.882	58.424	70.463
材料	143505007	油	kg	（1107.000）	（1634.000）	（2295.000）	（4374.000）
	311921002	滤油纸 300×300	张	113.100	173.890	254.460	484.620
	172705001	耐油胶管（综合）	m	1.500	1.500	1.500	1.500
	031507031	镀锌铁丝 ϕ4.0	kg	0.670	0.750	0.860	1.080
	092705004	碎布	kg	1.400	2.160	2.590	3.010
	850103006	其他材料费（占材料费）	%	1.000	1.000	1.000	1.000
机械	990811020	高压油泵 80MPa	台班	2.338	3.586	5.255	10.010
	991209010	真空滤油机 6000L/h	台班	1.409	2.168	3.177	6.054

第六章

无损检测与焊口热处理

说 明

一、本章内容包括管材表面无损检测、焊接无损检测、焊口预热及后热、焊口热处理、硬度测定、光谱分析。

二、本章不包括以下工作内容：

1. 固定射线检测仪器使用的各种支架制作。

2. 超声波检测对比试块的制作。

三、电加热片、电阻丝、电感应预热及后热项目，如设计要求焊后立即进行热处理，预热及后热项目乘以系数 0.87。

四、有关说明：

1. 无损探伤已综合考虑了高空作业降效因素。

2. 管材对接焊接过程中的渗透探伤检验及管材表面的渗透探伤检验，应执行管材对接焊缝渗透探伤相应项目。

3. 管道焊缝的射线探伤检验的比例应符合设计及施工验收规范的规定，射线探伤拍片的数量应按现场实际拍片的张数来计算。

4. 电加热片是按履带式考虑的，实际与定额不同时可按实调整。

工程量计算规则

一、X 射线、γ 射线无损检测，按管材的双壁厚，应执行相应安装项目。
二、管材表面磁粉检测、渗透检测应区分管道规格，应以“10m”为计量单位。
三、管材表面超声波检测按管道规格，不区分材质、壁厚，应以“10m”为计量单位。
四、焊缝 X 射线、γ 射线无损检测按管道不同壁厚、胶片规格，应以“10 张”为计量单位。
五、焊缝超声波检测、磁粉检测和渗透检测应按管道规格，不区分材质，应以“10m”为计量单位。
六、焊缝相控阵超声检测应按管道不同规格，区分壁厚以“口”为计量单位。
七、配合超声检测人工打磨应区分管道规格，应以“道”为计量单位。
八、配合管材表面检测翻转应区分管道规格，应以“10m”为计量单位。
九、焊口预热及后热和焊口热处理区分管道不同材质、规格，应以“10m”为计量单位。
十、硬度检测应以“10 点”为计量单位。
十一、光谱分析应以“点”为计量单位。

一、管材表面无损检测

1. 磁 粉 检 测

工作内容： 准备工作，领取材料，检测部位除锈清理，配制及喷涂渗透液，喷涂显像剂，干燥处理，观察结果，缺陷部位处理记录，清洗药渍，技术报告。　　**计量单位：** 10m

编　号				8-6-1	8-6-2	8-6-3	8-6-4
项　目				公称直径（mm 以内）			
				50	100	200	350
名　称			单位	消　耗　量			
人工	000303000	综合三类工	工日	0.153	0.278	0.463	0.694
材料	140717001	变压器油	kg	0.240	0.464	0.960	1.440
	144303023	压敏胶粘带	m	0.160	0.240	0.320	0.400
	140307001	煤油	kg	0.240	0.464	0.960	1.440
	161101001	磁粉	g	16.000	30.400	66.400	99.200
	031101013	尼龙砂轮片 $\phi100\times16\times3$	片	0.240	0.320	0.360	0.400
	092705004	碎布	kg	0.128	0.280	0.456	0.504
	850103006	其他材料费（占材料费）	%	1.000	1.000	1.000	1.000
机械	990509020	单速电动葫芦 3t	台班	0.006	0.011	0.018	0.028
	872128011	磁粉探伤仪	台班	0.087	0.158	0.263	0.396

2. 渗 透 检 测

工作内容： 准备工作，领取材料，检测部位除锈清理，配制及喷涂渗透液，喷涂显像剂，干燥处理，观察结果，缺陷部位处理记录，清洗药渍，技术报告。　　**计量单位：** 10m

编　号				8-6-5	8-6-6	8-6-7	8-6-8
项　目				普通渗透检测公称直径（mm 以内）			
				100	200	350	500
名　称			单位	消　耗　量			
人工	000303000	综合三类工	工日	0.176	0.357	0.614	0.862
材料	143515001	渗透剂 500mL	瓶	0.759	1.541	2.652	3.723
	143519001	显像剂 500mL	瓶	1.519	3.082	5.304	7.448
	143505004	清洗液 500mL	瓶	2.278	4.623	7.956	11.169
	031101013	尼龙砂轮片 $\phi100\times16\times3$	片	0.258	0.258	0.258	0.258
	092705004	碎布	kg	0.381	0.773	1.322	1.859
	850103006	其他材料费（占材料费）	%	1.000	1.000	1.000	1.000
机械	991201010	轴流通风机 7.5kW	台班	0.021	0.043	0.074	0.103

工作内容： 准备工作，领取材料，检测部位除锈清理，配制及喷涂渗透液，喷涂显像剂，干燥处理，观察结果，缺陷部位处理记录，清洗药渍，技术报告。 **计量单位：** 10m

编号				8-6-9	8-6-10	8-6-11	8-6-12
项目				荧光渗透检测公称直径（mm 以内）			
				100	200	350	500
名称			单位	消耗量			
人工	000303000	综合三类工	工日	0.211	0.430	0.737	1.034
材料	161105002	荧光渗透探伤剂 500mL	瓶	0.759	1.541	2.652	3.723
	143519001	显像剂 500mL	瓶	1.519	3.082	5.304	7.448
	143505004	清洗液 500mL	瓶	2.278	4.623	7.956	11.169
	031101013	尼龙砂轮片 $\phi100\times16\times3$	片	0.258	0.258	0.258	0.258
	092705004	碎布	kg	0.381	0.773	1.322	1.859
	850103006	其他材料费（占材料费）	%	1.000	1.000	1.000	1.000
机械	991201010	轴流通风机 7.5kW	台班	0.026	0.051	0.089	0.124

3. 超声波检测

工作内容： 准备工作，搬运仪器，校验仪器及探头，检验部位清理除污，涂抹耦合剂，检测，检验结果，记录鉴定，技术报告。 **计量单位：** 10m

编号				8-6-13	8-6-14	8-6-15	8-6-16
项目				公称直径（mm 以内）			
				150	250	350	350 以上
名称			单位	消耗量			
人工	000303000	综合三类工	工日	0.619	0.885	1.048	1.105
材料	140303002	机油 5#～7#	kg	0.240	0.320	0.440	0.536
	143543001	耦合剂	kg	1.400	2.400	3.200	3.744
	300103002	直探头	个	0.020	0.034	0.047	0.054
	300103003	斜探头	个	0.025	0.043	0.059	0.067
	284301001	探头线	根	0.160	0.200	0.240	0.320
	340907001	毛刷	把	0.800	1.200	1.440	1.600
	031102005	铁砂布 $0^{\#}$～$2^{\#}$	张	6.400	10.400	13.600	16.000
	092705004	碎布	kg	1.200	1.440	2.000	2.400
	850103006	其他材料费（占材料费）	%	1.000	1.000	1.000	1.000
机械	872128028	超声波探伤仪	台班	0.290	0.415	0.491	0.518

二、焊缝无损检测

1. X 射线检测

（1）80mm × 300mm

工作内容： 准备工作，射线机的搬运及固定，焊缝清刷，透照位置标记编号，底片号码编排，底片固定，开机拍片，暗室处理，底片鉴定，技术报告。　　**计量单位：** 10 张

编　号				8-6-17	8-6-18	8-6-19	8-6-20
项　目				管壁厚（mm 以内）			
				16	30	42	42 以上
名　称			单位	消　耗　量			
人工	000303000	综合三类工	工日	1.727	2.144	2.680	3.335
材料	161109003	X 射线胶片 80 × 300	张	12.000	12.000	12.000	12.000
	161107002	定影剂 1000cc	瓶	0.260	0.260	0.260	0.260
	161105001	显影剂	L	0.260	0.260	0.260	0.260
	144301002	医用白胶布	m^2	0.096	0.096	0.096	0.096
	172725002	医用输血胶管 $\phi 8$	m	0.464	0.464	0.464	0.464
	144303023	压敏胶粘带	m	5.520	5.520	5.520	5.520
	130303001	白油漆	kg	0.096	0.096	0.096	0.096
	021901006	塑料暗袋 80 × 300	副	0.464	0.464	0.464	0.464
	301327002	增感屏 80 × 300	副	0.480	0.480	0.480	0.480
	341307001	阿拉伯铅号码	套	0.304	0.304	0.304	0.304
	341307002	英文铅号码	套	0.304	0.304	0.304	0.304
	860125001	像质计	个	0.464	0.464	0.464	0.464
	553307001	贴片磁铁	副	0.184	0.184	0.184	0.184
	015301002	铅板 80 × 300 × 3	块	0.304	0.304	0.304	0.304
	341101001	水	m^3	0.120	0.120	0.120	0.120
	850103006	其他材料费（占材料费）	%	1.000	1.000	1.000	1.000
机械	991216010	X 射线胶片脱水烘干机 ZTH-340	台班	0.042	0.053	0.066	0.081
	872128019	X 射线探伤机	台班	0.606	0.755	0.944	1.171

（2）80mm × 150mm

工作内容： 准备工作，射线机的搬运及固定，焊缝清刷，透照位置标记编号，底片号码编排，底片固定，开机拍片，暗室处理，底片鉴定，技术报告。 **计量单位：** 10 张

编号				8-6-21	8-6-22	8-6-23
项目				管壁厚（mm 以内）		
				16	30	42
名称			单位	消耗量		
人工	000303000	综合三类工	工日	1.727	2.144	2.680
材料	161109002	X 射线胶片 80 × 150	张	12.000	12.000	12.000
	161107002	定影剂 1000cc	瓶	0.130	0.130	0.130
	161105001	显影剂	L	0.130	0.130	0.130
	144301002	医用白胶布	m^2	0.048	0.048	0.048
	172725002	医用输血胶管 $\phi8$	m	0.280	0.280	0.280
	144303023	压敏胶粘带	m	5.520	5.520	5.520
	130303001	白油漆	kg	0.096	0.096	0.096
	021901005	塑料暗袋 80 × 150	副	0.464	0.464	0.464
	301327001	增感屏 80 × 150	副	0.480	0.480	0.480
	341307001	阿拉伯铅号码	套	0.304	0.304	0.304
	341307002	英文铅号码	套	0.304	0.304	0.304
	860125001	像质计	个	0.464	0.464	0.464
	553307001	贴片磁铁	副	0.184	0.184	0.184
	015301001	铅板 80 × 150 × 3	块	0.304	0.304	0.304
	341101001	水	m^3	0.120	0.120	0.120
	850103006	其他材料费（占材料费）	%	1.000	1.000	1.000
机械	991216010	X 射线胶片脱水烘干机 ZTH-340	台班	0.042	0.053	0.066
	872128019	X 射线探伤机	台班	0.606	0.755	0.944

2. γ 射线检测（外透法）

（1）80mm × 300mm

工作内容： 准备工作，射线机的搬运及固定，焊缝清刷，透照位置标记编号，底片号码编排，底片固定，开机拍片，暗室处理，底片鉴定，技术报告。　　**计量单位：** 10 张

编　号				8-6-24	8-6-25	8-6-26	8-6-27
项　目				管壁厚（mm 以内）			
				30	40	50	50 以上
名　称			单位	消　耗　量			
人工	000303000	综合三类工	工日	2.814	3.752	5.629	8.661
材料	161109003	X 射线胶片 80 × 300	张	12.000	12.000	12.000	12.000
	161107002	定影剂 1000cc	瓶	0.260	0.260	0.260	0.260
	161105001	显影剂	L	0.260	0.260	0.260	0.260
	015301002	铅板 80 × 300 × 3	块	0.304	0.304	0.304	0.304
	144301002	医用白胶布	m^2	0.096	0.096	0.096	0.096
	172725002	医用输血胶管 $\phi8$	m	0.464	0.464	0.464	0.464
	130303001	白油漆	kg	0.096	0.096	0.096	0.096
	021901006	塑料暗袋 80 × 300	副	0.464	0.464	0.464	0.464
	301327002	增感屏 80 × 300	副	0.480	0.480	0.480	0.480
	341307001	阿拉伯铅号码	套	0.304	0.304	0.304	0.304
	341307002	英文铅号码	套	0.304	0.304	0.304	0.304
	860125001	像质计	个	0.464	0.464	0.464	0.464
	341101001	水	m^3	0.120	0.120	0.120	0.120
	850103006	其他材料费（占材料费）	%	1.000	1.000	1.000	1.000
机械	991216010	X 射线胶片脱水烘干机 ZTH-340	台班	0.092	0.123	0.185	0.284
	872128046	γ 射线探伤仪（Ir192）	台班	1.319	1.759	2.638	4.057

（2）80mm × 150mm

工作内容： 准备工作，射线机的搬运及固定，焊缝清刷，透照位置标记编号，底片号码编排，底片固定，开机拍片，暗室处理，底片鉴定，技术报告。 **计量单位：** 10 张

编号				8-6-28	8-6-29	8-6-30	8-6-31
项目				管壁厚（mm 以内）			
				30	40	50	50 以上
名称			单位	消耗量			
人工	000303000	综合三类工	工日	2.814	3.752	5.629	8.661
材料	161109002	X 射线胶片 80 × 150	张	12.000	12.000	12.000	12.000
	161107002	定影剂 1000cc	瓶	0.260	0.260	0.260	0.260
	161105001	显影剂	L	0.260	0.260	0.260	0.260
	015301002	铅板 80 × 300 × 3	块	0.304	0.304	0.304	0.304
	144301002	医用白胶布	m^2	0.096	0.096	0.096	0.096
	172725002	医用输血胶管 $\phi 8$	m	0.464	0.464	0.464	0.464
	130303001	白油漆	kg	0.096	0.096	0.096	0.096
	021901005	塑料暗袋 80 × 150	副	0.464	0.464	0.464	0.464
	301327001	增感屏 80 × 150	副	0.480	0.480	0.480	0.480
	341307001	阿拉伯铅号码	套	0.304	0.304	0.304	0.304
	341307002	英文铅号码	套	0.304	0.304	0.304	0.304
	860125001	像质计	个	0.464	0.464	0.464	0.464
	341101001	水	m^3	0.120	0.120	0.120	0.120
	850103006	其他材料费（占材料费）	%	1.000	1.000	1.000	1.000
机械	991216010	X 射线胶片脱水烘干机 ZTH-340	台班	0.092	0.123	0.185	0.284
	872128046	γ 射线探伤仪（Ir192）	台班	1.319	1.759	2.638	4.057

3. 超声波检测

工作内容：准备工作，搬运仪器，校验仪器及探头，检验部位清理除污，涂抹耦合剂，检测，检验结果，记录鉴定，技术报告。

计量单位：10 口

编　号				8-6-32	8-6-33	8-6-34	8-6-35
项　目				公称直径（mm 以内）			
				150	250	350	350 以上
名　称			单位	消　耗　量			
人工	000303000	综合三类工	工日	0.309	0.595	0.917	1.184
材料	140303002	机油 5#～7#	kg	0.120	0.261	0.521	0.803
	143543001	耦合剂	kg	0.800	1.628	2.842	4.282
	092705004	碎布	kg	0.800	1.200	1.600	2.000
	031102005	铁砂布 0#～2#	张	4.800	7.200	10.400	13.600
	340907001	毛刷	把	0.800	1.200	1.600	1.600
	300103003	斜探头	个	0.006	0.010	0.014	0.016
	284301001	探头线	根	0.004	0.006	0.010	0.010
	850103006	其他材料费（占材料费）	%	1.000	1.000	1.000	1.000
机械	872128028	超声波探伤仪	台班	0.145	0.279	0.429	0.555

4. 磁 粉 检 测

工作内容：准备工作，搬运机器，接电，检测部位除锈清理，配制磁悬液，磁电、磁粉反应，缺陷处理，技术报告。

计量单位：10 口

编　号				8-6-36	8-6-37	8-6-38	8-6-39
项　目				普通磁粉检测公称直径（mm 以内）			
				150	250	350	350 以上
名　称			单位	消　耗　量			
人工	000303000	综合三类工	工日	0.231	0.397	0.548	0.620
材料	143573001	表面活性剂 0π-20	ml	46.000	46.000	46.000	46.000
	143185002	亚硝酸钠	g	46.000	46.000	46.000	46.000
	161101001	磁粉	g	138.000	138.000	138.000	138.000
	143569001	消泡剂	g	18.400	18.400	18.400	18.400
	031101013	尼龙砂轮片 $\phi100\times16\times3$	片	0.184	0.184	0.184	0.184
	092705004	碎布	kg	0.184	0.184	0.184	0.184
	850103006	其他材料费（占材料费）	%	1.000	1.000	1.000	1.000
机械	872128011	磁粉探伤仪	台班	0.134	0.226	0.312	0.353

工作内容：准备工作，搬运机器，接电，检测部位除锈清理，配制磁悬液，磁电、磁粉反应，缺陷处理，技术报告。 计量单位：10 口

编号				8-6-40	8-6-41	8-6-42	8-6-43
项目				荧光磁粉检测公称直径（mm 以内）			
				150	250	350	350 以上
名称			单位	消耗量			
人工	000303000	综合三类工	工日	0.417	0.714	0.987	1.114
材料	143573001	表面活性剂 0π-20	ml	46.000	46.000	46.000	46.000
	143185002	亚硝酸钠	g	46.000	46.000	46.000	46.000
	142313001	荧光磁粉	g	18.400	18.400	18.400	18.400
	143569001	消泡剂	g	9.200	9.200	9.200	9.200
	031101013	尼龙砂轮片 $\phi100\times16\times3$	片	0.184	0.184	0.184	0.184
	092705004	碎布	kg	0.184	0.184	0.184	0.184
	850103006	其他材料费（占材料费）	%	1.000	1.000	1.000	1.000
机械	872128011	磁粉探伤仪	台班	0.242	0.407	0.610	0.635

5. 渗透检测

工作内容：准备工作，领取材料，检测部位除锈清理，配制及喷涂渗透液，喷涂显像剂，干燥处理，观察结果，缺陷部位处理记录，清洗药渍，技术报告。 计量单位：10 口

编号				8-6-44	8-6-45	8-6-46	8-6-47
项目				普通渗透检测公称直径（mm 以内）			
				100	200	350	500
名称			单位	消耗量			
人工	000303000	综合三类工	工日	0.157	0.319	0.548	0.770
材料	143515001	渗透剂 500mL	瓶	0.542	1.101	1.894	2.659
	143519001	显像剂 500mL	瓶	1.085	2.202	3.789	5.320
	143505004	清洗液 500mL	瓶	1.627	3.302	5.683	7.978
	031101013	尼龙砂轮片 $\phi100\times16\times3$	片	0.184	0.184	0.184	0.184
	092705004	碎布	kg	0.272	0.552	0.944	1.328
	850103006	其他材料费（占材料费）	%	1.000	1.000	1.000	1.000
机械	991201010	轴流通风机 7.5kW	台班	0.019	0.038	0.066	0.092

工作内容：准备工作，领取材料，检测部位除锈清理，配制及喷涂渗透液，喷涂显像剂，干燥处理，观察结果，缺陷部位处理记录，清洗药渍，技术报告。 **计量单位：**10 口

编 号				8-6-48	8-6-49	8-6-50	8-6-51
项 目				荧光渗透检测公称直径（mm 以内）			
				100	200	350	500
名 称			单位	消 耗 量			
人工	000303000	综合三类工	工日	0.189	0.383	0.658	0.923
材料	161105002	荧光渗透探伤剂 500mL	瓶	0.542	1.101	1.894	2.659
	143519001	显像剂 500mL	瓶	1.085	2.202	3.789	5.320
	143505004	清洗液 500mL	瓶	1.627	3.302	5.683	7.978
	031101013	尼龙砂轮片 $\phi100\times16\times3$	片	0.184	0.184	0.184	0.184
	092705004	碎布	kg	0.272	0.552	0.944	1.328
	850103006	其他材料费（占材料费）	%	1.000	1.000	1.000	1.000
机械	991201010	轴流通风机 7.5kW	台班	0.023	0.046	0.079	0.111

6. 相控阵超声检测

（1）厚度$T\leqslant20$

工作内容：准备工作，编制操作指导书，校核灵敏度，技术交底，等待打磨，外观检查，清理焊缝，划分区域，标记中心线等，扫查工件，图谱评定，填写记录。 **计量单位：**口

编 号				8-6-52	8-6-53	8-6-54	8-6-55	8-6-56	8-6-57
项 目				公称直径（mm 以内）					
				50	100	200	400	600	800
名 称			单位	消 耗 量					
人工	000303000	综合三类工	工日	0.228	0.413	0.764	1.178	1.692	2.312
材料	142315001	凡士林	kg	0.003	0.005	0.010	0.010	0.017	0.025
	300199003	相控阵楔块	个	0.005	0.010	0.020	0.025	0.033	0.050
	300199002	相控阵探头	个	0.001	0.001	0.001	0.001	0.001	0.001
	341101001	水	m^3	0.027	0.052	0.100	0.125	0.167	0.250
	850103006	其他材料费（占材料费）	%	1.000	1.000	1.000	1.000	1.000	1.000
机械	870199011	笔记本电脑	台班	0.063	0.063	0.063	0.079	0.079	0.063
	871699017	相控阵检测仪	台班	0.046	0.085	0.155	0.240	0.360	0.500

工作内容：准备工作，编制操作指导书，校核灵敏度，技术交底，等待打磨，外观检查，清理焊缝，划分区域，标记中心线等，扫查工件，图谱评定，填写记录。 计量单位：口

编　号				8-6-58	8-6-59	8-6-60	8-6-61
项　目				公称直径（mm 以内）			
				1000	1200	1400	1600
名　称			单位	消　耗　量			
人工	000303000	综合三类工	工日	2.711	3.242	3.773	4.303
材料	142315001	凡士林	kg	0.033	0.040	0.046	0.053
	300199003	相控阵楔块	个	0.125	0.150	0.174	0.199
	300199002	相控阵探头	个	0.002	0.002	0.003	0.003
	341101001	水	m^3	0.333	0.399	0.464	0.529
	850103006	其他材料费（占材料费）	%	1.000	1.000	1.000	1.000
机械	870199011	笔记本电脑	台班	0.079	0.079	0.079	0.079
	871699017	相控阵检测仪	台班	0.591	0.706	0.821	0.937

（2）厚度$T>20$

工作内容：准备工作，编制操作指导书，校核灵敏度，技术交底，等待打磨，外观检查，清理焊缝，划分区域，标记中心线等，扫查工件，图谱评定，填写记录。 计量单位：口

编　号				8-6-62	8-6-63	8-6-64	8-6-65	8-6-66
项　目				公称直径（mm 以内）				
				200	400	600	800	1000
名　称			单位	消　耗　量				
人工	000303000	综合三类工	工日	0.808	1.334	1.938	2.561	2.937
材料	142315001	凡士林	kg	0.010	0.010	0.017	0.025	0.033
	300199003	相控阵楔块	个	0.020	0.025	0.033	0.050	0.125
	300199002	相控阵探头	个	0.001	0.001	0.001	0.001	0.002
	341101001	水	m^3	0.100	0.125	0.167	0.250	0.333
	850103006	其他材料费（占材料费）	%	1.000	1.000	1.000	1.000	1.000
机械	870199011	笔记本电脑	台班	0.063	0.079	0.079	0.079	0.079
	871699017	相控阵检测仪	台班	0.166	0.277	0.415	0.555	0.642

三、配合超声检测焊缝人工打磨

工作内容：准备工器具，焊缝打磨。 计量单位：道

编　号				8-6-67	8-6-68	8-6-69	8-6-70	8-6-71
项　目				公称直径（mm 以内）				
				200	300	400	500	600
名　称			单位	消　耗　量				
人工	000203000	综合二类工	工日	0.124	0.144	0.178	0.212	0.250
材料	031101013	尼龙砂轮片 $\phi100\times16\times3$	片	0.023	0.035	0.046	0.055	0.068

四、配合管材表面检测翻转

工作内容： 准备工作、管材摆放、管材翻转。　　　　**计量单位：** 10m

编号				8-6-72	8-6-73	8-6-74
项目				公称直径（mm 以内）		
				200	400	600
名称			单位	消耗量		
人工	000203000	综合二类工	工日	0.276	0.468	0.704
机械	990515010	吊装机械（综合）	台班	0.132	0.224	0.337

五、焊口预热及后热

1. 低中压碳钢管电加热片

工作内容： 准备工作，热电偶固定，包扎，连线，通电升温，拆除，回收材料，清理现场。　　　　**计量单位：** 10 口

编号				8-6-75	8-6-76	8-6-77	8-6-78
项目				公称直径（mm 以内）			
				50	100	200	300
名称			单位	消耗量			
人工	000203000	综合二类工	工日	1.530	1.748	2.185	2.351
材料	150301002	岩棉板（综合）	m^3	0.116	0.133	0.167	0.267
	152103001	电加热片	m^2	0.016	0.019	0.024	0.036
	860110003	热电偶 1000℃ 1m	个	0.140	0.160	0.200	0.400
	850103006	其他材料费（占材料费）	%	1.000	1.000	1.000	1.000
机械	991234010	自控热处理机	台班	0.519	0.593	0.741	0.840

工作内容： 准备工作，热电偶固定，包扎，连线，通电升温，拆除，回收材料，清理现场。

计量单位：10 口

编号				8-6-79	8-6-80	8-6-81
项目				公称直径（mm 以内）		
				400	500	600
名称			单位	消耗量		
人工	000203000	综合二类工	工日	3.349	4.206	4.838
材料	150301002	岩棉板（综合）	m^3	0.418	0.563	0.647
	152103001	电加热片	m^2	0.054	0.066	0.075
	860110003	热电偶 1000℃ 1m	个	0.660	0.660	0.759
	850103006	其他材料费（占材料费）	%	1.000	1.000	1.000
机械	991234010	自控热处理机	台班	1.194	1.499	1.723

2. 高压碳钢管电加热片

工作内容： 准备工作，热电偶固定，包扎，连线，通电升温，拆除，回收材料，清理现场。

计量单位：10 口

编号				8-6-82	8-6-83	8-6-84	8-6-85
项目				公称直径（mm 以内）			
				50	100	200	300
名称			单位	消耗量			
人工	000203000	综合二类工	工日	2.294	2.621	3.276	3.529
材料	150301002	岩棉板（综合）	m^3	0.174	0.200	0.251	0.401
	152103001	电加热片	m^2	0.024	0.029	0.036	0.054
	860110003	热电偶 1000℃ 1m	个	0.210	0.240	0.300	0.600
	850103006	其他材料费（占材料费）	%	1.000	1.000	1.000	1.000
机械	991234010	自控热处理机	台班	0.778	0.889	1.112	1.260

工作内容：准备工作，热电偶固定，包扎，连线，通电升温，拆除，回收材料，清理现场。

计量单位：10 口

编号				8-6-86	8-6-87	8-6-88
项目				公称直径（mm 以内）		
				400	500	600
名称			单位	消耗量		
人工	000203000	综合二类工	工日	5.023	6.310	7.256
材料	150301002	岩棉板（综合）	m^3	0.627	0.845	0.971
	152103001	电加热片	m^2	0.081	0.099	0.113
	860110003	热电偶 1000℃ 1m	个	0.990	0.990	1.139
	850103006	其他材料费（占材料费）	%	1.000	1.000	1.000
机械	991234010	自控热处理机	台班	1.791	2.248	2.585

3. 低中压碳钢管电阻丝

工作内容：准备工作，热电偶固定，电阻丝固定，包扎，连线，通电升温，拆除，回收材料，清理现场。

计量单位：10 口

编号				8-6-89	8-6-90	8-6-91	8-6-92
项目				公称直径（mm 以内）			
				50	100	200	300
名称			单位	消耗量			
人工	000203000	综合二类工	工日	1.605	1.835	2.294	2.470
材料	150301002	岩棉板（综合）	m^3	0.116	0.133	0.167	0.267
	273103002	镍铬电阻丝 $\phi3.2$	kg	0.280	0.350	0.700	0.700
	271513001	耐热电瓷环 $\phi20$	个	24.000	30.000	60.000	60.000
	860110003	热电偶 1000℃ 1m	个	0.140	0.160	0.200	0.400
	850103006	其他材料费（占材料费）	%	1.000	1.000	1.000	1.000
机械	991234010	自控热处理机	台班	0.519	0.593	0.741	0.840

工作内容：准备工作，热电偶固定，电阻丝固定，包扎，连线，通电升温，拆除，回收材料，清理现场。

计量单位：10 口

编号				8-6-93	8-6-94	8-6-95
项目				公称直径（mm 以内）		
				400	500	600
名称			单位	消耗量		
人工	000203000	综合二类工	工日	3.517	4.416	5.078
材料	150301002	岩棉板（综合）	m^3	0.418	0.563	0.647
	273103002	镍铬电阻丝 ϕ3.2	kg	1.050	1.150	1.400
	271513001	耐热电瓷环 ϕ20	个	90.000	100.000	120.000
	860110003	热电偶 1000℃ 1m	个	0.660	0.660	0.759
	850103006	其他材料费（占材料费）	%	1.000	1.000	1.000
机械	991234010	自控热处理机	台班	1.194	1.499	1.723

4. 高压碳钢管电阻丝

工作内容：准备工作，热电偶固定，电阻丝固定，包扎，连线，通电升温，拆除，回收材料，清理现场。

计量单位：10 口

编号				8-6-96	8-6-97	8-6-98	8-6-99
项目				公称直径（mm 以内）			
				50	100	200	300
名称			单位	消耗量			
人工	000203000	综合二类工	工日	2.407	2.751	3.439	3.705
材料	150301002	岩棉板（综合）	m^3	0.174	0.200	0.251	0.401
	273103002	镍铬电阻丝 ϕ3.2	kg	0.420	0.525	1.050	1.050
	271513001	耐热电瓷环 ϕ20	个	36.000	45.000	90.000	90.000
	860110003	热电偶 1000℃ 1m	个	0.210	0.240	0.300	0.600
	850103006	其他材料费（占材料费）	%	1.000	1.000	1.000	1.000
机械	991234010	自控热处理机	台班	0.778	0.889	1.112	1.260

工作内容：准备工作，热电偶固定，电阻丝固定，包扎，连线，通电升温，拆除，回收材料，清理现场。

计量单位：10 口

编　号				8-6-100	8-6-101	8-6-102
项　目				公称直径（mm 以内）		
				400	500	600
名　称			单位	消　耗　量		
人工	000203000	综合二类工	工日	5.275	6.625	7.618
材料	150301002	岩棉板（综合）	m^3	0.627	0.845	0.971
	273103002	镍铬电阻丝 $\phi3.2$	kg	1.575	1.725	2.100
	271513001	耐热电瓷环 $\phi20$	个	135.000	150.000	180.000
	860110003	热电偶 1000℃ 1m	个	0.990	0.990	1.139
	850103006	其他材料费（占材料费）	%	1.000	1.000	1.000
机械	991234010	自控热处理机	台班	1.791	2.248	2.585

5. 低中压合金钢管电加热片

工作内容：准备工作，热电偶固定，包扎，连线，通电升温，拆除，回收材料，清理现场。

计量单位：10 口

编　号				8-6-103	8-6-104	8-6-105	8-6-106
项　目				公称直径（mm 以内）			
				50	100	200	300
名　称			单位	消　耗　量			
人工	000203000	综合二类工	工日	2.551	2.833	3.089	3.297
材料	150301002	岩棉板（综合）	m^3	0.116	0.133	0.167	0.267
	152103001	电加热片	m^2	0.016	0.019	0.024	0.036
	860110003	热电偶 1000℃ 1m	个	0.200	0.200	0.200	0.400
	850103006	其他材料费（占材料费）	%	1.000	1.000	1.000	1.000
机械	991234010	自控热处理机	台班	0.904	1.005	1.095	1.169

工作内容：准备工作，热电偶固定，包扎，连线，通电升温，拆除，回收材料，清理现场。

计量单位：10 口

编号				8-6-107	8-6-108	8-6-109
项目				公称直径（mm 以内）		
				400	500	600
名称			单位	消耗量		
人工	000203000	综合二类工	工日	4.276	5.580	6.413
材料	150301002	岩棉板（综合）	m^3	0.418	0.563	0.647
	152103001	电加热片	m^2	0.054	0.066	0.075
	860110003	热电偶 1000℃ 1m	个	0.660	0.660	0.750
	850103006	其他材料费（占材料费）	%	1.000	1.000	1.000
机械	991234010	自控热处理机	台班	1.523	1.985	2.281

6. 高压合金钢管电加热片

工作内容：准备工作，热电偶固定，包扎，连线，通电升温，拆除，回收材料，清理现场。

计量单位：10 口

编号				8-6-110	8-6-111	8-6-112	8-6-113
项目				公称直径（mm 以内）			
				50	100	200	300
名称			单位	消耗量			
人工	000203000	综合二类工	工日	4.080	4.533	4.941	5.275
材料	150301002	岩棉板（综合）	m^3	0.186	0.213	0.267	0.427
	152103001	电加热片	m^2	0.026	0.030	0.038	0.058
	860110003	热电偶 1000℃ 1m	个	0.320	0.320	0.320	0.640
	850103006	其他材料费（占材料费）	%	1.000	1.000	1.000	1.000
机械	991234010	自控热处理机	台班	1.447	1.607	1.752	1.871

工作内容： 准备工作，热电偶固定，包扎，连线，通电升温，拆除，回收材料，清理现场。

计量单位： 10 口

编　号				8-6-114	8-6-115	8-6-116
项　目				公称直径（mm 以内）		
				400	500	600
名　称			单位	消　耗　量		
人工	000203000	综合二类工	工日	6.841	8.927	10.262
材料	150301002	岩棉板（综合）	m^3	0.669	0.901	1.035
	152103001	电加热片	m^2	0.086	0.106	0.120
	860110003	热电偶 1000℃ 1m	个	1.056	1.056	1.200
	850103006	其他材料费（占材料费）	%	1.000	1.000	1.000
机械	991234010	自控热处理机	台班	2.437	3.175	3.650

7. 低中压合金钢管电阻丝

工作内容： 准备工作，热电偶固定，电阻丝固定，包扎，连线，通电升温，拆除，回收材料，清理现场。

计量单位： 10 口

编　号				8-6-117	8-6-118	8-6-119	8-6-120
项　目				公称直径（mm 以内）			
				50	100	200	300
名　称			单位	消　耗　量			
人工	000203000	综合二类工	工日	2.833	2.975	3.242	3.461
材料	150301002	岩棉板（综合）	m^3	0.116	0.133	0.167	0.267
	273103002	镍铬电阻丝 ϕ3.2	kg	0.280	0.350	0.700	0.700
	271513001	耐热电瓷环 ϕ20	个	24.000	30.000	60.000	60.000
	860110003	热电偶 1000℃ 1m	个	0.200	0.200	0.200	0.400
	850103006	其他材料费（占材料费）	%	1.000	1.000	1.000	1.000
机械	991234010	自控热处理机	台班	1.005	1.005	1.095	1.169

工作内容： 准备工作，热电偶固定，电阻丝固定，包扎，连线，通电升温，拆除，回收材料，清理现场。

计量单位：10 口

编号				8-6-121	8-6-122	8-6-123
项目				公称直径（mm 以内）		
				400	500	600
名称			单位	消耗量		
人工	000203000	综合二类工	工日	4.485	5.695	6.732
材料	150301002	岩棉板（综合）	m^3	0.418	0.563	0.647
	273103002	镍铬电阻丝 $\phi3.2$	kg	1.050	1.150	1.400
	271513001	耐热电瓷环 $\phi20$	个	90.000	100.000	120.000
	860110003	热电偶 1000℃ 1m	个	0.660	0.660	0.750
	850103006	其他材料费（占材料费）	%	1.000	1.000	1.000
机械	991234010	自控热处理机	台班	1.523	1.985	2.281

8. 高压合金钢管电阻丝

工作内容： 准备工作，热电偶固定，电阻丝固定，包扎，连线，通电升温，拆除，回收材料，清理现场。

计量单位：10 口

编号				8-6-124	8-6-125	8-6-126	8-6-127
项目				公称直径（mm 以内）			
				50	100	200	300
名称			单位	消耗量			
人工	000203000	综合二类工	工日	4.533	4.759	5.188	5.538
材料	150301002	岩棉板（综合）	m^3	0.186	0.213	0.267	0.427
	273103002	镍铬电阻丝 $\phi3.2$	kg	0.448	0.560	1.120	1.120
	271513001	耐热电瓷环 $\phi20$	个	38.400	48.000	96.000	96.000
	860110003	热电偶 1000℃ 1m	个	0.320	0.320	0.320	0.640
	850103006	其他材料费（占材料费）	%	1.000	1.000	1.000	1.000
机械	991234010	自控热处理机	台班	1.607	1.607	1.752	1.871

工作内容： 准备工作，热电偶固定，电阻丝固定，包扎，连线，通电升温，拆除，回收材料，清理现场。

计量单位： 10 口

编　号				8-6-128	8-6-129	8-6-130
项　目				公称直径（mm 以内）		
				400	500	600
名　称			单位	消　耗　量		
人工	000203000	综合二类工	工日	7.175	9.110	10.772
材料	150301002	岩棉板（综合）	m^3	0.669	0.901	1.035
	273103002	镍铬电阻丝 $\phi 3.2$	kg	1.680	1.840	2.240
	271513001	耐热电瓷环 $\phi 20$	个	144.000	160.000	192.000
	860110003	热电偶 1000℃ 1m	个	1.056	1.056	1.200
	850103006	其他材料费（占材料费）	%	1.000	1.000	1.000
机械	991234010	自控热处理机	台班	2.437	3.175	3.650

9. 碳钢管电感应

工作内容： 准备工作，热电偶固定，包扎，连线，通电升温，拆除，回收材料，清理现场。

计量单位： 10 口

编　号				8-6-131	8-6-132	8-6-133	8-6-134
项　目				公称直径（mm 以内）			
				50	100	200	300
名　称			单位	消　耗　量			
人工	000203000	综合二类工	工日	1.416	1.618	2.022	2.185
材料	092705005	保温布	m^2	2.100	2.400	3.000	3.800
	280109003	硬铜绞线 TJ-120mm^2	kg	2.590	2.960	3.700	5.400
	860110003	热电偶 1000℃ 1m	个	0.140	0.160	0.200	0.400
	850103006	其他材料费（占材料费）	%	1.000	1.000	1.000	1.000
机械	990753020	中频加热处理机 100kW	台班	0.465	0.531	0.664	0.717

工作内容：准备工作，热电偶固定，包扎，连线，通电升温，拆除，回收材料，清理现场。

计量单位：10 口

编号				8-6-135	8-6-136	8-6-137
项目				公称直径（mm 以内）		
				400	500	600
名称			单位	消耗量		
人工	000203000	综合二类工	工日	2.937	3.713	4.271
材料	092705005	保温布	m^2	5.900	7.200	8.280
	280109003	硬铜绞线 TJ-120mm^2	kg	7.100	8.700	10.005
	860110003	热电偶 1000℃ 1m	个	0.660	0.660	0.759
	850103006	其他材料费（占材料费）	%	1.000	1.000	1.000
机械	990753020	中频加热处理机 100kW	台班	0.969	1.221	1.404

10. 低中压合金钢管电感应

工作内容：准备工作，热电偶固定，包扎，连线，通电升温，拆除，回收材料，清理现场。

计量单位：10 口

编号				8-6-138	8-6-139	8-6-140	8-6-141
项目				公称直径（mm 以内）			
				50	100	200	300
名称			单位	消耗量			
人工	000203000	综合二类工	工日	2.625	2.625	2.873	3.089
材料	092705005	保温布	m^2	2.400	2.700	3.000	3.800
	280109003	硬铜绞线 TJ-120mm^2	kg	1.200	2.000	3.700	5.400
	860110003	热电偶 1000℃ 1m	个	0.210	0.210	0.300	0.400
	850103006	其他材料费（占材料费）	%	1.000	1.000	1.000	1.000
机械	990753020	中频加热处理机 100kW	台班	0.862	0.862	0.946	1.015

工作内容：准备工作，热电偶固定，包扎，连线，通电升温，拆除，回收材料，清理现场。

计量单位：10 口

编号				8-6-142	8-6-143	8-6-144
项目				公称直径（mm 以内）		
				400	500	600
名称			单位	消耗量		
人工	000203000	综合二类工	工日	3.795	4.948	5.690
材料	092705005	保温布	m^2	5.900	7.200	8.280
	280109003	硬铜绞线 TJ-120mm^2	kg	7.100	8.700	10.005
	860110003	热电偶 1000℃ 1m	个	0.660	0.660	0.759
	850103006	其他材料费（占材料费）	%	1.000	1.000	1.000
机械	990753020	中频加热处理机 100kW	台班	1.252	1.633	1.878

11. 高压合金钢管电感应

工作内容：准备工作，热电偶固定，包扎，连线，通电升温，拆除，回收材料，清理现场。

计量单位：10 口

编号				8-6-145	8-6-146	8-6-147	8-6-148
项目				公称直径（mm 以内）			
				50	100	200	300
名称			单位	消耗量			
人工	000203000	综合二类工	工日	2.793	2.793	4.693	4.925
材料	092705005	保温布	m^2	2.870	3.280	4.100	5.800
	280109003	硬铜绞线 TJ-120mm^2	kg	1.200	2.000	5.700	8.200
	860110003	热电偶 1000℃ 1m	个	0.210	0.210	0.300	0.400
	850103006	其他材料费（占材料费）	%	1.000	1.000	1.000	1.000
机械	990753020	中频加热处理机 100kW	台班	0.923	0.923	1.549	1.626

工作内容：准备工作，热电偶固定，包扎，连线，通电升温，拆除，回收材料，清理现场。

计量单位：10 口

编号				8-6-149	8-6-150	8-6-151
项目				公称直径（mm 以内）		
				400	500	600
名称			单位	消耗量		
人工	000203000	综合二类工	工日	6.850	7.264	8.354
材料	092705005	保温布	m^2	8.500	11.800	13.570
	280109003	硬铜绞线 TJ-120mm^2	kg	10.700	12.600	14.490
	860110003	热电偶 1000℃ 1m	个	0.600	0.660	0.759
	850103006	其他材料费（占材料费）	%	1.000	1.000	1.000
机械	990753020	中频加热处理机 100kW	台班	2.254	2.393	2.752

12. 碳钢管氧乙炔

工作内容：准备工作，加热。

计量单位：10 口

编号				8-6-152	8-6-153	8-6-154	8-6-155
项目				公称直径（mm 以内）			
				50	100	200	300
名称			单位	消耗量			
人工	000203000	综合二类工	工日	0.054	0.191	0.610	1.387
材料	142909001	氧气	m^3	0.259	0.984	4.351	9.970
	142907002	乙炔气	kg	0.100	0.378	1.673	3.835
	850103006	其他材料费（占材料费）	%	1.000	1.000	1.000	1.000

工作内容：准备工作，加热。

计量单位：10 口

编号				8-6-156	8-6-157	8-6-158
项目				公称直径（mm 以内）		
				400	500	600
名称			单位	消耗量		
人工	000203000	综合二类工	工日	2.153	3.431	3.945
材料	142909001	氧气	m^3	15.705	24.836	28.561
	142907002	乙炔气	kg	6.040	9.552	10.985
	850103006	其他材料费（占材料费）	%	1.000	1.000	1.000

13. 合金钢管氧乙炔

工作内容： 准备工作，加热。　　**计量单位：** 10 口

编　号				8-6-159	8-6-160	8-6-161	8-6-162
项　目				公称直径（mm 以内）			
				50	100	200	300
名　称			单位	消　耗　量			
人工	000203000	综合二类工	工日	0.058	0.258	0.671	1.446
材料	142909001	氧气	m^3	0.286	0.900	4.786	10.396
	142907002	乙炔气	kg	0.110	0.346	1.841	3.998
	850103006	其他材料费（占材料费）	%	1.000	1.000	1.000	1.000

工作内容： 准备工作，加热。　　**计量单位：** 10 口

编　号				8-6-163	8-6-164	8-6-165
项　目				公称直径（mm 以内）		
				400	500	600
名　称			单位	消　耗　量		
人工	000203000	综合二类工	工日	2.368	3.775	4.340
材料	142909001	氧气	m^3	17.276	27.320	31.418
	142907002	乙炔气	kg	6.645	10.508	12.084
	850103006	其他材料费（占材料费）	%	1.000	1.000	1.000

六、焊口热处理

1. 低中压碳钢电加热片

工作内容： 准备工作，热电偶固定、包扎，连线，通电升温，恒温，降温，拆除，回收材料，清理现场。　　**计量单位：** 10 口

编　号				8-6-166	8-6-167	8-6-168	8-6-169
项　目				公称直径（mm 以内）			
				50	100	200	300
名　称			单位	消　耗　量			
人工	000203000	综合二类工	工日	4.365	4.990	6.237	9.745
材料	150301002	岩棉板（综合）	m^3	0.161	0.184	0.231	0.382
	152103001	电加热片	m^2	0.042	0.048	0.060	0.090
	860110003	热电偶 1000℃ 1m	个	0.500	0.500	0.500	1.000
	850103006	其他材料费（占材料费）	%	1.000	1.000	1.000	1.000
机械	991234010	自控热处理机	台班	0.918	1.049	1.311	2.055

工作内容：准备工作，热电偶固定、包扎，连线，通电升温，恒温，降温，拆除，回收材料，清理现场。

计量单位：10 口

编号				8-6-170	8-6-171	8-6-172
项目				公称直径（mm 以内）		
				400	500	600
名称			单位	消耗量		
人工	000203000	综合二类工	工日	10.528	11.581	12.106
材料	150301002	岩棉板（综合）	m^3	0.560	0.774	0.890
	152103001	电加热片	m^2	0.114	0.144	0.165
	860110003	热电偶 1000℃ 1m	个	1.500	1.500	1.725
	850103006	其他材料费（占材料费）	%	1.000	1.000	1.000
机械	991234010	自控热处理机	台班	2.220	2.442	2.553

2. 高压碳钢电加热片

工作内容：准备工作，热电偶固定、包扎，连线，通电升温，恒温，降温，拆除，回收材料，清理现场。

计量单位：10 口

编号				8-6-173	8-6-174	8-6-175	8-6-176
项目				公称直径（mm 以内）			
				50	100	200	300
名称			单位	消耗量			
人工	000203000	综合二类工	工日	5.195	5.937	10.290	19.004
材料	150301002	岩棉板（综合）	m^3	0.161	0.184	0.231	0.420
	152103001	电加热片	m^2	0.042	0.048	0.060	0.099
	860110003	热电偶 1000℃ 1m	个	0.500	0.500	0.500	1.100
	850103006	其他材料费（占材料费）	%	1.000	1.000	1.000	1.000
机械	991234010	自控热处理机	台班	1.092	1.248	2.163	4.008

工作内容：准备工作，热电偶固定、包扎，连线，通电升温，恒温，降温，拆除，回收材料，清理现场。 计量单位：10 口

编号				8-6-177	8-6-178	8-6-179
项目				公称直径（mm 以内）		
				400	500	600
名称			单位	消耗量		
人工	000203000	综合二类工	工日	18.739	29.182	33.535
材料	150301002	岩棉板（综合）	m^3	0.616	0.937	1.077
	152103001	电加热片	m^2	0.125	0.174	0.200
	860110003	热电偶 1000℃ 1m	个	1.650	1.815	2.087
	850103006	其他材料费（占材料费）	%	1.000	1.000	1.000
机械	991234010	自控热处理机	台班	3.952	6.154	7.071

3. 低中压碳钢管电阻丝

工作内容：准备工作，热电偶固定、包扎，连线，通电升温，恒温，降温，拆除，回收材料，清理现场。 计量单位：10 口

编号				8-6-180	8-6-181	8-6-182	8-6-183
项目				公称直径（mm 以内）			
				50	100	200	300
名称			单位	消耗量			
人工	000203000	综合二类工	工日	5.020	5.749	7.171	9.930
材料	150301002	岩棉板（综合）	m^3	0.161	0.184	0.231	0.382
	273103002	镍铬电阻丝 ϕ3.2	kg	0.560	0.700	1.400	1.400
	271513001	耐热电瓷环 ϕ20	个	48.000	60.000	120.000	120.000
	860110003	热电偶 1000℃ 1m	个	0.500	0.500	0.500	1.000
	850103006	其他材料费（占材料费）	%	1.000	1.000	1.000	1.000
机械	991234010	自控热处理机	台班	1.121	1.447	1.773	1.848

工作内容： 准备工作，热电偶固定、包扎，连线，通电升温，恒温，降温，拆除，回收材料，清理现场。

计量单位：10 口

编号				8-6-184	8-6-185	8-6-186
项目				公称直径（mm 以内）		
				400	500	600
名称			单位	消耗量		
人工	000203000	综合二类工	工日	12.106	13.317	13.922
材料	150301002	岩棉板（综合）	m^3	0.560	0.774	0.890
	273103002	镍铬电阻丝 $\phi3.2$	kg	2.100	2.300	2.800
	271513001	耐热电瓷环 $\phi20$	个	180.000	200.000	240.000
	860110003	热电偶 1000℃ 1m	个	1.500	1.650	1.725
	850103006	其他材料费（占材料费）	%	1.000	1.000	1.000
机械	991234010	自控热处理机	台班	3.015	3.316	3.467

4. 高压碳钢管电阻丝

工作内容： 准备工作，热电偶固定、包扎，连线，通电升温，恒温，降温，拆除，回收材料，清理现场。

计量单位：10 口

编号				8-6-187	8-6-188	8-6-189	8-6-190
项目				公称直径（mm 以内）			
				50	100	200	300
名称			单位	消耗量			
人工	000203000	综合二类工	工日	5.974	6.841	11.834	19.363
材料	150301002	岩棉板（综合）	m^3	0.161	0.184	0.231	0.420
	273103002	镍铬电阻丝 $\phi3.2$	kg	0.560	0.700	1.400	1.540
	271513001	耐热电瓷环 $\phi20$	个	48.000	60.000	120.000	132.000
	860110003	热电偶 1000℃ 1m	个	0.500	0.500	0.500	1.100
	850103006	其他材料费（占材料费）	%	1.000	1.000	1.000	1.000
机械	991234010	自控热处理机	台班	1.334	1.722	2.925	3.605

工作内容：准备工作，热电偶固定、包扎，连线，通电升温，恒温，降温，拆除，回收材料，清理现场。

计量单位：10 口

编号				8-6-191	8-6-192	8-6-193
项目				公称直径（mm 以内）		
				400	500	600
名称			单位	消耗量		
人工	000203000	综合二类工	工日	21.550	33.560	38.564
材料	150301002	岩棉板（综合）	m^3	0.616	0.937	1.077
	273103002	镍铬电阻丝 ϕ3.2	kg	2.310	2.783	3.388
	271513001	耐热电瓷环 ϕ20	个	198.000	242.000	290.400
	860110003	热电偶 1000°C 1m	个	1.650	1.997	2.087
	850103006	其他材料费（占材料费）	%	1.000	1.000	1.000
机械	991234010	自控热处理机	台班	5.367	8.357	9.604

5. 低中压合金钢管电加热片

工作内容：准备工作，热电偶固定、包扎，连线，通电升温，恒温，降温，拆除，回收材料，清理现场。

计量单位：10 口

编号				8-6-194	8-6-195	8-6-196	8-6-197
项目				公称直径（mm 以内）			
				50	100	200	300
名称			单位	消耗量			
人工	000203000	综合二类工	工日	5.557	6.866	7.316	10.768
材料	150301002	岩棉板（综合）	m^3	0.161	0.184	0.231	0.382
	152103001	电加热片	m^2	0.042	0.048	0.060	0.090
	860110003	热电偶 1000°C 1m	个	0.500	0.500	0.500	1.000
	850103006	其他材料费（占材料费）	%	1.000	1.000	1.000	1.000
机械	991234010	自控热处理机	台班	1.170	1.447	1.542	2.266

工作内容：准备工作，热电偶固定、包扎，连线，通电升温，恒温，降温，拆除，回收材料，清理现场。

计量单位：10 口

编号				8-6-198	8-6-199	8-6-200
项目				公称直径（mm 以内）		
				400	500	600
名称			单位	消耗量		
人工	000203000	综合二类工	工日	12.437	13.680	14.302
材料	150301002	岩棉板（综合）	m^3	0.560	0.774	0.890
	152103001	电加热片	m^2	0.114	0.114	0.165
	860110003	热电偶 1000℃ 1m	个	1.500	1.500	1.725
	850103006	其他材料费（占材料费）	%	1.000	1.000	1.000
机械	991234010	自控热处理机	台班	2.622	2.884	3.015

6. 高压合金钢管电加热片

工作内容：准备工作，热电偶固定、包扎，连线，通电升温，恒温，降温，拆除，回收材料，清理现场。

计量单位：10 口

编号				8-6-201	8-6-202	8-6-203	8-6-204
项目				公称直径（mm 以内）			
				50	100	200	300
名称			单位	消耗量			
人工	000203000	综合二类工	工日	6.596	8.209	12.041	21.071
材料	150301002	岩棉板（综合）	m^3	0.161	0.184	0.231	0.382
	152103001	电加热片	m^2	0.042	0.048	0.060	0.120
	860110003	热电偶 1000℃ 1m	个	0.500	0.500	0.500	1.000
	850103006	其他材料费（占材料费）	%	1.000	1.000	1.000	1.000
机械	991234010	自控热处理机	台班	1.391	1.727	2.536	4.440

工作内容： 准备工作，热电偶固定、包扎，连线，通电升温，恒温，降温，拆除，回收材料，清理现场。

计量单位： 10 口

编　号				8-6-205	8-6-206	8-6-207
项　目				公称直径（mm 以内）		
				400	500	600
名　称			单位	消　耗　量		
人工	000203000	综合二类工	工日	22.192	34.457	39.626
材料	150301002	岩棉板（综合）	m^3	0.560	0.774	0.890
	152103001	电加热片	m^2	0.156	0.258	0.296
	860110003	热电偶 1000℃ 1m	个	1.500	1.500	1.725
	850103006	其他材料费（占材料费）	%	1.000	1.000	1.000
机械	991234010	自控热处理机	台班	4.671	7.253	8.341

7. 低中压合金钢管电阻丝

工作内容： 准备工作，热电偶固定、包扎，连线，通电升温，恒温，降温，拆除，回收材料，清理现场。

计量单位： 10 口

编　号				8-6-208	8-6-209	8-6-210	8-6-211
项　目				公称直径（mm 以内）			
				50	100	200	300
名　称			单位	消　耗　量			
人工	000203000	综合二类工	工日	6.389	7.896	8.413	8.784
材料	150301002	岩棉板（综合）	m^3	0.161	0.184	0.231	0.382
	273103002	镍铬电阻丝 $\phi3.2$	kg	0.560	0.700	1.400	1.400
	271513001	耐热电瓷环 $\phi20$	个	48.000	60.000	120.000	120.000
	860110003	热电偶 1000℃ 1m	个	0.500	0.500	0.500	1.000
	850103006	其他材料费（占材料费）	%	1.000	1.000	1.000	1.000
机械	991234010	自控热处理机	台班	1.360	1.663	1.773	1.848

工作内容：准备工作，热电偶固定、包扎，连线，通电升温，恒温，降温，拆除，回收材料，清理现场。

计量单位：10 口

编号				8-6-212	8-6-213	8-6-214
项目				公称直径（mm 以内）		
				400	500	600
名称			单位	消耗量		
人工	000203000	综合二类工	工日	14.302	15.017	15.380
材料	150301002	岩棉板（综合）	m^3	0.560	0.774	0.890
	273103002	镍铬电阻丝 $\phi3.2$	kg	2.100	2.300	2.800
	271513001	耐热电瓷环 $\phi20$	个	180.000	200.000	240.000
	860110003	热电偶 1000℃ 1m	个	1.500	1.650	1.725
	850103006	其他材料费（占材料费）	%	1.000	1.000	1.000
机械	991234010	自控热处理机	台班	3.015	3.316	3.467

8. 高压合金钢管电阻丝

工作内容：准备工作，热电偶固定、包扎，连线，通电升温，恒温，降温，拆除，回收材料，清理现场。

计量单位：10 口

编号				8-6-215	8-6-216	8-6-217	8-6-218
项目				公称直径（mm 以内）			
				50	100	200	300
名称			单位	消耗量			
人工	000203000	综合二类工	工日	7.584	9.441	13.847	24.226
材料	150301002	岩棉板（综合）	m^3	0.161	0.184	0.231	0.382
	273103002	镍铬电阻丝 $\phi3.2$	kg	0.560	0.700	1.400	1.400
	271513001	耐热电瓷环 $\phi20$	个	48.000	60.000	120.000	120.000
	860110003	热电偶 1000℃ 1m	个	0.500	0.500	0.500	1.000
	850103006	其他材料费（占材料费）	%	1.000	1.000	1.000	1.000
机械	991234010	自控热处理机	台班	1.600	1.986	2.917	5.106

工作内容：准备工作，热电偶固定、包扎，连线，通电升温，恒温，降温，拆除，回收材料，清理现场。

计量单位：10 口

编 号				8-6-219	8-6-220	8-6-221
项 目				公称直径（mm 以内）		
				400	500	600
名 称			单位	消 耗 量		
人工	000203000	综合二类工	工日	25.522	39.612	45.569
材料	150301002	岩棉板（综合）	m^3	0.560	0.774	0.890
	273103002	镍铬电阻丝 ϕ3.2	kg	2.100	2.300	2.800
	271513001	耐热电瓷环 ϕ20	个	180.000	200.000	240.000
	860110003	热电偶 1000℃ 1m	个	1.500	1.650	1.725
	850103006	其他材料费（占材料费）	%	1.000	1.000	1.000
机械	991234010	自控热处理机	台班	5.372	8.341	9.592

9. 碳钢管电感应

工作内容：准备工作，热电偶固定、包扎，连线，通电升温，恒温，降温，拆除，回收材料，清理现场。

计量单位：10 口

编 号				8-6-222	8-6-223	8-6-224	8-6-225
项 目				公称直径（mm 以内）			
				50	100	200	300
名 称			单位	消 耗 量			
人工	000203000	综合二类工	工日	5.951	6.799	8.499	12.750
材料	092705005	保温布	m^2	0.904	1.521	2.826	3.982
	280109003	硬铜绞线 TJ-120mm^2	kg	3.827	7.060	12.939	18.869
	860110003	热电偶 1000℃ 1m	个	0.500	0.500	0.500	1.000
	850103006	其他材料费（占材料费）	%	1.000	1.000	1.000	1.000
机械	990753020	中频加热处理机 100kW	台班	1.162	1.329	1.661	2.491

工作内容：准备工作，热电偶固定、包扎，连线，通电升温，恒温，降温，拆除，回收材料，清理现场。

计量单位：10 口

编号				8-6-226	8-6-227	8-6-228
项目				公称直径（mm 以内）		
				400	500	600
名称			单位	消耗量		
人工	000203000	综合二类工	工日	13.140	13.140	15.111
材料	092705005	保温布	m^2	5.086	9.121	10.489
	280109003	硬铜绞线 TJ-120mm^2	kg	24.530	30.356	34.909
	860110003	热电偶 1000℃ 1m	个	1.500	1.500	1.725
	850103006	其他材料费（占材料费）	%	1.000	1.000	1.000
机械	990753020	中频加热处理机 100kW	台班	2.564	2.564	2.949

10. 低压合金钢管电感应

工作内容：准备工作，热电偶固定、包扎，连线，通电升温，恒温，降温，拆除，回收材料，清理现场。

计量单位：10 口

编号				8-6-229	8-6-230	8-6-231	8-6-232
项目				公称直径（mm 以内）			
				50	100	200	300
名称			单位	消耗量			
人工	000203000	综合二类工	工日	5.350	6.585	6.977	10.460
材料	092705005	保温布	m^2	1.040	1.750	3.250	4.580
	280109003	硬铜绞线 TJ-120mm^2	kg	4.402	8.120	14.880	21.700
	860110003	热电偶 1000℃ 1m	个	0.500	0.500	0.500	1.000
	850103006	其他材料费（占材料费）	%	1.000	1.000	1.000	1.000
机械	990753020	中频加热处理机 100kW	台班	1.048	1.285	1.361	2.039

工作内容： 准备工作，热电偶固定、包扎，连线，通电升温，恒温，降温，拆除，回收材料，清理现场。

计量单位： 10 口

编号				8-6-233	8-6-234	8-6-235
项目				公称直径（mm 以内）		
				400	500	600
名称			单位	消耗量		
人工	000203000	综合二类工	工日	10.951	16.603	19.093
材料	092705005	保温布	m^2	5.850	10.490	12.063
	280109003	硬铜绞线 TJ-120mm^2	kg	28.210	43.640	50.186
	860110003	热电偶 1000℃ 1m	个	1.500	1.500	1.725
	850103006	其他材料费（占材料费）	%	1.000	1.000	1.000
机械	990753020	中频加热处理机 100kW	台班	2.137	3.242	3.728

11. 中高压合金钢管电感应

工作内容： 准备工作，热电偶固定、包扎，连线，通电升温，恒温，降温，拆除，回收材料，清理现场。

计量单位： 10 口

编号				8-6-236	8-6-237	8-6-238	8-6-239
项目				公称直径（mm 以内）			
				50	100	200	300
名称			单位	消耗量			
人工	000203000	综合二类工	工日	6.364	8.221	11.457	19.506
材料	092705005	保温布	m^2	1.040	1.750	3.250	4.580
	280109003	硬铜绞线 TJ-120mm^2	kg	4.400	8.120	14.880	21.700
	860110003	热电偶 1000℃ 1m	个	0.500	0.500	0.500	1.000
	850103006	其他材料费（占材料费）	%	1.000	1.000	1.000	1.000
机械	990753020	中频加热处理机 100kW	台班	1.245	1.538	2.235	3.810

工作内容： 准备工作，热电偶固定、包扎，连线，通电升温，恒温，降温，拆除，回收材料，清理现场。

计量单位： 10 口

编号				8-6-240	8-6-241	8-6-242
项目				公称直径（mm 以内）		
				400	500	600
名称			单位	消耗量		
人工	000203000	综合二类工	工日	20.071	31.579	39.977
材料	092705005	保温布	m^2	5.850	10.490	12.630
	280109003	硬铜绞线 TJ-120mm^2	kg	28.210	43.640	50.186
	860110003	热电偶 1000℃ 1m	个	1.500	1.500	1.725
	850103006	其他材料费（占材料费）	%	1.000	1.000	1.000
机械	990753020	中频加热处理机 100kW	台班	3.920	6.160	7.084

七、硬度测定

工作内容： 准备工作，测定硬度值，技术报告。

计量单位： 10 个点

编号				8-6-243
项目				管材
名称			单位	消耗量
人工	000303000	综合三类工	工日	0.278
材料	031101013	尼龙砂轮片 $\phi100\times16\times3$	片	0.500
	031102005	铁砂布 0#～2#	张	2.500
	340501001	打印纸（综合）	箱	0.100
	340519002	色带	根	0.100
	850103006	其他材料费（占材料费）	%	1.000
机械	870199015	里氏硬度计	台班	0.465

八、光谱分析

工作内容： 准备工作，调试机器，工件检测表面清理，测试分析，对比标准，数据记录，评定，技术报告。

计量单位： 点

编　号				8-6-244	8-6-245	8-6-246
项　目				定性	半定量	全组分
名　称			单位	消　耗　量		
人工	000303000	综合三类工	工日	0.034	0.067	0.127
材料	031101013	尼龙砂轮片 $\phi100\times16\times3$	片	0.010	0.010	0.010
	031102005	铁砂布 $0^{\#}\sim2^{\#}$	张	0.100	0.100	0.100
	092705004	碎布	kg	0.001	0.001	0.001
	850103006	其他材料费（占材料费）	%	1.000	1.000	1.000
机械	871119013	红外光谱仪	台班	0.093	—	—
	871119017	光谱分析仪	台班	—	0.056	0.140

第七章

其　他

说 明

一、本章定额适用于管道支吊架制作安装、管道焊口内部充氩保护、套管制作与安装、管件制作、三通补强圈制作与安装、半成品管段场外运输等。

二、本章分气缸、集气罐和空气分气筒安装项目中不包括附件安装的工作内容，其附件按相应项目另行计算。

三、相关规定：

1. 弹簧式管架制作安装中弹簧组件按成品考虑，木垫式管架制作安装中木垫按成品考虑，其材料费应按设计用量另行计算。

2. 采用成型钢管焊接的异型管架制作安装执行一般管架制作安装项目，定额乘以系数 1.30。

3. 一般管架制作安装项目定额按碳钢材质编制，不锈钢管、有色金属管、非金属管的管架制作安装执行一般管架制作安装项目，定额乘以系数 1.10，焊接材料按实调整。

4. 管道支吊架制作、安装项目比例划分一般管架其制作费占 65%，安装费占 35%。

5. 夹套管的定位板制作安装执行一般管架制作安装项目。

四、定额中半成品管段场外运输项目是指半成品在施工现场范围以外的水平运输，包括发包方供应仓库到场外防腐厂、场外预制厂、场外防腐厂到场外预制厂、场外预制厂到安装现场等，半成品管段场外运输超过 10km 时本定额安装项目不适用，应按施工方案另行计算。

五、分气缸、集气罐和空气分气筒的支架制作与安装，执行一般管架制作安装相应项目。

六、调节阀临时短管制作装拆项目，适用于管道系统试压、吹扫时需要拆除的阀件（如各种调节阀、减压阀、疏水器、转子流量计、水流指示器、水表等）以临时短管代替连通管道。其工作内容包括原阀门的拆换、装临时短管、试压、吹扫合格后，短管拆除和原阀件复位等。

工程量计算规则

一、管道支吊架制作安装重量按图集整个组件考虑，应以“100kg”为计量单位。

二、套管制作安装按套管公称直径，应以“个”为计量单位。

三、管道焊口内部充氩保护按管道不同规格，应以“10 口”为计量单位。

四、蒸汽分汽缸安装、集气罐安装、空气分气筒制作与安装、钢制排水漏斗制作与安装，应按设计图示数量分别以“个”为计量单位。

五、各种套管制作与安装，应区分套管的不同规格，按设计图示数量以“个”为计量单位。

六、水位计安装应区分管式、板式，应按设计图示数量以“组”为计量单位。

七、阀门操纵装置安装应按设计图示尺寸应以“100kg”为计量单位。

八、调节阀临时短管制作装拆应区分不同规格，按设计图示数量应分别以“个”为计量单位。

九、各种管件制作、三通补强圈制作与安装应区分不同规格，按设计图示数量应分别以“10 个”为计量单位。

十、半成品管段场外运输应区分不同运输距离，应以“10t”为计量单位。

一、管道支吊架制作安装

工作内容：准备工作，切断，煨制，钻孔，组对，焊接，打洞，固定安装，堵洞。 **计量单位：**100kg

编号				8-7-1	8-7-2	8-7-3	8-7-4	8-7-5
项目				一般管架（kg 以内）			木垫式管架	弹簧式管架
				50	100	100 以上		
名称			单位	消耗量				
人工	000203000	综合二类工	工日	5.227	4.925	4.103	3.927	3.471
材料	012300002	型钢（综合）	kg	（106.000）	（106.000）	（106.000）	（102.000）	（102.000）
	031301009	低碳钢焊条 J427（综合）	kg	2.974	2.653	1.848	1.400	1.932
	142909001	氧气	m^3	1.808	1.569	1.096	1.474	0.861
	142907002	乙炔气	kg	0.695	0.604	0.422	0.567	0.331
	031101014	尼龙砂轮片 $\phi500\times25\times4$	片	0.611	0.560	0.390	0.581	0.665
	030109026	六角螺母（综合）	kg	1.582	1.449	1.010	1.232	1.267
	030113001	垫圈（综合）	kg	—	—	—	0.245	0.287
	040113002	白色硅酸盐水泥 32.5	kg	9.250	8.472	5.900	6.300	4.550
	040300003	砂子	m^3	—	—	—	0.021	0.007
	341101001	水	m^3	0.008	0.007	0.006	0.728	0.742
	341109001	焦炭	kg	—	—	—	11.991	6.132
	092705004	碎布	kg	0.321	0.294	0.206	—	—
	031103002	磨头	个	0.122	0.112	0.078	—	—
	040501005	碎石 0.5～3.2	m^3	0.015	0.014	0.010	—	—
	050301001	木材	m^3	0.003	0.003	0.002	0.034	—
	140303001	机油（综合）	kg	0.122	0.112	0.078	—	—
	143315001	丙酮	kg	0.054	0.049	0.036	—	—
	203107004	钢垫片 0.8	kg	0.764	0.700	0.488	—	—
	850103006	其他材料费（占材料费）	%	1.000	1.000	1.000	1.000	1.000
机械	990304004	汽车式起重机 8t	台班	0.006	0.009	0.013	0.007	0.017
	990515010	吊装机械（综合）	台班	0.034	0.051	0.072	0.037	0.060
	990401030	载重汽车 8t	台班	0.006	0.009	0.013	0.007	0.017
	990718040	普通车床 630×2000mm	台班	0.041	0.062	0.089	—	0.066
	990727010	立式钻床 25mm	台班	0.233	0.349	0.489	0.065	0.077
	990785040	砂轮切割机 $\phi500$	台班	0.103	0.155	0.220	0.577	0.155
	990900010	电焊机（综合）	台班	0.413	0.620	0.864	0.280	0.559
	990919030	电焊条烘干箱 $60\times50\times75cm^3$	台班	0.041	0.062	0.086	0.028	0.056
	990920010	电焊条恒温箱	台班	0.041	0.062	0.086	0.028	0.056
	991201010	轴流通风机 7.5kW	台班	0.041	0.062	0.089	0.192	0.174

二、管口焊接焊口内部充氩保护

工作内容：准备工作，装堵板，管口封闭，焊口贴胶布，接通气源，充氩，调整流量，拆除堵板。

计量单位：10 口

编　号				8-7-6	8-7-7	8-7-8	8-7-9
项　目				公称直径（mm 以内）			
				50	100	200	300
名　称			单位	消 耗 量			
人工	000203000	综合二类工	工日	0.511	0.680	1.105	1.700
材料	012901018	热轧薄钢板 δ2.0	kg	0.080	0.310	1.260	2.830
	142911001	氩气	m^3	0.800	1.200	2.200	3.500
	020101005	橡胶板 δ5～10	kg	0.020	0.110	0.360	0.770
	171500001	铜管	m	1.000	1.000	1.000	1.000
	850103006	其他材料费（占材料费）	%	1.000	1.000	1.000	1.000

工作内容：准备工作，装堵板，管口封闭，焊口贴胶布，接通气源，充氩，调整流量，拆除堵板。

计量单位：10 口

编　号				8-7-10	8-7-11	8-7-12
项　目				公称直径（mm 以内）		
				400	500	600
名　称			单位	消 耗 量		
人工	000203000	综合二类工	工日	2.125	2.805	3.647
材料	012901018	热轧薄钢板 δ2.0	kg	5.020	7.850	10.205
	142911001	氩气	m^3	4.800	5.900	7.670
	020101005	橡胶板 δ5～10	kg	1.320	2.020	2.626
	171500001	铜管	m	1.000	1.000	1.000
	850103006	其他材料费（占材料费）	%	1.000	1.000	1.000

三、蒸汽分汽缸安装

工作内容：准备工作，分汽缸安装。 计量单位：个

编号				8-7-13	8-7-14	8-7-15	8-7-16	8-7-17
项目				单重（kg 以内）				
				50	100	150	200	＞200
名称			单位	消耗量				
人工	000203000	综合二类工	工日	3.175	4.126	4.877	5.207	5.548
材料	330705002	分汽缸	个	（1.000）	（1.000）	（1.000）	（1.000）	（1.000）
	031301009	低碳钢焊条 J427（综合）	kg	0.240	0.470	0.500	0.560	0.900
	031101013	尼龙砂轮片 $\phi100\times16\times3$	片	0.100	0.190	0.200	0.220	0.360
	850103006	其他材料费（占材料费）	%	1.000	1.000	1.000	1.000	1.000
机械	990900010	电焊机（综合）	台班	0.032	0.064	0.064	0.064	0.963
	990919030	电焊条烘干箱 $60\times50\times75cm^3$	台班	0.004	0.006	0.006	0.006	0.096
	990920010	电焊条恒温箱	台班	0.004	0.006	0.006	0.006	0.096

四、集气罐安装

工作内容：准备工作，集气罐安装。 计量单位：个

编号				8-7-18	8-7-19	8-7-20	8-7-21	8-7-22
项目				公称直径（mm 以内）				
				150	200	250	300	400
名称			单位	消耗量				
人工	000203000	综合二类工	工日	0.227	0.319	0.404	0.487	0.648
材料	222100001	集气罐	个	（1.000）	（1.000）	（1.000）	（1.000）	（1.000）
	850103006	其他材料费（占材料费）	%	1.000	1.000	1.000	1.000	1.000

五、空气分气筒制作安装

工作内容：准备工作，下料，切割，焊接，安装，水压试验。 计量单位：个

编号				8-7-23	8-7-24	8-7-25
项目				公称直径×长度		
				100×400	150×400	200×400
名称			单位	消耗量		
人工	000203000	综合二类工	工日	0.547	0.749	0.951
材料	170200005	无缝钢管（综合）	m	（0.400）	（0.400）	（0.400）
	031301009	低碳钢焊条 J427（综合）	kg	0.500	0.650	1.270
	142909001	氧气	m^3	0.250	0.340	0.340
	142907002	乙炔气	kg	0.096	0.131	0.131
	031101013	尼龙砂轮片 $\phi100\times16\times3$	片	0.200	0.260	0.510
	012903014	热轧中厚钢板 $\delta12\sim20$	kg	1.500	1.800	2.200
	182519028	熟铁管箍 *DN*20	个	4.000	4.000	4.000
	850103006	其他材料费（占材料费）	%	1.000	1.000	1.000
机械	990900010	电焊机（综合）	台班	0.198	0.261	0.315
	990919030	电焊条烘干箱 $60\times50\times75cm^3$	台班	0.020	0.026	0.031
	990920010	电焊条恒温箱	台班	0.020	0.026	0.031

六、钢制排水漏斗制作安装

工作内容：准备工作，下料，切断，切割，焊接，安装。 计量单位：个

编号				8-7-26	8-7-27	8-7-28	8-7-29
项目				公称直径（mm 以内）			
				50	100	150	200
名称			单位	消耗量			
人工	000203000	综合二类工	工日	0.362	0.563	0.782	1.161
材料	170200005	无缝钢管（综合）	m	（0.100）	（0.150）	（0.200）	（0.250）
	031301009	低碳钢焊条 J427（综合）	kg	0.250	0.350	0.550	1.300
	142909001	氧气	m^3	0.230	0.490	0.820	1.170
	142907002	乙炔气	kg	0.088	0.188	0.315	0.450
	031101013	尼龙砂轮片 $\phi100\times16\times3$	片	0.100	0.140	0.220	0.520
	012901015	热轧薄钢板 $\delta3.5\sim4.0$	kg	1.700	7.050	—	—
	012903008	热轧中厚钢板 $\delta4.5\sim7$	kg	—	—	13.000	15.800
	850103006	其他材料费（占材料费）	%	1.000	1.000	1.000	1.000
机械	990900010	电焊机（综合）	台班	0.135	0.180	0.207	0.342
	990919030	电焊条烘干箱 $60\times50\times75cm^3$	台班	0.013	0.018	0.021	0.034
	990920010	电焊条恒温箱	台班	0.013	0.018	0.021	0.034

七、套管制作与安装

1. 柔性防水套管制作

工作内容：准备工作，放样，下料，切割，焊接，刷防锈漆。 **计量单位：**个

编号				8-7-30	8-7-31	8-7-32	8-7-33	8-7-34
项目				公称直径（mm 以内）				
				50	80	100	125	150
名称			单位	消耗量				
人工	000203000	综合二类工	工日	1.142	1.364	1.731	1.976	2.268
材料	170100018	焊接钢管（综合）	kg	（4.400）	（6.540）	（7.520）	（9.720）	（11.800）
	130505005	醇酸防锈漆 C53-1	kg	0.100	0.120	0.140	0.200	0.250
	031301009	低碳钢焊条 J427（综合）	kg	1.000	1.250	1.470	1.800	2.480
	142909001	氧气	m^3	2.340	3.160	3.510	3.740	4.100
	142907002	乙炔气	kg	0.900	1.215	1.350	1.438	1.577
	031101013	尼龙砂轮片 $\phi100\times16\times3$	片	0.050	0.084	0.100	0.125	0.150
	012903013	热轧中厚钢板 δ10～20	kg	13.500	21.400	23.900	26.920	29.460
	011100001	方钢（综合）	kg	0.500	0.650	0.700	0.850	1.000
	140509003	溶剂汽油 200#	kg	0.020	0.040	0.040	0.050	0.060
	850103006	其他材料费（占材料费）	%	1.000	1.000	1.000	1.000	1.000
机械	990900010	电焊机（综合）	台班	0.343	0.428	0.651	0.685	0.728
	990718040	普通车床 630×2000mm	台班	0.036	0.046	0.064	0.073	0.073
	990727010	立式钻床 25mm	台班	0.009	0.018	0.027	0.027	0.036
	990919030	电焊条烘干箱 60×50×75cm^3	台班	0.035	0.043	0.065	0.068	0.073
	990920010	电焊条恒温箱	台班	0.035	0.043	0.065	0.068	0.073

工作内容：准备工作，放样，下料，切割，焊接，刷防锈漆。 **计量单位**：个

编号				8-7-35	8-7-36	8-7-37	8-7-38	8-7-39
项目				公称直径（mm 以内）				
				200	250	300	350	400
名称			单位	消耗量				
人工	000203000	综合二类工	工日	2.527	2.804	3.110	3.432	3.838
材料	170100018	焊接钢管（综合）	kg	（18.190）	（24.260）	（31.120）	（36.540）	（40.330）
	130505005	醇酸防锈漆 C53-1	kg	0.400	0.610	0.720	0.900	1.090
	031301009	低碳钢焊条 J427（综合）	kg	4.560	7.040	9.200	10.040	11.600
	142909001	氧气	m^3	5.270	6.440	6.440	6.550	6.550
	142907002	乙炔气	kg	2.027	2.477	2.477	2.519	2.519
	031101013	尼龙砂轮片 $\phi100\times16\times3$	片	0.206	0.257	0.306	0.355	0.401
	012903013	热轧中厚钢板 δ10～20	kg	48.170	56.070	67.600	—	—
	011100001	方钢（综合）	kg	1.250	1.500	1.750	2.000	2.220
	140509003	溶剂汽油 200#	kg	0.090	0.150	0.180	0.230	0.270
	012903015	热轧中厚钢板 δ15～30	kg	—	—	—	83.790	99.390
	341109001	焦炭	kg	—	—	—	100.000	120.000
	341111001	木柴	kg	—	—	—	12.000	12.000
	850103006	其他材料费（占材料费）	%	1.000	1.000	1.000	1.000	1.000
机械	990900010	电焊机（综合）	台班	0.814	1.019	1.028	1.113	1.370
	990718040	普通车床 630×2000mm	台班	0.091	0.091	0.109	0.128	0.146
	990727010	立式钻床 25mm	台班	0.036	0.046	0.055	0.064	0.064
	990919030	电焊条烘干箱 $60\times50\times75cm^3$	台班	0.081	0.102	0.103	0.112	0.137
	990920010	电焊条恒温箱	台班	0.081	0.102	0.103	0.112	0.137
	991204020	鼓风机 $18m^3/min$	台班	—	—	—	0.182	0.182

工作内容：准备工作，放样，下料，切割，焊接，刷防锈漆。 **计量单位**：个

编号				8-7-40	8-7-41	8-7-42	8-7-43	8-7-44
项目				公称直径（mm 以内）				
				450	500	600	700	800
名称			单位	消耗量				
人工	000203000	综合二类工	工日	4.481	4.749	5.362	6.121	7.599
材料	170100018	焊接钢管（综合）	kg	（44.680）	（51.130）	（60.350）	（69.670）	（78.800）
	130505005	醇酸防锈漆 C53-1	kg	1.220	1.440	1.730	2.030	2.780
	031301009	低碳钢焊条 J427（综合）	kg	15.200	16.800	24.000	28.000	41.600
	142909001	氧气	m^3	6.670	6.790	6.790	7.310	8.780
	142907002	乙炔气	kg	2.565	2.612	2.612	2.812	3.377
	031101013	尼龙砂轮片 $\phi100\times16\times3$	片	0.451	0.499	0.584	0.679	0.773
	012903015	热轧中厚钢板 $\delta15\sim30$	kg	108.820	125.220	190.950	223.880	275.690
	011100001	方钢（综合）	kg	3.050	3.620	4.630	5.120	5.940
	140509003	溶剂汽油 200#	kg	0.300	0.360	0.420	0.500	0.690
	341109001	焦炭	kg	140.000	160.000	180.000	200.000	240.000
	341111001	木柴	kg	12.000	16.000	16.000	16.000	20.000
	850103006	其他材料费（占材料费）	%	1.000	1.000	1.000	1.000	1.000
机械	990900010	电焊机（综合）	台班	1.713	2.055	2.569	2.997	4.453
	990718040	普通车床 630×2000mm	台班	0.164	0.182	0.200	0.228	0.255
	990727010	立式钻床 25mm	台班	0.073	0.082	0.091	0.109	0.128
	990919030	电焊条烘干箱 $60\times50\times75cm^3$	台班	0.171	0.206	0.257	0.300	0.445
	990920010	电焊条恒温箱	台班	0.171	0.206	0.257	0.300	0.445
	991204020	鼓风机 $18m^3/min$	台班	0.219	0.255	0.255	0.255	0.328

工作内容：准备工作，放样，下料，切割，焊接，刷防锈漆。　　　　**计量单位：**个

编　号				8-7-45	8-7-46	8-7-47	8-7-48
项　目				公称直径（mm 以内）			
				900	1000	1200	1400
名　称			单位	消　耗　量			
人工	000203000	综合二类工	工日	8.243	9.514	13.196	17.154
材料	170100018	焊接钢管（综合）	kg	（88.360）	（97.540）	（112.561）	（130.313）
	130505005	醇酸防锈漆 C53-1	kg	3.080	3.410	3.751	4.092
	031301009	低碳钢焊条 J427（综合）	kg	45.600	51.200	56.320	61.440
	142909001	氧气	m^3	9.950	11.700	12.870	14.040
	142907002	乙炔气	kg	3.827	4.500	4.950	5.400
	031101013	尼龙砂轮片 $\phi100\times16\times3$	片	0.867	0.961	1.057	1.153
	012903015	热轧中厚钢板 δ15～30	kg	318.470	348.830	383.713	418.596
	011100001	方钢（综合）	kg	6.770	7.050	7.755	8.460
	140509003	溶剂汽油 200#	kg	0.770	0.850	0.935	1.020
	341109001	焦炭	kg	280.000	320.000	352.000	384.000
	341111001	木柴	kg	20.000	20.000	22.000	24.000
	850103006	其他材料费（占材料费）	%	1.000	1.000	1.000	1.000
机械	990900010	电焊机（综合）	台班	4.796	5.824	6.406	7.571
	990718040	普通车床 630×2000mm	台班	0.273	0.292	0.321	0.379
	990727010	立式钻床 25mm	台班	0.146	0.164	0.180	0.213
	990919030	电焊条烘干箱 $60\times50\times75cm^3$	台班	0.479	0.582	0.640	0.757
	990920010	电焊条恒温箱	台班	0.479	0.582	0.640	0.757
	991204020	鼓风机 $18m^3/min$	台班	0.364	0.401	0.441	0.521

2. 柔性防水套管安装

工作内容： 准备工作，找标高，找平，找正，就位，安装，加添料，紧螺栓。 **计量单位：** 个

编号				8-7-49	8-7-50	8-7-51	8-7-52	8-7-53	8-7-54
项目				公称直径（mm 以内）					
				50	100	150	200	300	400
名称			单位	消耗量					
人工	000203000	综合二类工	工日	0.299	0.319	0.337	0.460	0.506	0.621
材料	140113001	黄干油	kg	0.070	0.070	0.120	0.120	0.160	0.200
	140303002	机油 5#～7#	kg	0.040	0.050	0.050	0.080	0.080	0.100
	133519007	橡胶无石棉盘根 编织 ϕ11～25（250℃）	kg	0.110	0.170	0.230	0.290	0.420	0.540
	030111001	双头螺柱带螺母	kg	0.360	0.640	1.280	1.280	3.480	4.800
	340205003	橡胶密封圈 *DN*50	个	2.000	—	—	—	—	—
	340205005	橡胶密封圈 *DN*100	个	—	2.000	—	—	—	—
	340205007	橡胶密封圈 *DN*150	个	—	—	2.000	—	—	—
	340205008	橡胶密封圈 *DN*200	个	—	—	—	2.000	—	—
	340205010	橡胶密封圈 *DN*300	个	—	—	—	—	2.000	—
	340205012	橡胶密封圈 *DN*400	个	—	—	—	—	—	2.000
	850103006	其他材料费（占材料费）	%	1.000	1.000	1.000	1.000	1.000	1.000

工作内容： 准备工作，找标高，找平，找正，就位，安装，加添料，紧螺栓。 **计量单位：** 个

编号				8-7-55	8-7-56	8-7-57	8-7-58	8-7-59	8-7-60
项目				公称直径（mm 以内）					
				500	600	800	1000	1200	1400
名称			单位	消耗量					
人工	000203000	综合二类工	工日	0.851	0.851	0.928	1.080	1.437	1.798
材料	140113001	黄干油	kg	0.240	0.280	0.400	0.560	0.745	0.932
	140303002	机油 5#～7#	kg	0.150	0.200	0.250	0.350	0.466	0.582
	133519007	橡胶无石棉盘根 编织 ϕ11～25（250℃）	kg	0.830	1.110	1.480	1.780	1.958	2.136
	030111001	双头螺柱带螺母	kg	5.120	7.800	17.280	20.160	22.176	24.192
	340205014	橡胶密封圈 *DN*500	个	2.000	—	—	—	—	—
	340205015	橡胶密封圈 *DN*600	个	—	2.000	—	—	—	—
	340205016	橡胶密封圈 *DN*800	个	—	—	2.000	—	—	—
	340205017	橡胶密封圈 *DN*1000	个	—	—	—	2.000	—	—
	340205018	橡胶密封圈 *DN*1200	个	—	—	—	—	2.000	—
	340205019	橡胶密封圈 *DN*1400	个	—	—	—	—	—	2.000
	850103006	其他材料费（占材料费）	%	1.000	1.000	1.000	1.000	1.000	1.000

3. 刚性防水套管制作

工作内容：准备工作，放样，下料，切割，组对，焊接，车制，刷防锈漆。 **计量单位：**个

编 号				8-7-61	8-7-62	8-7-63	8-7-64	8-7-65
项 目				公称直径（mm 以内）				
				50	80	100	125	150
名 称			单位	消 耗 量				
人工	000203000	综合二类工	工日	0.483	0.575	0.759	0.911	0.973
材料	170100018	焊接钢管（综合）	kg	（3.260）	（4.020）	（5.140）	（8.350）	（9.460）
	130505005	醇酸防锈漆 C53-1	kg	0.050	0.060	0.070	0.100	0.120
	031301009	低碳钢焊条 J427（综合）	kg	0.400	0.500	0.590	0.720	0.990
	142909001	氧气	m^3	1.170	1.460	1.640	1.760	1.870
	142907002	乙炔气	kg	0.450	0.562	0.631	0.677	0.719
	031101013	尼龙砂轮片 $\phi100\times16\times3$	片	0.040	0.056	0.068	0.084	0.100
	012903012	热轧中厚钢板 δ10～15	kg	3.970	4.950	6.150	7.110	8.240
	011301001	扁钢 59 以内	kg	0.900	1.050	1.250	1.400	1.600
	140509003	溶剂汽油 200#	kg	0.010	0.020	0.020	0.030	0.030
	850103006	其他材料费（占材料费）	%	1.000	1.000	1.000	1.000	1.000
机械	990900010	电焊机（综合）	台班	0.137	0.171	0.257	0.274	0.291
	990718040	普通车床 630 × 2000mm	台班	0.018	0.018	0.027	0.036	0.036
	990919030	电焊条烘干箱 60 × 50 × 75cm^3	台班	0.014	0.017	0.026	0.027	0.029
	990920010	电焊条恒温箱	台班	0.014	0.017	0.026	0.027	0.029

工作内容：准备工作，放样，下料，切割，组对，焊接，车制，刷防锈漆。 计量单位：个

编号				8-7-66	8-7-67	8-7-68	8-7-69	8-7-70
项目				公称直径（mm 以内）				
				200	250	300	350	400
名称			单位	消耗量				
人工	000203000	综合二类工	工日	1.203	1.509	1.785	2.222	2.551
材料	170100018	焊接钢管（综合）	kg	（13.780）	（18.760）	（21.840）	（27.770）	（31.360）
	130505005	醇酸防锈漆 C53-1	kg	0.200	0.310	0.350	0.450	0.540
	031301009	低碳钢焊条 J427（综合）	kg	1.800	2.800	3.680	3.740	4.160
	142909001	氧气	m^3	1.990	2.570	2.630	2.930	3.160
	142907002	乙炔气	kg	0.765	0.988	1.012	1.127	1.215
	031101013	尼龙砂轮片 $\phi100\times16\times3$	片	0.138	0.172	0.204	0.237	0.268
	012903012	热轧中厚钢板 $\delta10\sim15$	kg	12.190	15.610	29.200	37.860	45.410
	011301001	扁钢 59 以内	kg	2.000	2.400	2.700	3.100	3.400
	140509003	溶剂汽油 200#	kg	0.040	0.070	0.090	0.110	0.130
	341109001	焦炭	kg	—	—	—	—	70.000
	341111001	木柴	kg	—	—	—	—	6.000
	850103006	其他材料费（占材料费）	%	1.000	1.000	1.000	1.000	1.000
机械	990900010	电焊机（综合）	台班	0.325	0.411	0.480	0.574	0.642
	990718040	普通车床 630×2000mm	台班	0.046	0.046	0.055	0.064	0.073
	990919030	电焊条烘干箱 $60\times50\times75cm^3$	台班	0.032	0.041	0.048	0.058	0.064
	990920010	电焊条恒温箱	台班	0.032	0.041	0.048	0.058	0.064
	991204020	鼓风机 $18m^3/min$	台班	—	—	—	—	0.091
	990732035	剪板机 20×2500mm	台班	—	—	—	—	0.018
	990734015	卷板机 20×2500mm	台班	—	—	—	—	0.036

工作内容：准备工作，放样，下料，切割，组对，焊接，车制，刷防锈漆。 **计量单位：**个

编号				8-7-71	8-7-72	8-7-73	8-7-74	8-7-75
项目				公称直径（mm 以内）				
				450	500	600	700	800
名称			单位	消耗量				
人工	000203000	综合二类工	工日	2.881	3.065	3.578	4.068	4.979
材料	170100018	焊接钢管（综合）	kg	（34.690）	（37.950）	（44.750）	（50.670）	（57.330）
	031301009	低碳钢焊条 J427（综合）	kg	5.600	6.240	8.800	10.000	15.600
	142909001	氧气	m^3	3.160	3.390	3.390	3.690	4.120
	142907002	乙炔气	kg	1.215	1.304	1.304	1.419	1.585
	031101013	尼龙砂轮片 $\phi100\times16\times3$	片	0.300	0.333	0.390	0.452	0.515
	012903012	热轧中厚钢板 $\delta10\sim15$	kg	53.020	61.040	79.560	92.840	102.300
	011301001	扁钢 59 以内	kg	3.800	4.100	4.800	5.500	5.800
	140509003	溶剂汽油 200#	kg	0.150	0.180	0.210	0.250	0.340
	130505005	醇酸防锈漆 C53-1	kg	0.660	0.770	0.810	1.010	1.340
	341109001	焦炭	kg	80.000	90.000	110.000	130.000	150.000
	341111001	木柴	kg	6.000	8.000	8.000	8.000	10.000
	850103006	其他材料费（占材料费）	%	1.000	1.000	1.000	1.000	1.000
机械	990900010	电焊机（综合）	台班	0.719	0.754	1.079	1.156	1.696
	990718040	普通车床 630×2000mm	台班	0.082	0.082	0.100	0.109	0.128
	991204020	鼓风机 $18m^3/min$	台班	0.109	0.128	0.128	0.128	0.164
	990732035	剪板机 20×2500mm	台班	0.018	0.027	0.027	0.036	0.036
	990734015	卷板机 20×2500mm	台班	0.036	0.055	0.073	0.082	0.082
	990919030	电焊条烘干箱 $60\times50\times75cm^3$	台班	0.072	0.076	0.108	0.116	0.170
	990920010	电焊条恒温箱	台班	0.072	0.076	0.108	0.116	0.170

工作内容：准备工作，放样，下料，切割，组对，焊接，车制，刷防锈漆。 计量单位：个

编号				8-7-76	8-7-77	8-7-78	8-7-79
项目				公称直径（mm 以内）			
				900	1000	1200	1400
名称			单位	消耗量			
人工	000203000	综合二类工	工日	5.960	6.490	8.630	11.225
材料	170100018	焊接钢管（综合）	kg	（63.990）	（70.780）	（74.319）	（83.308）
	031301009	低碳钢焊条 J427（综合）	kg	17.600	19.600	26.068	33.320
	142909001	氧气	m^3	4.970	5.850	7.781	9.945
	142907002	乙炔气	kg	1.912	2.250	2.993	3.825
	031101013	尼龙砂轮片 $\phi100\times16\times3$	片	0.578	0.641	0.853	1.090
	012903012	热轧中厚钢板 $\delta10\sim15$	kg	116.690	138.600	184.338	235.620
	011301001	扁钢 59 以内	kg	6.400	7.200	9.576	12.240
	140509003	溶剂汽油 200#	kg	0.350	0.420	0.559	0.714
	130505005	醇酸防锈漆 C53-1	kg	1.540	1.900	2.527	3.230
	341109001	焦炭	kg	170.000	200.000	266.000	340.000
	341111001	木柴	kg	10.000	15.000	19.950	25.500
	850103006	其他材料费（占材料费）	%	1.000	1.000	1.000	1.000
机械	990900010	电焊机（综合）	台班	2.090	2.201	2.927	3.742
	990718040	普通车床 630×2000mm	台班	0.137	0.146	0.194	0.248
	991204020	鼓风机 $18m^3/min$	台班	0.182	0.200	0.267	0.341
	990732035	剪板机 20×2500mm	台班	0.046	0.046	0.061	0.077
	990734015	卷板机 20×2500mm	台班	0.091	0.109	0.145	0.186
	990919030	电焊条烘干箱 $60\times50\times75cm^3$	台班	0.209	0.220	0.293	0.374
	990920010	电焊条恒温箱	台班	0.209	0.220	0.293	0.374

4. 刚性防水套管安装

工作内容：准备工作，找标高，找平，找正，就位，安装，加填料。 计量单位：个

编号				8-7-80	8-7-81	8-7-82	8-7-83	8-7-84	8-7-85
项目				公称直径（mm 以内）					
				50	100	150	200	300	400
名称			单位	消耗量					
人工	000203000	综合二类工	工日	0.498	0.521	0.559	0.773	0.842	1.027
材料	040100006	水泥 42.5	kg	0.905	1.214	2.025	2.085	2.516	3.424
	023503023	填充绒	kg	0.388	0.520	0.868	0.894	1.078	1.467
	140105002	油麻	kg	1.200	1.600	2.040	2.440	3.860	4.710
	850103006	其他材料费（占材料费）	%	1.000	1.000	1.000	1.000	1.000	1.000

工作内容：准备工作，找标高，找平，找正，就位，安装，加填料。　　**计量单位**：个

编号				8-7-86	8-7-87	8-7-88	8-7-89	8-7-90	8-7-91
项目				公称直径（mm 以内）					
				500	600	800	1000	1200	1400
名称			单位	消耗量					
人工	000203000	综合二类工	工日	1.417	1.417	1.549	1.800	2.394	3.115
材料	040100006	水泥 42.5	kg	5.072	6.340	8.340	10.376	13.800	17.950
	023503023	填充绒	kg	2.174	2.712	3.566	4.448	5.920	7.695
	140105002	油麻	kg	5.460	6.480	8.520	10.530	14.005	18.217
	850103006	其他材料费（占材料费）	%	1.000	1.000	1.000	1.000	1.000	1.000

5. 一般穿墙套管制作安装

工作内容：准备工作，切管，焊接，除锈刷漆，安装，填塞密封材料，堵洞。　　**计量单位**：个

编号				8-7-92	8-7-93	8-7-94	8-7-95	8-7-96	8-7-97
项目				公称直径（mm 以内）					
				50	100	150	200	250	300
名称			单位	消耗量					
人工	000203000	综合二类工	工日	0.141	0.342	0.580	0.708	0.751	0.837
材料	170500002	碳钢管（综合）	m	（0.300）	（0.300）	（0.300）	（0.300）	（0.300）	（0.300）
	130505009	酚醛防锈漆 各色	kg	0.020	0.037	0.051	0.063	0.075	0.087
	010901008	圆钢 ϕ10～14	kg	0.158	0.158	0.158	0.316	0.316	0.316
	142909001	氧气	m^3	0.024	0.090	0.324	0.414	0.429	0.486
	142907002	乙炔气	kg	0.009	0.035	0.125	0.159	0.165	0.187
	031301009	低碳钢焊条 J427（综合）	kg	0.019	0.029	0.034	0.035	0.038	0.040
	140301001	汽油 89#	kg	0.005	0.009	0.013	0.016	0.019	0.022
	340907006	钢丝刷子	把	0.003	0.006	0.008	0.010	0.012	0.014
	140105002	油麻	kg	0.623	2.194	3.152	3.236	3.443	3.755
	133501008	密封油膏	kg	0.163	0.258	0.612	0.635	0.661	0.763
	040100006	水泥 42.5	kg	0.245	0.440	0.800	0.953	1.087	1.233
	040300004	砂子	kg	0.734	1.319	2.399	2.859	3.262	3.698
	092705004	碎布	kg	0.003	0.006	0.008	0.010	0.012	0.014
	850103006	其他材料费（占材料费）	%	1.000	1.000	1.000	1.000	1.000	1.000
机械	990900010	电焊机（综合）	台班	0.008	0.008	0.008	0.008	0.008	0.008
	990919030	电焊条烘干箱 60×50×75cm³	台班	0.001	0.001	0.001	0.001	0.001	0.001
	990920010	电焊条恒温箱	台班	0.001	0.001	0.001	0.001	0.001	0.001

工作内容：准备工作，切管，焊接，除锈刷漆，安装，填塞密封材料，堵洞。 计量单位：个

编号				8-7-98	8-7-99	8-7-100	8-7-101	8-7-102
项目				公称直径（mm 以内）				
				350	400	450	500	600
名称			单位	消耗量				
人工	000203000	综合二类工	工日	0.966	1.146	1.289	1.435	1.720
材料	170500002	碳钢管（综合）	m	（0.300）	（0.300）	（0.300）	（0.300）	（0.300）
	130505009	酚醛防锈漆 各色	kg	0.099	0.122	0.137	0.153	0.183
	010901008	圆钢 ϕ10～14	kg	0.316	0.474	0.533	0.593	0.711
	142909001	氧气	m^3	0.619	0.825	0.928	1.031	1.238
	142907002	乙炔气	kg	0.238	0.317	0.357	0.397	0.476
	031301009	低碳钢焊条 J427（综合）	kg	0.042	0.042	0.047	0.053	0.063
	140301001	汽油 89#	kg	0.025	0.031	0.035	0.039	0.047
	340907006	钢丝刷子	把	0.016	0.020	0.023	0.025	0.030
	140105002	油麻	kg	3.977	4.679	5.264	5.849	7.019
	133501008	密封油膏	kg	0.865	0.966	1.087	1.208	1.449
	040100006	水泥 42.5	kg	1.368	1.553	1.747	1.941	2.330
	040300004	砂子	kg	4.105	4.660	5.243	5.825	6.990
	092705004	碎布	kg	0.016	0.020	0.023	0.025	0.030
	850103006	其他材料费（占材料费）	%	1.000	1.000	1.000	1.000	1.000
机械	990900010	电焊机（综合）	台班	0.008	0.008	0.008	0.008	0.008
	990919030	电焊条烘干箱 60 × 50 × 75cm³	台班	0.001	0.001	0.001	0.001	0.001
	990920010	电焊条恒温箱	台班	0.001	0.001	0.001	0.001	0.001

八、水位计安装

工作内容：准备工作，清洗检查，水位计安装。 **计量单位：**组

编 号				8-7-103	8-7-104
项 目				管式	板式
名 称			单位	消 耗 量	
人工	000203000	综合二类工	工日	0.186	0.942
材料	860122001	水位计	套	（1.000）	（1.000）
	850103006	其他材料费（占材料费）	%	1.000	1.000

九、阀门操纵装置安装

工作内容：准备工作，部件检查，组合装配，安装，固定，试动调正。 **计量单位：**100kg

编 号				8-7-105
项 目				阀门操纵装置
名 称			单位	消 耗 量
人工	000203000	综合二类工	工日	7.280
材料	194301001	阀门操纵装置	kg	（100.000）
	031301009	低碳钢焊条 J427（综合）	kg	0.800
	142909001	氧气	m^3	1.080
	142907002	乙炔气	kg	0.415
	031101013	尼龙砂轮片 $\phi100\times16\times3$	片	0.320
	850103006	其他材料费（占材料费）	%	1.000
机械	990900010	电焊机（综合）	台班	0.297
	990919030	电焊条烘干箱 $60\times50\times75cm^3$	台班	0.030
	990920010	电焊条恒温箱	台班	0.030

十、调节阀临时短管制作装拆

工作内容：准备工作，切管，焊法兰，拆除调节阀，装临时短管，试压，吹洗后短管拆除，调节阀复位。

计量单位：个

编号				8-7-106	8-7-107	8-7-108	8-7-109
项目				公称直径（mm 以内）			
				300	400	500	600
名称			单位	消耗量			
人工	000203000	综合二类工	工日	4.252	5.398	5.912	6.798
材料	031301009	低碳钢焊条 J427（综合）	kg	0.540	0.880	1.440	2.448
	142909001	氧气	m^3	0.690	1.130	1.850	3.145
	142907002	乙炔气	kg	0.265	0.435	0.712	1.210
	031101013	尼龙砂轮片 $\phi100\times16\times3$	片	0.220	0.350	0.580	0.986
	020112004	无石棉橡胶板 低压 $\delta0.8\sim6$	kg	0.400	0.690	0.830	1.411
	200000012	法兰 *PN*1.6 *DN*300	副	0.400	—	—	—
	200000013	法兰 *PN*1.6 *DN*400	副	—	0.400	—	—
	200000014	法兰 *PN*1.6 *DN*500	副	—	—	0.400	—
	200000015	法兰 *PN*1.6 *DN*600	副	—	—	—	0.400
	850103006	其他材料费（占材料费）	%	1.000	1.000	1.000	1.000
机械	990900010	电焊机（综合）	台班	0.129	0.155	0.207	0.238
	990919030	电焊条烘干箱 $60\times50\times75cm^3$	台班	0.013	0.015	0.021	0.024
	990920010	电焊条恒温箱	台班	0.013	0.015	0.021	0.024
	990304004	汽车式起重机 8t	台班	0.014	0.039	0.041	0.041
	990515010	吊装机械（综合）	台班	0.082	0.128	0.162	0.162
	990401030	载重汽车 8t	台班	0.014	0.039	0.041	0.041

工作内容：准备工作，切管，焊法兰，拆除调节阀，装临时短管，试压，吹洗后短管拆除，调节阀复位。

计量单位：个

编　号				8-7-110	8-7-111	8-7-112	8-7-113
项　目				公称直径（mm 以内）			
				50	100	150	200
名　称			单位	消　耗　量			
人工	000203000	综合二类工	工日	1.099	1.308	2.266	2.618
材料	031301009	低碳钢焊条 J427（综合）	kg	0.030	0.070	0.120	0.230
	142909001	氧气	m^3	0.080	0.180	0.310	0.590
	142907002	乙炔气	kg	0.031	0.069	0.119	0.227
	031101013	尼龙砂轮片 $\phi100\times16\times3$	片	0.010	0.030	0.050	0.090
	020112004	无石棉橡胶板 低压 $\delta0.8\sim6$	kg	0.070	0.170	0.280	0.330
	200000008	法兰 *PN*1.6 *DN*50	副	0.400	—	—	—
	200000009	法兰 *PN*1.6 *DN*100	副	—	0.400	—	—
	200000010	法兰 *PN*1.6 *DN*150	副	—	—	0.400	—
	200000011	法兰 *PN*1.6 *DN*200	副	—	—	—	0.400
	850103006	其他材料费（占材料费）	%	1.000	1.000	1.000	1.000
机械	990900010	电焊机（综合）	台班	0.026	0.052	0.052	0.078
	990919030	电焊条烘干箱 $60\times50\times75cm^3$	台班	0.003	0.006	0.006	0.008
	990920010	电焊条恒温箱	台班	0.003	0.006	0.006	0.008
	990304004	汽车式起重机 8t	台班	0.007	0.014	0.014	0.014
	990515010	吊装机械（综合）	台班	0.035	0.070	0.070	0.070
	990401030	载重汽车 8t	台班	0.007	0.014	0.014	0.014

十一、虾体弯制作及煨弯

1. 碳钢管虾体弯制作（电弧焊）

工作内容：准备工作，管子切口，坡口加工，坡口磨平，管口组对，焊接，堆放。 计量单位：10 个

编号				8-7-114	8-7-115	8-7-116	8-7-117
项目				公称直径（mm 以内）			
				200	250	300	350
名称			单位	消耗量			
人工	000203000	综合二类工	工日	14.742	20.675	23.428	28.026
材料	170500002	碳钢管（综合）	m	（4.860）	（5.860）	（6.670）	（7.420）
	031301009	低碳钢焊条 J427（综合）	kg	17.695	34.799	41.514	66.043
	142909001	氧气	m^3	26.797	40.130	45.326	59.758
	142907002	乙炔气	kg	10.307	15.435	17.433	22.984
	031101013	尼龙砂轮片 $\phi100\times16\times3$	片	4.995	6.489	7.760	11.589
	012100002	角钢（综合）	kg	2.508	2.508	3.300	3.300
	092705004	碎布	kg	0.462	0.561	0.660	0.792
	850103006	其他材料费（占材料费）	%	1.000	1.000	1.000	1.000
机械	990900010	电焊机（综合）	台班	6.396	9.085	10.837	13.495
	990919030	电焊条烘干箱 $60\times50\times75cm^3$	台班	0.640	0.908	1.084	1.350
	990920010	电焊条恒温箱	台班	0.640	0.908	1.084	1.350

工作内容：准备工作，管子切口，坡口加工，坡口磨平，管口组对，焊接，堆放。　　　**计量单位**：10 个

编号				8-7-118	8-7-119	8-7-120	8-7-121
项目				公称直径（mm 以内）			
				400	450	500	600
名称			单位	消耗量			
人工	000203000	综合二类工	工日	31.481	36.865	40.759	46.873
材料	170500002	碳钢管（综合）	m	（8.230）	（9.070）	（9.120）	（9.120）
	031301009	低碳钢焊条 J427（综合）	kg	74.735	110.870	122.569	122.569
	142909001	氧气	m^3	65.917	76.370	88.807	102.200
	142907002	乙炔气	kg	25.353	29.373	34.157	39.308
	031101013	尼龙砂轮片 $\phi100\times16\times3$	片	13.137	17.817	19.722	22.680
	012100002	角钢（综合）	kg	3.300	3.300	3.300	3.795
	092705004	碎布	kg	0.891	0.990	1.089	1.252
	850103006	其他材料费（占材料费）	%	1.000	1.000	1.000	1.000
机械	990900010	电焊机（综合）	台班	15.270	17.968	19.863	22.842
	990919030	电焊条烘干箱 $60\times50\times75cm^3$	台班	1.527	1.797	1.986	2.284
	990920010	电焊条恒温箱	台班	1.527	1.797	1.986	2.284

2. 不锈钢管虾体弯制作（电弧焊）

工作内容：准备工作，管子切口，坡口加工，坡口磨平，管口组对，焊接，焊缝钝化，堆放。

计量单位：10 个

编号				8-7-122	8-7-123	8-7-124	8-7-125
项目				公称直径（mm 以内）			
				200	250	300	350
名称			单位	消耗量			
人工	000203000	综合二类工	工日	20.158	24.083	27.983	31.962
材料	170700003	不锈钢管（综合）	m	（4.860）	（5.760）	（6.750）	（7.430）
	031301001	不锈钢焊条（综合）	kg	9.362	11.685	13.916	16.147
	031101013	尼龙砂轮片 $\phi100\times16\times3$	片	10.107	11.055	15.401	17.922
	143315001	丙酮	kg	2.277	2.838	3.366	3.894
	143169002	酸洗膏	kg	0.201	0.305	0.363	0.398
	341101001	水	m^3	0.396	0.462	0.561	0.660
	092705004	碎布	kg	0.693	0.858	0.990	1.155
	850103006	其他材料费（占材料费）	%	1.000	1.000	1.000	1.000
机械	990900010	电焊机（综合）	台班	6.284	7.844	9.343	10.841
	990743010	等离子切割机 400A	台班	5.759	7.180	8.553	9.921
	991003030	电动空气压缩机 $1m^3/min$	台班	5.759	7.180	8.553	9.921
	991003050	电动空气压缩机 $6m^3/min$	台班	0.033	0.033	0.033	0.033
	990919030	电焊条烘干箱 $60\times50\times75cm^3$	台班	0.629	0.784	0.934	1.084
	990920010	电焊条恒温箱	台班	0.629	0.784	0.934	1.084

工作内容：准备工作，管子切口，坡口加工，坡口磨平，管口组对，焊接，焊缝钝化，堆放。

计量单位：10 个

编号				8-7-126	8-7-127	8-7-128
项目				公称直径（mm 以内）		
				400	450	500
名称			单位	消耗量		
人工	000203000	综合二类工	工日	35.845	41.222	47.404
材料	170700003	不锈钢管（综合）	m	（8.230）	（8.230）	（8.230）
	031301001	不锈钢焊条（综合）	kg	18.252	29.989	34.129
	031101013	尼龙砂轮片 $\phi100\times16\times3$	片	20.303	23.348	26.851
	143315001	丙酮	kg	4.389	5.047	5.805
	143169002	酸洗膏	kg	0.492	0.554	0.627
	341101001	水	m^3	0.759	0.873	1.003
	092705004	碎布	kg	1.280	1.472	1.692
	850103006	其他材料费（占材料费）	%	1.000	1.000	1.000
机械	990900010	电焊机（综合）	台班	12.254	14.092	16.207
	990743010	等离子切割机 400A	台班	11.206	12.886	14.819
	991003030	电动空气压缩机 $1m^3/min$	台班	11.206	12.886	14.819
	991003050	电动空气压缩机 $6m^3/min$	台班	0.033	0.038	0.044
	990919030	电焊条烘干箱 $60\times50\times75cm^3$	台班	1.226	1.409	1.621
	990920010	电焊条恒温箱	台班	1.226	1.409	1.621

3. 不锈钢管虾体弯制作（氩电联焊）

工作内容：准备工作，管子切口，坡口加工，坡口磨平，管口组对，焊接，焊缝钝化，堆放。

计量单位：10 个

编号				8-7-129	8-7-130	8-7-131	8-7-132
项目				公称直径（mm 以内）			
				200	250	300	350
名称			单位	消耗量			
人工	000203000	综合二类工	工日	20.764	24.850	28.896	33.041
材料	170700003	不锈钢管（综合）	m	（4.860）	（5.760）	（6.750）	（7.430）
	031301001	不锈钢焊条（综合）	kg	4.825	6.013	7.161	8.313
	031303017	不锈钢焊丝（综合）	kg	2.650	3.389	4.197	5.102
	142911001	氩气	m^3	7.422	9.490	11.751	14.283
	340101003	铈钨棒	g	12.052	15.101	17.998	20.935
	031101013	尼龙砂轮片 $\phi100\times16\times3$	片	6.753	9.429	12.735	14.838
	143315001	丙酮	kg	2.277	2.838	3.366	3.894
	143169002	酸洗膏	kg	0.201	0.305	0.363	0.398
	341101001	水	m^3	0.396	0.462	0.561	0.660
	092705004	碎布	kg	0.693	0.858	0.990	1.155
	850103006	其他材料费（占材料费）	%	1.000	1.000	1.000	1.000
机械	990900010	电焊机（综合）	台班	3.467	4.324	5.146	5.977
	990912010	氩弧焊机 500A	台班	4.240	5.472	6.368	7.029
	990743010	等离子切割机 400A	台班	5.759	7.180	8.553	9.921
	991003030	电动空气压缩机 $1m^3/min$	台班	5.759	7.180	8.553	9.921
	991003050	电动空气压缩机 $6m^3/min$	台班	0.033	0.033	0.033	0.033
	990919030	电焊条烘干箱 $60\times50\times75cm^3$	台班	0.347	0.432	0.515	0.598
	990920010	电焊条恒温箱	台班	0.347	0.432	0.515	0.598

工作内容：准备工作，管子切口，坡口加工，坡口磨平，管口组对，焊接，焊缝钝化，堆放。

计量单位：10 个

编号				8-7-133	8-7-134	8-7-135
项目				公称直径（mm 以内）		
				400	450	500
名称			单位	消耗量		
人工	000203000	综合二类工	工日	38.641	44.438	51.102
材料	170700003	不锈钢管（综合）	m	（8.230）	（8.230）	（8.230）
	031301001	不锈钢焊条（综合）	kg	10.586	12.174	13.999
	031303017	不锈钢焊丝（综合）	kg	6.587	7.575	8.711
	142911001	氩气	m^3	18.444	21.211	24.392
	340101003	铈钨棒	g	26.743	30.755	35.368
	031101013	尼龙砂轮片 $\phi100\times16\times3$	片	16.821	19.344	22.246
	143315001	丙酮	kg	4.389	5.047	5.805
	143169002	酸洗膏	kg	0.492	0.554	0.627
	341101001	水	m^3	0.759	0.873	1.003
	092705004	碎布	kg	1.280	1.471	1.692
	850103006	其他材料费（占材料费）	%	1.000	1.000	1.000
机械	990900010	电焊机（综合）	台班	7.608	8.750	10.062
	990912010	氩弧焊机 500A	台班	8.837	10.162	11.686
	990743010	等离子切割机 400A	台班	11.206	12.886	14.819
	991003030	电动空气压缩机 $1m^3/min$	台班	11.206	12.886	14.819
	991003050	电动空气压缩机 $6m^3/min$	台班	0.033	0.038	0.044
	990919030	电焊条烘干箱 $60\times50\times75cm^3$	台班	0.761	0.875	1.006
	990920010	电焊条恒温箱	台班	0.761	0.875	1.006

4. 铝管虾体弯制作（氩弧焊）

工作内容： 准备工作，管子切口，坡口加工，坡口磨平，管口组对，焊口处理，焊前预热，焊接，焊缝酸洗。

计量单位： 10 个

编号				8-7-136	8-7-137	8-7-138	8-7-139
项目				管外径（mm 以内）			
				150	180	200	250
名称			单位	消耗量			
人工	000203000	综合二类工	工日	13.335	16.059	19.136	25.517
材料	171300001	铝管	m	（4.080）	（4.550）	（4.880）	（5.860）
	031303015	铝焊丝 丝 301（综合）	kg	1.840	2.130	2.530	3.670
	142909001	氧气	m^3	2.755	3.234	3.811	4.500
	142907002	乙炔气	kg	1.060	1.244	1.466	1.731
	142911001	氩气	m^3	5.148	5.960	7.095	10.266
	340101003	铈钨棒	g	10.296	11.920	14.190	20.533
	031101013	尼龙砂轮片 $\phi100\times16\times3$	片	1.928	2.294	2.739	4.540
	143159001	氢氧化钠（烧碱）	kg	5.610	6.600	7.399	9.266
	143103001	硝酸	kg	1.452	1.716	2.013	2.607
	143175001	重铬酸钾 98%	kg	0.594	0.693	0.825	1.056
	341101001	水	m^3	0.264	0.330	0.396	0.495
	092705004	碎布	kg	0.660	0.693	0.726	0.891
	850103006	其他材料费（占材料费）	%	1.000	1.000	1.000	1.000
机械	990912010	氩弧焊机 500A	台班	1.761	2.041	2.432	3.281
	990743010	等离子切割机 400A	台班	8.469	9.912	11.791	13.625
	991003030	电动空气压缩机 $1m^3/min$	台班	8.469	9.912	11.791	13.625
	991003050	电动空气压缩机 $6m^3/min$	台班	0.033	0.033	0.033	0.033

工作内容：准备工作，管子切口，坡口加工，坡口磨平，管口组对，焊口处理，焊前预热，焊接，焊缝酸洗。　　**计量单位：**10 个

编　号				8-7-140	8-7-141	8-7-142
项　目				管外径（mm 以内）		
				300	350	410
名　称			单位	消　耗　量		
人工	000203000	综合二类工	工日	34.710	41.782	54.392
材料	171300001	铝管	m	（6.670）	（7.430）	（8.660）
	031303015	铝焊丝 丝 301（综合）	kg	4.700	8.920	14.540
	142909001	氧气	m^3	5.100	6.600	7.244
	142907002	乙炔气	kg	1.962	2.538	2.786
	142911001	氩气	m^3	13.167	24.974	40.712
	340101003	铈钨棒	g	26.334	49.949	81.424
	031101013	尼龙砂轮片 $\phi100\times16\times3$	片	4.888	6.888	10.100
	143159001	氢氧化钠（烧碱）	kg	10.362	10.362	12.111
	143103001	硝酸	kg	3.003	3.234	3.795
	143175001	重铬酸钾 98%	kg	1.221	1.320	1.518
	341101001	水	m^3	0.561	0.627	0.726
	092705004	碎布	kg	0.990	1.023	1.089
	850103006	其他材料费（占材料费）	%	1.000	1.000	1.000
机械	990912010	氩弧焊机 500A	台班	4.209	7.484	11.780
	990743010	等离子切割机 400A	台班	17.439	20.071	24.659
	991003030	电动空气压缩机 $1m^3/min$	台班	17.439	20.071	24.659
	991003050	电动空气压缩机 $6m^3/min$	台班	0.033	0.033	0.033

5. 铜管虾体弯制作（氧乙炔焊）

工作内容：准备工作，管子切口，坡口加工，坡口磨平，管口组对，焊口处理，焊前预热，焊接，堆放。

计量单位：10 个

编号				8-7-143	8-7-144	8-7-145	8-7-146	8-7-147
项目				管外径（mm 以内）				
				150	185	200	250	300
名称			单位	消耗量				
人工	000203000	综合二类工	工日	14.739	18.468	20.264	25.114	30.602
材料	171500002	铜管	m	（4.200）	（4.670）	（5.050）	（6.050）	（8.330）
	031303009	铜焊丝（综合）	kg	4.950	6.600	7.430	8.940	9.930
	142909001	氧气	m^3	9.897	12.205	13.210	16.538	27.203
	142907002	乙炔气	kg	3.807	4.694	5.081	6.361	10.463
	031101013	尼龙砂轮片 $\phi100\times16\times3$	片	2.647	3.281	3.553	4.459	5.364
	031102004	铁砂布（综合）	张	2.112	2.805	3.102	4.389	5.676
	040329001	硼砂	kg	0.990	1.320	1.485	1.782	1.980
	092705004	碎布	kg	0.297	0.396	0.429	0.528	0.627
	850103006	其他材料费（占材料费）	%	1.000	1.000	1.000	1.000	1.000
机械	990743010	等离子切割机 400A	台班	8.289	10.467	11.461	14.139	16.577
	991003030	电动空气压缩机 $1m^3/min$	台班	8.289	10.467	11.461	14.139	16.577

6. 中压螺旋卷管虾体弯制作（电弧焊）

工作内容：准备工作，管子切口，坡口加工，坡口磨平，管口组对，焊接，堆放。　　**计量单位：**10 个

编　号				8-7-148	8-7-149	8-7-150	8-7-151	8-7-152	8-7-153
项　目				公称直径（mm 以内）					
				200	250	300	350	400	450
名　称			单位	消　耗　量					
人工	000203000	综合二类工	工日	11.697	14.937	17.694	21.598	24.175	27.512
材料	173115007	螺旋卷管	m	（4.890）	（5.860）	（6.670）	（6.780）	（9.050）	（9.810）
	031301009	低碳钢焊条 J427（综合）	kg	23.357	34.799	41.514	56.773	64.231	72.145
	142909001	氧气	m^3	30.252	37.995	41.955	50.858	55.339	60.388
	142907002	乙炔气	kg	11.635	14.613	16.137	19.561	21.284	23.226
	031101013	尼龙砂轮片 $\phi100\times16\times3$	片	4.446	6.489	7.760	10.398	11.781	13.250
	012100002	角钢（综合）	kg	3.300	3.300	3.300	3.300	3.300	3.300
	092705004	碎布	kg	0.462	0.561	0.693	0.792	0.891	0.990
	850103006	其他材料费（占材料费）	%	1.000	1.000	1.000	1.000	1.000	1.000
机械	990900010	电焊机（综合）	台班	4.141	5.452	6.504	7.965	9.011	10.121
	990919030	电焊条烘干箱 $60\times50\times75cm^3$	台班	0.414	0.545	0.650	0.796	0.901	1.012
	990920010	电焊条恒温箱	台班	0.414	0.545	0.650	0.796	0.901	1.012

工作内容：准备工作，管子切口，坡口加工，坡口磨平，管口组对，焊接，堆放。 计量单位：10个

编号				8-7-154	8-7-155	8-7-156	8-7-157	8-7-158	8-7-159
项目				公称直径（mm以内）					
				500	600	700	800	900	1000
名称			单位	消耗量					
人工	000203000	综合二类工	工日	39.462	52.674	60.084	67.824	75.502	83.321
材料	173115007	螺旋卷管	m	（9.880）	（10.430）	（11.610）	（13.940）	（16.510）	（17.930）
	031301009	低碳钢焊条 J427（综合）	kg	78.555	86.612	99.159	113.102	127.044	140.989
	142909001	氧气	m^3	80.880	104.926	117.563	132.609	147.879	162.758
	142907002	乙炔气	kg	31.108	40.356	45.217	51.003	56.877	62.599
	031101013	尼龙砂轮片 $\phi100\times16\times3$	片	14.690	21.050	24.107	27.501	30.897	34.293
	012100002	角钢（综合）	kg	4.400	4.400	4.840	4.840	4.840	4.840
	092705004	碎布	kg	1.452	1.760	1.980	2.288	2.552	2.816
	850103006	其他材料费（占材料费）	%	1.000	1.000	1.000	1.000	1.000	1.000
机械	990900010	电焊机（综合）	台班	10.630	11.002	12.594	14.365	16.135	17.908
	990919030	电焊条烘干箱 $60\times50\times75cm^3$	台班	1.063	1.100	1.259	1.437	1.614	1.791
	990920010	电焊条恒温箱	台班	1.063	1.100	1.259	1.437	1.614	1.791

7. 低中压碳钢、合金钢管机械煨弯

工作内容：准备工作，管材检查，选料，号料，更换胎具，弯管成型。 **计量单位：**10 个

编号				8-7-160	8-7-161	8-7-162	8-7-163	8-7-164	8-7-165
项目				公称直径（mm 以内）					
				20	32	50	65	80	100
名称			单位	消耗量					
人工	000203000	综合二类工	工日	0.178	0.263	0.790	1.105	1.496	1.871
材料	170500003	碳钢管（合金钢管）	m	（1.890）	（2.660）	（3.820）	（4.780）	（5.750）	（7.030）
	092705004	碎布	kg	0.012	0.012	0.015	0.018	0.022	0.025
	850103006	其他材料费（占材料费）	%	1.000	1.000	1.000	1.000	1.000	1.000
机械	990740020	坡口机 2.8kW	台班	—	—	0.240	0.270	0.360	0.360
	990758020	电动弯管机 100mm	台班	0.100	0.140	0.190	0.310	0.430	0.620

8. 低中压不锈钢管机械煨弯

工作内容：准备工作，管材检查，选料，号料，更换胎具，弯管成型。 **计量单位：**10 个

编号				8-7-166	8-7-167	8-7-168	8-7-169	8-7-170	8-7-171
项目				公称直径（mm 以内）					
				20	32	50	65	80	100
名称			单位	消耗量					
人工	000203000	综合二类工	工日	0.374	0.501	1.327	1.717	2.236	2.976
材料	170700003	不锈钢管（综合）	m	（1.890）	（2.660）	（3.820）	（4.780）	（5.750）	（7.030）
	031101016	薄砂轮片 500×25×4	片	0.120	0.270	0.320	0.460	0.540	0.690
	092705004	碎布	kg	0.012	0.012	0.015	0.018	0.022	0.025
	850103006	其他材料费（占材料费）	%	1.000	1.000	1.000	1.000	1.000	1.000
机械	990740020	坡口机 2.8kW	台班	—	—	0.300	0.350	0.450	0.450
	990785040	砂轮切割机 ϕ500	台班	0.080	0.080	0.160	0.160	0.180	0.240
	990758020	电动弯管机 100mm	台班	0.120	0.190	0.300	0.420	0.600	0.780

9. 铝管机械煨弯

工作内容：准备工作，管材检查，选料，号料，更换胎具，弯管成型。 **计量单位：**10 个

编号				8-7-172	8-7-173	8-7-174	8-7-175	8-7-176	8-7-177
项目				管外径（mm 以内）					
				20	32	50	70	80	100
名称			单位	消耗量					
人工	000203000	综合二类工	工日	0.171	0.256	0.714	0.978	1.334	1.793
材料	171300001	铝管	m	（1.730）	（2.400）	（3.410）	（4.260）	（5.100）	（6.230）
	092705004	碎布	kg	0.012	0.012	0.015	0.018	0.022	0.025
	850103006	其他材料费（占材料费）	%	1.000	1.000	1.000	1.000	1.000	1.000
机械	990758020	电动弯管机 100mm	台班	0.100	0.140	0.180	0.300	0.410	0.650

10. 铜管机械煨弯

工作内容：准备工作，管材检查，选料，号料，更换胎具，弯管成型。 **计量单位：**10 个

编号				8-7-178	8-7-179	8-7-180	8-7-181	8-7-182	8-7-183
项目				管外径（mm 以内）					
				20	32	55	65	85	100
名称			单位	消耗量					
人工	000203000	综合二类工	工日	0.188	0.289	0.748	1.046	1.419	1.921
材料	171500002	铜管	m	（1.730）	（2.400）	（3.690）	（4.260）	（5.380）	（6.230）
	092705004	碎布	kg	0.012	0.012	0.015	0.018	0.022	0.025
	850103006	其他材料费（占材料费）	%	1.000	1.000	1.000	1.000	1.000	1.000
机械	990758020	电动弯管机 100mm	台班	0.100	0.150	0.200	0.330	0.450	0.720
	990740020	坡口机 2.8kW	台班	—	—	—	—	—	0.290

11. 塑料管煨弯

工作内容：准备工作，管材检查，选料，号料，更换胎具，弯管成型。 **计量单位：**10 个

编号				8-7-184	8-7-185	8-7-186	8-7-187	8-7-188
项目				管外径（mm 以内）				
				20	25	32	40	51
名称			单位	消耗量				
人工	000203000	综合二类工	工日	0.901	0.927	0.943	1.181	1.199
材料	172500002	塑料管（综合）	m	（1.730）	（2.010）	（2.400）	（2.850）	（3.410）
	040305004	绿豆砂	m^3	0.010	0.010	0.020	0.020	0.040
	273103001	电阻丝	根	0.060	0.060	0.060	0.080	0.080
	092705004	碎布	kg	0.160	0.168	0.214	0.245	0.253
	850103006	其他材料费（占材料费）	%	1.000	1.000	1.000	1.000	1.000

工作内容：准备工作，管材检查，选料，号料，更换胎具，弯管成型。 **计量单位：**10 个

编号				8-7-189	8-7-190	8-7-191	8-7-192
项目				管外径（mm 以内）			
				65	76	90	114
名称			单位	消耗量			
人工	000203000	综合二类工	工日	1.573	1.581	1.845	1.963
材料	172500002	塑料管（综合）	m	（4.260）	（4.880）	（5.660）	（7.010）
	040305004	绿豆砂	m^3	0.060	0.080	0.130	0.160
	273103001	电阻丝	根	0.110	0.110	0.120	0.120
	850103006	其他材料费（占材料费）	%	1.000	1.000	1.000	1.000
机械	990706020	木工圆锯机 600mm	台班	0.020	0.020	0.020	0.030

12. 低中压碳钢管中频煨弯

工作内容：准备工作，管子切口，管子上胎具，加热，煨弯，成型检查，堆放。 计量单位：10 个

编号				8-7-193	8-7-194	8-7-195	8-7-196	8-7-197
项目				公称直径（mm 以内）				
				100	150	200	250	300
名称			单位	消耗量				
人工	000203000	综合二类工	工日	2.620	2.943	3.876	4.700	6.756
材料	170500002	碳钢管（综合）	m	（3.010）	（4.220）	（5.420）	（6.630）	（7.830）
	850103006	其他材料费（占材料费）	%	1.000	1.000	1.000	1.000	1.000
机械	990755020	中频煨弯机 250kW	台班	—	—	—	—	1.667
	990718040	普通车床 630×2000mm	台班	0.470	0.483	0.530	0.579	0.642
	990755010	中频煨弯机 160kW	台班	0.714	0.833	1.000	1.250	—
	990509020	单速电动葫芦 3t	台班	0.470	0.483	1.530	1.829	2.309

工作内容：准备工作，管子切口，管子上胎具，加热，煨弯，成型检查，堆放。 计量单位：10 个

编号				8-7-198	8-7-199	8-7-200	8-7-201
项目				公称直径（mm 以内）			
				350	400	450	500
名称			单位	消耗量			
人工	000203000	综合二类工	工日	9.804	11.369	14.520	23.125
材料	170500002	碳钢管（综合）	m	（9.040）	（10.250）	（11.450）	（12.660）
	850103006	其他材料费（占材料费）	%	1.000	1.000	1.000	1.000
机械	990718040	普通车床 630×2000mm	台班	0.769	0.975	1.043	1.104
	990755020	中频煨弯机 250kW	台班	2.500	2.857	3.333	5.000
	990509020	单速电动葫芦 3t	台班	3.269	3.832	4.376	5.770
	990307010	电动单梁起重机 5t	台班	—	—	—	0.334

13. 高压碳钢管中频煨弯

工作内容：准备工作，管子切口，管子上胎具，加热，煨弯，成型检查，堆放。 **计量单位：**10 个

编号				8-7-202	8-7-203	8-7-204	8-7-205	8-7-206
项目				公称直径（mm 以内）				
				100	150	200	250	300
名称			单位	消耗量				
人工	000203000	综合二类工	工日	3.732	6.092	7.170	8.855	13.710
材料	170500002	碳钢管（综合）	m	（3.010）	（4.220）	（5.420）	（6.630）	（7.830）
	850103006	其他材料费（占材料费）	%	1.000	1.000	1.000	1.000	1.000
机械	990718040	普通车床 630×2000mm	台班	0.590	1.710	1.893	1.928	3.064
	990755020	中频煨弯机 250kW	台班	1.071	1.250	1.500	1.875	2.501
	990307010	电动单梁起重机 5t	台班	—	—	—	—	3.064
	990509020	单速电动葫芦 3t	台班	1.661	2.960	3.093	3.818	4.000

工作内容：准备工作，管子切口，管子上胎具，加热，煨弯，成型检查，堆放。 **计量单位：**10 个

编号				8-7-207	8-7-208	8-7-209	8-7-210
项目				公称直径（mm 以内）			
				350	400	450	500
名称			单位	消耗量			
人工	000203000	综合二类工	工日	18.236	22.335	27.877	43.916
材料	170500002	碳钢管（综合）	m	（9.040）	（10.250）	（11.450）	（12.660）
	850103006	其他材料费（占材料费）	%	1.000	1.000	1.000	1.000
机械	990718040	普通车床 630×2000mm	台班	3.229	4.568	5.151	7.086
	990755020	中频煨弯机 250kW	台班	3.750	4.286	5.000	7.500
	990307010	电动单梁起重机 5t	台班	3.229	4.568	5.151	7.086
	990509020	单速电动葫芦 3t	台班	4.182	4.286	5.000	7.500

14. 低中压不锈钢管中频煨弯

工作内容：准备工作，管子切口，管子上胎具，加热，煨弯，成型检查，堆放。 **计量单位：**10 个

编号				8-7-211	8-7-212	8-7-213	8-7-214
项目				公称直径（mm 以内）			
				100	150	200	250
名称			单位	消耗量			
人工	000203000	综合二类工	工日	3.043	3.536	4.628	5.640
材料	170700003	不锈钢管（综合）	m	（3.010）	（4.220）	（5.420）	（6.630）
	850103006	其他材料费（占材料费）	%	1.000	1.000	1.000	1.000
机械	990755010	中频煨弯机 160kW	台班	0.857	1.000	1.200	1.500
	990718040	普通车床 630×2000mm	台班	0.506	0.581	0.623	0.694
	990509020	单速电动葫芦 3t	台班	0.506	0.581	1.823	2.194

工作内容：准备工作，管子切口，管子上胎具，加热，煨弯，成型检查，堆放。 **计量单位：**10 个

编号				8-7-215	8-7-216	8-7-217
项目				公称直径（mm 以内）		
				300	350	400
名称			单位	消耗量		
人工	000203000	综合二类工	工日	8.237	11.636	13.642
材料	170700003	不锈钢管（综合）	m	（7.830）	（9.040）	（10.250）
	850103006	其他材料费（占材料费）	%	1.000	1.000	1.000
机械	990718040	普通车床 630×2000mm	台班	0.747	0.845	1.170
	990755020	中频煨弯机 250kW	台班	2.000	3.000	3.428
	990509020	单速电动葫芦 3t	台班	2.847	3.845	4.598

15. 高压不锈钢管中频煨弯

工作内容： 准备工作，管子切口，管子上胎具，加热，煨弯，成型检查，堆放。 **计量单位：** 10 个

编号				8-7-218	8-7-219	8-7-220	8-7-221	8-7-222
项目				公称直径（mm 以内）				
				100	150	200	250	300
名称			单位	消耗量				
人工	000203000	综合二类工	工日	4.480	5.960	8.013	10.427	15.329
材料	170700003	不锈钢管（综合）	m	（3.010）	（4.220）	（5.420）	（6.630）	（7.830）
	850103006	其他材料费（占材料费）	%	1.000	1.000	1.000	1.000	1.000
机械	990307010	电动单梁起重机 5t	台班	—	—	—	—	3.018
	990718040	普通车床 630×2000mm	台班	0.708	1.256	1.564	2.197	3.018
	990755020	中频煨弯机 250kW	台班	1.286	1.500	1.800	2.250	3.000
	990509020	单速电动葫芦 3t	台班	1.994	2.756	3.364	4.447	4.455

工作内容： 准备工作，管子切口，管子上胎具，加热，煨弯，成型检查，堆放。 **计量单位：** 10 个

编号				8-7-223	8-7-224	8-7-225	8-7-226
项目				公称直径（mm 以内）			
				350	400	450	500
名称			单位	消耗量			
人工	000203000	综合二类工	工日	22.227	25.224	32.930	44.482
材料	170700003	不锈钢管（综合）	m	（9.040）	（10.250）	（11.450）	（12.660）
	850103006	其他材料费（占材料费）	%	1.000	1.000	1.000	1.000
机械	990718040	普通车床 630×2000mm	台班	4.076	4.554	5.873	7.669
	990755020	中频煨弯机 250kW	台班	4.500	5.142	6.000	9.000
	990307010	电动单梁起重机 5t	台班	4.076	4.554	5.873	6.546
	990509020	单速电动葫芦 3t	台班	4.500	5.142	6.000	7.000

16. 低中压合金钢管中频煨弯

工作内容：准备工作，管子切口，管子上胎具，加热，煨弯，成型检查，堆放。 **计量单位：**10个

编号				8-7-227	8-7-228	8-7-229	8-7-230	8-7-231
项目				公称直径（mm以内）				
				100	150	200	250	300
名称			单位	消耗量				
人工	000203000	综合二类工	工日	3.336	3.808	5.008	6.102	8.848
材料	171400001	合金钢管	m	（3.010）	（4.220）	（5.420）	（6.630）	（7.830）
	850103006	其他材料费（占材料费）	%	1.000	1.000	1.000	1.000	1.000
机械	990755020	中频煨弯机 250kW	台班	—	—	—	—	2.250
	990718040	普通车床 630×2000mm	台班	0.516	0.553	0.584	0.636	0.705
	990755010	中频煨弯机 160kW	台班	0.964	1.125	1.350	1.688	—
	990509020	单速电动葫芦 3t	台班	0.516	0.553	1.934	2.324	2.955

工作内容：准备工作，管子切口，管子上胎具，加热，煨弯，成型检查，堆放。 **计量单位：**10个

编号				8-7-232	8-7-233	8-7-234	8-7-235
项目				公称直径（mm以内）			
				350	400	450	500
名称			单位	消耗量			
人工	000203000	综合二类工	工日	12.935	14.934	19.159	30.748
材料	171400001	合金钢管	m	（9.040）	（10.250）	（11.450）	（12.660）
	850103006	其他材料费（占材料费）	%	1.000	1.000	1.000	1.000
机械	990718040	普通车床 630×2000mm	台班	0.860	1.072	1.146	1.215
	990755020	中频煨弯机 250kW	台班	3.375	3.857	4.500	6.750
	990509020	单速电动葫芦 3t	台班	4.235	4.929	5.646	7.598
	990307010	电动单梁起重机 5t	台班	—	—	—	0.367

17. 高压合金钢管中频煨弯

工作内容：准备工作，管子切口，管子上胎具，加热，煨弯，成型检查，堆放。 **计量单位：**10 个

编号				8-7-236	8-7-237	8-7-238	8-7-239	8-7-240
项目				公称直径（mm 以内）				
				100	150	200	250	300
名称			单位	消耗量				
人工	000203000	综合二类工	工日	4.700	6.540	8.761	11.299	16.502
材料	171400001	合金钢管	m	（3.010）	（4.220）	（5.420）	（6.630）	（7.830）
	850103006	其他材料费（占材料费）	%	1.000	1.000	1.000	1.000	1.000
机械	990307010	电动单梁起重机 5t	台班	—	—	—	—	2.958
	990718040	普通车床 630×2000mm	台班	0.596	1.315	1.610	2.216	2.958
	990755020	中频煨弯机 250kW	台班	1.446	1.688	2.025	2.532	3.375
	990509020	单速电动葫芦 3t	台班	2.042	3.003	3.635	3.818	4.273

工作内容：准备工作，管子切口，管子上胎具，加热，煨弯，成型检查，堆放。 **计量单位：**10 个

编号				8-7-241	8-7-242	8-7-243	8-7-244
项目				公称直径（mm 以内）			
				350	400	450	500
名称			单位	消耗量			
人工	000203000	综合二类工	工日	24.127	27.745	35.932	55.572
材料	171400001	合金钢管	m	（9.040）	（10.250）	（11.450）	（12.660）
	850103006	其他材料费（占材料费）	%	1.000	1.000	1.000	1.000
机械	990718040	普通车床 630×2000mm	台班	4.068	4.751	5.951	7.380
	990755020	中频煨弯机 250kW	台班	5.063	5.786	6.750	10.125
	990307010	电动单梁起重机 5t	台班	4.068	4.751	5.951	7.380
	990509020	单速电动葫芦 3t	台班	5.063	5.786	6.750	10.125

十二、三通补强圈制作安装

1. 低压碳钢管开孔三通补强圈制作安装（电弧焊）

工作内容： 准备工作，划线，号料，切割，坡口加工，板弧滚压，钻孔，锥丝，组对，焊接。

计量单位： 10 个

编号				8-7-245	8-7-246	8-7-247	8-7-248	8-7-249	8-7-250
项目				公称直径（mm 以内）					
				50	100	150	200	250	300
名称			单位	消耗量					
人工	000203000	综合二类工	工日	0.700	1.275	1.988	2.569	3.587	4.075
材料	170200003	无缝钢管（综合）	kg	（1.881）	（5.791）	（9.724）	（14.066）	（17.582）	（35.446）
	031301009	低碳钢焊条 J427（综合）	kg	0.455	1.663	3.200	5.079	8.320	10.369
	142909001	氧气	m^3	0.035	1.125	1.663	2.305	3.212	3.653
	142907002	乙炔气	kg	0.013	0.433	0.640	0.887	1.235	1.405
	031101013	尼龙砂轮片 $\phi100 \times 16 \times 3$	片	0.506	1.844	3.128	4.794	7.014	10.006
	031103002	磨头	个	0.169	0.338	—	—	—	—
	092705004	碎布	kg	0.014	0.020	0.034	0.048	0.062	0.068
	012100002	角钢（综合）	kg	—	—	—	0.574	0.574	0.755
	850103006	其他材料费（占材料费）	%	1.000	1.000	1.000	1.000	1.000	1.000
机械	990900010	电焊机（综合）	台班	0.136	0.373	0.534	0.746	1.056	1.264
	990919030	电焊条烘干箱 $60 \times 50 \times 75cm^3$	台班	0.014	0.038	0.053	0.075	0.106	0.126
	990920010	电焊条恒温箱	台班	0.014	0.038	0.053	0.075	0.106	0.126
	990304004	汽车式起重机 8t	台班	—	0.003	0.003	0.003	0.007	0.009
	990401030	载重汽车 8t	台班	—	0.003	0.003	0.003	0.007	0.009
	990509020	单速电动葫芦 3t	台班	—	—	—	0.059	0.063	0.074

2. 中压碳钢管开孔三通补强圈制作安装（电弧焊）

工作内容： 准备工作，划线，号料，切割，坡口加工，板弧滚压，钻孔，锥丝，组对，焊接。

计量单位： 10 个

编号				8-7-251	8-7-252	8-7-253	8-7-254	8-7-255	8-7-256
项目				公称直径（mm 以内）					
				50	100	150	200	250	300
名称			单位	消耗量					
人工	000203000	综合二类工	工日	0.840	1.531	2.388	3.081	4.303	4.889
材料	170200003	无缝钢管（综合）	kg	（2.257）	（6.949）	（11.669）	（16.879）	（21.098）	（42.535）
	031301009	低碳钢焊条 J427（综合）	kg	0.546	1.996	3.840	6.095	9.984	12.443
	142909001	氧气	m^3	0.043	1.350	1.995	2.765	3.855	4.383
	142907002	乙炔气	kg	0.017	0.519	0.767	1.063	1.483	1.686
	031101013	尼龙砂轮片 $\phi100 \times 16 \times 3$	片	0.607	2.213	3.754	5.753	8.417	12.007
	012100002	角钢（综合）	kg	—	—	—	0.689	0.689	0.906
	092705004	碎布	kg	0.017	0.024	0.041	0.058	0.074	0.082
	031103002	磨头	个	0.203	0.406	—	—	—	—
	850103006	其他材料费（占材料费）	%	1.000	1.000	1.000	1.000	1.000	1.000
机械	990304004	汽车式起重机 8t	台班	—	0.004	0.004	0.004	0.008	0.011
	990401030	载重汽车 8t	台班	—	0.004	0.004	0.004	0.008	0.011
	990509020	单速电动葫芦 3t	台班	—	—	—	0.070	0.076	0.089
	990900010	电焊机（综合）	台班	0.163	0.446	0.641	0.895	1.267	1.517
	990919030	电焊条烘干箱 $60 \times 50 \times 75cm^3$	台班	0.016	0.044	0.064	0.090	0.126	0.151
	990920010	电焊条恒温箱	台班	0.016	0.044	0.064	0.090	0.126	0.151

3. 低压不锈钢管开孔三通补强圈制作安装（电弧焊）

工作内容： 准备工作，划线，号料，切割，坡口加工，板弧滚压，钻孔，锥丝，组对，焊接，焊缝钝化。

计量单位： 10 个

编号				8-7-257	8-7-258	8-7-259	8-7-260	8-7-261	8-7-262
项目				公称直径（mm 以内）					
				50	100	150	200	250	300
名称			单位	消耗量					
人工	000203000	综合二类工	工日	0.758	1.512	2.085	2.822	3.844	4.658
材料	170700014	不锈钢无缝钢管	kg	（1.881）	（5.791）	（9.724）	（14.066）	（17.582）	（35.446）
	031301001	不锈钢焊条（综合）	kg	0.351	0.881	1.931	3.392	5.478	7.791
	031101017	不锈钢专用砂轮片	片	0.738	2.400	4.091	7.127	10.083	13.701
	092705004	碎布	kg	0.039	0.068	0.105	0.144	0.178	0.205
	040915001	白垩粉	kg	0.204	0.255	0.277	0.300	0.355	0.410
	133301001	石油沥青油毡	m^2	0.126	0.158	0.172	0.186	0.270	0.354
	143315001	丙酮	kg	0.123	0.246	0.342	0.473	0.589	0.699
	143169002	酸洗膏	kg	0.086	0.176	0.364	0.474	0.716	0.852
	341101001	水	m^3	0.020	0.041	0.062	0.082	0.096	0.116
	850103006	其他材料费（占材料费）	%	1.000	1.000	1.000	1.000	1.000	1.000
机械	990304004	汽车式起重机 8t	台班	—	0.003	0.003	0.003	0.007	0.009
	990401030	载重汽车 8t	台班	—	0.003	0.003	0.003	0.007	0.009
	990509020	单速电动葫芦 3t	台班	0.039	0.048	0.053	0.056	0.062	0.068
	990743010	等离子切割机 400A	台班	0.078	0.155	0.309	0.429	0.559	0.682
	990900010	电焊机（综合）	台班	0.137	0.304	0.530	0.745	1.064	1.369
	990919030	电焊条烘干箱 $60 \times 50 \times 75cm^3$	台班	0.014	0.030	0.053	0.075	0.106	0.137
	990920010	电焊条恒温箱	台班	0.014	0.030	0.053	0.075	0.106	0.137
	991003030	电动空气压缩机 $1m^3/min$	台班	0.078	0.155	0.309	0.429	0.559	0.682
	991003050	电动空气压缩机 $6m^3/min$	台班	0.007	0.007	0.007	0.007	0.007	0.007

4. 中压不锈钢管开孔三通补强圈制作安装（电弧焊）

工作内容： 准备工作，划线，号料，切割，坡口加工，板弧滚压，钻孔，锥丝，组对，焊接，焊缝钝化。

计量单位： 10 个

编号				8-7-263	8-7-264	8-7-265	8-7-266	8-7-267	8-7-268
项目				公称直径（mm 以内）					
				50	100	150	200	250	300
名称			单位	消耗量					
人工	000203000	综合二类工	工日	0.910	1.814	2.501	3.387	4.611	5.590
材料	170700014	不锈钢无缝钢管	kg	（2.257）	（6.949）	（11.669）	（16.879）	（21.098）	（42.535）
	031301001	不锈钢焊条（综合）	kg	0.421	1.057	2.317	4.070	6.574	9.349
	031101017	不锈钢专用砂轮片	片	0.886	2.880	4.909	8.552	12.100	16.441
	092705004	碎布	kg	0.047	0.082	0.126	0.173	0.213	0.246
	040915001	白垩粉	kg	0.245	0.306	0.332	0.360	0.426	0.492
	133301001	石油沥青油毡	m^2	0.151	0.190	0.206	0.223	0.324	0.425
	143315001	丙酮	kg	0.148	0.295	0.410	0.568	0.707	0.839
	143169002	酸洗膏	kg	0.103	0.211	0.437	0.569	0.859	1.022
	341101001	水	m^3	0.024	0.049	0.074	0.098	0.115	0.139
	850103006	其他材料费（占材料费）	%	1.000	1.000	1.000	1.000	1.000	1.000
机械	990304004	汽车式起重机 8t	台班	—	0.004	0.004	0.004	0.008	0.011
	990401030	载重汽车 8t	台班	—	0.004	0.004	0.004	0.008	0.011
	990509020	单速电动葫芦 3t	台班	0.047	0.058	0.063	0.068	0.075	0.082
	990743010	等离子切割机 400A	台班	0.094	0.186	0.371	0.515	0.670	0.819
	990900010	电焊机（综合）	台班	0.164	0.364	0.636	0.894	1.277	1.642
	990919030	电焊条烘干箱 $60 \times 50 \times 75cm^3$	台班	0.016	0.037	0.064	0.090	0.128	0.164
	990920010	电焊条恒温箱	台班	0.016	0.037	0.064	0.090	0.128	0.164
	991003030	电动空气压缩机 $1m^3/min$	台班	0.094	0.186	0.371	0.515	0.670	0.819
	991003050	电动空气压缩机 $6m^3/min$	台班	0.008	0.008	0.008	0.008	0.008	0.008

5. 低压合金钢管开孔三通补强圈制作安装（电弧焊）

工作内容： 准备工作，划线，号料，切割，坡口加工，板弧滚压，钻孔，锥丝，组对，焊接。

计量单位： 10 个

编号				8-7-269	8-7-270	8-7-271	8-7-272	8-7-273	8-7-274
项目				公称直径（mm 以内）					
				50	100	150	200	250	300
名称			单位	消耗量					
人工	000203000	综合二类工	工日	0.801	1.643	1.918	3.049	4.138	4.745
材料	171400002	合金钢管	kg	（1.881）	（5.791）	（9.724）	（14.066）	（17.582）	（35.446）
	031301004	合金钢焊条	kg	0.427	1.680	2.354	4.049	7.964	9.500
	142909001	氧气	m^3	0.038	0.090	0.543	0.830	1.245	1.400
	142907002	乙炔气	kg	0.015	0.035	0.209	0.319	0.479	0.538
	031101013	尼龙砂轮片 $\phi 100 \times 16 \times 3$	片	0.234	0.566	0.795	1.214	1.911	2.287
	092705004	碎布	kg	0.039	0.068	0.105	0.144	0.178	0.205
	143315001	丙酮	kg	0.136	0.272	0.378	0.521	0.650	0.770
	031103002	磨头	个	0.199	0.378	—	—	—	—
	850103006	其他材料费（占材料费）	%	1.000	1.000	1.000	1.000	1.000	1.000
机械	990304004	汽车式起重机 8t	台班	—	0.004	0.004	0.004	0.008	0.010
	990401030	载重汽车 8t	台班	—	0.004	0.004	0.004	0.008	0.010
	990509020	单速电动葫芦 3t	台班	—	0.092	0.129	0.135	0.150	0.154
	990744010	半自动切割机 100mm	台班	—	—	0.045	0.062	0.091	0.097
	990900010	电焊机（综合）	台班	0.130	0.381	0.532	0.757	1.076	1.282
	990919030	电焊条烘干箱 $60 \times 50 \times 75cm^3$	台班	0.013	0.038	0.053	0.076	0.108	0.129
	990920010	电焊条恒温箱	台班	0.013	0.038	0.053	0.076	0.108	0.129

6. 中压合金钢管开孔三通补强圈制作安装（电弧焊）

工作内容： 准备工作，划线，号料，切割，坡口加工，板弧滚压，钻孔，锥丝，组对，焊接。

计量单位： 10 个

编号				8-7-275	8-7-276	8-7-277	8-7-278	8-7-279	8-7-280
项目				公称直径（mm 以内）					
				50	100	150	200	250	300
名称			单位	消耗量					
人工	000203000	综合二类工	工日	0.960	1.971	2.302	3.659	4.964	5.696
材料	171400002	合金钢管	kg	（1.881）	（5.791）	（9.724）	（14.066）	（17.582）	（35.446）
	031301004	合金钢焊条	kg	0.512	2.016	2.825	4.859	9.557	11.400
	142909001	氧气	m^3	0.045	0.107	0.650	0.995	1.495	1.680
	142907002	乙炔气	kg	0.017	0.041	0.250	0.383	0.575	0.646
	031101013	尼龙砂轮片 $\phi100 \times 16 \times 3$	片	0.281	0.679	0.954	1.457	2.293	2.744
	092705004	碎布	kg	0.047	0.082	0.126	0.173	0.213	0.246
	143315001	丙酮	kg	0.163	0.326	0.454	0.625	0.780	0.924
	031103002	磨头	个	0.239	0.454	—	—	—	—
	850103006	其他材料费（占材料费）	%	1.000	1.000	1.000	1.000	1.000	1.000
机械	990304004	汽车式起重机 8t	台班	—	0.006	0.006	0.006	0.009	0.012
	990401030	载重汽车 8t	台班	—	0.006	0.006	0.006	0.009	0.012
	990509020	单速电动葫芦 3t	台班	—	0.110	0.154	0.161	0.179	0.185
	990744010	半自动切割机 100mm	台班	—	—	0.054	0.075	0.109	0.116
	990900010	电焊机（综合）	台班	0.156	0.456	0.638	0.908	1.291	1.538
	990919030	电焊条烘干箱 $60 \times 50 \times 75cm^3$	台班	0.015	0.045	0.064	0.091	0.129	0.154
	990920010	电焊条恒温箱	台班	0.015	0.045	0.064	0.091	0.129	0.154

7. 铝及铝合金管开孔三通补强圈制作安装（氩弧焊）

工作内容：准备工作，划线，号料，切割，坡口加工，板弧滚压，钻孔，锥丝，组对，焊接。

计量单位：10 个

编号				8-7-281	8-7-282	8-7-283	8-7-284	8-7-285	8-7-286
项目				公称直径（mm 以内）					
				50	100	150	200	250	300
名称			单位	消耗量					
人工	000203000	综合二类工	工日	0.735	1.298	2.245	3.243	4.160	4.937
材料	171300003	铝及铝合金管	kg	（0.749）	（2.305）	（3.871）	（4.869）	（6.086）	（12.270）
	031303015	铝焊丝 丝 301（综合）	kg	0.054	0.149	0.347	0.498	0.674	0.953
	142909001	氧气	m^3	0.008	0.298	0.508	0.753	2.067	2.317
	142907002	乙炔气	kg	0.003	0.115	0.195	0.290	0.795	0.891
	142911001	氩气	m^3	0.152	0.418	0.971	1.394	1.887	2.668
	031101013	尼龙砂轮片 $\phi100\times16\times3$	片	0.161	0.402	0.684	1.021	1.380	1.848
	340101003	铈钨棒	g	0.304	0.835	1.942	2.789	3.775	5.335
	143159001	氢氧化钠（烧碱）	kg	0.335	0.671	1.085	1.499	1.748	2.004
	143103001	硝酸	kg	0.100	0.200	0.314	0.435	0.500	0.649
	143175001	重铬酸钾 98%	kg	0.043	0.078	0.128	0.179	0.200	0.264
	341101001	水	m^3	0.021	0.036	0.057	0.086	0.093	0.121
	092705004	碎布	kg	0.086	0.136	0.143	0.157	0.178	0.193
	850103006	其他材料费（占材料费）	%	1.000	1.000	1.000	1.000	1.000	1.000
机械	990912010	氩弧焊机 500A	台班	0.040	0.074	0.154	0.221	0.279	0.393
	991003050	电动空气压缩机 $6m^3/min$	台班	0.007	0.007	0.007	0.007	0.007	0.007
	990304004	汽车式起重机 8t	台班	—	0.003	0.003	0.003	0.004	0.008
	990401030	载重汽车 8t	台班	—	0.003	0.003	0.003	0.004	0.008
	990743010	等离子切割机 400A	台班	—	0.382	0.584	0.779	0.990	1.189
	991003030	电动空气压缩机 $1m^3/min$	台班	—	0.382	0.584	0.779	0.990	1.189

十三、半成品管段场外运输

工作内容：准备工作，管段装车，运输，管段卸车。 **计量单位：**10t

编号				8-7-287	8-7-288
项目				2km 以内	每增加 1km
名称			单位	消耗量	
人工	000203000	综合二类工	工日	3.213	0.241
材料	010501003	钢丝绳 ϕ19～21.5	kg	2.400	—
	850103006	其他材料费（占材料费）	%	1.000	1.000
机械	990304016	汽车式起重机 16t	台班	0.879	0.022
	990401045	载重汽车 15t	台班	0.879	0.022

附　　录

一、主要材料损耗率表

名称	计量单位	损耗半（强）
低、中压碳钢管	10m	4
高压碳钢管	10m	3.6
低、中、高压合金钢管	10m	3.6
低、中、高压不锈钢管	10m	3.6
不锈钢板卷管	10m	4
碳钢板卷管	10m	4
衬里钢管	10m	4
无缝铝管	10m	4
船板卷管	10m	4
无缝铜管	10m	4
钢板卷管	10m	4
塑料管	10m	3
玻璃钢管	10m	2
肢璃管	10m	4
法兰铸铁管	10m	1
冷冻排管	10m	2
螺纹管件	10 件	1
螺纹阀门*DN*20 以下	个	2
螺蚊阀门*DN*20 以上	个	1
带帽螺栓	套	3

二、吊装机械（综合）

机械名称	电动单筒快速卷扬机（牵引力：kN）	汽车式起重机（提升质量：t）			
	5	8	16	25	50
比例（%）	20	10	35	25	10

三、焊接机械（综合）

机械名称	交流弧焊机（容量 kV·A）	交流弧焊机（容量 kV·A）		
	21	14	20	32
比例（%）	30	30	30	10

四、平焊法兰螺栓重量表

公称直径（mm）	0.25MPa				0.6MPa				1MPa				1.6MPa				2.5MPa			
	法兰		螺栓		法兰		螺栓		法兰		螺栓		法兰		螺栓		法兰		螺栓	
	δ	孔数	L	kg	δ	孔数	L	kg	δ	孔数	L	kg	δ	孔数	L	kg	δ	孔数	L	kg
10	10	4	10×35	0.182	12	4	10×40	0.197	12	4	12×40	0.281	14	4	12×45	0.300	16	4	12×50	0.319
15	10	4	10×35	0.182	12	4	10×40	0.197	12	4	12×40	0.281	14	4	12×45	0.300	16	4	12×50	0.319
20	12	4	10×40	0.197	14	4	10×40	0.197	14	4	12×45	0.300	16	4	12×50	0.319	18	4	12×50	0.319
25	12	4	10×40	0.197	14	4	10×40	0.197	14	4	12×45	0.300	18	4	12×50	0.319	18	4	12×50	0.319
32	12	4	12×40	0.281	16	4	12×50	0.319	16	4	16×50	0.601	18	4	16×55	0.635	20	4	16×60	0.669
40	12	4	12×40	0.281	16	4	12×50	0.319	18	4	16×55	0.635	20	4	16×60	0.669	22	4	16×65	0.702
50	12	4	12×40	0.281	16	4	12×50	0.319	18	4	16×55	0.635	22	4	16×65	0.702	24	4	16×70	0.736
70	14	4	12×45	0.300	16	4	12×50	0.319	20	4	16×60	0.669	24	4	16×70	0.736	24	8	16×70	1.472
80	14	4	16×50	0.601	18	4	16×55	0.635	20	4	16×60	0.669	24	8	16×70	1.472	26	8	16×70	1.472
100	14	4	16×50	0.601	18	4	16×55	0.635	22	8	16×65	1.404	26	8	16×70	1.472	28	8	20×80	2.710
125	14	8	16×50	1.202	20	8	16×60	1.338	24	8	16×70	1.472	28	8	16×75	1.540	30	8	22×85	3.556
150	16	8	16×50	1.202	20	8	16×60	1.338	24	8	20×70	2.498	28	8	20×80	2.710	30	8	22×85	3.556
175	18	8	16×50	1.202	22	8	16×65	1.404	24	8	20×70	2.498	28	8	20×80	2.710	32	12	22×90	5.334
200	20	8	16×53	1.270	22	8	16×65	1.404	24	8	20×70	2.498	30	12	20×85	4.380	32	12	22×90	5.334

续前

公称直径（mm）	0.25MPa				0.6MPa				1MPa				1.6MPa				2.5MPa			
	法兰		螺栓		法兰		螺栓		法兰		螺栓		法兰		螺栓		法兰		螺栓	
	δ	孔数	L	kg	δ	孔数	L	kg	δ	孔数	L	kg	δ	孔数	L	kg	δ	孔数	L	kg
225	22	8	16×60	1.338	22	8	16×65	1.404	24	8	20×70	2.498	30	12	20×85	4.380	34	12	27×100	9.981
250	22	12	16×65	2.106	24	12	16×70	2.208	26	12	20×75	3.906	32	12	22×90	5.334	34	12	27×100	9.981
300	22	12	20×70	3.747	24	12	20×70	3.747	28	12	20×80	4.065	32	12	22×90	5.334	36	16	27×105	14.076
350	22	12	20×70	3.747	26	12	20×75	3.906	28	16	20×80	5.420	34	16	22×95	7.620	42	16	30×120	18.996
400	22	16	20×70	4.996	28	16	20×80	5.420	30	16	22×85	7.112	38	16	27×105	14.076	44	16	30×120	18.996
450	24	16	20×70	4.996	28	16	20×80	5.420	30	20	22×85	8.890	42	20	27×115	18.560	48	20	30×130	24.930
500	24	16	20×70	4.996	30	16	20×85	5.840	32	20	22×90	8.890	48	20	30×130	24.930	52	20	36×150	41.450
600	24	20	22×75	7.932	30	20	22×85	8.890	36	20	27×105	17.595	50	20	30×140	26.120	—	—	—	—
700	26	24	22×80	9.900	32	24	22×90	10.668	—	—	—	—	—	—	—	—	—	—	—	—
800	26	24	27×85	18.804	32	24	27×95	19.962	—	—	—	—	—	—	—	—	—	—	—	—
900	28	24	27×85	18.804	34	24	27×100	19.962	—	—	—	—	—	—	—	—	—	—	—	—
1000	30	28	27×90	21.938	36	28	27×105	24.633	—	—	—	—	—	—	—	—	—	—	—	—
1200	30	32	27×90	25.072	—	—	—	—	—	—	—	—	—	—	—	—	—	—	—	—
1400	32	36	27×95	29.943	—	—	—	—	—	—	—	—	—	—	—	—	—	—	—	—
1600	32	40	27×95	33.270	—	—	—	—	—	—	—	—	—	—	—	—	—	—	—	—

五、榫槽面平焊法兰螺栓重量表

公称直径（mm）	0.25MPa				0.6MPa				1MPa				1.6MPa				2.5MPa			
	法兰		螺栓		法兰		螺栓		法兰		螺栓		法兰		螺栓		法兰		螺栓	
	δ	孔数	L	kg	δ	孔数	L	kg	δ	孔数	L	kg	δ	孔数	L	kg	δ	孔数	L	kg
10	10	4	10×40	0.197	12	4	10×45	0.210	12	4	12×45	0.300	14	4	12×50	0.319	16	4	12×55	0.338
15	10	4	10×40	0.197	12	4	10×45	0.210	12	4	12×45	0.300	14	4	12×50	0.319	16	4	12×55	0.338
20	12	4	10×45	0.210	14	4	10×50	0.223	14	4	12×50	0.319	16	4	12×55	0.338	18	4	12×60	0.357
25	12	4	10×45	0.210	14	4	10×50	0.223	14	4	12×50	0.319	18	4	12×60	0.357	18	4	12×60	0.357
32	12	4	12×45	0.300	16	4	12×55	0.338	16	4	16×60	0.669	18	4	16×65	0.702	20	4	16×65	0.702
40	12	4	12×45	0.300	16	4	12×55	0.338	18	4	16×65	0.702	20	4	16×65	0.702	22	4	16×75	0.770
50	12	4	12×45	0.300	16	4	12×55	0.338	18	4	16×65	0.702	22	4	16×70	0.736	24	4	16×75	0.770
70	14	4	12×50	0.319	16	4	12×55	0.338	20	4	16×70	0.736	24	4	16×70	0.736	24	8	16×75	1.540
80	14	4	16×55	0.635	18	4	16×65	0.702	20	4	16×70	0.736	24	8	16×75	1.540	26	8	16×80	1.608
100	14	4	16×55	0.635	18	4	16×65	0.702	22	8	16×70	1.472	26	8	16×80	1.608	28	8	20×85	2.920
125	14	8	16×55	1.270	20	8	16×65	1.404	24	8	16×75	1.540	28	8	16×85	1.742	30	8	22×95	3.810
150	16	8	16×60	1.338	20	8	16×65	1.404	24	8	20×80	2.710	28	8	20×90	2.920	30	8	22×95	3.810

续前

公称直径（mm）	0.25MPa				0.6MPa				1MPa				1.6MPa				2.5MPa			
	法兰		螺栓		法兰		螺栓		法兰		螺栓		法兰		螺栓		法兰		螺栓	
	δ	孔数	L	kg	δ	孔数	L	kg	δ	孔数	L	kg	δ	孔数	L	kg	δ	孔数	L	kg
175	16	8	16 × 60	1.338	22	8	16 × 70	1.472	24	8	20 × 80	2.710	28	8	20 × 90	2.920	32	12	22 × 100	5.715
200	18	8	16 × 65	1.402	22	8	16 × 70	1.472	24	8	20 × 80	2.710	30	12	20 × 95	4.695	32	12	22 × 100	5.715
225	20	8	16 × 65	1.402	22	8	16 × 70	1.472	24	8	20 × 80	2.710	30	12	20 × 95	4.695	34	12	27 × 105	10.557
250	22	12	16 × 70	2.208	24	12	16 × 75	2.310	26	12	20 × 85	4.380	32	12	22 × 100	5.715	34	12	27 × 105	10.557
300	22	12	20 × 75	3.906	24	12	20 × 80	4.065	28	12	20 × 90	4.380	32	12	22 × 100	5.715	36	16	27 × 120	14.848
350	22	12	20 × 75	3.906	26	12	20 × 85	4.380	28	16	20 × 90	5.840	34	16	22 × 105	8.132	42	16	30 × 130	19.944
400	22	16	20 × 75	5.208	28	16	20 × 85	5.840	30	16	22 × 95	7.620	38	16	27 × 115	14.848	44	16	30 × 130	19.944
450	24	16	20 × 80	5.420	28	16	20 × 90	5.840	30	20	22 × 95	9.525	42	20	27 × 130	19.520	48	20	30 × 140	26.120
500	24	16	20 × 80	5.420	30	16	20 × 90	5.840	32	20	22 × 100	9.525	48	20	30 × 140	26.120	52	20	36 × 150	41.450
600	24	20	22 × 85	8.890	30	20	22 × 90	8.890	36	20	22 × 110	17.595	50	20	36 × 150	41.450	—	—	—	—
700	26	24	22 × 85	10.668	—	—	—	—	—	—	—	—	—	—	—	—	—	—	—	—
800	26	24	27 × 90	18.804	—	—	—	—	—	—	—	—	—	—	—	—	—	—	—	—

六、对焊法兰螺栓重量表

公称直径（mm）	0.25MPa				0.6MPa				1MPa				1.6MPa			
	法兰		螺栓		法兰		螺栓		法兰		螺栓		法兰		螺栓	
	δ	孔数	L	kg	δ	孔数	L	kg	δ	孔数	L	kg	δ	孔数	L	kg
10	10	4	10 × 40	0.197	4	4	10 × 40	0.197	12	4	12 × 45	0.300	14	4	12 × 50	0.319
15	10	4	10 × 40	0.197	4	12	10 × 40	0.197	12	4	12 × 45	0.300	14	4	12 × 50	0.319
20	10	4	10 × 40	0.197	4	12	10 × 40	0.197	14	4	12 × 50	0.319	14	4	12 × 50	0.319
25	10	4	10 × 40	0.197	4	14	10 × 45	0.210	14	4	12 × 50	0.319	14	4	12 × 50	0.319
32	10	4	12 × 40	0.300	4	14	12 × 50	0.319	16	4	16 × 60	0.669	16	4	16 × 60	0.669
40	12	4	12 × 45	0.300	4	14	12 × 50	0.319	16	4	16 × 60	0.669	16	4	16 × 60	0.669
50	12	4	12 × 45	0.300	4	14	12 × 50	0.319	16	4	16 × 60	0.669	16	4	160 × 60	0.669
70	12	4	12 × 45	0.300	4	14	12 × 50	0.319	18	4	16 × 65	0.702	18	4	160 × 65	0.702
80	14	4	16 × 50	0.601	4	16	16 × 60	0.669	18	4	16 × 65	0.702	20	8	16 × 70	1.472
100	14	4	16 × 50	0.601	4	16	16 × 60	0.669	20	8	16 × 70	1.472	20	8	16 × 70	1.472
125	14	8	16 × 50	1.202	8	18	16 × 65	1.404	22	8	16 × 75	1.540	22	8	16 × 80	1.608
150	14	8	16 × 50	1.202	8	18	16 × 65	1.404	22	8	20 × 75	2.604	22	8	20 × 80	2.710
175	16	8	16 × 60	1.338	8	20	16 × 70	1.472	22	8	20 × 75	2.604	24	8	20b × 80	2.710
200	16	8	16 × 60	1.338	8	20	16 × 70	1.472	22	8	20 × 75	2.604	24	12	20 × 80	4.065
225	18	8	16 × 65	1.404	8	20	16 × 70	1.472	22	8	20 × 75	2.604	24	12	20 × 80	4.065
250	20	12	16 × 70	2.208	12	22	16 × 75	2.310	24	12	20 × 80	4.065	26	12	22 × 85	5.334
300	20	12	20 × 70	3.747	12	22	20 × 75	3.906	26	12	20 × 85	4.380	28	12	22 × 90	5.334
350	20	12	20 × 70	3.747	12	22	20 × 75	3.906	26	16	20 × 85	5.840	32	16	22 × 100	7.620
400	20	16	20 × 70	4.996	16	22	20 × 75	5.208	26	16	22 × 85	7.112	36	16	27 × 115	14.848
450	20	16	20 × 70	4.996	16	22	20 × 75	5.208	26	20	22 × 90	8.890	38	20	27 × 120	18.560
500	24	16	20 × 80	5.420	16	24	20 × 80	5.420	28	20	22 × 90	8.890	42	20	30 × 130	24.930
600	24	20	22 × 80	8.250	20	24	22 × 80	8.250	30	20	27 × 95	16.635	46	20	36 × 140	39.740
700	24	24	22 × 80	9.900	24	24	22 × 80	9.900	30	24	27 × 100	19.962	48	24	36 × 140	47.688
800	24	24	27 × 85	18.804	24	24	27 × 85	18.804	32	24	30 × 110	27.072	50	24	36 × 150	49.740

续前

公称直径（mm）	2.5MPa				4MPa				6.4MPa			
	法兰		螺栓		法兰		螺栓		法兰		螺栓	
	δ	孔数	L	kg	δ	孔数	L	kg	δ	孔数	L	kg
10	16	4	12 × 55	0.338	16	4	12 × 65	0.376	18	4	12 × 70	0.395
15	16	4	12 × 55	0.338	16	4	12 × 65	0.376	18	4	12 × 70	0.395
20	16	4	12 × 55	0.338	16	4	12 × 65	0.376	20	4	16 × 80	0.804
25	16	4	12 × 55	0.338	16	4	12 × 65	0.376	22	4	16 × 85	0.871
32	18	4	16 × 65	0.702	18	4	16 × 75	0.770	24	4	20 × 95	1.565
40	18	4	16 × 65	0.702	18	4	16 × 75	0.770	24	4	20 × 95	1.565
50	20	4	16 × 70	0.736	20	4	16 × 80	0.804	26	4	20 × 100	1.565
70	22	8	16 × 70	1.472	22	8	16 × 85	1743	28	8	20 × 110	3.345
80	22	8	16 × 70	1.472	24	8	16 × 85	1.743	30	8	20 × 110	3.345
100	24	8	20 × 80	2.710	26	8	20 × 100	3.130	32	8	22 × 120	4.321
125	26	8	22 × 85	2.556	28	8	20 × 110	3.345	36	8	27 × 140	8.193
150	28	8	22 × 90	3.556	30	8	20 × 110	3.345	38	8	30 × 150	10.924
175	28	12	22 × 95	5.715	36	12	27 × 130	11.713	42	12	30 × 150	16.386
200	30	12	27 × 95	9.981	38	12	27 × 140	12.289	44	12	30 × 160	17.105
225	32	12	27 × 105	10.557	40	12	30 × 150	16.386	46	12	30 × 160	17.105
250	32	12	27 × 105	10.557	42	12	30 × 150	16.386	48	12	36 × 180	27.951
300	36	16	27 × 115	14.848	46	16	30 × 160	22.807	54	16	36 × 190	40.008
350	40	16	30 × 120	18.996	52	16	30 × 170	24.725	60	16	36 × 200	40.008
400	44	16	30 × 130	19.944	58	16	36 × 200	40.008	66	16	42 × 220	61.368
450	46	20	30 × 140	26.120	60	20	36 × 200	50.010	—	—	—	—
500	48	20	36*150	41.450	62	20	42 × 210	76.710	—	—	—	—
600	54	20	36 × 160	43.160	—	—	—	—	—	—	—	—
700	58	24	42 × 170	80.856	—	—	—	—	—	—	—	—
800	60	24	42 × 180	80.856	—	—	—	—	—	—	—	—

七、梯形槽式对焊法兰螺栓重量表

公称直径（mm）	6.4MPa				10MPa				16MPa			
	法兰		螺栓		法兰		螺栓		法兰		螺栓	
	δ	孔数	L	kg	δ	孔数	L	kg	δ	孔数	L	kg
10-15	22	4	12×80	0.433	22	4	12×80	0.433	26	4	16×95	0.939
20	24	4	16×90	0.871	24	4	16×90	0.871	32	4	20×110	1.673
25	24	4	16×90	0.871	24	4	16×90	0.871	34	4	20×110	1.673
32	26	4	20×100	1.565	30	4	20×110	1.673	36	4	22×120	2.160
40	28	4	20×110	1.673	32	4	20×110	1.673	40	4	24×130	2.901
50	30	4	20×110	1.673	34	4	22×120	2.160	44	8	24×140	6.107
65	32	8	20×110	3.346	38	8	22×130	4.576	50	8	27×160	8.962
80	36	8	20×120	3.556	42	8	22×140	4.832	54	8	27×170	9.730
100	40	8	22×140	4.832	48	8	27×160	8.962	58	8	30×180	12.362
125	44	8	27×150	8.578	52	8	30×170	12.362	70	8	36×210	21.373
150	48	8	30×160	11.404	58	12	30×180	18.543	80	12	36×230	34.115
200	54	12	30×180	18.543	66	12	36×210	32.060	92	12	42×260	51.625
250	62	12	36×200	30.006	74	12	36×220	32.060	100	12	48×290	78.315
300	66	16	36×220	47.747	80	16	42×240	65.101	—	—	—	—

八、焊环活动法兰螺栓重量表

公称直径（mm）	6.4MPa				10MPa				16MPa			
	法兰		螺栓		法兰		螺栓		法兰		螺栓	
	δ	孔数	L	kg	δ	孔数	L	kg	δ	孔数	L	kg
10	10	4	10×55	0.236	12	4	12×60	0.357	14	4	12×65	0.376
15	10	4	10×55	0.236	12	4	12×60	0.357	14	4	12×65	0.376
20	10	4	10×55	0.236	14	4	12×65	0.376	16	4	12×75	0.414
25	12	4	10×60	0.250	14	4	12×65	0.376	16	4	12×75	0.414
32	12	4	12×60	0.357	16	4	16×80	0.804	18	4	16×85	0.871
40	12	4	12×60	0.357	18	4	16×80	0.804	20	4	16×90	0.871
50	12	4	12×60	0.357	18	4	16×80	0.804	20	4	16×90	0.871
70	14	4	12×70	0.395	20	4	16×90	0.871	22	4	16×100	0.939
80	14	4	16×75	0.770	22	4	16×100	0.939	24	8	16×100	1.878
100	14	4	16×75	0.77	24	8	16×100	1.378	26	8	16×110	2.013
125	14	8	16×75	1.540	26	8	16×110	2.013	28	8	16×115	2.149
150	16	8	16×80	1.608	26	8	20×110	3.345	28	8	20×120	3.556
200	18	8	16×90	1.742	26	8	20×120	3.556	28	12	20×120	5.334
250	20	12	16×100	2.817	28	12	20×120	5.334	—	—	—	—
300	24	12	20×110	5.019	30	12	20×130	5.651	—	—	—	—
400	32	16	20×130	7.535	—	—	—	—	—	—	—	—
500	38	16	20×150	8.380	—	—	—	—	—	—	—	—

九、管口翻边活动法兰螺栓重量表

公称直径（mm）	0.25MPa，0.6MPa			
	法兰		螺栓	
	δ	孔数	L	kg
15	10	4	10 × 45	0.210
20	10	4	10 × 45	0.210
25	12	4	10 × 50	0.223
32	12	4	12 × 50	0.319
40	12	4	12 × 50	0.319
50	12	4	12 × 50	0.319
70	14	4	12 × 55	0.338
80	14	4	16 × 60	0.669
100	14	4	16 × 60	0.669
125	14	8	16 × 60	1.338
150	16	8	16 × 65	1.404
175	18	8	16 × 70	1.472
200	18	8	16 × 70	1.472
225	20	8	16 × 75	1.540
250	20	12	16 × 75	2.310
300	24	12	20 × 85	4.380
350	28	12	20 × 90	4.380
400	32	16	20 × 100	6.260
450	34	16	20 × 105	6.692
500	38	16	20 × 110	6.692